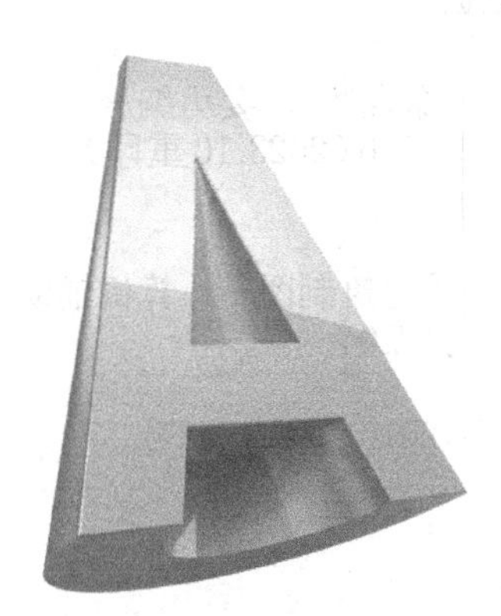

AutoCAD 建筑设计标准教程

慕课版

老虎工作室 姜勇 编著

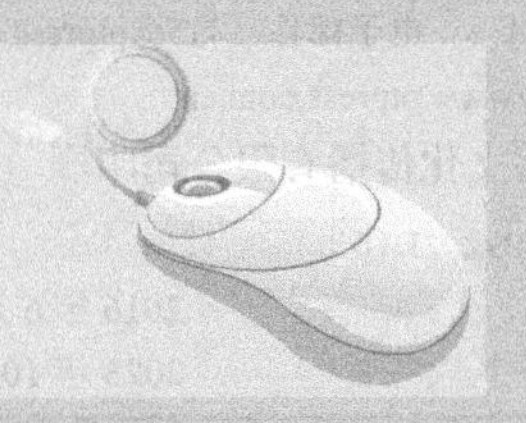

人 民 邮 电 出 版 社

北 京

图书在版编目（CIP）数据

AutoCAD建筑设计标准教程 : 慕课版 / 姜勇编著. -- 北京 : 人民邮电出版社, 2016.6(2023.10重印)
ISBN 978-7-115-42375-7

Ⅰ. ①A… Ⅱ. ①姜… Ⅲ. ①建筑制图－计算机辅助设计－AutoCAD软件－教材 Ⅳ. ①TU204

中国版本图书馆CIP数据核字(2016)第091883号

内 容 提 要

本书是人邮学院慕课“AutoCAD 建筑设计”的配套教程，全书共 17 章，主要内容包括 AutoCAD 用户界面及基本操作简介、创建及设置图层、绘制二维基本对象、编辑图形、绘制组合体视图及剖视图、书写文字及标注尺寸、绘制典型建筑施工图及结构施工图的方法和技巧、绘制轴测图、创建三维实体模型及输出图形等。全书按照“边学边练”的理念设计框架结构，将理论知识与实际操作交叉融合，讲授 AutoCAD 应用技能，注重实用性，以提高读者解决实际问题的能力。

本书可作为高等院校土木类、建筑类等相关专业的计算机辅助绘图课教材，也适合入门级读者学习使用。

◆ 编　　著　老虎工作室　姜　勇
责任编辑　税梦玲
责任印制　沈　蓉　彭志环

◆ 人民邮电出版社出版发行　　北京市丰台区成寿寺路 11 号
邮编　100164　　电子邮件　315@ptpress.com.cn
网址　https://www.ptpress.com.cn
涿州市般润文化传播有限公司印刷

◆ 开本：787×1092　1/16
印张：27.5　　　　2016 年 6 月第 1 版
字数：725 千字　　　　2023 年 10 月河北第 6 次印刷

定价：59.80 元

读者服务热线：(010)81055256　印装质量热线：(010)81055316
反盗版热线：(010)81055315

前言

Foreword

AutoCAD 是美国 Autodesk 公司推出的集二维绘图、三维设计、参数化设计、协同设计、通用数据库管理及互联网通信功能等为一体的计算机辅助设计软件。其应用范围遍及机械、建筑、航天、轻工及军事等领域，已经成为 CAD 系统中应用最为广泛的设计软件之一。为了让读者能够快速且牢固地掌握 AutoCAD 建筑设计的方法，人民邮电出版社充分发挥在线教育方面的技术优势、内容优势、人才优势，潜心研究，为读者提供一种“纸质图书+在线课程”相配套，全方位学习 AutoCAD 建筑设计的解决方案，读者可根据个人需求，利用图书和人邮学院平台上的在线课程进行系统化、移动化的学习。

一、本书使用方法

本书可单独使用，也可与人邮学院中对应的慕课课程配合使用，为了读者更好地完成对 AutoCAD 的学习，建议结合人邮学院进行学习。

人邮学院（见图 1）是人民邮电出版社自主开发的在线教育慕课平台，它拥有优质、海量的课程，具有完备的在线“学习、笔记、讨论、测验”功能，提供了完善的一站式学习服务，用户可以根据自身的学习程度，自主安排学习进度。

图 1　人邮学院首页

现将本书与人邮学院的配套使用方法介绍如下。

1. 读者购买本书后，刮开粘贴在封底上的刮刮卡，获取激活码（见图 2）。

2. 登录人邮学院网站（www.rymooc.com），或扫描封面上的二维码，使用手机号码完成网站注册（见图 3）。

图 2　激活码

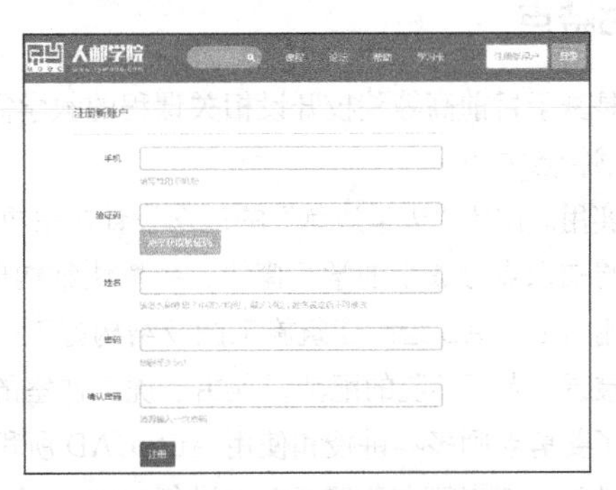

图 3　在人邮学院网站注册

3. 注册完成后，返回网站首页，单击页面右上角的“学习卡”选项（见图 4）进入“学习卡”页面，输入激活码（见图 5），即可获得慕课课程的学习权限。

图 4　单击“学习卡”选项

图 5　在“学习卡”页面输入激活码

4. 获取权限后，读者可随时随地使用计算机、平板电脑及手机进行学习，还能根据自身情况自主安排学习进度（见图 6）。

5. 读者在学习中遇到困难，可到讨论区提问，导师会及时答疑解惑，其他读者也可帮忙解答，互相交流学习心得（见图 7）。

6. 对于本书配套的 PPT、源文件等资源，读者可在“AutoCAD 建筑设计”首页找到相应的下载链接（见图 8）。

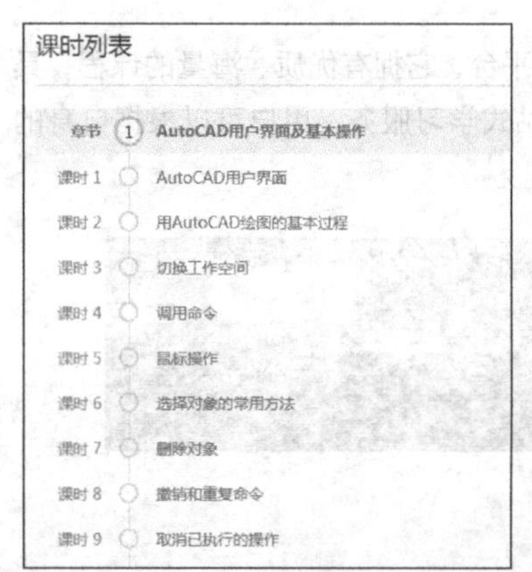

图 6　课时列表

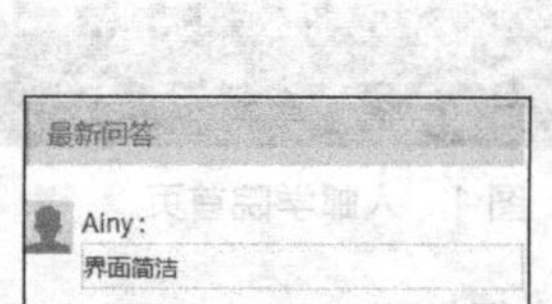

图 7　讨论区

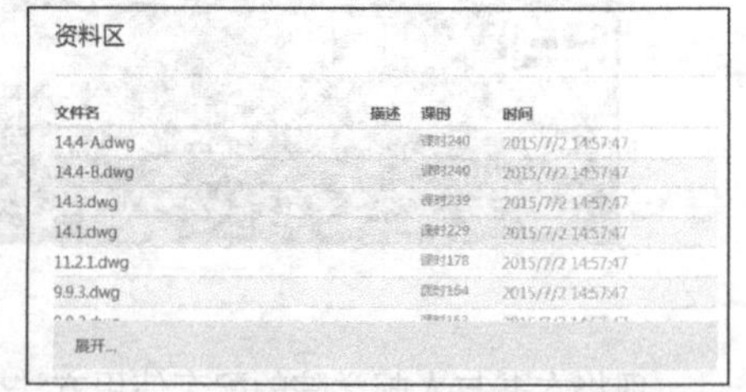

图 8　配套资源

关于人邮学院平台的使用问题，读者可咨询在线客服，或致电 010-81055236。

二、本书特点

本书是基于目前高等院校开设相关课程的教学需求和社会上对 AutoCAD 建筑设计人才的需求而编写的，本书特点如下。

内容实用。按照“边学边练”的理念设计本书框架结构，我们精心选取 AutoCAD 建筑设计的一些常用功能，将知识点分成小的学习模块，各模块结构形式为“理论知识+上机练习”。同时还专门安排两章内容介绍用 AutoCAD 绘制建筑施工图及结构施工图的方法，适用于“边讲、边练、边学”的教学模式。

名师授课。人邮学院的配套课程由老虎工作室的金牌作者、资深 AutoCAD 培训专家姜勇主讲，视频内容包含了姜勇老师多年讲授和使用 AutoCAD 所积累的经验及技巧。

互动学习。读者可在慕课平台上进行提问，通过交流互动，轻松学习。

全书分为 17 章，主要内容如下。

章	主要内容
第 1 章	介绍 AutoCAD 用户界面及一些基本操作
第 2 章	介绍如何创建及使用图层
第 3 章	介绍线段、平行线、圆及圆弧连接的绘制方法
第 4 章	介绍绘制多边形、椭圆及填充剖面图案的方法
第 5 章	介绍绘制多段线、点对象及面域的方法
第 6 章	介绍一些典型图形绘制实例
第 7 章	介绍如何查询图形面积、周长等几何信息
第 8 章	介绍如何书写文字
第 9 章	讲解标注各种类型尺寸的方法
第 10 章	介绍参数化绘图的方法
第 11 章	介绍图块、外部参照及设计中心等的用法
第 12 章	通过实例说明绘制建筑施工图的方法和技巧
第 13 章	通过实例说明绘制结构施工图的方法
第 14 章	介绍绘制轴测图的方法和技巧
第 15 章	介绍创建三维实体模型的方法
第 16 章	介绍编辑三维实体模型的方法
第 17 章	介绍怎样输出图形

编者

2016 年 3 月

目录
Content

第 17 章 打印图形 410

PART01

第1章

AutoCAD用户界面及基本操作

学习目标：

- 熟悉AutoCAD 2012的工作界面
- 了解AutoCAD工作空间
- 掌握调用AutoCAD命令的方法
- 掌握选择对象的常用方法
- 掌握删除对象、撤销和重复命令、取消已执行操作的方法
- 掌握快速缩放、移动图形及缩放全部图形的方法
- 掌握设定绘图区域大小的方法
- 掌握新建、打开及保存图形文件的方法
- 熟悉输入、输出图形文件的方法

■ 本章主要介绍 AutoCAD 用户界面的组成及与AutoCAD进行交互的一些基本操作。

1.1 了解用户界面并学习基本操作

本节将介绍 AutoCAD 2012 用户界面的组成，并讲解一些常用的基本操作。

1.1.1 AutoCAD 用户界面

启动 AutoCAD 2012，其用户界面主要由菜单浏览器、快速访问工具栏、功能区、绘图窗口、导航栏、命令提示窗口和状态栏等部分组成，如图 1-1 所示。下面分别介绍各部分的功能。

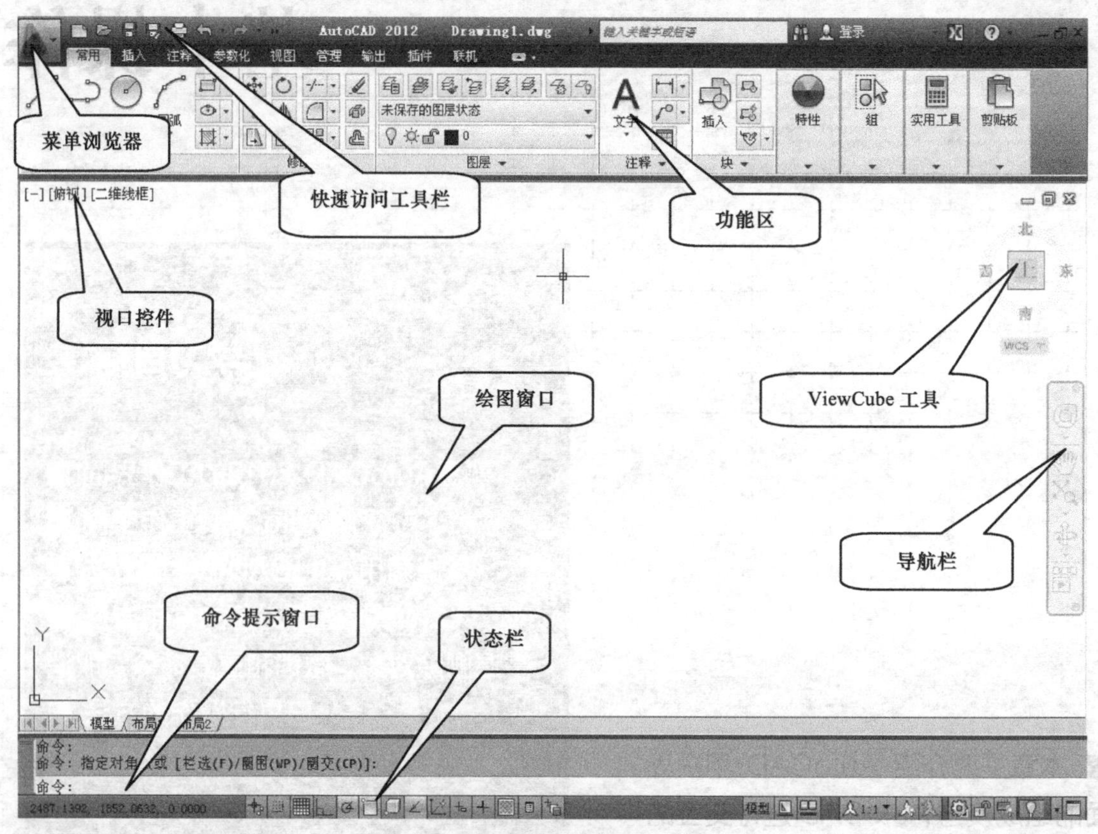

图 1-1 AutoCAD 2012 用户界面

一、菜单浏览器

单击菜单浏览器按钮，展开菜单浏览器，如图 1-2 所示。该菜单包含【新建】【打开】及【保存】等常用命令。在菜单浏览器顶部的搜索栏中输入关键字或短语，可定位相应的菜单命令。选择搜索结果，即可执行命令。

单击菜单浏览器顶部的按钮，可显示最近使用的文件。单击按钮，可显示已打开的所有图形文件。将鼠标光标悬停在文件名上时，将显示预览图片及文件路径、修改日期等信息。

二、快速访问工具栏及其他工具栏

快速访问工具栏用于存放经常访问的命令按钮。在按钮上单击鼠标右键，弹出快捷菜单，如图 1-3 所示。选择【自定义快速访问工具栏】命令就可向工具栏中添加命令按钮，选择【从快速访问工具栏中删除】命令就可删除相应命令按钮。

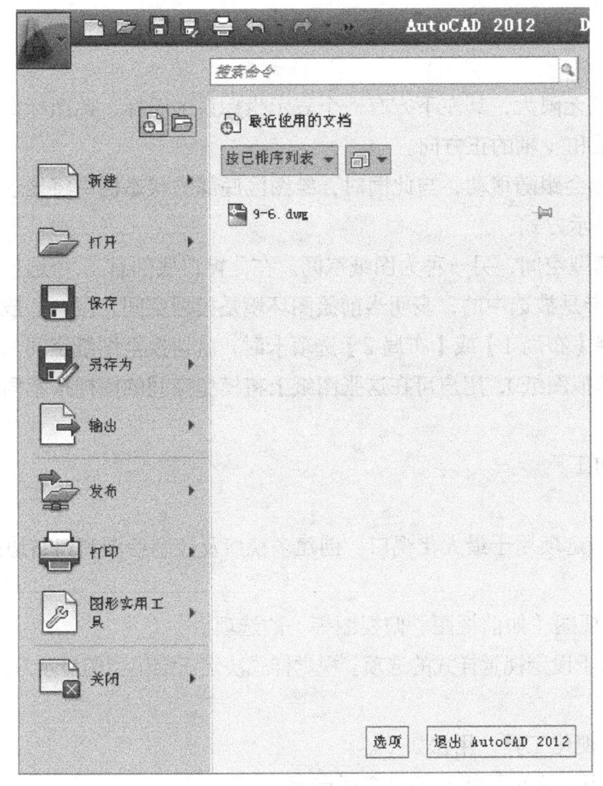

图 1-2　菜单浏览器

从快速访问工具栏中删除(R)
添加分隔符(A)
自定义快速访问工具栏(C)
在功能区下方显示快速访问工具栏

图 1-3　快捷菜单

单击快速访问工具栏上的按钮，显示；单击按钮选择【显示菜单栏】命令，显示AutoCAD 主菜单。

除快速访问工具栏外，AutoCAD 还提供了许多其他工具栏。在菜单命令【工具】/【工具栏】/【AutoCAD】下选择相应的命令，即可打开相应的工具栏。

三、功能区

功能区由【常用】【插入】及【注释】等选项卡组成，如图 1-4 所示。每个选项卡又由多个面板组成，如【常用】选项卡是由【绘图】【修改】及【图层】等面板组成的。面板上设置了许多命令按钮及控件。

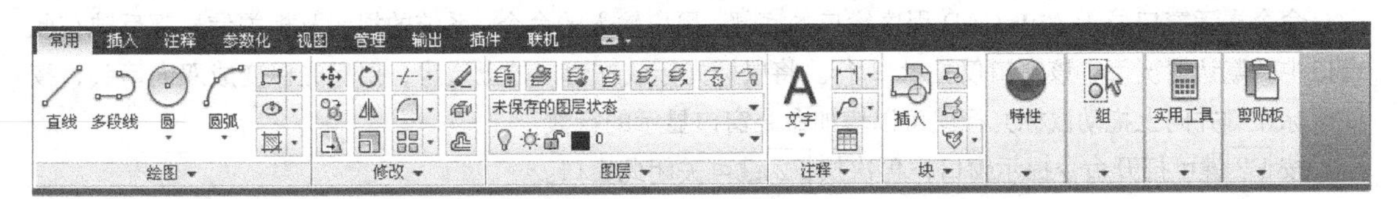

图 1-4　功能区

单击功能区顶部的按钮，可收起功能区，再单击可将其展开。

单击某一面板上的按钮，可展开该面板。单击按钮，可固定面板。

用在任一选项卡标签上单击鼠标右键，弹出快捷菜单，选择【显示选项卡】命令的选项卡名称，就可关闭相应选项卡。

选择菜单命令【工具】/【选项板】/【功能区】，可打开或关闭功能区，对应的命令为 RIBBON 及 RIBBONCLOSE。

在功能区顶部位置单击鼠标右键，弹出快捷菜单，选择【浮动】命令，就可移动功能区，还能改变功能区的形状。

四、绘图窗口

绘图窗口是用户绘图的工作区域，该区域无限大，其左下方有一个表示坐标系的图标，此图标指示了绘图区的方位。图标中的箭头分别指示 x 轴和 y 轴的正方向。

当移动鼠标时，绘图区域中的十字形光标会跟随移动，与此同时，绘图区底部的状态栏中将显示光标点的坐标数值。单击该区域可改变坐标的显示方式。

绘图窗口包含了两种绘图环境：一种为模型空间，另一种为图纸空间。在此窗口底部有 3 个选项卡 \模型/布局1/布局2/，默认情况下，【模型】选项卡是被选中的，表明当前绘图环境是模型空间，用户一般在这里按实际尺寸绘制二维或三维图形。当选择【布局 1】或【布局 2】选项卡时，就切换至图纸空间。可以将图纸空间想象成一张图纸（系统提供的模拟图纸），用户可在这张图纸上将模型空间的图样按不同缩放比例布置在图纸上。

绘图窗口中包含了显示及控制观察方向的工具。

（1）视口控件。

- [-]：单击“ - ”号，显示选项，这些选项用于最大化视口、创建多视口及控制绘图窗口右边的 ViewCube 工具和导航栏的显示。
- [顶部]：单击“顶部”，显示设定标准视图（如前视图、俯视图等）的选项。
- [二维线框]：单击“二维线框”，显示用于设定视觉样式的选项。视觉样式决定三维模型的显示方式。

（2）ViewCube 工具。

ViewCube 工具是用于控制观察方向的可视化工具，用法如下。

- 单击或拖动立方体的面、边、角点、周围文字及箭头等改变视点。
- 单击“ViewCube”左上角图标，切换到西南等轴测视图。
- 单击“ViewCube”下边的图标，切换到其他坐标系。

五、导航栏

导航栏中主要有以下几种导航工具。

- 平移：用于沿屏幕平移视图。
- 缩放工具：用于增大或减小模型当前视图比例的导航工具集。
- 动态观察工具：用于旋转模型当前视图的导航工具集。

六、命令提示窗口

命令提示窗口位于 AutoCAD 程序窗口的底部，用户输入的命令、系统的提示及相关信息都反映在此窗口中。默认情况下，该窗口仅显示 3 行。将鼠标光标放在窗口的上边缘，鼠标光标变成双向箭头，按住鼠标左键并向上拖动鼠标光标就可以增加命令窗口显示的行数。

按 F2 键可打开命令提示窗口，再次按 F2 键可关闭此窗口。

七、状态栏

状态栏上除了显示绘图过程中的许多信息，如十字形光标的坐标值、一些提示文字等，还包含许多绘图辅助工具。

1.1.2 用 AutoCAD 绘图的基本过程

【练习 1-1】 请读者跟随以下提示一步练习，从而了解用 AutoCAD 绘图的基本过程。

1. 启动 AutoCAD 2012。
2. 单击按钮，选择【新建】命令（或单击快速访问工具栏上的按钮创建新图形），打开【选择样板】对话框，如图 1-5 所示。该对话框中列出了许多用于创建新图形的样板文件，默认的是“acadiso.dwt”。单击 打开(O) 按钮，开始绘制新图形。

图 1-5 【选择样板】对话框

3. 按下状态栏的 按钮，打开正交状态。

4. 单击【常用】选项卡中【绘图】面板上的 按钮，AutoCAD 提示如下。

命令: _line 指定第一点: //单击A点，如图1-6所示
指定下一点或 [放弃(U)]: //单击B点
指定下一点或 [放弃(U)]: //单击C点
指定下一点或 [闭合(C)/放弃(U)]: //单击D点
指定下一点或 [闭合(C)/放弃(U)]: //单击E点
指定下一点或 [闭合(C)/放弃(U)]: //按Enter键结束命令

结果如图 1-6 所示。

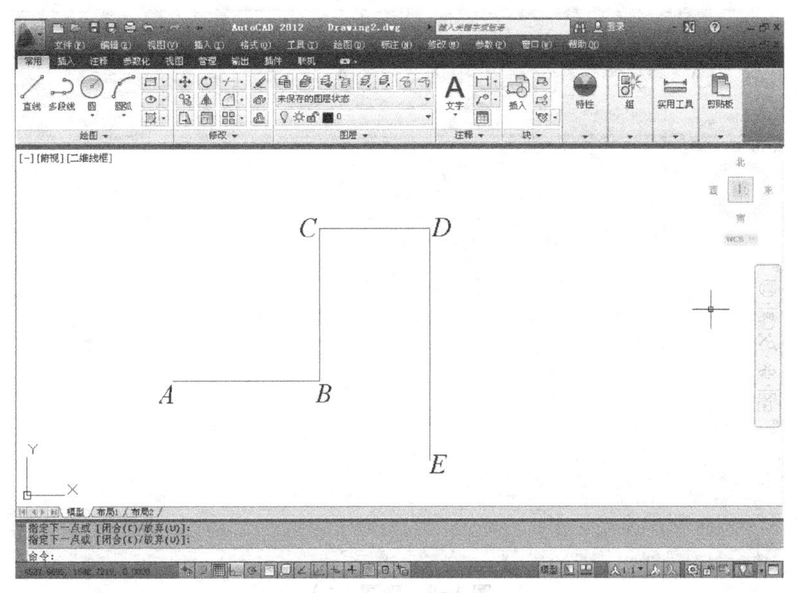

图 1-6 画线

5. 按 Enter 键重复画线命令，画线段 *FG*，结果如图 1-7 所示。

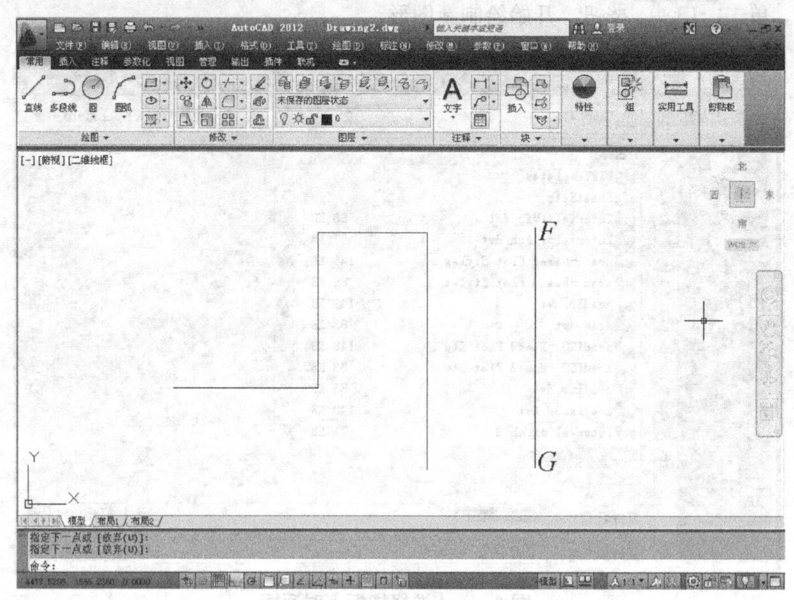

图 1-7　画线段 *FG*

6. 单击快速访问工具栏上的按钮，线段 *FG* 消失，再单击该按钮，连续折线也消失。单击按钮，连续折线又显示出来，继续单击该按钮，线段 *FG* 也显示出来。

7. 输入画圆命令（全称 CIRCLE 或简称 C），AutoCAD 提示如下。

```
命令: CIRCLE                                    //输入命令，按Enter键确认
指定圆的圆心或 [三点(3P)/两点(2P)/切点、切点、半径(T)]:
                                                //单击H点，指定圆心，如图1-8所示
指定圆的半径或 [直径(D)]: 100                    //输入圆半径，按Enter键确认
```

结果如图 1-8 所示。

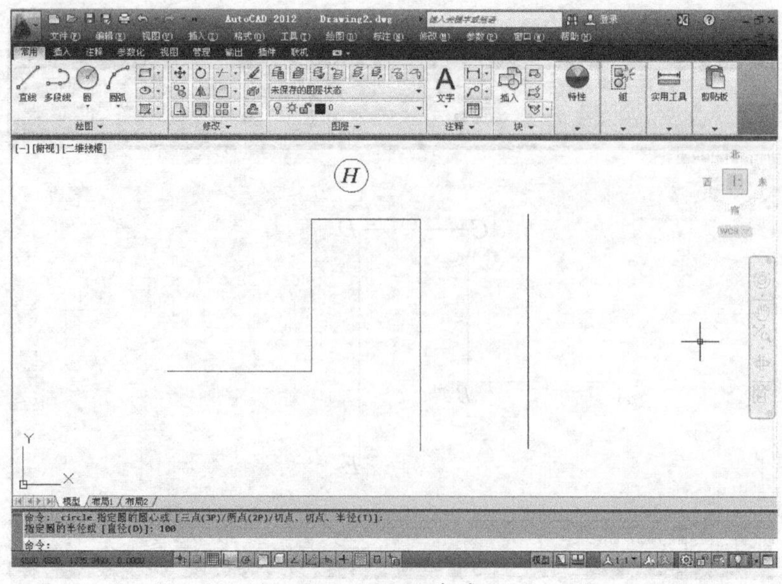

图 1-8　画圆（1）

8. 按下状态栏的□按钮，打开对象捕捉功能。

9. 单击【常用】选项卡中【绘图】面板上的⊙按钮，AutoCAD 提示如下。

命令：_circle 指定圆的圆心或 [三点(3P)/两点(2P)/切点、切点、半径(T)]:
//将鼠标光标移动到端点I处，AutoCAD自动捕捉该点，再单击鼠标左键确认，如图1-9所示
指定圆的半径或 [直径(D)] <100.0000>: 160 //输入圆半径，按Enter键确认

结果如图 1-9 所示。

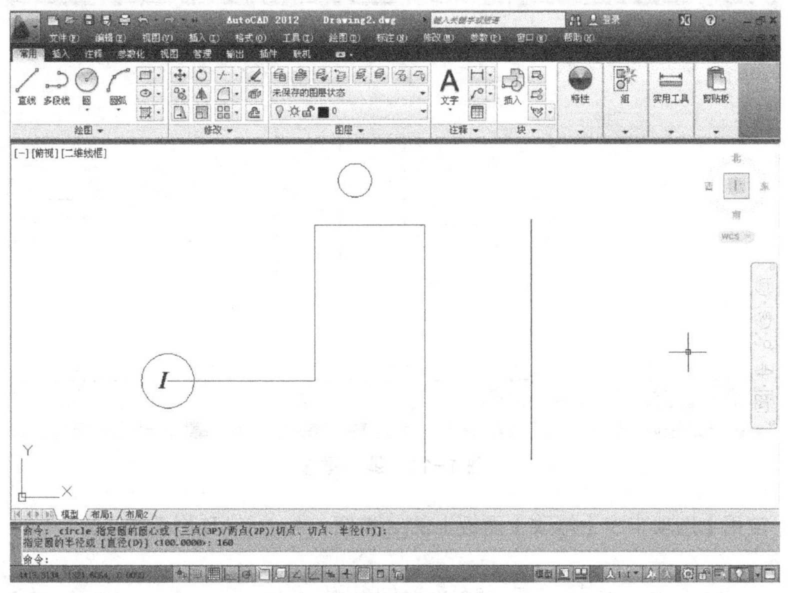

图 1-9 画圆（2）

10. 单击导航栏上的✋按钮，鼠标光标变成手的形状。按住鼠标左键并向右拖动鼠标光标，直至图形不可见。按 Esc 键或 Enter 键退出。

11. 单击导航栏上的按钮，图形又全部显示在窗口中，结果如图 1-10 所示。

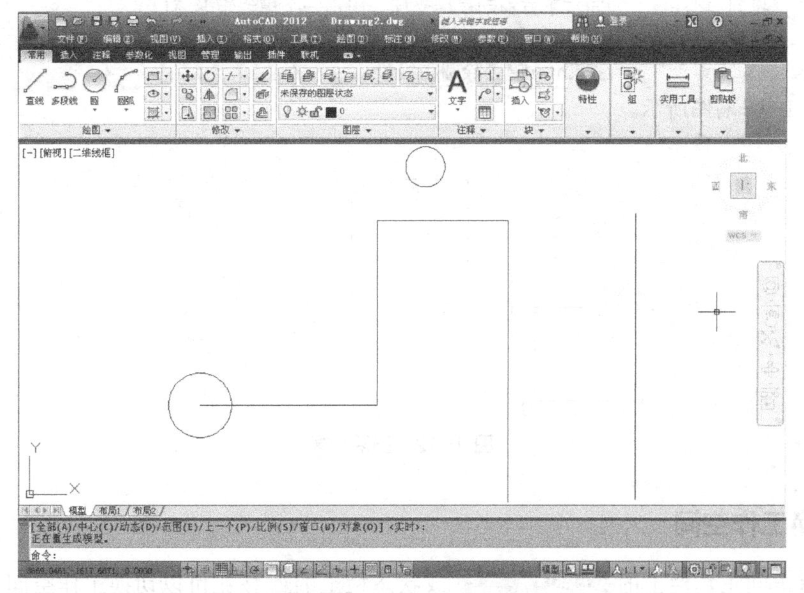

图 1-10 显示全部图形

12. 单击鼠标右键，在弹出的快捷菜单中选择【缩放】命令，鼠标光标变成放大镜形状，此时按住鼠标左键并向下拖动鼠标光标，图形缩小，结果如图 1-11 所示。按 Esc 键或 Enter 键退出。

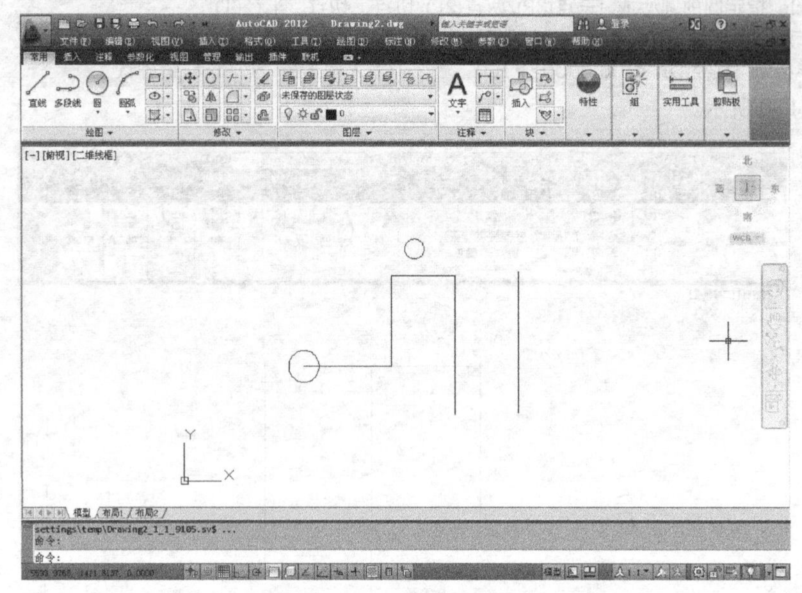

图 1-11　缩小图形

13. 单击【常用】选项卡中【修改】面板上的按钮，AutoCAD 提示如下。

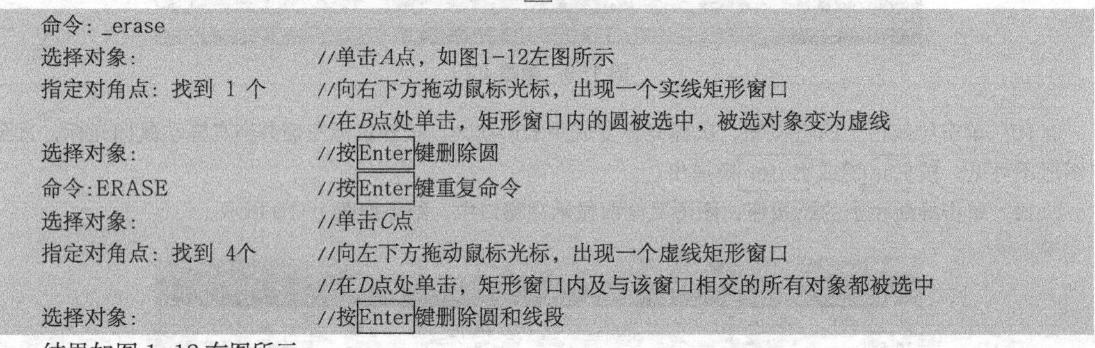

```
命令: _erase
选择对象:                    //单击A点，如图1-12左图所示
指定对角点: 找到 1 个         //向右下方拖动鼠标光标，出现一个实线矩形窗口
                             //在B点处单击，矩形窗口内的圆被选中，被选对象变为虚线
选择对象:                    //按Enter键删除圆
命令:ERASE                   //按Enter键重复命令
选择对象:                    //单击C点
指定对角点: 找到 4个          //向左下方拖动鼠标光标，出现一个虚线矩形窗口
                             //在D点处单击，矩形窗口内及与该窗口相交的所有对象都被选中
选择对象:                    //按Enter键删除圆和线段
```

结果如图 1-12 右图所示。

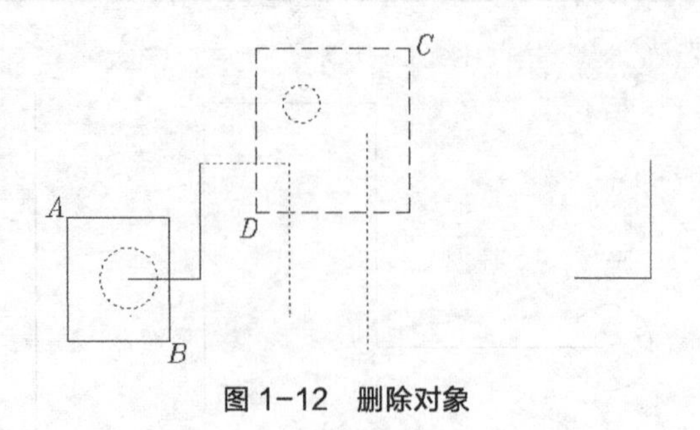

图 1-12　删除对象

1.1.3　切换工作空间

利用快速访问工具栏上的草图与注释或状态栏上的按钮可以切换工作空间。工作空间是

AutoCAD用户界面中包含的工具栏、面板和选项板等的组合。当用户绘制二维或三维图形时，就切换到相应的工作空间，此时AutoCAD仅显示出与绘图任务密切相关的工具栏和面板等，隐藏一些不必要的界面元素。

单击按钮，弹出快捷菜单。该快捷菜单上列出了AutoCAD工作空间的名称，选择其中之一，就切换到相应的工作空间。AutoCAD提供的默认工作空间有以下4个。

- 草图与注释。
- 三维基础。
- 三维建模。
- AutoCAD经典。

1.1.4 调用命令

启动AutoCAD命令的方法一般有两种，一种是在命令行中输入命令全称或简称，另一种是用鼠标在功能区、菜单栏或工具栏上选择命令按钮。

在命令行中输入命令全称或简称就可以让AutoCAD执行相应命令。

一个典型的命令执行过程如下。

```
命令: circle        //输入命令全称CIRCLE或简称C，按Enter键
指定圆的圆心或 [三点(3P)/两点(2P)/切点、切点、半径(T)]:   90,100
                                            //输入圆心坐标，按Enter键
指定圆的半径或 [直径(D)] <50.7720>: 70        //输入圆半径，按Enter键
```

注意1：方括号“[]”中以“/”隔开的内容表示各个选项，若要选择某个选项，则需输入圆括号中的字母，字母可以是大写或小写形式。例如，想通过3点画圆，就输入“3P”。

注意2：尖括号“<>”中的内容是当前默认值。

AutoCAD的命令执行过程是交互式的，当用户输入命令后，需按Enter键确认，系统才执行该命令。而执行过程中，AutoCAD有时要等待用户输入必要的绘图参数，如输入命令选项、点的坐标或其他几何数据等，输入完成后，也要按Enter键，AutoCAD才继续执行下一步操作。

要点提示　**当使用某一命令时按F1键，AutoCAD将显示这个命令的帮助信息。**

1.1.5 鼠标操作

用鼠标在功能区、菜单栏或工具栏上选择命令按钮，AutoCAD就执行相应的命令。利用AutoCAD绘图时，用户多数情况下是通过鼠标发出命令的。鼠标各按键定义如下。

- 左键：拾取键，用于单击工具栏上的按钮、选取菜单命令以发出命令，也可在绘图过程中指定点、选择图形对象等。
- 右键：一般作为回车键，命令执行完成后，常通过单击鼠标右键来结束。在有些情况下，单击鼠标右键将弹出快捷菜单，该菜单上有【确认】命令。右键的功能是可以设定的，选择菜单命令【工具】/【选项】，打开【选项】对话框，如图1-13所示。用户在该对话框【用户系统配置】选项卡的【Windows标准操作】分组框中可以自定义右键的功能。例如，可以设置右键仅仅相当于回车键。
- 滚轮：向前转动滚轮，放大图形；向后转动滚轮，缩小图形。缩放基点为十字光标点。默认情况下，缩放增量为10%。按住滚轮并拖动鼠标光标，则平移图形。双击滚轮，则全部缩放图形。

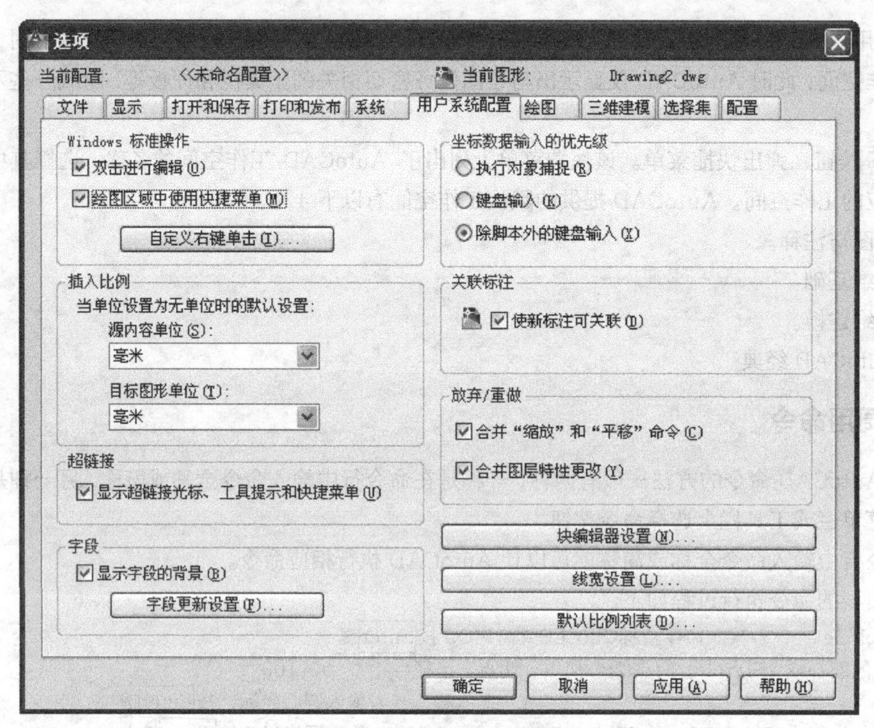

图 1-13 【选项】对话框

1.1.6 选择对象的常用方法

使用编辑命令时需要选择对象，被选对象构成一个选择集。AutoCAD 提供了多种构造选择集的方法。默认情况下，用户能够逐个拾取对象，也可利用矩形、交叉窗口一次选取多个对象。

一、用矩形窗口选择对象

当 AutoCAD 提示选择要编辑的对象时，用户在图形元素左上角或左下角单击，然后向右拖曳鼠标光标，AutoCAD 显示一个实线矩形窗口，让此窗口完全包含要编辑的图形实体，再单击，矩形窗口中的所有对象（不包括与矩形边相交的对象）被选中，被选中的对象将以虚线形式表示出来。

下面通过 ERASE 命令演示这种选择方法。

【练习 1-2】 用矩形窗口选择对象。

打开素材文件“dwg\第 1 章\1-2.dwg”，如图 1-14 左图所示。用 ERASE 命令将左图修改为右图。

```
命令:_erase
选择对象:                    //在A点处单击一点，如图1-14左图所示
指定对角点: 找到 9 个         //在B点处单击一点
选择对象:                    //按Enter键结束
```

结果如图 1-14 右图所示。

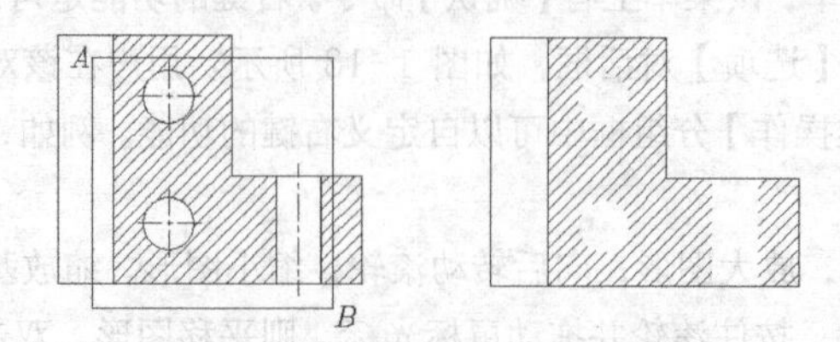

图 1-14 用矩形窗口选择对象

只有当 HIGHLIGHT 系统变量处于打开状态（等于 1）时，AutoCAD 才以高亮度形式显示被选择的对象。

二、用交叉窗口选择对象

当 AutoCAD 提示“选择对象”时，在要编辑的图形元素的右上角或右下角单击，然后向左拖曳鼠标光标，此时出现一个虚线矩形框，使该矩形框包含被编辑对象的一部分，而让其余部分与矩形框边相交，再单击，则框内的对象及与框边相交的对象全部被选中。

下面用 ERASE 命令演示这种选择方法。

【练习 1-3】 用交叉窗口选择对象。

打开素材文件“dwg\第 1 章\1-3.dwg”，如图 1-15 左图所示。用 ERASE 命令将左图修改为右图。

```
命令: _erase
选择对象:                              //在C点处单击一点，如图1-15左图所示
指定对角点: 找到 14 个                  //在D点处单击一点
选择对象:                              //按Enter键结束
```

结果如图 1-15 右图所示。

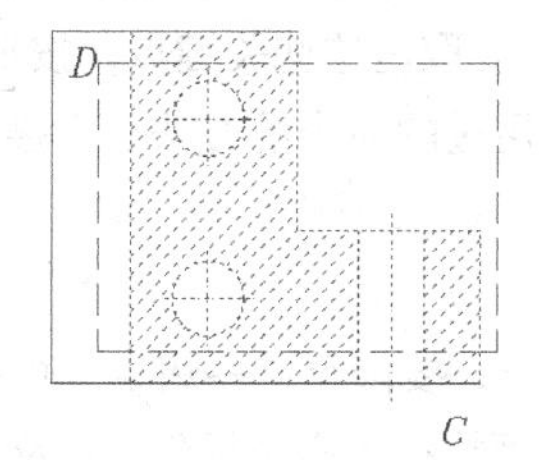

图 1-15 用交叉窗口选择对象

三、给选择集添加或去除对象

编辑过程中，用户构造选择集常常不能一次完成，需向选择集中加入或从中删除对象。在添加对象时，可直接选取或利用矩形窗口、交叉窗口选择要加入的图形元素；若要删除对象，可先按住Shift键，再从选择集中选择要清除的图形元素。

下面通过 ERASE 命令演示修改选择集的方法。

【练习 1-4】 修改选择集。

打开素材文件“dwg\第 1 章\1-4.dwg”，如图 1-16 左图所示。用 ERASE 命令将左图修改为右图。

```
命令: _erase
选择对象:                              //在C点处单击一点，如图1-16左图所示
指定对角点: 找到 8 个                   //在D点处单击一点
选择对象: 找到1个，删除1个，总计7个
                                       //按住Shift键，选取矩形A，该矩形从选择集中被去除
选择对象:找到1个，总计8个               //选择圆B
选择对象:                              //按Enter键结束
```

结果如图 1-16 右图所示。

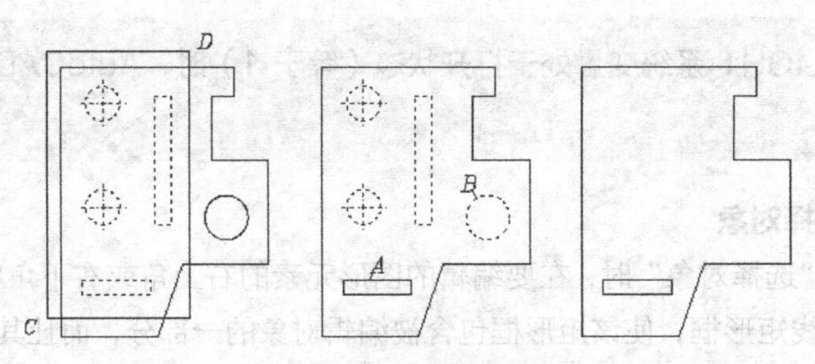

图 1-16 修改选择集

1.1.7 删除对象

ERASE 命令用于删除图形对象，该命令没有任何选项。要删除一个对象，用户可以用鼠标光标先选择该对象，然后单击【修改】面板上的按钮，或键入命令 ERASE（命令简称 E）。也可先发出删除命令，再选择要删除的对象。

1.1.8 撤销和重复命令

用户发出某个命令后，可随时按 Esc 键终止该命令。此时，AutoCAD 又返回到命令行。

有时在图形区域内偶然选择了图形对象，该对象上就出现了一些高亮的小框，这些小框被称为关键点，可用于编辑对象（在后面的章节中将详细介绍）。要取消这些关键点，按 Esc 键即可。

绘图过程中，经常重复使用某个命令，重复刚使用过的命令的方法是直接按 Enter 键。

1.1.9 取消已执行的操作

在使用 AutoCAD 绘图的过程中，难免会出现错误，要修正这些错误，可使用 UNDO 命令或单击快速访问工具栏上的按钮撤销操作。如果想要取消前面执行的多个操作，可反复使用 UNDO 命令或反复单击按钮。此外，也可单击按钮右边的按钮，然后选择要放弃哪几个操作。

当取消一个或多个操作后，若又想恢复原来的效果，可使用 REDO 命令或单击快速访问工具栏上的按钮。此外，也可单击按钮右边的按钮，然后选择要恢复哪几个操作。

1.1.10 快速缩放及移动图形

AutoCAD 的图形缩放及移动功能是很完备的，使用起来也很方便。绘图时，经常通过导航栏上的、按钮来完成这两项功能。此外，不论 AutoCAD 命令是否在运行，单击鼠标右键，弹出快捷菜单，该菜单上的【缩放】及【平移】命令也能实现同样的功能。

【练习 1-5】 观察图形的方法。

1. 打开素材文件“dwg\第 1 章\1-5.dwg”，如图 1-17 所示。

2. 将鼠标光标移动到要缩放的区域，向前转动滚轮放大图形，向后转动滚轮缩小图形。

3. 按住滚轮，鼠标光标变成手的形状，拖动鼠标光标，则平移图形。

4. 双击鼠标滚轮，全部缩放图形。

5. 单击导航栏按钮上的按钮，选择【窗口缩放】命令，在平面图左上角的空白处单击，向右下角移动鼠标光标，出现矩形框，再单击，AutoCAD 把矩形内的图形放大以充满整个图形窗口。

6. 单击导航栏上的按钮，AutoCAD 进入实时平移状态，鼠标光标变成手的形状，此时按住鼠标左键并拖动鼠标光标，就可以平移视图。单击鼠标右键，弹出快捷菜单，然后选择【退出】命令。

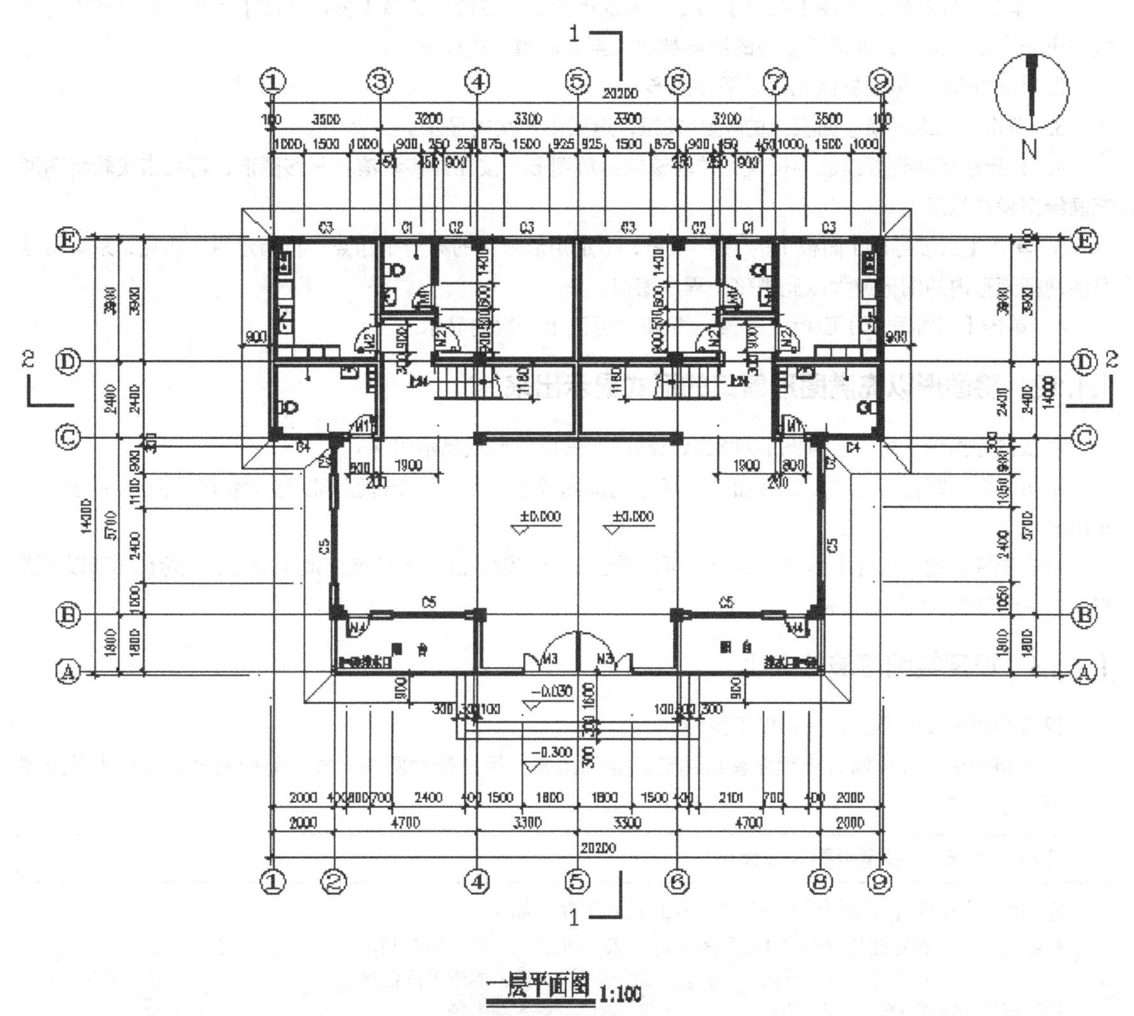

图 1-17　观察图形

7. 单击鼠标右键，选择【缩放】命令，进入实时缩放状态，鼠标光标变成放大镜形状。此时按住鼠标左键并向上拖动鼠标光标，放大平面图；向下拖曳鼠标光标，缩小零件图。单击鼠标右键，然后选择【退出】命令。

8. 单击鼠标右键，选择【平移】命令，切换到实时平移状态平移图形，按 Esc 键或 Enter 键退出。

9. 单击导航栏按钮上的按钮，选择【窗口上一个】命令，返回上一次的显示。

10. 不要关闭文件，下一节将继续练习。

1.1.11　利用矩形窗口放大视图及返回上一次的显示

在绘图过程中，用户经常要将图形的局部区域放大，以方便绘图。绘制完成后，又要返回上一次的显示，以观察绘图效果。利用鼠标右键快捷菜单的相关命令及【视图】选项卡中【二维导航】面板上的及按钮可实现这两项功能。

继续前面的练习。

1. 单击鼠标右键，选择【缩放】命令。再次单击鼠标右键，选择【窗口缩放】命令，在要放大的区域拖出一个矩形窗口，则该矩形内的图形被放大至充满整个程序窗口。

2. 按住滚轮，拖动鼠标光标，平移图形。

3. 单击【二维导航】面板上的按钮，返回上一次的显示。

4. 将光标移动到要缩放的位置，转动滚轮缩放图形，按住并移动滚轮平移图形，再双击滚轮将图形充满绘图窗口显示。

5. 单击【二维导航】面板上的按钮，指定矩形窗口的第一个角点，再指定另一角点，系统将尽可能地把矩形内的图形放大以充满整个程序窗口。

6. 单击【二维导航】面板上的按钮，返回上一次的显示。

1.1.12 将图形以充满图形窗口的形式显示出来

双击鼠标滚轮，可将所有图形对象以充满图形窗口的形式显示出来。

单击导航栏按钮上的按钮，选择【范围缩放】命令，则全部图形以充满整个程序窗口的形式显示出来。

单击鼠标右键，选择【缩放】命令；再次单击鼠标右键，选择【范围缩放】命令，则全部图形以充满整个程序窗口的形式显示出来。

1.1.13 设定绘图区域的大小

设定绘图区域大小的方法有以下两种。

（1）将一个圆以充满整个程序窗口的形式显示出来，用户依据圆的尺寸就能轻易地估计出当前绘图区的大小了。

【练习 1-6】 设定绘图区域大小。

① 单击【绘图】面板上的按钮，AutoCAD 提示如下。

```
命令: _circle 指定圆的圆心或 [三点(3P)/两点(2P)/切点、切点、半径(T)]:
                                          //在屏幕的适当位置单击
指定圆半的径或 [直径(D)]: 50               //输入圆半径
```

② 双击鼠标滚轮，直径为 100 的圆以充满整个绘图窗口的形式显示出来，如图 1-18 所示。

（2）用 LIMITS 命令设定绘图区域大小。使用该命令可以改变栅格的长、宽尺寸及位置。所谓栅格是点在矩形区域中按行、列形式分布形成的图案，如图 1-19 所示。当栅格在程序窗口中显示出来后，用户就可根据栅格分布的范围估算出当前绘图区的大小了。

【练习 1-7】 用 LIMITS 命令设定绘图区大小。

① 选择菜单命令【格式】/【图形界限】，AutoCAD 提示如下。

```
命令: '_limits
指定左下角点或 [开(ON)/关(OFF)] <0.0000,0.0000>:
        //任意单击一点A，或输入点的x、y坐标值，如图1-19所示
指定右上角点 <420.0000,297.0000>: @30000,20000
        //输入B点相对于A点的坐标，按Enter键（在3.1.1小节中将介绍相对坐标）
```

② 将鼠标光标移动到程序窗口下方的按钮上，单击鼠标右键，选择【设置】选项，打开【草图设置】对话框，取消对【显示超出界线的栅格】复选项的选择。

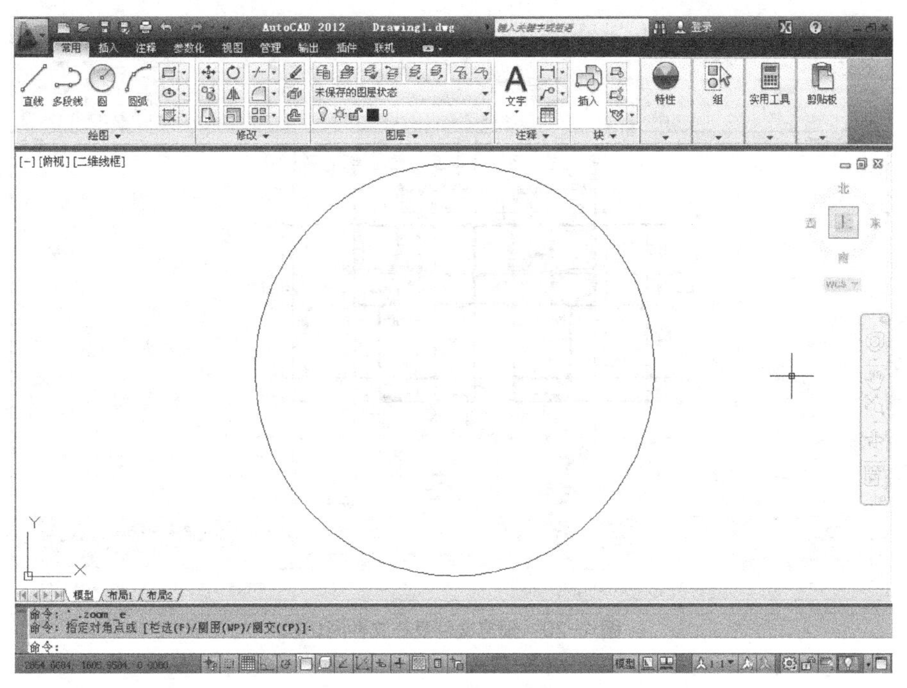

图 1-18 设定绘图区域大小

③ 关闭【草图设置】对话框，单击▦按钮，打开栅格显示，双击鼠标滚轮，使矩形栅格充满整个程序窗口。

④ 单击鼠标右键，选择【缩放】选项，按住左键向下拖动鼠标光标使矩形栅格缩小，如图 1-19 所示。该栅格的长、宽尺寸近似为 30000×20000。

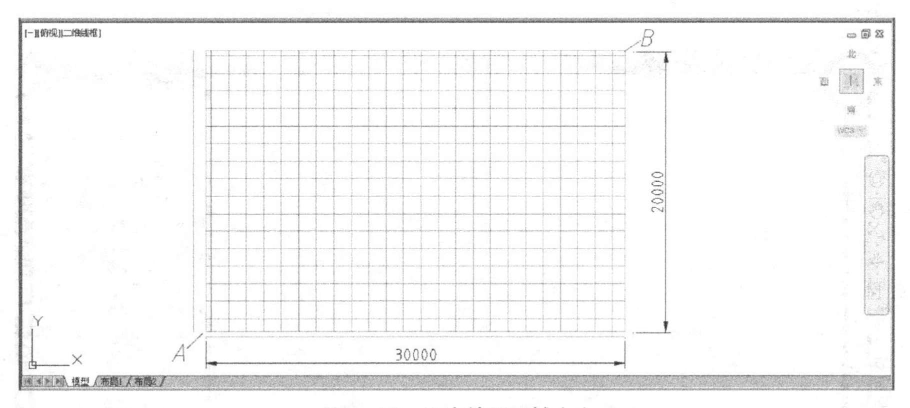

图 1-19 设定绘图区域大小

1.1.14 预览打开的文件及在文件间切换

AutoCAD 支持多文档环境，用户可同时打开多个图形文件。要预览打开的文件及在文件间切换，可采用以下方法。

- 单击程序窗口底部的▭按钮，显示出所有打开文件的预览图，如图 1-20 所示，图中已打开 3 个文件，预览图显示了 3 个文件中的图形。
- 单击某一预览图，就切换到该图形。

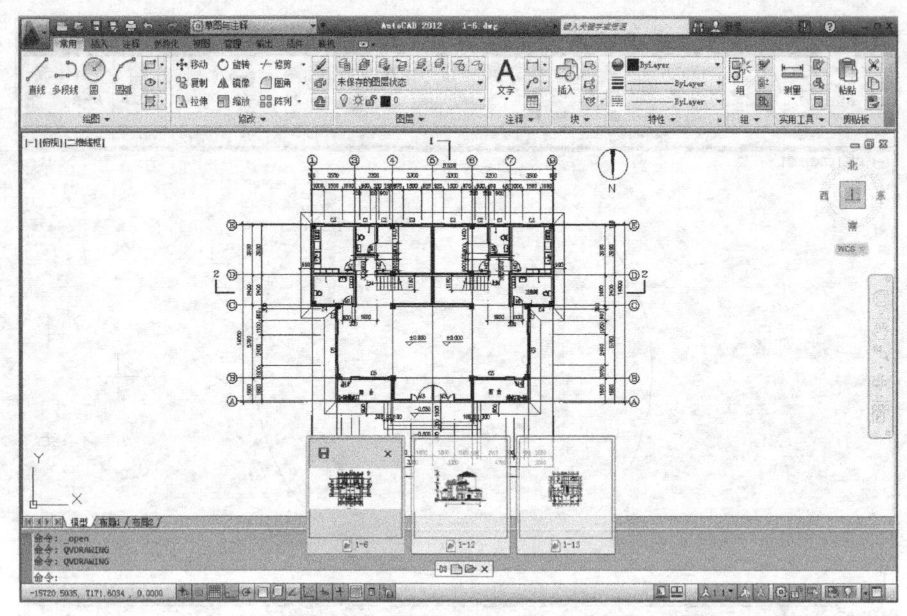

图 1-20 预览文件及在文件间切换

1.1.15 上机练习——设置用户界面及设定绘图区域大小

【练习 1-8】 设置用户界面，练习 AutoCAD 基本操作。

1. 启动 AutoCAD 2012，打开【绘图】及【修改】工具栏并调整工具栏的位置，如图 1-21 所示。

2. 在功能区的选项卡上单击鼠标右键，弹出快捷菜单，选择【浮动】命令，调整功能区的位置，如图 1-21 所示。

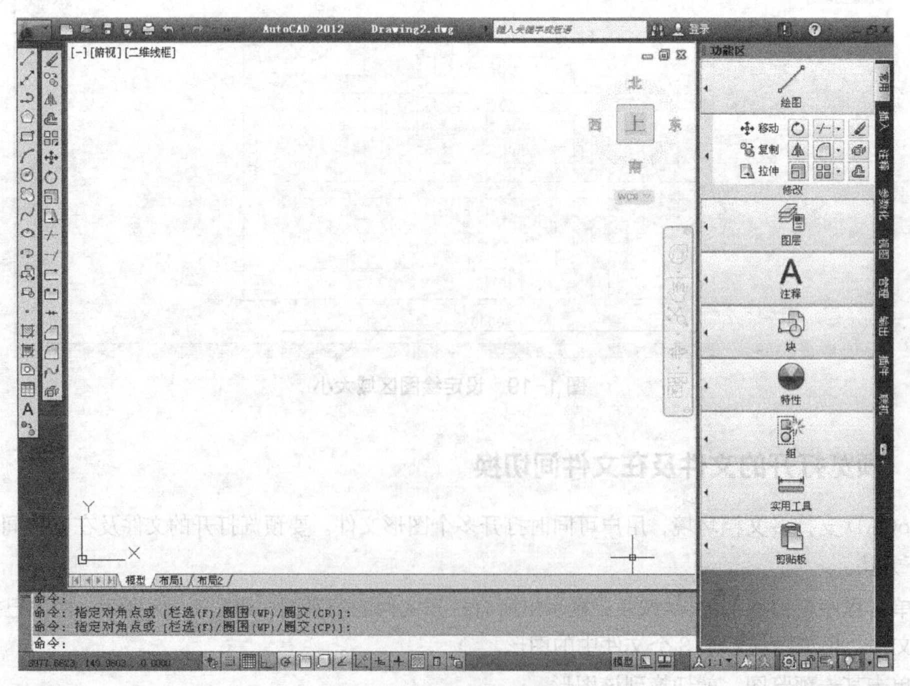

图 1-21 设置用户界面

3. 单击状态栏上的按钮，选择【草图与注释】选项。

4. 利用 AutoCAD 提供的样板文件“acadiso.dwt”创建新文件。

5. 设定绘图区域的大小为 1500×1200，并显示出该区域范围内的栅格。单击鼠标右键，弹出快捷菜单，选择【缩放】命令。再次单击鼠标右键，选择【范围缩放】命令，使栅格以充满整个图形窗口的形式显示出来。

6. 单击【绘图】面板上的按钮，AutoCAD 提示如下。

```
命令: _circle 指定圆的圆心或 [三点(3P)/两点(2P)/切点、切点、半径(T)]:
                                            //在屏幕空白处单击一点
指定圆的半径或 [直径(D)] <30.0000>: 1          //输入圆半径
命令:                                        //按Enter键重复上一个命令
CIRCLE 指定圆的圆心或 [三点(3P)/两点(2P)/切点、切点、半径(T)]:
                                            //在屏幕上单击一点
指定圆的半径或 [直径(D)] <1.0000>: 5           //输入圆半径
命令:                                        //按Enter键重复上一个命令
CIRCLE 指定圆的圆心或 [三点(3P)/两点(2P)/切点、切点、半径(T)]: *取消*
                                            //按Esc键取消命令
```

7. 单击【视图】选项卡中【二维导航】面板上的按钮，或者双击鼠标滚轮，使圆充满整个绘图窗口。

8. 单击鼠标右键，选择【选项】命令，打开【选项】对话框，在【显示】选项卡的【圆弧和圆的平滑度】文本框中输入“10000”。

9. 利用导航栏上的、按钮移动和缩放图形。

10. 单击鼠标右键，利用快捷菜单上相关选项平移、缩放图形，并使图形充满图形窗口。

11. 以文件名“User.dwg”保存图形。

1.2 模型空间及图纸空间

在 AutoCAD 中打开图形文件后，程序窗口中仅显示出模型空间中的图形。单击状态栏上的按钮，出现【模型】【布局 1】及【布局 2】3 个预览图，如图 1-22 所示。它们分别代表模型空间中的图形、“图纸 1”上的图形、“图纸 2”上的图形。单击其中之一，就切换到相应的图形。

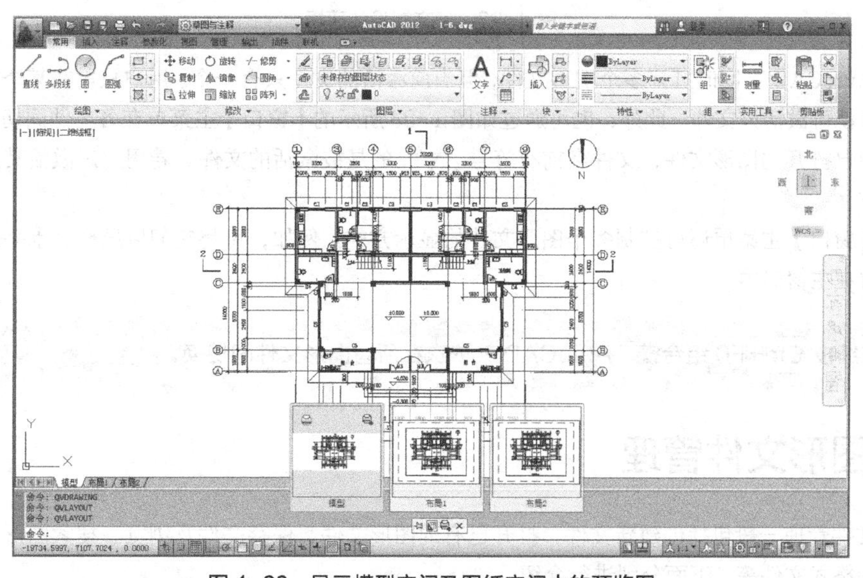

图 1-22 显示模型空间及图纸空间中的预览图

1.3 AutoCAD 多文档设计环境

AutoCAD 从 2000 版起开始支持多文档环境，在此环境下，用户可同时打开多个图形文件。图 1-23 所示的是打开 6 个图形文件时的程序界面（窗口层叠）。

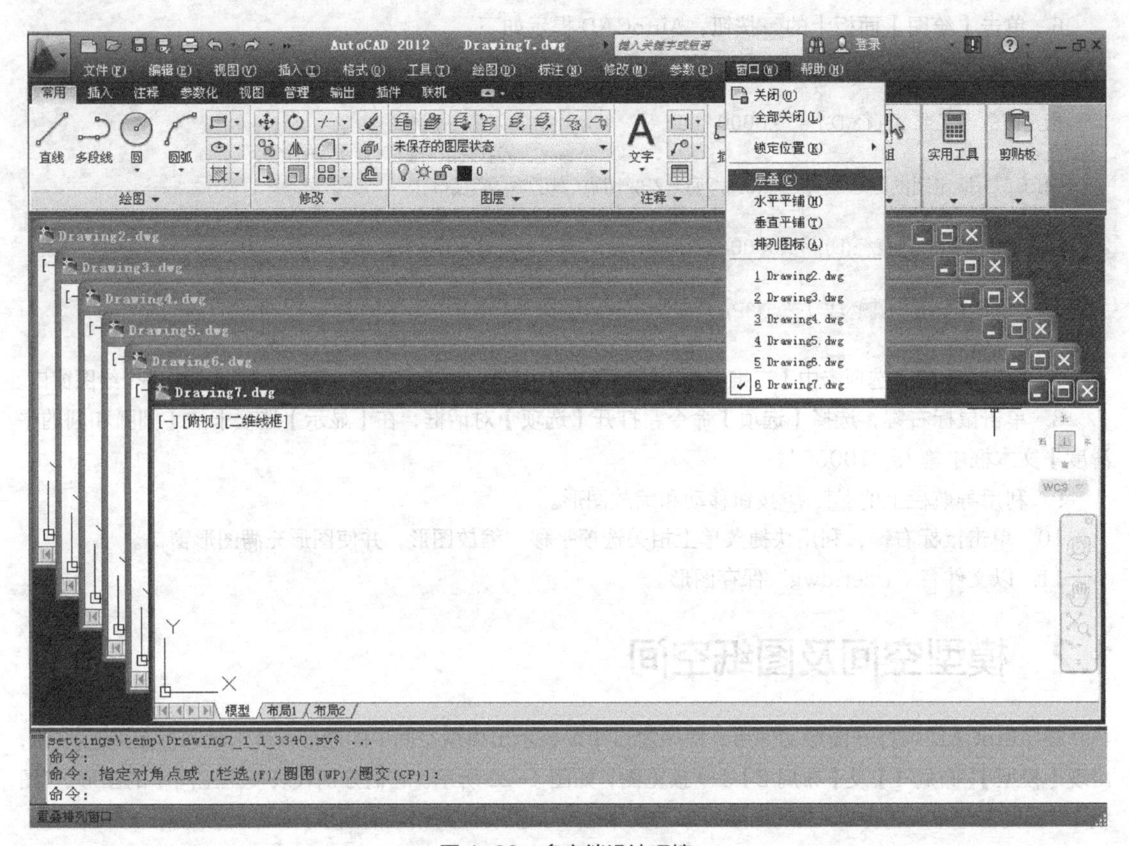

图 1-23 多文档设计环境

虽然 AutoCAD 可同时打开多个图形文件，但当前激活的文件只有一个。用户只需在某个文件窗口内单击任一点就可激活该文件。此外，也可通过如图 1-23 所示的【窗口】主菜单在各文件间切换。该菜单列出了所有已打开的图形文件，文件名前有符号“√”的是被激活的文件。若用户想激活其他文件，则只需选择它。

利用【窗口】主菜单还可控制多个图形文件的显示方式。例如，可将它们以层叠、水平或竖直排列等形式布置在主窗口中。

要点提示 连续按 Ctrl+F6 组合键，AutoCAD 就依次在所有图形文件间切换。

1.4 图形文件管理

图形文件管理一般包括创建新文件，打开已有的图形文件，保存文件及浏览、搜索图形文件，输入及输出其他格式文件等，下面分别进行介绍。

1.4.1 新建、打开及保存图形文件

一、建立新图形文件

命令启动方法

- 菜单命令:【文件】/【新建】。
- 工具栏:【快速访问】工具栏上的按钮。
- :【新建】/【图形】。
- 命令：NEW。

启动新建图形命令后，AutoCAD 弹出【选择样板】对话框，如图 1-24 所示。在该对话框中，用户可选择样板文件或基于公制、英制测量系统创建新图形。

图 1-24 【选择样板】对话框

AutoCAD 中有许多标准的样板文件，它们都保存在 AutoCAD 安装目录的“Template”文件夹中，扩展名为“.dwt”，用户也可根据需要建立自己的标准样板。

样板文件包含了许多标准设置，如单位、精度、图形界限（绘图区域大小）、尺寸样式及文字样式等。基于样板文件新建图样后，该图样就具有与样板图相同的作图设置。

常用的样板文件有：acadiso.dwt、acad.dwt，前者为公制样板，图形界限 420×300；后者是英制样板，图形界限 12×9。

在【选择样板】对话框的打开(O)按钮旁边有一个带箭头的按钮，单击此按钮，弹出下拉列表，该列表部分选项如下。

- 无样板打开-英制：基于英制测量系统创建新图形，AutoCAD 使用内部默认值控制文字、标注、默认线型和填充图案文件等。
- 无样板打开-公制：基于公制测量系统创建新图形，AutoCAD 使用内部默认值控制文字、标注、默认线型和填充图案文件等。

二、打开图形文件

命令启动方法

- 菜单命令:【文件】/【打开】。
- 工具栏:【快速访问】工具栏上的按钮。

- ![icon]:【打开】/【图形】
- 命令：OPEN。

启动打开图形命令后，AutoCAD 弹出【选择文件】对话框，如图 1-25 所示。该对话框与微软公司 Office 2003 中相应对话框的样式及操作方式类似，用户可直接在对话框中选择要打开的文件，或在【文件名】栏中输入要打开文件的名称（可以包含路径）。此外，还可在文件列表框中通过双击文件名打开文件。该对话框顶部有【查找范围】下拉列表，左边有文件位置列表，用户可利用它们确定要打开文件的位置并打开它。

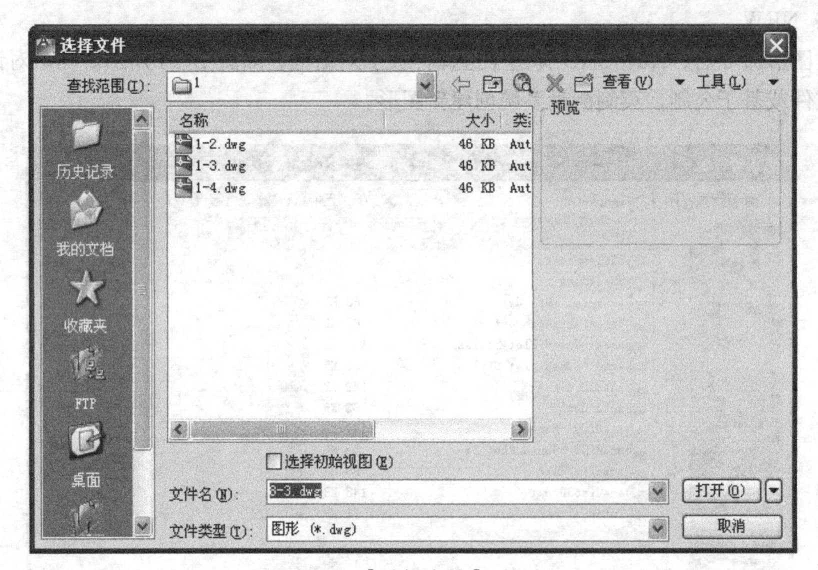

图 1-25 【选择文件】对话框

三、保存图形文件

将图形文件存入磁盘时，一般采取两种方式：一种是以当前文件名快速保存图形，另一种是指定新文件名，换名存储图形。

（1）快速保存命令启动方法。

- 菜单命令：【文件】/【保存】。
- 工具栏：【快速访问】工具栏上的按钮。
- ![icon]:【保存】。
- 命令：QSAVE。

发出快速保存命令后，系统将当前图形文件以原文件名直接存入磁盘，而不会给用户任何提示。若当前图形文件名是默认名且是第一次存储文件，则 AutoCAD 弹出【图形另存为】对话框，如图 1-26 所示，在该对话框中用户可指定文件的存储位置、文件类型及输入新文件名。

（2）换名存盘命令启动方法。

- 菜单命令：【文件】/【另存为】。
- ![icon]:【另存为】。
- 命令：SAVEAS。

启动换名保存命令后，AutoCAD 弹出【图形另存为】对话框，如图 1-26 所示。用户在该对话框的【文件名】栏中可输入新文件名，并可在【保存于】及【文件类型】下拉列表中分别设定文件的存储路径和类型。

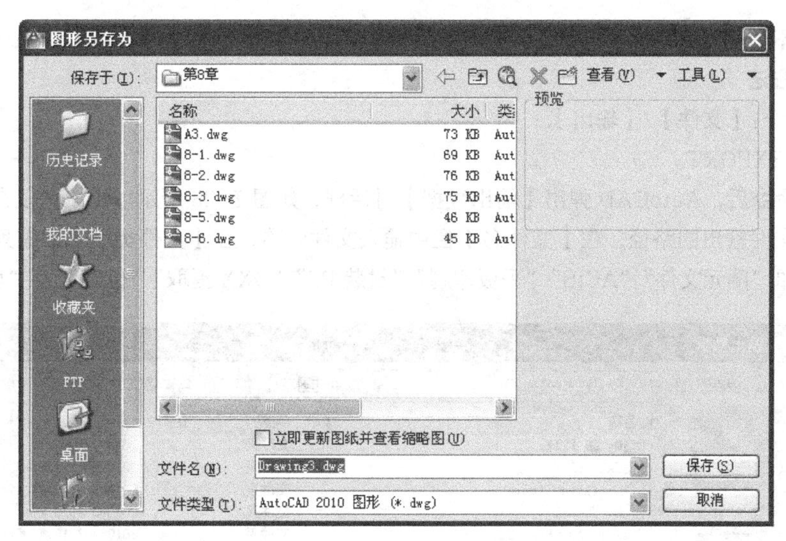

图 1-26 【图形另存为】对话框

1.4.2 输入及输出其他格式文件

AutoCAD 2012 提供了图形输入与输出接口，这不仅可以将其他应用程序中处理好的数据传送给 AutoCAD，以显示其图形，还可以把它们的信息传送给其他应用程序。

一、输入不同格式文件

命令启动方法

- 菜单命令：【文件】/【输入】。
- 工具栏：【插入】工具栏上的按钮。
- 面板：【输入】面板上的按钮。
- 命令：IMPORT。

启动输入命令后，AutoCAD 弹出【输入文件】对话框，如图 1-27 所示。在其中的【文件类型】下拉列表框中可以看到，系统允许输入“图元文件”“ACIS”及“3D Studio”等格式的文件。

图 1-27 【输入文件】对话框

二、输出不同格式文件

命令启动方法

- 菜单命令：【文件】/【输出】。
- 命令：EXPORT。

启动输出命令后，AutoCAD 弹出【输出数据】对话框，如图 1-28 所示。用户可以在【保存于】下拉列表中设置文件输出的路径，在【文件名】栏中输入文件名称，在【文件类型】下拉列表中选择文件的输出类型，如“图元文件”“ACIS”“平板印刷”“封装 PS”“DXX 提取”“位图”及“块”等。

图 1-28 【输出数据】对话框

1.5 习题

1. 思考题。

（1）怎样快速执行上一个命令？

（2）如何取消正在执行的命令？

（3）如何打开、关闭及移动工具栏？

（4）如果想了解命令执行的详细过程，应怎样操作？

（5）AutoCAD 用户界面主要由哪几部分组成？

（6）绘图窗口包含哪几种作图环境？如何在它们之间切换？

（7）如何利用快捷菜单的相关选项快速缩放及移动图形？

（8）要将图形全部显示在图形窗口中，应如何操作？

2. 以下练习内容包括重新布置用户界面、恢复用户界面及切换工作空间等。

（1）移动功能区并改变功能区的形状，如图 1-29 所示。

（2）打开【绘图】【修改】【对象捕捉】及【建模】工具栏，移动所有工具栏的位置，并调整【建模】工具栏的形状，如图 1-29 所示。

（3）单击状态栏上的⚙按钮，选择【草图与注释】选项，将用户界面恢复成原始布置。

（4）单击状态栏上的⚙按钮，选择【AutoCAD 经典】选项，切换至“AutoCAD 经典”工作空间。

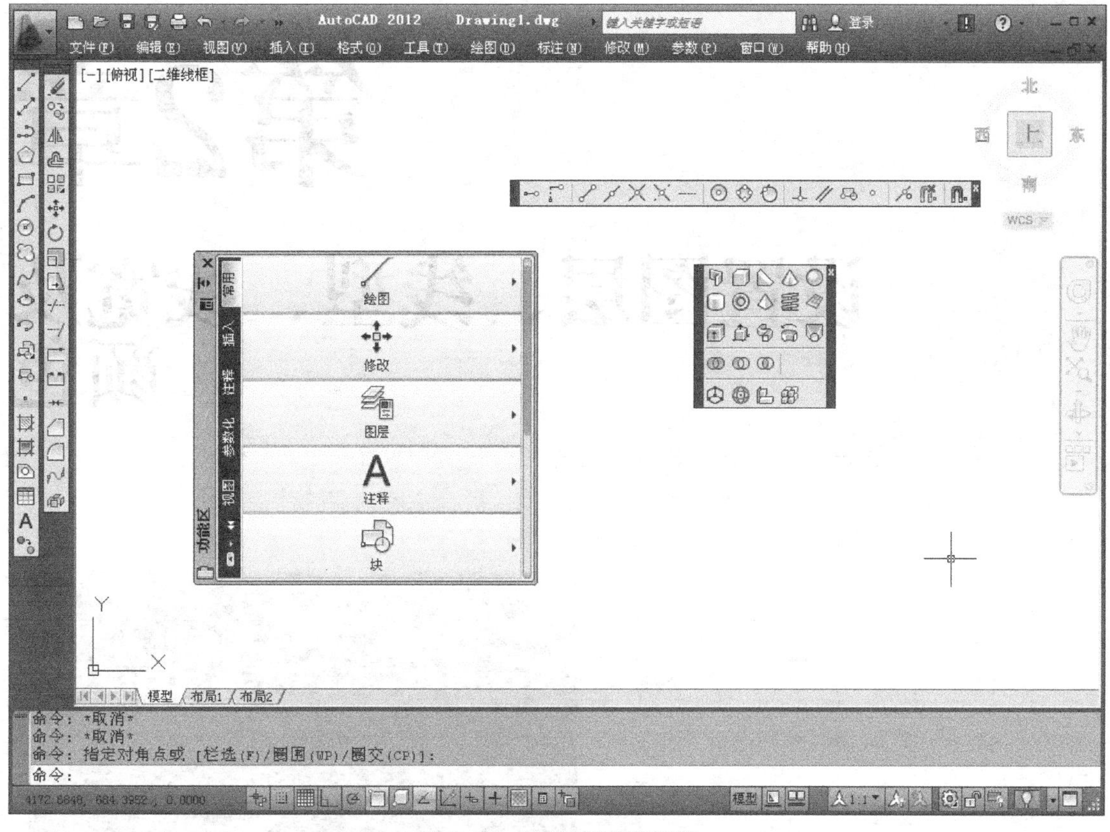

图 1-29　重新布置用户界面

3. 以下的练习内容包括创建及存储图形文件、熟悉 AutoCAD 命令执行过程及快速查看图形等。

(1) 利用 AutoCAD 提供的样板文件“acadiso.dwt”创建新文件。

(2) 进入“AutoCAD 经典”工作空间，用 LIMITS 命令设定绘图区域的大小为 1000×1000。

(3) 仅显示出绘图区域范围内的栅格，并使栅格充满整个图形窗口。

(4) 进入“草图与注释”工作空间，单击【绘图】面板上的按钮，AutoCAD 提示如下。

```
命令: _circle 指定圆的圆心或 [三点(3P)/两点(2P)/切点、切点、半径(T)]:
                                          //在绘图区中单击一点
指定圆的半径或 [直径(D)] <30.0000>: 50      //输入圆半径
命令:                                      //按Enter键重复上一个命令
CIRCLE 指定圆的圆心或 [三点(3P)/两点(2P)/切点、切点、半径(T)]:
                                          //在屏幕上单击一点
指定圆的半径或 [直径(D)] <50.0000>: 100     //输入圆半径
命令:                                      //按Enter键重复上一个命令
CIRCLE 指定圆的圆心或 [三点(3P)/两点(2P)/切点、切点、半径(T)]: *取消*
                                          //按Esc键取消命令
```

(5) 单击导航栏上的按钮使图形充满整个绘图窗口。

(6) 利用导航栏上的、按钮来移动和缩放图形。

(7) 单击右键，利用快捷菜单上相关选项平移、缩放图形，并使图形充满图形窗口。

(8) 以文件名“User.dwg”保存图形。

PART02

第2章 设置图层、线型、线宽及颜色

学习目标：

- 掌握创建及设置图层的方法
- 掌握如何控制及修改图层状态
- 熟悉切换当前图层、使某一个图形对象所在图层成为当前图层的方法
- 熟悉修改已有对象的图层、颜色、线型或线宽的方法
- 了解如何排序图层、删除图层及重新命名图层
- 掌握如何修改非连续线型的外观

■ 本章主要介绍图层、线型、线宽和颜色的设置方法，并讲解如何控制图层的状态。

2.1 创建及设置建筑图的图层

可以将 AutoCAD 图层想象成透明胶片，用户把各种类型的图形元素画在上面，AutoCAD 再将它们叠加在一起显示出来。如图 2-1 所示，在图层 *A* 上绘有挡板，图层 *B* 上绘有支架，图层 *C* 上绘有螺钉，最终的显示结果是各层内容叠加后的效果。

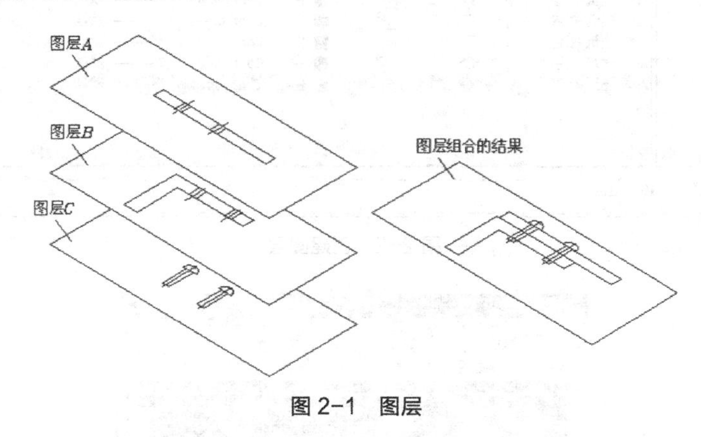

图 2-1 图层

用 AutoCAD 绘图时，图形元素处于某个图层上。默认情况下，当前层是 0 层，若没有切换至其他图层，则所画图形在 0 层上。每个图层都有与其相关联的颜色、线型和线宽等属性信息，用户可以对这些信息进行设定或修改。当在某一图层上作图时，生成图形元素的颜色、线型和线宽就与当前层的设置完全相同（默认情况下）。为对象设置颜色将有助于辨别图样中的相似实体，而通过线型、线宽等特性可轻易地表示出不同类型的图形元素。

【练习 2-1】 创建以下图层并设置图层线型、线宽及颜色。

名称	颜色	线型	线宽
建筑-轴线	蓝色	Center	默认
建筑-柱网	白色	Continuous	默认
建筑-墙线	白色	Continuous	0.7
建筑-门窗	红色	Continuous	默认
建筑-楼梯	红色	Continuous	默认
建筑-阳台	红色	Continuous	默认
建筑-文字	白色	Continuous	默认
建筑-标注	白色	Continuous	默认

1. 单击【图层】面板上的按钮，打开【图层特性管理器】对话框，再单击按钮，列表框显示出名称为“图层 1”的图层，直接输入“建筑-轴线”，按 Enter 键结束。

2. 再次按 Enter 键，又创建新图层。总共创建 8 个图层，结果如图 2-2 所示。图层“0”前有绿色标记“√”，表示该图层是当前层。

3. 指定图层颜色。选中“建筑-门窗”，单击与所选图层关联的图标■白色，打开【选择颜色】对话框，选择红色，如图 2-3 所示。再设置其他图层的颜色。

4. 给图层分配线型。默认情况下，图层线型是“Continuous”。选中“建筑-轴线”，单击与所选图层关联的 Continuous，打开【选择线型】对话框，如图 2-4 所示，通过此对话框，用户可以选择一种线型或从线型库文件中加载更多线型。

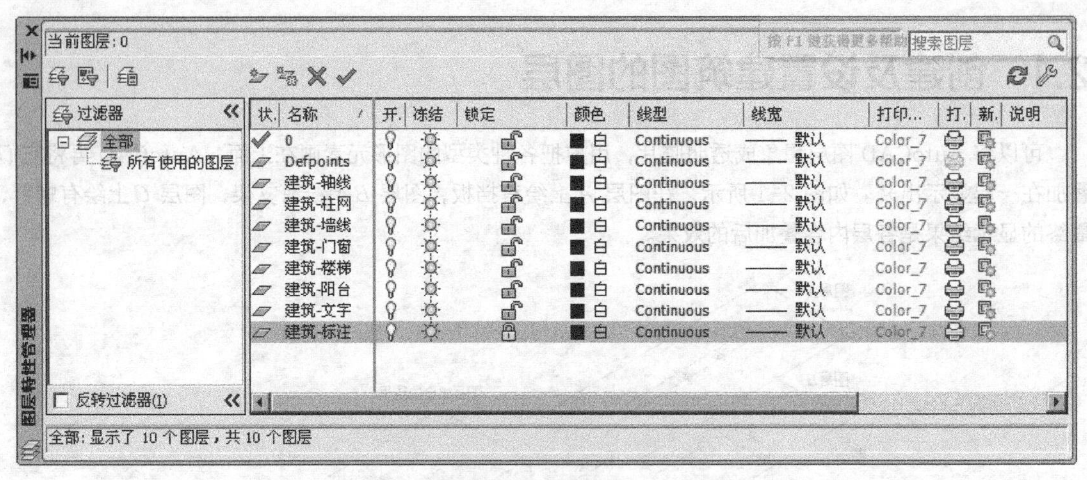

图 2-2 创建图层

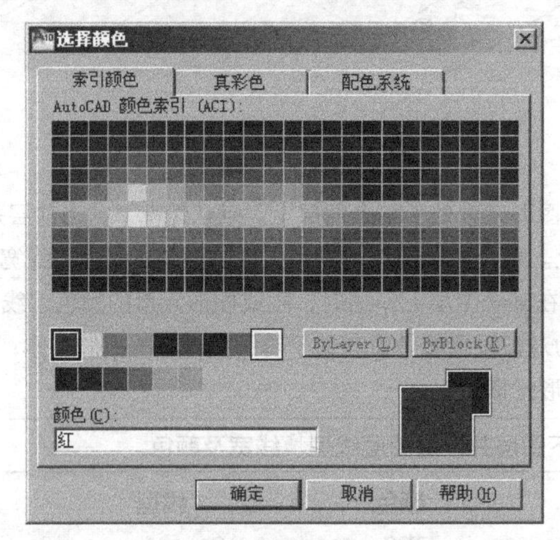

图 2-3 【选择颜色】对话框

5. 单击加载(L)...按钮，打开【加载或重载线型】对话框，如图 2-5 所示。选择线型“CENTER”及“DASHED”，再单击确定按钮，这些线型就被加载到系统中。当前线型库文件是“acadiso.lin”，单击文件(F)...按钮，可选择其他的线型库文件。

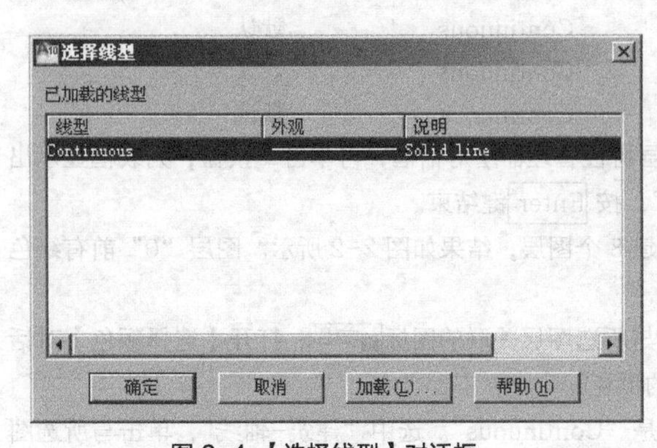

图 2-4 【选择线型】对话框

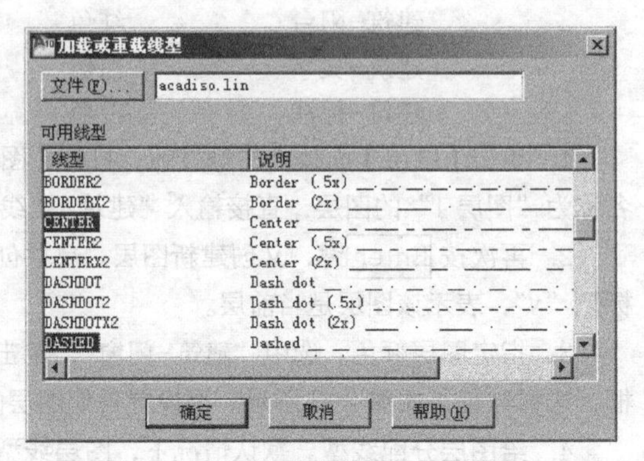

图 2-5 【加载或重载线型】对话框

6. 返回【选择线型】对话框，选择“CENTER”，单击确定按钮，该线型就分配给“建筑-轴线”。

7. 设定线宽。选中“建筑-墙线”，单击与所选图层关联的图标—— 默认，打开【线宽】对话框，指定线宽为 0.7mm，如图 2-6 所示。

要点提示 如果要使图形对象的线宽在模型空间中显示得更宽或更窄一些，可以调整线宽比例。在状态栏的+按钮上单击鼠标右键，弹出快捷菜单，选择【设置】选项，打开【线宽设置】对话框，如图 2-7 所示，在【调整显示比例】分组框中移动滑块来改变显示比例值。

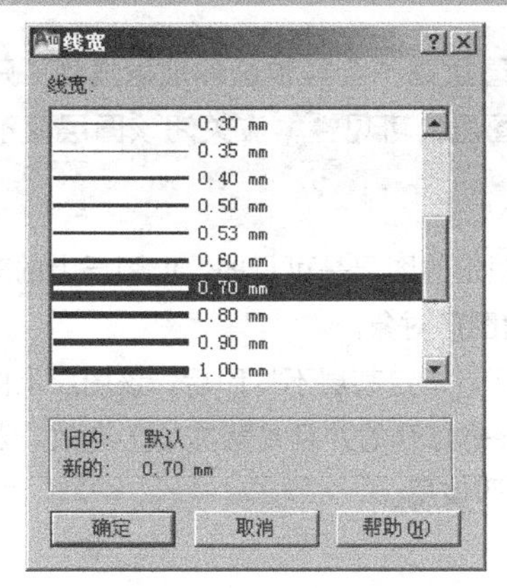

图 2-6 【线宽】对话框

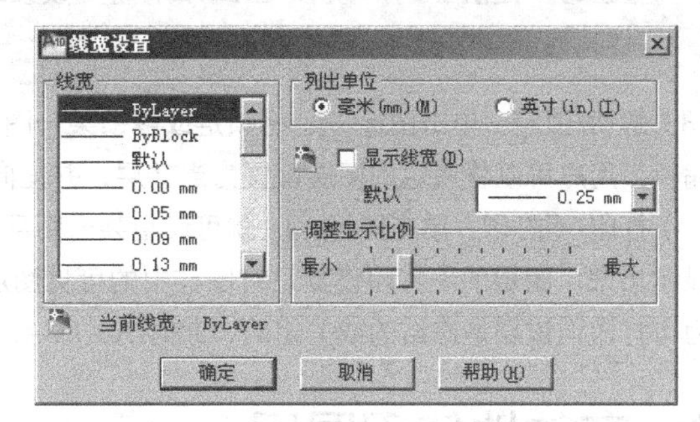

图 2-7 【线宽设置】对话框

8. 指定当前层。选中“建筑-墙线”，单击✔按钮，图层前出现绿色标记“√”，说明“建筑-墙线”变为当前层。

9. 关闭【图层特性管理器】对话框。单击【绘图】面板上的╱按钮，绘制任意几条线段，这些线条的颜色为黑色，线宽为 0.7mm。单击状态栏上的+按钮，使这些线条显示出线宽。

10. 设定“建筑-轴线”或“建筑-门窗”为当前层，绘制线段，观察效果。

要点提示 中心线及虚线中的短划线及空格大小可通过线型全局比例因子（LTSCALE）调整，详见 2.6.1 小节。

2.2 控制图层状态

图层状态主要包括打开与关闭、冻结与解冻、锁定与解锁、打印与不打印等，AutoCAD 用不同形式的图标表示这些状态。用户可通过【图层特性管理器】对话框或【图层】面板上的【图层控制】下拉列表对图层状态进行控制，如图 2-8 所示。

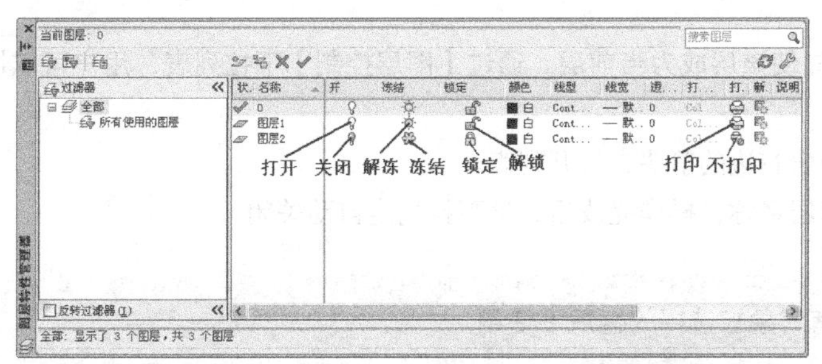

图 2-8 控制图层状态

下面对图层状态进行详细说明。

（1）打开/关闭：单击图标，将关闭或打开某一图层。打开的图层是可见的，而关闭的图层不可见，也不能被打印。当重新生成图形时，被关闭的图层将一起生成。

（2）解冻/冻结：单击图标，将冻结或解冻某一图层。解冻的图层是可见的，若冻结某个图层，则该层变为不可见，也不能被打印。当重新生成图形时，系统不再重新生成该图层上的对象，因而冻结一些图层后，可以加快 ZOOM、PAN 等命令和许多其他操作的运行速度。

要点提示 解冻一个图层将引起整个图形重新生成，而打开一个图层则不会导致这种现象发生（只是重画这个图层上的对象），因此如果需要频繁地改变图层的可见性，应关闭该图层而不应冻结。

（3）解锁/锁定：单击图标，将锁定或解锁某一图层。被锁定的图层是可见的，但图层上的对象不能被编辑。用户可以将锁定的图层设置为当前层，并能向它添加图形对象。

（4）打印/不打印：单击图标，就可设定某一图层是否打印。指定某层不打印后，该图层上的对象仍会显示出来。图层的不打印设置只对图样中的可见图层（图层是打开的并且是解冻的）有效。若图层被设为可打印但该层是冻结的或关闭的，此时 AutoCAD 不会打印该层。

2.3 有效地使用图层

控制图层的一种方法是单击【图层】面板上的按钮，打开【图层特性管理器】对话框，通过该对话框完成上述任务。此外，还有另一种更简捷的方法——使用【图层】面板上的【图层控制】下拉列表，如图 2-9 所示。该下拉列表包含了当前图形中的所有图层，并显示各层的状态图标。该列表主要包含以下 3 项功能。

- 切换当前图层。
- 设置图层状态。
- 修改已有对象所在的图层。

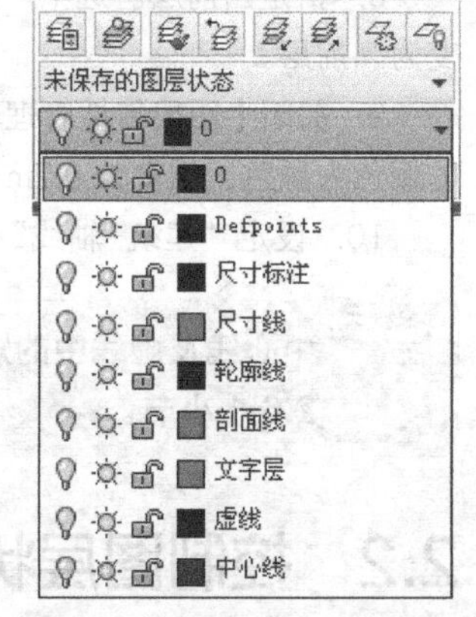

图 2-9 【图层控制】下拉列表

【图层控制】下拉列表有 3 种显示模式。

- 若用户没有选择任何图形对象，则该下拉列表显示当前图层。
- 若用户选择了一个或多个对象，而这些对象又同属一个图层，则该下拉列表显示该层。
- 若用户选择了多个对象，而这些对象又不属于同一层，则该下拉列表是空白的。

2.3.1 切换当前图层

要在某个图层上绘图，必须先使该层成为当前层。通过【图层控制】下拉列表，用户可以快速地切换当前层，方法如下。

1. 单击【图层控制】下拉列表右边的箭头，打开列表。
2. 选择欲设置成当前层的图层名称，操作完成后，该下拉列表自动关闭。

要点提示 此种方法只能在当前没有对象被选择的情况下使用。

切换当前图层的操作也可在【图层特性管理器】对话框中完成。在该对话框中选择某一图层，然后单击对话框左上角的✔按钮，则被选择的图层变为当前层。显然，此方法比前一种要烦琐一些。

要点提示 在【图层特性管理器】对话框中选择某一图层，然后单击鼠标右键，弹出快捷菜单，如图2-10所示。利用此菜单，用户可以设置当前层、新建图层或选择某些图层。

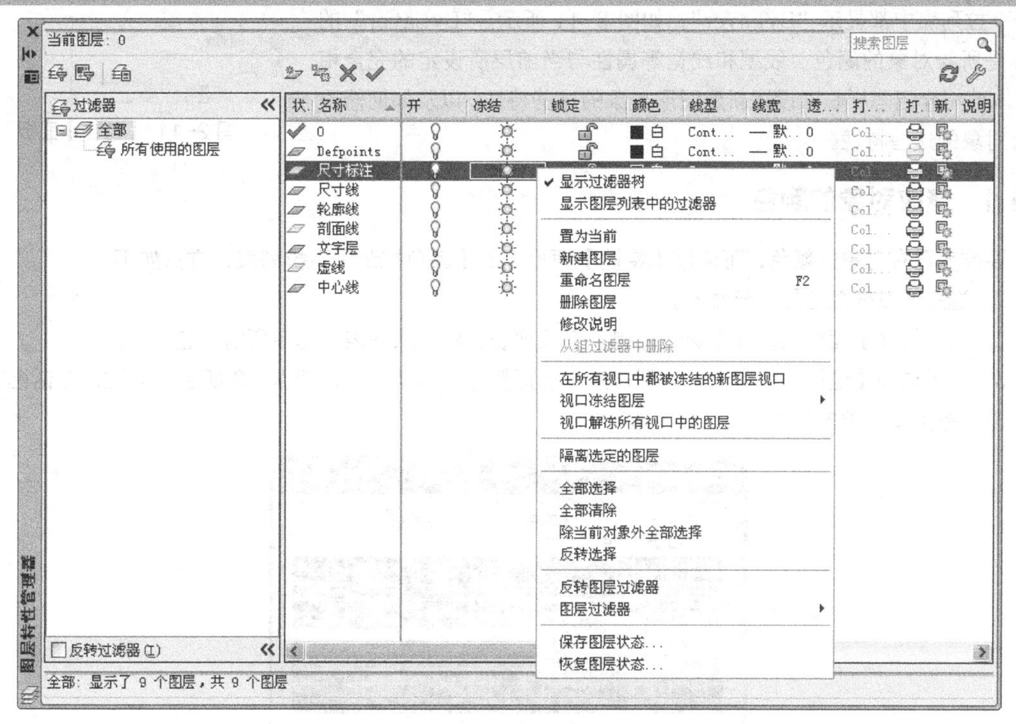

图2-10 弹出快捷菜单

2.3.2 使某一个图形对象所在的图层成为当前层

有两种方法可以将某个图形对象所在的图层修改为当前层。

（1）先选择图形对象，在【图层控制】下拉列表中将显示该对象所在的层，再按 Esc 键取消选择，然后通过【图层控制】下拉列表切换当前层。

（2）单击【图层】面板上的按钮，AutoCAD 提示"选择将使其图层成为当前图层的对象"，选择某个对象，则此对象所在的图层就成为当前层。显然，此方法更简捷一些。

2.3.3 修改图层状态

【图层控制】下拉列表中也显示了图层状态图标，单击图标就可以切换图层状态。在修改图层状态时，该下拉列表将保持打开状态，用户能一次在列表中修改多个图层的状态。修改完成后，单击列表框顶部将列表关闭。

2.3.4 修改已有对象的图层

如果用户想把某个图层上的对象修改到其他图层上，可先选择该对象，然后在【图层控制】下拉列表中选取目标图层名称。操作结束后，列表框自动关闭，被选择的图形对象转移到新的图层上。

2.4 改变对象的颜色、线型及线宽

用户通过【特性】面板可以方便地设置对象的颜色、线型及线宽等。默认情况下，该工具栏上的【颜色控制】、【线型控制】和【线宽控制】3 个下拉列表中都显示“ByLayer”，如图 2-11 所示。“ByLayer”的意思是所绘对象的颜色、线型和线宽等属性与当前层所设定的完全相同。本节将介绍怎样临时设置新建图形对象的这些特性，以及如何修改已有对象的这些特性。

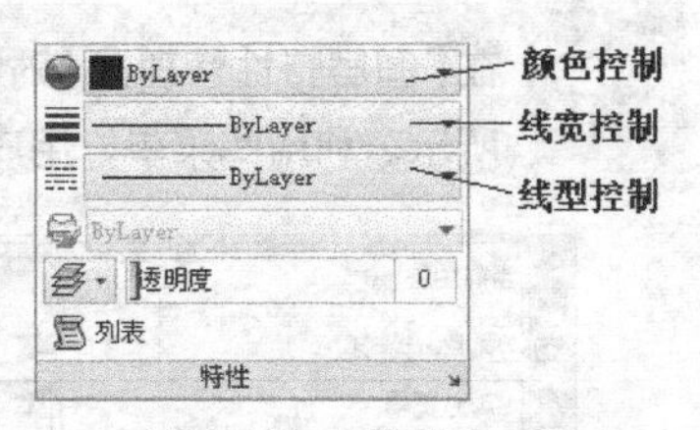

图 2-11 【特性】面板

2.4.1 修改对象的颜色

要改变已有对象的颜色，可通过【特性】面板上的【颜色控制】下拉列表，方法如下。

1. 选择要改变颜色的图形对象。
2. 在【特性】面板上打开【颜色控制】下拉列表，然后从列表中选择所需颜色。
3. 如果选择【选择颜色】选项，则打开【选择颜色】对话框，如图 2-12 所示。通过该对话框，用户可以选择更多种类的颜色。

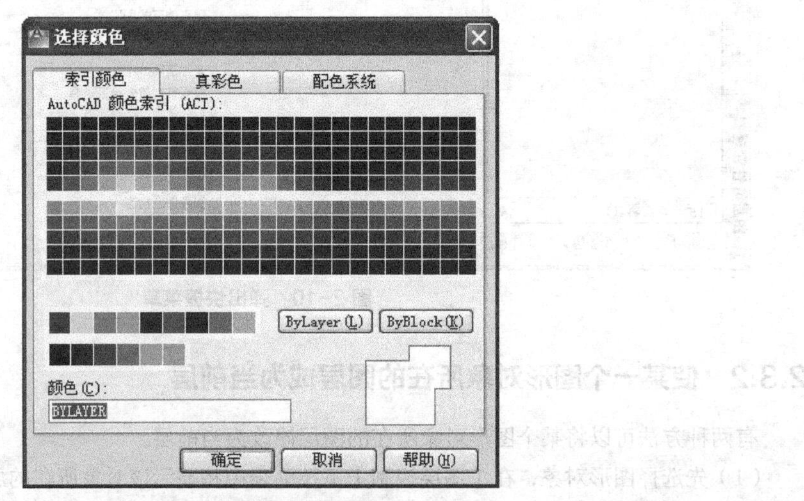

图 2-12 【选择颜色】对话框

2.4.2 设置当前颜色

默认情况下，用户在某一图层上创建的图形对象都将使用图层所设置的颜色。若想改变当前的颜色设置，可通过【特性】面板上的【颜色控制】下拉列表，具体步骤如下。

1. 打开【特性】面板上的【颜色控制】下拉列表，从列表中选择一种颜色。
2. 当选择【选择颜色】选项时，AutoCAD 弹出【选择颜色】对话框，如图 2-12 所示。在该对话框中用户可进行更多选择。

2.4.3 修改已有对象的线型或线宽

修改已有对象线型、线宽的方法与改变对象颜色的方法类似，具体步骤如下。

1. 选择要改变线型的图形对象。

2. 在【特性】面板上打开【线型控制】下拉列表，从列表中选择所需的线型。

3. 选择该列表的【其他】选项，则打开【线型管理器】对话框，如图 2-13 所示。在该对话框中，用户可选择一种或更多种线型进行加载。

要点提示 用户可以利用【线型管理器】对话框中的 删除 按钮来删除未被使用的线型。

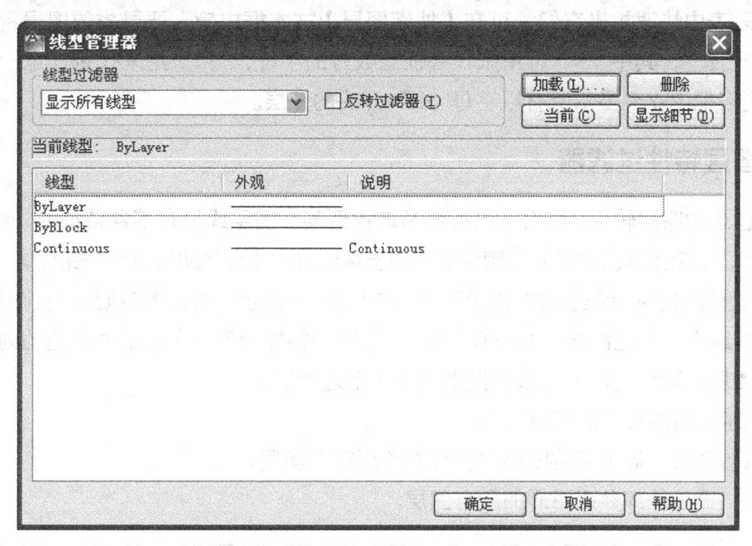

图 2-13 【线型管理器】对话框

4. 单击【线型管理器】对话框右上角的 加载(L)... 按钮，打开【加载或重载线型】对话框，如图 2-5 所示。该对话框列出了当前线型库文件中的所有线型，用户可在列表框中选择一种或几种所需的线型，再单击 确定 按钮，这些线型就被加载到 AutoCAD 中。

5. 修改线宽也是利用【线宽控制】下拉列表，步骤与上述类似，这里不再赘述。

2.4.4 设置当前线型或线宽

默认情况下，绘制的对象采用当前图层所设置的线型、线宽。若要使用其他种类的线型、线宽，则必须改变当前线型、线宽的设置，方法如下。

1. 打开【特性】面板上的【线型控制】下拉列表，从列表中选择一种线型。

2. 若选择【其他】选项，则弹出【线型管理器】对话框，如图 2-13 所示。用户可在该对话框中选择所需线型或加载更多种类的线型。

3. 单击【线型管理器】对话框右上角的 加载(L)... 按钮，打开【加载或重载线型】对话框，如图 2-5 所示。该对话框列出了当前线型库文件中的所有线型，用户可在列表框中选择一种或几种所需的线型，再单击 确定 按钮，这些线型就被加载到 AutoCAD 中。

4. 在【线宽控制】下拉列表中可以方便地改变当前线宽的设置，步骤与上述类似，这里不再赘述。

2.5 管理图层

管理图层主要包括排序图层、显示所需的一组图层、删除不再使用的图层和重新命名图层等，下面分别进行介绍。

2.5.1 排序图层及按名称搜索图层

在【图层特性管理器】对话框的列表框中可以很方便地对图层进行排序。单击列表框顶部的【名称】标题，AutoCAD 就将所有图层按字母顺序排列出来；再次单击此标题，排列顺序就会颠倒过来。单击列表框顶部的其他标题，也有类似的作用。

假设有几个图层名称均以某一字母开头，如 D-wall、D-door、D-window 等，若想从【图层特性管理器】对话框的列表中快速找出它们，可在【搜索图层】文本框中输入要寻找的图层名称，名称中可包含通配符“*”和“？”，其中“*”可用来代替任意数目的字符，“？”用来代替任意一个字符。例如，输入“D*”，则列表框中立刻显示所有以字母“D”开头的图层。

2.5.2 使用图层特性过滤器

如果图样中包含的图层较少，那么可以很容易地找到某个图层或具有某种特征的一组图层，但当图层数目达到几十个时，这项工作就变得相当困难了。图层特性过滤器可帮助用户轻松完成这一任务，该过滤器显示在【图层特性管理器】对话框左边的树状图中，如图 2-14 所示。树状图表明了当前图形中所有过滤器的层次结构，用户选中一个过滤器，AutoCAD 就在【图层特性管理器】对话框右边的列表框中列出满足过滤条件的所有图层。默认情况下，系统提供以下 3 个过滤器。

- 全部：显示当前图形中的所有图层。
- 所有使用的图层：显示当前图形中所有对象所在的图层。
- 外部参照：显示外部参照图形的所有图层。

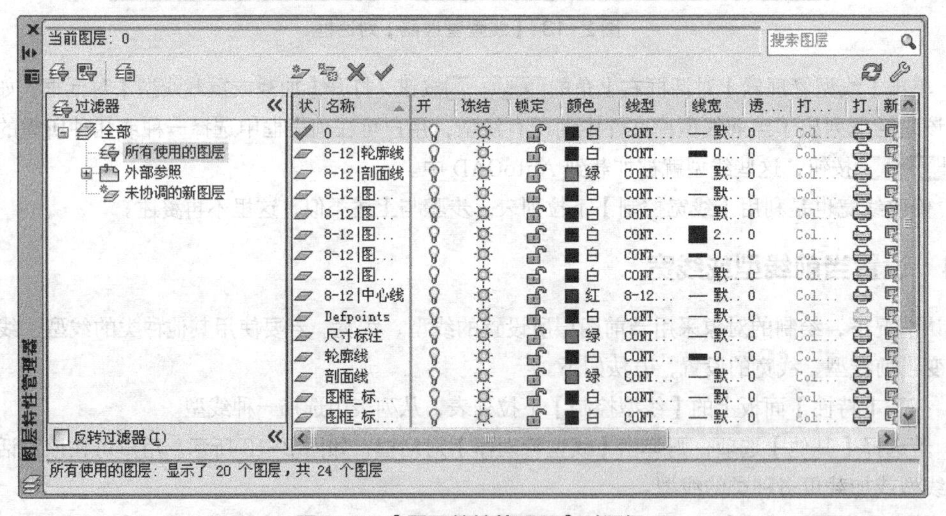

图 2-14 【图层特性管理器】对话框

【练习 2-2】 创建及使用图层特性过滤器。

1. 打开素材文件“dwg\第 2 章\2-2.dwg”。

2. 单击【图层】面板上的按钮，打开【图层特性管理器】对话框，单击该对话框左上角的按钮，打开【图层过滤器特性】对话框，如图 2-15 所示。

3. 在【过滤器名称】文本框中输入新过滤器的名称“名称和颜色过滤器”。

4. 在【过滤器定义】列表框的【名称】列中输入“no*”，在【颜色】列中选择红色，则符合这两个过滤条件的 3 个图层被显示在【过滤器预览】列表框中，如图 2-15 所示。

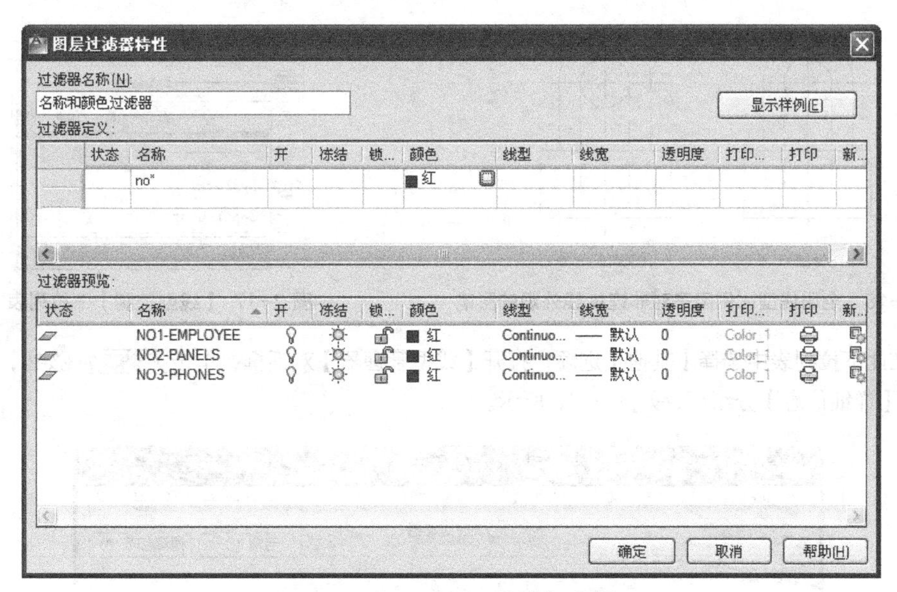

图 2-15 【图层过滤器特性】对话框

5. 单击确定按钮，返回【图层特性管理器】对话框。在该对话框左边的树状图中选择新建过滤器，此时右边列表框中列出所有满足过滤条件的图层。

2.5.3 删除图层

删除无用图层的方法是在【图层特性管理器】对话框中选择图层名称，然后单击按钮，但当前层、0 层、定义点层（Defpoints）及包含图形对象的层不能被删除。

2.5.4 重新命名图层

良好的图层命名将有助于用户对图样进行管理。要重新命名一个图层，可打开【图层特性管理器】对话框，先选中要修改的图层名称，该名称周围出现一个白色矩形框，在矩形框内单击一点，图层名称被高亮显示。此时，用户可输入新的图层名称，输入完成后，按 Enter 键结束。

2.6 修改非连续线型外观

非连续线型是由短横线、空格等构成的重复图案，图案中短线长度、空格大小是由线型比例来控制的。用户绘图时常会遇到以下情况，本来想画虚线或点划线，但最终绘制出的线型看上去却和连续线一样，其原因是线型比例设置得太大或太小。

2.6.1 改变全局线型比例因子以修改线型外观

系统变量 LTSCALE 用于控制线型的全局比例因子，它将影响图样中所有非连续线型的外观，其值增加时，将使非连续线中的短横线及空格加长。否则，会使它们缩短。当用户修改全局比例因子后，AutoCAD 将重新生成图形，并使所有非连续线型发生变化。图 2-16 显示了使用不同比例因子时非连续线型的外观。

改变全局比例因子的方法如下。

1. 打开【特性】面板上的【线型控制】下拉列表，如图 2-17 所示。

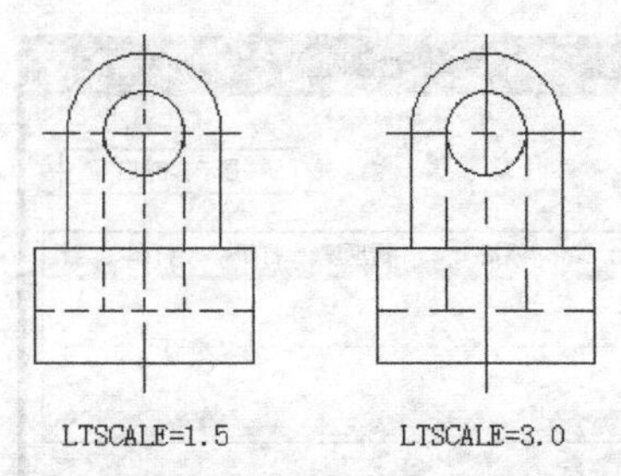

图 2-16 全局线型比例因子对非连续线外观的影响

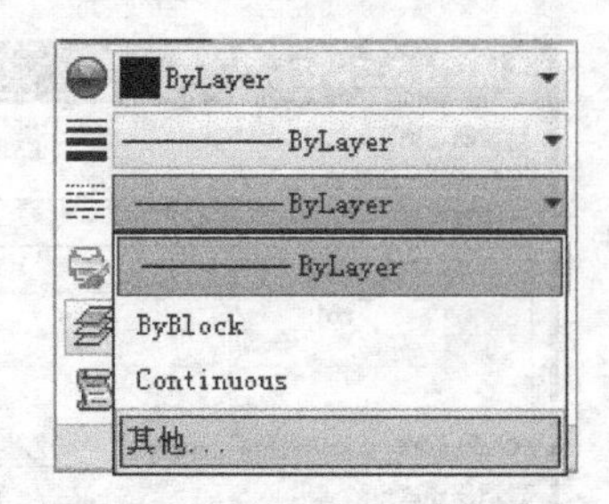

图 2-17 【线型控制】下拉列表

2. 在此下拉列表中选择【其他】选项，打开【线型管理器】对话框，单击显示细节(D)按钮，该对话框底部出现【详细信息】分组框，如图 2-18 所示。

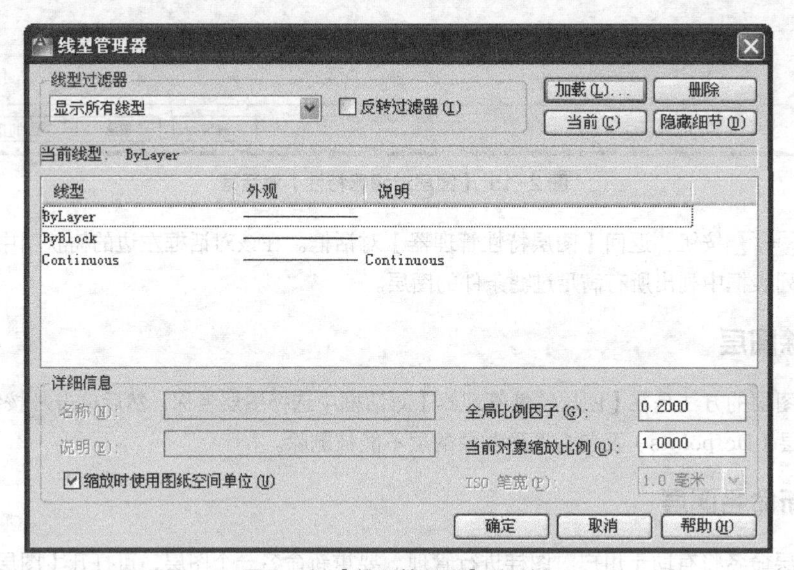

图 2-18 【线型管理器】对话框

3. 在【详细信息】分组框的【全局比例因子】文本框中输入新的比例值。

2.6.2 改变当前对象线型比例

有时用户需要为不同对象设置不同的线型比例，为此，就需单独控制对象的比例因子。当前对象线型比例是由系统变量 CELTSCALE 来设定的，调整该值后新绘制的非连续线型均会受到它的影响。

默认情况下，CELTSCALE=1，该因子与 LTSCALE 同时作用在线型对象上。例如，将 CELTSCALE 设置为 4，LTSCALE 设置为 0.5，则 AutoCAD 在最终显示线型时采用的缩放比例将为 2，即最终显示比例=CELTSCALE×LTSCALE。图 2-19 所示的是 CELTSCALE 分别为 1、2 时虚线及中心线的外观。

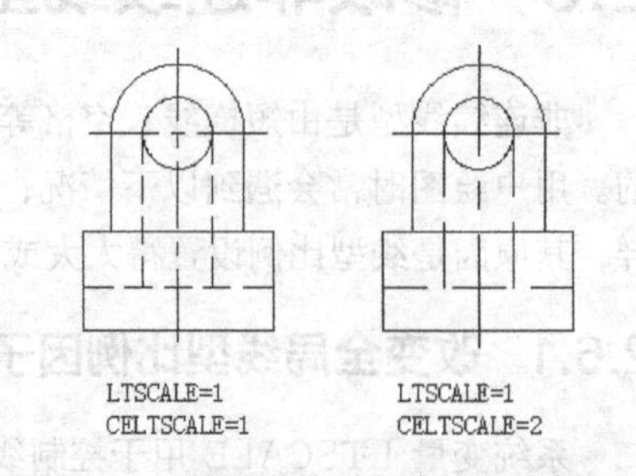

图 2-19 设置当前对象的线型比例因子

设置当前线型比例因子的方法与设置全局比例因子的方法类似，具体步骤请参见 2.6.1 节。该比例因子也是在【线型管理器】对话框中设定，如图 2-18 所示。用户可在该对话框的【当前对象缩放比例】文本框中输入新比例值。

2.6.3 上机练习——使用图层及修改线型比例

【练习 2-3】 这个练习的内容包括创建图层、改变图层状态、将图形对象修改到其他图层上及修改线型比例等。

1. 打开素材文件“dwg\第 2 章\2-3.dwg”。

2. 创建以下图层。

图层	颜色	线型	线宽
建筑-标注	绿色	Continuous	默认
建筑-地坪	白色	Continuous	1.0

3. 关闭“建筑-轮廓”“建筑-装饰”及“建筑-窗洞”层，将尺寸标注及地坪线分别修改到“建筑-标注”及“建筑-地坪”层上。

4. 修改全局线型比例因子为 100，然后打开“建筑-轮廓”“建筑-装饰”及“建筑-窗洞”层。

5. 将建筑轮廓线的线宽修改为 0.7。

2.7 习题

1. 思考题。

（1）绘制建筑图时，为便于图形信息的管理，可创建哪些图层？

（2）与图层相关联的属性项目有哪些？

（3）试说明以下图层的状态。

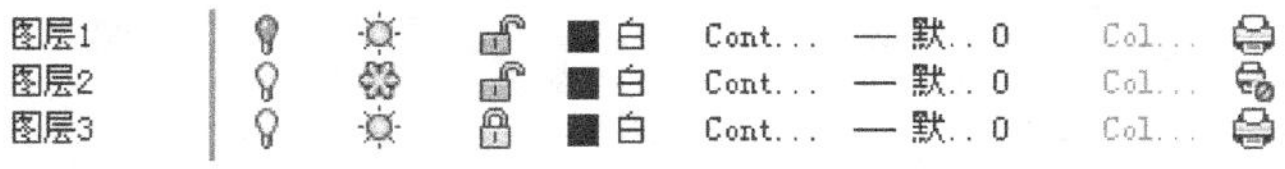

图层1				■白	Cont...	— 默.. 0	Col...	
图层2				■白	Cont...	— 默.. 0	Col...	
图层3				■白	Cont...	— 默.. 0	Col...	

（4）如果想知道图形对象在哪个图层上，应如何操作？

（5）怎样快速地在图层间进行切换？

（6）如何将某图形对象修改到其他图层上？

（7）怎样快速修改对象的颜色、线型和线宽等属性？

（8）试说明系统变量 LTSCALE 及 CELTSCALE 的作用。

2. 下面这个练习的内容包括创建图层、控制图层状态、将图形对象修改到其他图层上及改变对象的颜色及线型等。

（1）打开素材文件“dwg\第 2 章\2-4.dwg”。

（2）创建以下图层。

名称	颜色	线型	线宽
建筑-轴线	蓝色	Center	默认
建筑-墙线	白色	Continuous	0.7
建筑-门窗	红色	Continuous	默认
建筑-楼梯	白色	Continuous	默认
建筑-标注	绿色	Continuous	默认

（3）将图形中的轴线、标注、墙体、门窗及楼梯等修改到对应图层上。

（4）通过【特性】面板上的【颜色控制】下拉列表把楼梯的颜色修改为蓝色。

（5）通过【特性】面板上的【线型控制】下拉列表将墙体线的线型修改为 Dashed。

（6）修改全局线型比例因子为 1000。

（7）将墙体线的线宽修改为 1.0mm。

（8）关闭或冻结“建筑-标注”层。

3. 以下练习内容包括修改图层名称、利用图层特性过滤器查找图层。

（1）打开素材文件“dwg\第 2 章\2-5.dwg”。

（2）找到图层“LIGHT”及“DIMENSIONS”，将图层名称分别改为“照明”“尺寸标注”。

（3）创建图层特性过滤器，利用该过滤器查找所有颜色为黄色的图层，将这些图层锁定，并将颜色改为红色。

PART 03

第3章

基本绘图及编辑（一）

■ 本章主要介绍线段、平行线、圆和圆弧的绘制及编辑方法，并给出了相应的平面绘图练习。

学习目标：

学会通过输入点的绝对坐标或相对坐标画线 ■

掌握结合对象捕捉、极轴追踪及自动追踪功能画线的方法 ■

熟练绘制平行线及任意角度斜线 ■

掌握修剪、打断线条及调整线条长度的方法 ■

能够画圆、圆弧连接及圆的切线 ■

学会如何倒圆角及倒角 ■

掌握移动及复制对象的方法 ■

3.1 绘制线段的方法

本节主要内容包括通过输入相对坐标画线、捕捉几何点、修剪线条及延伸线条等。

3.1.1 通过输入点的坐标绘制线段

LINE 命令可用于在二维或三维空间中创建线段。发出命令后，用户通过鼠标光标指定线段的端点或利用键盘输入端点坐标，AutoCAD 就将这些点连接成线段。

常用的点坐标形式如下。

- 绝对直角坐标或相对直角坐标。绝对直角坐标的输入格式为“*X*，*Y*”，相对直角坐标的输入格式为“@*X*，*Y*”。*X* 表示点的 *x* 坐标值，*Y* 表示点的 *y* 坐标值，两个坐标值之间用“，”号分隔开。例如：(-60，30)、(40，70) 分别表示图 3-1 中的 *A*、*B* 点。
- 绝对极坐标或相对极坐标。绝对极坐标的输入格式为“*R*<*α*”，相对极坐标的输入格式为“@*R*<*α*”。*R* 表示点到原点的距离，*α* 表示极轴方向与 *x* 轴正向间的夹角。若从 *x* 轴正向逆时针旋转到极轴方向，则 α 角为正；否则，*α* 角为负。例如：(70<120)、(50<-30) 分别表示图 3-1 中的 *C*、*D* 点。

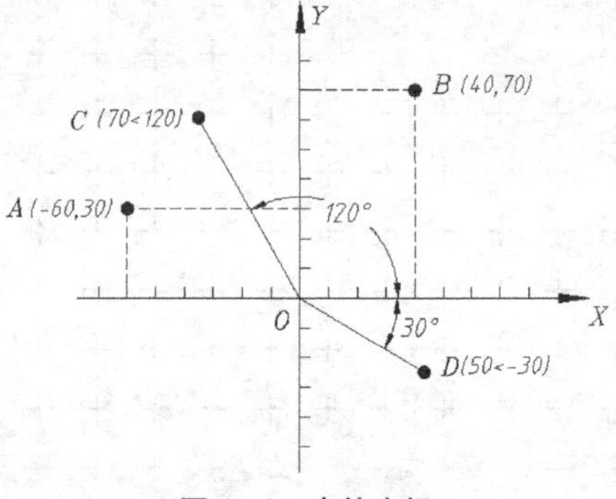

图 3-1 点的坐标

画线时若只输入“<*α*”，而不输入“*R*”，则表示沿 *α* 角度方向绘制任意长度的直线，这种画线方式称为角度覆盖方式。

一、命令启动方法

- 菜单命令：【绘图】/【直线】。
- 面板：【常用】选项卡中【绘图】面板上的按钮。
- 命令：LINE 或简写 L。

【练习 3-1】图形左下角点的绝对坐标及图形尺寸如图 3-2 所示，下面用 LINE 命令绘制此图形。

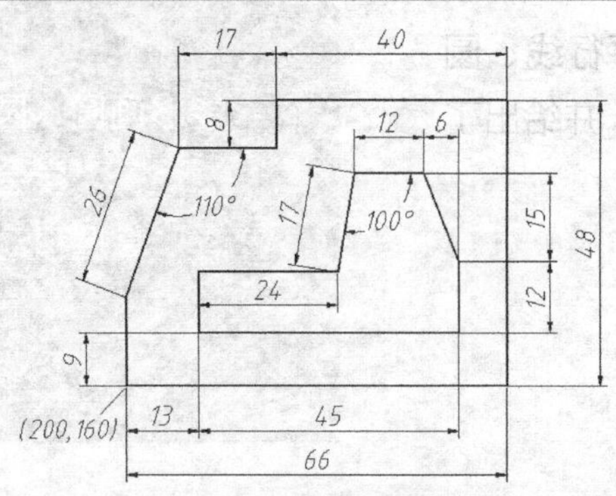

图 3-2 通过输入点的坐标画线

1. 设定绘图区域大小为 80×80，该区域左下角点的坐标为 (190，150)，右上角点的相对坐标为 (@80，80)。双击鼠标滚轮，使绘图区域充满整个图形窗口。

2. 单击【绘图】面板上的按钮或输入命令代号 LINE，启动画线命令。

```
命令: _line 指定第一点: 200,160          //输入A点的绝对直角坐标，如图3-3所示
```

```
指定下一点或 [放弃(U)]: @66,0                        //输入B点的相对直角坐标
指定下一点或 [放弃(U)]: @0,48                        //输入C点的相对直角坐标
指定下一点或 [闭合(C)/放弃(U)]: @-40,0               //输入D点的相对直角坐标
指定下一点或 [闭合(C)/放弃(U)]: @0,-8                //输入E点的相对直角坐标
指定下一点或 [闭合(C)/放弃(U)]: @-17,0               //输入F点的相对直角坐标
指定下一点或 [闭合(C)/放弃(U)]: @26<-110             //输入G点的相对极坐标
指定下一点或 [闭合(C)/放弃(U)]: c                    //使线框闭合
```

结果如图 3-3 所示。

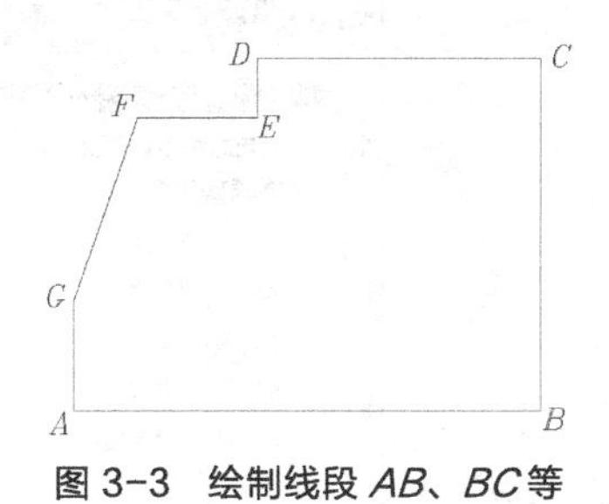

图 3-3　绘制线段 *AB*、*BC* 等

3. 绘制图形的其余部分。

二、命令选项

- 指定第一点：在此提示下，用户需指定线段的起始点，若此时按 Enter 键，则 AutoCAD 将以上一次所绘制线段或圆弧的终点作为新线段的起点。
- 指定下一点：在此提示下，用户需输入线段的端点，按 Enter 键后，AutoCAD 继续提示“指定下一点”，用户可输入下一个端点。若在“指定下一点”提示下按 Enter 键，则命令结束。
- 放弃（U）：在“指定下一点”提示下，输入字母“U”，将删除上一条线段，多次输入“U”，则会删除多条线段。该选项可以用于及时纠正绘图过程中的错误。
- 闭合（C）：在“指定下一点”提示下，输入字母“C”，AutoCAD 将使连续折线自动封闭。

3.1.2　使用对象捕捉精确绘制线段

用 LINE 命令绘制线段的过程中，可启动对象捕捉功能，以拾取一些特殊的几何点，如端点、圆心、切点等。【对象捕捉】工具栏中包含了各种对象捕捉工具，其中常用捕捉工具的功能及命令代号如表 3-1 所示。

表 3-1　对象捕捉工具及代号

捕捉按钮	代号	功能
	FROM	正交偏移捕捉。先指定基点，再输入相对坐标来确定新点
	END	捕捉端点
	MID	捕捉中点
	INT	捕捉交点
	EXT	捕捉延伸点。从线段端点开始沿线段方向捕捉一点
	CEN	捕捉圆、圆弧及椭圆的中心
	QUA	捕捉圆、椭圆的 0°、90°、180°或 270°处的点——象限点
	TAN	捕捉切点
	PER	捕捉垂足
	PAR	平行捕捉。先指定线段起点，再利用平行捕捉绘制平行线
无	M2P	捕捉两点间连线的中点

【练习 3-2】 打开素材文件“dwg\第 3 章\3-2.dwg”，如图 3-4 左图所示，使用 LINE 命令将左图修改为右图。

1. 单击状态栏上的□按钮，打开自动捕捉方式。在此按钮上单击鼠标右键，弹出快捷菜单，选择【设置】命令，打开【草图设置】对话框，在该对话框的【对象捕捉】选项卡中设置自动捕捉类型为【端点】【中点】及【交点】，如图 3-5 所示。

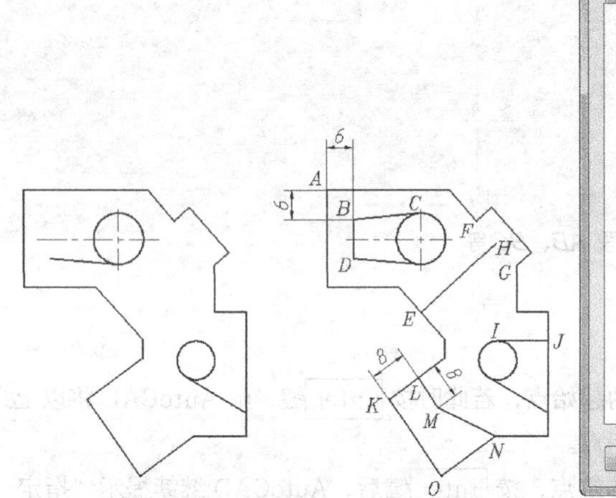

图 3-4 捕捉几何点

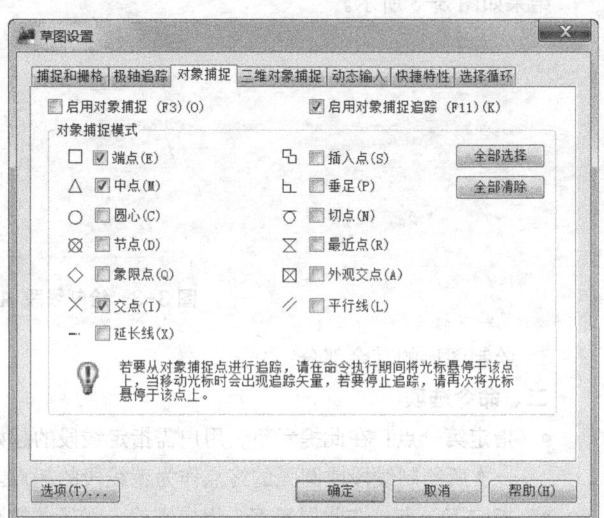

图 3-5 【草图设置】对话框

2. 绘制线段 BC、BD。B 点的位置用正交偏移捕捉确定。

命令：_line 指定第一点：from //输入正交偏移捕捉代号“FROM”，按Enter键
基点： //将鼠标光标移动到A点处，AutoCAD自动捕捉该点，单击鼠标左键确认
<偏移>：@6,-6 //输入B点的相对坐标
指定下一点或 [放弃(U)]：tan到 //输入切点捕捉代号“TAN”并按Enter键，捕捉切点C
指定下一点或 [放弃(U)]： //按Enter键结束
命令： //重复命令
LINE 指定第一点： //自动捕捉端点B
指定下一点或 [放弃(U)]： //自动捕捉端点D
指定下一点或 [放弃(U)]： //按Enter键结束

结果如图 3-4 右图所示。

3. 绘制线段 EH、IJ。

命令：_line 指定第一点： //自动捕捉中点E
指定下一点或 [放弃(U)]：m2p //输入捕捉代号“M2P”，按Enter键
中点的第一点： //自动捕捉端点F
中点的第二点： //自动捕捉端点G
指定下一点或 [放弃(U)]： //按Enter键结束
命令： //重复命令
LINE 指定第一点：qua于 //输入象限点捕捉代号“QUA”，捕捉象限点I
指定下一点或 [放弃(U)]：per到 //输入垂足捕捉代号“PER”，捕捉垂足J
指定下一点或 [放弃(U)]： //按Enter键结束

结果如图 3-4 右图所示。

4. 绘制线段 LM、MN。

```
命令: _line 指定第一点: EXT          //输入延伸点捕捉代号“EXT”并按Enter键
于 8                                  //从K点开始沿线段进行追踪，输入L点与K点的距离
指定下一点或 [放弃(U)]: PAR           //输入平行偏移捕捉代号“PAR” 并按Enter键
到 8                                  //将鼠标光标从线段KO处移动到LM处，再输入LM线段的长度
指定下一点或 [放弃(U)]:               //自动捕捉端点N
指定下一点或 [闭合(C)/放弃(U)]:       //按Enter键结束
```

结果如图 3-4 右图所示。

调用对象捕捉功能的方法有以下 3 种。

（1）绘图过程中，当 AutoCAD 提示输入一个点时，用户可单击捕捉按钮或输入捕捉命令代号来启动对象捕捉，然后将鼠标光标移动到要捕捉的特征点附近，AutoCAD 就自动捕捉该点。

（2）利用快捷菜单。用户发出 AutoCAD 命令后，按下 Shift 键并单击鼠标右键，在弹出的快捷菜单中选择捕捉何种类型的点。

（3）前面所述的捕捉方式仅对当前操作有效，命令结束后，捕捉模式自动关闭，这种捕捉方式称为覆盖捕捉方式。除此之外，用户还可以采用自动捕捉方式来定位点，按下状态栏上的□按钮，就可以打开此方式。

3.1.3 利用正交模式辅助绘制线段

单击状态栏上的∟按钮，可打开正交模式。在正交模式下，鼠标光标只能沿水平或竖直方向移动。画线时若同时打开该模式，则只需输入线段的长度值，AutoCAD 就自动绘制出水平或竖直线段。

当调整水平或竖直方向线段的长度时，可利用正交模式限制鼠标光标的移动方向。选择线段，线段上出现关键点（实心矩形点），选中端点处的关键点后，移动鼠标光标，AutoCAD 就沿水平或竖直方向改变线段的长度。

3.1.4 结合对象捕捉、极轴追踪及自动追踪功能绘制线段

首先简要说明 AutoCAD 极轴追踪及自动追踪功能，然后通过练习掌握它们。

一、极轴追踪

打开极轴追踪功能并启动 LINE 命令后，鼠标光标就沿用户设定的极轴方向移动，AutoCAD 在该方向上显示一条追踪辅助线及光标点的极坐标值，如图 3-6 所示。输入线段的长度后，按 Enter 键，就绘制出指定长度的线段。

二、自动追踪

自动追踪是指 AutoCAD 从一点开始自动沿某一方向进行追踪，追踪方向上将显示一条追踪辅助线及光标点的极坐标值。输入追踪距离，按 Enter 键，就确定新的点。在使用自动追踪功能时，必须打开对象捕捉。AutoCAD 首先捕捉一个几何点作为追踪参考点，然后沿水平方向、竖直方向或设定的极轴方向进行追踪，如图 3-7 所示。

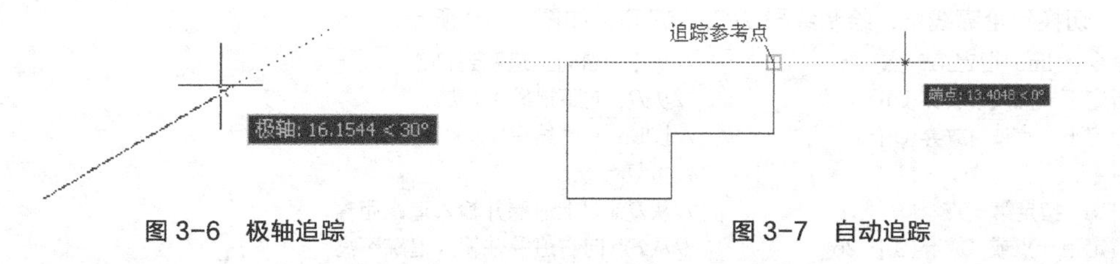

图 3-6 极轴追踪　　图 3-7 自动追踪

【练习 3-3】打开素材文件“dwg\第 3 章\3-3.dwg”，如图 3-8 左图所示，用 LINE 命令并结合极轴追踪、对象捕捉及自动追踪功能将左图修改为右图。

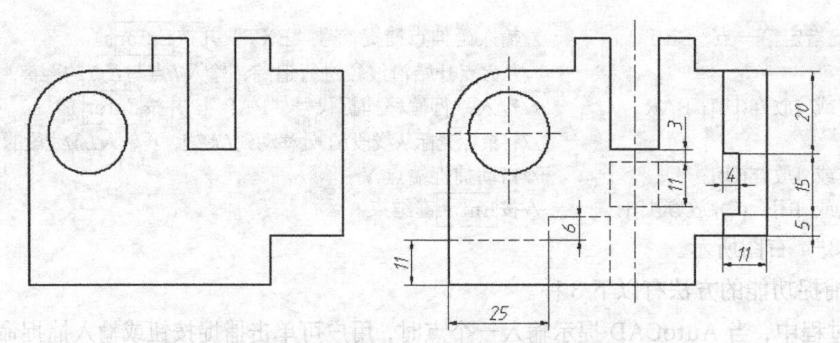

图 3-8　利用极轴追踪、对象捕捉及自动追踪功能画线

1. 打开对象捕捉功能，设置自动捕捉类型为“端点”“中点”“圆心”及“交点”，再设定线型全局比例因子为“0.2”。

2. 在状态栏的按钮上单击鼠标右键，在弹出的快捷菜单中选择【设置】命令，打开【草图设置】对话框，进入【极轴追踪】选项卡，在该选项卡的【增量角】下拉列表中设定极轴角增量为“90”，如图 3-9 所示。此后，若用户打开极轴追踪功能画线，则鼠标光标将自动沿 0°、90°、180°及 270°方向进行追踪。再输入线段长度值，AutoCAD 就在该方向上画出线段。最后单击确定按钮，关闭【草图设置】对话框。

图 3-9 【草图设置】对话框

3. 单击状态栏上的、及按钮，打开极轴追踪、对象捕捉及自动追踪功能。

4. 切换到轮廓线层，绘制线段 BC、EF 等，如图 3-10 所示。

```
命令: _line 指定第一点:                    //从中点A向上追踪到B点
指定下一点或 [放弃(U)]:                    //从B点向下追踪到C点
指定下一点或 [放弃(U)]:                    //按Enter键结束
命令:                                      //重复命令
LINE 指定第一点: 11                        //从D点向上追踪并输入追踪距离
指定下一点或 [放弃(U)]: 25                 //从E点向右追踪并输入追踪距离
指定下一点或 [放弃(U)]: 6                  //从F点向上追踪并输入追踪距离
指定下一点或 [闭合(C)/放弃(U)]:            //从G点向右追踪并以I点为追踪参考点确定H点
```

```
指定下一点或 [闭合(C)/放弃(U)]:        //从H点向下追踪并捕捉交点J
指定下一点或 [闭合(C)/放弃(U)]:        //按Enter键结束
```

结果如图 3-10 所示。

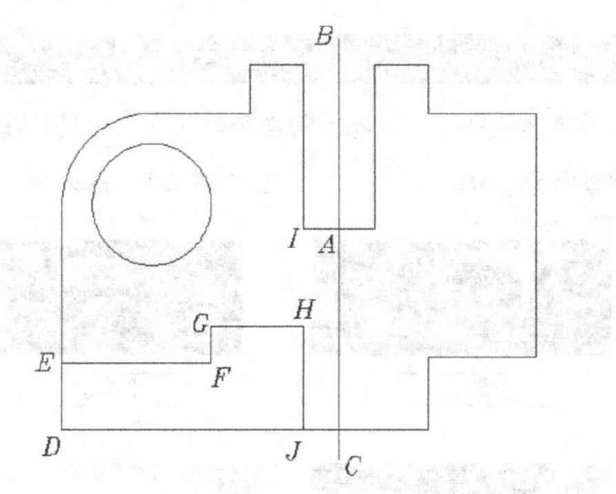

图 3-10　绘制线段 *BC*、*EF* 等

5. 绘制图形的其余部分，然后修改某些对象所在的图层。

3.1.5　利用动态输入及动态提示功能画线

按下状态栏上的按钮，可打开动态输入及动态提示功能。

一、动态输入

动态输入包含以下两项功能。

- 指针输入：在鼠标光标附近的信息提示栏中显示点的坐标值。默认情况下，第一点显示为绝对直角坐标，第二点及后续点显示为相对极坐标值。用户可在信息栏中输入新坐标值来定位点，输入坐标时，先在第一个框中输入数值，再按 Tab 键进入下一框中继续输入数值。每次切换坐标框时，前一框中的数值将被锁定，框中显示图标。
- 标注输入：在鼠标光标附近显示线段的长度及角度，按 Tab 键可在长度及角度值间切换，并可输入新的长度及角度值。

二、动态提示

在鼠标光标附近显示命令提示信息，用户可直接在信息栏（而不是在命令行）中输入所需的命令参数。若命令有多个选项，信息栏中将出现图标，按向下的箭头键，弹出菜单，菜单上显示命令所包含的选项，用鼠标选择其中之一就执行相应的功能。

【练习 3-4】 打开动态输入及动态提示功能，用 LINE 命令绘制图 3-11 所示的图形。

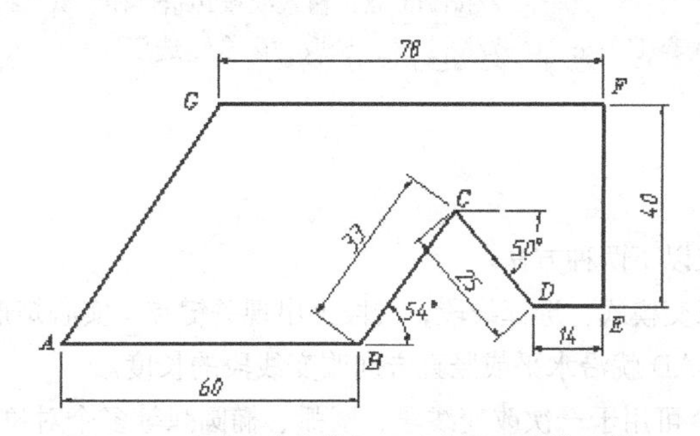

图 3-11　利用动态输入及动态提示功能画线

1. 用鼠标右键单击状态栏上的按钮，弹出快捷菜单，选取【设置】选项，打开【草图设置】对话框，进入【动态输入】选项卡，选中【启用指针输入】【可能时启用标注输入】【在十字光标附近显示命令提示和命令输入】及【随命令提示显示更多提示】复选项，如图 3-12 所示。

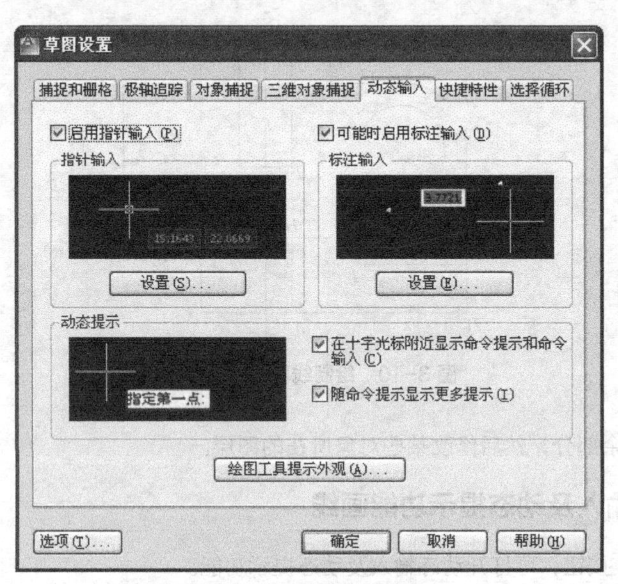

图 3-12 【草图设置】对话框

2. 按下按钮，打开动态输入及动态提示。键入 LINE 命令，AutoCAD 提示如下。

```
命令: _line 指定第一点: 260,120          //输入A点的x坐标值
                                        //按Tab键，输入A点的y坐标值，按Enter键
指定下一点或 [放弃(U)]: 0                //输入线段AB的长度60
                                        //按Tab键，输入线段AB的角度0°，按Enter键
指定下一点或 [放弃(U)]: 54               //输入线段BC的长度33
                                        //按Tab键，输入线段BC的角度54°，按Enter键
指定下一点或 [闭合(C)/放弃(U)]: 50       //输入线段CD的长度25
                                        //按Tab键，输入线段CD的角度50°，按Enter键
指定下一点或 [闭合(C)/放弃(U)]: 0        //输入线段DE的长度14
                                        //按Tab键，输入线段DE的角度0°，按Enter键
指定下一点或 [闭合(C)/放弃(U)]: 90       //输入线段EF的长度40
                                        //按Tab键，输入线段EF的角度90°，按Enter键
指定下一点或 [闭合(C)/放弃(U)]: 180      //输入线段FG的长度78
                                        //按Tab键，输入线段FG的角度180°，按Enter键
指定下一点或 [闭合(C)/放弃(U)]: c        //按↓键，选取"闭合"选项
```

结果如图 3-11 所示。

3.1.6 调整线条长度

调整线条长度，可采取以下两种方法。

（1）打开极轴追踪或正交模式，选择线段，线段上出现关键点（实心矩形点）。选中端点处的关键点后，移动鼠标光标，AutoCAD 就沿水平或竖直方向改变线段的长度。

（2）LENGTHEN 命令可用于一次改变线段、圆弧、椭圆弧等多个对象的长度。使用此命令时，经常采用的选项是【动态】，即直观地拖动对象来改变其长度。

一、命令启动方法

- 菜单命令：【修改】/【拉长】。
- 面板：【常用】选项卡中【修改】面板上的按钮。
- 命令：LENGTHEN 或简写 LEN。

【练习 3-5】打开素材文件“dwg\第 3 章\3-5.dwg”，如图 3-13 左图所示，用 LENGTHEN 等命令将左图修改为右图。

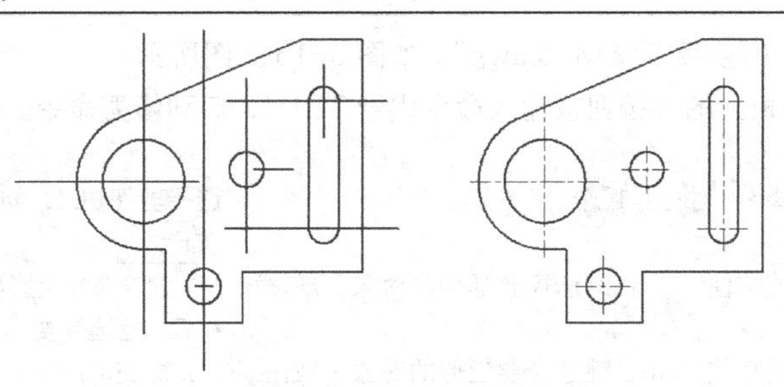

图 3-13 调整线条长度

1. 用 LENGTHEN 命令调整线段 *A*、*B* 的长度，如图 3-14 所示。

```
命令: _lengthen
选择对象或 [增量(DE)/百分数(P)/全部(T)/动态(DY)]: dy
                                          //使用“动态(DY)”选项
选择要修改的对象或 [放弃(U)]:               //在线段A的上端选中对象
指定新端点:                                 //向下移动鼠标光标，单击一点
选择要修改的对象或 [放弃(U)]:               //在线段B的上端选中对象
指定新端点:                                 //向下移动鼠标光标，单击一点
选择要修改的对象或 [放弃(U)]:               //按Enter键结束
```

结果如图 3-14 右图所示。

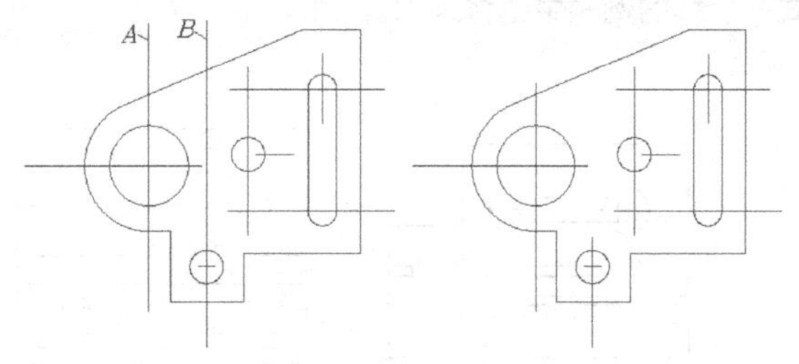

图 3-14 调整线段 *A*、*B* 的长度

2. 用 LENGTHEN 命令调整其他定位线的长度，然后将定位线修改到中心线层上。

二、命令选项

- 增量（DE）：以指定的增量值改变线段或圆弧的长度。对于圆弧，还可通过设定角度增量改变其长度。
- 百分数（P）：以对象总长度的百分比形式改变对象长度。
- 全部（T）：通过指定线段或圆弧的新长度来改变对象总长。
- 动态（DY）：拖动鼠标光标就可以动态地改变对象长度。

3.1.7 剪断线条

使用 TRIM 命令可将多余线条修剪掉。启动该命令后，用户首先指定一个或几个对象作为剪切边（可

以想象为剪刀），然后选择被修剪的部分。

一、命令启动方法

- 菜单命令：【修改】/【修剪】。
- 面板：【常用】选项卡中【修改】面板上的 按钮。
- 命令：TRIM 或简写 TR。

【练习 3-6】 使用 TRIM 命令，将图 3-15 左图修改为右图。

1. 打开素材文件“dwg\第 3 章\3-6.dwg”，如图 3-15 左图所示。
2. 单击【修改】面板上的 按钮或输入命令代号 TRIM，启动修剪命令。

```
命令: _trim
选择对象或 <全部选择>:  找到 1 个                    //选择剪切边A，如图3-16左图所示
选择对象:                                            //按Enter键
选择要修剪的对象，或按住 Shift 键选择要延伸的对象，或[栏选(F)/窗交(C)/投影(P)/边(E)/删除(R)/放弃(U)]:
                                                     //在B点处选择要修剪的多余线条
选择要修剪的对象，或按住 Shift 键选择要延伸的对象，或[栏选(F)/窗交(C)/投影(P)/边(E)/删除(R)/放弃(U)]:
                                                     //按Enter键结束
命令:TRIM                                            //重复命令
选择对象:总计 2 个                                   //选择剪切边C、D
选择对象:                                            //按Enter键
选择要修剪的对象或[/边(E)]:  e                       //选择“边(E)”选项
输入隐含边延伸模式 [延伸(E)/不延伸(N)] <不延伸>: e    //选择“延伸(E)”选项
选择要修剪的对象:                                    //在E、F及G点处选择要修剪的部分
选择要修剪的对象:                                    //按Enter键结束
```

结果如图 3-16 右图所示。

要点提示 **为简化说明，仅将第 2 个 TRIM 命令与当前操作相关的提示信息罗列出来，而将其他信息省略，这种讲解方式在后续的例题中也将采用。**

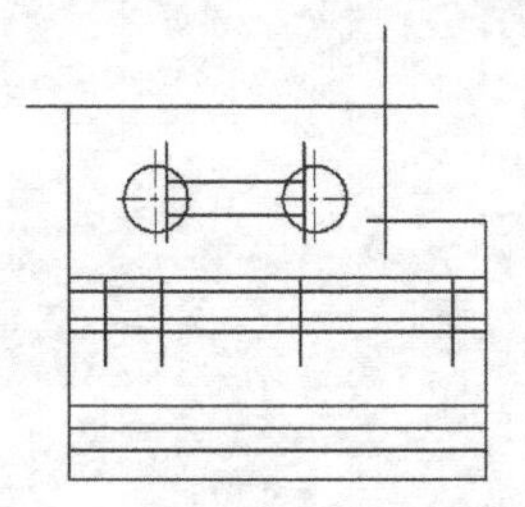

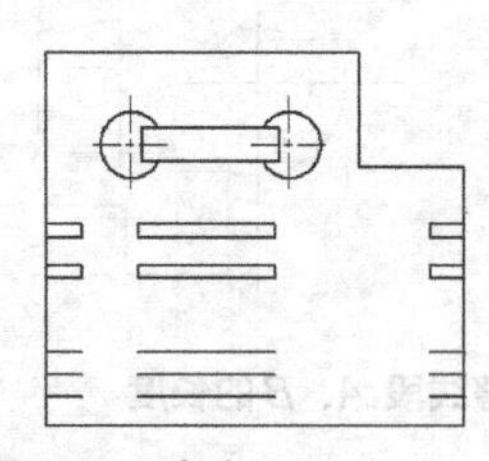

图 3-15 练习使用 TRIM 命令

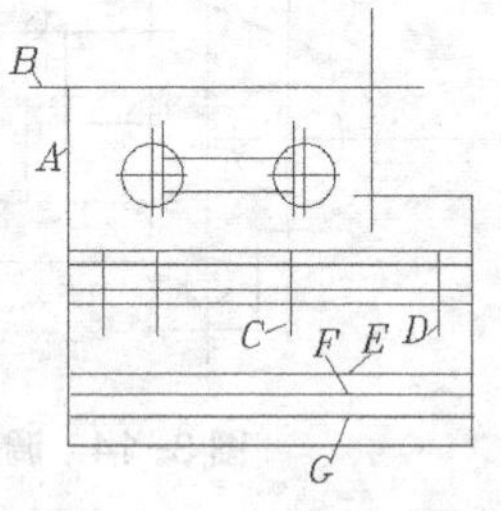

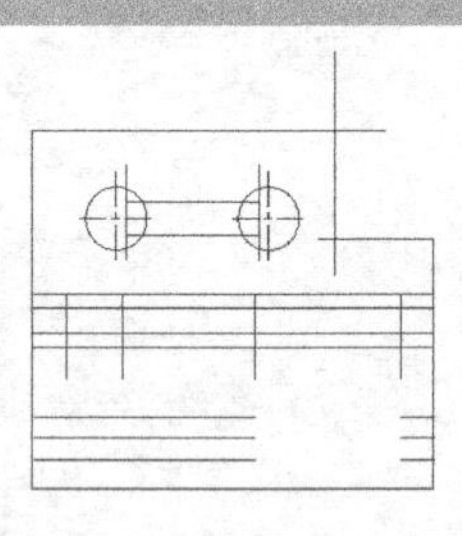

图 3-16 修剪对象

3. 利用 TRIM 命令修剪图中的其他多余线条。

二、命令选项

- 按住 Shift 键选择要延伸的对象：将选定的对象延伸至剪切边。
- 栏选（F）：用户绘制连续折线，与折线相交的对象被修剪。
- 窗交（C）：利用交叉窗口选择对象。
- 投影（P）：该选项可以使用户指定执行修剪的空间。例如，三维空间中的两条线段呈交叉关系，用户可利用该选项假想将其投影到某一平面上执行修剪操作。
- 边（E）：如果剪切边太短，没有与被修剪对象相交，就利用此选项假想将剪切边延长，然后执行修剪操作。

- 删除（R）：不退出 TRIM 命令就能删除选定的对象。
- 放弃（U）：若修剪有误，可输入字母“U”，撤销修剪。

3.1.8 上机练习——画线的方法

【练习 3-7】 启动 LINE、TRIM 等命令，通过输入点坐标方式绘制平面图形，如图 3-17 所示。

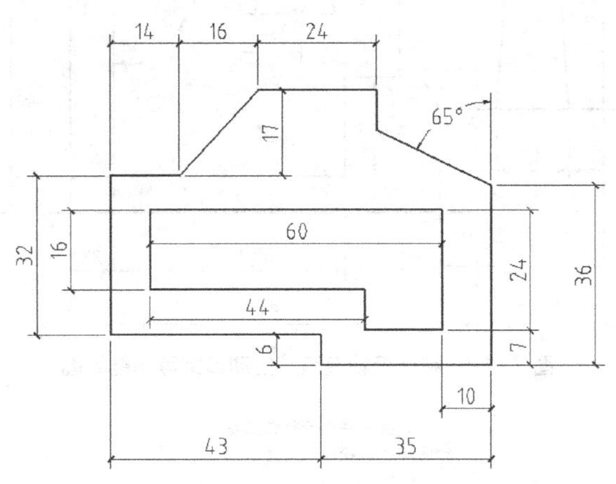

图 3-17 通过输入点坐标画线

【练习 3-8】 通过输入坐标并结合极轴追踪、对象捕捉及自动追踪功能画线，如图 3-18 所示。

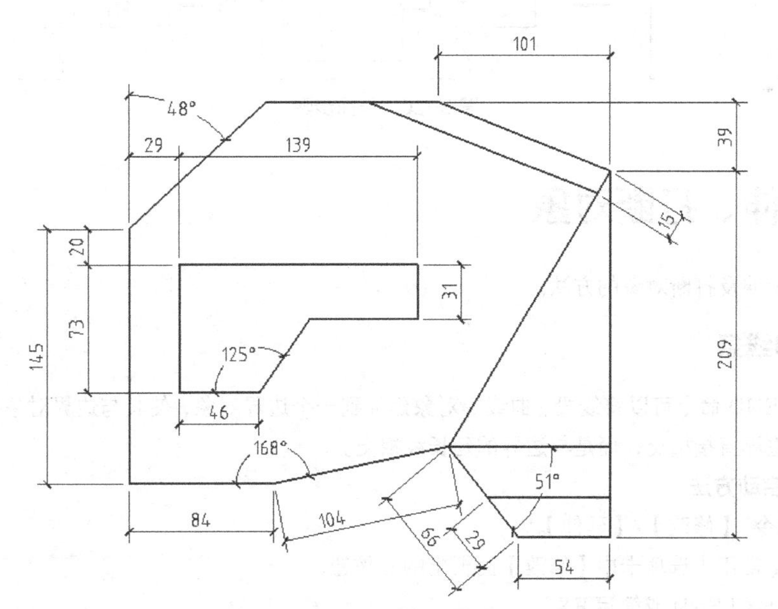

图 3-18 通过输入点坐标及利用辅助工具画线

【练习 3-9】 用 LINE 命令并结合极轴追踪、对象捕捉及自动追踪功能绘制平面图形，如图 3-19 所示。

主要作图步骤如图 3-20 所示。

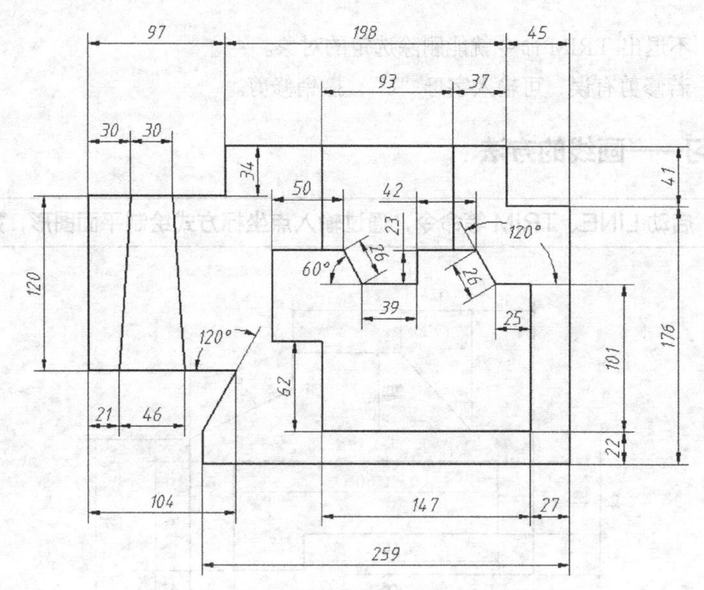

图 3-19 利用极轴追踪、自动追踪等功能绘图

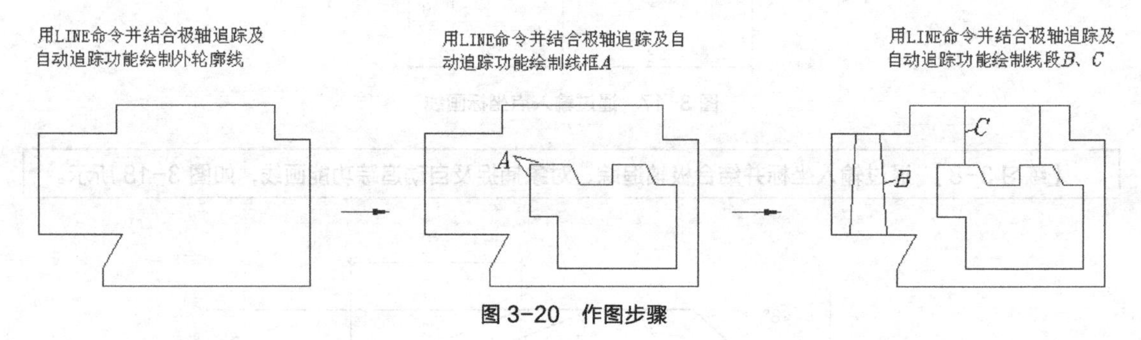

图 3-20 作图步骤

3.2 延伸、打断对象

下面介绍延伸及打断对象的方法。

3.2.1 延伸线条

利用 EXTEND 命令可以将线段、曲线等对象延伸到一个边界对象，使其与边界对象相交。有时对象延伸后并不与边界直接相交，而是与边界的延长线相交。

一、命令启动方法

- 菜单命令：【修改】/【延伸】。
- 面板：【常用】选项卡中【修改】面板上的按钮。
- 命令：EXTEND 或简写 EX。

【练习 3-10】 使用 EXTEND 及 TRIM 命令将图 3-21 左图修改为右图。

1. 打开素材文件“dwg\第 3 章\3-10.dwg”，如图 3-21 左图所示。
2. 单击【修改】面板上的按钮或输入命令代号 EXTEND，启动延伸命令。

```
命令：_extend
选择对象或 <全部选择>： 找到 1 个            //选择边界线段A，如图3-22左图所示
```

```
选择对象:                                                    //按Enter键
选择要延伸的对象，或按住 Shift 键选择要修剪的对象，或
[栏选(F)/窗交(C)/投影(P)/边(E)/放弃(U)]:                      //选择要延伸的线段B
选择要延伸的对象，或按住 Shift 键选择要修剪的对象，或
[栏选(F)/窗交(C)/投影(P)/边(E)/放弃(U)]:                      //按Enter键结束
命令:EXTEND                                                  //重复命令
选择对象:总计 2 个                                            //选择边界线段A、C
选择对象:                                                    //按Enter键
选择要延伸的对象或[/边(E)]:  e                                //选择“边(E)”选项
输入隐含边延伸模式 [延伸(E)/不延伸(N)] <不延伸>: e              //选择“延伸(E)”选项
选择要延伸的对象:                                            //选择要延伸的线段A、C
选择要延伸的对象:                                            //按Enter键结束
```

结果如图 3-22 右图所示。

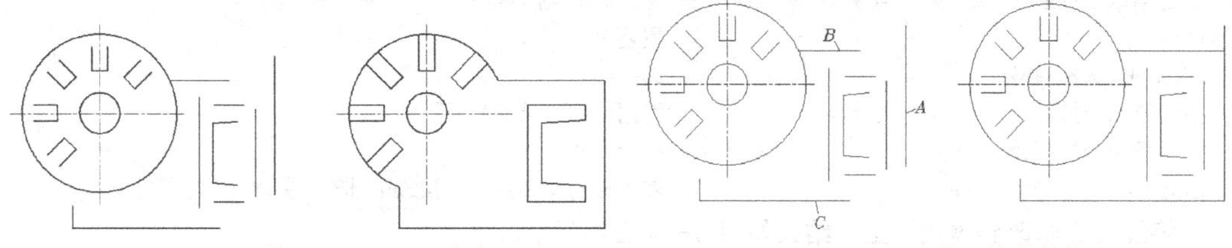

图 3-21　练习 EXTEND 命令　　　　图 3-22　延伸及修剪线条

3. 利用 EXTEND 及 TRIM 命令继续修改图形中的其他部分。

二、命令选项

- 按住 Shift 键选择要修剪的对象：将选择的对象修剪到边界而不是将其延伸。
- 栏选（F）：用户绘制连续折线，与折线相交的对象被延伸。
- 窗交（C）：利用交叉窗口选择对象。
- 投影（P）：该选项使用户可以指定延伸操作的空间。对于二维绘图来说，延伸操作是在当前用户坐标平面（*xy* 平面）内进行的。在三维空间作图时，用户可通过该选项将两个交叉对象投影到 *xy* 平面或当前视图平面内执行延伸操作。
- 边（E）：当边界边太短且延伸对象后不能与其直接相交时，就打开该选项，此时，AutoCAD 假想将边界边延长，然后延伸线条到边界边。
- 放弃（U）：取消上一次的操作。

3.2.2　打断线条

BREAK 命令可以用于删除对象的一部分，常用于打断线段、圆、圆弧及椭圆等。利用此命令既可以在一个点处打断对象，也可以在指定的两点间打断对象。

一、命令启动方法

- 菜单命令：【修改】/【打断】。
- 面板：【常用】选项卡中【修改】面板上的按钮。
- 命令：BREAK 或简写 BR。

【练习 3-11】 打开素材文件“dwg\第 3 章\3-11.dwg”，如图 3-23 左图所示，用 BREAK 等命令将左图修改为右图。

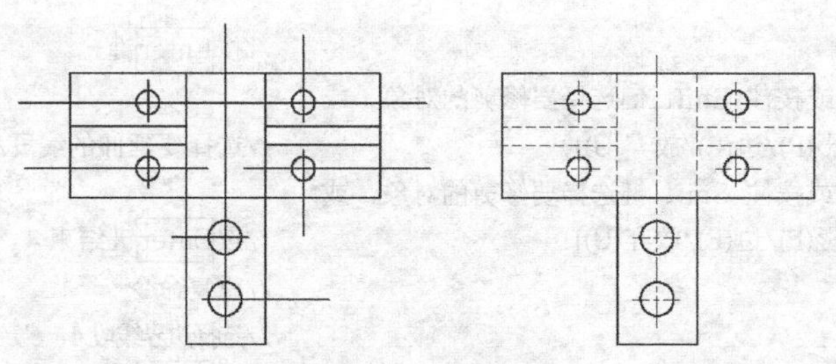

图 3-23　打断线条

1. 用 BREAK 命令打断线条，如图 3-24 所示。

```
命令: _break 选择对象:                    //在A点处选择对象，如图3-24左图所示
指定第二个打断点 或 [第一点(F)]:          //在B点处选择对象
命令:                                     //重复命令
BREAK 选择对象:                           //在C点处选择对象
指定第二个打断点 或 [第一点(F)]:          //在D点处选择对象
命令:                                     //重复命令
BREAK 选择对象:                           //选择线段E
指定第二个打断点 或 [第一点(F)]: f        //使用"第一点(F)"选项
指定第一个打断点: int于                   //捕捉交点F
指定第二个打断点: @                       //输入相对坐标符号，按Enter键，在同一点打断对象
```

再将线段 *E* 修改到虚线层上，结果如图 3-24 右图所示。

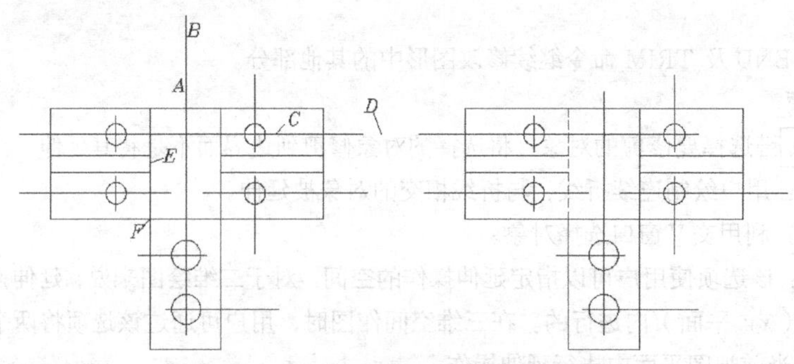

图 3-24　打断线条及改变对象所在的图层

2. 用 BREAK 等命令修改图形的其他部分。

二、命令选项

- 指定第二个打断点：在图形对象上选取第二点后，AutoCAD 将第一个打断点与第二个打断点间的部分删除。
- 第一点（F）：通过该选项，用户可以重新指定第一个打断点。

3.2.3　上机练习——用 LINE 命令绘制小住宅立面图主要轮廓线

绘制图 3-25 所示的建筑立面图，该立面图由水平、竖直及倾斜线段构成。启动 LINE 命令，通过输入点的坐标及利用对象捕捉、极轴追踪和自动追踪等工具绘制线段。

【练习 3-12】 绘制小住宅立面图，如图 3-25 所示。

1. 设定绘图区域的大小为 20000×20000。
2. 打开极轴追踪、对象捕捉及自动追踪功能。设置极轴追踪角度增量为“90”，设定对象捕捉方式

为“端点”“交点”，设置仅沿正交方向自动追踪。

3. 使用 LINE 命令，通过输入线段长度绘制出线段 *AB*、*CD* 等，如图 3-26 所示。

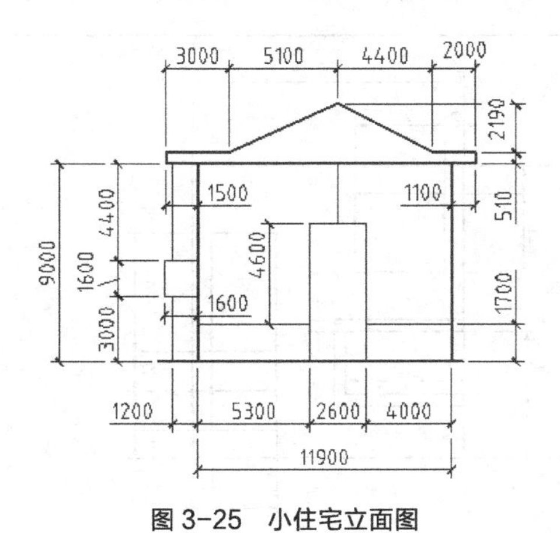

图 3-25　小住宅立面图

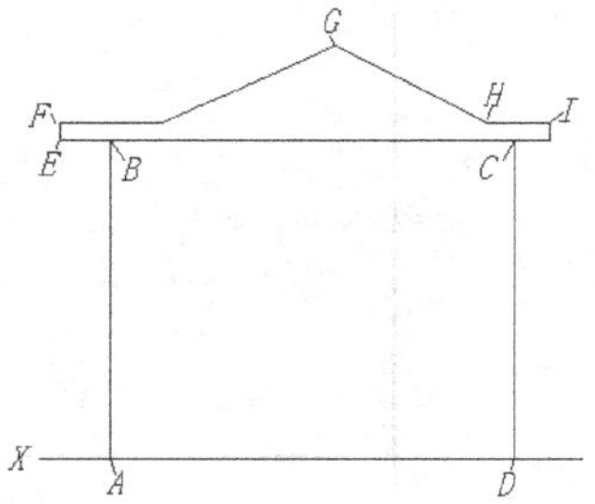

图 3-26　通过输入线段长度绘制线段

4. 利用画线辅助工具绘制线段 *KL*、*LM* 等，如图 3-27 所示。

5. 用类似的方法绘制出其余线段，结果如图 3-28 所示。

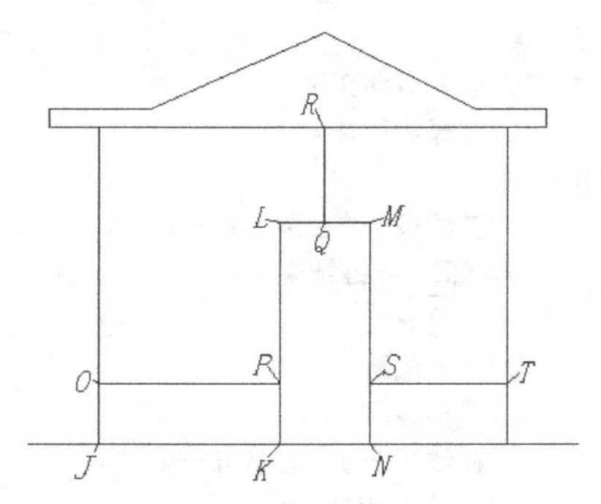

图 3-27　绘制线段 *KL*、*LM* 等

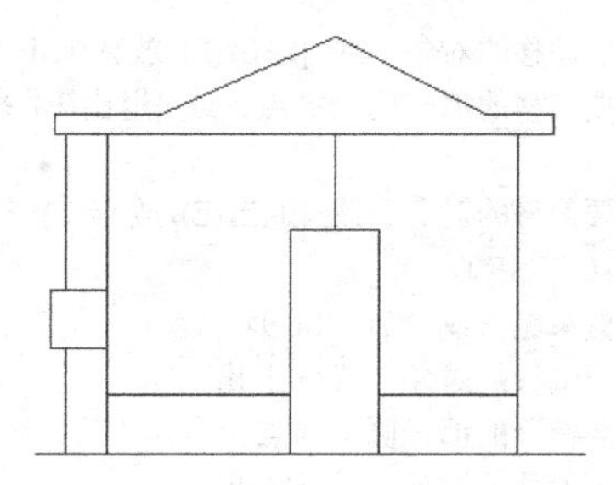

图 3-28　绘制其余线段

3.3　作平行线

作已知线段的平行线，一般采取以下的方法。

- 使用 OFFSET 命令画平行线。
- 利用平行捕捉“PAR”画平行线。

3.3.1　用 OFFSET 命令绘制平行线

OFFSET 命令可用于将对象偏移指定的距离，创建一个与原对象类似的新对象。使用该命令时，用户可以通过两种方式创建平行对象：一种是输入平行线间的距离，另一种是指定新平行线通过的点。

一、命令启动方法

- 菜单命令：【修改】/【偏移】。
- 面板：【常用】选项卡中【修改】面板上的按钮。
- 命令：OFFSET 或简写 O。

【练习 3-13】 打开素材文件“dwg\第 3 章\3-13.dwg”，如图 3-29 左图所示，用 OFFSET、EXTEND、TRIM 等命令将左图修改为右图。

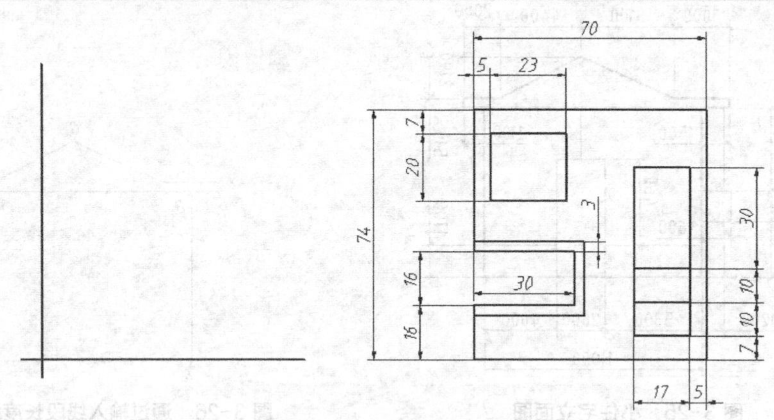

图 3-29 绘制平行线

1. 用 OFFSET 命令偏移线段 A、B，得到平行线 C、D，如图 3-30 左图所示。

```
命令: _offset
指定偏移距离或 [通过(T)/删除(E)/图层(L)] <10.0000>: 70
                                                    //输入偏移距离
选择要偏移的对象，或 [退出(E)/放弃(U)] <退出>:          //选择线段A
指定要偏移的那一侧上的点，或 [退出(E)/多个(M)/放弃(U)] <退出>:
                                                    //在线段A的右边单击一点
选择要偏移的对象，或 [退出(E)/放弃(U)] <退出>:          //按Enter键结束
命令:OFFSET                                          //重复命令
指定偏移距离或 <70.0000>: 74                          //输入偏移距离
选择要偏移的对象，或 <退出>:                           //选择线段B
指定要偏移的那一侧上的点:                             //在线段B的上边单击一点
选择要偏移的对象，或 <退出>:                           //按Enter键结束
```

结果如图 3-30 左图所示。用 TRIM 命令修剪多余线条，结果如图 3-30 右图所示。

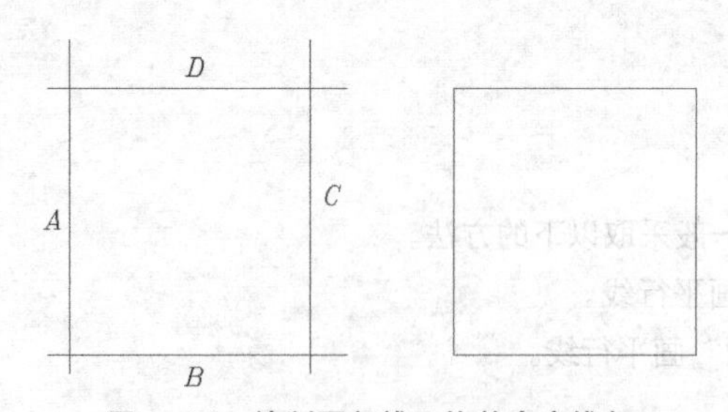

图 3-30 绘制平行线及修剪多余线条

2. 用 OFFSET、EXTEND 及 TRIM 命令绘制图形的其余部分。

二、命令选项

- 通过（T）：通过指定点创建新的偏移对象。
- 删除（E）：偏移源对象后将其删除。
- 图层（L）：指定将偏移后的新对象放置在当前图层或源对象所在的图层上。
- 多个（M）：在要偏移的一侧单击多次，就创建多个等距对象。

3.3.2 利用平行捕捉“PAR”绘制平行线

过某一点作已知线段的平行线，可利用平行捕捉“PAR”来实现，这种绘制平行线的方式使用户可以很方便地画出倾斜位置的图形结构。

【练习 3-14】 平行捕捉方式的应用。

打开素材文件“dwg\第 3 章\3-14.dwg”，如图 3-31 左图所示。下面用 LINE 命令并结合平行捕捉“PAR”将左图修改为右图。

```
命令: _line 指定第一点: ext                    //用“EXT”捕捉C点，如图3-31右图所示
于 10                                          //输入C点与B点的距离值
指定下一点或 [放弃(U)]: par                     //利用“PAR”画线段AB的平行线CD
到 15                                          //输入线段CD的长度
指定下一点或 [放弃(U)]: par                     //利用“PAR”画平行线DE
到 30                                          //输入线段DE的长度
指定下一点或 [闭合(C)/放弃(U)]: per 到           //用“PER”绘制垂线EF
指定下一点或 [闭合(C)/放弃(U)]:                  //按Enter键结束
```

结果如图 3-31 右图所示。

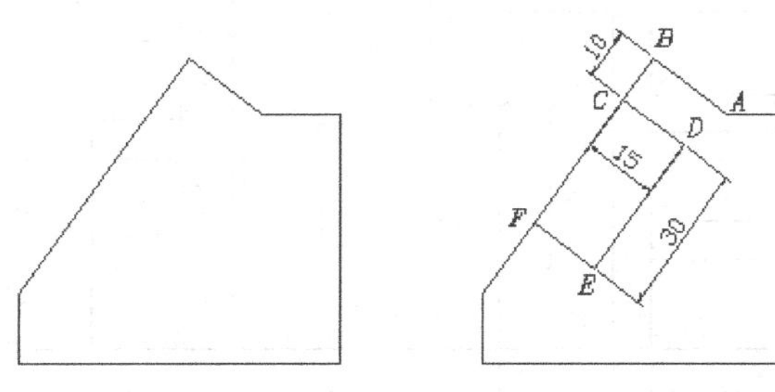

图 3-31 利用“PAR”绘制平行线

3.3.3 上机练习——用 OFFSET 和 TRIM 命令构图

【练习 3-15】 利用 LINE、OFFSET、TRIM 等命令绘制平面图形，如图 3-32 所示。

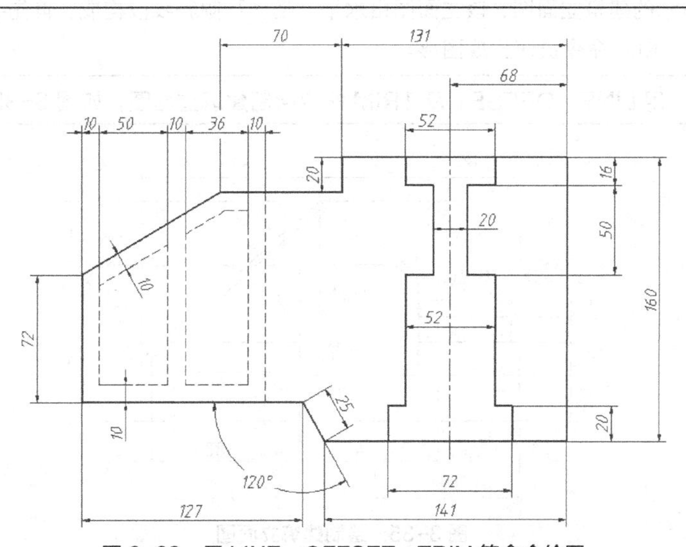

图 3-32 用 LINE、OFFSET、TRIM 等命令绘图

主要作图步骤如图 3-33 所示。

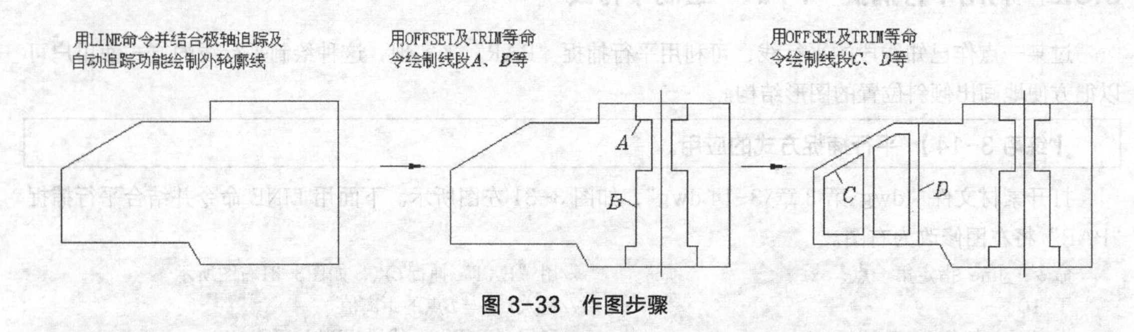

图 3-33　作图步骤

【练习 3-16】 用 OFFSET、EXTEND 及 TRIM 等命令绘制图 3-34 所示的图形。

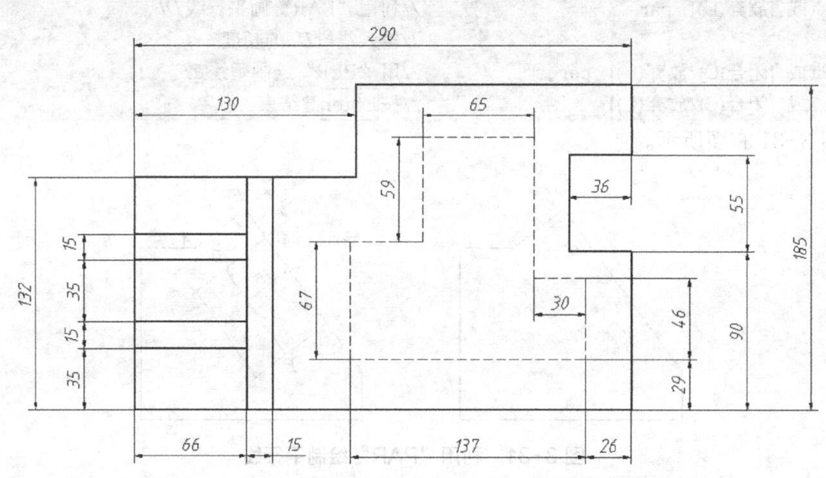

图 3-34　用 OFFSET、EXTEND 及 TRIM 等命令绘图

3.3.4　上机练习——用 LINE、OFFSET 及 TRIM 命令绘制建筑立面图

绘制图 3-25 所示的建筑立面图，该立面图由水平、竖直及倾斜线段构成。首先绘制作图基准线，然后利用 OFFSET 和 TRIM 命令快速生成图形。

【练习 3-17】 用 LINE、OFFSET 及 TRIM 命令绘制建筑立面图，如图 3-35 所示。

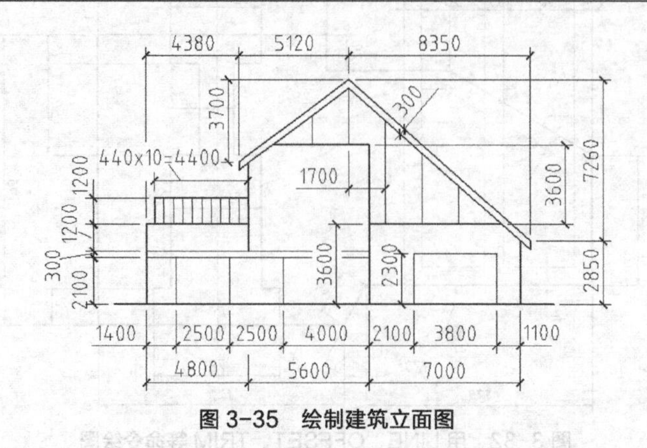

图 3-35　绘制建筑立面图

1. 设定绘图区域大小为 30000×20000。

2. 打开极轴追踪、对象捕捉及自动追踪功能。指定极轴追踪角度增量为 90°；设定对象捕捉方式为“端点”“交点”；设置仅沿正交方向自动追踪。

3. 用 LINE 命令画水平及竖直的作图基准线 *A*、*B*，如图 3-36 所示。线段 *A* 的长度约为 20000，线段 *B* 的长度约为 10000。

4. 以 *A*、*B* 线为基准线，用 OFFSET 命令绘制平行线 *C*、*D*、*E* 和 *F* 等，如图 3-37 所示。

向右平移线段 *B* 至 *C*，平移距离为 4800。

向右平移线段 *C* 至 *D*，平移距离为 5600。

向右平移线段 *D* 至 *E*，平移距离为 7000。

向上平移线段 *A* 至 *F*，平移距离为 3600。

向上平移线段 *F* 至 *G*，平移距离为 3600。

修剪多余线条，结果如图 3-37 右图所示。

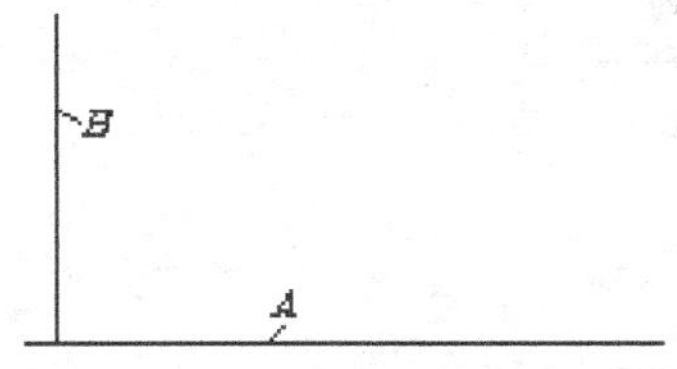

图 3-36　绘制作图基准线

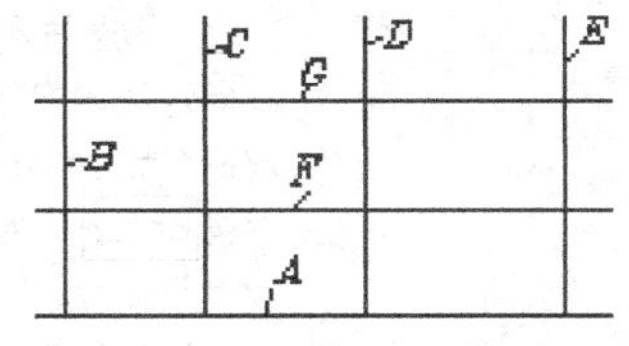

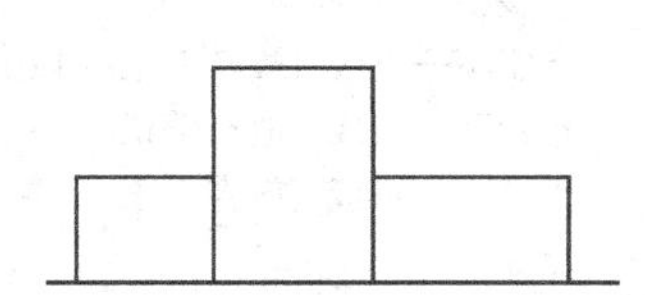

图 3-37　绘制平行线 *C*、*D*、*E* 和 *F* 等

5. 利用偏移捕捉及输入相对坐标的方法绘制两条倾斜作图基准线，如图 3-38 所示。

6. 用 OFFSET、TRIM 等命令绘制图形细节，如图 3-39 所示。

图 3-38　绘制两条倾斜作图基准线

图 3-39　绘制图形细节

7. 用同样的方法绘制图形的其余细节。

3.4　画垂线、斜线及切线

工程设计中经常要画出某条线段的垂线、与圆弧相切的切线或与已知线段成某一夹角的斜线。下面介绍垂线、切线及斜线的画法。

3.4.1　利用垂足捕捉“PER”画垂线

若是过线段外的一点 *A* 作已知线段 *BC* 的垂线 *AD*，则可使用 LINE 命令并结合垂足捕捉“PER”绘制该条垂线，如图 3-40 所示。绘制完成后，可用移动命令将垂线移动到指定位置。

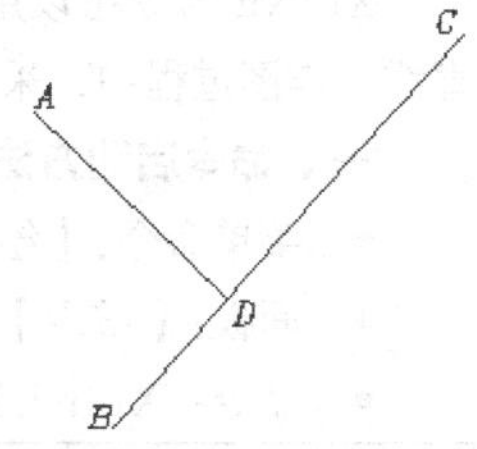

图 3-40　画垂线

【练习 3-18】利用垂足捕捉“PER”画垂线。

```
命令: _line 指定第一点:                    //拾取A点，如图3-40所示
指定下一点或 [放弃(U)]: per到              //利用"PER"捕捉垂足D
指定下一点或 [放弃(U)]:                    //按Enter键结束
```

结果如图 3-40 所示。

3.4.2 利用角度覆盖方式画垂线及倾斜线段

可以用 LINE 命令沿指定方向绘制任意长度的线段。启动该命令，当 AutoCAD 提示输入点时，输入一个小于号"<"及角度值。该角度表明了绘制线的方向，AutoCAD 将把鼠标光标锁定在此方向上。移动鼠标光标，线段的长度就发生变化，获取适当长度后，单击鼠标左键结束，这种画线方式被称为角度覆盖。

【练习 3-19】 画垂线及倾斜线段。

打开素材文件"dwg\第 3 章\3-19.dwg"，如图 3-41 所示。利用角度覆盖方式画垂线 *BC* 和斜线 *DE*。

```
命令: _line 指定第一点: ext                //使用延伸捕捉"EXT"
于 20                                      //输入B点与A点的距离
指定下一点或 [放弃(U)]: <120               //指定线段BC的方向
指定下一点或 [放弃(U)]:                    //在C点处单击一点
指定下一点或 [放弃(U)]:                    //按Enter键结束
命令:                                      //重复命令
LINE 指定第一点: ext                       //使用延伸捕捉"EXT"
于 50                                      //输入D点与A点的距离
指定下一点或 [放弃(U)]: <130               //指定线段DE的方向
指定下一点或 [放弃(U)]:                    //在E点处单击一点
指定下一点或 [放弃(U)]:                    //按Enter键结束
```

结果如图 3-41 所示。

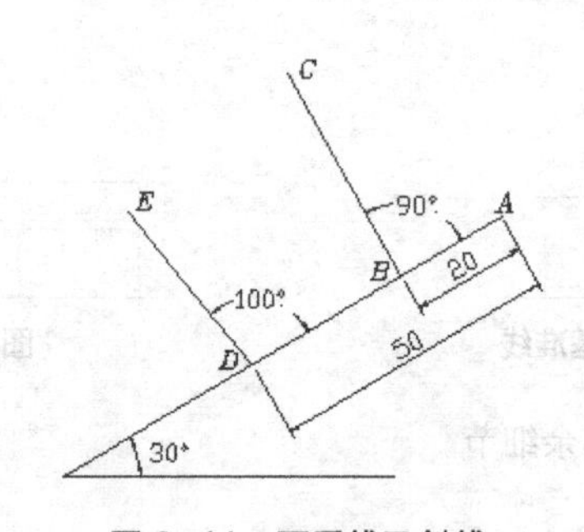

图 3-41 画垂线及斜线

3.4.3 用 XLINE 命令绘制任意角度斜线

XLINE 命令可以用于绘制无限长的构造线，利用它能直接绘制出水平方向、竖直方向及倾斜方向的直线。作图过程中，采用此命令绘制定位线或绘图辅助线是很方便的。

一、命令启动方法

- 菜单命令：【绘图】/【构造线】。
- 面板：【常用】选项卡中【绘图】面板上的按钮。
- 命令：XLINE 或简写 XL。

【练习 3-20】打开素材文件"dwg\第 3 章\3-20.dwg"，如图 3-42 左图所示，用 LINE、XLINE、TRIM 等命令将左图修改为右图。

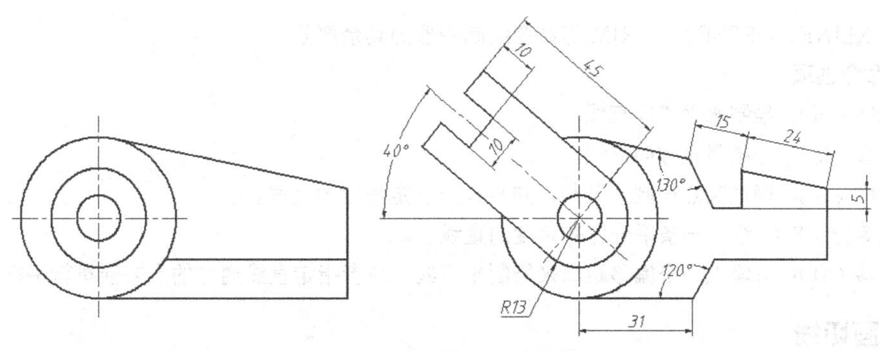

图 3-42　绘制任意角度斜线

1. 用 XLINE 命令绘制直线 G、H、I，用 LINE 命令绘制斜线 J，如图 3-43 左图所示。

```
命令: _xline 指定点或 [水平(H)/垂直(V)/角度(A)/二等分(B)/偏移(O)]: v
                                                //使用“垂直(V)”选项
指定通过点: ext                                 //捕捉延伸点B
于 24                                           //输入B点与A点的距离
指定通过点:                                     //按Enter键结束
命令:                                           //重复命令
XLINE 指定点或 [水平(H)/垂直(V)/角度(A)/二等分(B)/偏移(O)]: h
                                                //使用“水平(H)”选项
指定通过点: ext                                 //捕捉延伸点C
于 5                                            //输入C点与A点的距离
指定通过点:                                     //按Enter键结束
命令:                                           //重复命令
XLINE 指定点或 [水平(H)/垂直(V)/角度(A)/二等分(B)/偏移(O)]: a
                                                //使用“角度(A)”选项
输入构造线的角度 (0) 或 [参照(R)]:  r            //使用“参照(R)”选项
选择直线对象:                                   //选择线段AB
输入构造线的角度 <0>: 130                       //输入构造线与线段AB的夹角
指定通过点: ext                                 //捕捉延伸点D
于 39                                           //输入D点与A点的距离
指定通过点:                                     //按Enter键结束
命令: _line 指定第一点: ext                     //捕捉延伸点F
于 31                                           //输入F点与E点的距离
指定下一点或 [放弃(U)]: <60                     //设定画线的角度
指定下一点或 [放弃(U)]:                         //沿60°方向移动鼠标光标
指定下一点或 [放弃(U)]:                         //单击一点结束
```

结果如图 3-43 左图所示。修剪多余线条，结果如图 3-43 右图所示。

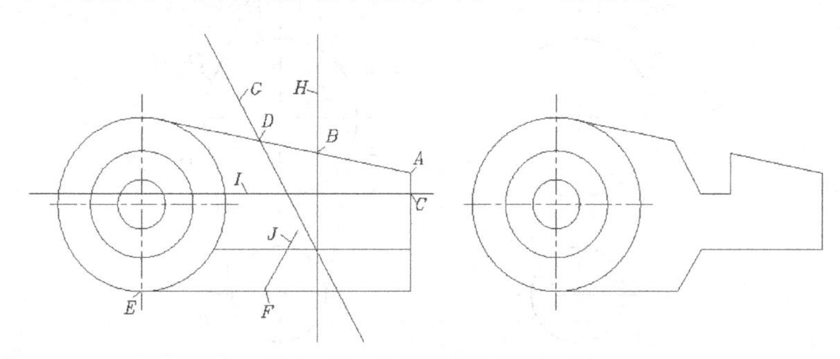

图 3-43　绘制斜线及修剪线条

2. 用 XLINE、OFFSET、TRIM 等命令绘制图形的其余部分。

二、命令选项

- 水平（H）：绘制水平方向直线。
- 垂直（V）：绘制竖直方向直线。
- 角度（A）：通过某点绘制一条与已知直线成一定角度的直线。
- 二等分（B）：绘制一条平分已知角度的直线。
- 偏移（O）：可输入一个偏移距离来绘制平行线，或者指定直线通过的点来创建新平行线。

3.4.4 画切线

画圆切线的情况一般有两种。

- 过圆外的一点作圆的切线。
- 绘制两个圆的公切线。

用户可利用 LINE 命令并结合切点捕捉“TAN”来绘制切线。此外，还有一种切线形式是沿指定的方向与圆或圆弧相切，这种切线可通过 LINE 及 OFFSET 命令来绘制。

【练习 3-21】 画圆的切线。

打开素材文件“dwg\第 3 章\3-21.dwg”，如图 3-44 左图所示。用 LINE 命令将左图修改为右图。

```
命令: _line 指定第一点: end于                //捕捉端点A，如图3-44右图所示
指定下一点或 [放弃(U)]: tan到                //捕捉切点B
指定下一点或 [放弃(U)]:                      //按Enter键结束
命令:                                        //重复命令
LINE 指定第一点: end于                       //捕捉端点C
指定下一点或 [放弃(U)]: tan到                //捕捉切点D
指定下一点或 [放弃(U)]:                      //按Enter键结束
命令:                                        //重复命令
LINE 指定第一点: tan到                       //捕捉切点E
指定下一点或[放弃(U)]:tan到                  //捕捉切点F
指定下一点或 [放弃(U)]:                      //按Enter键结束
命令:                                        //重复命令
LINE 指定第一点: tan到                       //捕捉切点G
指定下一点或[放弃(U)]:tan到                  //捕捉切点H
指定下一点或 [放弃(U)]:                      //按Enter键结束
```

结果如图 3-44 右图所示。

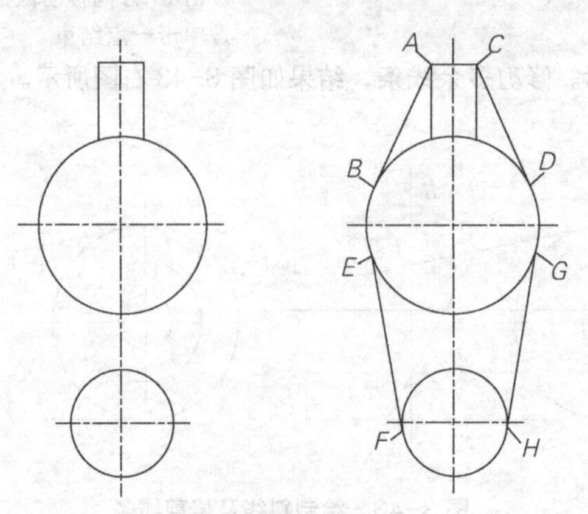

图 3-44 画切线

3.4.5 上机练习——画斜线、切线及垂线的方法

【练习 3-22】 打开素材文件“dwg\第 3 章\3-22.dwg”，如图 3-45 左图所示，下面将左图修改为右图。

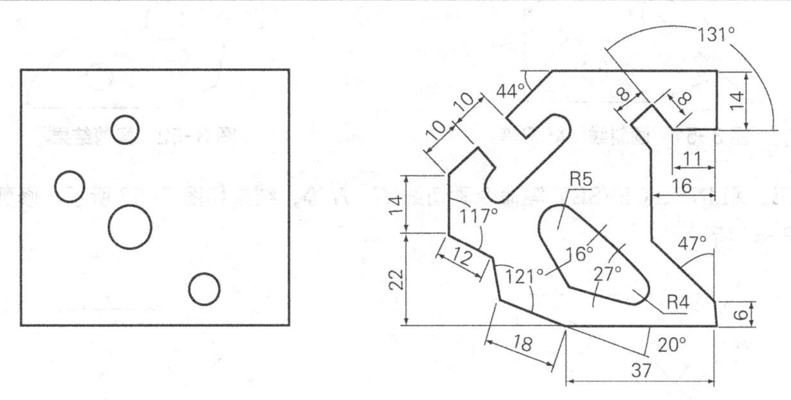

图 3-45 画斜线、切线及垂线

1. 打开极轴追踪、对象捕捉及捕捉追踪功能。设置极轴追踪角度增量为“90”，设定对象捕捉方式为“端点”“交点”，设置仅沿正交方向进行捕捉追踪。

2. 用 LINE 命令绘制线段 *BC*，使用 XLINE 命令绘制斜线，结果如图 3-46 所示。修剪多余线条，结果如图 3-47 所示。

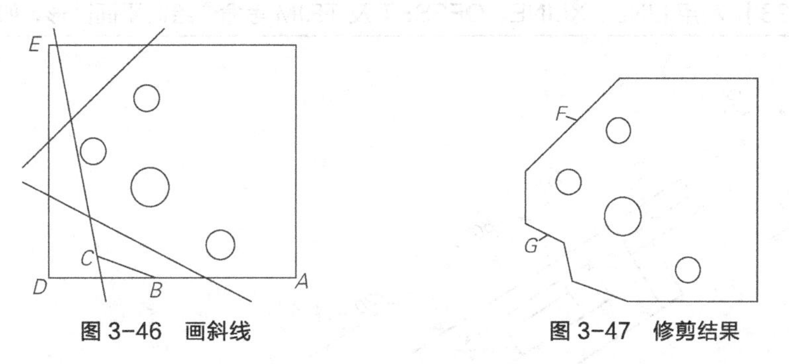

图 3-46 画斜线　　　　图 3-47 修剪结果

3. 绘制切线 *HI*、*JK* 及垂线 *NP*、*MO*，结果如图 3-48 所示。修剪多余线条，结果如图 3-49 所示。

4. 画线段 *FG*、*GH*、*JK*，结果如图 3-50 所示。

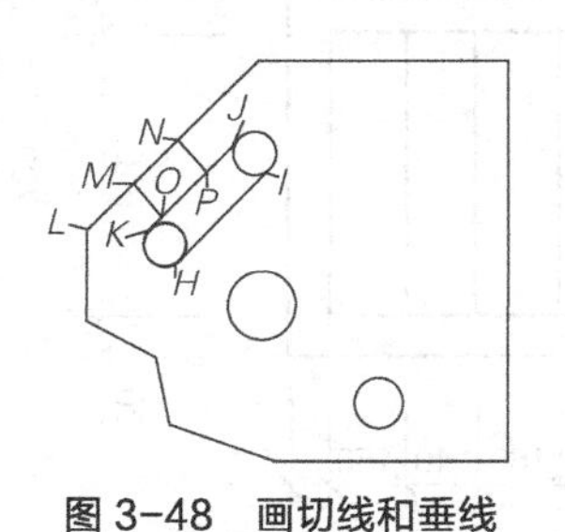

图 3-48 画切线和垂线

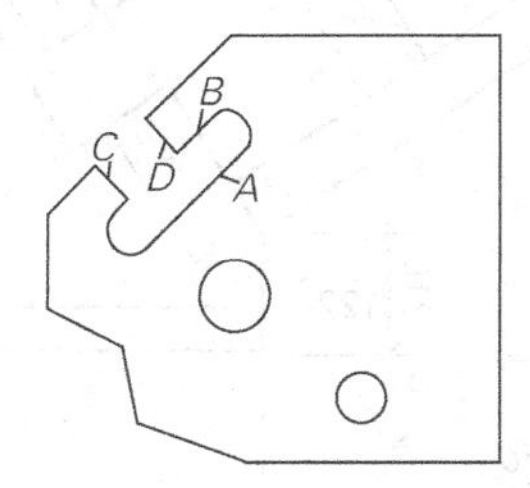

图 3-49 修剪结果

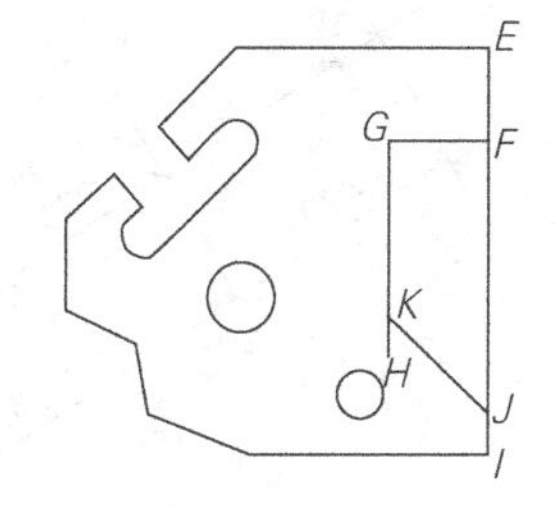

图 3-50 画线段 *FG*、*GK* 等

5. 用 XLINE 命令画斜线 *O*、*P*、*R* 等，结果如图 3-51 所示。修剪及删除多余线条，结果如图 3-52 所示。

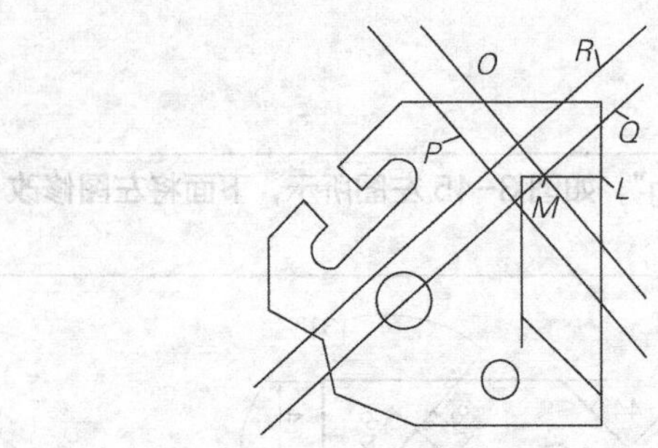

图 3-51　画斜线 O、P 等

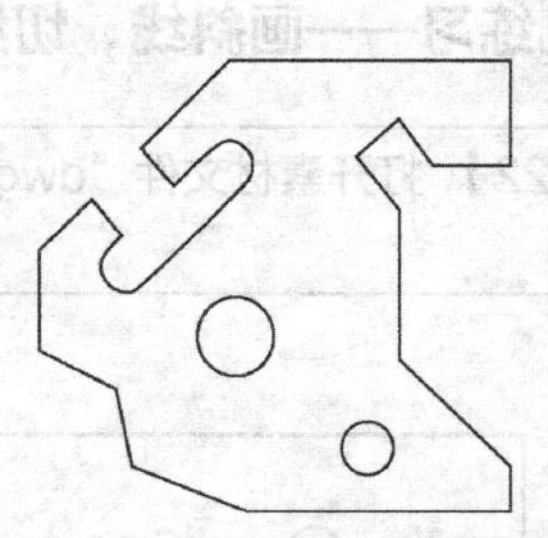
图 3-52　修剪结果

6. 用 LINE、XLINE、OFFSET 等命令画切线 G、H 等，结果如图 3-53 所示。修剪及删除多余线条，结果如图 3-54 所示。

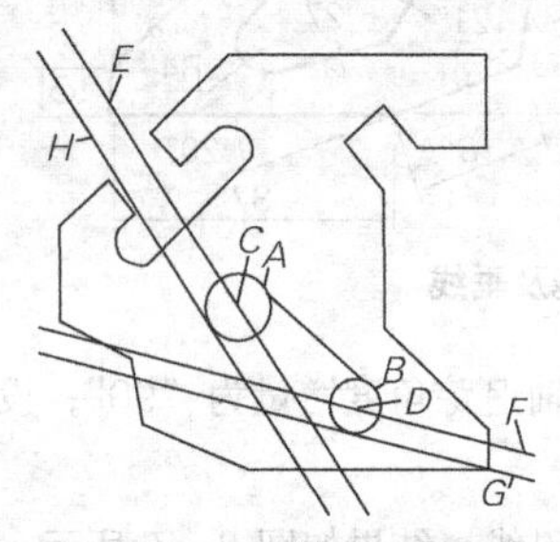

图 3-53　画切线 G、H 等

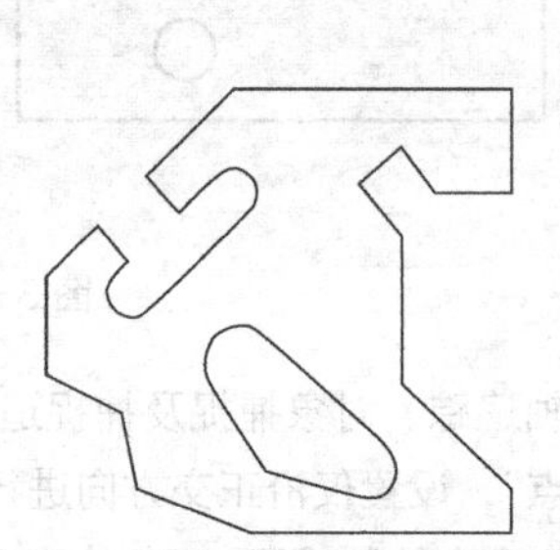
图 3-54　修剪结果

【练习 3-23】利用 LINE、XLINE、OFFSET 及 TRIM 等命令绘制平面图形，如图 3-55 所示。

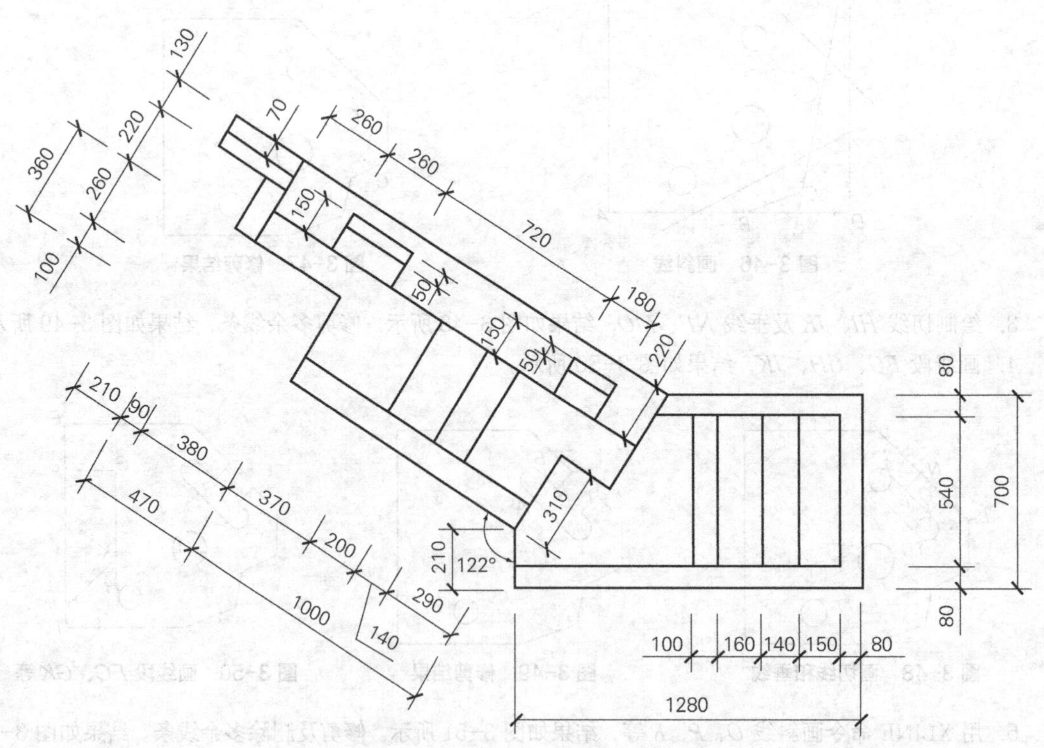

图 3-55　用 OFFSET、TRIM 等命令绘图

主要作图步骤如图 3-56 所示。

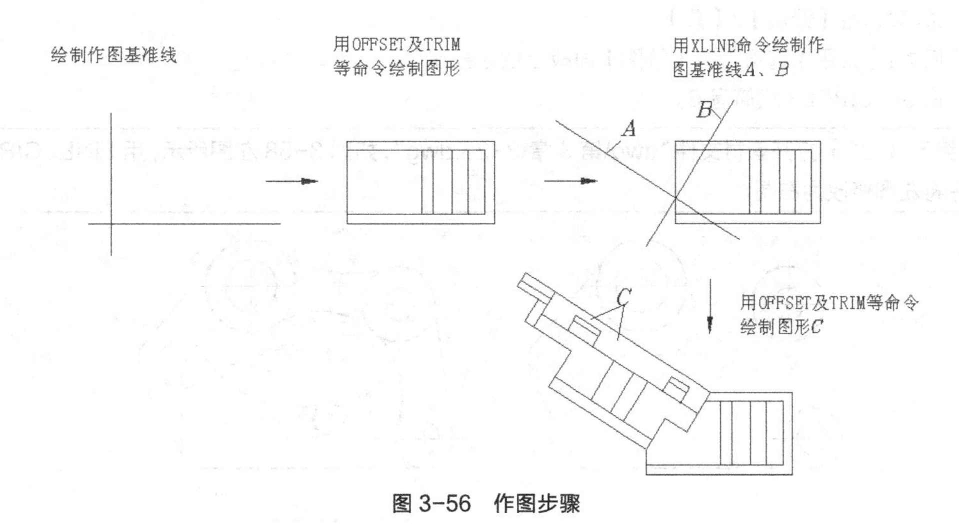

图 3-56　作图步骤

3.5　画圆及圆弧连接

工程图中画圆及圆弧连接的情况是很多的，本节将介绍画圆及圆弧连接的方法。

3.5.1　画圆

用 CIRCLE 命令可绘制圆，默认的画圆方法是指定圆心和半径，此外，还可通过两点或三点来画圆。

一、命令启动方法

- 菜单命令：【 绘图 】/【 圆 】。
- 面板：【 常用 】选项卡中【 绘图 】面板上的按钮。
- 命令：CIRCLE 或简写 C。

【 练习 3-24 】 练习使用 CIRCLE 命令。

```
命令: _circle 指定圆的圆心或 [三点(3P)/两点(2P)/切点、切点、半径(T)]:
                                        //指定圆心，如图3-57所示
指定圆的半径或 [直径(D)] <16.1749>:20    //输入圆半径
```

结果如图 3-57 所示。

二、命令选项

- 指定圆的圆心：默认选项。输入圆心坐标或拾取圆心后，AutoCAD 提示输入圆半径或直径值。
- 三点（3P）：输入 3 个点绘制圆周。
- 两点（2P）：指定直径的两个端点画圆。
- 切点、切点、半径（T）：选取与圆相切的两个对象，然后输入圆半径。

图 3-57　画圆

3.5.2　绘制切线、圆及圆弧连接

用户可利用 LINE 命令并结合切点捕捉“TAN”绘制切线，用 CIRCLE 及 TRIM 命令绘制各种圆弧连接。

命令启动方法

- 菜单命令：【绘图】/【圆】。
- 面板：【常用】选项卡中【绘图】面板上的按钮。
- 命令：CIRCLE 或简写 C。

【练习 3-25】打开素材文件“dwg\第 3 章\3-25.dwg”，如图 3-58 左图所示，用 LINE、CIRCLE 等命令将左图修改为右图。

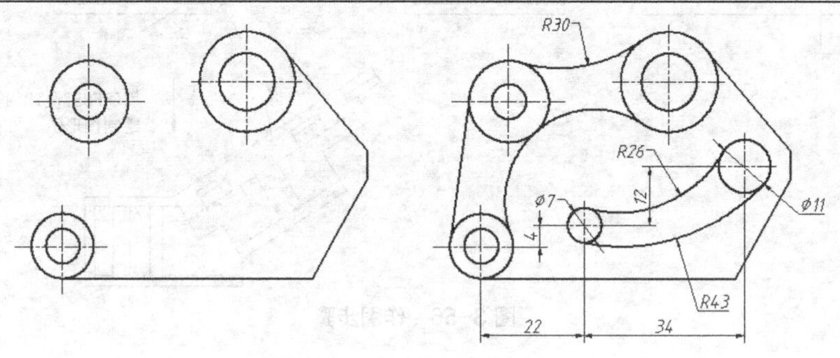

图 3-58 绘制圆及过渡圆弧

1. 绘制切线及过渡圆弧，如图 3-59 所示。

```
命令: _line 指定第一点: tan到                          //捕捉切点A
指定下一点或 [放弃(U)]: tan到                          //捕捉切点B
指定下一点或 [放弃(U)]:                                //按Enter键结束
命令: _circle 指定圆的圆心或 [三点(3P)/两点(2P)/相切、相切、半径(T)]: 3p
                                                       //使用“三点(3P)”选项
指定圆上的第一点: tan到                                //捕捉切点D
指定圆上的第二点: tan到                                //捕捉切点E
指定圆上的第三点: tan到                                //捕捉切点F
命令:                                                  //重复命令
CIRCLE 指定圆的圆心或 [三点(3P)/两点(2P)/相切、相切、半径(T)]: t
                                                       //利用“相切、相切、半径(T)”选项
指定对象与圆的第一个切点:                              //捕捉切点G
指定对象与圆的第二个切点:                              //捕捉切点H
指定圆的半径 <10.8258>:30                              //输入圆半径
命令:                                                  //重复命令
命令: CIRCLE 指定圆的圆心或 [三点(3P)/两点(2P)/相切、相切、半径(T)]: from
                                                       //使用正交偏移捕捉
基点: int于                                            //捕捉交点C
<偏移>: @22,4                                          //输入相对坐标
指定圆的半径或 [直径(D)] <30.0000>: 3.5                //输入圆半径
```

结果如图 3-59 左图所示。修剪多余线条，结果如图 3-59 右图所示。

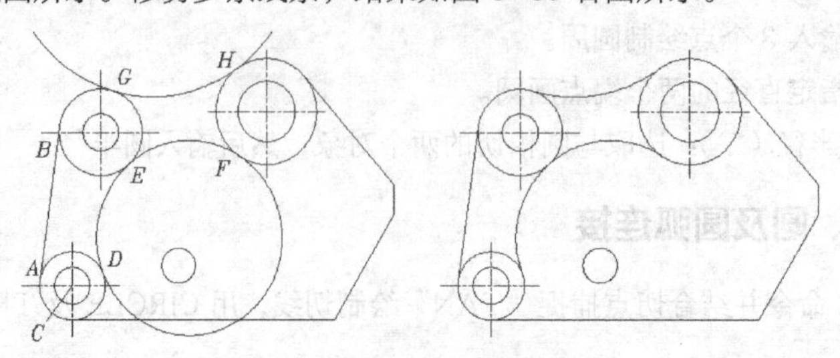

图 3-59 绘制切线及过渡圆弧

2. 用 LINE、CIRCLE、TRIM 等命令绘制图形的其余部分。

3.5.3 上机练习——绘制圆弧连接

【练习 3-26】 用 LINE、CIRCLE、OFFSET、TRIM 等命令绘制图 3-60 所示的图形。

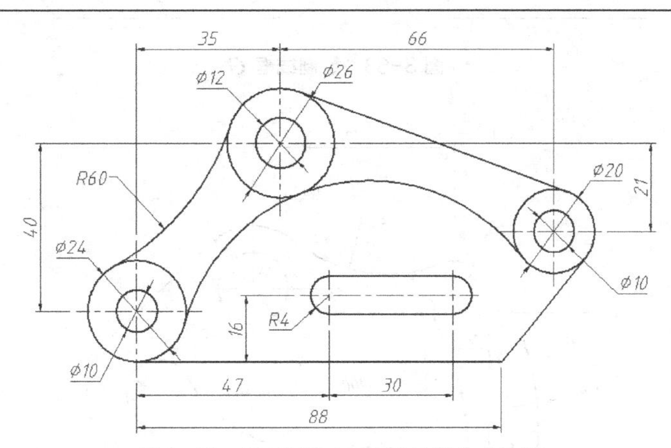

图 3-60 用 LINE、CIRCLE 等命令绘图

1. 创建两个图层。

名称	颜色	线型	线宽
轮廓线层	白色	Continuous	0.5
中心线层	红色	Center	默认

2. 通过【线型控制】下拉列表打开【线型管理器】对话框，在此对话框中设定线型全局比例因子为“0.2”。

3. 打开极轴追踪、对象捕捉及自动追踪功能。指定极轴追踪角度增量为“90”，设定对象捕捉方式为“端点”“交点”。

4. 设定绘图区域大小为 100 × 100。双击鼠标滚轮，使绘图区域充满整个图形窗口。

5. 切换到中心线层，用 LINE 命令绘制圆的定位线 *A*、*B*，其长度约为 35，再用 OFFSET 及 LENGTHEN 命令绘制其他定位线，如图 3-61 所示。

6. 切换到轮廓线层，绘制圆、过渡圆弧及切线，如图 3-62 所示。

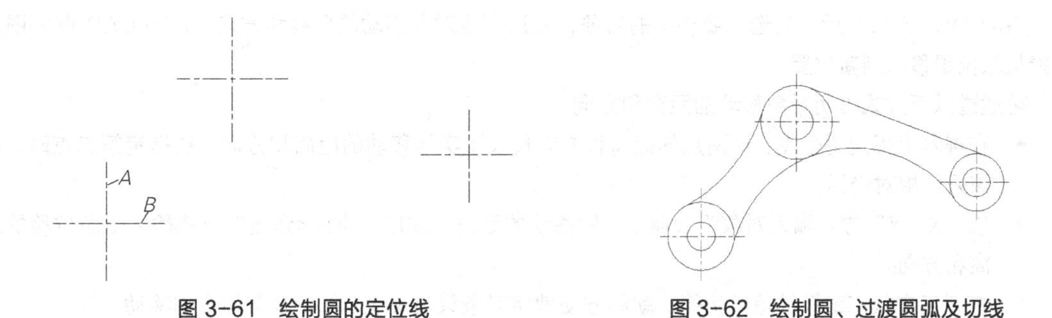

图 3-61 绘制圆的定位线　　图 3-62 绘制圆、过渡圆弧及切线

7. 用 LINE 命令绘制线段 *C*、*D*，再用 OFFSET 及 LENGTHEN 命令形成定位线 *E*、*F* 等，如图 3-63 左图所示。绘制线框 *G*，结果如图 3-63 右图所示。

【练习 3-27】 用 LINE、CIRCLE 及 TRIM 等命令绘制图 3-64 所示的图形。

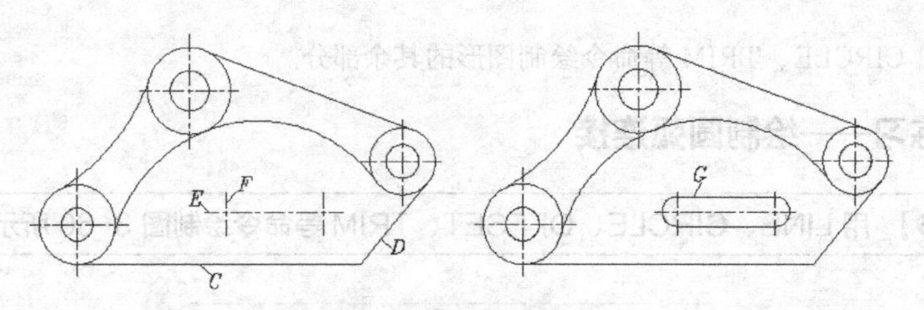

图 3-63　绘制线框 *G*

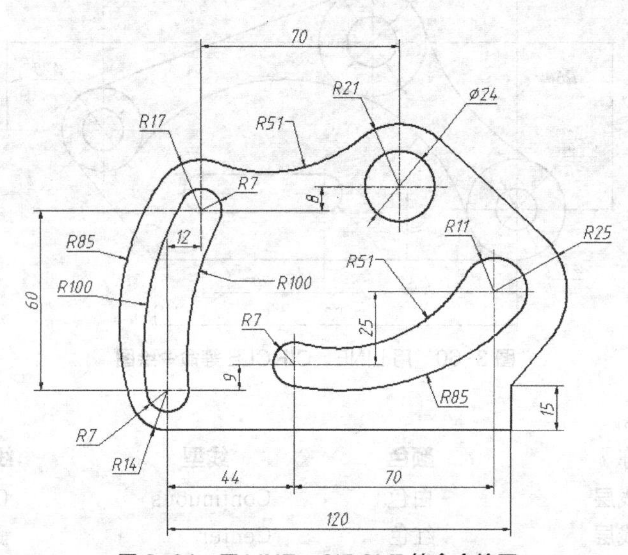

图 3-64　用 LINE、CIRCLE 等命令绘图

3.6　移动及复制对象

移动图形实体的命令是 MOVE，复制图形实体的命令是 COPY，这两个命令都可以被运用于在二维、三维空间中，它们的使用方法相似。

3.6.1　移动对象

启动 MOVE 命令后，先选择要移动的对象，然后指定对象移动的距离和方向，AutoCAD 就将图形元素从原位置移动到新位置。

可通过以下方式指明对象移动的距离和方向。

- 在屏幕上指定两个点，这两点的距离和方向代表了实体移动的距离和方向，在指定第二点时，应该采用相对坐标。
- 以“X，Y”方式输入对象沿 *x* 轴、*y* 轴移动的距离，或用“距离<角度”方式输入对象位移的距离和方向。
- 打开正交状态或极轴追踪功能，就能方便地将对象只沿 x 轴、y 轴及极轴方向移动。

命令启动方法

- 菜单命令：【修改】/【移动】。
- 面板：【常用】选项卡中【修改】面板上的按钮。
- 命令：MOVE 或简写 M。

【练习 3-28】 练习 MOVE 命令。

打开素材文件“dwg\第 3 章\3-28.dwg”，如图 3-65 左图所示。用 MOVE 命令将左图修改为右图。

```
命令: _move
选择对象: 指定对角点: 找到 3 个                    //选择圆，如图3-65左图所示
选择对象:                                          //按Enter键确认
指定基点或 [位移(D)] <位移>:                       //捕捉交点A
指定第二个点或 <使用第一个点作为位移>:             //捕捉交点B
命令:                                              //重复命令
MOVE
选择对象: 指定对角点: 找到 1 个                    //选择小矩形，如图3-65左图所示
选择对象:                                          //按Enter键确认
指定基点或 [位移(D)] <位移>: 90,30                 //输入沿x、y轴移动的距离
指定第二个点或 <使用第一个点作为位移>:             //按Enter键结束
命令:MOVE                                          //重复命令
选择对象: 找到 1 个                                //选择大矩形
选择对象:                                          //按Enter键确认
指定基点或 [位移(D)] <位移>: 45<-60                //输入移动的距离和方向
指定第二个点或 <使用第一个点作为位移>:             //按Enter键结束
```

结果如图 3-65 右图所示。

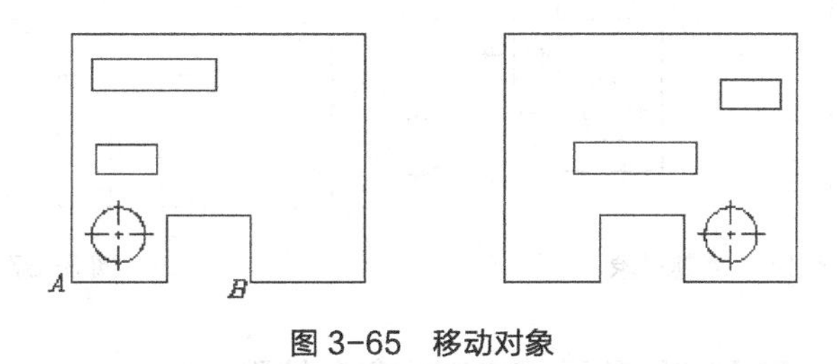

图 3-65 移动对象

3.6.2 复制对象

启动 COPY 命令后，先选择要复制的对象，然后指定对象复制的距离和方向，AutoCAD 就将图形元素从原位置复制到新位置。

可通过以下方式指明对象复制的距离和方向。

- 在屏幕上指定两个点，这两点的距离和方向代表了实体复制的距离和方向，在指定第二点时，应该采用相对坐标。
- 以“X，Y”方式输入对象沿 *x*、*y* 轴移动的距离，或用“距离<角度”方式输入对象复制的距离和方向。
- 打开正交状态或极轴追踪功能，就能方便地将对象只沿 x、y 轴及极轴方向复制。

命令启动方法

- 菜单命令：【修改】/【复制】。
- 面板：【常用】选项卡中【修改】面板上的按钮。
- 命令：COPY 或简写 CO。

【练习 3-29】 练习 COPY 命令。

打开素材文件“dwg\第 3 章\3-29.dwg”，如图 3-66 左图所示。用 COPY 命令将左图修改为右图。

```
命令: _copy
选择对象: 指定对角点: 找到 3 个                          //选择圆，如图3-66左图所示
选择对象:                                              //按Enter键确认
指定基点或 [位移(D)/模式(O)] <位移>:                     //捕捉交点A
指定第二个点或 [阵列(A)] <使用第一个点作为位移>:           //捕捉交点B
指定第二个点或 [阵列(A)/退出(E)/放弃(U)] <退出>:          //捕捉交点C
指定第二个点或 [阵列(A)/退出(E)/放弃(U)] <退出>:          //按Enter键结束
命令:                                                  //重复命令
COPY
选择对象: 找到 1 个                                     //选择矩形，如图3-66左图所示
选择对象:                                              //按Enter键确认
指定基点或 [位移(D) /模式(O)] <位移>:-90,-20              //输入沿x、y轴移动的距离
指定第二个点或 [阵列(A)] <使用第一个点作为位移>:           //按Enter键结束
```

结果如图 3-66 右图所示。

使用 COPY 命令的“阵列（A）”选项可在复制对象的同时阵列对象。启动该命令，指定复制的距离、方向及沿复制方向上的阵列数目，就创建出线性阵列，如图 3-67 所示。操作时，可设定两个对象间的距离，也可设定阵列的总距离值。

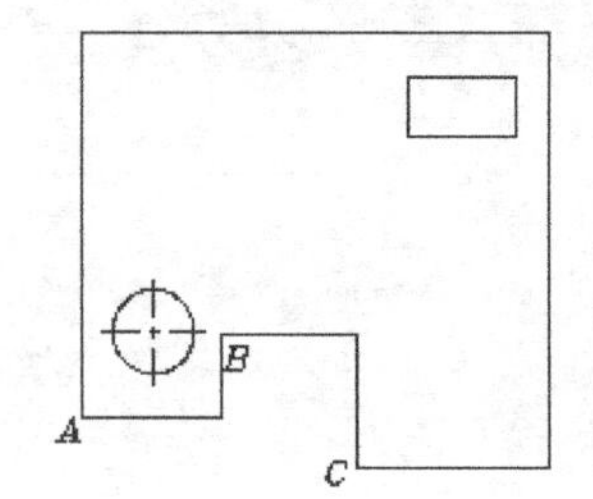

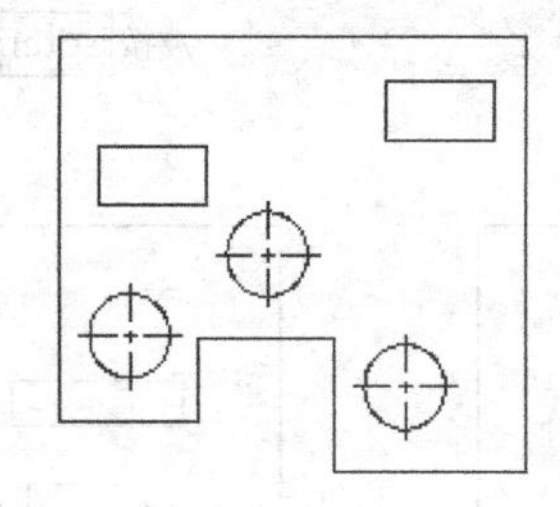

图 3-66　复制对象

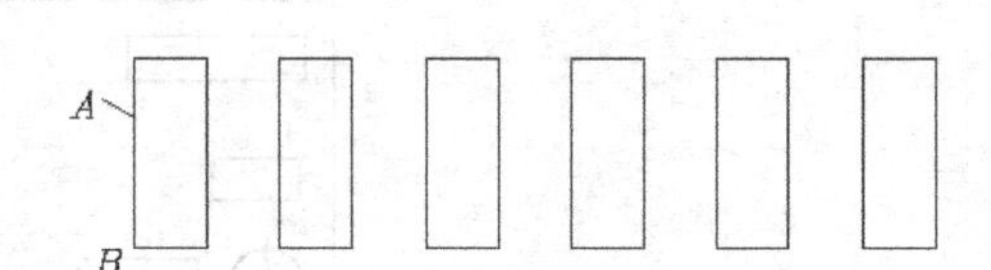

图 3-67　复制时阵列对象

3.6.3　上机练习——用 MOVE 及 COPY 命令绘图

【练习 3-30】打开素材文件“dwg\第 3 章\3-30.dwg”，如图 3-68 左图所示，用 MOVE、COPY 等命令将左图修改为右图。

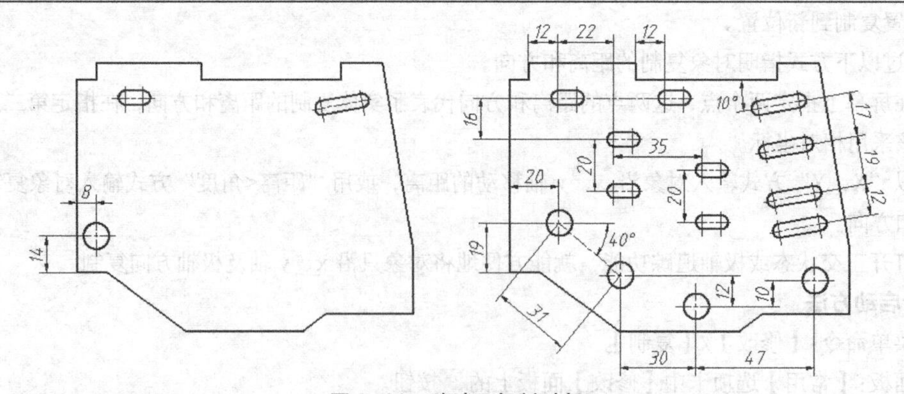

图 3-68　移动及复制对象

1. 移动及复制对象，如图 3-69 左图所示。

```
命令: _move                                            //启动移动命令
选择对象: 指定对角点: 找到 3 个                          //选择对象A
```

```
选择对象:                                                //按Enter键确认
指定基点或 [位移(D)] <位移>: 12,5                         //输入沿x、y轴移动的距离
指定第二个点或 <使用第一个点作为位移>:                      //按Enter键结束
命令: _copy                                              //启动复制命令
选择对象: 指定对角点: 找到 7 个                            //选择对象B
选择对象:                                                //按Enter键确认
指定基点或 [位移(D)/模式(O)] <位移>:                        //捕捉交点C
指定第二个点或 [阵列(A)] <使用第一个点作为位移>:             //捕捉交点D
指定第二个点或[阵列(A) /退出(E)/放弃(U)] <退出>:            //按Enter键结束
命令: _copy                                              //重复命令
选择对象: 指定对角点: 找到 7 个                            //选择对象E
选择对象:                                                //按Enter键
指定基点或 [位移(D)/模式(O)] <位移>: 17<-80                //指定复制的距离及方向
指定第二个点或[阵列(A)] <使用第一个点作为位移>:              //按Enter键结束
```

结果如图 3-69 右图所示。

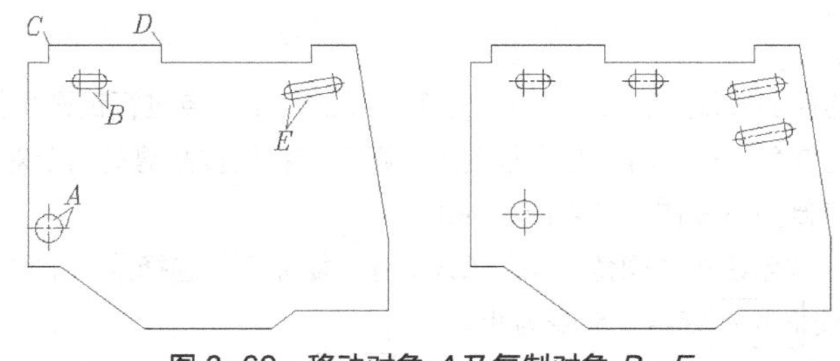

图 3-69　移动对象 *A* 及复制对象 *B*、*E*

2. 绘制图形的其余部分。

3.7　倒圆角和倒角

在工程图中，经常要绘制圆角和斜角。用户可分别利用 FILLET 和 CHAMFER 命令创建这些几何特征，下面介绍这两个命令的用法。

3.7.1　倒圆角

倒圆角是指利用指定半径的圆弧光滑地连接两个对象，操作的对象包括直线、多段线、样条线、圆和圆弧等。

一、命令启动方法

- 菜单命令：【修改】/【圆角】。
- 面板：【常用】选项卡中【修改】面板上的按钮。
- 命令：FILLET 或简写 F。

【练习 3-31】 练习使用 FILLET 命令。

打开素材文件“dwg\第 3 章\3-31.dwg”，如图 3-70 左图所示。下面用 FILLET 命令将左图修改为右图。

```
命令: _fillet
选择第一个对象或 [放弃(U)/多段线(P)/半径(R)/修剪(T)/多个(M)]: r
                                                  //设置圆角半径
```

```
指定圆角半径 <3.0000>: 5                                //输入圆角半径值
选择第一个对象或 [放弃(U)/多段线(P)/半径(R)/修剪(T)/多个(M)]:
                                                      //选择要倒圆角的第一个对象，如图3-70左图所示
选择第二个对象，或按住 Shift 键选择要应用角点的对象: //选择要倒圆角的第二个对象
```

结果如图 3-70 右图所示。

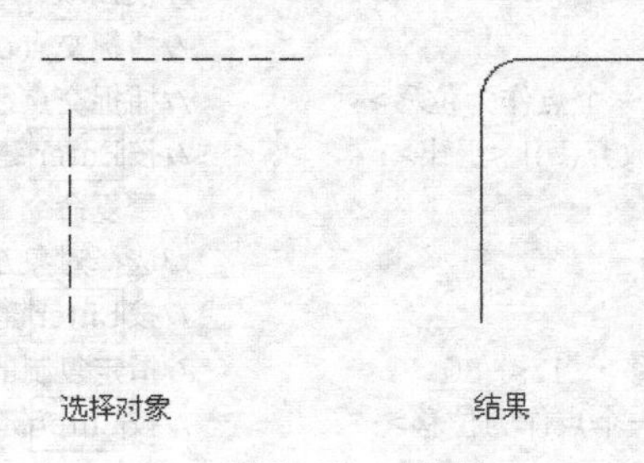

图 3-70 倒圆角

二、命令选项

- 多段线（P）：选择多段线后，AutoCAD 对多段线的每个顶点进行倒圆角操作。
- 半径（R）：设定圆角半径。若圆角半径为 0，则系统将使被修剪的两个对象交于一点。
- 修剪（T）：指定倒圆角操作后是否修剪对象。
- 多个（M）：可一次创建多个圆角。AutoCAD 将重复提示“选择第一个对象”和“选择第二个对象”，直到用户按 Enter 键结束命令为止。
- 按住 Shift 键选择要应用角点的对象：若按住 Shift 键选择第二个圆角对象，则以 0 值替代当前的圆角半径。

3.7.2 倒角

倒角是指用一条斜线连接两个对象。操作时用户可以输入每条边的倒角距离，也可以指定某条边上倒角的长度及与此边的夹角。

一、命令启动方法

- 菜单命令：【修改】/【倒角】。
- 面板：【常用】选项卡中【修改】面板上的按钮。
- 命令：CHAMFER 或简写 CHA。

【练习 3-32】 练习使用 CHAMFER 命令。

打开素材文件“dwg\第 3 章\3-32.dwg”，如图 3-71 左图所示。下面用 CHAMFER 命令将左图修改为右图。

```
选择第一条直线[放弃(U)/多段线(P)/距离(D)/角度(A)/修剪(T)/方式(E)/多个(M)]:  d
                                                      //设置倒角距离
指定第一个倒角距离 <5.0000>: 5                        //输入第一个边的倒角距离
指定第二个倒角距离 <5.0000>: 8                        //输入第二个边的倒角距离
选择第一条直线或 [放弃(U)/多段线(P)/距离(D)/角度(A)/修剪(T)/方式(E)/多个(M)]:
                                                      //选择第一个倒角边，如图3-71左图所示
选择第二条直线，或按住 Shift 键选择要应用角点的直线:
                                                      //选择第二个倒角边
```

结果如图 3-71 右图所示。

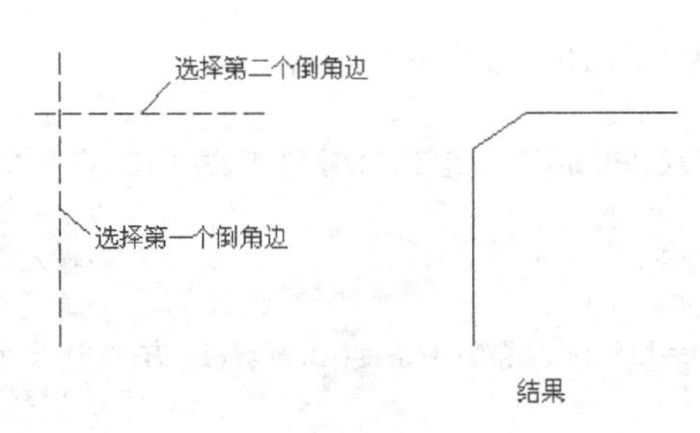

图 3-71 倒角

二、命令选项

- 多段线（P）：选择多段线后，AutoCAD 将对多段线的每个顶点执行倒角操作。
- 距离（D）：设定倒角距离。若倒角距离为 0，则系统将被倒角的两个对象交于一点。
- 角度（A）：指定倒角角度。
- 修剪（T）：设置倒角时是否修剪对象。该选项与 FILLET 命令的“修剪（T）”选项相同。
- 方式（E）：设置使用两个倒角距离还是一个距离、一个角度来创建倒角。
- 多个（M）：可一次创建多个倒角。AutoCAD 将重复提示“选择第一条直线”和“选择第二条直线”，直到用户按 Enter 键结束命令。
- 按住 Shift 键选择要应用角点的直线：若按住 Shift 键选择第二个倒角对象，则以 0 值替代当前的倒角距离。

3.7.3 上机练习——倒圆角及倒角

【练习 3-33】 打开素材文件“dwg\第 3 章\3-33.dwg”，如图 3-72 左图所示，用 FILLET 及 CHAMFER 命令将左图修改为右图。

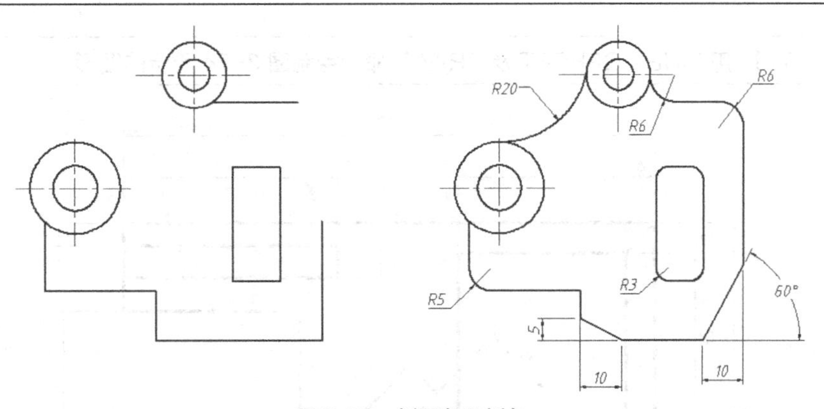

图 3-72 倒圆角及倒角

1. 倒圆角，圆角半径为 $R5$，如图 3-73 所示。

```
命令: _fillet
选择第一个对象或 [放弃(U)/多段线(P)/半径(R)/修剪(T)/多个(M)]: r
                                                            //设置圆角半径
指定圆角半径 <3.0000>: 5                                    //输入圆角半径值
选择第一个对象或 [放弃(U)/多段线(P)/半径(R)/修剪(T)/多个(M)]:  //选择线段A
选择第二个对象，或按住 Shift 键选择要应用角点的对象:           //选择线段B
```

结果如图 3-73 所示。

2. 倒角，倒角距离分别为 5 和 10，如图 3-73 所示。

```
命令：_chamfer
选择第一条直线[放弃(U)/多段线(P)/距离(D)/角度(A)/修剪(T)/方式(E)/多个(M)]:  d
                                                                //设置倒角距离
指定第一个倒角距离 <3.0000>：5                                  //输入第一个边的倒角距离
指定第二个倒角距离 <5.0000>：10                                 //输入第二个边的倒角距离
选择第一条直线或 [放弃(U)/多段线(P)/距离(D)/角度(A)/修剪(T)/方式(E)/多个(M)]:
                                                                //选择线段C
选择第二条直线，或按住 Shift 键选择要应用角点的直线：           //选择线段D
```

结果如图 3-73 所示。

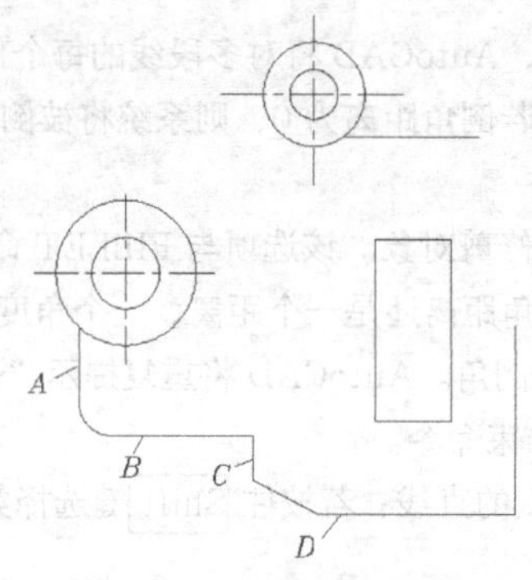

图 3-73　倒圆角及倒角

3. 创建其余圆角及斜角。

3.8　综合练习——画线段构成的图形

【练习 3-34】 用 LINE、OFFSET 及 TRIM 等命令绘制图 3-74 所示的图形。

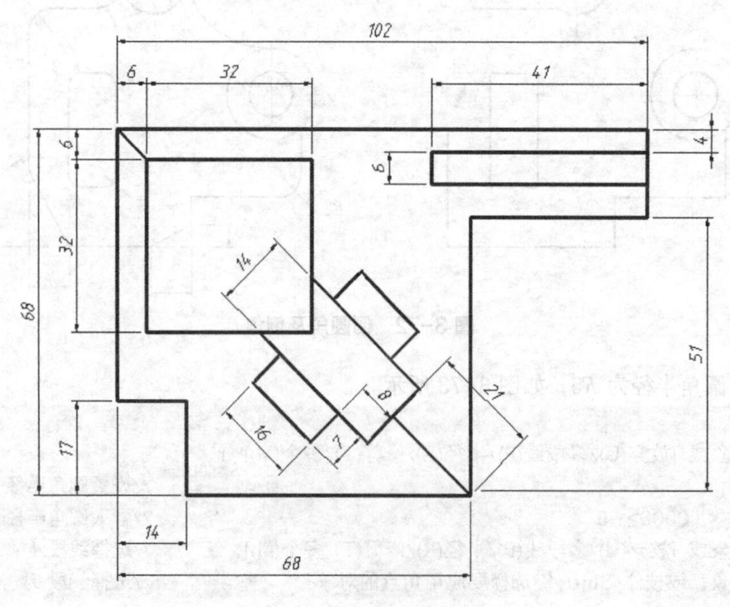

图 3-74　画线段构成的图形

1. 打开极轴追踪、对象捕捉及自动追踪功能。设置极轴追踪角度增量为“90”，设定对象捕捉方式为“端点”“交点”，设置仅沿正交方向进行捕捉追踪。

2. 设定绘图区域大小为 150×150，并使该区域充满整个图形窗口。

3. 画两条水平及竖直的作图基准线 *A*、*B*，如图 3-75 所示。线段 *A* 的长度约为 130，线段 *B* 的长度约为 80。

4. 使用 OFFSET 及 TRIM 命令绘制线框 *C*，如图 3-76 所示。

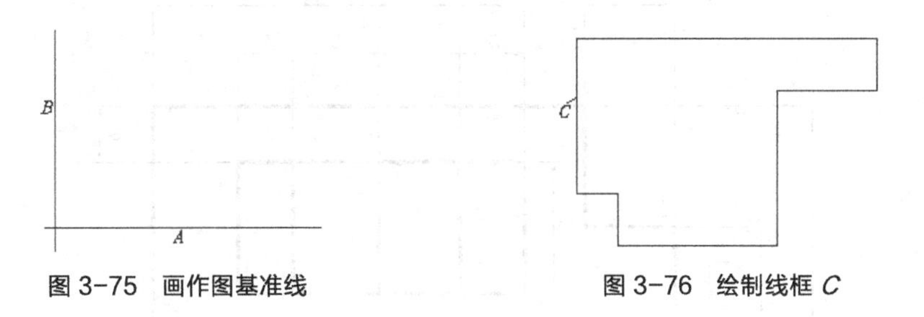

图 3-75　画作图基准线　　　　图 3-76　绘制线框 *C*

5. 连线 *EF*，再用 OFFSET 及 TRIM 命令画线框 *G*，如图 3-77 所示。

6. 用 XLINE、OFFSET 及 TRIM 命令绘制线段 *A*、*B*、*C* 等，如图 3-78 所示。

7. 用 LINE 命令绘制线框 *H*，结果如图 3-79 所示。

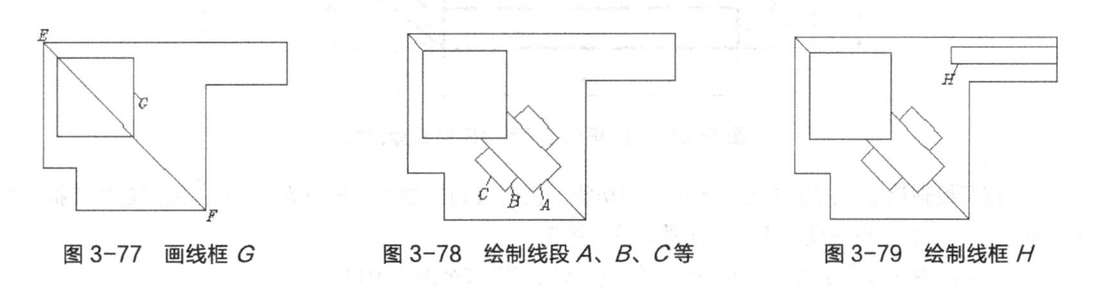

图 3-77　画线框 *G*　　　　图 3-78　绘制线段 *A*、*B*、*C* 等　　　　图 3-79　绘制线框 *H*

【练习 3-35】用 LINE、OFFSET、EXTEND 及 TRIM 等命令绘制图 3-80 所示的图形。

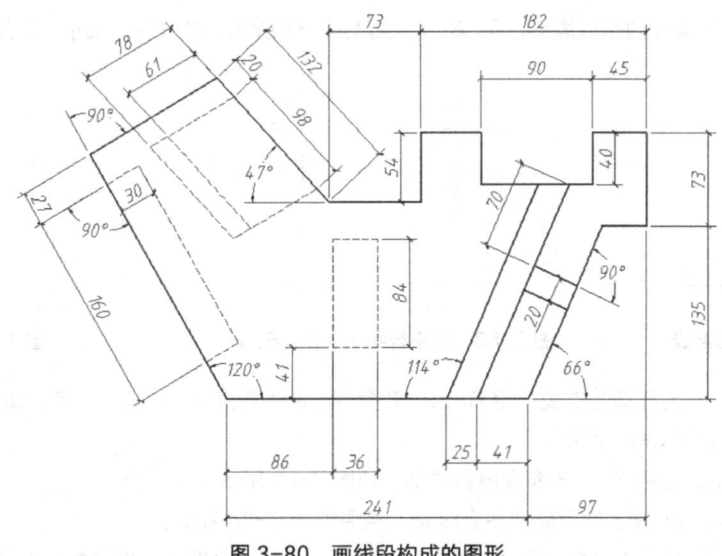

图 3-80　画线段构成的图形

3.9 综合练习二——用 OFFSET 和 TRIM 命令构图

【练习 3-36】 用 LINE、OFFSET 及 TRIM 等命令绘制图 3-81 所示的图形。

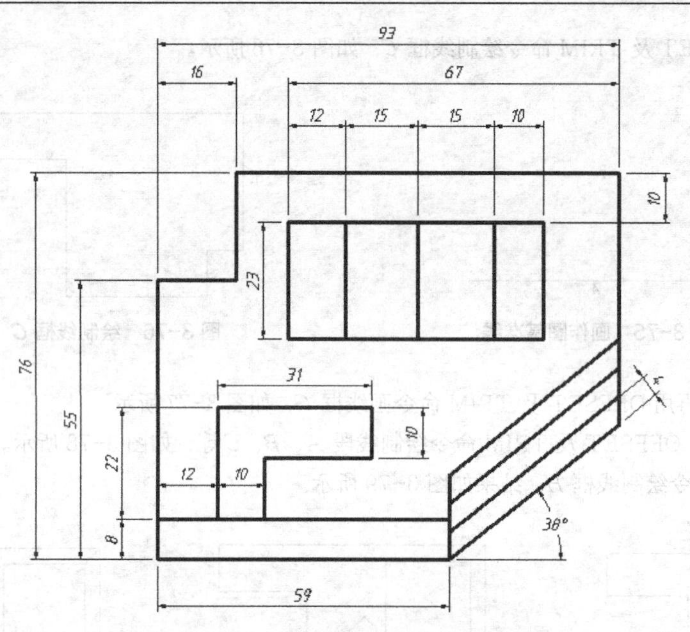

图 3-81 用 OFFSET 和 TRIM 命令画图

1. 打开极轴追踪、对象捕捉及捕捉追踪功能。设置极轴追踪角度增量为“90”，设定对象捕捉方式为“端点”“交点”，设置仅沿正交方向进行捕捉追踪。

2. 设定绘图区域大小为 150×150，并使该区域充满整个图形窗口。

3. 画水平及竖直的作图基准线 A、B，如图 3-82 所示。线段 A 的长度约为 120，线段 B 的长度约为 110。

4. 用 OFFSET 命令画平行线 C、D、E、F，如图 3-83 所示。修剪多余线条，结果如图 3-84 所示。

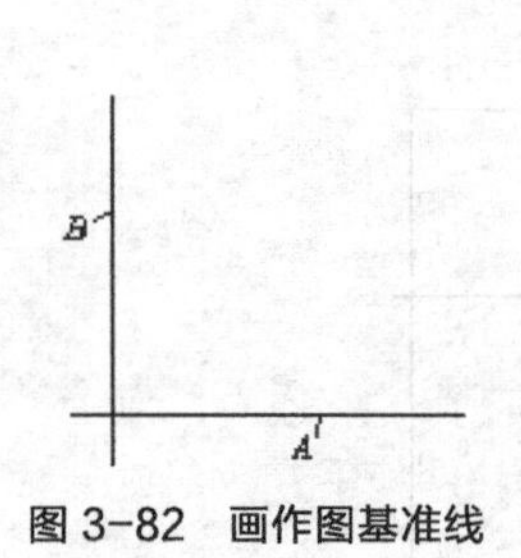

图 3-82 画作图基准线

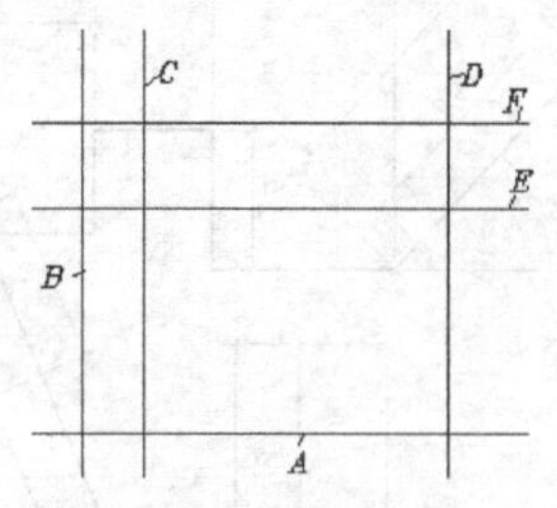

图 3-83 画平行线 C、D、E、F

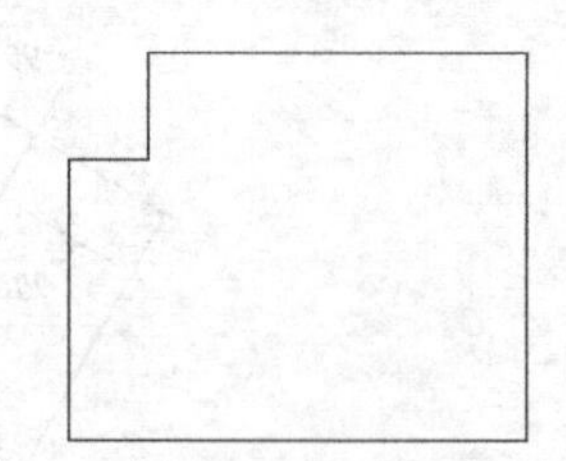

图 3-84 修剪结果

5. 以线段 G、H 为作图基准线，用 OFFSET 命令绘制平行线 I、J、K、L 等，如图 3-85 所示。修剪多余线条，结果如图 3-86 所示。

6. 画平行线 A，再用 XLINE 命令画斜线 B，如图 3-87 所示。

7. 画平行线 C、D、E，然后修剪多余线条，结果如图 3-88 所示。

8. 画平行线 F、G、H、I 和 J 等，如图 3-89 所示。修剪多余线条，结果如图 3-90 所示。

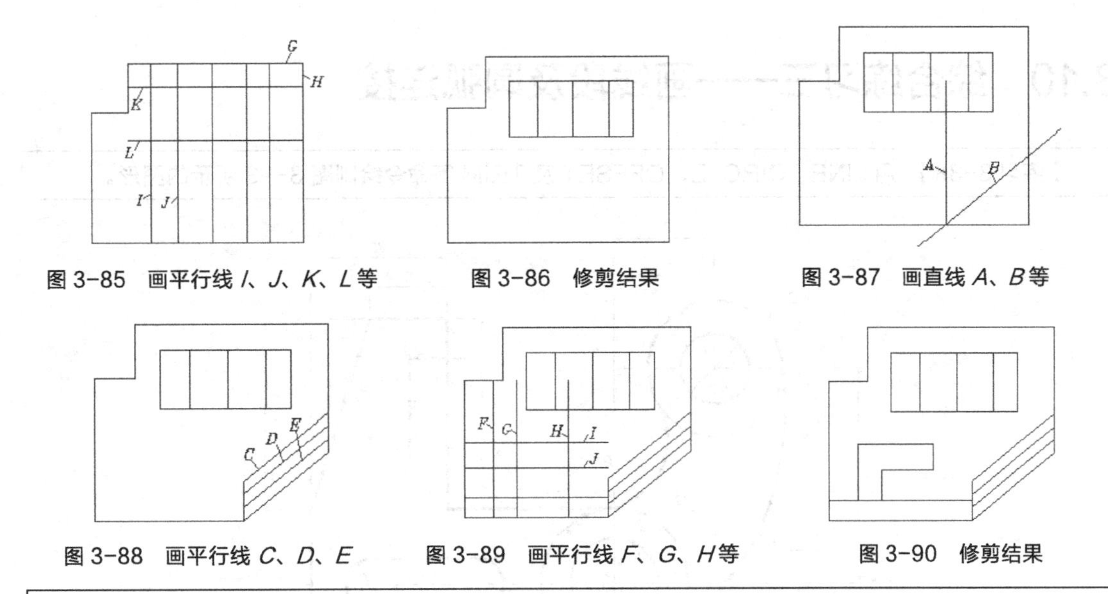

图 3-85　画平行线 *I*、*J*、*K*、*L* 等　　图 3-86　修剪结果　　图 3-87　画直线 *A*、*B* 等

图 3-88　画平行线 *C*、*D*、*E*　　图 3-89　画平行线 *F*、*G*、*H* 等　　图 3-90　修剪结果

【练习 3-37】用 LINE、CIRCLE、XLINE、OFFSET、TRIM 等命令绘制图 3-91 所示的图形。

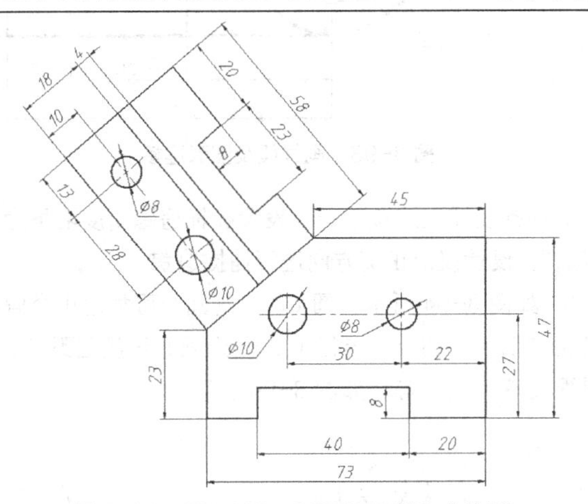

图 3-91　用 LINE、OFFSET 等命令绘图

主要作图步骤如图 3-92 所示。

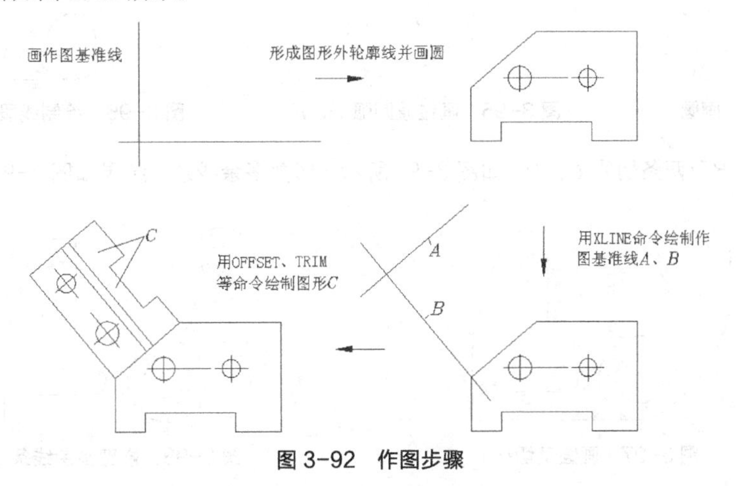

图 3-92　作图步骤

3.10 综合练习三——画线段及圆弧连接

【练习 3-38】用 LINE、CIRCLE、OFFSET 及 TRIM 等命令绘制图 3-93 所示的图形。

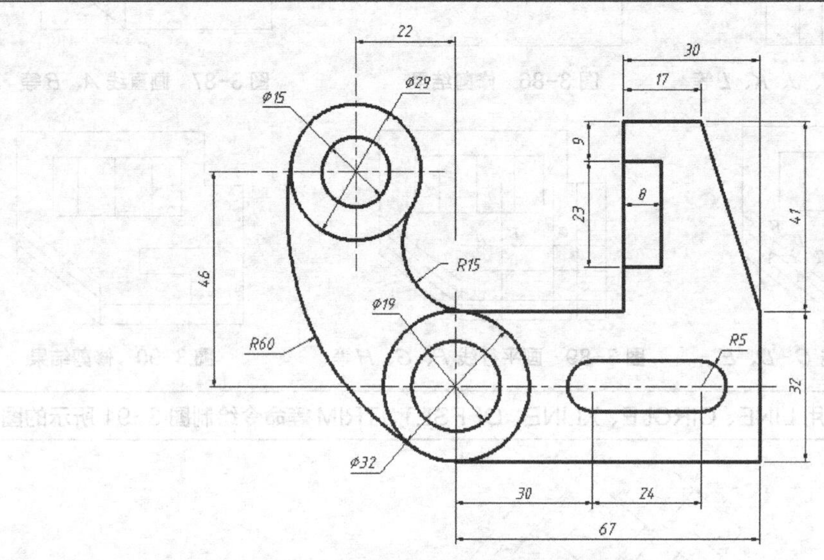

图 3-93 画线段及圆弧连接

1. 打开极轴追踪、对象捕捉及捕捉追踪功能。设置极轴追踪角度增量为“90”，设定对象捕捉方式为“端点”“圆心”和“交点”，设置仅沿正交方向进行捕捉追踪。

2. 画圆 *A*、*B*、*C* 和 *D*，如图 3-94 所示，圆 *C*、*D* 的圆心可利用正交偏移捕捉确定。

3. 利用 CIRCLE 命令的“切点、切点、半径（T）”选项画过渡圆弧 *E*、*F*，如图 3-95 所示。

4. 用 LINE 命令绘制线段 *G*、*H*、*I* 等，如图 3-96 所示。

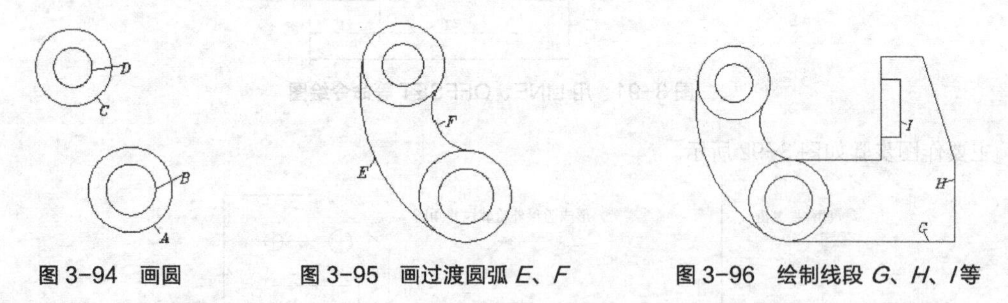

图 3-94 画圆　　图 3-95 画过渡圆弧 *E*、*F*　　图 3-96 绘制线段 *G*、*H*、*I* 等

5. 画圆 *A*、*B* 及两条切线 *C*、*D*，如图 3-97 所示。修剪多余线条，结果如图 3-98 所示。

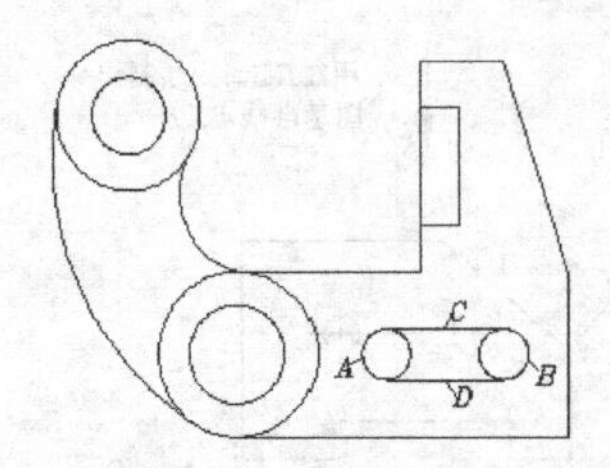

图 3-97 画圆及切线

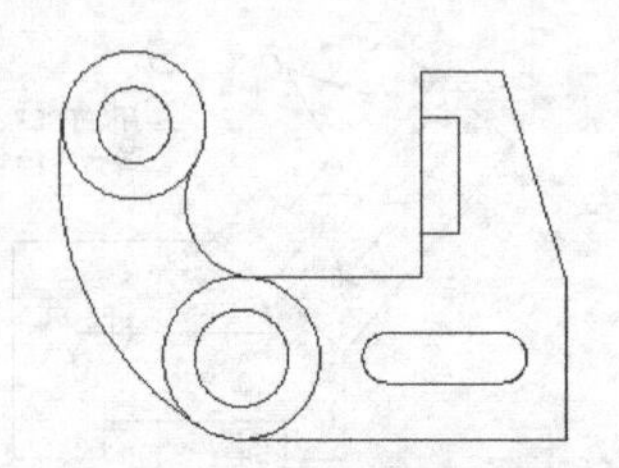

图 3-98 修剪多余线条

【练习 3-39】 用 LINE、CIRCLE、OFFSET 及 TRIM 等命令绘制图 3-99 所示的图形。

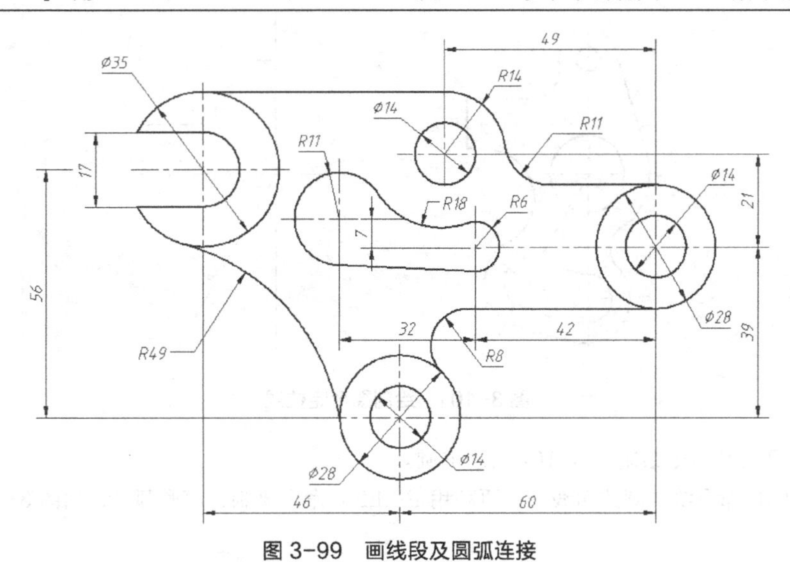

图 3-99　画线段及圆弧连接

3.11　综合练习四——画圆及圆弧连接

【练习 3-40】 用 LINE、CIRCLE 及 TRIM 等命令绘制图 3-100 所示的图形。

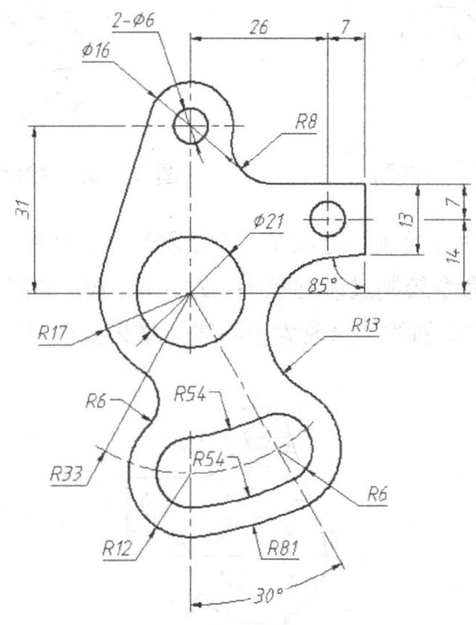

图 3-100　画切线及圆弧连接

1. 创建以下两个图层。

名称	颜色	线型	线宽
粗实线	白色	Continuous	0.7
中心线	白色	Center	默认

2. 设置作图区域的大小为 100×100，再设定全局线型比例因子为 0.2。

3. 利用 LINE 和 OFFSET 命令绘制图形元素的定位线 *A*、*B*、*C*、*D*、*E* 等，如图 3-101 所示。

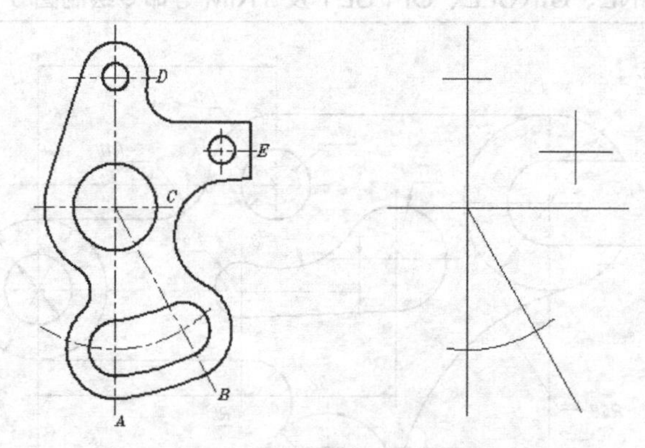

图 3-101　绘制图形定位线

4. 使用 CIRCLE 命令绘制图 3-102 所示的圆。
5. 利用 LINE 命令绘制圆的切线 *A*，再利用 FILLET 命令绘制过渡圆弧 *B*，如图 3-103 所示。

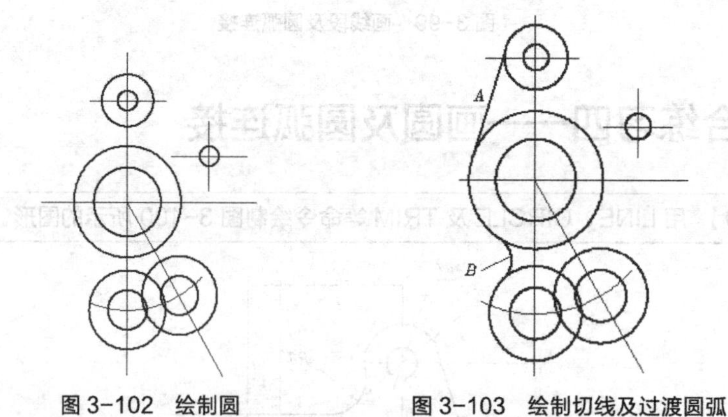

图 3-102　绘制圆　　图 3-103　绘制切线及过渡圆弧

6. 使用 LINE 和 OFFSET 命令绘制平行线 *C*、*D* 及斜线 *E*，如图 3-104 所示。
7. 使用 CIRCLE 和 TRIM 命令绘制过渡圆弧 *G*、*H*、*M*、*N*，如图 3-105 所示。
8. 修剪多余线段，再将定位线的线型修改为中心线，结果如图 3-106 所示。

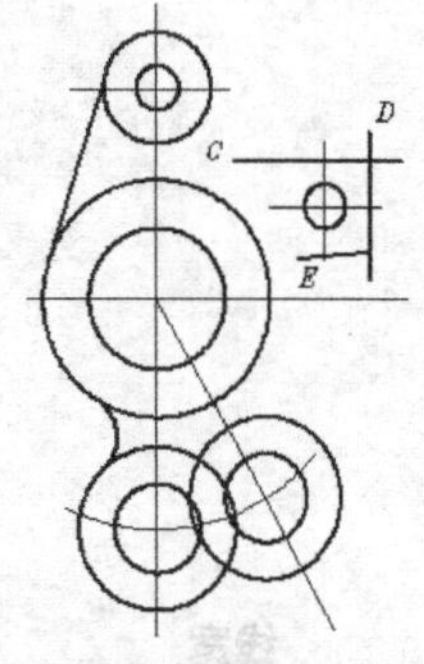

图 3-104　绘制线段 *C*、*D*、*E*

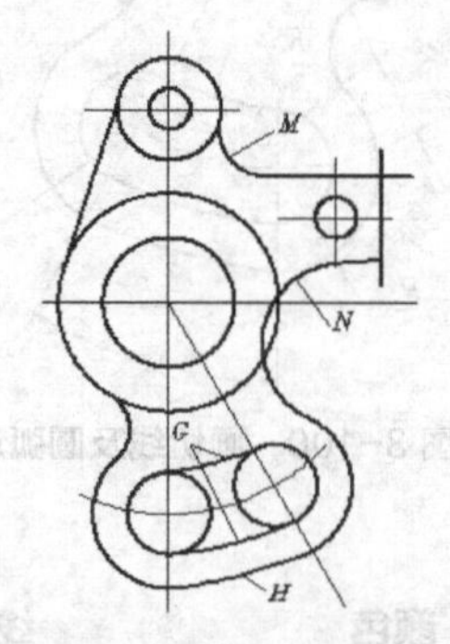

图 3-105　绘制过渡圆弧

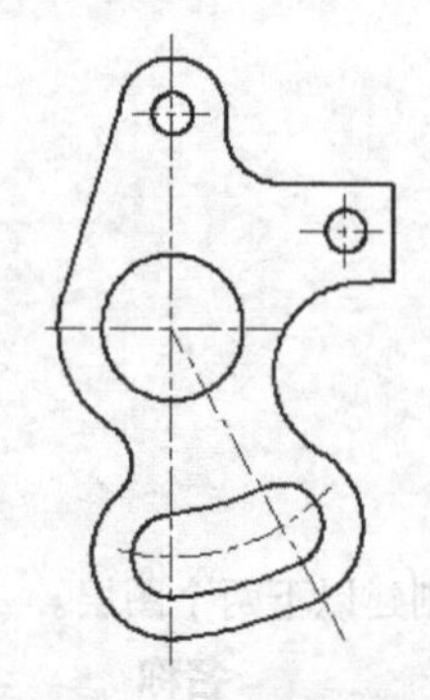

图 3-106　修剪线段并调整线型

【练习 3-41】 用 LINE、CIRCLE 及 TRIM 等命令绘制图 3-107 所示的图形。

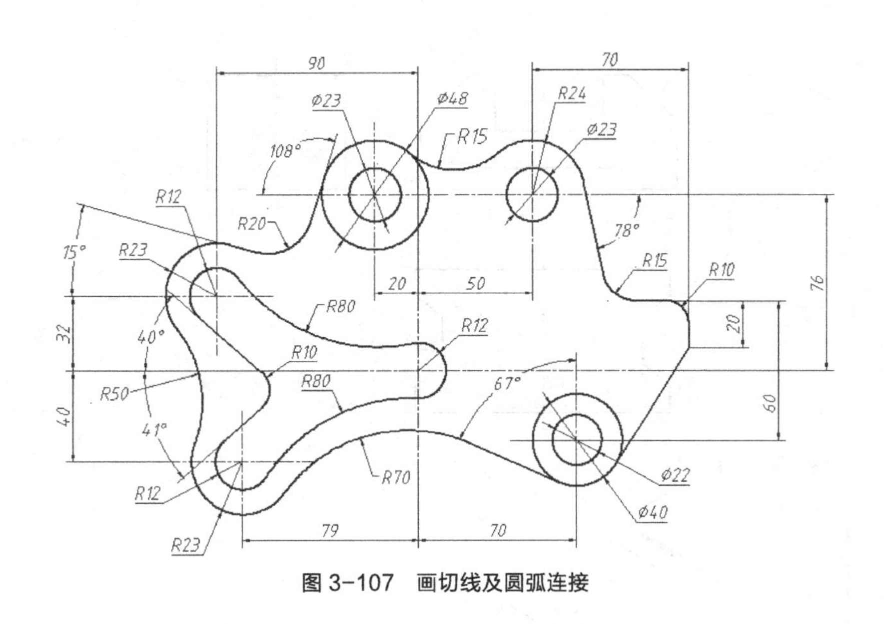

图 3-107　画切线及圆弧连接

3.12　综合练习五——绘制三视图

【练习 3-42】根据轴测图绘制三视图，如图 3-108 所示。

主要绘图过程如图 3-109 所示。

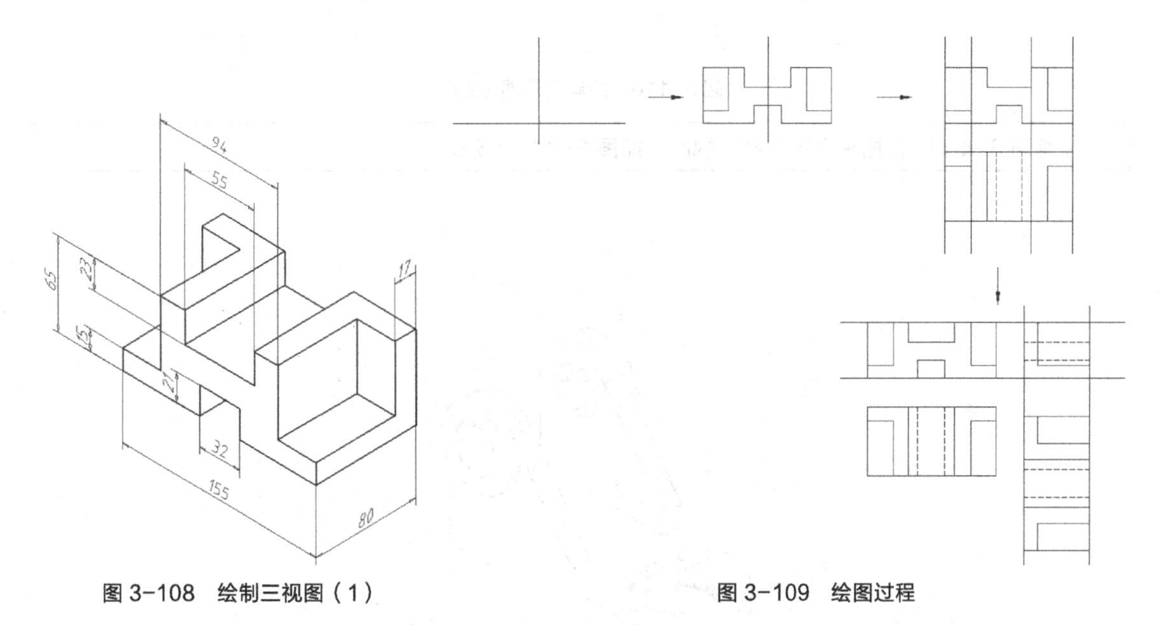

图 3-108　绘制三视图（1）

图 3-109　绘图过程

绘制三视图时，可用 XLINE 命令绘制竖直投影线向俯视图投影，也可将俯视图复制到新位置并旋转 90°，然后绘制水平及竖直投影线向左视图投影。

【练习 3-43】根据轴测图及视图轮廓绘制三视图，如图 3-110 所示。

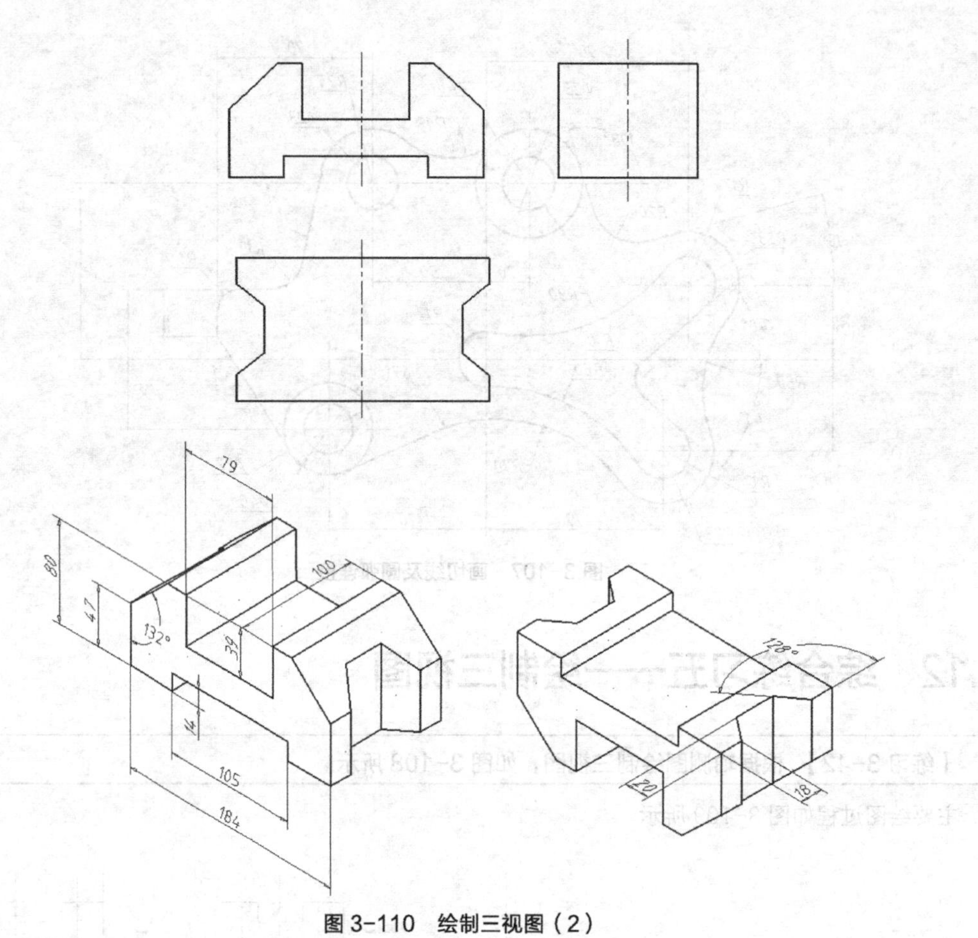

图 3-110　绘制三视图（2）

【练习 3-44】 根据轴测图绘制三视图，如图 3-111 所示。

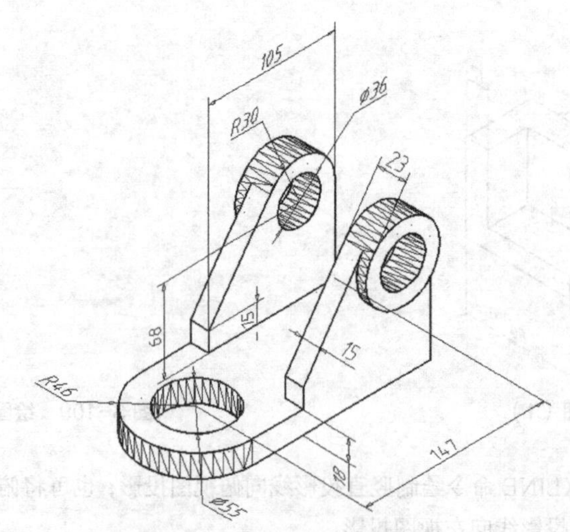

图 3-111　绘制三视图（3）

【练习 3-45】 根据轴测图绘制三视图，如图 3-112 所示。

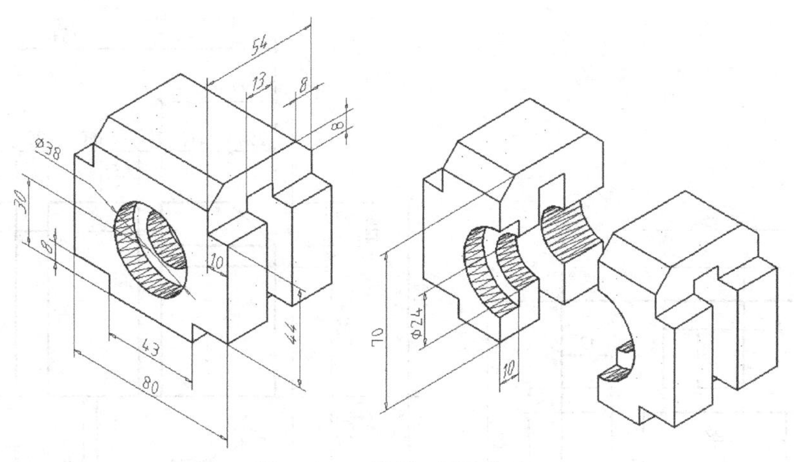

图 3-112　绘制三视图（4）

3.13　习题

1. 利用点的相对坐标画线，如图 3-113 所示。
2. 打开极轴追踪、对象捕捉及自动追踪功能画线，如图 3-114 所示。

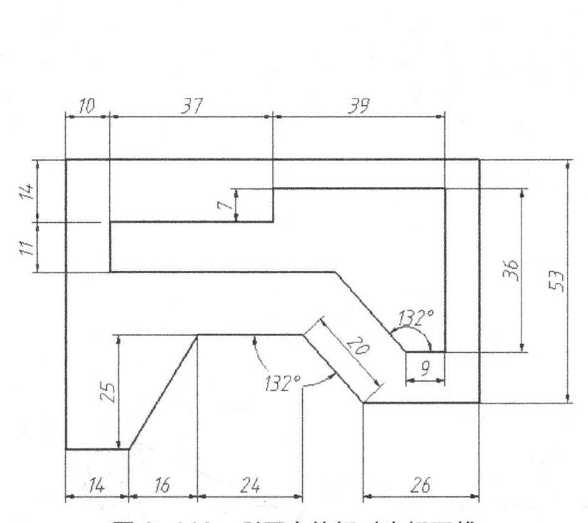

图 3-113　利用点的相对坐标画线

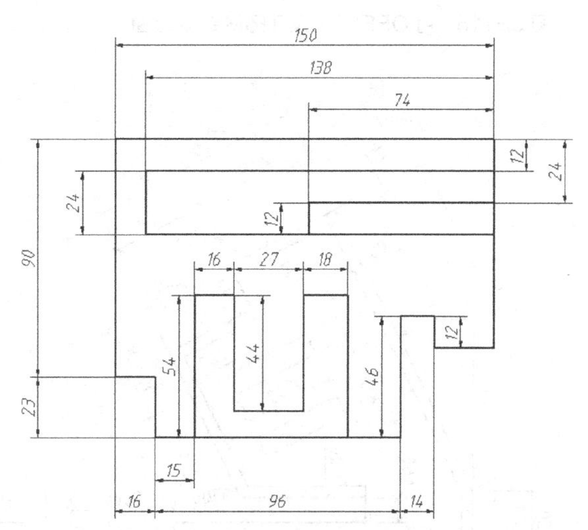

图 3-114　利用极轴追踪、自动追踪等功能画线

3. 用 OFFSET 及 TRIM 命令绘图，如图 3-115 所示。
4. 用 OFFSET 及 TRIM 等命令绘图，如图 3-116 所示。
5. 用 OFFSET 及 TRIM 等命令绘图，如图 3-117 所示。
6. 绘制图 3-118 所示的图形。
7. 绘制图 3-119 所示的图形。
8. 根据轴测图绘制三视图，如图 3-120 所示。
9. 根据轴测图绘制三视图，如图 3-121 所示。
10. 根据轴测图绘制三视图，如图 3-122 所示。

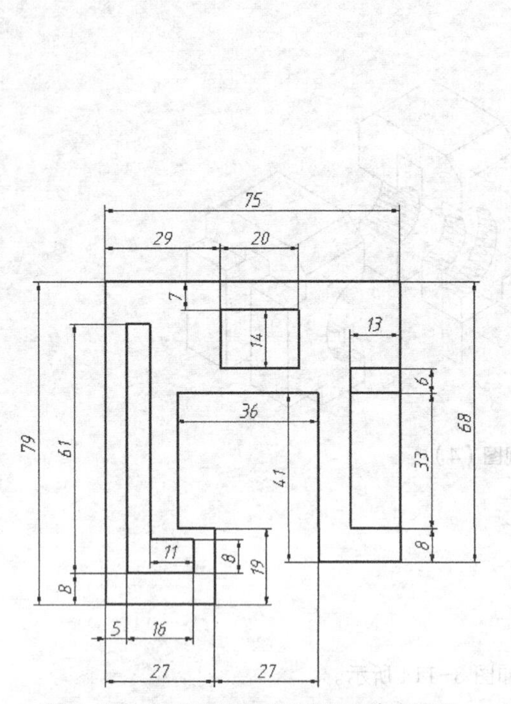

图 3-115　用 OFFSET 及 TRIM 命令绘图

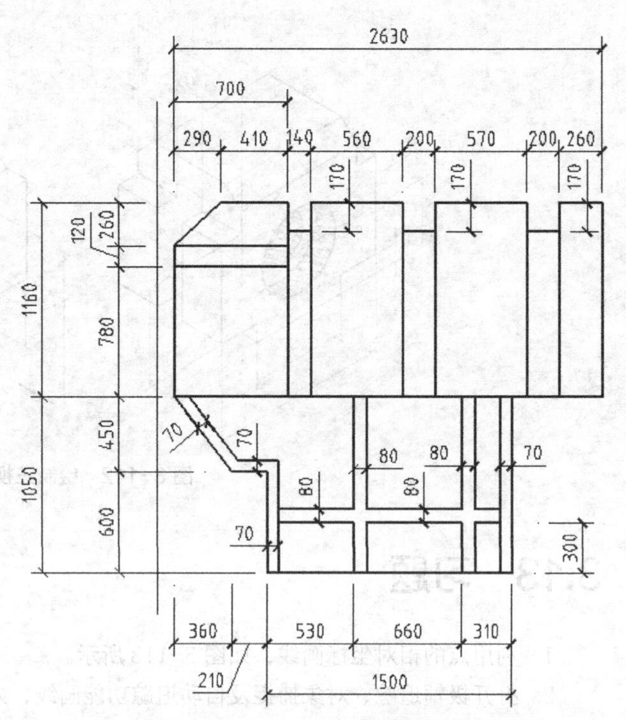

图 3-116　绘制平行线及修剪线条（1）

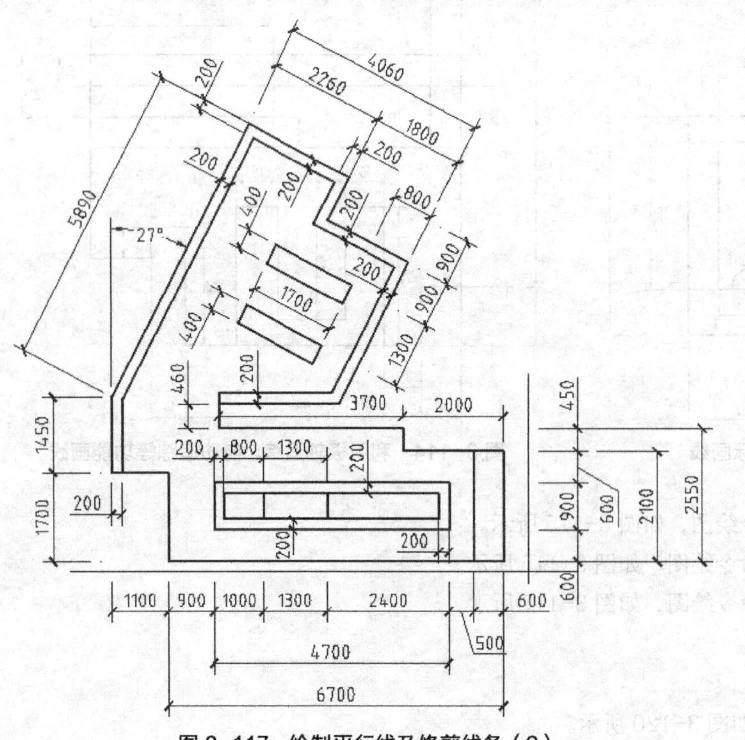

图 3-117　绘制平行线及修剪线条（2）

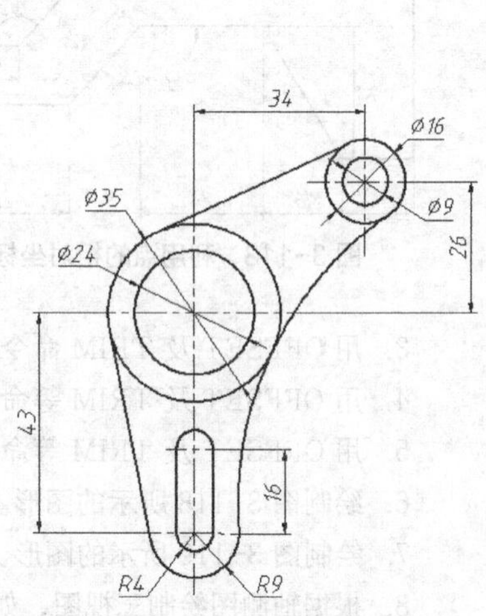

图 3-118　用 LINE、CIRCLE 及 OFFSET 等命令绘图（1）

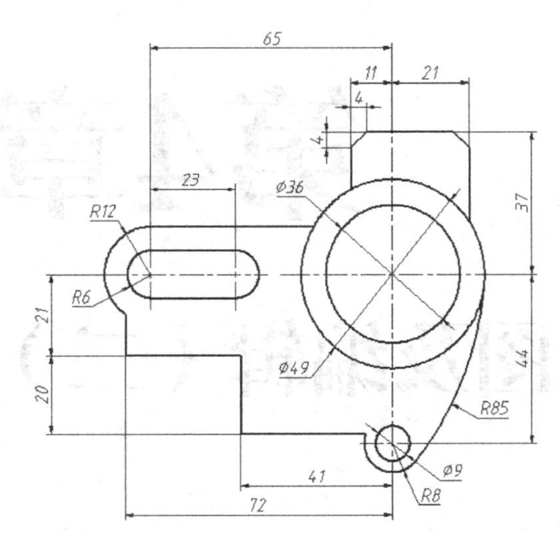

图 3-119 用 LINE、CIRCLE 及 OFFSET 等命令绘图（2）

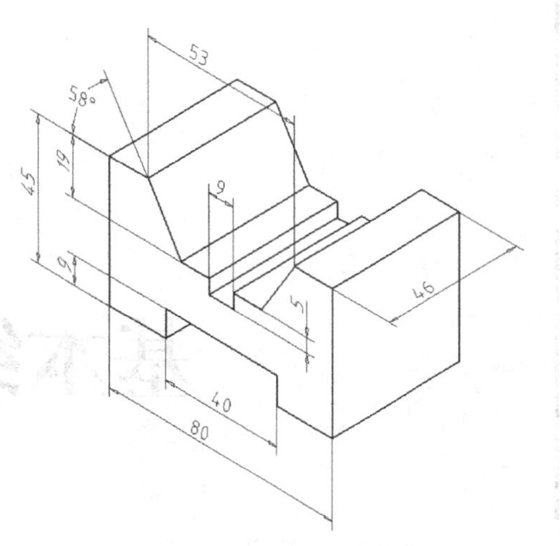

图 3-120 绘制三视图（1）

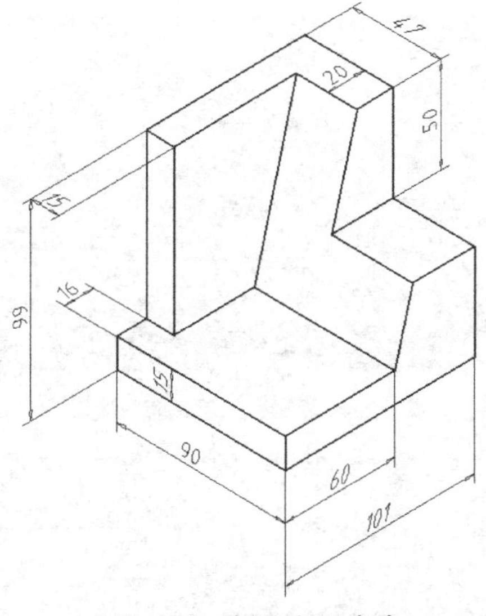

图 3-121 绘制三视图（2）

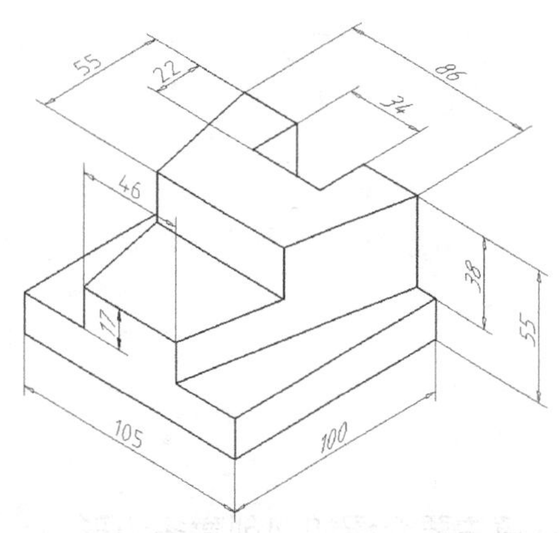

图 3-122 绘制三视图（3）

PART04

第4章

基本绘图及编辑（二）

学习目标：

熟练绘制矩形、正多边形及椭圆的方法 ■
掌握矩形及环形阵列的方法，了解怎样沿路径阵列对象 ■
掌握镜像、对齐及拉伸图形的方法 ■
学会如何按比例缩放图形 ■
能够绘制断裂线及填充剖面图案 ■

■ 本章主要介绍如何创建多边形、椭圆、样条线及填充剖面图案，阵列、镜像、旋转、对齐及缩放对象，并提供了相应的平面绘图练习。

4.1 绘制矩形、多边形及椭圆

本节主要介绍矩形、正多边形及椭圆等的绘制方法。

4.1.1 绘制矩形

RECTANG 命令用于绘制矩形，用户只需指定矩形对角线的两个端点就能画出矩形。绘制时，可指定顶点处的倒角距离及圆角半径。

一、命令启动方法

- 菜单命令：【绘图】/【矩形】。
- 面板：【常用】选项卡中【绘图】面板上的□按钮。
- 命令：RECTANG 或简写 REC。

【练习 4-1】 打开素材文件“dwg\第 4 章\4-1.dwg”，如图 4-1 左图所示，用 RECTANG 和 OFFSET 命令将左图修改为右图。

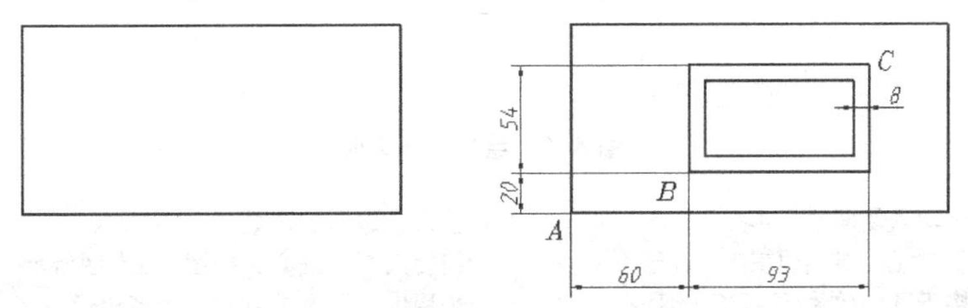

图 4-1 绘制矩形

```
命令: _rectang
指定第一个角点或 [倒角(C)/标高(E)/圆角(F)/厚度(T)/宽度(W)]: from
                                                    //使用正交偏移捕捉
基点: int于                                          //捕捉A点
 <偏移>: @60,20                                      //输入B点的相对坐标
指定另一个角点或 [面积(A)/尺寸(D)/旋转(R)]: @93,54      //输入C点的相对坐标
```

用 OFFSET 命令将矩形向内偏移，偏移距离为 8，结果如图 4-1 右图所示。

二、命令选项

- 指定第一个角点：在此提示下，用户指定矩形的一个角点。拖动鼠标光标时，屏幕上显示出一个矩形。
- 指定另一个角点：在此提示下，用户指定矩形的另一角点。
- 倒角（C）：指定矩形各顶点倒角的大小。
- 标高（E）：确定矩形所在的平面高度。默认情况下，矩形是在 xy 平面内（z 坐标值为 0）。
- 圆角（F）：指定矩形各顶点的倒圆角半径。
- 厚度（T）：设置矩形的厚度，在三维绘图时常使用该选项。
- 宽度（W）：该选项使用户可以设置矩形边的宽度。
- 面积（A）：先输入矩形面积，再输入矩形长度或宽度值创建矩形。
- 尺寸（D）：输入矩形的长、宽尺寸创建矩形。
- 旋转（R）：设定矩形的旋转角度。

4.1.2 绘制正多边形

在 AutoCAD 中可以创建 3～1024 条边的正多边形，绘制正多边形一般采取以下两种方法。

（1）根据外接圆或者内切圆生成多边形。

（2）指定多边形边数及某一边的两个端点。

一、命令启动方法

- 菜单命令：【绘图】/【正多边形】。
- 面板：【常用】选项卡中【绘图】面板上的按钮。
- 命令：POLYGON 或简写 POL。

【练习 4-2】 打开素材文件“dwg\第 4 章\4-2.dwg”，该文件包含一个大圆和一个小圆，下面用 POLYGON 命令绘制出圆的内接多边形和外切多边形，如图 4-2 所示。

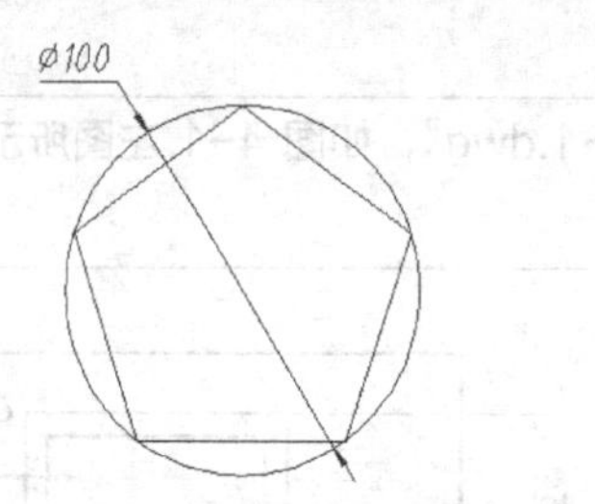

图 4-2 绘制正多边形

```
命令：_polygon输入侧面数 <4>：5                //输入多边形的边数
指定正多边形的中心点或 [边(E)]：cen于          //捕捉大圆的圆心，如图4-2左图所示
输入选项 [内接于圆(I)/外切于圆(C)] <I>：I      //采用内接于圆的方式绘制多边形
指定圆的半径：50                               //输入半径值
命令：                                         //重复命令
POLYGON 输入边的数目 <5>：                     //按Enter键接受默认值
指定正多边形的中心点或 [边(E)]：cen于          //捕捉小圆的圆心，如图4-2右图所示
输入选项 [内接于圆(I)/外切于圆(C)] <I>：c      //采用外切于圆的方式绘制多边形
指定圆的半径：@40<65                           //输入A点的相对坐标
```

结果如图 4-2 所示。

二、命令选项

- 指定正多边形的中心点：用户输入多边形边数后，再拾取多边形中心点。
- 内接于圆（I）：根据外接圆生成正多边形。
- 外切于圆（C）：根据内切圆生成正多边形。
- 边（E）：输入多边形边数后，再指定某条边的两个端点即可绘制出多边形。

4.1.3 绘制椭圆

椭圆包含椭圆中心、长轴及短轴等几何特征。绘制椭圆的默认方法是指定椭圆第一根轴线的两个端点及另一轴长度的一半。另外，也可通过指定椭圆中心、第一轴的端点及另一轴线的半轴长度来创建椭圆。

一、命令启动方法

- 菜单命令：【绘图】/【椭圆】。
- 面板：【常用】选项卡中【绘图】面板上的按钮。

- 命令：ELLIPSE 或简写 EL。

【练习 4-3】 利用 ELLIPSE 命令绘制平面图形，如图 4-3 所示。

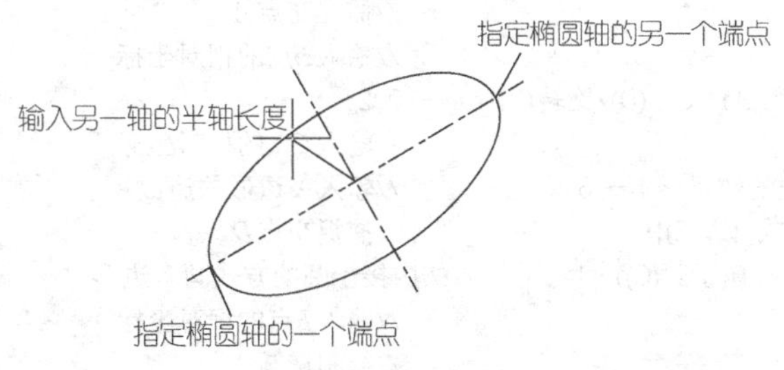

图 4-3 绘制椭圆

```
命令: _ellipse
指定椭圆的轴端点或 [圆弧(A)/中心点(C)]:        //拾取椭圆轴的一个端点，如图4-3所示
指定轴的另一个端点: @500<30                   //输入椭圆轴另一端点的相对坐标
指定另一条半轴长度或 [旋转(R)]: 130            //输入另一轴的半轴长度
```

结果如图 4-3 所示。

二、命令选项

- 圆弧（A）：该选项用于绘制一段椭圆弧。操作过程是先绘制一个完整的椭圆，随后系统提示用户指定椭圆弧的起始角及终止角。
- 中心点（C）：通过椭圆中心点、长轴及短轴来绘制椭圆。
- 旋转（R）：按旋转方式绘制椭圆，即将圆绕直径转动一定角度后，再投影到平面上形成椭圆。

4.1.4 上机练习——绘制矩形、正多边形及椭圆等构成的图形

【练习 4-4】 用 LINE、RECTANG、POLYGON、ELLIPSE 等命令绘制平面图形，如图 4-4 所示。

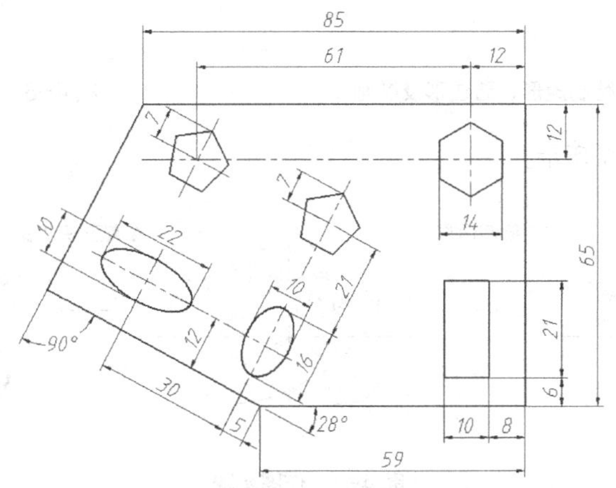

图 4-4 绘制矩形、正多边形及椭圆等

1. 打开极轴追踪、对象捕捉及自动追踪功能。设置极轴追踪角度增量为“90”，设置对象捕捉方式为“端点”“交点”。

2. 用 LINE、OFFSET、LENGTHEN 等命令绘制外轮廓线、正多边形和椭圆的定位线，如图 4-5 左图所示。然后绘制矩形、五边形及椭圆。

```
命令: _rectang                                              //绘制矩形
指定第一个角点或 [倒角(C)/标高(E)/圆角(F)/厚度(T)/宽度(W)]: from
                                                            //使用正交偏移捕捉
基点:                                                       //捕捉交点A
 <偏移>: @-8,6                                              //输入B点的相对坐标
指定另一个角点或 [面积(A)/尺寸(D)/旋转(R)]: @-10,21
                                                            //输入C点的相对坐标
命令: _polygon 输入边的数目 <4>: 5                          //输入多边形的边数
指定正多边形的中心点或 [边(E)]:                             //捕捉交点D
输入选项 [内接于圆(I)/外切于圆(C)] <I>: I      //按内接于圆的方式画多边形
指定圆的半径: @7<62                                         //输入E点的相对坐标
命令: _ellipse                                              //绘制椭圆
指定椭圆的轴端点或 [圆弧(A)/中心点(C)]: c                   //使用"中心点(C)"选项
指定椭圆的中心点:                                           //捕捉F点
指定轴的端点: @8<62                                         //输入G点的相对坐标
指定另一条半轴长度或 [旋转(R)]: 5                           //输入另一半轴长度
```

结果如图 4-5 右图所示。

3. 绘制图形的其余部分，然后修改定位线所在的图层。

【练习 4-5】 用 LINE、ELLIPSE 及 POLYGON 等命令绘制出图 4-6 所示的图形。

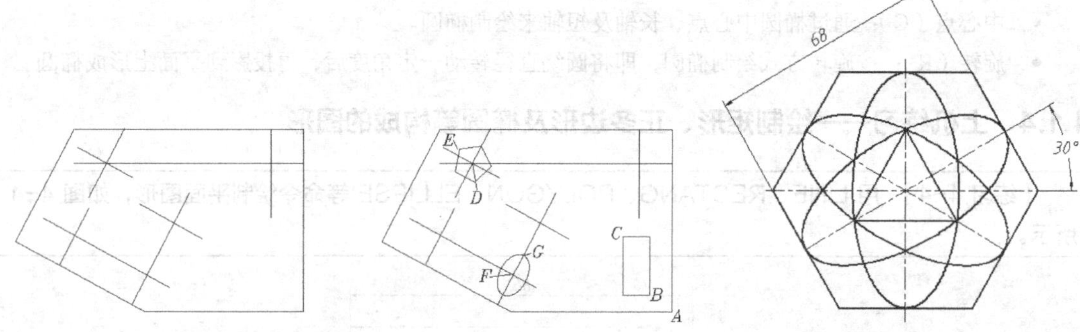

图 4-5 绘制矩形、五边形及椭圆　　　图 4-6 绘制六边形、椭圆及三角形

主要作图步骤如图 4-7 所示。

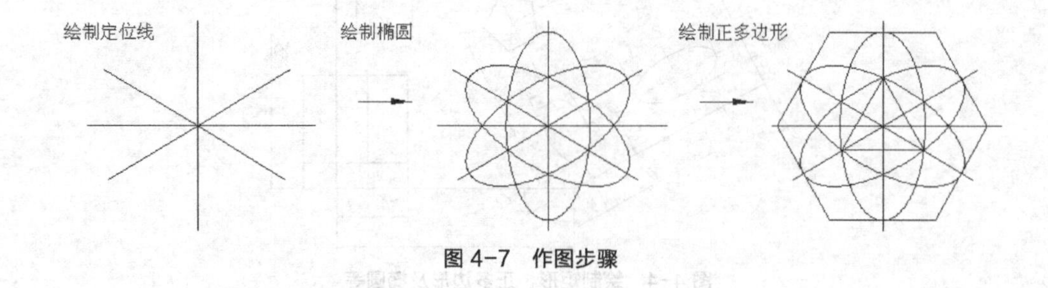

图 4-7 作图步骤

4.2 阵列及镜像对象

本节介绍创建阵列及镜像对象的方法。

4.2.1 矩形阵列对象

ARRAYRECT 命令用于创建矩形阵列。矩形阵列是将对象按行、列方式进行排列。操作时，用户一般应提供阵列的行数、列数、行间距、列间距等，如果要沿倾斜方向生成矩形阵列，还应输入阵列的倾斜角度。

除可在 *xy* 平面阵列对象外，还可沿 *z* 轴方向均布对象，用户只需设定阵列的层数及层间距即可。默认层数为 1。

创建的阵列分为关联阵列及非关联阵列，前者包含的所有对象构成一个对象，后者中的每个对象都是独立的。

一、命令启动方法

- 菜单命令：【修改】/【阵列】/【矩形阵列】。
- 面板：【常用】选项卡中【修改】面板上的按钮。
- 命令：ARRAY（包含 ARRAYRECT 的功能）或简写 AR。

【练习 4-6】打开素材文件“dwg\第 4 章\4-6.dwg”，如图 4-8 左图所示，用 ARRAYRECT 命令将左图修改为右图。

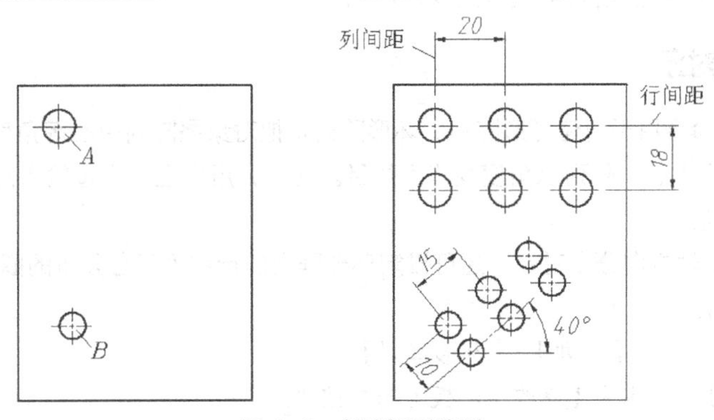

图 4-8 创建矩形阵列

1. 启动阵列命令，创建图形对象 *B* 的矩形阵列。

```
命令: _arrayrect
选择对象: 指定对角点: 找到 3 个                                //选择图形对象B，如图4-8左图所示
选择对象:                                                      //按Enter键
为项目数指定对角点或 [基点(B)/角度(A)/计数(C)] <计数>: a
                                                               //使用“角度(A)”选项
指定行轴角度 <0>: 40                                           //输入阵列角度值
为项目数指定对角点或 [基点(B)/角度(A)/计数(C)] <计数>:         //按Enter键
输入行数或 [表达式(E)] <4>: 2                                  //输入阵列的行数
输入列数或 [表达式(E)] <4>: 3                                  //输入阵列的列数
指定对角点以间隔项目或 [间距(S)] <间距>:                       //按Enter键
指定行之间的距离或 [表达式(E)] <15.0394>: -10                  //输入行间距值
指定列之间的距离或 [表达式(E)] <16.4461>: 15                   //输入列间距值
按 Enter 键接受或 [关联(AS)/基点(B)/行(R)/列(C)/层(L)/退出(X)] <退出>:
                                                               //按Enter键结束
```

结果如图 4-8 右图所示。

2. 继续创建对象 *A* 的矩形阵列，结果如图 4-8 右图所示。

二、命令选项

- 为项目数指定对角点：指定栅格的对角点以确定阵列的行数和列数。“行”的方向与坐标系的 *x* 轴平行，“列”的方向与 *y* 轴平行。拖动鼠标光标可显示预览栅格。
- 基点（B）：指定阵列的基准点。
- 角度（A）：指定阵列方向与 *x* 轴的夹角。该角度逆时针为正，顺时针为负。
- 计数（C）：指定阵列的行数和列数。
- 指定对角点以间隔项目：指定栅格的对角点以确定阵列的行间距和列间距。行、列间距的数值可为正或负。若是正值，则 AutoCAD 沿 *x*、*y* 轴的正方向形成阵列；否则，沿反方向形成阵列。拖动鼠标光标可动态预览行间距和列间距。
- 表达式（E）：使用数学公式或方程式获取值。
- 关联（AS）：指定阵列中创建对象是否相互关联。“是”：阵列中的对象相互关联作为一个实体，可以通过编辑阵列的特性和源对象修改阵列。“否”：阵列中的对象作为独立对象，更改一个项目不影响其他项目。
- 行（R）：编辑阵列的行数、行间距及增量标高。
- 列（C）：编辑阵列的列数、列间距。
- 层（L）：指定层数及层间距来创建三维阵列。

4.2.2 环形阵列对象

ARRAYPOLAR 命令用于创建环形阵列。环形阵列是把对象绕阵列中心等角度均匀分布。决定环形阵列的主要参数有阵列中心、阵列总角度及阵列数目。此外，用户也可通过输入阵列总数及每个对象间的夹角来生成环形阵列。

如果要沿径向或 *z* 轴方向分布对象，还可设定环形阵列的行数（同心分布的圈数）及层数。

一、命令启动方法

- 菜单命令：【修改】/【阵列】/【环形阵列】。
- 面板：【常用】选项卡中【修改】面板上的按钮。
- 命令：ARRAY（包含 ARRAYPOLAR 的功能）或简写 AR。

【练习 4-7】 **打开素材文件“dwg\第 4 章\4-7.dwg”，如图 4-9 左图所示，用 ARRAYPOLAR 命令将左图修改为右图。**

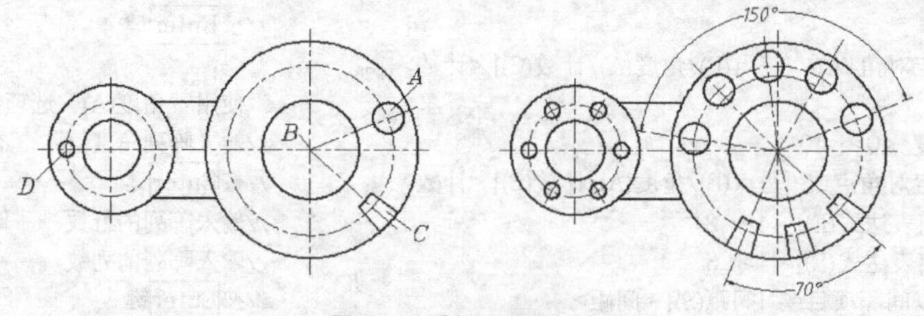

图 4-9 创建环形阵列

1. 启动阵列命令，创建对象 *A* 的环形阵列。

```
命令：_arraypolar
选择对象：指定对角点：找到 2 个                //选择图形对象A，如图4-9左图所示
选择对象：                                    //按Enter键
指定阵列的中心点或 [基点(B)/旋转轴(A)]：        //捕捉圆心B，如图4-9左图所示
```

```
输入项目数或 [项目间角度(A)/表达式(E)] <3>: 5                          //输入阵列项目总数
指定填充角度(+=逆时针、-=顺时针)或 [表达式(EX)] <360>: 150              //输入阵列角度
按 Enter 键接受或 [关联(AS)/基点(B)/项目(I)/项目间角度(A)/填充角度(F)/行(ROW)/层(L)/旋转项目(ROT)/退出(X)]
                                                                    //按Enter键
```

结果如图 4-9 右图所示。

2. 继续创建对象 *C*、*D* 的环形阵列，结果如图 4-9 右图所示。

二、命令选项

- 旋转轴（A）：通过两个点自定义的旋转轴。
- 指定填充角度：阵列中第一个与最后一个项目间的角度。
- 旋转项目（ROT）：指定阵列时是否旋转对象。“否”：AutoCAD 在阵列对象时，仅进行平移复制，即保持对象的方向不变。

4.2.3 沿路径阵列对象

ARRAYPATH 命令用于沿路径阵列对象。沿路径阵列是把对象沿路径或部分路径均匀分布。用于阵列的路径对象可以是直线、多段线、样条曲线、圆弧及圆等。创建路径阵列时需要指定阵列项目数、项目间距等数值，还可设置阵列对象的方向及阵列对象是否与路径对齐。

一、命令启动方法

- 菜单命令：【修改】/【阵列】/【路径阵列】。
- 面板：【常用】选项卡中【修改】面板上的按钮。
- 命令：ARRAY（包含 ARRAYPATH 的功能）或简写 AR。

【练习 4-8】 打开素材文件“dwg\第 4 章\4-8.dwg”，如图 4-10 左图所示，用 ARRAY 命令将左图修改为右图。

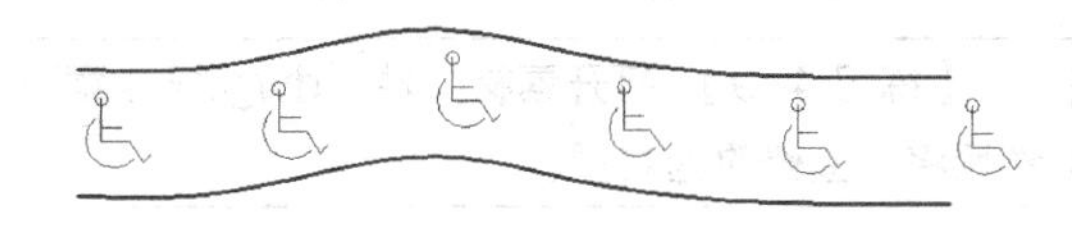

图 4-10 沿路径阵列对象

```
命令: _arraypath
选择对象: 找到 1 个                                                  //选择对象A，如图4-10左图所示
选择对象:                                                            //按Enter键
选择路径曲线:                                                        //选择曲线B
输入沿路径的项数或 [方向(O)/表达式(E)] <方向>: 6                      //输入阵列总数
指定沿路径的项目之间的距离或 [定数等分(D)/总距离(T)/表达式(E)] <沿路径平均定数等分(D)>:
                                                                    //按Enter键
按 Enter 键接受或 [关联(AS)/基点(B)/项目(I)/行(R)/层(L)/对齐项目(A)/Z 方向(Z)/退出(X)] <退出>: a
                                                                    //使用“对齐项目(A)”选项
是否将阵列项目与路径对齐? [是(Y)/否(N)] <是>: n                      //阵列对象不与路径对齐
按 Enter 键接受或 [关联(AS)/基点(B)/项目(I)/行(R)/层(L)/对齐项目(A)/Z 方向(Z)/退出(X)] <退出>:
                                                                    //按Enter键
```

结果如图 4-10 右图所示。

二、命令选项

- 输入沿路径的项数：输入阵列项目总数。沿路径移动鼠标光标可动态预览阵列的项目数。
- 方向（O）：控制选定对象是否相对于路径的起始方向重定向，然后再移动到路径的起点。“两点”：

指定两个点来定义与路径起始方向一致的方向。“法线”：对象对齐垂直于路径的起始方向。

- 基点（B）：指定阵列的基点。阵列时将移动对象，使其基点与路径的起点重合。
- 定数等分（D）：沿整个路径长度平均定数等分项目。
- 总距离（T）：指定第一个和最后一个项目之间的总距离。
- 对齐项目（A）：使阵列的每个对象与路径方向对齐，否则阵列的每个对象保持起始方向，如图4-11所示。

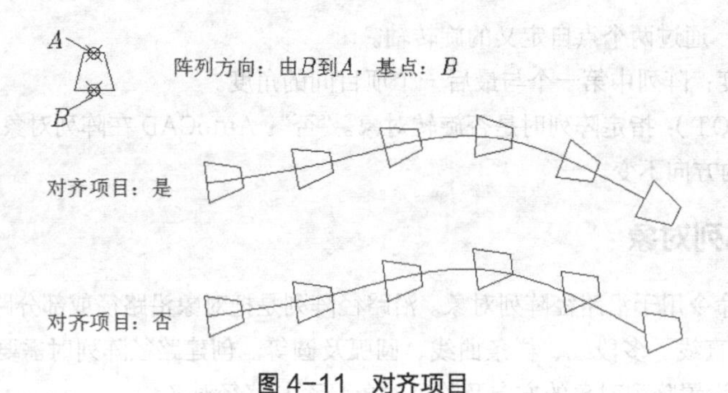

图 4-11 对齐项目

4.2.4 编辑关联阵列

选中关联阵列，弹出【阵列】选项卡，通过此选项卡可修改“阵列”的以下属性。

- 阵列的行数、列数及层数，行间距、列间距及层间距。
- 阵列的数目、项目间的夹角。
- 沿路径分布的对象间的距离，对齐方向。
- 修改阵列的源对象（其他对象自动改变），替换阵列中的个别对象。

【练习 4-9】 打开素材文件“dwg\第 4 章\4-9.dwg”，沿路径阵列对象，如图 4-12 左图所示，然后将左图修改为右图。

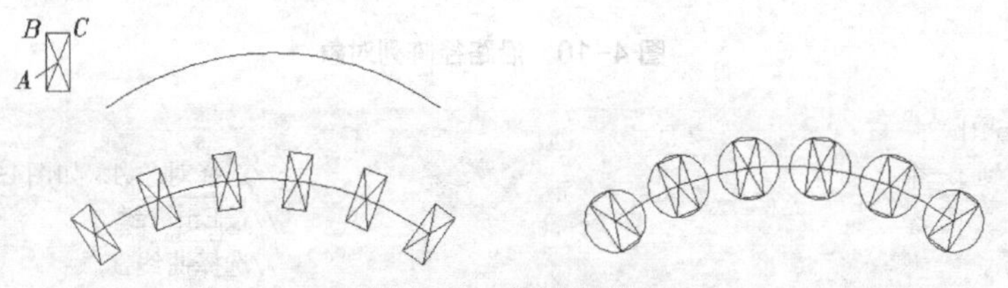

图 4-12 编辑阵列

1. 沿路径阵列对象，如图 4-12 左图所示。

```
命令: _arraypath                                    //启动路径阵列命令
选择对象: 指定对角点: 找到 3 个                      //选择矩形，如图4-12左图所示
选择对象:                                           //按Enter键
选择路径曲线:                                       //选择圆弧路径
输入沿路径的项数或 [方向(O)/表达式(E)] <方向>: O      //使用“方向(O)”选项
指定基点或 [关键点(K)] <路径曲线的终点>:              //捕捉A点
指定与路径一致的方向或 [两点(2P)/法线(NOR)] <当前>: 2P
                                                    //利用“两点(2P)”选项设定阵列对象的方向
指定方向矢量的第一个点:                              //捕捉B点
指定方向矢量的第二个点:                              //捕捉C点
```

```
输入沿路径的项目数或 [表达式(E)] <4>: 6                          //输入阵列总数
指定沿路径的项目之间的距离或 [定数等分(D)/总距离(T)/表达式(E)] <沿路径平均定数等分(D)>:
                                                                  //沿路径均布对象
按 Enter 键接受或 [关联(AS)/基点(B)/项目(I)/行(R)/层(L)/对齐项目(A)/Z 方向(Z)/退出(X)] <退出>:
                                                                  //按Enter键
```

结果如图 4-12 左图所示。

2. 选中阵列，弹出【阵列】选项卡，单击按钮，选择任意一个阵列对象，然后以矩形对角线交点为圆心画圆。

3. 单击【编辑阵列】面板中的按钮，结果如图 4-12 右图所示。

4.2.5 镜像对象

对于对称图形，用户只需画出图形的一半，另一半可由 MIRROR 命令镜像出来。操作时，用户需先指定要镜像的对象，然后再指定镜像线的位置。

命令启动方法

- 菜单命令：【修改】/【镜像】。
- 面板：【常用】选项卡中【修改】面板上的按钮。
- 命令：MIRROR 或简写 MI。

【练习 4-10】 打开素材文件“dwg\第 4 章\4-10.dwg”，如图 4-13 左图所示，用 MIRROR 命令将左图修改为中图。

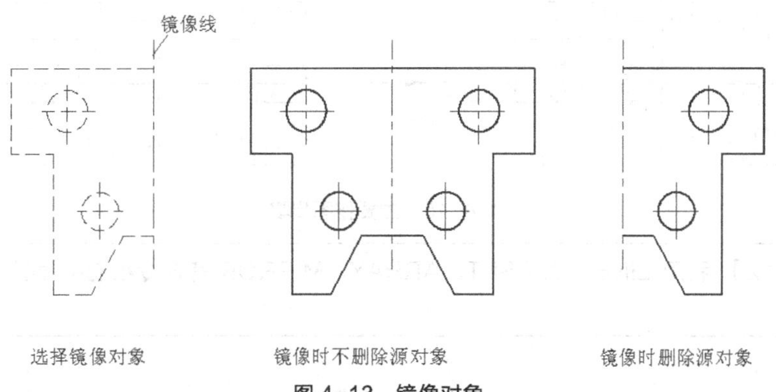

图 4-13 镜像对象

```
命令: _mirror                                   //启动镜像命令
选择对象: 指定对角点: 找到13个                  //选择镜像对象
选择对象:                                       //按Enter键
指定镜像线的第一点:                             //拾取镜像线上的第一点
指定镜像线的第二点:                             //拾取镜像线上的第二点
要删除源对象吗? [是(Y)/否(N)] <N>:              //按Enter键，默认镜像时不删除源对象
```

结果如图 4-13 中图所示。如果删除源对象，则结果如图 4-13 右图所示。

4.2.6 上机练习——练习使用阵列及镜像命令

【练习 4-11】 利用 LINE、OFFSET、ARRAY、MIRROR 等命令绘制平面图形，如图 4-14 所示。

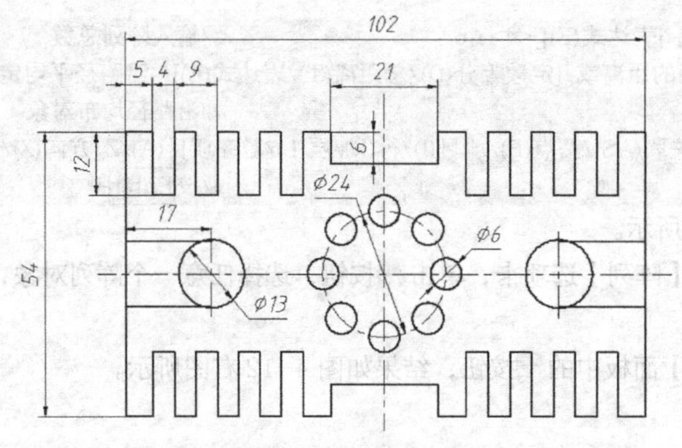

图 4-14　绘制对称图形（1）

主要作图步骤如图 4-15 所示。

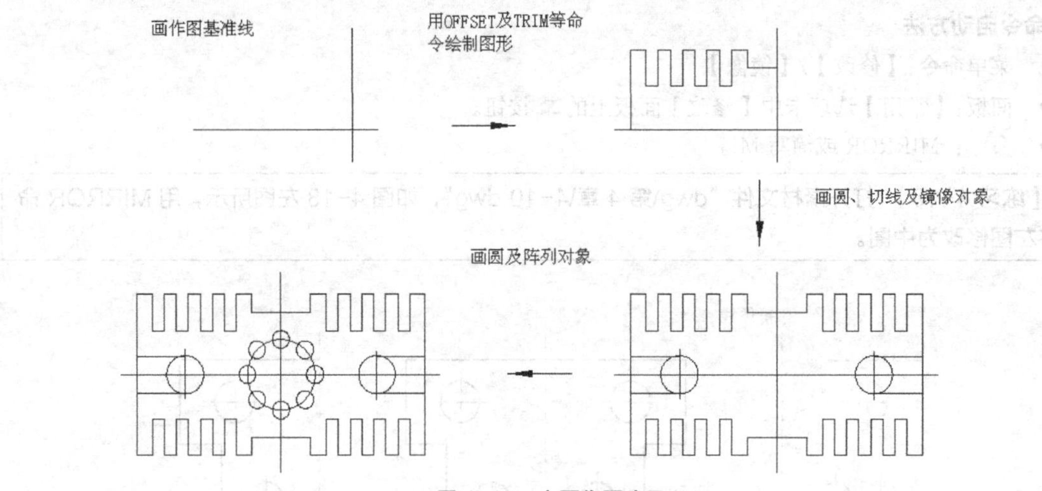

图 4-15　主要作图步骤

【练习 4-12】 利用 LINE、OFFSET、ARRAY、MIRROR 等命令绘制平面图形，如图 4-16 所示。

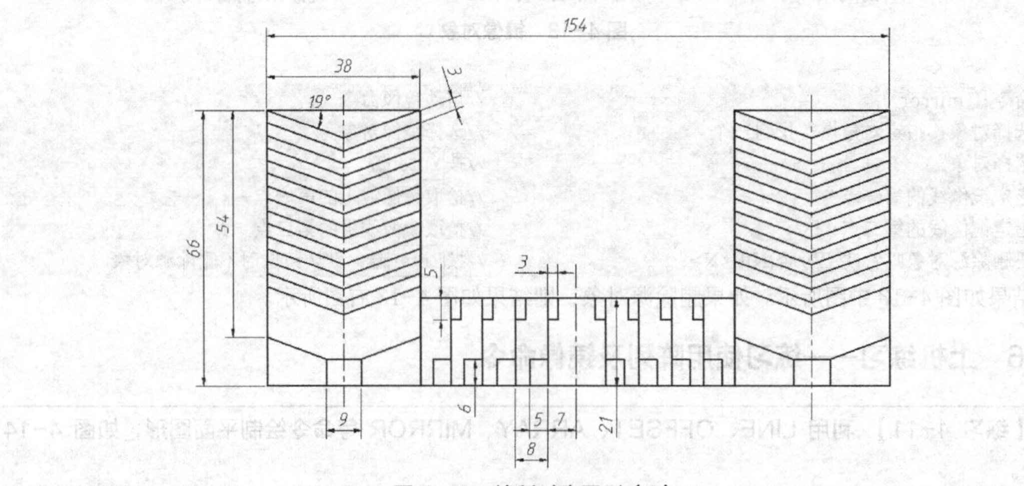

图 4-16　绘制对称图形（2）

4.2.7 上机练习——绘制装饰图案

【练习 4-13】 绘制图 4-17 所示的装饰图案。

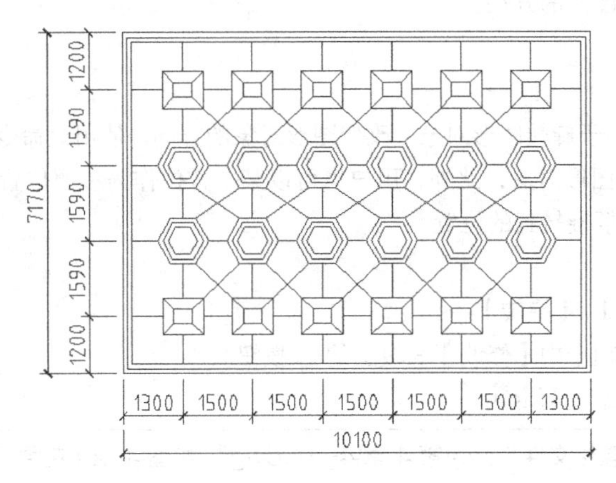

图 4-17 绘制装饰图案

1. 设定绘图区域的大小为 20000×15000。

2. 打开极轴追踪、对象捕捉及自动追踪功能。设置极轴追踪角度增量为“90”，设定对象捕捉方式为“端点”“交点”，设置仅沿正交方向自动追踪。

3. 使用 RECTANG、POLYGON 及 OFFSET 命令绘制矩形及六边形，然后连线，细节尺寸如图 4-18 左图所示，结果如图 4-18 右图所示。

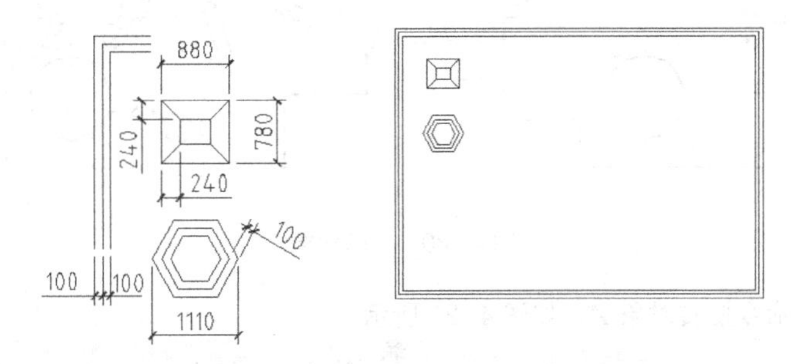

图 4-18 绘制矩形及六边形

4. 创建矩形阵列，结果如图 4-19 左图所示。镜像图形，再使用 LINE、COPY 命令绘制图中的连线，结果如图 4-19 右图所示。

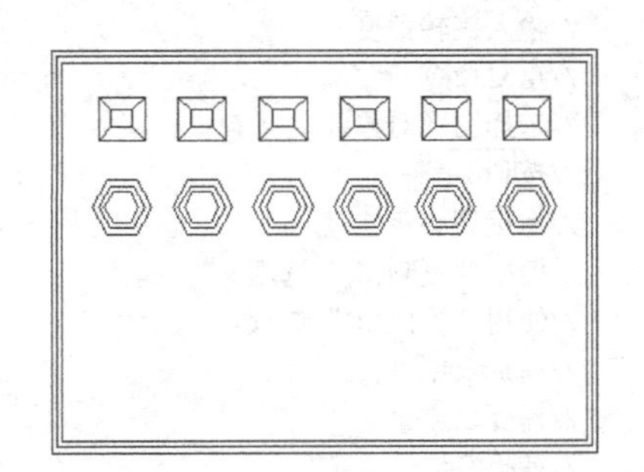
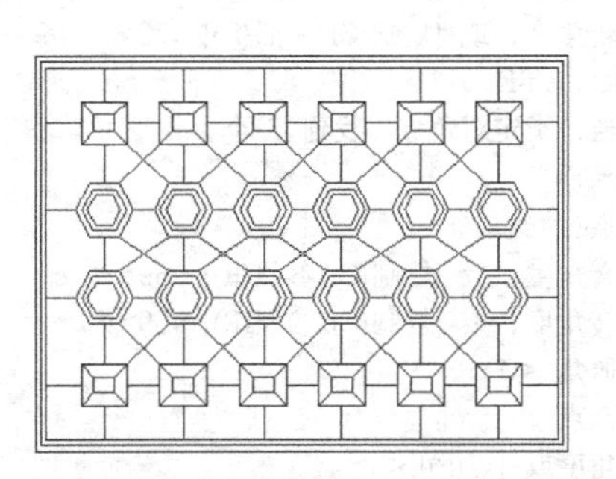

图 4-19 创建矩形阵列、镜像图形及绘制连线

4.3 旋转及对齐图形

下面介绍旋转及对齐图形的方法。

4.3.1 旋转对象

ROTATE 命令可以用于旋转图形对象，改变图形对象的方向。使用此命令时，用户指定旋转基点并输入旋转角度就可以转动图形对象，此外，用户也可以某个方位作为参照位置，然后选择一个新对象或输入一个新角度值来指明要旋转到的位置。

一、命令启动方法

- 菜单命令：【修改】/【旋转】。
- 面板：【常用】选项卡中【修改】面板上的按钮。
- 命令：ROTATE 或简写 RO。

【练习 4-14】打开素材文件“dwg\第 4 章\4-14.dwg”，如图 4-20 左图所示，用 LINE、CIRCLE、ROTATE 等命令将左图修改为右图。

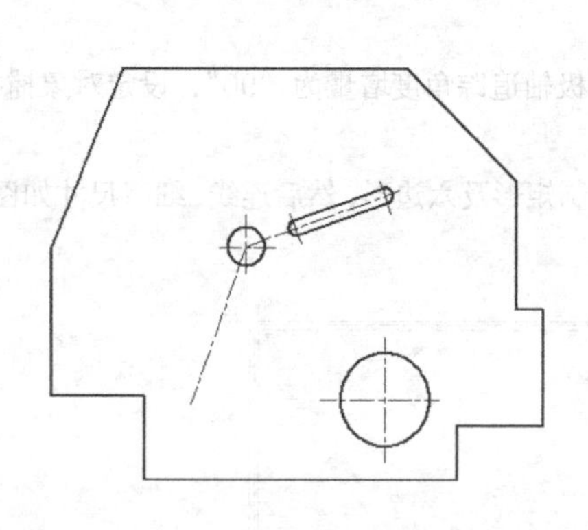

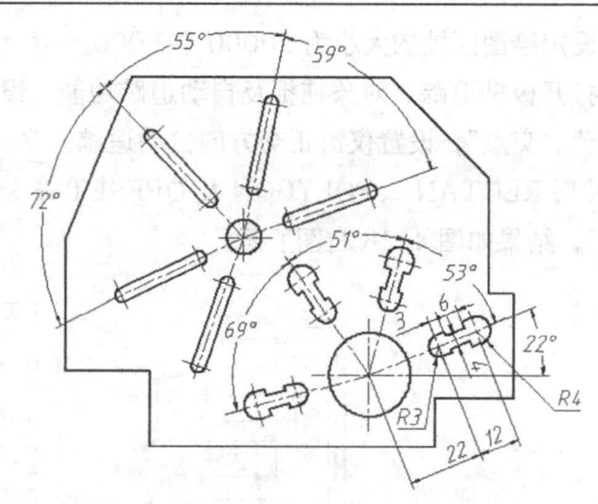

图 4-20　旋转对象

1. 用 ROTATE 命令旋转对象 A，如图 4-21 所示。

命令：_rotate	
选择对象：指定对角点：找到 7 个	//选择图形对象 A，如图4-21左图所示
选择对象：	//按Enter键
指定基点：	//捕捉圆心 B
指定旋转角度，或 [复制(C)/参照(R)] <70>：c	//使用“复制(C)”选项
指定旋转角度，或 [复制(C)/参照(R)] <70>：59	//输入旋转角度
命令:ROTATE	//重复命令
选择对象：指定对角点：找到 7 个	//选择图形对象 A
选择对象：	//按Enter键
指定基点：	//捕捉圆心 B
指定旋转角度，或 [复制(C)/参照(R)] <59>：c	//使用“复制(C)”选项
指定旋转角度，或 [复制(C)/参照(R)] <59>：r	//使用“参照(R)”选项
指定参照角 <0>：	//捕捉 B 点
指定第二点：	//捕捉 C 点
指定新角度或 [点(P)] <0>：	//捕捉 D 点

结果如图 4-21 右图所示。

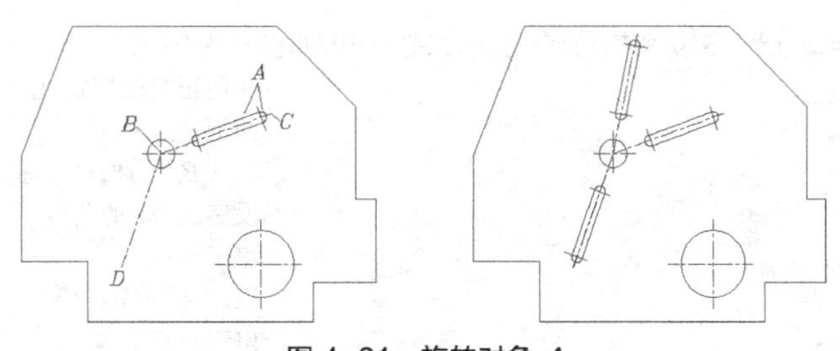

图 4-21　旋转对象 *A*

2. 绘制图形的其余部分。

二、命令选项

- 指定旋转角度：指定旋转基点并输入绝对旋转角度来旋转实体。旋转角度是基于当前用户坐标系测量的。如果输入负的旋转角度，则选定的对象顺时针旋转；否则，将逆时针旋转。
- 复制（C）：旋转对象的同时复制对象。
- 参照（R）：指定某个方向作为起始参照角，然后拾取一个点或两个点来指定源对象要旋转到的位置，也可以输入新角度值来指明要旋转到的位置。

4.3.2　对齐对象

使用 ALIGN 命令可以同时移动、旋转一个对象，使之与另一对象对齐。例如，用户可以使图形对象中的某点、某条直线或某一个面（三维实体）与另一实体的点、线或面对齐。操作过程中，用户只需按照系统提示指定源对象与目标对象的 1 点、2 点或 3 点对齐就可以了。

命令启动方法

- 菜单命令：【修改】/【三维操作】/【对齐】。
- 面板：【常用】选项卡中【修改】面板上的按钮。
- 命令：ALIGN 或简写 AI。

【练习 4-15】 用 LINE、CIRCLE、ALIGN 等命令绘制平面图形，如图 4-22 所示。

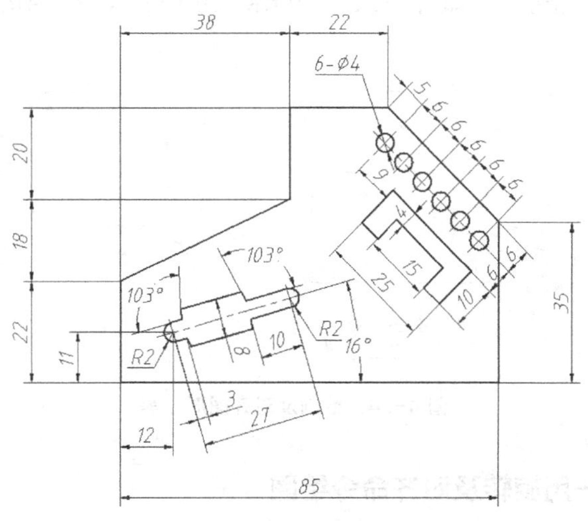

图 4-22　对齐图形

1. 绘制轮廓线及图形 *E*，再用 XLINE 命令绘制定位线 *C*、*D*，如图 4-23 左图所示，然后用 ALIGN 命令将图形 *E* 定位到正确的位置，如图 4-23 右图所示。

```
命令: _xline 指定点或 [水平(H)/垂直(V)/角度(A)/二等分(B)/偏移(O)]: from
                                                    //使用正交偏移捕捉
基点:                                               //捕捉基点A
<偏移>: @12,11                                      //输入B点的相对坐标
指定通过点: <16                                     //设定画线D的角度
指定通过点:                                         //单击一点
指定通过点: <106                                    //设定画线C的角度
指定通过点:                                         //单击一点
指定通过点:                                         //按Enter键结束
命令: align                                         //启动对齐命令
选择对象: 指定对角点: 找到 15 个                    //选择图形E
选择对象:                                           //按Enter键
指定第一个源点:                                     //捕捉第一个源点F
指定第一个目标点:                                   //捕捉第一个目标点B
指定第二个源点:                                     //捕捉第二个源点G
指定第二个目标点: nea到                             //在直线D上捕捉一点
指定第三个源点或 <继续>:                            //按Enter键
是否基于对齐点缩放对象? [是(Y)/否(N)] <否>:         //按Enter键不缩放源对象
```

结果如图 4-23 右图所示。

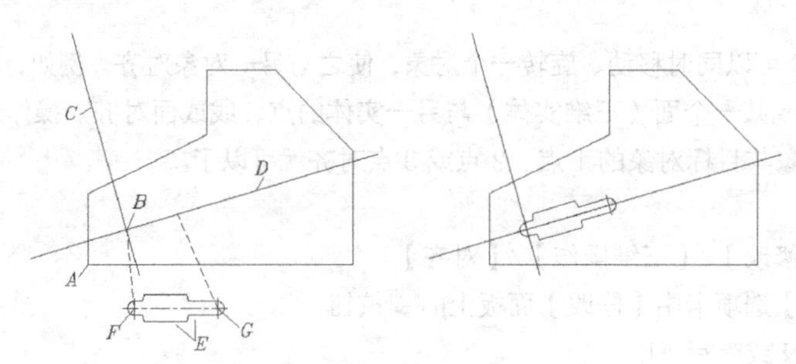

图 4-23 绘制及对齐图形 *E* 等

2. 绘制定位线 *H*、*I* 及图形 *J*，如图 4-24 左图所示。用 ALIGN 命令将图形 *J* 定位到正确的位置，结果如图 4-24 右图所示。

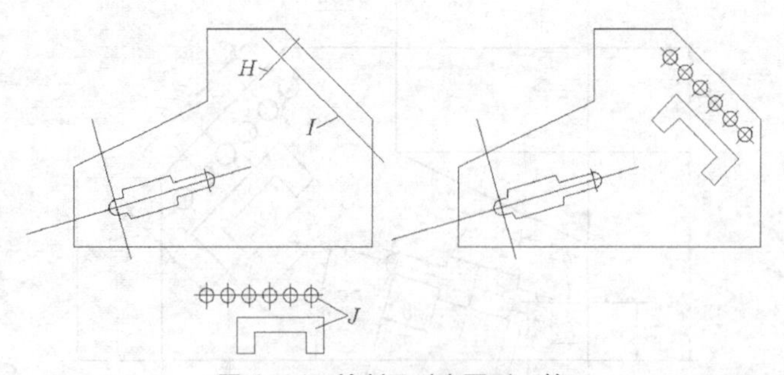

图 4-24 绘制及对齐图形 *J* 等

4.3.3 上机练习——用旋转及对齐命令绘图

图样中图形实体最常见的位置关系一般是水平或竖直方向，如果利用正交或极轴追踪功能辅助绘制这类实体就非常方便。另一类实体是处于倾斜的位置关系，这给作图带来了许多不便。绘制这类图形对象时，可先在水平或竖直位置作图，然后利用 ROTATE 或 ALIGN 命令将图形定位到倾斜方向。

【练习 4-16】 利用 LINE、CIRCLE、COPY、ROTATE、ALIGN 等命令绘制平面图形，如图 4-25 所示。

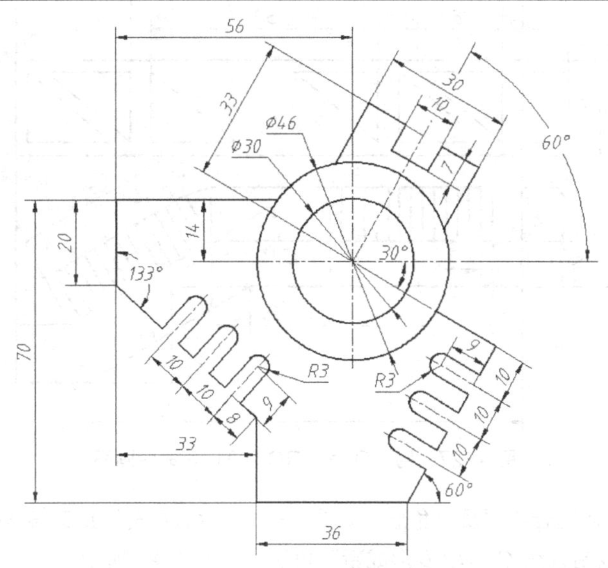

图 4-25 利用 COPY、ROTATE、ALIGN 等命令绘图

主要作图步骤如图 4-26 所示。

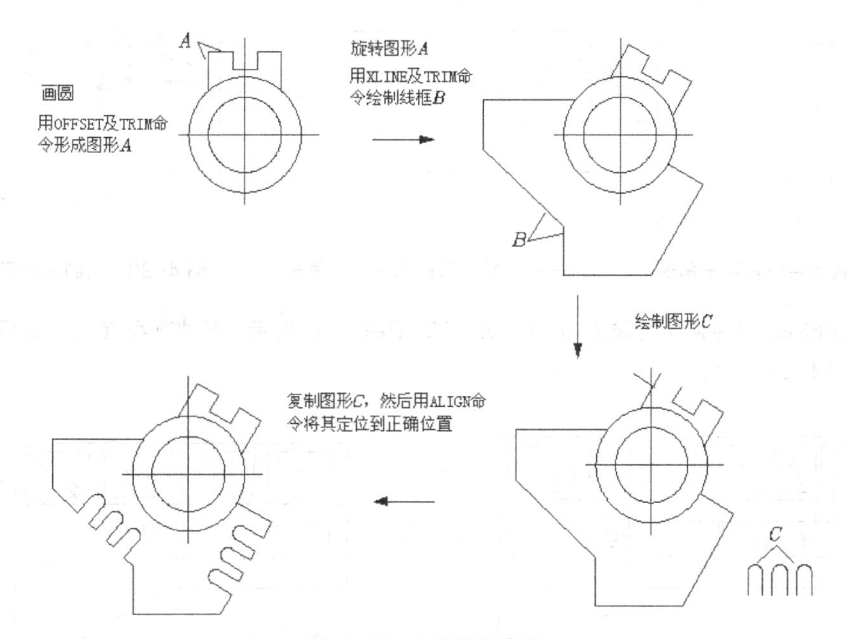

图 4-26 主要作图步骤

【练习 4-17】 绘制图 4-27 所示图形，该图的特点是所有三角形的尺寸相同。另外，还有两处局部细节的形状和大小也相同。

1. 打开极轴追踪、对象捕捉及捕捉追踪功能。设置极轴追踪角度增量为 90°；设定对象捕捉方式为端点、交点；设置仅沿正交方向进行捕捉追踪。

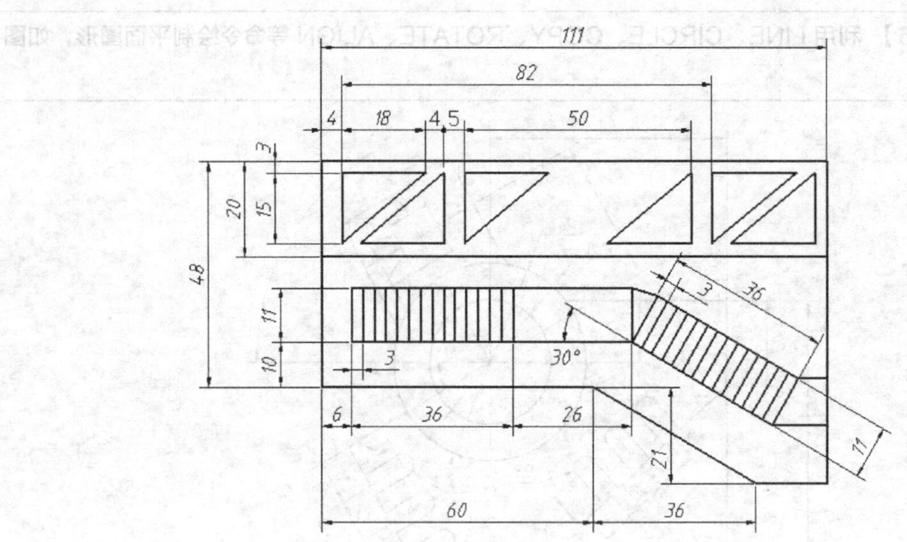

图 4-27　用 COPY、ROTATE 等命令画图

2. 用 LINE 命令绘制闭合线框及三角形，如图 4-28 所示。可利用正交偏移捕捉确定 *A* 点。

3. 用 COPY 命令复制直线 *C*、*B*、*D* 形成新三角形，如图 4-29 所示。

4. 用 COPY 命令绘制三角形 *E*、*F*、*G*、*H*，如图 4-30 所示。

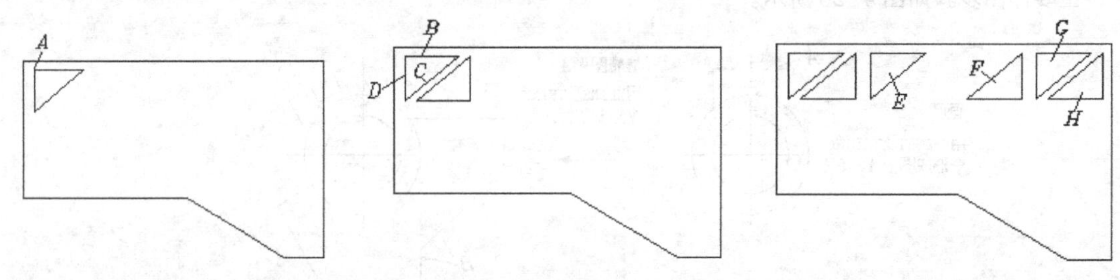

图 4-28　画闭合线框及三角形　　图 4-29　复制直线形成新三角形　　图 4-30　绘制三角形 *E*、*F* 等

5. 用 OFFSET 命令画平行线 *I*、*J*、*K*、*L*、*M*，如图 4-31 所示。延伸直线 *K*、*J*，然后修剪多余线条，结果如图 4-32 所示。

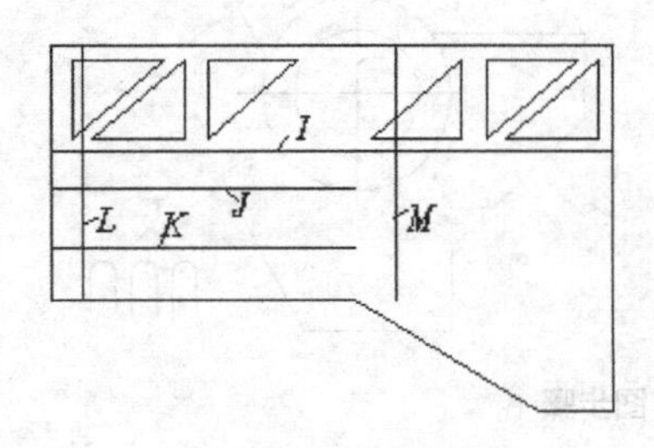

图 4-31　画平行线

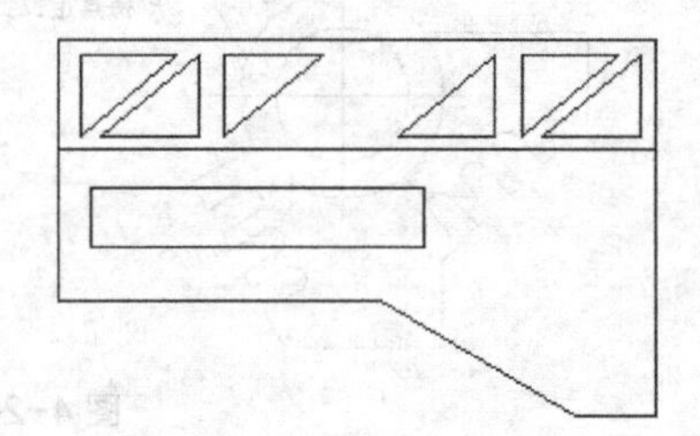

图 4-32　修剪结果

6. 创建直线 *N* 的矩形阵列，如图 4-33 所示。

7. 用 COPY、ROTATE 和 MOVE 命令形成对象 *O*，如图 4-34 所示。

8. 画直线 *A*、*B*、*C*，再修剪多余线条，结果如图 4-35 所示。

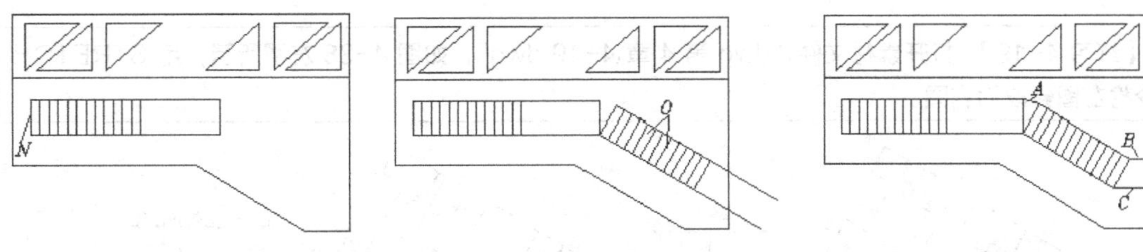

图 4-33　创建矩形阵列　　图 4-34　形成对象 *O*　　图 4-35　修剪结果

【练习 4-18】用 LINE、CIRCLE、RECTANG 及 ROTATE 等命令绘制出图 4-36 所示的图形。

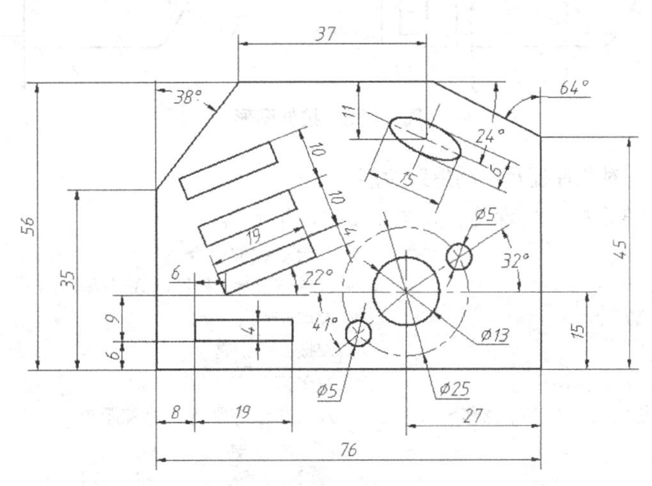

图 4-36　利用 ROTATE、LINE 等命令绘图

主要作图步骤如图 4-37 所示。

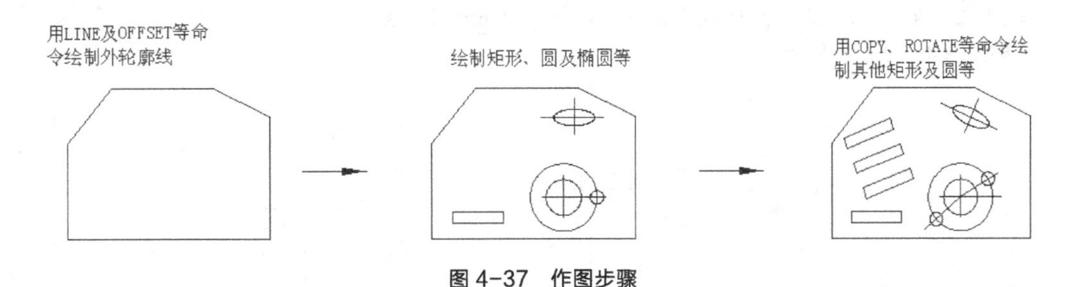

图 4-37　作图步骤

4.4　拉伸图形

利用 STRETCH 命令可以一次将多个图形对象沿指定的方向进行拉伸。编辑过程中必须用交叉窗口选择对象，除被选中的对象外，其他图元的大小及相互间的几何关系将保持不变。

命令启动方法

- 菜单命令：【修改】/【拉伸】。
- 面板：【常用】选项卡中【修改】面板上的按钮。
- 命令：STRETCH 或简写 S。

【练习 4-19】 打开素材文件“dwg\第 4 章\4-19.dwg”，如图 4-38 左图所示，用 STRETCH 命令将左图修改为右图。

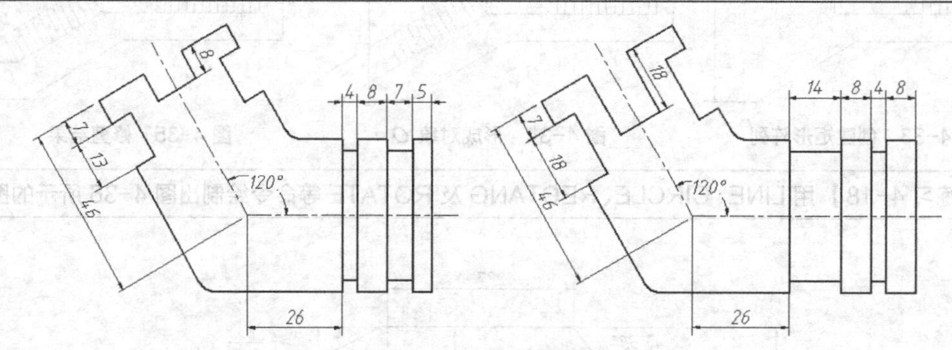

图 4-38　拉伸图形

1. 打开极轴追踪、对象捕捉及自动追踪功能。

2. 调整槽 A 的宽度及槽 D 的深度，如图 4-39 左图所示。

```
命令: _stretch                                   //启动拉伸命令
选择对象:                                         //单击B点，如图4-39左图所示
指定对角点: 找到 17 个                             //单击C点
选择对象:                                         //按Enter键
指定基点或 [位移(D)] <位移>:                        //单击一点
指定第二个点或 <使用第一个点作位移>: 10             //向右追踪并输入追踪距离
命令: STRETCH                                     //重复命令
选择对象:                                         //单击E点，如图4-39左图所示
指定对角点: 找到 5 个                              //单击F点
选择对象:                                         //按Enter键
指定基点或 [位移(D)] <位移>: 10<-60                //输入拉伸的距离及方向
指定第二个点或 <使用第一个点作为位移>:              //按Enter键结束
```

结果如图 4-39 右图所示。

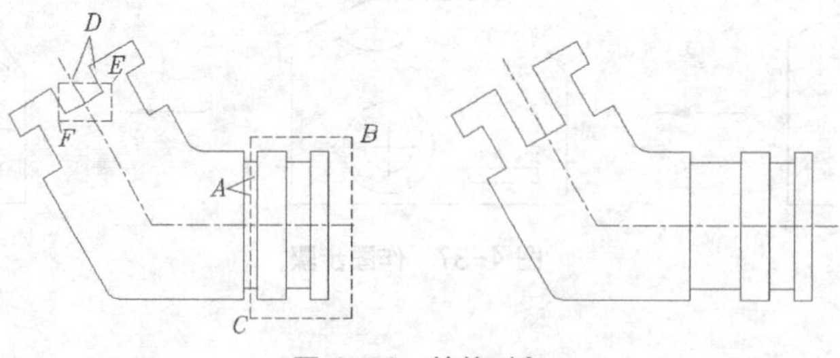

图 4-39　拉伸对象

3. 用 STRETCH 命令修改图形的其他部分。

使用 STRETCH 命令时，首先应利用交叉窗口选择对象，然后指定对象拉伸的距离和方向。凡在交叉窗口中的对象顶点都被移动，而与交叉窗口相交的对象将被延伸或缩短。

设定拉伸距离和方向的方式如下。

- 在屏幕上指定两个点，这两点的距离和方向代表了拉伸实体的距离和方向。

当 AutoCAD 提示“指定基点”时，指定拉伸的基准点。当 AutoCAD 提示“指定第二个点”时，捕捉第二点或输入第二点相对于基准点的相对直角坐标或极坐标。

- 以“*X*，*Y*”方式输入对象沿 *x*、*y* 轴拉伸的距离，或者用“距离<角度”方式输入拉伸的距离和方向。

当 AutoCAD 提示“指定基点”时，输入拉伸值。在 AutoCAD 提示“指定第二个点”时，按 Enter 键确认，这样 AutoCAD 就以输入的拉伸值来拉伸对象。

- 打开正交或极轴追踪功能，就能方便地将实体只沿 *x* 轴或 *y* 轴方向拉伸。

当 AutoCAD 提示“指定基点”时，单击一点并把实体向水平或竖直方向拉伸，然后输入拉伸值。

- 使用“位移（D）”选项。选择该选项后，AutoCAD 提示“指定位移”，此时，以“*X*，*Y*”方式输入沿 *x*、*y* 轴拉伸的距离，或者以“距离<角度”方式输入拉伸的距离和方向。

4.5 按比例缩放图形

SCALE 命令可用于将对象按指定的比例因子相对于基点放大或缩小，也可把对象缩放到指定的尺寸。

一、命令启动方法

- 菜单命令：【修改】/【缩放】。
- 面板：【常用】选项卡中【修改】面板上的按钮。
- 命令：SCALE 或简写 SC。

【练习 4-20】 打开素材文件“dwg\第 4 章\4-20.dwg”，如图 4-40 左图所示，用 SCALE 命令将左图修改为右图。

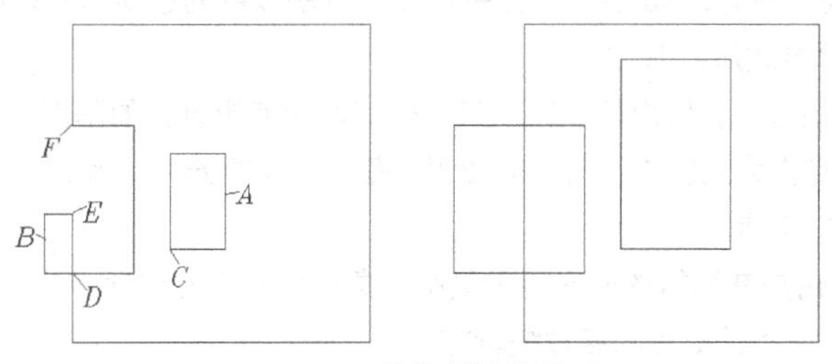

图 4-40 按比例缩放图形

```
命令: _scale                                         //启动比例缩放命令
选择对象: 找到 1 个                                  //选择矩形A，如图4-40左图所示
选择对象:                                            //按Enter键
指定基点:                                            //捕捉交点C
指定比例因子或[复制(C)/参照(R)] <1.0000>: 2          //输入缩放比例因子
命令: _SCALE                                         //重复命令
选择对象: 找到 4 个                                  //选择线框B
选择对象:                                            //按Enter键
指定基点:                                            //捕捉交点D
指定比例因子或 [复制(C)/参照(R)] <2.0000>: r         //使用“参照(R)”选项
指定参照长度 <1.0000>:                               //捕捉交点D
指定第二点:                                          //捕捉交点E
指定新的长度或 [点(P)] <1.0000>:                     //捕捉交点F
```

结果如图 4-40 右图所示。

二、命令选项

- 指定比例因子：直接输入缩放比例因子，AutoCAD 根据此比例因子缩放图形。若比例因子小于 1，则缩小对象；否则，放大对象。

- 复制（C）：缩放对象的同时复制对象。
- 参照（R）：以参照方式缩放图形。用户输入参考长度及新长度，AutoCAD 把新长度与参考长度的比值作为缩放比例因子进行缩放。
- 点（P）：使用两点来定义新的长度。

4.6 关键点编辑方式

关键点编辑方式是一种集成的编辑模式，该模式包含了以下 5 种编辑方法。

- 拉伸。
- 移动。
- 旋转。
- 比例缩放。
- 镜像。

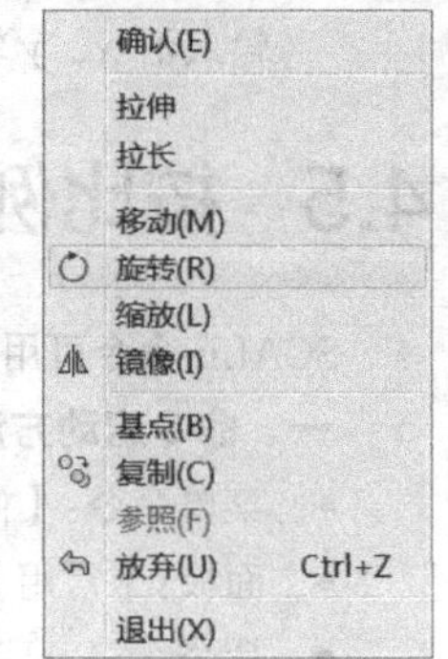

图 4-41　快捷菜单

默认情况下，AutoCAD 的关键点编辑方式是开启的。当用户选择实体后，实体上将出现若干方框，这些方框被称为关键点。把鼠标光标靠近并捕捉关键点，然后单击鼠标左键，激活关键点编辑状态。此时，AutoCAD 自动进入拉伸编辑方式，连续按下 Enter 键，就可以在所有的编辑方式间切换。此外，用户也可在激活关键点后，单击鼠标右键，弹出快捷菜单，如图 4-41 所示，通过此快捷菜单选择某种编辑方法。

在不同的编辑方式间切换时，AutoCAD 为每种编辑方法提供的选项基本相同，其中“基点（B）”“复制（C）”选项是所有编辑方式所共有的。

- 基点（B）：使用该选项，用户可以捡取某一个点作为编辑过程的基点。例如，当进入了旋转编辑模式要指定一个点作为旋转中心时，就使用“基点（B）”选项。默认情况下，编辑的基点是热关键点（被选中的关键点）。
- 复制（C）：如果用户在编辑的同时还需复制对象，就选择此选项。

下面通过一个例子来熟悉关键点的各种编辑方式。

【练习 4-21】 打开素材文件“dwg\第 4 章\4-21.dwg”，如图 4-42 左图所示，利用关键点编辑方式将左图修改为右图。

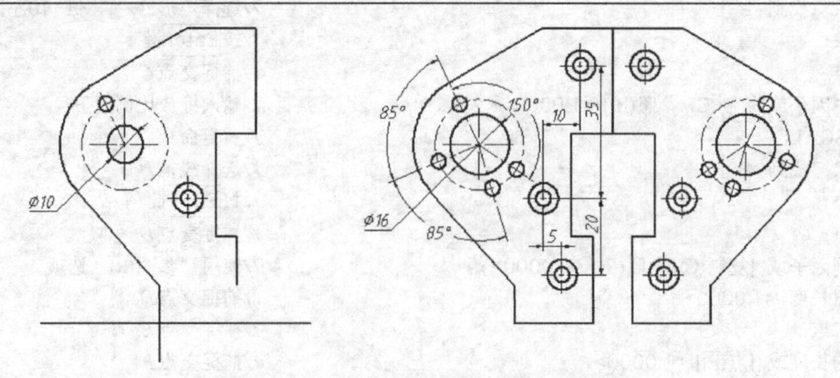

图 4-42　利用关键点编辑方式修改图形

4.6.1 利用关键点拉伸

在拉伸编辑模式下，当热关键点是线段的端点时，用户可有效地拉伸或缩短对象。如果热关键点是线段的中点、圆或圆弧的圆心或者属于块、文字、尺寸数字等实体时，这种编辑方式就只移动对象。

利用关键点拉伸线段的操作如下。

打开极轴追踪、对象捕捉及自动追踪功能。设置极轴追踪角度增量为“90”，设置对象捕捉方式为“端点”“圆心”及“交点”。

```
命令:                                              //选择线段A，如图4-43左图所示
命令:                                              //选中关键点B
** 拉伸 **                                         //进入拉伸模式
指定拉伸点或 [基点(B)/复制(C)/放弃(U)/退出(X)]:     //向下移动鼠标光标并捕捉C点
```

继续调整其他线段的长度，结果如图 4-43 右图所示。

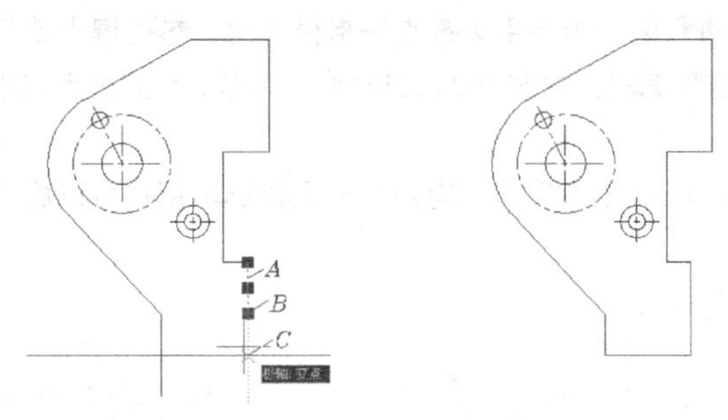

图 4-43 利用关键点拉伸对象

要点提示 打开正交状态后，用户就可利用关键点拉伸方式很方便地改变水平线段或竖直线段的长度。

4.6.2 利用关键点移动及复制对象

关键点移动模式可以用于编辑单一对象或一组对象，在此方式下使用“复制（C）”选项就能在移动实体的同时进行复制，这种编辑模式的使用与普通的 MOVE 命令很相似。

利用关键点复制对象的操作如下。

```
命令:                                                     //选择对象D，如图4-44左图所示
命令:                                                     //选中一个关键点
** 拉伸 **
指定拉伸点或 [基点(B)/复制(C)/放弃(U)/退出(X)]:            //进入拉伸模式
** 移动 **                                                //按Enter键进入移动模式
指定移动点或 [基点(B)/复制(C)/放弃(U)/退出(X)]: c          //利用“复制(C)”选项进行复制
** 移动 (多重) **
指定移动点或 [基点(B)/复制(C)/放弃(U)/退出(X)]: b          //使用“基点(B)”选项
指定基点:                                                 //捕捉对象D的圆心
** 移动 (多重) **
指定移动点或 [基点(B)/复制(C)/放弃(U)/退出(X)]: @10,35     //输入相对坐标
** 移动 (多重) **
指定移动点或 [基点(B)/复制(C)/放弃(U)/退出(X)]: @5,-20     //输入相对坐标
指定移动点或 [基点(B)/复制(C)/放弃(U)/退出(X)]:            //按Enter键结束
```

结果如图 4-44 右图所示。

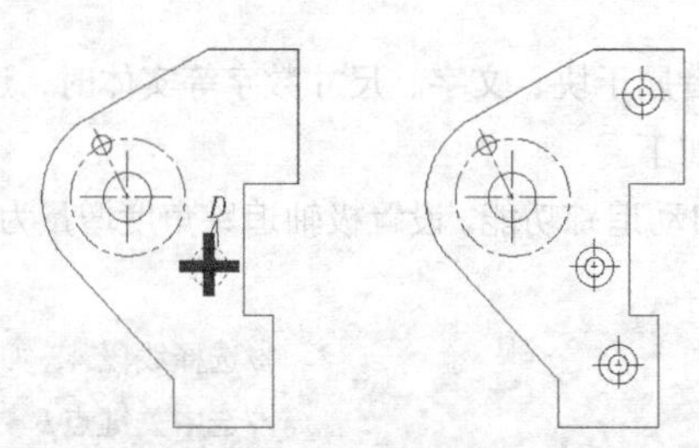

图 4-44　利用关键点复制对象

4.6.3　利用关键点旋转对象

旋转对象是绕旋转中心进行的，当使用关键点编辑模式时，热关键点就是旋转中心，但用户也可以指定其他点作为旋转中心。这种编辑方法与 ROTATE 命令相似，它的优点在于一次可将对象旋转且复制到多个方位。

旋转操作中的“参照（R）”选项有时非常有用，使用该选项用户可以旋转图形实体，使其与某个新位置对齐。

利用关键点旋转对象的操作如下。

```
命令:                                                      //选择对象E，如图4-45左图所示
命令:                                                      //选中一个关键点
** 拉伸 **                                                 //进入拉伸模式
指定拉伸点或 [基点(B)/复制(C)/放弃(U)/退出(X)]: _rotate
                                                           //单击鼠标右键，选择【旋转】命令
** 旋转 **                                                 //进入旋转模式
指定旋转角度或 [基点(B)/复制(C)/放弃(U)/参照(R)/退出(X)]: c
                                                           //利用“复制(C)”选项进行复制
** 旋转 (多重) **
指定旋转角度或 [基点(B)/复制(C)/放弃(U)/参照(R)/退出(X)]: b
                                                           //使用“基点(B)”选项
指定基点:                                                  //捕捉圆心F
** 旋转 (多重) **
指定旋转角度或 [基点(B)/复制(C)/放弃(U)/参照(R)/退出(X)]: 85
                                                           //输入旋转角度
** 旋转 (多重) **
指定旋转角度或 [基点(B)/复制(C)/放弃(U)/参照(R)/退出(X)]: 170
                                                           //输入旋转角度
** 旋转 (多重) **
指定旋转角度或 [基点(B)/复制(C)/放弃(U)/参照(R)/退出(X)]: -150
                                                           //输入旋转角度
** 旋转 (多重) **
指定旋转角度或 [基点(B)/复制(C)/放弃(U)/参照(R)/退出(X)]:    //按Enter键结束
```

结果如图 4-45 右图所示。

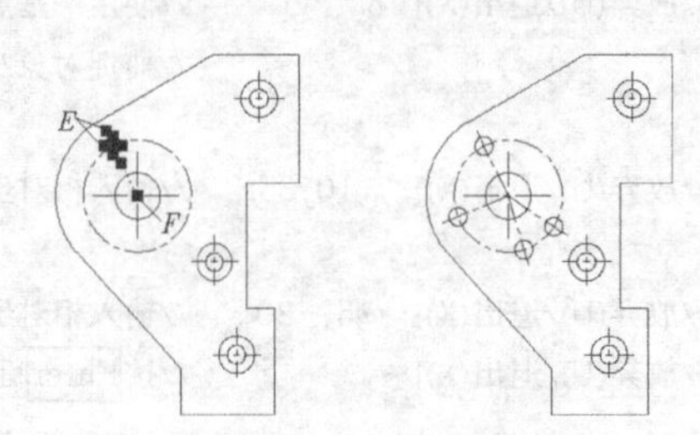

图 4-45　利用关键点旋转对象

4.6.4 利用关键点缩放对象

关键点编辑方式也提供了缩放对象的功能，当切换到缩放模式时，当前被激活的热关键点是缩放的基点。用户可以输入比例系数对实体进行放大或缩小，也可利用“参照（R)”选项将实体缩放到某一尺寸。

利用关键点缩放模式缩放对象的操作如下。

```
命令:                                                    //选择圆G，如图4-46左图所示
命令:                                                    //选中任意一个关键点
** 拉伸 **                                               //进入拉伸模式
指定拉伸点或 [基点(B)/复制(C)/放弃(U)/退出(X)]: _scale
                                                         //单击鼠标右键，选择【缩放】命令
** 比例缩放 **                                           //进入比例缩放模式
指定比例因子或 [基点(B)/复制(C)/放弃(U)/参照(R)/退出(X)]: b
                                                         //使用“基点(B)”选项
指定基点:                                                //捕捉圆G的圆心
** 比例缩放 **
指定比例因子或 [基点(B)/复制(C)/放弃(U)/参照(R)/退出(X)]: 1.6
                                                         //输入缩放比例值
```

结果如图 4-46 右图所示。

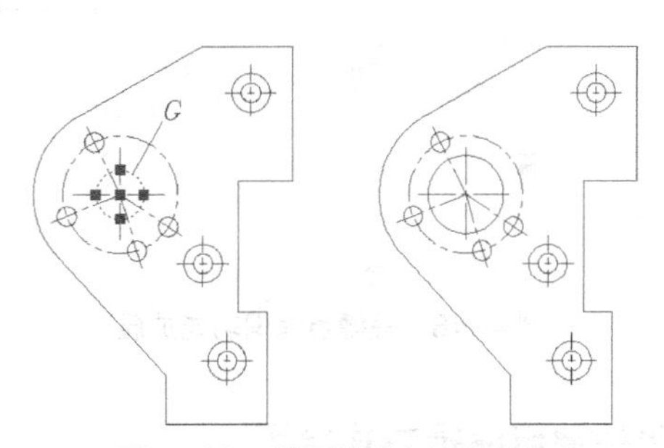

图 4-46　利用关键点缩放对象

4.6.5 利用关键点镜像对象

进入镜像模式后，AutoCAD 直接提示“指定第二点”。默认情况下，热关键点是镜像线的第一点，在拾取第二点后，此点便与第一点一起形成镜像线。如果用户要重新设定镜像线的第一点，就要利用“基点（B)”选项。

利用关键点镜像对象的操作如下。

```
命令:                                                    //选择要镜像的对象，如图4-47左图所示
命令:                                                    //选中关键点H
** 拉伸 **                                               //进入拉伸模式
指定拉伸点或 [基点(B)/复制(C)/放弃(U)/退出(X)]: _mirror
                                                         //单击鼠标右键，选择【镜像】命令
** 镜像 **                                               //进入镜像模式
指定第二点或 [基点(B)/复制(C)/放弃(U)/退出(X)]: c          //镜像并复制
** 镜像 (多重) **
指定第二点或 [基点(B)/复制(C)/放弃(U)/退出(X)]:            //捕捉I点
** 镜像 (多重) **
指定第二点或 [基点(B)/复制(C)/放弃(U)/退出(X)]:            //按Enter键结束
```

结果如图 4-47 右图所示。

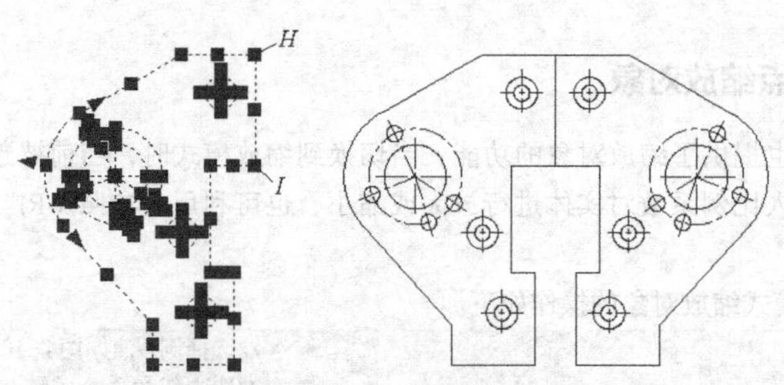

图 4-47　利用关键点镜像对象

4.6.6　利用关键点编辑功能改变线段、圆弧的长度

选中线段、圆弧等对象，出现关键点，将鼠标光标悬停在关键点上，弹出快捷菜单，如图 4-48 所示。选择【拉长】命令，执行相应功能，按 Ctrl 键切换执行【拉伸】功能。

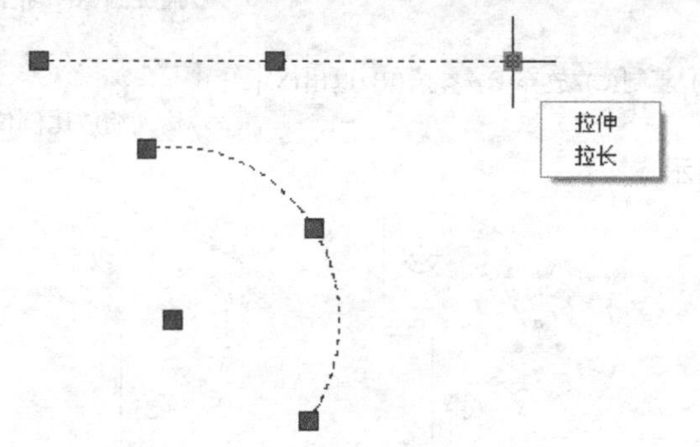

图 4-48　关键点编辑功能扩展

4.6.7　上机练习——利用关键点编辑方式绘图

【练习 4-22】 利用关键点编辑方式绘图，如图 4-49 所示。

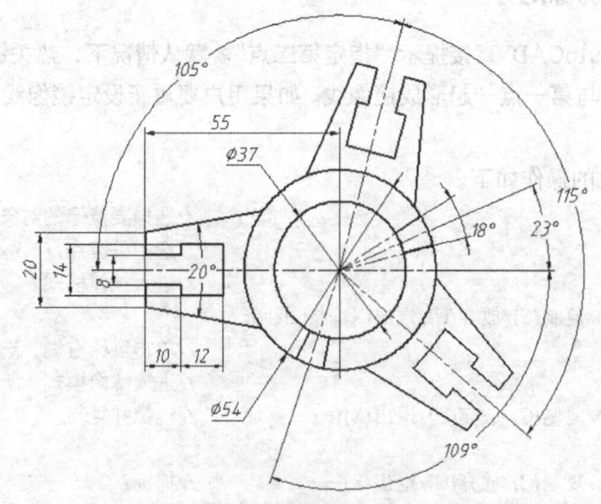

图 4-49　利用关键点编辑方式绘图（1）

主要作图步骤如图 4-50 所示。

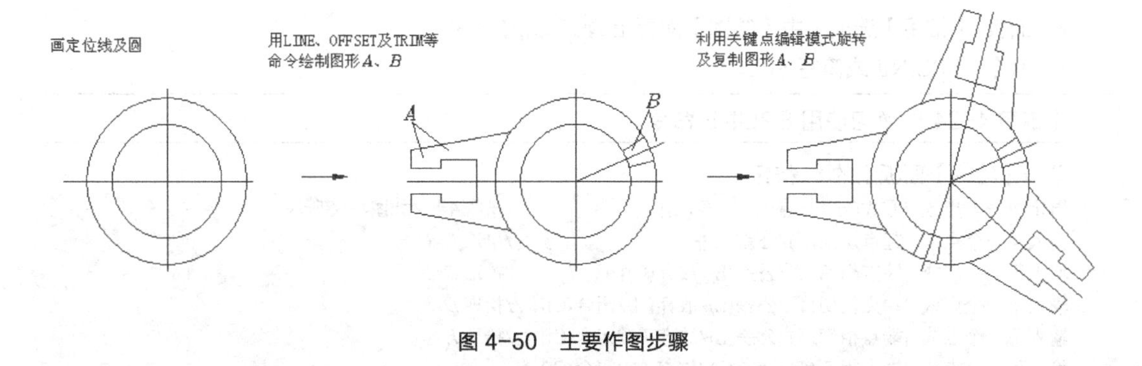

图 4-50　主要作图步骤

【练习 4-23】 利用关键点编辑方式绘图，如图 4-51 所示。图中图形对象的分布形式，可利用关键点编辑方式一次形成。

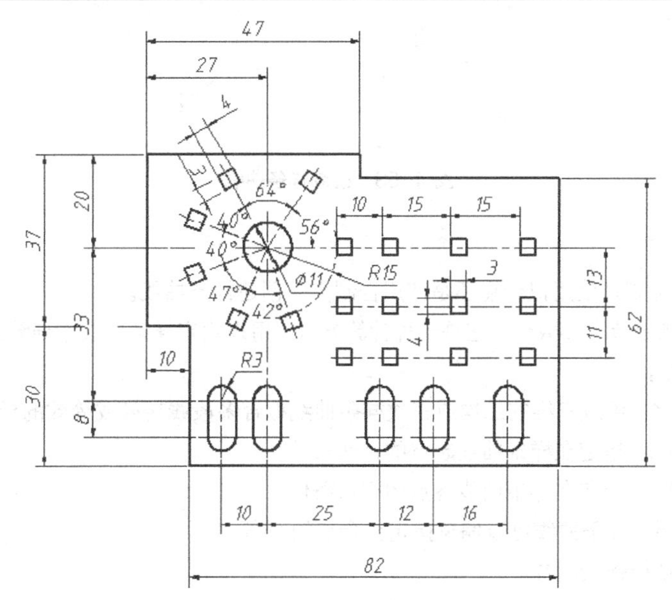

图 4-51　利用关键点编辑方式绘图（2）

4.7　绘制样条曲线及断裂线

用户可用 SPLINE 命令绘制光滑曲线。样条曲线使用拟合点或控制点进行定义。默认情况下，拟合点与样条曲线重合，而通过控制点定义多边形控制框，如图 4-52 所示。利用控制框可以很方便地调整样条曲线的形状。

可以通过拟合公差及样条曲线的多项式阶数改变样条线的精度。公差值越小，样条曲线与拟合点越接近。多项式阶数越高，曲线越光滑。

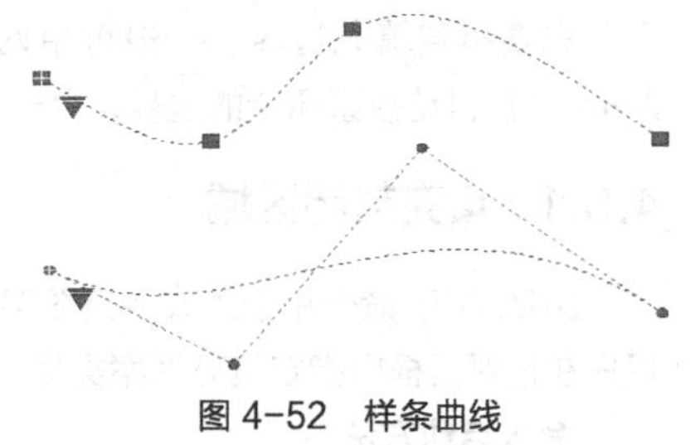

图 4-52　样条曲线

在绘制工程图时，用户可以利用 SPLINE 命令画断裂线。

一、命令启动方法

- 菜单命令：【绘图】/【样条曲线】/【拟合点】或【绘图】/【样条曲线】/【控制点】。

- 面板：【常用】选项卡中【绘图】面板上的按钮或按钮。
- 命令：SPLINE 或简写 SPL。

【练习 4-24】 练习使用 SPLINE 命令。

单击【绘图】面板上的按钮。

```
指定第一个点或 [方式(M)/节点(K)/对象(O)]:                    //拾取A点，如图4-53所示
输入下一个点或 [起点切向(T)/公差(L)]:                        //拾取B点
输入下一个点或 [端点相切(T)/公差(L)/放弃(U)]:                //拾取C点
输入下一个点或 [端点相切(T)/公差(L)/放弃(U)/闭合(C)]:        //拾取D点
输入下一个点或 [端点相切(T)/公差(L)/放弃(U)/闭合(C)]:        //拾取E点
输入下一个点或 [端点相切(T)/公差(L)/放弃(U)/闭合(C)]:
//按Enter键结束命令
```

结果如图 4-53 所示。

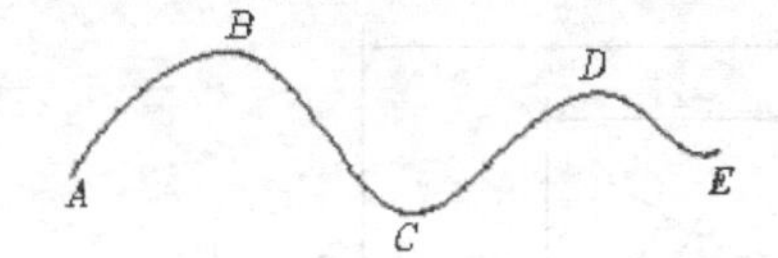

图 4-53　绘制样条曲线

二、命令选项

- 方式（M）：控制是使用拟合点还是使用控制点来创建样条曲线。
- 节点（K）：指定节点参数化，它是一种计算方法，用来确定样条曲线中连续拟合点之间的零部件曲线如何过渡。
- 对象（O）：将二维或三维的二次或三次样条曲线拟合多段线转换成等效的样条曲线。
- 起点切向（T）：指定在样条曲线起点的相切条件。
- 端点相切（T）：指定在样条曲线终点的相切条件
- 公差（L）：指定样条曲线可以偏离指定拟合点的距离。
- 闭合（C）：使样条线闭合。

4.8　填充剖面图案

工程图中的剖面线一般总是被绘制在一个对象或几个对象围成的封闭区域中。在绘制剖面线时，用户首先要指定填充边界。一般可用两种方法选定画剖面线的边界，一种是在闭合的区域中选一点，AutoCAD 自动搜索闭合的边界；另一种是通过选择对象来定义边界。

4.8.1　填充封闭区域

BHATCH 命令用于生成填充图案。启动该命令后，AutoCAD 弹出【图案填充和渐变色】对话框，用户在该对话框中指定填充图案类型，设定填充比例、角度及填充区域后，就可以创建图案填充了。

命令启动方法

- 菜单命令：【绘图】/【图案填充】。
- 面板：【常用】选项卡中【绘图】面板上的按钮。
- 命令：BHATCH 或简写 BH。

【练习 4-25】打开素材文件“dwg\第 4 章\4-25.dwg”，如图 4-54 左图所示，下面用 BHATCH 命令将左图修改为右图。

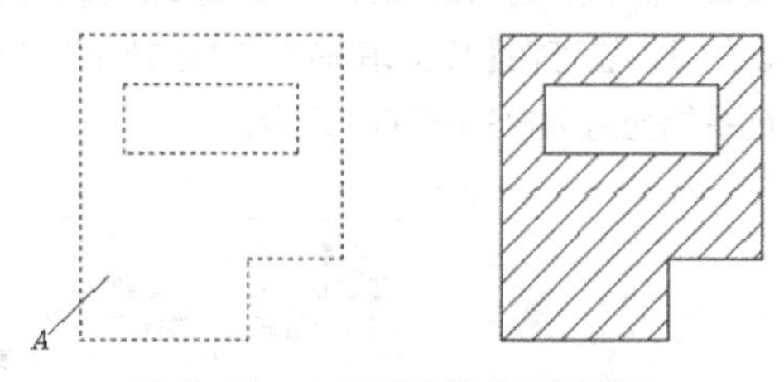

图 4-54　在封闭区域内画剖面线

1. 单击【绘图】面板上的按钮，弹出【图案填充创建】选项卡，如图 4-55 所示。

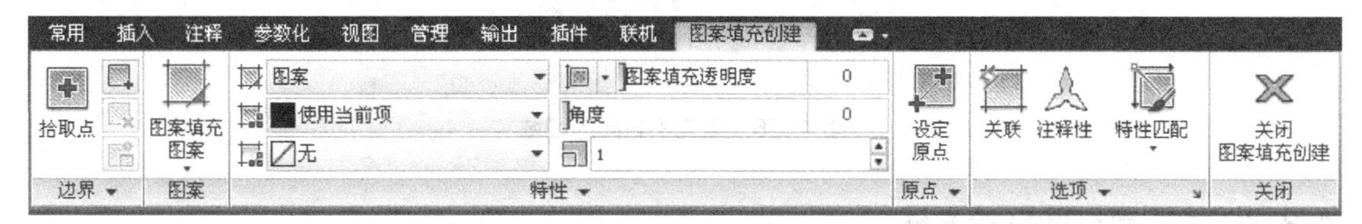

图 4-55　【图案填充创建】选项卡

该选项卡中常用选项的功能如下。

- 按钮：可以通过其下拉列表选择所需的填充图案。
- 按钮：单击按钮，然后在填充区域中单击一点，AutoCAD 自动分析边界集，并从中确定包围该点的闭合边界。
- 按钮：单击按钮，然后选择一些对象作为填充边界，此时无须对象构成闭合的边界。
- 按钮：填充边界中常常包含一些闭合区域，这些区域被称为孤岛。若希望在孤岛中也填充图案，则单击按钮，选择要删除的孤岛。
- ：设定新图案填充或填充的透明度，替代当前对象的透明度。
- ：指定图案填充或填充的角度（相对于当前用户坐标系 UCS 的 x 轴），有效值为 0~359。
- ：放大或缩小预定义或自定义的填充图案。
- 【原点】面板：控制填充图案生成的起始位置。某些图案填充（如砖块图案）需要与图案填充边界上的一点对齐。默认情况下，所有图案填充原点都对应于当前的 UCS 原点。
- 【关闭】面板：退出【图案填充创建】选项卡，也可以按 Enter 键或 Esc 键退出。

2. 默认情况下，AutoCAD 提示“拾取内部点”，将光标移动到要填充的区域，系统显示填充效果。修改参数后，再将光标移动到填充区域观察填充效果。

3. 单击按钮，选择剖面线“ANSI31”。

4. 在想要填充的区域中选定点 A，此时可以观察到 AutoCAD 自动寻找一个闭合的边界（如图 4-54 左图所示）。

5. 在【角度】及【比例】栏中分别输入数值“0”和“1.5”。

6. 观察填充的预览图。如果满意，按 Enter 键，完成剖面图案的绘制，结果如图 4-54 右图所示；若不满意，重新设定有关参数。

4.8.2 填充不封闭的区域

AutoCAD 允许用户填充不封闭的区域，如图 4-56 左图所示，直线和圆弧的端点不重合，存在间距。若该间距值小于或等于设定的最大间距值，则 AutoCAD 将忽略此间隙，认为边界是闭合的，从而生成填充图案。填充边界两端点间的最大间距值可在【图案填充创建】选项卡的【选项】面板中设定，如图 4-56 右图所示。此外，该值也可通过系统变量 HPGAPTOL 设定。

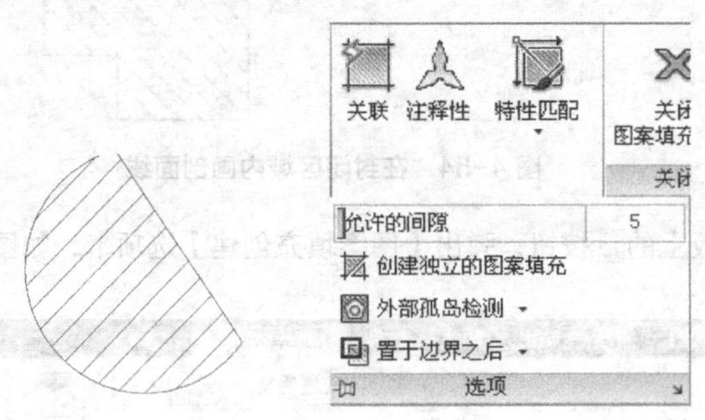

图 4-56　填充不封闭的区域

4.8.3 填充复杂图形的方法

在图形不复杂的情况下，AutoCAD 常通过在填充区域内指定一点的方法来定义边界。但若图形很复杂，这种方法就会浪费许多时间，因为 AutoCAD 要在当前视口中搜寻所有可见的对象。为避免这种情况，用户可在【图案填充创建】选项卡的【边界】面板中为 AutoCAD 定义要搜索的边界集，这样就能很快地生成填充区域边界。

图 4-57 【边界】面板

定义 AutoCAD 搜索边界集的方法如下。

1. 单击【边界】面板下方的▼按钮，完全展开面板，如图 4-57 所示。
2. 单击按钮（选择新边界集），AutoCAD 提示如下。

```
选择对象:                //用交叉窗口、矩形窗口等方法选择实体
```

3. 在填充区域内拾取一点，此时 AutoCAD 仅分析选定的实体来创建填充区域边界。

4.8.4 使用渐变色填充图形

颜色的渐变是指一种颜色的不同灰度之间或两种颜色之间的平滑过渡。在 AutoCAD 中，用户可以使用渐变色填充图形，填充后的区域将呈现类似光照后的反射效应，因而可大大增强图形的演示效果。

在【图案填充创建】选项卡的【图案填充类型】下拉列表中选择【渐变色】选项，如图 4-58 左图所示，用户可在【渐变色 1】和【渐变色 2】下拉列表中各指定一种颜色形成渐变色来填充图形，如图 4-58 右图所示。

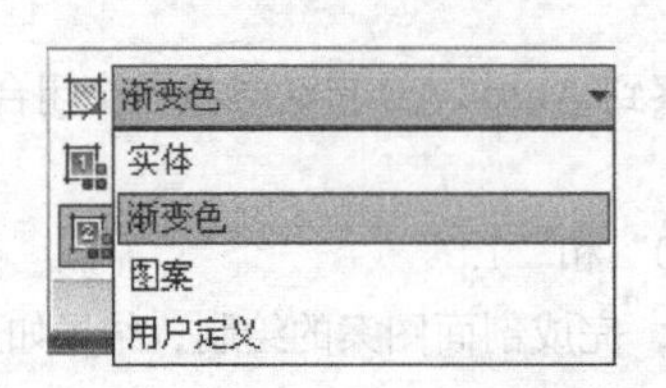

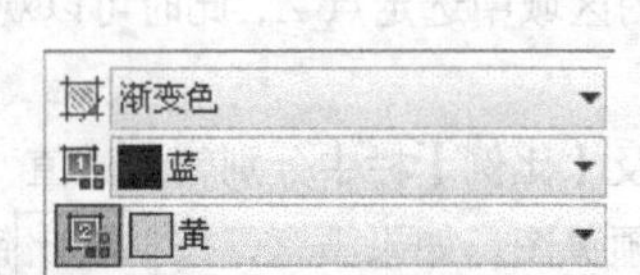

图 4-58　渐变色填充

4.8.5 剖面线的缩放比例

在 AutoCAD 中，预定义剖面线图案的默认缩放比例是 1，但用户可在【图案填充创建】选项卡的 1 栏中设定其他比例值。画剖面线时，若没有指定特殊比例值，AutoCAD 按默认值绘制剖面线。当输入一个不同于默认值的缩放比例时，可以增加或减小剖面线的间距，图 4-59 所示的分别是剖面线缩放比例为 1、2 和 0.5 时的情况。

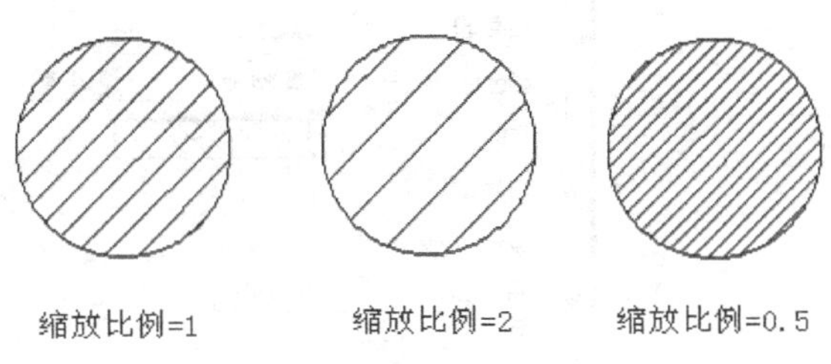

图 4-59 不同缩放比例的剖面线形状

4.8.6 剖面线角度

除可以控制剖面线间距外，剖面线的倾斜角度也可以被控制。用户可在【图案填充创建】选项卡的 角度 0 文本框中设定图案填充的角度。当图案的角度是“0”时，剖面线（ANSI31）与 x 轴的夹角是 45°。在【角度】文本框中显示的角度值并不是剖面线与 x 轴的倾斜角度，而是剖面线的转动角度。

当分别输入角度值 45°、90°和 15°时，剖面线将逆时针转动到新的位置，它们与 x 轴的夹角分别是 90°、135°和 60°，如图 4-60 所示。

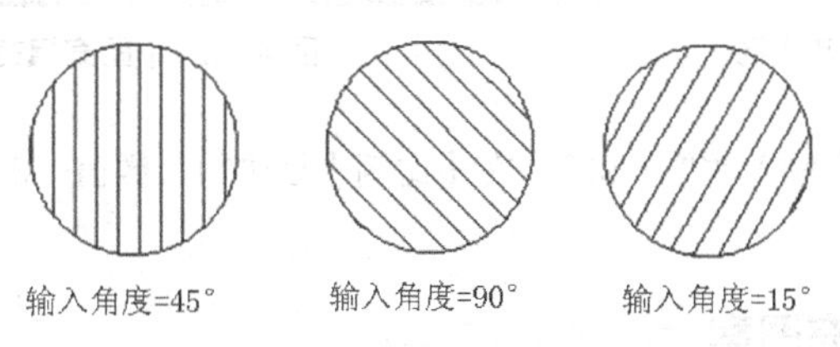

图 4-60 输入不同角度时的剖面线

4.8.7 编辑图案填充

双击图案填充，打开与【图案填充创建】类似的对话框，利用该对话框可以进行相关编辑操作。

HATCHEDIT 命令也可用于修改填充图案的外观及类型，如改变图案的角度、比例或用其他样式的图案填充图形等。

命令启动方法

- 菜单命令：【修改】/【对象】/【图案填充】。
- 面板：【常用】选项卡中【修改】面板上的按钮。
- 命令：HATCHEDIT 或简写 HE。

【练习 4-26】 练习使用 HATCHEDIT 命令。

1. 打开素材文件“dwg\第 4 章\4-26.dwg”，如图 4-61 左图所示。

2. 启动 HATCHEDIT 命令，AutoCAD 提示“选择图案填充对象”，选择图案填充后，打开【图案填充编辑】对话框，如图 4-62 所示。通过该对话框，用户就能修改剖面图案、比例及角度等。

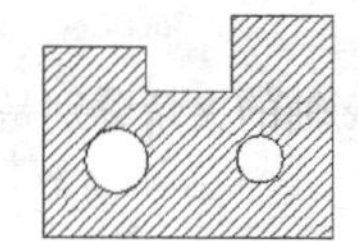
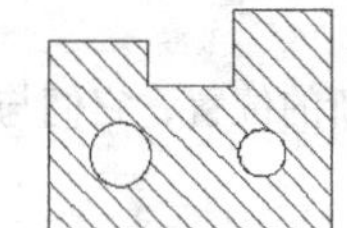

图 4-61 修改填充线角度及比例

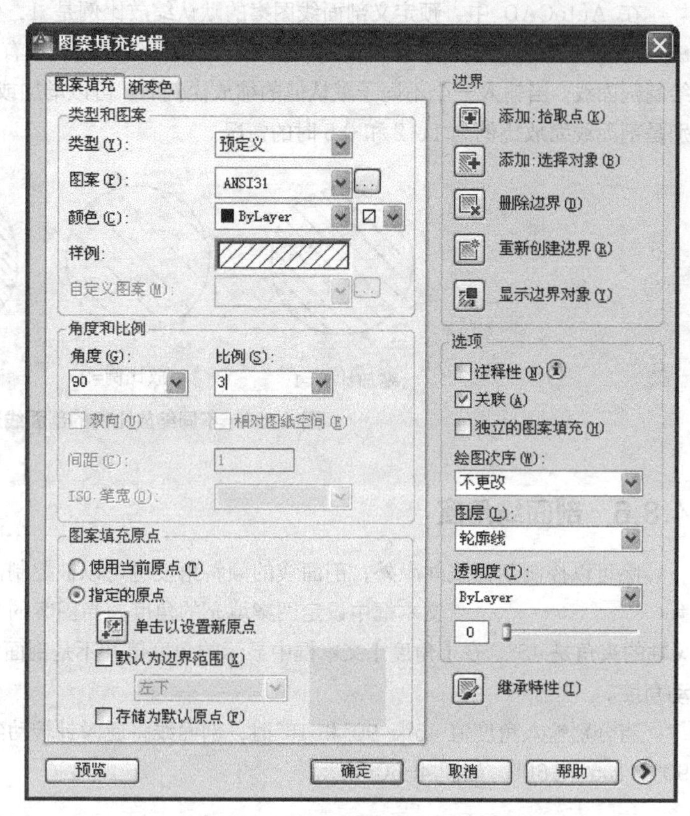

图 4-62 【图案填充编辑】对话框

3. 在【角度】文本框中输入数值“90”，在【比例】栏中输入数值“3”，单击 确定 按钮，结果如图 4-61 右图所示。

4.8.8 创建注释性填充图案

在工程图中填充图案时，要考虑打印比例对于最终图案疏密程度的影响。一般应设定图案填充比例为打印比例的倒数，这样打印出图后，图纸上图案的间距与最初系统的定义值一致。为实现这一目标，也可以采用另外一种方式，即创建注释性图案。在【图案填充创建】选项卡中按下按钮，就生成注释性填充图案。

注释性图案具有注释比例属性，比例值为当前系统设置值。单击图形窗口状态栏上的 1:2 按钮，可以设定当前注释比例值。选择注释对象，通过右键快捷菜单上【特性】选项可添加或去除注释对象的注释比例。

可以认为注释比例就是打印比例，只要使注释对象的注释比例、系统当前注释比例与打印比例一致，就能保证出图后图案填充的间距就与系统的原始定义值相同。例如，在直径为 30000 的圆内填充图案，出图比例为 1∶100，若采用非注释性对象进行填充，图案的缩放比例一般要设定为 100，打印后图案的外观才合适。若采用注释性对象填充，图案的缩放比例仍是默认值 1，只需设定当前注释比例为 1∶100，就能打印出合适的图案了。

4.8.9 上机练习——填充剖面图案

【练习 4-27】绘制有剖面图案的图形，如图 4-63 所示。该图形包含了 3 种形式的图案：ANSI31、AR-CONC、EARTH。

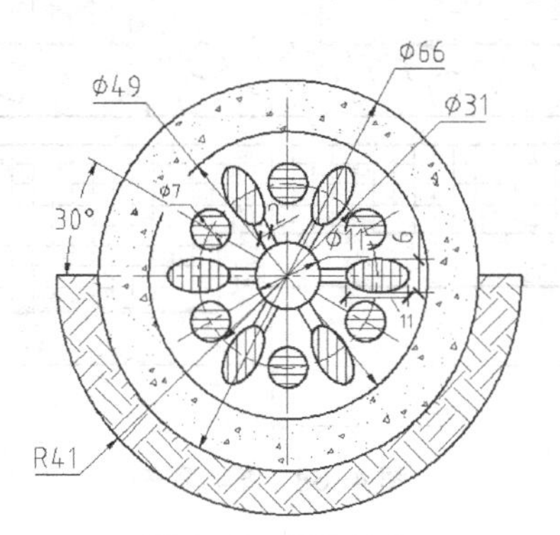

图 4-63 图案填充

1. 在 6 个小椭圆内填充图案，如图 4-64 所示。图案名称为 ANSI31，角度为 45°，填充比例为 0.5。
2. 在 6 个小圆内填充图案，如图 4-65 所示。图案名称为 ANSI31，角度为-45°，填充比例为 0.5。

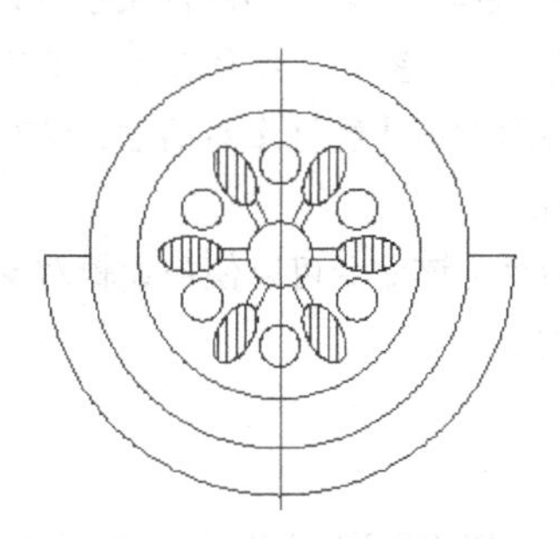

图 4-64 在椭圆内填充图案

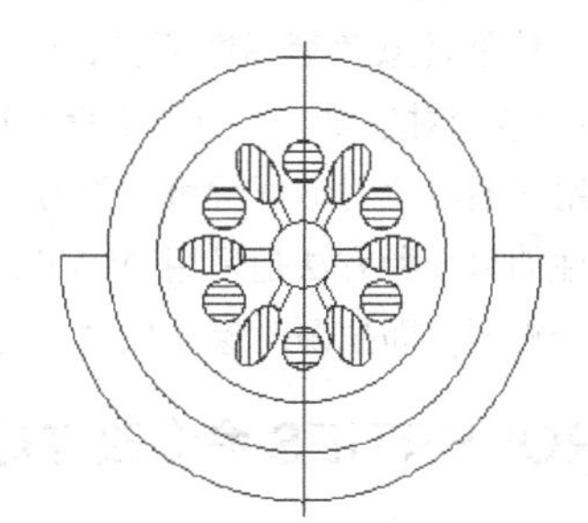

图 4-65 在 6 个小圆内填充图案

3. 在区域 *A* 中填充图案，如图 4-66 所示。图案名称为 AR-CONC，角度为 0°，填充比例为 0.05。
4. 在区域 *B* 中填充图案，如图 4-67 所示。图案名称为 EARTH，角度为 0°，填充比例为 1。

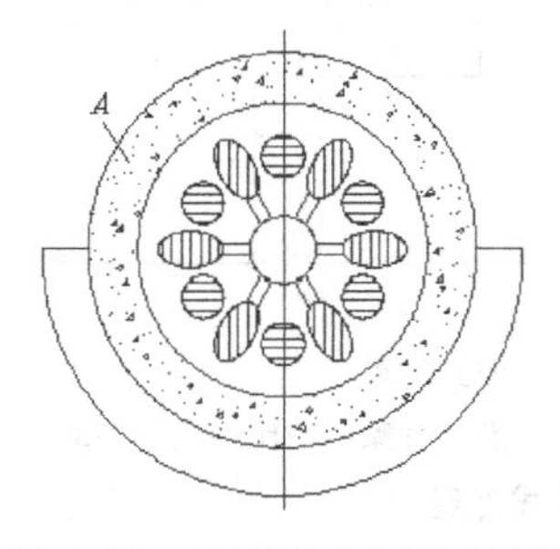

图 4-66 在区域 *A* 中填充图案

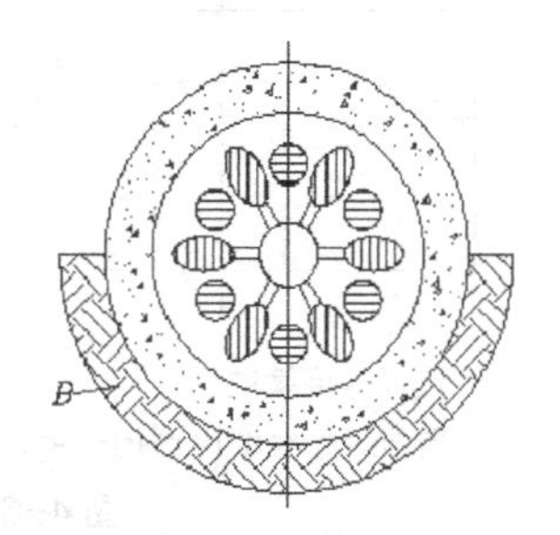

图 4-67 在区域 *B* 中填充图案

【练习 4-28】绘制有剖面图案的图形，图案比例及角度由用户自定，如图 4-68 所示。该图形包含了 4 种形式的图案：AR-SAND、ANSI31、HONEY、NET。

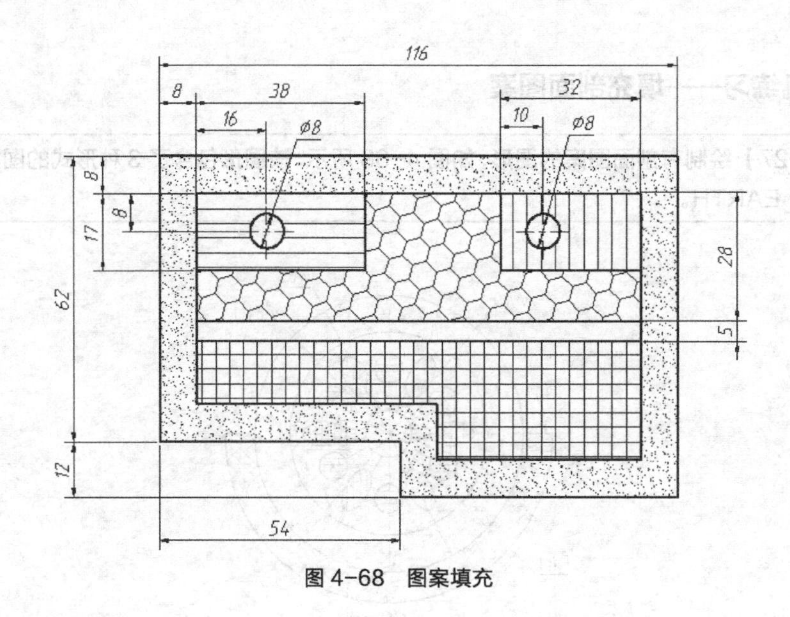

图 4-68　图案填充

4.9　编辑图形元素属性

在 AutoCAD 中，对象属性是指系统赋予对象的颜色、线型、图层、高度及文字样式等特性，如直线和曲线包含图层、线型及颜色等属性项目，而文本则具有图层、颜色、字体及字高等特性。一般可通过 PROPERTIES 命令改变对象属性，使用该命令时，AutoCAD 打开【特性】对话框，该对话框列出所选对象的所有属性，用户通过此对话框就可以很方便地进行修改。

改变对象属性的另一种方法是采用 MATCHPROP 命令，该命令可以使被编辑对象的属性与指定的源对象的属性完全相同，即把源对象的属性传递给目标对象。

4.9.1　用 PROPERTIES 命令改变对象属性

下面通过修改非连续线当前线型比例因子的例子来说明 PROPERTIES 命令的用法。

【练习 4-29】打开素材文件"dwg\第 4 章\4-29.dwg"，如图 4-69 左图所示，用 PROPERTIES 命令将左图修改为右图。

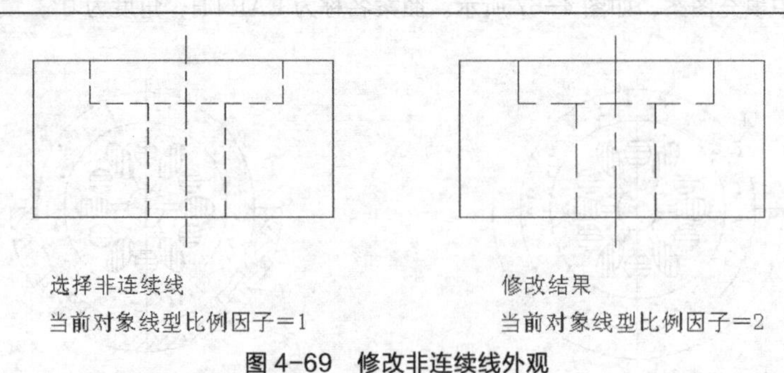

图 4-69　修改非连续线外观

1. 选择要编辑的非连续线，如图 4-69 左图所示。

2. 单击鼠标右键，弹出快捷菜单，选择【特性】命令，或者输入 PROPERTIES 命令，AutoCAD 打开【特性】对话框（双击对象打开【快捷特性】对话框），如图 4-70 所示。根据所选对象不同，【特性】

对话框中显示的属性项目也不同，但有一些属性项目几乎是所有对象所拥有的，如颜色、图层、线型等。当在绘图区中选择单个对象时，【特性】对话框就显示此对象的特性。若选择多个对象，则【特性】窗口显示它们所共有的特性。

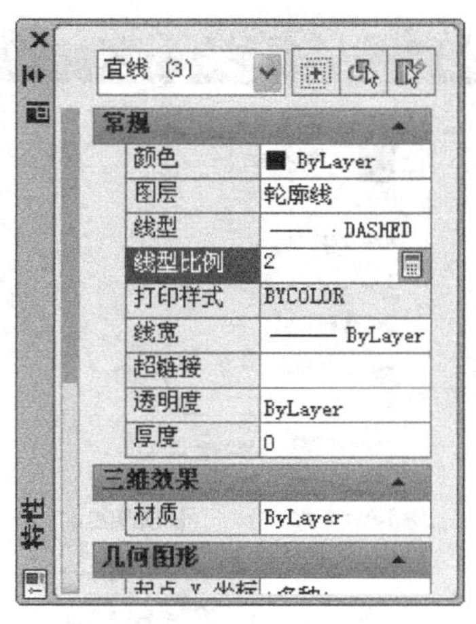

图 4-70 【特性】对话框

3. 单击【线型比例】文本框，该比例因子默认值是“1”，输入新线型比例因子“2”后，按 Enter 键，图形窗口中的非连续线立即更新，显示修改后的结果，如图 4-69 右图所示。

4.9.2 对象特性匹配

MATCHPROP 命令非常有用，用户可使用此命令将源对象的属性（如颜色、线型、图层及线型比例等）传递给目标对象。操作时，用户要选择两个对象，第 1 个是源对象，第 2 个是目标对象。

【练习 4-30】打开素材文件“dwg\第 4 章\4-30.dwg”，如图 4-71 左图所示，用 MATCHPROP 命令将左图修改为右图。

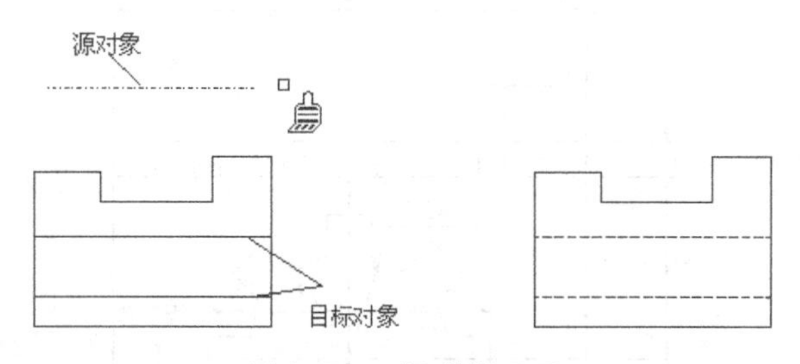

图 4-71 对象特性匹配

1. 单击【常用】选项卡中【剪贴板】面板上的按钮，或者输入 MATCHPROP 命令，AutoCAD 提示如下。

```
命令: '_matchprop
选择源对象:                          //选择源对象，如图4-71左图所示
选择目标对象或 [设置(S)]:            //选择第1个目标对象
选择目标对象或 [设置(S)]:            //选择第2个目标对象
选择目标对象或 [设置(S)]:            //按Enter键结束
```

选择源对象后，鼠标光标变成类似“刷子”的形状，此时选择接受属性匹配的目标对象，结果如图 4-71 右图所示。

2. 如果用户仅想使目标对象的部分属性与源对象相同，可在选择源对象后，键入“S”，此时，AutoCAD 打开【特性设置】对话框，如图 4-72 所示。默认情况下，AuotCAD 选中该对话框中的所有源对象的属性进行复制，但用户也可指定仅将其中的部分属性传递给目标对象。

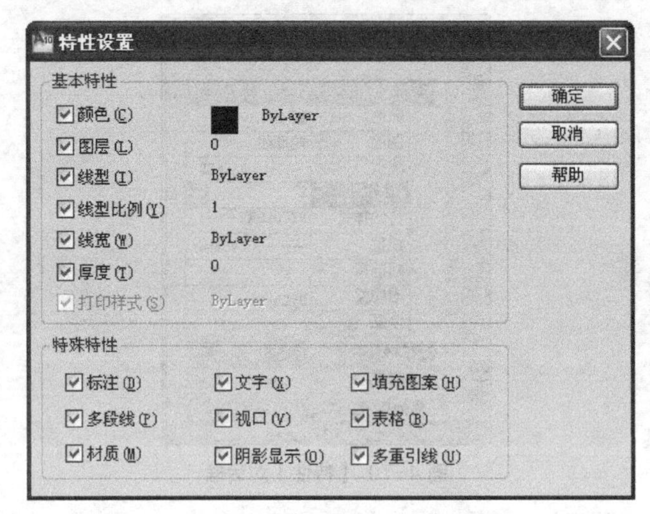

图 4-72 【特性设置】对话框

4.10 综合练习——画具有均布特征的图形

【练习 4-31】 利用 LINE、OFFSET、ARRAY 及 MIRROR 等命令绘制平面图形，如图 4-73 所示。

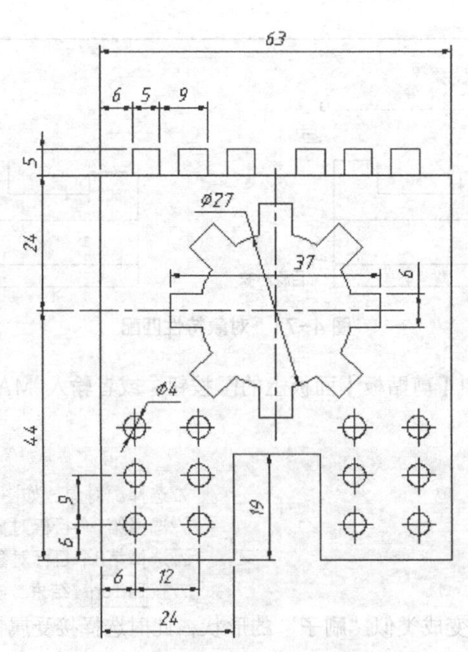

图 4-73 画具有均布特征的图形

1. 创建以下两个图层。

名称	颜色	线型	线宽
轮廓线层	白色	Continuous	0.5
中心线层	红色	Center	默认

2. 打开极轴追踪、对象捕捉及自动追踪功能。设置极轴追踪角度增量为“90”，设定对象捕捉方式为“端点”“圆心”和“交点”，设置仅沿正交方向进行捕捉追踪。

3. 设定绘图区域大小为 100×100，并使该区域充满整个图形窗口。

4. 画两条作图基准线 A、B，线段 A 的长度约为 80，线段 B 的长度约为 100，如图 4-74 所示。

5. 用 OFFSET、TRIM 命令绘制线框 C，如图 4-75 所示。

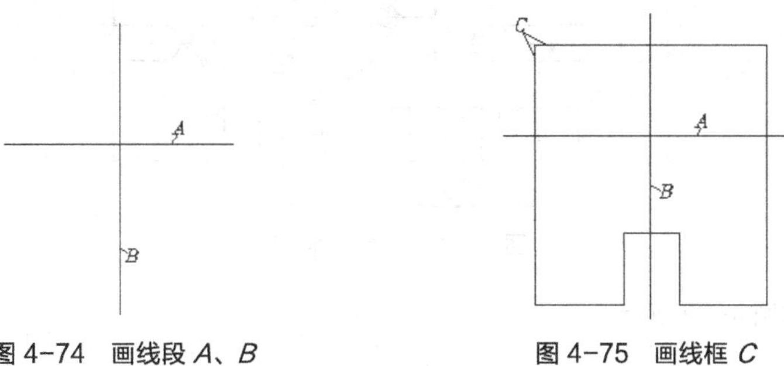

图 4-74 画线段 A、B　　　　图 4-75 画线框 C

6. 用 LINE 命令画线框 D，用 CIRCLE 命令画圆 E，如图 4-76 所示。圆 E 的圆心用正交偏移捕捉确定。

7. 创建线框 D 及圆 E 的矩形阵列，结果如图 4-77 所示。

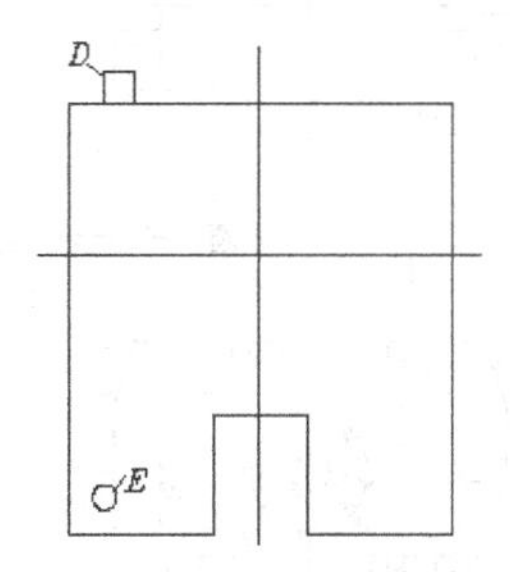

图 4-76 画线框和圆

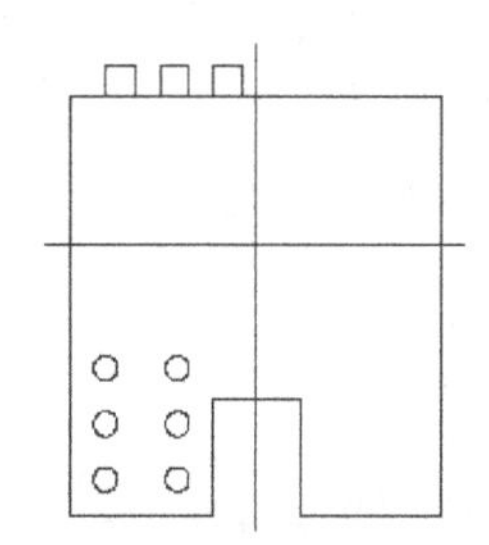

图 4-77 创建矩形阵列

8. 镜像对象，结果如图 4-78 所示。

9. 用 CIRCLE 命令画圆 A，再用 OFFSET、TRIM 命令形成线框 B，如图 4-79 所示。

10. 创建线框 B 的环形阵列，再修剪多余线条，结果如图 4-80 所示。

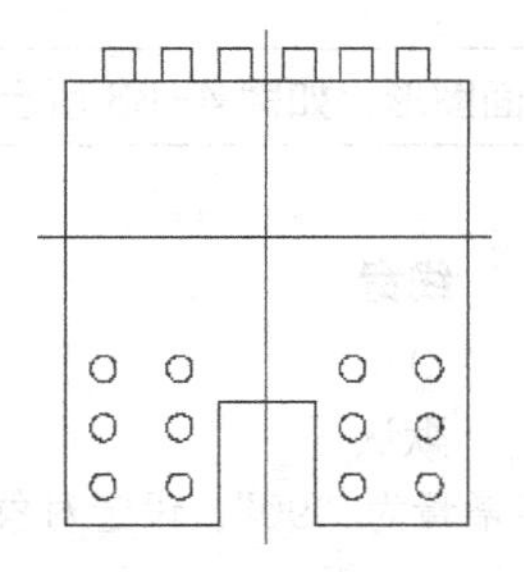

图 4-78 镜像对象

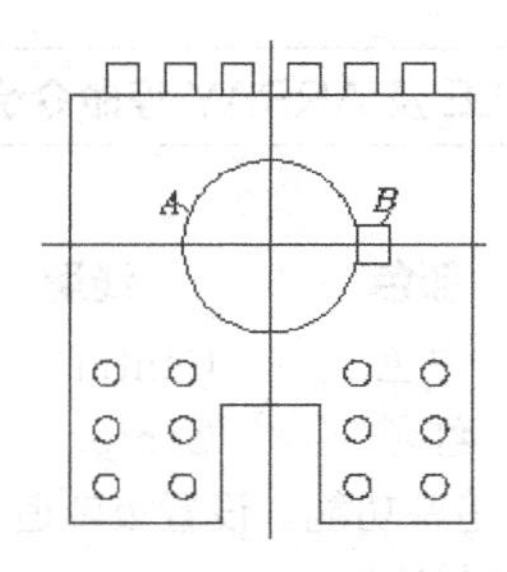

图 4-79 画圆和线框

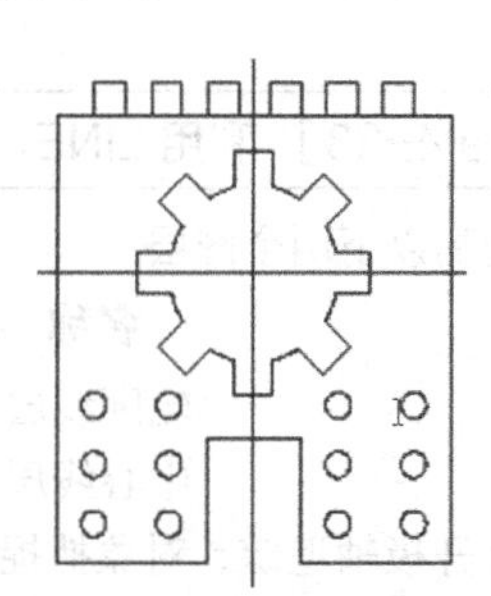

图 4-80 阵列并修剪多余线条

【练习 4-32】 利用 LINE、OFFSET、ARRAY 及 MIRROR 等命令绘制平面图形，如图 4-81 所示。

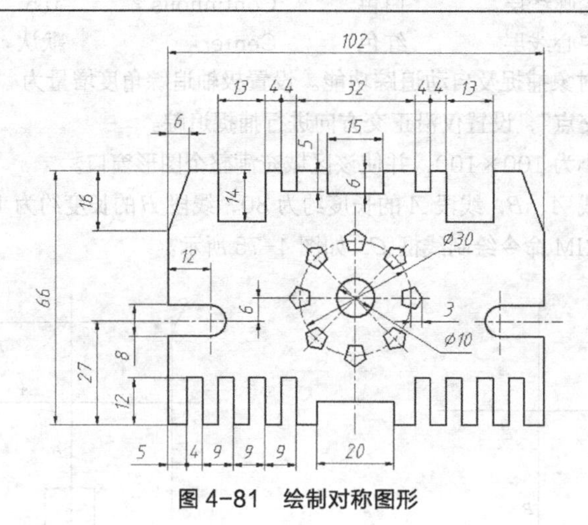

图 4-81　绘制对称图形

主要作图步骤如图 4-82 所示。

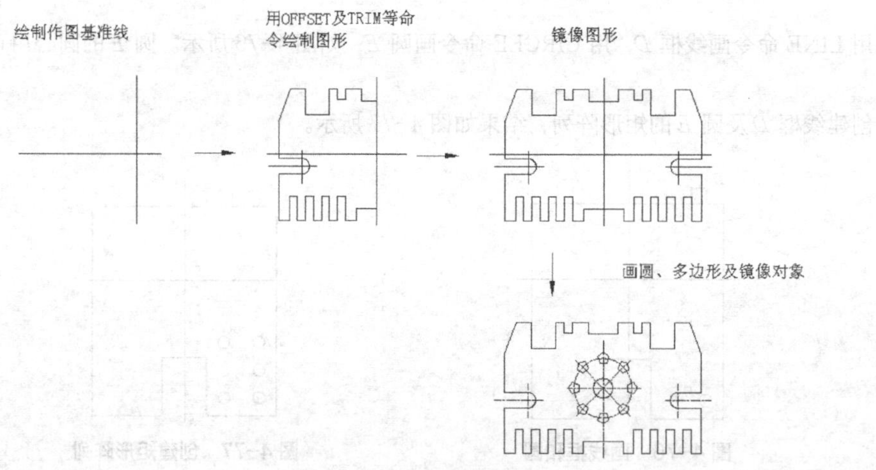

图 4-82　主要作图步骤

4.11　综合练习二——创建矩形阵列及环形阵列

【练习 4-33】 利用 LINE、CIRCLE 及 ARRAY 等命令绘制平面图形，如图 4-83 所示。

1. 创建以下两个图层。

名称	颜色	线型	线宽
轮廓线层	白色	Continuous	0.5
中心线层	红色	Center	默认

2. 打开极轴追踪、对象捕捉及自动追踪功能。设置极轴追踪角度增量为“90”，设定对象捕捉方式为“端点”“交点”，设置仅沿正交方向进行捕捉追踪。

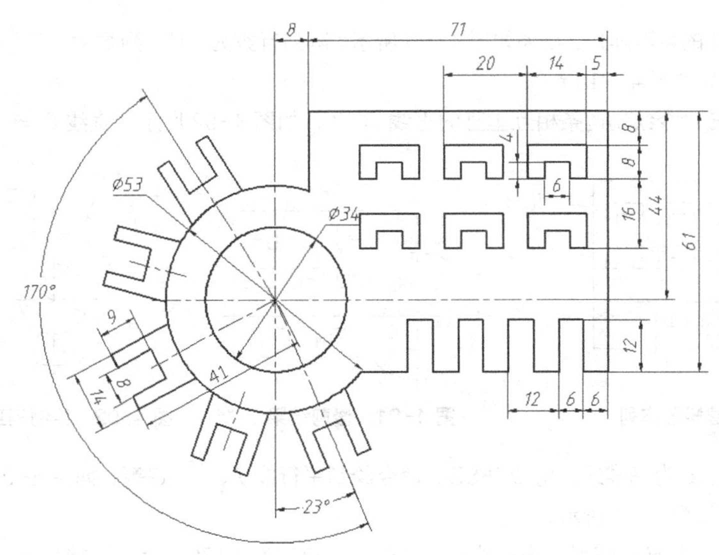

图 4-83　创建矩形阵列及环形阵列

3. 设定绘图区域大小为 150×150，并使该区域充满整个图形窗口。

4. 画水平及竖直的作图基准线 *A*、*B*，如图 4-84 所示。线段 *A* 的长度约为 120，线段 *B* 的长度约为 80。

5. 分别以线段 *A*、*B* 的交点为圆心画圆 *C*、*D*，再绘制平行线 *E*、*F*、*G* 和 *H*，如图 4-85 所示。修剪多余线条，结果如图 4-86 所示。

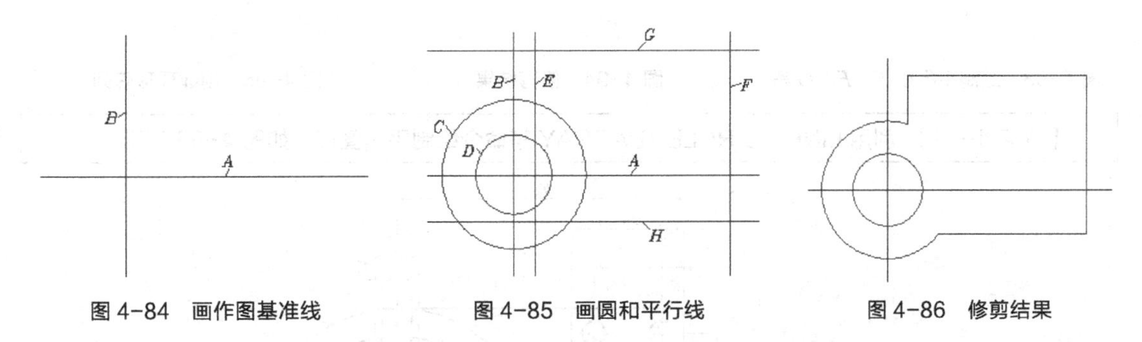

图 4-84　画作图基准线　　图 4-85　画圆和平行线　　图 4-86　修剪结果

6. 以 *I* 点为起点，用 LINE 命令绘制闭合线框 *K*，如图 4-87 所示。*I* 点的位置可用正交偏移捕捉确定，*J* 点为偏移的基准点。

7. 创建线框 *K* 的矩形阵列，结果如图 4-88 所示。阵列行数为“2”，列数为“3”，行间距为“-16”，列间距为“-20”。

8. 绘制线段 *L*、*M*、*N*，如图 4-89 所示。

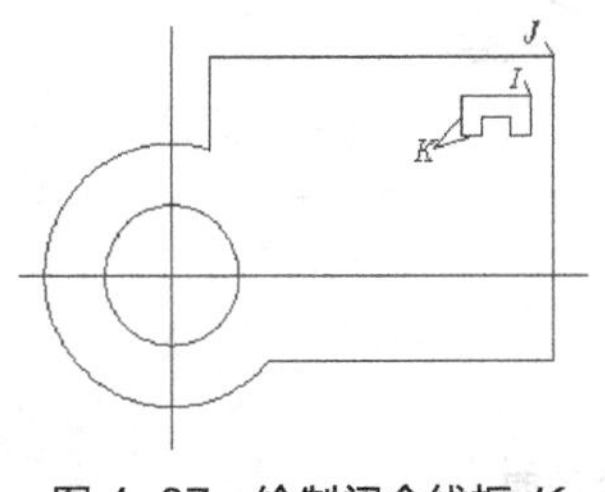

图 4-87　绘制闭合线框 *K*

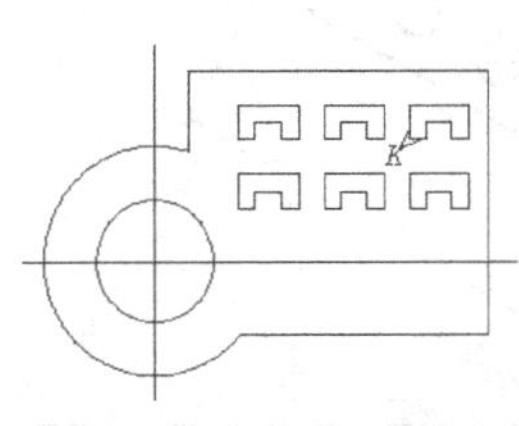

图 4-88　创建矩形阵列

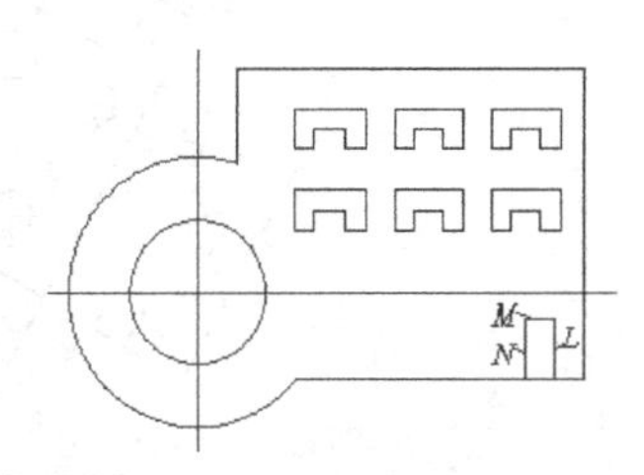

图 4-89　绘制线段 *L*、*M*、*N*

9. 创建线框 A 的矩形阵列，结果如图 4-90 所示。阵列行数为“1”，列数为“4”，列间距为“－12”。修剪多余线条，结果如图 4-91 所示。

10. 用 XLINE 命令绘制两条相互垂直的直线 B、C，如图 4-92 所示，直线 C 与 D 的夹角为 23°。

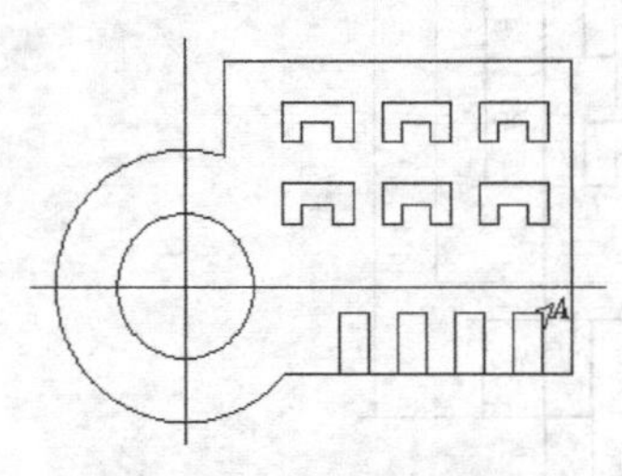

图 4-90 创建矩形阵列

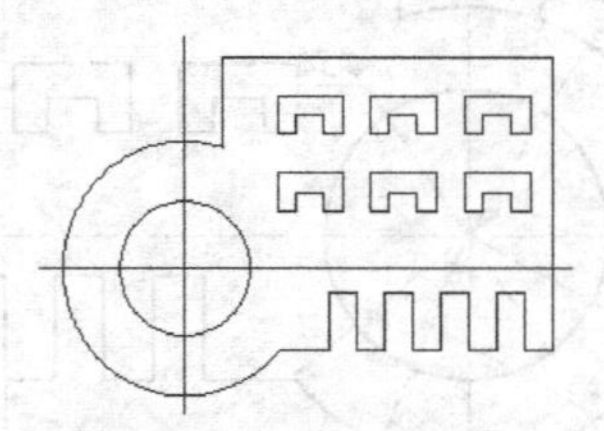

图 4-91 修剪结果

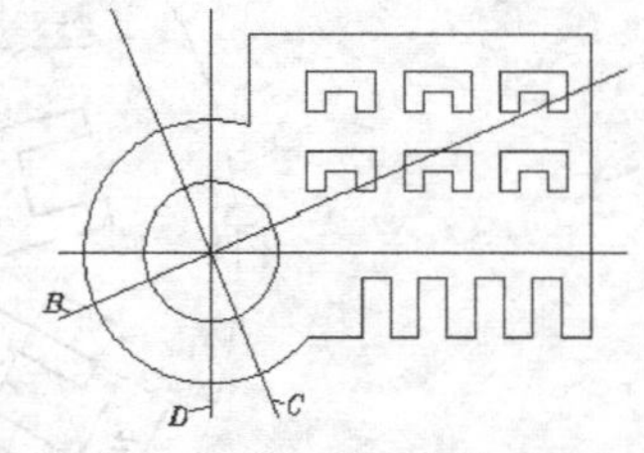

图 4-92 绘制相互垂直的直线 B、C

11. 以直线 B、C 为基准线，用 OFFSET 命令绘制平行线 E、F、G 等，如图 4-93 所示。修剪及删除多余线条，结果如图 4-94 所示。

12. 创建线框 H 的环形阵列，阵列数目为“5”，总角度为“170”，结果如图 4-95 所示。

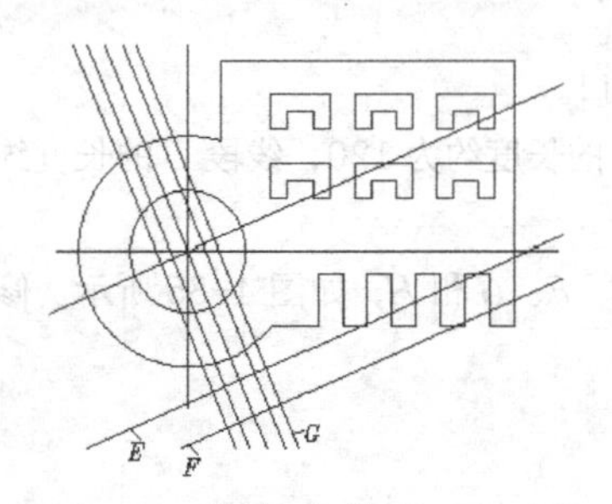

图 4-93 绘制平行线 E、F、G 等

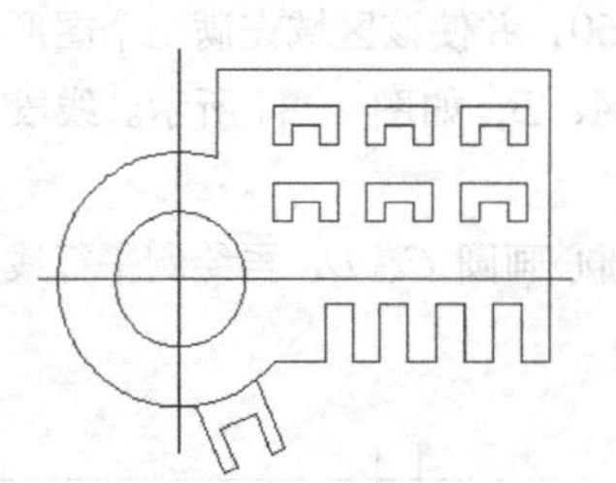

图 4-94 修剪结果

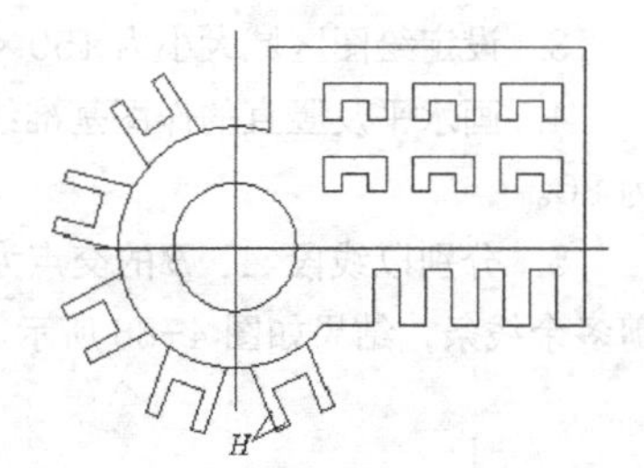

图 4-95 创建环形阵列

【练习 4-34】 利用 LINE、CIRCLE 及 ARRAY 等命令绘制平面图形，如图 4-96 所示。

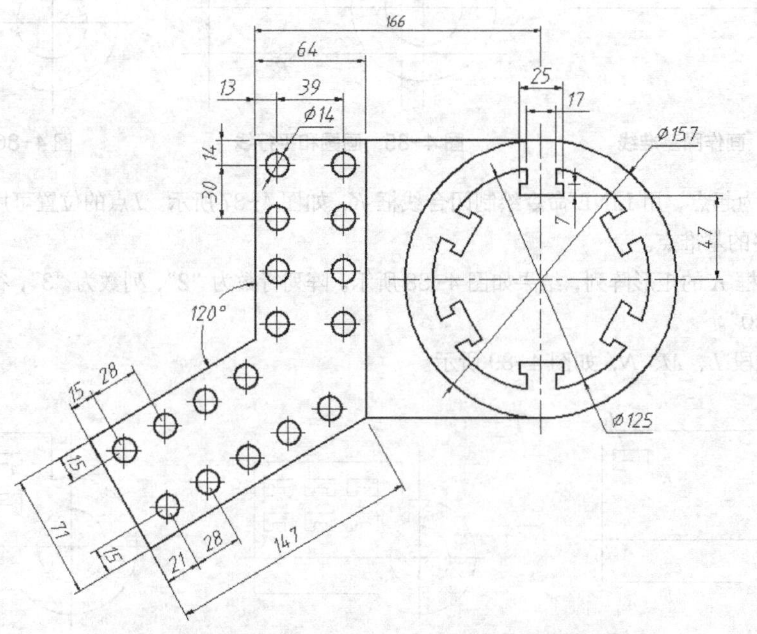

图 4-96 利用 LINE、CIRCLE、ARRAY 等命令绘图

4.12 综合练习三——画由多边形、椭圆等对象组成的图形

【练习 4-35】 利用 RECTANG、POLYGON 及 ELLIPSE 等命令绘图，如图 4-97 所示。

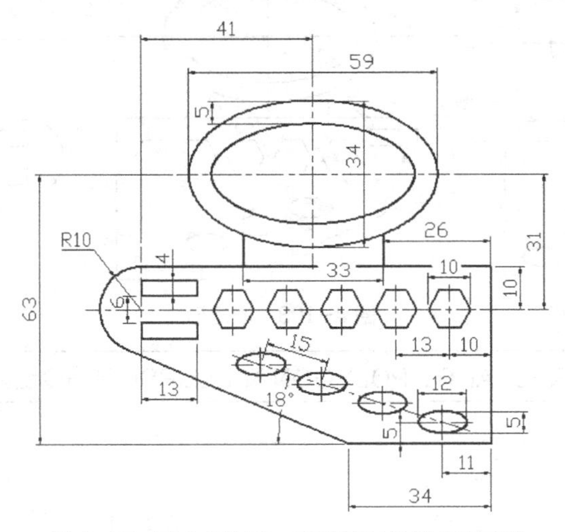

图 4-97 画由多边形、椭圆等对象组成的图形

1. 用 LINE 命令画水平线段 *A* 及竖直线段 *B*，线段 *A* 的长度约为 80，线段 *B* 的长度约为 50，如图 4-98 所示。

2. 画椭圆 *C*、*D* 及圆 *E*，如图 4-99 所示。圆 *E* 的圆心用正交偏移捕捉确定。

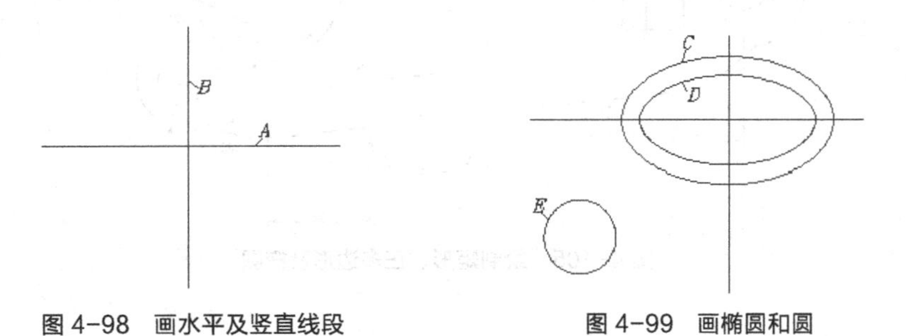

图 4-98 画水平及竖直线段　　　　图 4-99 画椭圆和圆

3. 用 OFFSET、LINE 及 TRIM 命令绘制线框 *F*，如图 4-100 所示。

4. 画正六边形及椭圆，其中心点的位置可利用正交偏移捕捉确定，如图 4-101 所示。

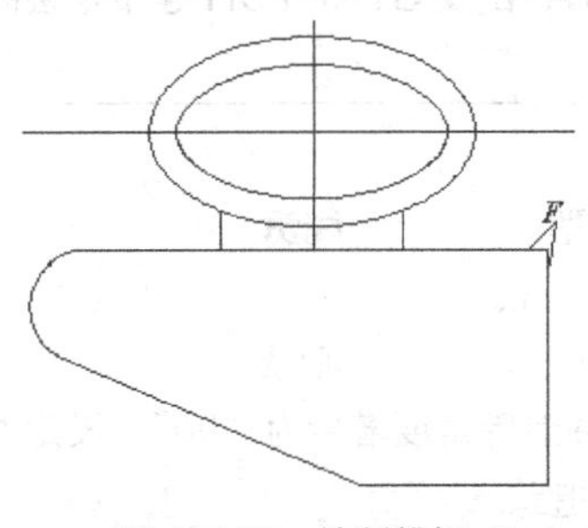

图 4-100 绘制线框 *F*

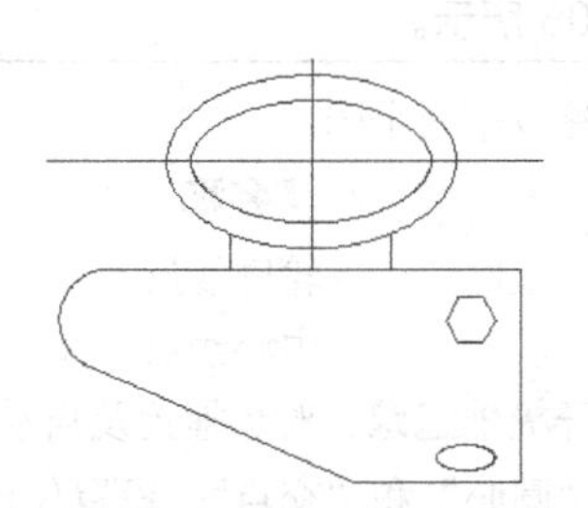

图 4-101 画正六边形及椭圆

5. 创建六边形及椭圆的矩形阵列，结果如图 4-102 所示。椭圆阵列的倾斜角度为“162”。
6. 画矩形，其角点 A 的位置可利用正交偏移捕捉确定，如图 4-103 所示。
7. 镜像矩形，结果如图 4-104 所示。

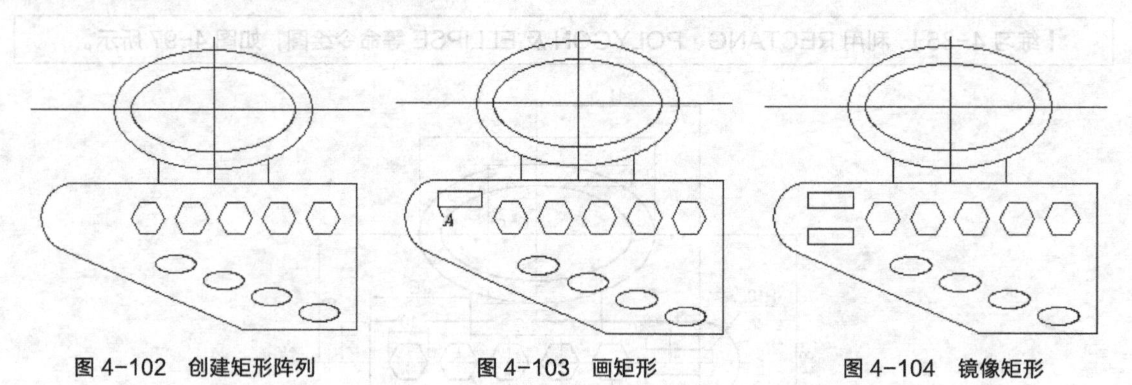

图 4-102　创建矩形阵列　　图 4-103　画矩形　　图 4-104　镜像矩形

【练习 4-36】 利用 RECTANG、POLYGON 及 ELLIPSE 等命令绘图，如图 4-105 所示。

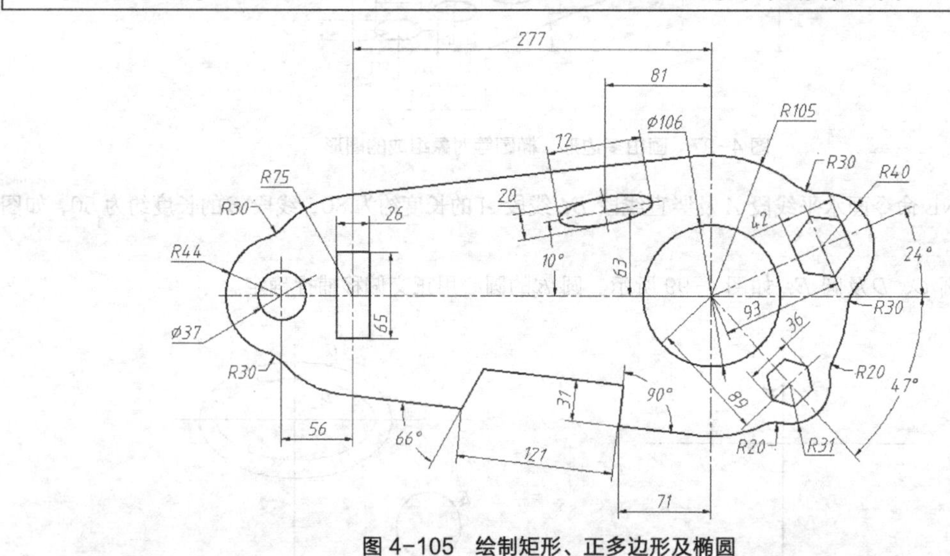

图 4-105　绘制矩形、正多边形及椭圆

4.13　综合练习四——利用已有图形生成新图形

【练习 4-37】利用 LINE、 OFFSET、COPY、ROTATE 及 STRETCH 等命令绘制平面图形，如图 4-106 所示。

1. 创建以下两个图层。

名称	颜色	线型	线宽
轮廓线层	白色	Continuous	0.5
中心线层	红色	Center	默认

2. 打开极轴追踪、对象捕捉及自动追踪功能。设置极轴追踪角度增量为“90”，设定对象捕捉方式为“端点”“圆心”和“交点”，设置仅沿正交方向进行捕捉追踪。

3. 设定绘图区域大小为 100×100，并使该区域充满整个图形窗口。

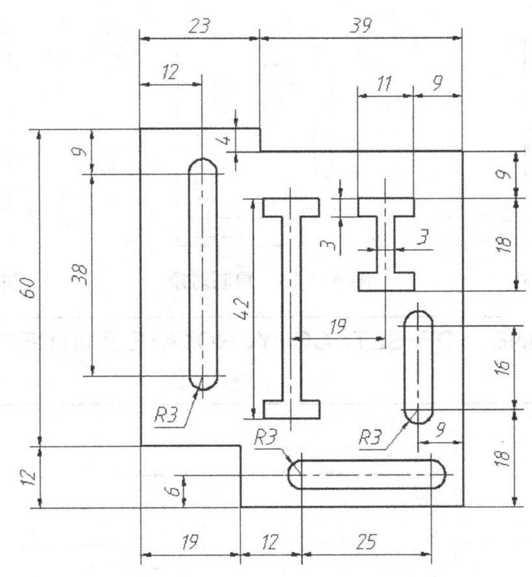

图 4-106　利用已有图形生成新图形

4. 画两条作图基准线 *A*、*B*，线段 *A* 的长度约为 80，线段 *B* 的长度约为 90，如图 4-107 所示。
5. 用 OFFSET、TRIM 命令绘制线框 *C*，如图 4-108 所示。
6. 用 LINE 及 CIRCLE 命令绘制线框 *D*，如图 4-109 所示。

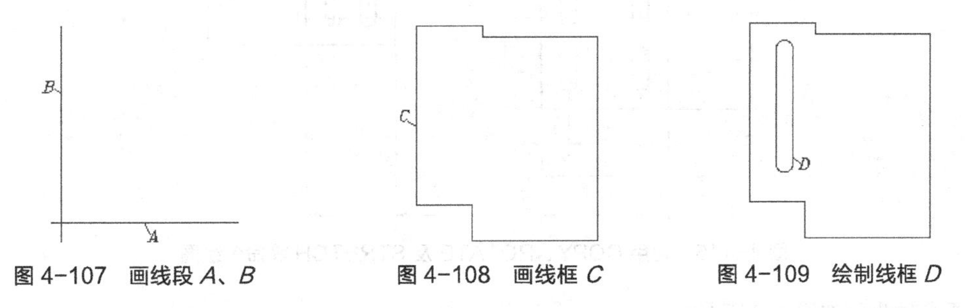

图 4-107　画线段 *A*、*B*　　图 4-108　画线框 *C*　　图 4-109　绘制线框 *D*

7. 把线框 *D* 复制到 *E*、*F* 处，结果如图 4-110 所示。
8. 把线框 *E* 绕 *G* 点旋转 90°，结果如图 4-111 所示。
9. 用 STRETCH 命令改变线框 *E*、*F* 的长度，结果如图 4-112 所示。

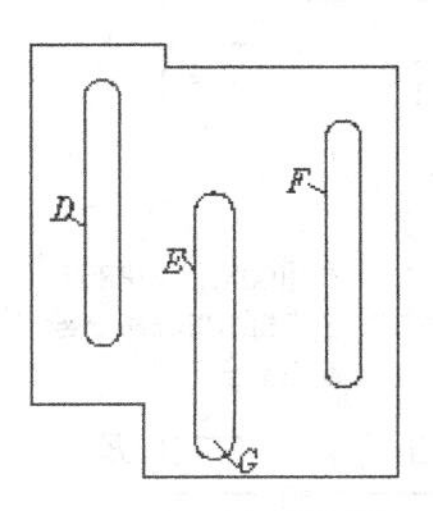

图 4-110　复制对象

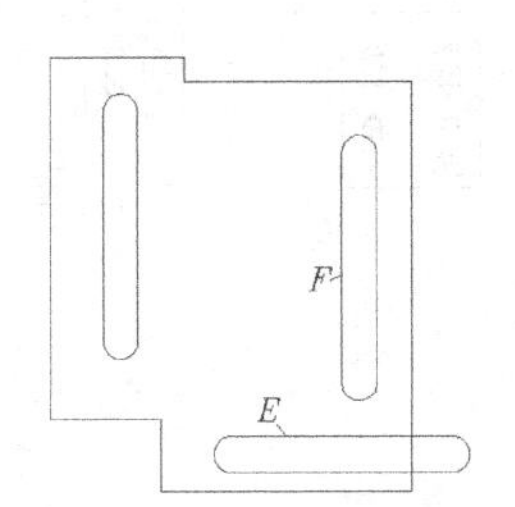

图 4-111　旋转对象

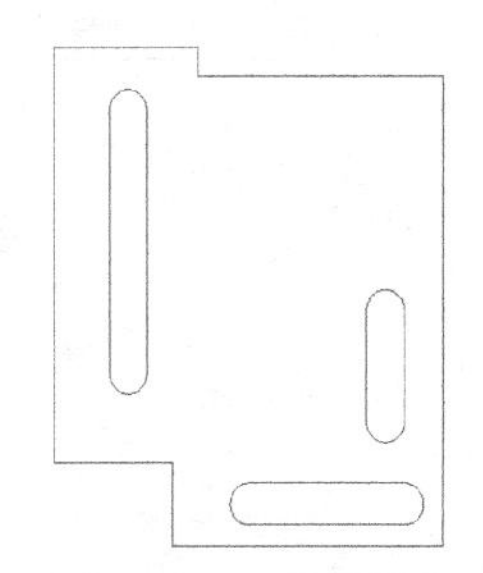

图 4-112　拉伸对象

10. 用 LINE 命令绘制线框 *A*，如图 4-113 所示。
11. 把线框 *A* 复制到 *B* 处，结果如图 4-114 所示。
12. 用 STRETCH 命令拉伸线框 *B*，结果如图 4-115 所示。

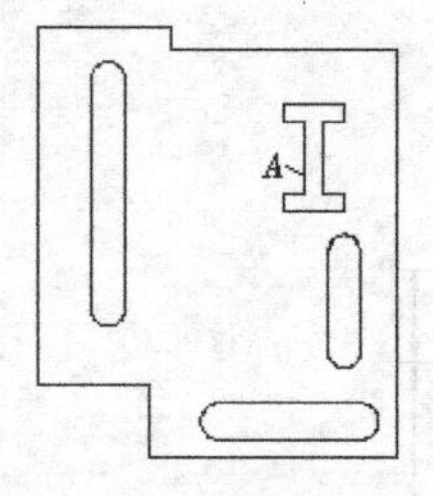

图 4-113　绘制线框 *A*

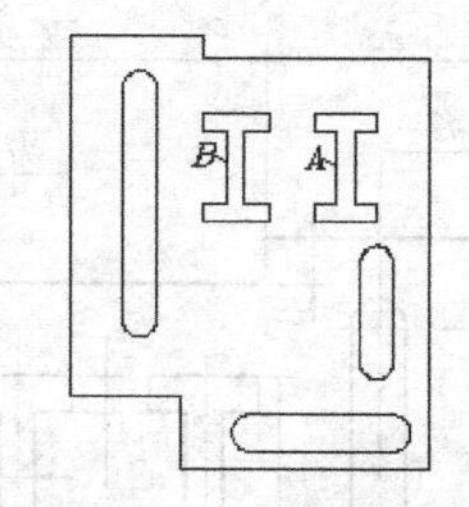

图 4-114　复制对象

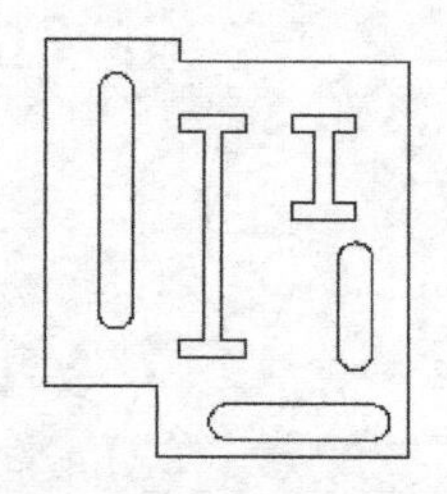
图 4-115　拉伸对象

【练习 4-38】利用 LINE、OFFSET、COPY、ROTATE 及 STRETCH 等命令绘制平面图形，如图 4-116 所示。

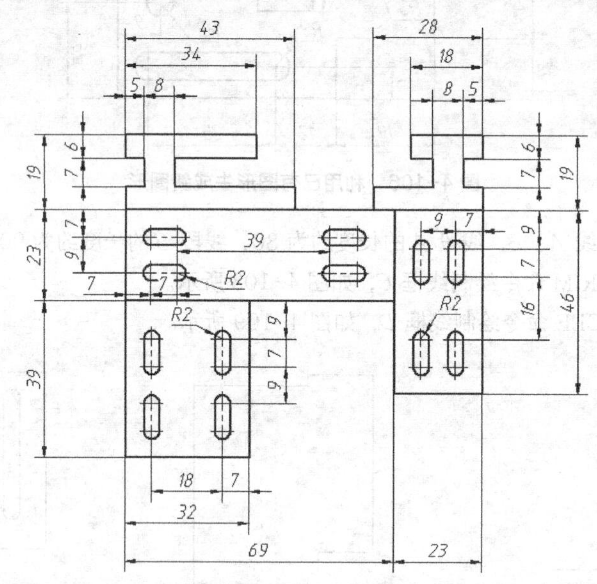

图 4-116　利用 COPY、ROTATE 及 STRETCH 等命令绘图

主要作图步骤如图 4-117 所示。

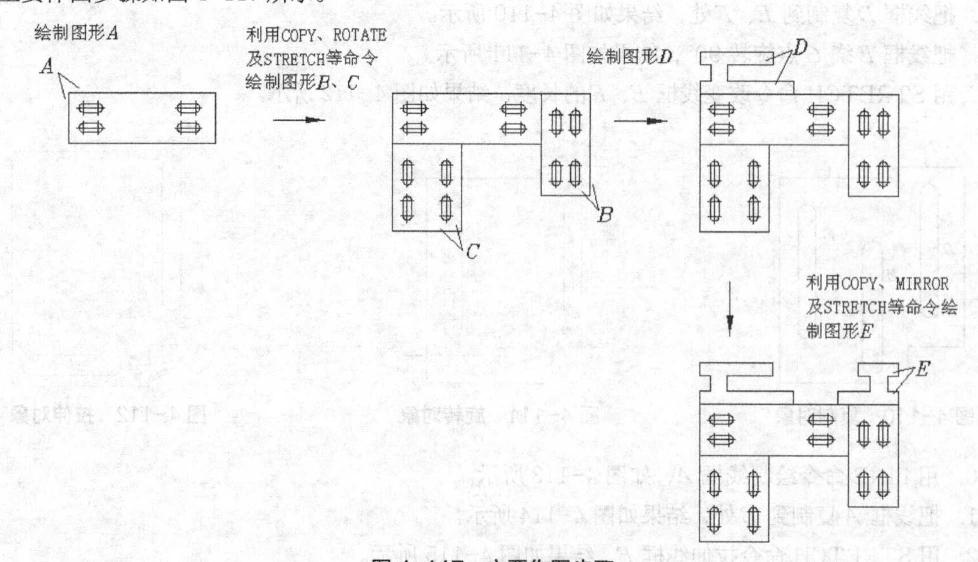

图 4-117　主要作图步骤

4.14 综合练习五——绘制墙面展开图

【练习 4-39】 用 LINE、OFFSET 及 ARRAY 等命令绘制图 4-118 所示的墙体展开图。

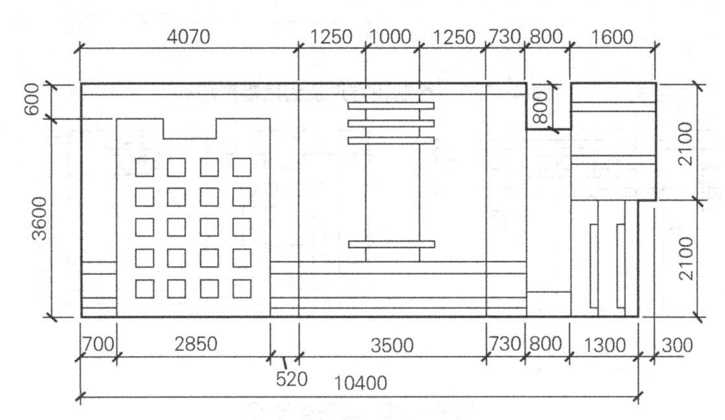

图 4-118 画墙体展开图

1. 创建以下图层。

名称	颜色	线型	线宽
墙面-轮廓	白色	Continuous	0.7
墙面-装饰	青色	Continuous	默认

2. 设定绘图区域大小为 20000×10000。

3. 打开极轴追踪、对象捕捉及自动追踪功能。指定极轴追踪角度增量为 90°；设定对象捕捉方式为“端点”“交点”；设置仅沿正交方向自动追踪。

4. 切换到“墙面-轮廓”层。用 LINE 命令绘制墙面轮廓线，如图 4-119 所示。

5. 用 LINE、OFFSET 及 TRIM 命令绘制图形 *A*，如图 4-120 所示。

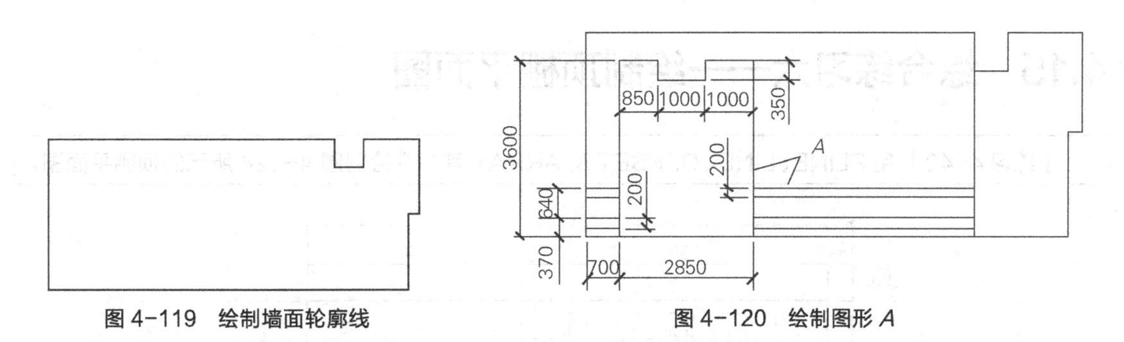

图 4-119 绘制墙面轮廓线　　图 4-120 绘制图形 *A*

6. 用 LINE 命令绘制正方形 *B*，然后用 ARRAY 命令创建矩形阵列，相关尺寸如图 4-121 左图所示，结果如图 4-121 右图所示。

7. 用 OFFSET、TRIM 及 COPY 命令绘制图形 *C*，细节尺寸如图 4-122 左图所示，结果如图 4-122 右图所示。

8. 用 OFFSET、TRIM 及 COPY 命令绘制图形 *D*，细节尺寸如图 4-123 左图所示，结果如图 4-123 右图所示。

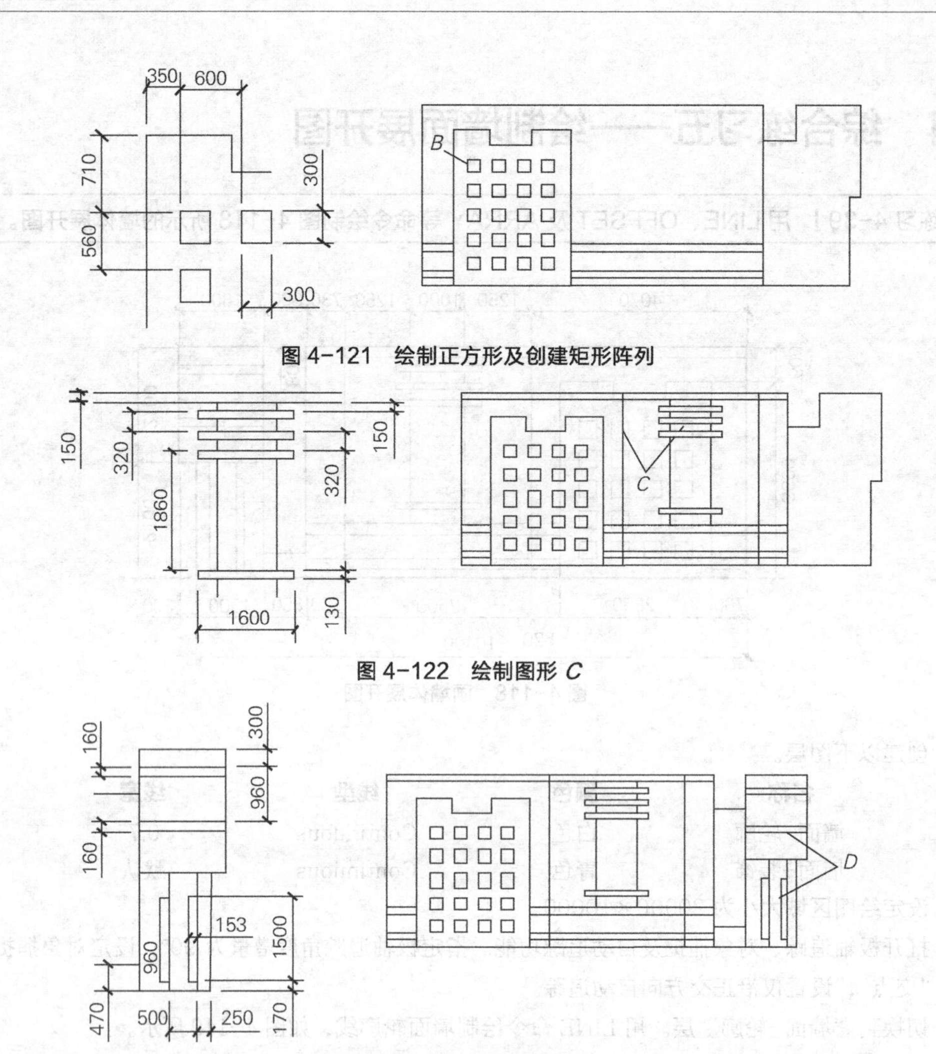

图 4-121　绘制正方形及创建矩形阵列

图 4-122　绘制图形 *C*

图 4-123　绘制图形 *D*

4.15　综合练习六——绘制顶棚平面图

【练习 4-40】用 PLINE、LINE、OFFSET 及 ARRAY 等命令绘制图 4-124 所示的顶棚平面图。

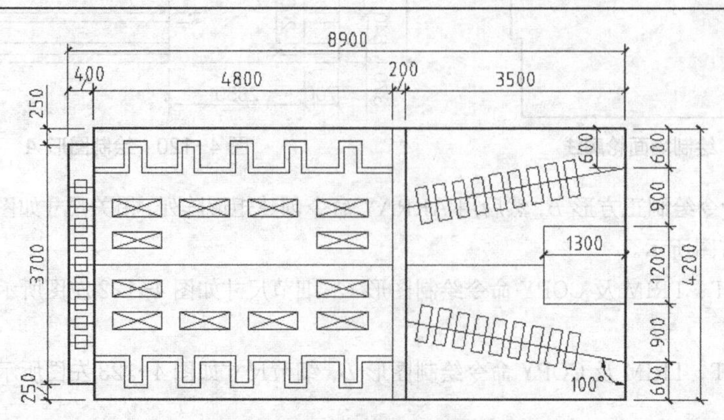

图 4-124　画顶棚平面图

1. 创建以下图层。

名称	颜色	线型	线宽
顶棚-轮廓	白色	Continuous	0.7
顶棚-装饰	青色	Continuous	默认

2. 设定绘图区域大小为 15000×10000。

3. 打开极轴追踪、对象捕捉及自动追踪功能。指定极轴追踪角度增量为 90°；设定对象捕捉方式为“端点”“交点”；设置仅沿正交方向自动追踪。

4. 切换到“顶棚-轮廓”层。用 LINE、PLINE 及 OFFSET 命令绘制顶棚轮廓线及图形 *A* 等。细节尺寸如图 4-125 左图所示，结果如图 4-125 右图所示。

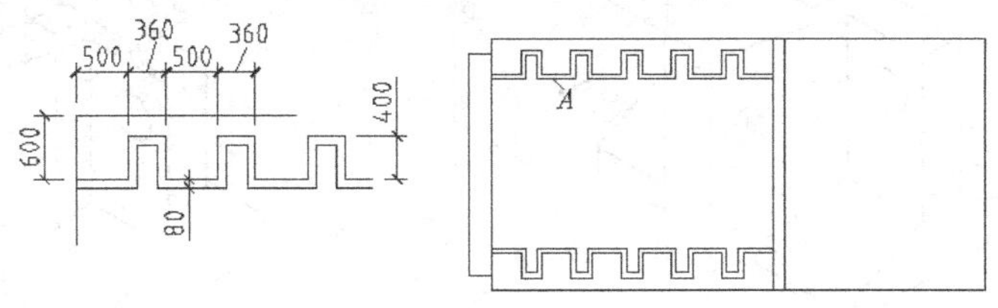

图 4-125　绘制顶棚轮廓线及图形 *A* 等

5. 切换到“顶棚-装饰”层。用 OFFSET、TRIM、LINE、COPY 及 MIRROR 等命令绘制图形 *B*。细节尺寸如图 4-126 左图所示，结果如图 4-126 右图所示。

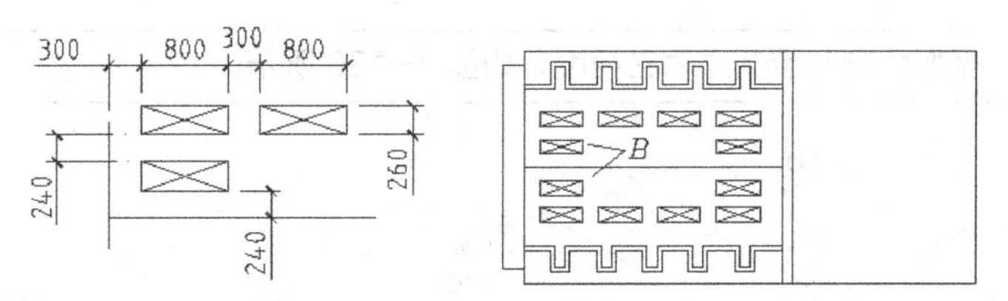

图 4-126　绘制图形 *B*

6. 用 OFFSET、TRIM 及 ARRAY 等命令绘制图形 *C*。细节尺寸如图 4-127 左图所示，结果如图 4-127 右图所示。

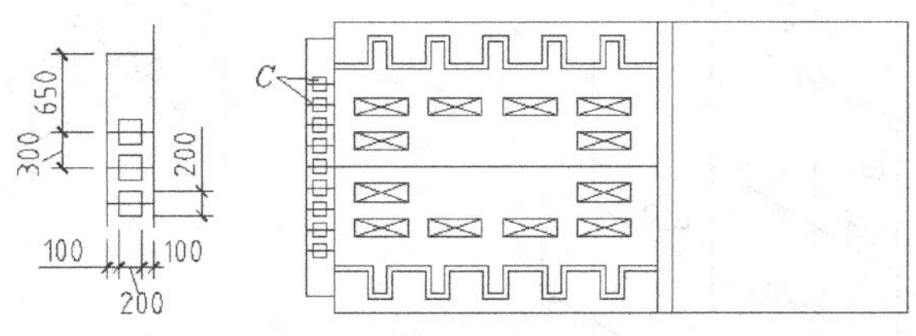

图 4-127　绘制图形 *C*

7. 用 XLINE、LINE、OFFSET、TRIM 及 ARRAY 等命令绘制图形 *D*。细节尺寸如图 4-128 左图所示，结果如图 4-128 右图所示。

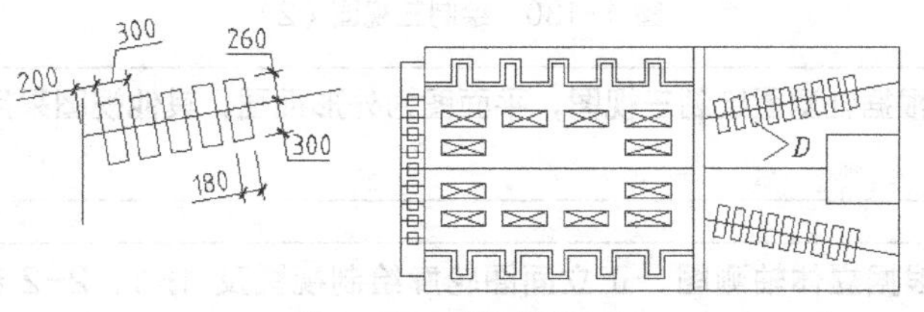

图 4-128　绘制图形 *D*

4.16 综合练习七——绘制组合体视图及剖面图

【练习 4-41】 根据轴测图绘制立体三视图，如图 4-129 所示。

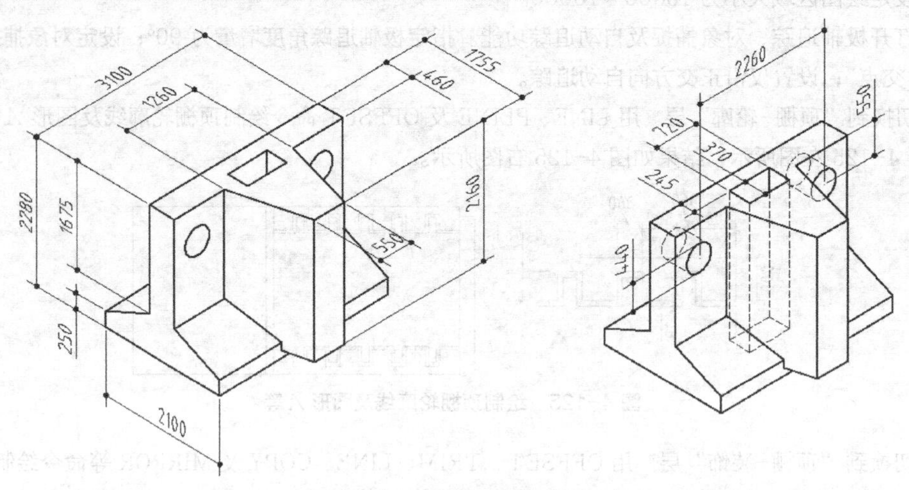

图 4-129 绘制三视图（1）

【练习 4-42】 根据轴测图绘制立体三视图，如图 4-130 所示。

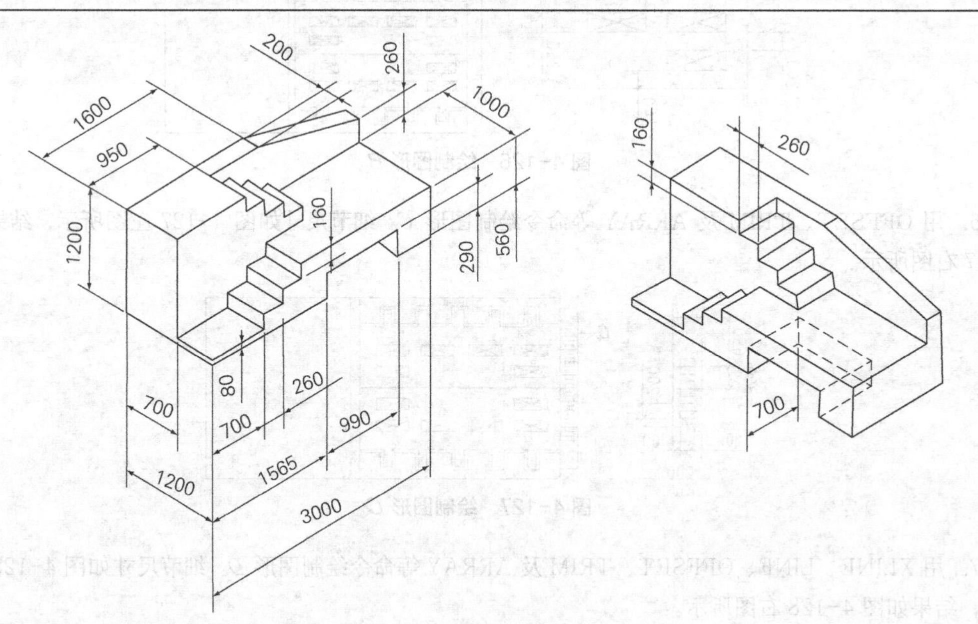

图 4-130 绘制三视图（2）

【练习 4-43】 根据轴测图绘制三视图，平面图为外形视图，其他视图采用半剖方式绘制，如图 4-131 所示。

【练习 4-44】 根据立体轴测图、正立面图轮廓绘制视图及 1-1、2-2 剖面图，如图 4-132 所示。

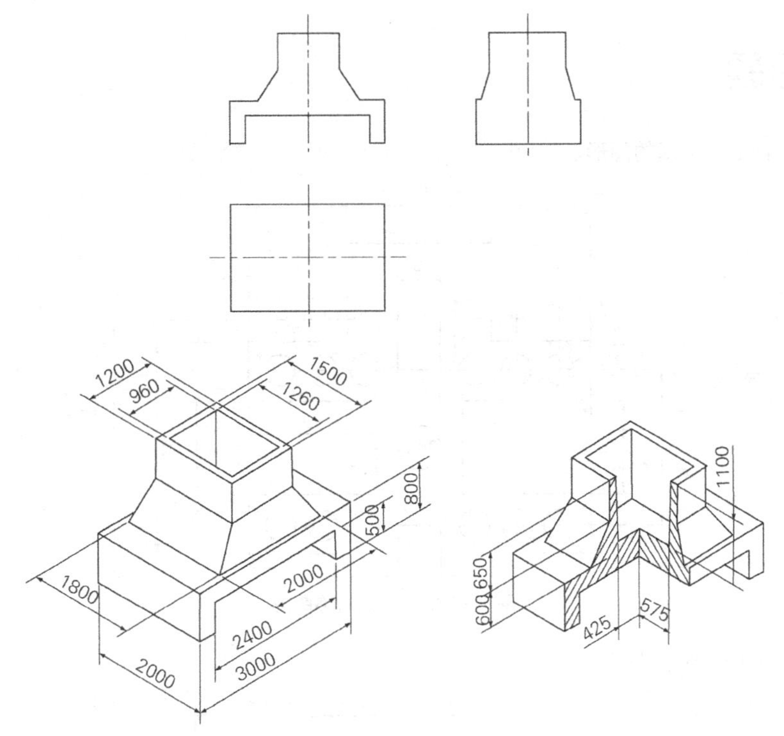

图 4-131 绘制视图及剖视图（1）

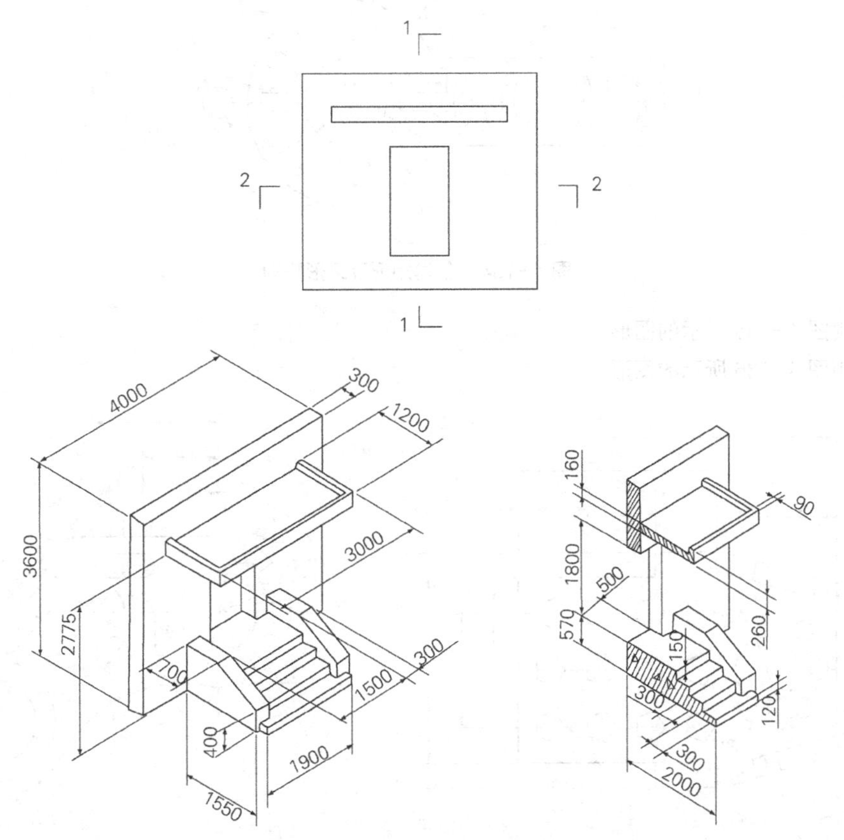

图 4-132 绘制视图及剖视图（2）

4.17 习题

1. 绘制图 4-133 所示的图形。

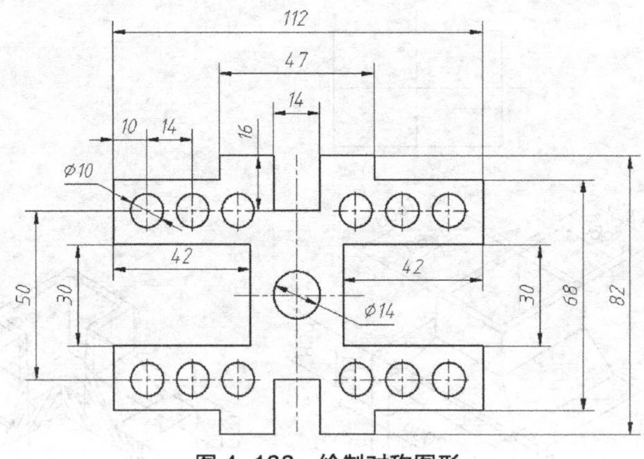

图 4-133 绘制对称图形

2. 绘制图 4-134 所示的图形。

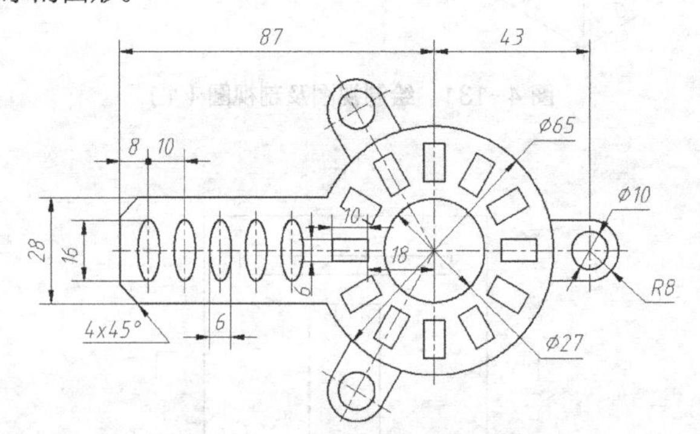

图 4-134 创建矩形及环形阵列

3. 绘制图 4-135 所示的图形。
4. 绘制图 4-136 所示的图形。

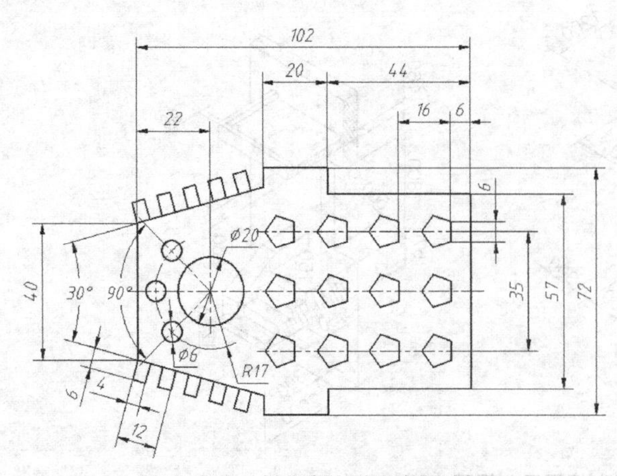

图 4-135 创建多边形及阵列对象

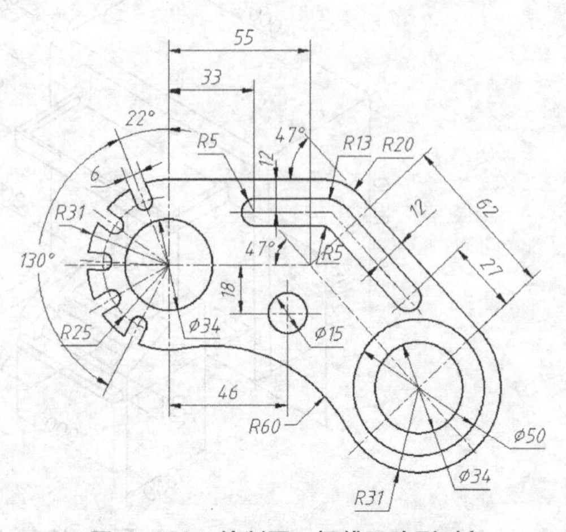

图 4-136 绘制圆、切线及阵列对象

5. 绘制图 4-137 所示的图形。

6. 绘制图 4-138 所示的图形。

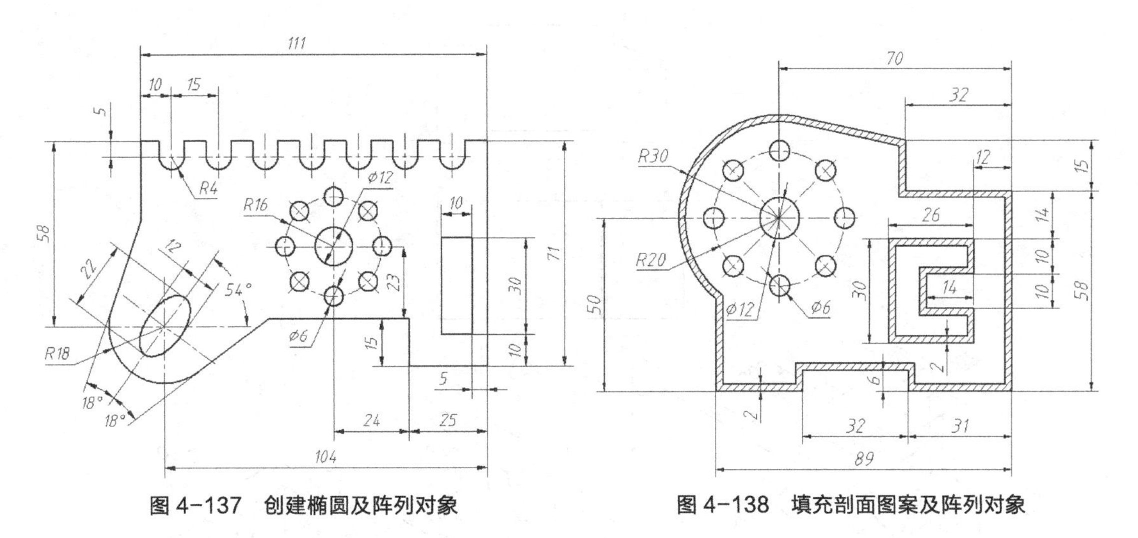

图 4-137 创建椭圆及阵列对象

图 4-138 填充剖面图案及阵列对象

7. 根据立体轴测图及视图轮廓绘制视图，正立面图采用全剖方式绘制，平面图为外形视图，如图 4-139 所示。

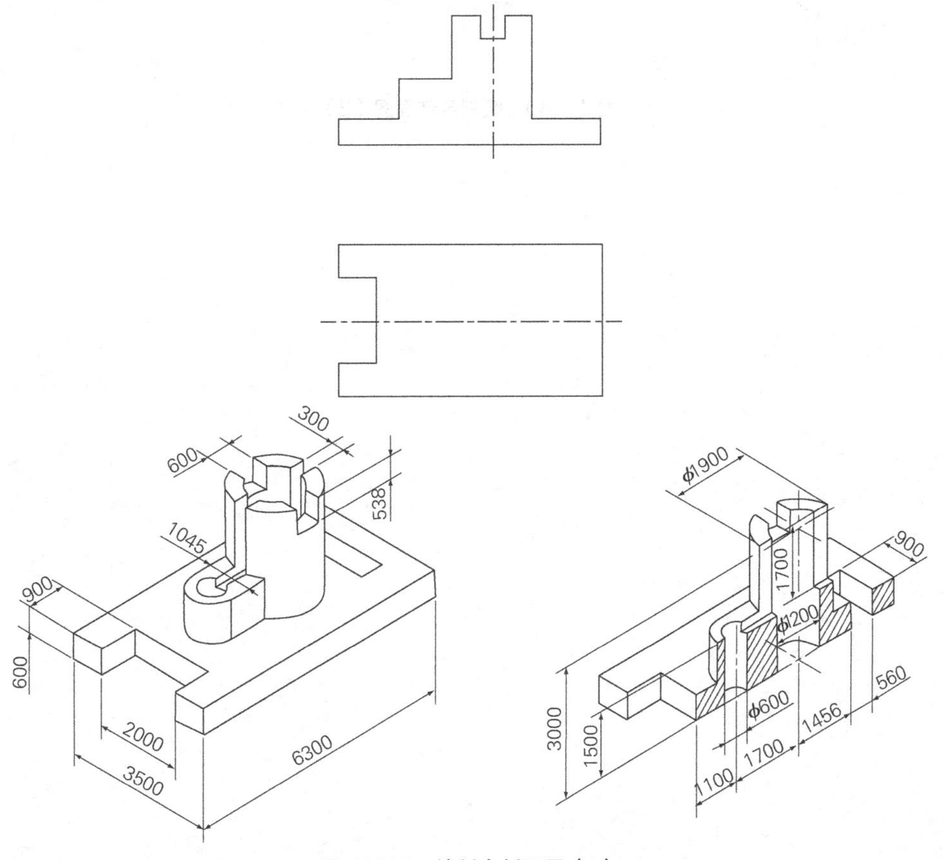

图 4-139 绘制全剖面图（1）

8. 根据立体轴测图及视图轮廓绘制视图，正立面图采用全部方式绘制，平面图为外形视图，如图 4-140 所示。

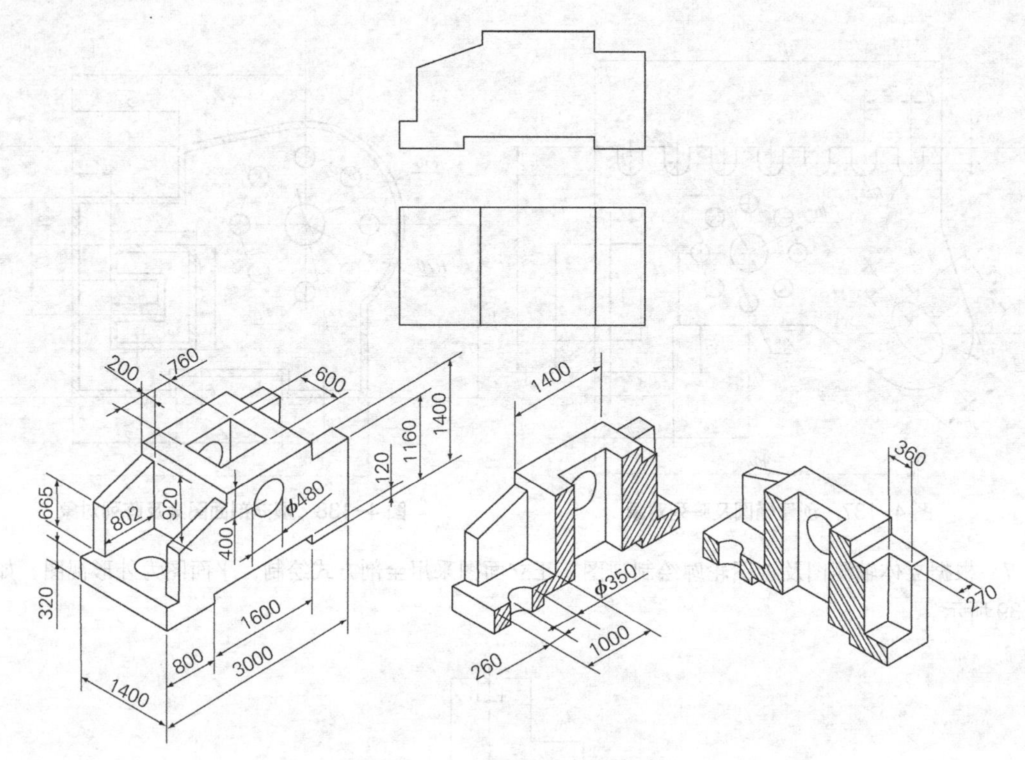

图 4-140　绘制全部面图（2）

PART05

第5章

高级绘图及编辑

学习目标：

- 掌握创建及编辑多段线的方法
- 了解创建及编辑多线的方法
- 能够生成等分点和测量点
- 了解创建圆环及圆点的方法
- 能够利用面域对象构建图形

■ 本章主要介绍多段线、多线、点对象、圆环及面域等对象的创建及编辑方法。

5.1 绘制多段线

PLINE 命令用来创建二维多段线。多段线是由几段线段和圆弧构成的连续线条，它是一个单独的图形对象。二维多段线具有以下特点。

- 能够设定多段线中线段及圆弧的宽度。
- 可以利用有宽度的多段线形成实心圆、圆环或带锥度的粗线等。
- 能一次对多段线的所有交点进行倒圆角或倒角处理。

一、命令启动方法

- 菜单命令：【绘图】/【多段线】。
- 面板：【常用】选项卡中【绘图】面板上的按钮。
- 命令：PLINE 或简写 PL。

【练习 5-1】 练习使用 INE 命令。

```
命令：_pline
指定起点：                                       //单击A点，如图5-1所示
指定下一个点或 [圆弧(A)/半宽(H)/长度(L)/放弃(U)/宽度(W)]：100
                                                 //从A点向右追踪并输入追踪距离
指定下一点或 [圆弧(A)/闭合(C)/半宽(H)/长度(L)/放弃(U)/宽度(W)]：a
                                                 //使用"圆弧(A)"选项画圆弧
指定圆弧的端点或 [角度(A)/圆心(CE)/闭合(CL)/方向(D)/半宽(H)/直线(L)/半径(R)/
第二个点(S)/放弃(U)/宽度(W)]：30                  //从B点向下追踪并输入追踪距离
指定圆弧的端点或
[角度(A)/圆心(CE)/闭合(CL)/方向(D)/半宽(H)/直线(L)/半径(R)/第二个点(S)/放弃(U)/宽度(W)]：l
                                                 //使用"直线(L)"选项切换到画直线模式
指定下一点或 [圆弧(A)/闭合(C)/半宽(H)/长度(L)/放弃(U)/宽度(W)]：100
                                                 //从C点向左追踪并输入追踪距离
指定下一点或 [圆弧(A)/闭合(C)/半宽(H)/长度(L)/放弃(U)/宽度(W)]：a
                                                 //使用"圆弧(A)"选项画圆弧
指定圆弧的端点或
[角度(A)/圆心(CE)/闭合(CL)/方向(D)/半宽(H)/直线(L)/半径(R)/第二个点(S)/放弃(U)/宽度(W)]：end于
                                                 //捕捉端点A
指定圆弧的端点或
[角度(A)/圆心(CE)/闭合(CL)/方向(D)/半宽(H)/直线(L)/半径(R)/第二个点(S)/放弃(U)/宽度(W)]：
                                                 //按Enter键结束
```

结果如图 5-1 所示。

图 5-1 画多段线

二、命令选项

- 圆弧（A）：使用此选项可以画圆弧。

- 闭合（C）：此选项可用于使多段线闭合，它与 LINE 命令的“C”选项作用相同。
- 半宽（H）：该选项使用户可以指定某段多段线的半宽度，即线宽的一半。
- 长度（L）：指定某段多段线的长度，其方向与上一线段相同或是沿上一段圆弧的切线方向。
- 放弃（U）：删除多段线中最后一次绘制的线段或圆弧。
- 宽度（W）：设置多段线的宽度，此时 AutoCAD 将提示“指定起点宽度”和“指定端点宽度”，用户可输入不同的起始宽度和终点宽度值以绘制一条宽度逐渐变化的多段线。

5.2 编辑多段线

编辑多段线的命令是 PEDIT，该命令有以下主要功能。

- 将直线与圆弧构成的连续线修改为一条多段线。
- 移动、增加或打断多段线的顶点。
- 可以为整个多段线设定统一的宽度值或是分别控制各段的宽度。
- 用样条曲线或双圆弧曲线拟合多段线。
- 将开式多段线闭合或使闭合多段线变为开式。

此外，利用关键点编辑方式也能够修改多段线，可以移动、删除及添加多段线的顶点，或者使其中的直线段与圆弧段互换，还可按住 Ctrl 键选择多段线中的一段或几段进行编辑。

一、命令启动方法

- 菜单命令：【修改】/【对象】/【多段线】。
- 面板：【常用】选项卡中【修改】面板上的按钮。
- 命令：PEDIT 或简写 PE。

在绘制图 5-2 所示图形的外轮廓时，可利用多段线构图。用户首先用 LINE、CIRCLE 等命令形成外轮廓线框，然后用 PEDIT 命令将此线框编辑成一条多段线，最后用 OFFSET 命令偏移多段线就形成了内轮廓线框。图中的长槽或箭头可使用 PLINE 命令一次绘制出来。

【练习 5-2】 用 LINE、PLINE、PEDIT 等命令绘制图 5-2 所示的图形。

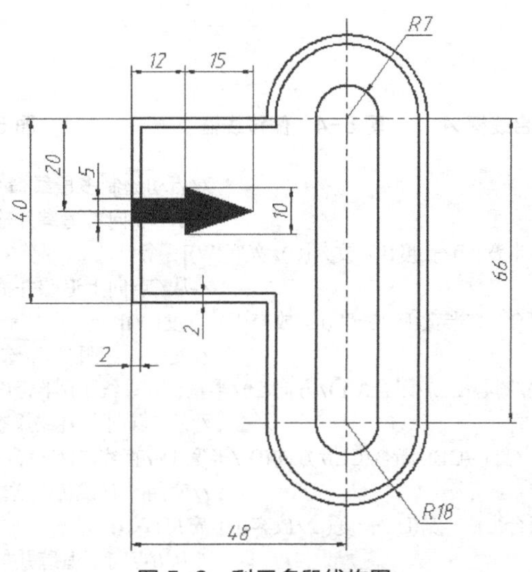

图 5-2 利用多段线构图

1. 创建两个图层。

名称	颜色	线型	线宽
轮廓线层	白色	Continuous	0.5
中心线层	红色	Center	默认

2. 设定线型全局比例因子为“0.2”，设定绘图区域大小为 100 × 100，并使该区域充满整个图形窗口。

3. 打开极轴追踪、对象捕捉及自动追踪功能。设置极轴追踪角度增量为“90”，设置对象捕捉方式为“端点”“交点”。

4. 用 LINE、CIRCLE、TRIM 等命令绘制定位中心线及闭合线框 *A*，如图 5-3 所示。

5. 用 PEDIT 命令将线框 *A* 编辑成一条多段线。

```
命令：pedit                                           //启动编辑多段线命令
选择多段线或 [多条(M)]:                                //选择线框A中的一条线段
是否将其转换为多段线? <Y>                              //按Enter键
输入选项 [闭合(C)/合并(J)/宽度(W)/编辑顶点(E)/拟合(F)/样条曲线(S)/非曲线化(D)/线型生成(L)/放弃(U)]: j
                                                      //使用“合并(J)”选项
选择对象:总计 11 个                                    //选择线框A中的其余线条
选择对象:                                              //按Enter键
输入选项 [打开(O)/合并(J)/宽度(W)/编辑顶点(E)/拟合(F)/样条曲线(S)/非曲线化(D)/线型生成(L)/放弃(U)]:
                                                      //按Enter键结束
```

6. 用 OFFSET 命令向内偏移线框 *A*，偏移距离为 2，结果如图 5-4 所示。

7. 用 PLINE 命令绘制长槽及箭头，如图 5-5 所示。

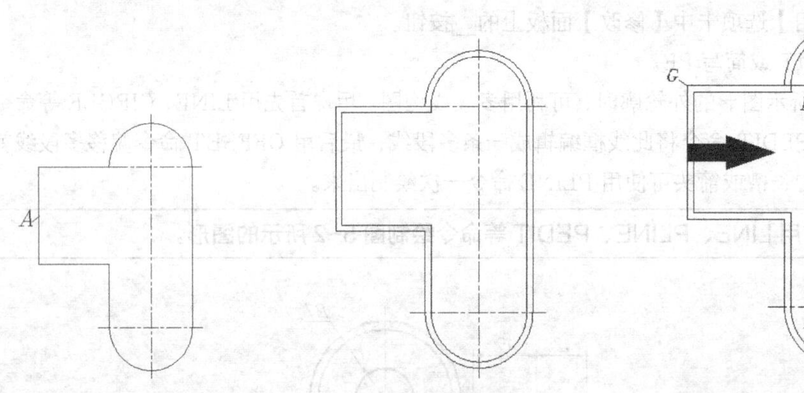

图 5-3　绘制定位中心线及闭合线框 *A*　　图 5-4　偏移线框　　图 5-5　绘制长槽及箭头

```
命令：_pline                                           //启动绘制多段线命令
指定起点：7                                            //从B点向右追踪并输入追踪距离
指定下一个点或 [圆弧(A)/半宽(H)/长度(L)/放弃(U)/宽度(W)]:
                                                      //从C点向上追踪并捕捉交点D
指定下一点或 [圆弧(A)/闭合(C)/半宽(H)/长度(L)/放弃(U)/宽度(W)]: a
                                                      //使用“圆弧(A)”选项
指定圆弧的端点或[角度(A)/圆心(CE)/闭合(CL)/方向(D)/半宽(H)/直线(L)/半径(R)/第二个点(S)/放弃(U)/
宽度(W)]: 14                                          //从D点向左追踪并输入追踪距离
指定圆弧的端点或[角度(A)/圆心(CE)/闭合(CL)/方向(D)/半宽(H)/直线(L)/半径(R)/第二个点(S)/放弃(U)/
宽度(W)]: l                                           //使用“直线(L)”选项
指定下一点或 [圆弧(A)/闭合(C)/半宽(H)/长度(L)/放弃(U)/宽度(W)]:
                                                      //从E点向下追踪并捕捉交点F
指定下一点或 [圆弧(A)/闭合(C)/半宽(H)/长度(L)/放弃(U)/宽度(W)]: a
```

```
                                                    //使用"圆弧(A)"选项
指定圆弧的端点或[角度(A)/圆心(CE)/闭合(CL)/方向(D)/半宽(H)/直线(L)/半径(R)/第二个点(S)/放弃(U)/
宽度(W)]:                                           //从F点向右追踪并捕捉端点C
指定圆弧的端点或[角度(A)/圆心(CE)/闭合(CL)/方向(D)/半宽(H)/直线(L)/半径(R)/第二个点(S)/放弃(U)/
宽度(W)]:                                           //按Enter键结束
命令:PLINE                                          //重复命令
指定起点: 20                                        //从G点向下追踪并输入追踪距离
指定下一个点或 [圆弧(A)/半宽(H)/长度(L)/放弃(U)/宽度(W)]: w
                                                    //使用"宽度(W)"选项
指定起点宽度 <0.0000>: 5                            //输入多段线起点宽度值
指定端点宽度 <5.0000>:                              //按Enter键
指定下一个点或 [圆弧(A)/半宽(H)/长度(L)/放弃(U)/宽度(W)]: 12
                                                    //向右追踪并输入追踪距离
指定下一点或 [圆弧(A)/闭合(C)/半宽(H)/长度(L)/放弃(U)/宽度(W)]: w
                                                    //使用"宽度(W)"选项
指定起点宽度 <5.0000>: 10                           //输入多段线起点宽度值
指定端点宽度 <10.0000>: 0                           //输入多段线终点宽度值
指定下一点或 [圆弧(A)/闭合(C)/半宽(H)/长度(L)/放弃(U)/宽度(W)]: 15
                                                    //向右追踪并输入追踪距离
指定下一点或 [圆弧(A)/闭合(C)/半宽(H)/长度(L)/放弃(U)/宽度(W)]:
                                                    //按Enter键结束
```

结果如图 5-5 所示。

二、命令选项

- 闭合(C):使用该选项使多段线闭合。若被编辑的多段线是闭合状态,则此选项变为"打开(O)",其功能与"闭合(C)"恰好相反。
- 合并(J):将直线、圆弧或多段线与所编辑的多段线连接以形成一条新的多段线。
- 宽度(W):修改整条多段线的宽度。
- 编辑顶点(E):增加、移动或删除多段线的顶点。
- 拟合(F):采用双圆弧曲线拟合图 5-6 上图多段线,结果如图 5-6 中图所示。
- 样条曲线(S):用样条曲线拟合图 5-6 上图多段线,结果如图 5-6 下图所示。

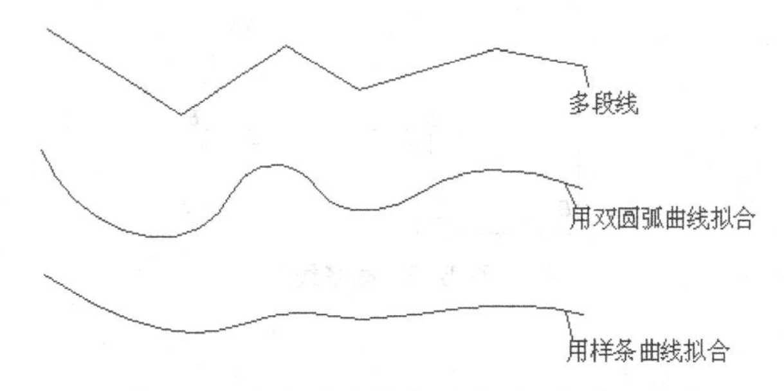

图 5-6 用光滑曲线拟合多段线

- 非曲线化(D):取消"拟合(F)"或"样条曲线(S)"的拟合效果。
- 线型生成(L):该选项对非连续线型起作用。当选项处于打开状态时,AutoCAD 将多段线作为整体应用线型。否则,对多段线的每一段分别应用线型。
- 反转(R):反转多段线顶点的顺序。使用此选项可反转使用包含文字线型的对象的方向。例如,根据多段线的创建方向,线型中的文字可能会倒置显示。

- 放弃（U）：取消上一次的编辑操作，可连续使用该选项。

使用 PEDIT 命令时，若选取的对象不是多段线，则 AutoCAD 提示如下。

```
选定的对象不是多段线是否将其转换为多段线? <Y>
```

选取“Y”选项，AutoCAD 将图形对象转化为多段线。

5.3 多线

在 AutoCAD 中用户可以创建多线，如图 5-7 所示。多线是由多条平行直线组成的对象，其最多可包含 16 条平行线，线间的距离、线的数量、线条颜色及线型等都可以调整，该对象常用于绘制墙体、公路或管道等。

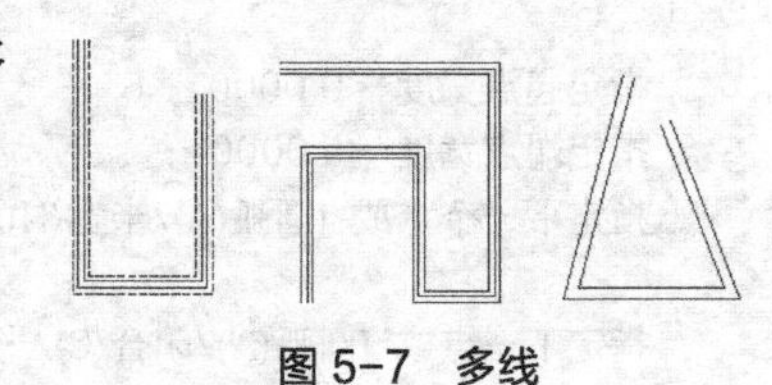

图 5-7 多线

5.3.1 创建多线

MLINE 命令用于创建多线，绘制时，用户可通过选择多线样式来控制其外观。

一、命令启动方法

- 菜单命令：【绘图】/【多线】。
- 命令：MLINE 或简写 ML。

【练习 5-3】 练习使用 MLINE 命令。

```
命令: _mline
指定起点或 [对正(J)/比例(S)/样式(ST)]:          //拾取A点，如图5-8所示
指定下一点:                                      //拾取B点
指定下一点或 [放弃(U)]:                          //拾取C点
指定下一点或 [闭合(C)/放弃(U)]:                  //拾取D点
指定下一点或 [闭合(C)/放弃(U)]:                  //拾取E点
指定下一点或 [闭合(C)/放弃(U)]:                  //拾取F点
指定下一点或 [闭合(C)/放弃(U)]:                  //按Enter键结束
```

结果如图 5-8 所示。

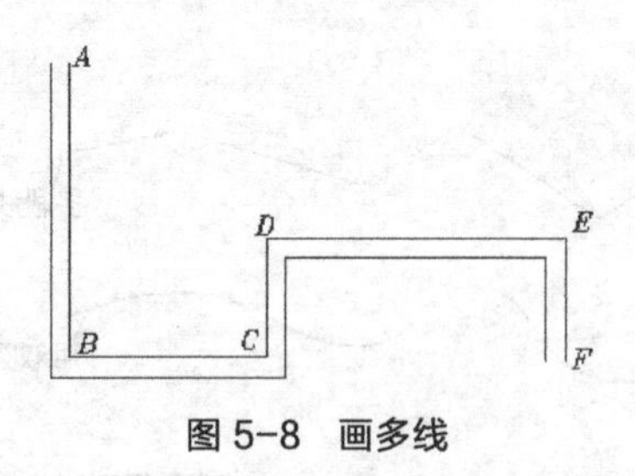

图 5-8 画多线

二、命令选项

- 对正（J）：设定多线的对正方式，即多线中哪条线段的端点与鼠标光标重合并随之移动，该选项有以下 3 个子选项。

上（T）：若从左往右绘制多线，则对正点将在最顶端线段的端点处。

无（Z）：对正点位于多线中偏移量为 0 的位置处。多线中线条的偏移量可在多线样式中设定。

下（B）：若从左往右绘制多线，则对正点将在最底端线段的端点处。

- 比例（S）：指定多线宽度相对于定义宽度（在多线样式中定义）的比例因子，该比例不影响线型比例。

- 样式（ST）：该选项使用户可以选择多线样式，默认样式是“STANDARD”。

5.3.2 创建多线样式

多线的外观由多线样式决定。在多线样式中，用户可以设定多线中线条的数量、每条线的颜色、线型和线间的距离，还能指定多线两个端头的形式，如弧形端头、平直端头等。

命令启动方法

- 菜单命令：【格式】/【多线样式】。
- 命令：MLSTYLE。

【练习 5-4】 创建多线样式及多线。

1. 打开素材文件“dwg\第 5 章\5-4.dwg”。
2. 启动 MLSTYLE 命令，弹出【多线样式】对话框，如图 5-9 所示。
3. 单击 新建(N)... 按钮，弹出【创建新的多线样式】对话框，如图 5-10 所示。在【新样式名】文本框中输入新样式的名称“样式-240”，在【基础样式】下拉列表中选择样板样式，默认的样板样式是“STANDARD”。

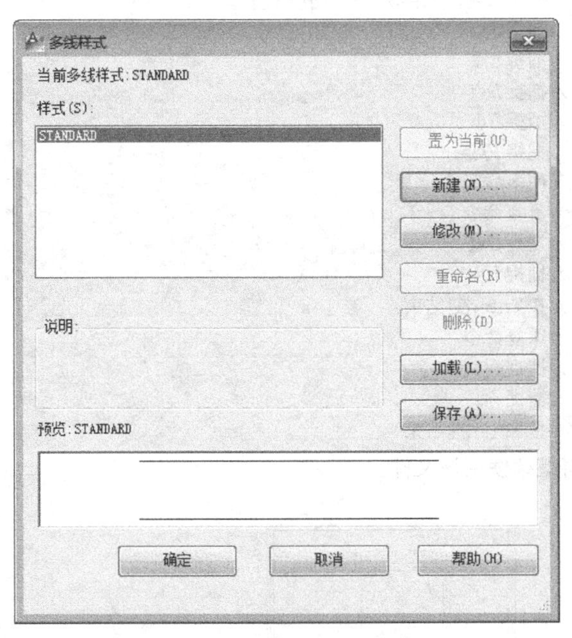

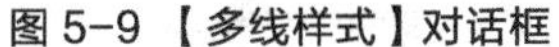
图 5-9 【多线样式】对话框

图 5-10 【创建新的多线样式】对话框

4. 单击 继续 按钮，弹出【新建多线样式】对话框，如图 5-11 所示。在该对话框中完成以下设置。

- 在【说明】文本框中输入关于多线样式的说明文字。
- 在【图元】列表框中选中“0.5”，然后在【偏移】文本框中输入数值“120”。
- 在【图元】列表框中选中“-0.5”，然后在【偏移】文本框中输入数值“-120”。

5. 单击 确定 按钮，返回【多线样式】对话框，然后单击 置为当前(U) 按钮，使新样式成为当前样式。
6. 前面创建了多线样式，下面用 MLINE 命令绘制多线。

```
命令：_mline
指定起点或 [对正(J)/比例(S)/样式(ST)]： s          //选用“比例(S)”选项
输入多线比例 <20.00>： 1                        //输入缩放比例值
```

图 5-11 【新建多线样式】对话框

```
指定起点或 [对正(J)/比例(S)/样式(ST)]:  j            //选用“对正(J)”选项
输入对正类型 [上(T)/无(Z)/下(B)] <无>:  z          //设定对正方式为“无”
指定起点或 [对正(J)/比例(S)/样式(ST)]:               //捕捉A点，如图5-12右图所示
指定下一点:                                          //捕捉B点
指定下一点或 [放弃(U)]:                              //捕捉C点
指定下一点或 [闭合(C)/放弃(U)]:                      //捕捉D点
指定下一点或 [闭合(C)/放弃(U)]:                      //捕捉E点
指定下一点或 [闭合(C)/放弃(U)]:                      //捕捉F点
指定下一点或 [闭合(C)/放弃(U)]:  c                   //使多线闭合
命令:MLINE                                           //重复命令
指定起点或 [对正(J)/比例(S)/样式(ST)]:               //捕捉G点
指定下一点:                                          //捕捉H点
指定下一点或 [放弃(U)]:                              //按Enter键结束
命令:MLINE                                           //重复命令
指定起点或 [对正(J)/比例(S)/样式(ST)]:               //捕捉I点
指定下一点:                                          //捕捉J点
指定下一点或 [放弃(U)]:                              //按Enter键结束
```

结果如图 5-12 右图所示。保存文件，在后面将继续使用该文件。

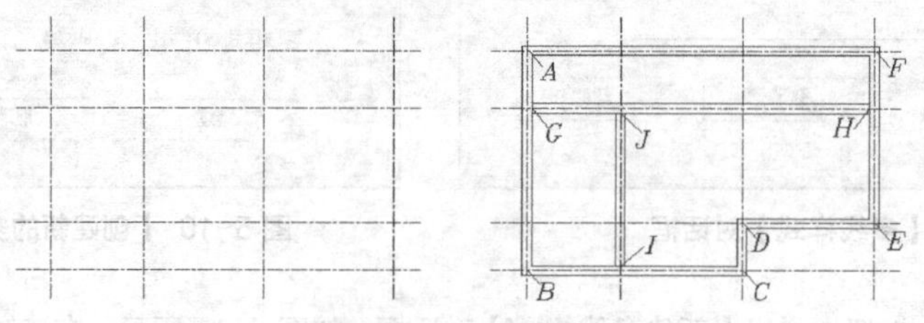

图 5-12 绘制多线

【新建多线样式】对话框中的各选项功能如下。

- 添加(A) 按钮：单击此按钮，系统在多线中添加一条新线，该线的偏移量可在【偏移】文本框中输入。
- 删除(D) 按钮：删除【图元】列表框中选定的线元素。
- 【颜色】下拉列表：通过此下拉列表可修改【图元】列表框中选定线元素的颜色。
- 线型(Y)... 按钮：指定【图元】列表框中选定线元素的线型。
- 显示连接：选中该复选项，则系统在多线拐角处显示连接线，如图 5-13 左图所示。

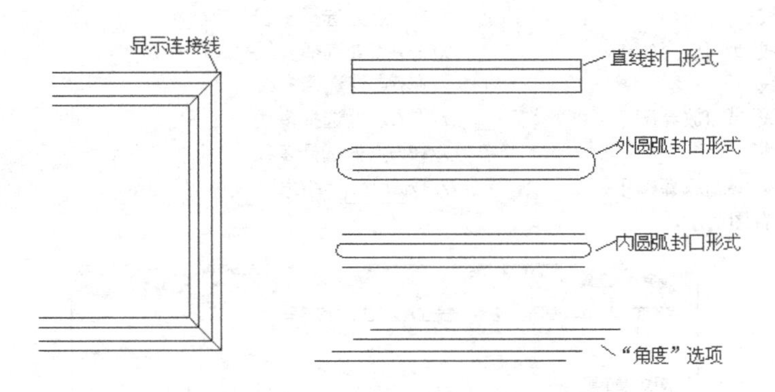

图 5-13　多线的各种特性

- 直线：在多线的两端产生直线封口形式，如图 5-13 右图所示。
- 外弧：在多线的两端产生外圆弧封口形式，如图 5-13 右图所示。
- 内弧：在多线的两端产生内圆弧封口形式，如图 5-13 右图所示。
- 角度：该角度是指多线某一端的端口连线与多线的夹角，如图 5-13 右图所示。
- 【填充颜色】下拉列表：通过此下拉列表可设置多线的填充色。

5.3.3　编辑多线

MLEDIT 命令用于编辑多线，其主要功能如下。

（1）改变两条多线的相交形式，如使它们相交成“十”字形或“T”字形。

（2）在多线中加入控制顶点或删除顶点。

（3）将多线中的线条切断或接合。

命令启动方法

- 菜单命令：【修改】/【对象】/【多线】。
- 命令：MLEDIT。

【练习 5-5】 练习使用 MLEDIT 命令。

1. 打开素材文件“dwg\第 5 章\5-5.dwg”，如图 5-14 左图所示。

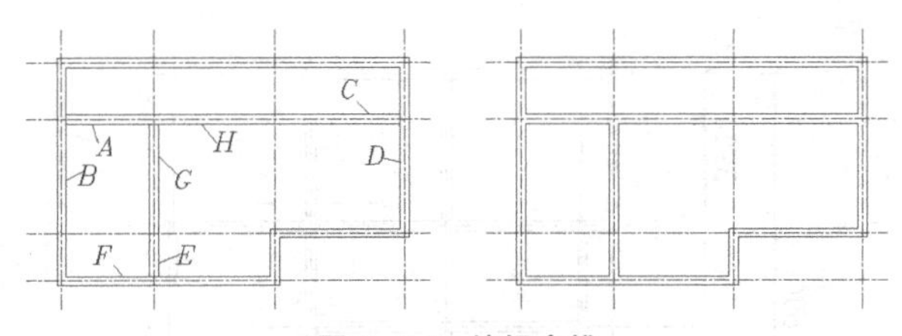

图 5-14　编辑多线

2. 启动 MLEDIT 命令，打开【多线编辑工具】对话框，如图 5-15 所示。该对话框中的小型图片形象地说明了各项编辑功能。

3. 选择【T 形合并】选项，AutoCAD 提示如下。

```
命令: _mledit
选择第一条多线:                    //在A点处选择多线，如图5-14左图所示
选择第二条多线:                    //在B点处选择多线
选择第一条多线 或 [放弃(U)]:       //在C点处选择多线
```

```
选择第二条多线:                          //在D点处选择多线
选择第一条多线 或 [放弃(U)]:             //在E点处选择多线
选择第二条多线:                          //在F点处选择多线
选择第一条多线 或 [放弃(U)]:             //在G点处选择多线
选择第二条多线:                          //在H点处选择多线
选择第一条多线 或 [放弃(U)]:             //按Enter键结束
结果如图5-14右图所示。
```

图 5-15 【多线编辑工具】对话框

5.3.4 上机练习——用 MLINE 命令画墙体图

使用 MLINE 命令可以很方便地绘制出墙体线。绘制前，先根据墙体的厚度建立相应的多线样式，这样，每当创建不同厚度的墙体时，只需使对应的多线样式成为当前样式即可。

【练习 5-6】 用 LINE、OFFSET、MLINE 等命令绘制图 5-16 所示的建筑平面图。

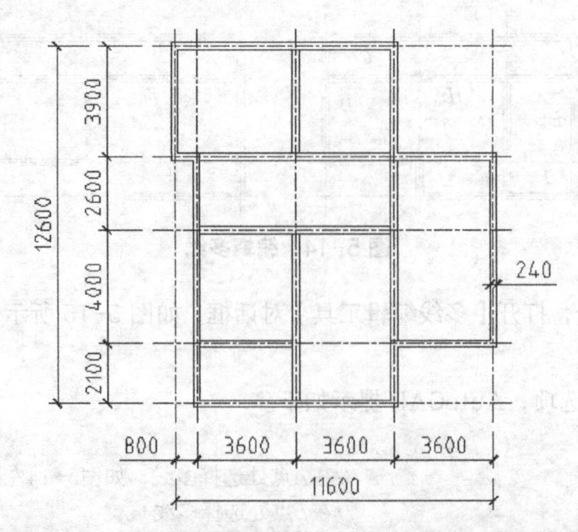

图 5-16 用 LINE、OFFSET、MLINE 等命令画图

1. 创建以下图层。

名称	颜色	线型	线宽
建筑-轴线	红色	Center	默认
建筑-墙线	白色	Continuous	0.7

2. 设定绘图区域的大小为 20000×20000，设置全局线型比例因子为 20。

3. 打开极轴追踪、对象捕捉及自动追踪功能。设置极轴追踪角度增量为 90°，设定对象捕捉方式为“端点”“交点”，设置仅沿正交方向自动追踪。

4. 切换到“建筑-轴线”层。使用 LINE 命令绘制出水平及竖直的作图基准线 *A*、*B*，其长度约为 15000，如图 5-17 左图所示。用 OFFSET 命令偏移线段 *A*、*B*，以形成其他轴线，结果如图 5-17 右图所示。

5. 创建一个多线样式，样式名为“墙体 24”。该多线包含两条线段，偏移量分别为“120”“-120”。

6. 切换到“建筑-墙线”层，用 MLINE 命令绘制墙体，结果如图 5-18 所示。

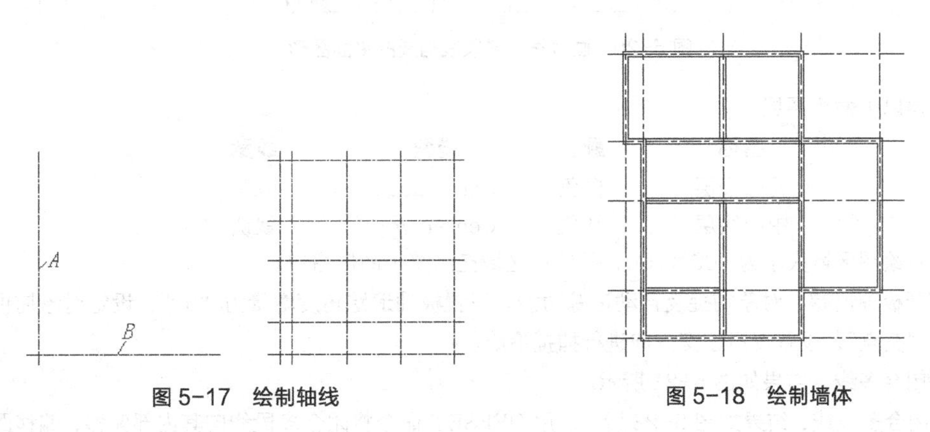

图 5-17　绘制轴线　　图 5-18　绘制墙体

7. 关闭“建筑-轴线”层，利用 MLEDIT 命令的【T 形合并】选项编辑多线交点 *C*、*D*、*E*、*F*、*G*、*H*、*I* 和 *J*，如图 5-19 左图所示。用 EXPLODE 命令分解所有多线，然后用 TRIM 命令修剪交点 *K*、*L*、*M* 处的多余线条，结果如图 5-19 右图所示。

8. 打开“建筑-轴线”层，结果如图 5-16 所示。

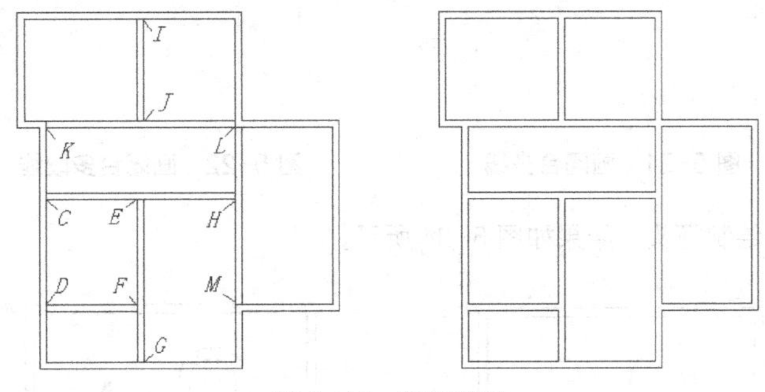

图 5-19　编辑多线

5.4　用多段线及多线命令绘图的实例

【练习 5-7】 利用 MLINE、PLINE 等命令绘制平面图形，如图 5-20 所示。

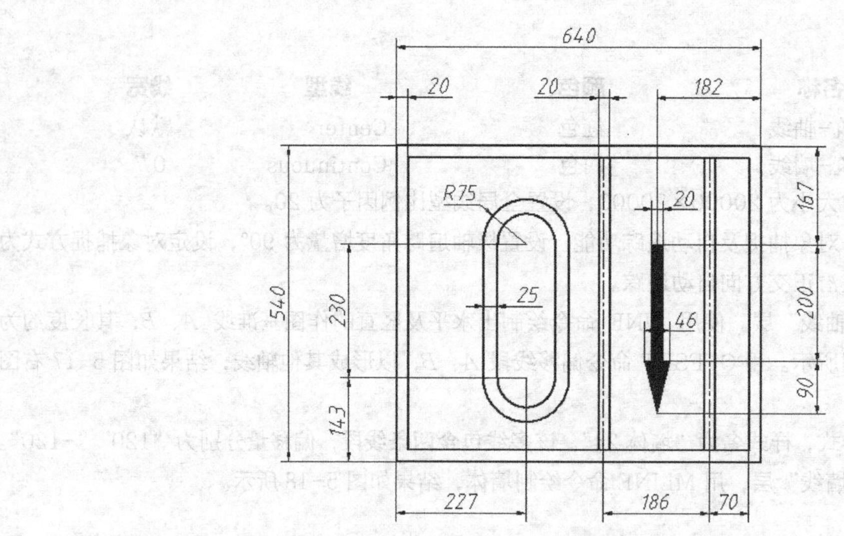

图 5-20　画多线、多段线构成的平面图形

1. 创建以下两个图层。

名称	颜色	线型	线宽
轮廓线层	白色	Continuous	0.5
中心线层	红色	Center	默认

2. 设定绘图区域大小为 700×700，并使该区域充满整个图形窗口。

3. 打开极轴追踪、对象捕捉及自动追踪功能。设置极轴追踪角度增量为“90”，设定对象捕捉方式为“端点”“交点”，设置仅沿正交方向进行捕捉追踪。

4. 画闭合多线，结果如图 5-21 所示。

5. 画闭合多段线，结果如图 5-22 所示。用 OFFSET 命令将闭合多段线向其内部偏移，偏移距离为 25，结果如图 5-23 所示。

图 5-21　画闭合多线

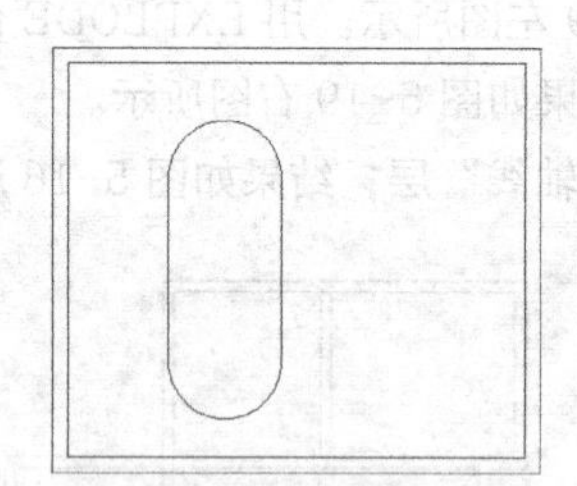

图 5-22　画闭合多段线

6. 用 PLINE 命令绘制箭头，结果如图 5-24 所示。

图 5-23　偏移闭合多段线

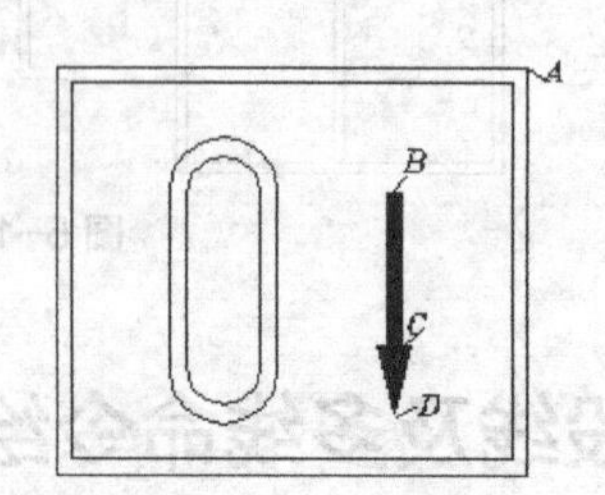

图 5-24　绘制箭头

7. 设置多线样式。选取菜单命令【格式】/【多线样式】，打开【多线样式】对话框，单击 新建(N)... 按钮，打开【创建新的多线样式】对话框，在【新样式名】文本框中输入新的多线样式名称“新多线样式”，如图 5-25 所示。

图 5-25 【创建新的多线样式】对话框

8. 单击 继续 按钮，打开【新建多线样式】对话框，如图 5-26 所示。在该对话框中完成以下任务。

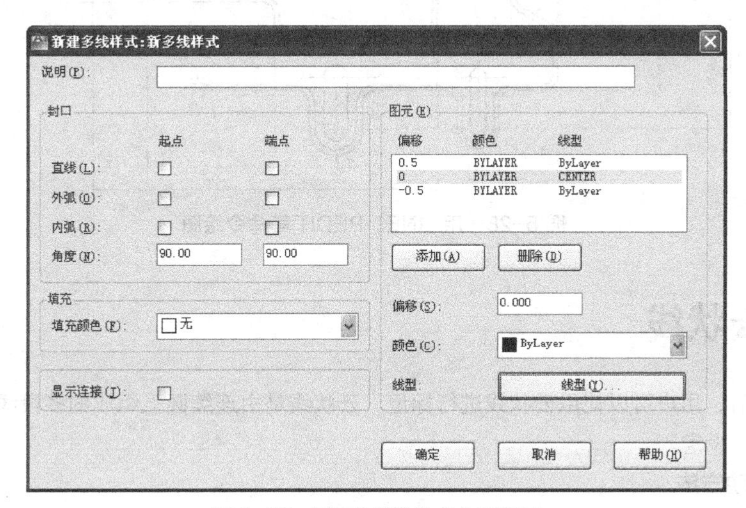

图 5-26 【新建多线样式】对话框

（1）单击 添加(A) 按钮给多线中添加一条直线，该直线位于原有两条直线的中间，即偏移量为“0.000”。

（2）改变新加入直线的线型。单击 线型(Y)... 按钮，打开【选择线型】对话框，利用该对话框设定新元素的线型为“CENTER”。

9. 返回 AutoCAD 绘图窗口，绘制多线，结果如图 5-27 所示。

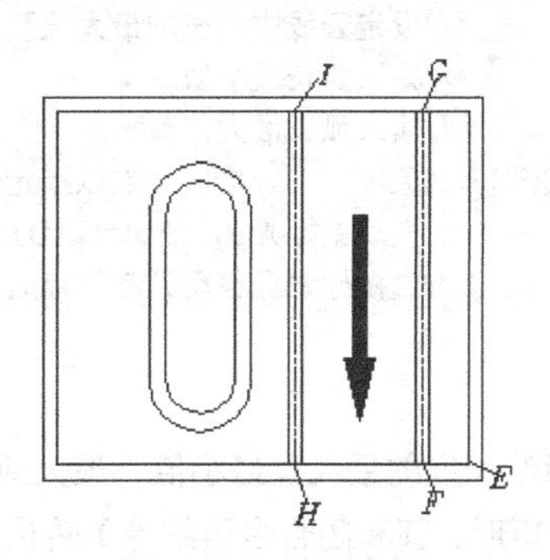

图 5-27 绘制多线

【练习 5-8】 利用 LINE、CIRCLE、PEDIT 等命令绘制平面图形，如图 5-28 所示。绘制图形外轮廓后，将其编辑成多段线，然后偏移它。

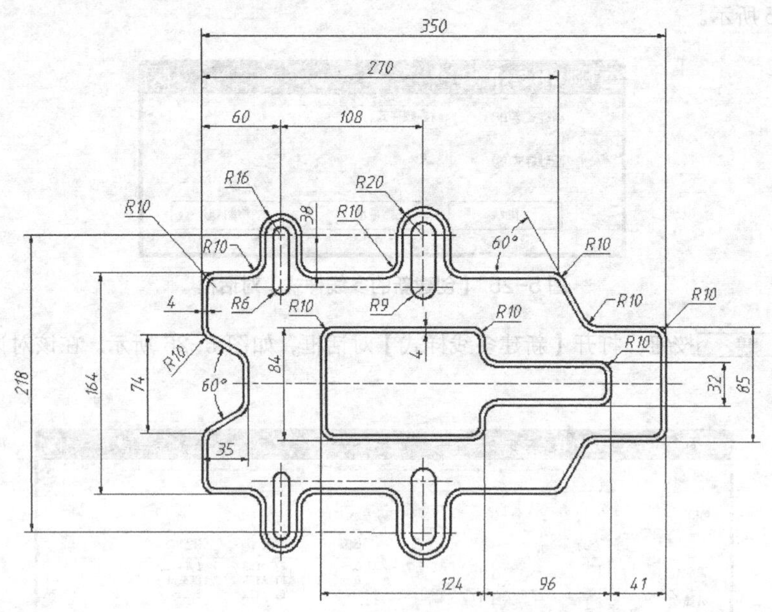

图 5-28　用 LINE、PEDIT 等命令绘图

5.5　画云状线

在圈阅图形时，用户可以使用云状线进行标记。云状线是由连续圆弧组成的多段线，线中弧长的最大值及最小值可以设定。

一、命令启动方法

- 菜单命令：【绘图】/【修订云线】。
- 面板：【常用】选项卡中【绘图】面板上的按钮。
- 命令：REVCLOUD。

【练习 5-9】 练习使用 REVCLOUD 命令。

```
命令: _revcloud
指定起点或 [弧长(A)/对象(O)/ 样式(S)] <对象>: a
                                        //设定云线中弧长的最大值及最小值
指定最小弧长 <35>: 40                   //输入弧长最小值
指定最大弧长 <40>: 60                   //输入弧长最大值
指定起点或 [弧长(A)/对象(O)/样式(S)] <对象>:        //拾取一点以指定云线的起始点
沿云线路径引导十字光标...               //拖动鼠标光标，AutoCAD画出云状线
修订云线完成。                          //当鼠标光标移动到起始点时，AutoCAD自动形成闭合云线
```

结果如图 5-29 所示。

二、命令选项

- 弧长（A）：设定云状线中弧线长度的最大及最小值，最大弧长不能大于最小弧长的 3 倍。
- 对象（O）：将闭合对象（如矩形、圆和闭合多段线等）转化为云状线，还能调整云状线中弧线的方向。

- 样式（S）：利用该选项可以指定云状线样式为“普通”或“手绘”。

图 5-29　画云状线

5.6　徒手画线

SKETCH 命令可以作为徒手绘图的工具，绘制效果如图 5-30 所示。发出此命令后，通过移动鼠标光标就能绘制出曲线（徒手画线），鼠标光标移动到哪里，线条就画到哪里。使用这个命令时，可以设定所绘制的线条是多段线、样条曲线或是由一系列直线构成的连续线。

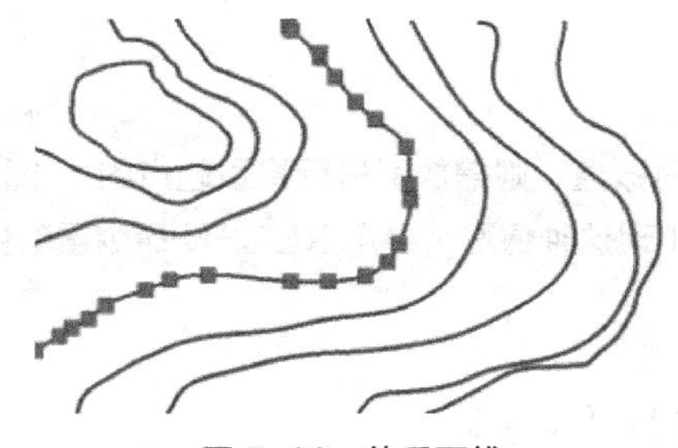

图 5-30　徒手画线

【练习 5-10】 练习使用 SKETCH 命令。

键入 SKETCH 命令，AutoCAD 提示如下。

```
命令: sketch
指定草图或 [类型(T)/增量(I)/公差(L)]: i          //使用“增量”选项
指定草图增量 <1.0000>: 1.5                       //设定线段的最小长度
指定草图或 [类型(T)/增量(I)/公差(L)]:  //单击鼠标左键，移动鼠标光标画曲线A
指定草图:          //单击鼠标左键，完成画线。再单击鼠标左键移动鼠标光标画曲线B，继续
                   //单击鼠标左键，完成画线。按Enter键结束
```

结果如图 5-31 所示。

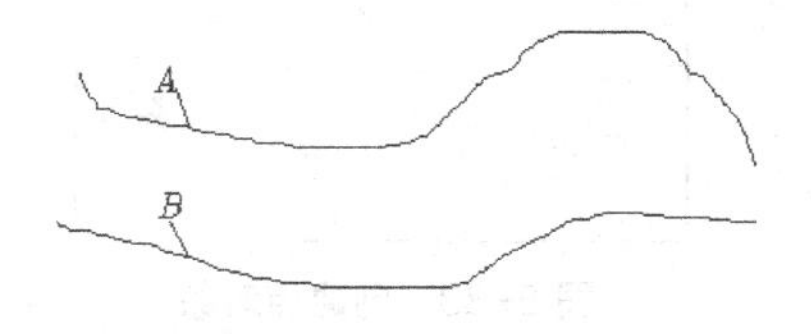

图 5-31　徒手画线

命令选项

- 类型（T）：指定徒手画线的对象类型（直线、多段线或样条曲线）。

- 增量（I）：定义每条徒手画线的长度。定点设备所移动的距离必须大于增量值，才能生成一条直线。
- 公差（L）：对于样条曲线，该选项用于指定样条曲线的曲线布满徒手画线草图的紧密程度。

5.7 点对象

在 AutoCAD 中可创建单独的点对象，如对象上的等分点、指定距离的测量点等，下面介绍点对象创建方法。

5.7.1 设置点样式及创建点对象

可用 POINT 命令创建单独的点对象，这些点可用“NOD”进行捕捉。点的外观由点样式控制，一般在创建点之前要先设置点的样式，但也可先绘制点，再设置点样式。

单击【常用】选项卡中【实用工具】面板上的点样式按钮或选取菜单命令【格式】/【点样式】，AutoCAD 打开【点样式】对话框，如图 5-32 所示。该对话框提供了多种样式的点，用户可根据需要进行选择。此外，还能通过【点大小】文本框指定点的大小。点的大小既可相对于屏幕大小来设置，也可直接输入点的绝对尺寸。

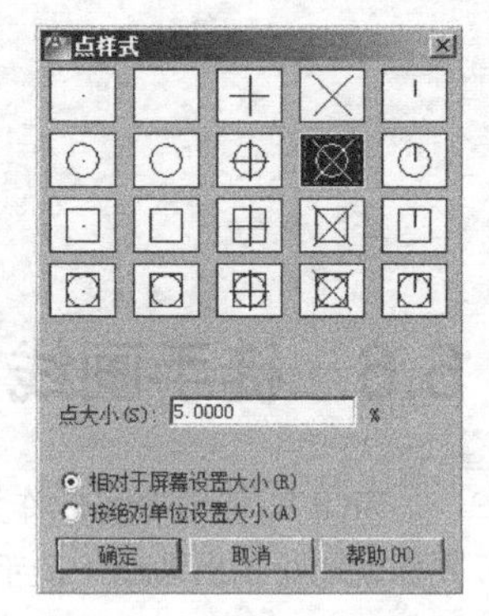

图 5-32 【点样式】对话框

要点提示 若将点的尺寸设置成绝对数值，则缩放图形后将引起点的大小发生变化。而相对于屏幕大小设置点尺寸时，则不会出现这种情况（要用 REGEN 命令重新生成图形）。

命令启动方法

- 菜单命令：【绘图】/【点】/【多点】。
- 面板：【常用】选项卡中【绘图】面板上的按钮。
- 命令：POINT 或简写 PO。

【练习 5-11】 练习使用 POINT 命令。

```
命令：_point
指定点：
    //输入点的坐标或在屏幕上拾取点，AutoCAD在指定位置创建点对象，如图5-33所示
*取消*                                        //按Esc键结束
```

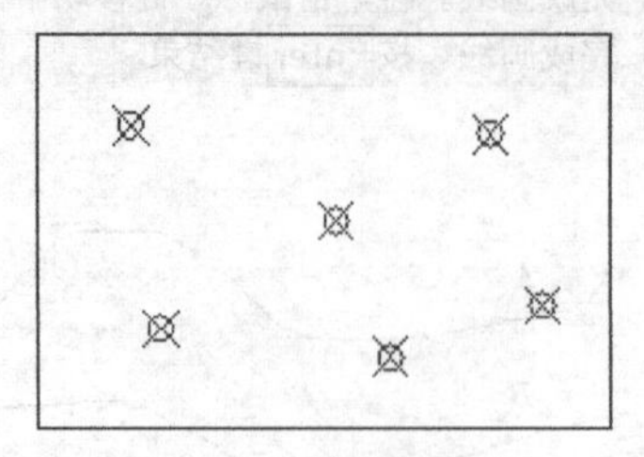
图 5-33 创建点对象

5.7.2 画测量点

MEASURE 命令用于在图形对象上按指定的距离放置点对象（POINT 对象），这些点可用“NOD”

进行捕捉。对于不同类型的图形元素，测量距离的起始点是不同的。若是线段或非闭合的多段线，则起点是离选择点最近的端点。若是闭合多段线，则起点是多段线的起点。如果是圆，则一般从 0°角开始进行测量。

该命令有一个选项“块（B）”，功能是将图块按指定的测量长度放置在对象上。图块是多个对象组成的整体，是一个单独的对象。

命令启动方法

- 菜单命令：【绘图】/【点】/【定距等分】。
- 面板：【常用】选项卡中【绘图】面板上的按钮。
- 命令：MEASURE 或简写 ME。

【练习 5-12】 练习使用 MEASURE 命令。

打开素材文件“dwg\第 5 章\5-12.dwg”，如图 5-34 所示，用 MEASURE 命令创建两个测量点 *C*、*D*。

```
命令: _measure
选择要定距等分的对象:                    //在A端附近选择对象，如图5-34所示
指定线段长度或 [块(B)]: 160              //输入测量长度
命令:
MEASURE                                  //重复命令
选择要定距等分的对象:                    //在B端处选择对象
指定线段长度或 [块(B)]: 160              //输入测量长度
```

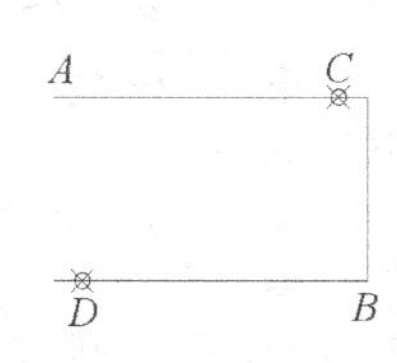

图 5-34 测量对象

结果如图 5-34 所示。

5.7.3 画等分点

DIVIDE 命令用于根据等分数目在图形对象上放置等分点，这些点并不分割对象，只是标明等分的位置。AutoCAD 中可等分的图形元素包括线段、圆、圆弧、样条线和多段线等。对于圆，等分的起始点位于 0°度线与圆的交点处。

该命令有一个选项“块（B）”，功能是将图块放置在对象的等分点处。图块是多个对象组成的整体，是一个单独对象。

命令启动方法

- 菜单命令：【绘图】/【点】/【定数等分】。
- 面板：【常用】选项卡中【绘图】面板上的按钮。
- 命令：DIVIDE 或简写 DIV。

【练习 5-13】 练习使用 DIVIDE 命令。

打开素材文件“dwg\第 5 章\5-13.dwg”，如图 5-35 所示，用 DIVIDE 命令创建等分点。

```
命令: DIVIDE
选择要定数等分的对象:                //选择线段，如图5-35所示
输入线段数目或 [块(B)]: 4            //输入等分的数目
命令:
 DIVIDE                              //重复命令
选择要定数等分的对象:                //选择圆弧
输入线段数目或 [块(B)]: 5            //输入等分数目
```

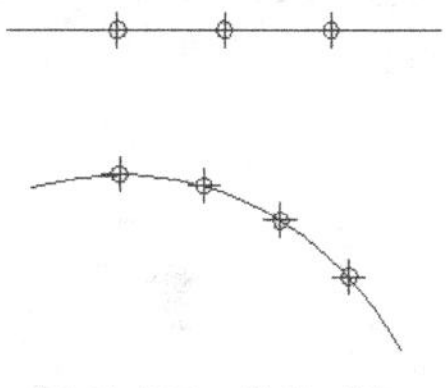
图 5-35 等分对象

结果如图 5-35 所示。

5.7.4 上机练习——等分多段线及沿曲线均布对象

【练习 5-14】打开素材文件"dwg\第 5 章 5-14.dwg"，如图 5-36 左图所示。用 PLINE、SPLINE 及 BHATCH 等命令将左图修改为右图。

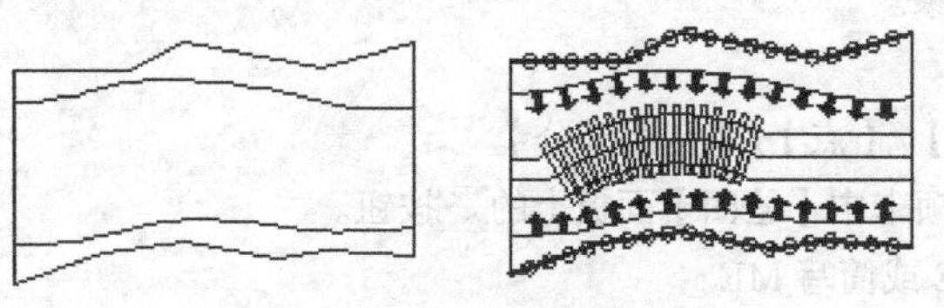

图 5-36 沿曲线均布对象

1. 打开极轴追踪、对象捕捉及自动追踪功能。指定极轴追踪角度增量为 90°；设定对象捕捉方式为"端点""中点"及"交点"；设置仅沿正交方向自动追踪。

2. 用 LINE、ARC 和 OFFSET 命令绘制图形 *A*，如图 5-37 所示。使用 ARC 命令绘制圆弧的操作过程如下。

```
命令: _arc 指定圆弧的起点或 [圆心(C)]:
                    //选取菜单命令【绘图】/【圆弧】/【起点、端点、半径】
指定圆弧的第二个点或 [圆心(C)/端点(E)]: _e       //捕捉端点C
指定圆弧的端点:                                  //捕捉端点B
指定圆弧的圆心或 [角度(A)/方向(D)/半径(R)]: _r 指定圆弧的半径: 300
                                                 //输入圆弧半径值
```

3. 用 PEDIT 命令将线条 *D*、*E* 编辑为一条多段线，并将多段线的宽度修改为 5。指定点样式为圆，再设定其绝对大小为 20。用 DIVIDE 命令等分线条 *D*、*E*，等分数目为 20，结果如图 5-38 所示。

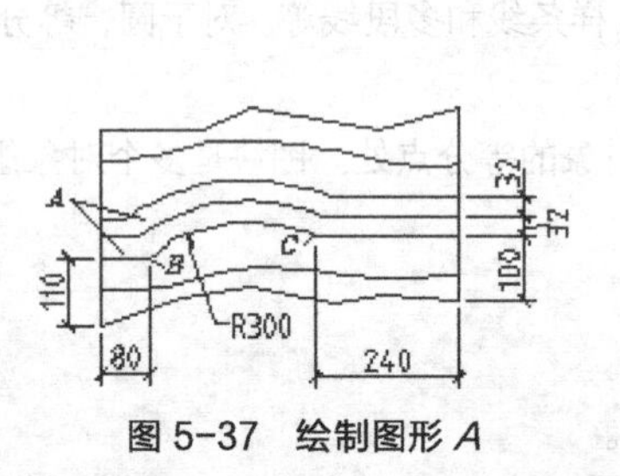

图 5-37 绘制图形 *A*

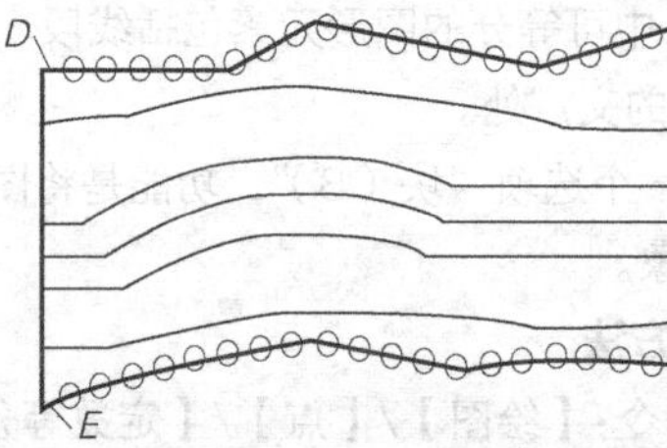

图 5-38 等分线条 *D*、*E*

4. 用 PLINE 命令绘制箭头，用 RECTANG 命令画矩形，然后将它们创建成图块"上箭头""下箭头"和"矩形"，插入点定义在 *F*、*G* 和 *H* 点处，如图 5-39 所示。（如何创建图块，详见第 11 章。）

5. 用 DIVIDE 命令沿曲线均布图块"上箭头""下箭头"和"矩形"，上箭头、下箭头和矩形的数量分别为 14、14 和 17，如图 5-40 所示。也可以利用沿路径阵列命令使得矩形或箭头沿曲线均布。

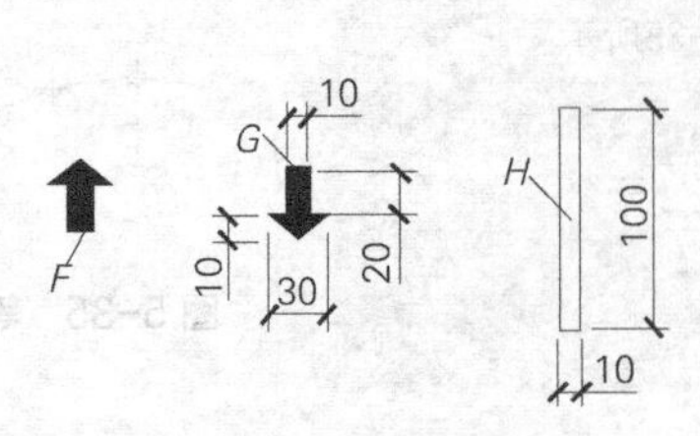

图 5-39 创建图块

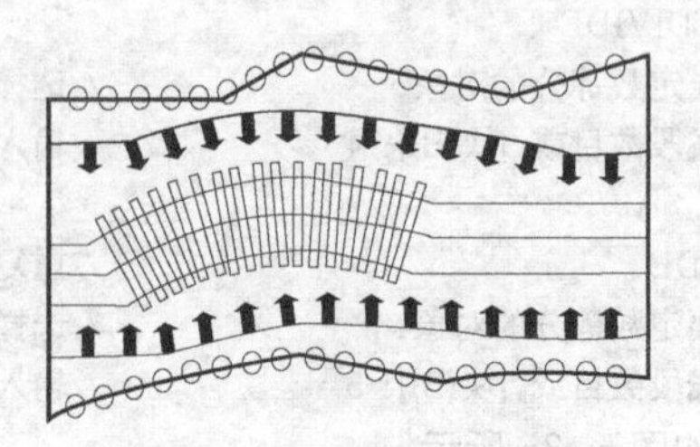

图 5-40 沿曲线均布图块

5.8 绘制圆环及圆点

DONUT 命令用于创建填充圆环或实心填充圆。启动该命令后，用户依次输入圆环内径、外径及圆心，AutoCAD 就生成圆环。若要画实心圆，则指定内径为“0”即可。

命令启动方法

- 菜单命令：【绘图】/【圆环】。
- 面板：【常用】选项卡中【绘图】面板上的◎按钮。
- 命令：DONUT 或简写 DO。

【练习 5-15】 练习 DONUT 命令的使用。

```
命令：_donut                                  //启动创建圆环命令
指定圆环的内径 <2.0000>: 3                     //输入圆环内径
指定圆环的外径 <5.0000>: 6                     //输入圆环外径
指定圆环的中心点或<退出>:                       //指定圆心
指定圆环的中心点或<退出>:                       //按Enter键结束
```

结果如图 5-41 所示。

使用 DONUT 命令绘制的圆环实际上是具有宽度的多段线，用户可用 PEDIT 命令编辑该对象。此外，还可以设定是否对圆环进行填充。当把变量 FILLMODE 设置为“1”时，系统将填充圆环；否则，不填充。

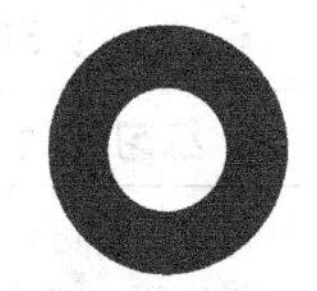

图 5-41 绘制圆环

5.9 绘制射线

RAY 命令用于创建无限延伸的单向射线。操作时，用户只需指定射线的起点及另一通过点，该命令可一次创建多条射线。

命令启动方法

- 菜单命令：【绘图】/【射线】。
- 面板：【常用】选项卡中【绘图】面板上的按钮。
- 命令：RAY。

【练习 5-16】 绘制两个圆，然后用 RAY 命令绘制射线，如图 5-42 所示。

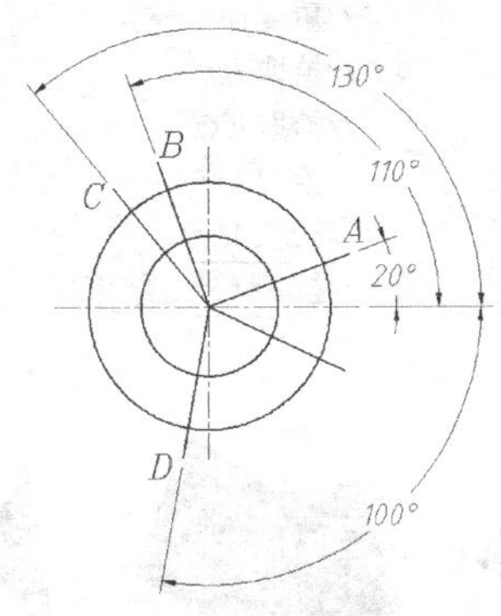

图 5-42 绘制射线

```
命令：_ray 指定起点：cen于                    //捕捉圆心
```

```
指定通过点：<20                     //设定画线角度
指定通过点：                        //单击A点
指定通过点：<110                    //设定画线角度
指定通过点：                        //单击B点
指定通过点：<130                    //设定画线角度
指定通过点：                        //单击C点
指定通过点：<-100                   //设定画线角度
指定通过点：                        //单击D点
指定通过点：                        //按Enter键结束
```

结果如图 5-42 所示。

5.10 画实心多边形

SOLID 命令用于生成填充多边形，如图 5-43 所示。发出命令后，AutoCAD 提示用户指定多边形的顶点（3 个点或 4 个点），命令结束后，系统自动填充多边形。指定多边形顶点时，顶点的选取顺序很重要，如果顺序出现错误，将使多边形成打结状。

命令启动方法

- 命令：SOLID 或简写 SO。

【练习 5-17】 练习使用 SOLID 命令。

```
命令：solid
指定第一点：                        //拾取A点，如图5-43所示
指定第二点：                        //拾取B点
指定第三点：                        //拾取C点
指定第四点或 <退出>：               //按Enter键
指定第三点：                        //按Enter键结束
命令：                              //重复命令
SOLID 指定第一点：                  //拾取D点
指定第二点：                        //拾取E点
指定第三点：                        //拾取F点
指定第四点或 <退出>：               //拾取G点
指定第三点：                        //拾取H点
指定第四点或 <退出>：               //拾取I点
指定第三点：                        //按Enter键结束
命令：                              //重复命令
SOLID 指定第一点：                  //拾取J点
指定第二点：                        //拾取K点
指定第三点：                        //拾取L点
指定第四点或 <退出>：               //拾取M点
指定第三点：                        //按Enter键结束
```

结果如图 5-43 所示。

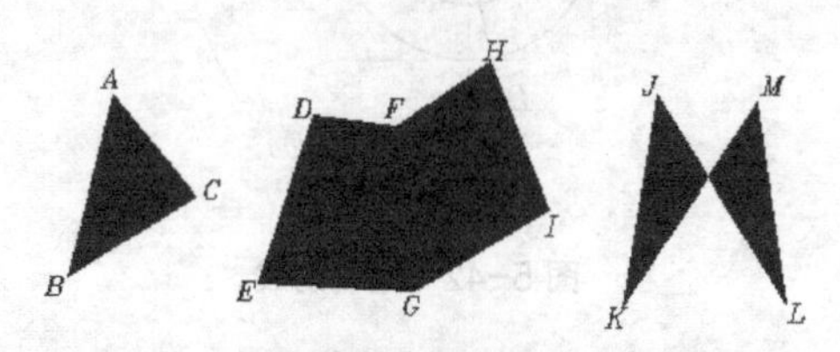

图 5-43 区域填充

5.11 分解、合并及清理对象

下面介绍分解、清理及合并对象的方法。

5.11.1 分解多线及多段线

EXPLODE 命令可用于将多线、多段线、块、标注及面域等复杂对象分解成 AutoCAD 基本图形对象。例如，连续的多段线是一个单独对象，用 EXPLODE 命令“炸开”后，多段线的每一段都是独立对象。

命令启动方法

- 菜单命令：【修改】/【分解】。
- 面板：【修改】面板上的按钮。
- 命令：EXPLODE 或简写 X。

启动该命令，系统提示“选择对象”，选择图形对象后，AutoCAD 就对其进行分解。

5.11.2 合并对象

JOIN 命令具有以下功能。

（1）把相连的直线及圆弧等对象合并为一条多段线，

（2）将共线的、断开的线段连接为一条线段。

（3）把重叠的直线或圆弧合并为单一对象。

命令启动方法

- 菜单命令：【修改】/【合并】。
- 面板：【修改】面板上的按钮。
- 命令：JOIN。

启动该命令，选择首尾相连的直线及曲线对象，或者是断开的共线对象，AutoCAD 就分别将其创建成多段线及直线，如图 5-44 所示。

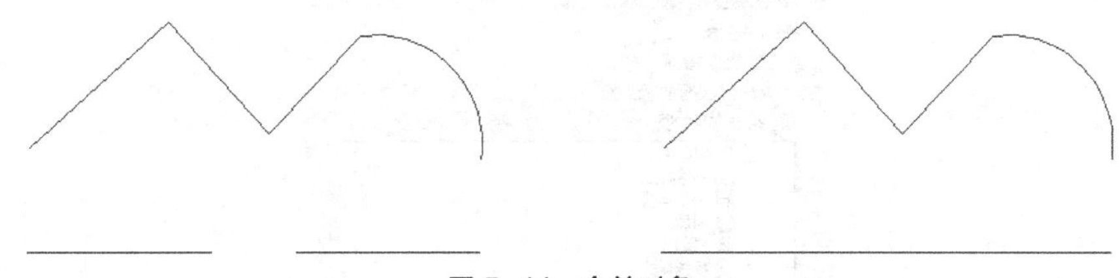

图 5-44 合并对象

5.11.3 清理重复对象

OVERKILL 命令用于删除重叠的线段、圆弧和多段线等对象。此外，也可对局部重叠或共线的连续对象进行合并。

命令启动方法

- 菜单命令：【修改】/【删除重复对象】。
- 面板：【修改】面板上的按钮。
- 命令：OVERKILL。

启动该命令，弹出【删除重复对象】对话框，如图 5-45 所示。通过此对话框可控制 OVERKILL 处理重复对象的方式。

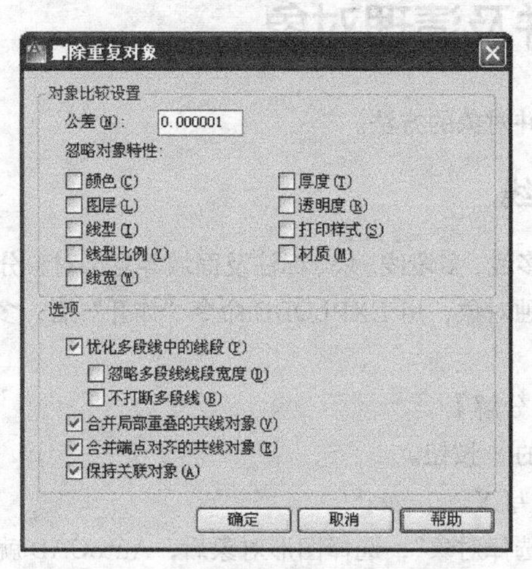

图 5-45 【删除重复对象】对话框

5.11.4 清理对象

PURGE 命令用于清理图形中没有被使用的命名对象。

命令启动方法

- 菜单命令：【文件】（或菜单浏览器）/【图形实用程序】/【清理】。
- 命令：PURGE。

启动 PURGE 命令，AutoCAD 打开【清理】对话框，如图 5-46 所示。选中【查看能清理的项目】选项，则【图形中未使用的项目】列表框中显示当前图中所有未被使用的命名项目。

单击项目前的加号以展开它，选择未被使用的命名对象，单击 清理(P) 按钮进行清除。若单击 全部清理(A) 按钮，则图形中所有未被使用的命名对象全部被清除。

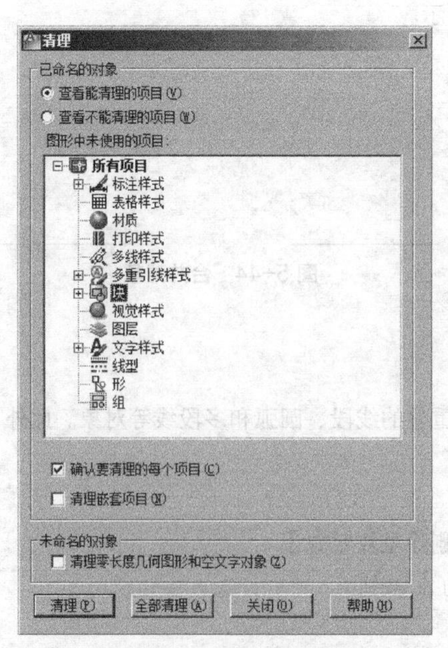

图 5-46 【清理】对话框

5.12 面域造型

域（REGION）是指二维的封闭图形，它可由直线、多段线、圆、圆弧及样条曲线等对象围成，但应保证相邻对象间共享连接的端点，否则将不能创建域。域是一个单独的实体，具有面积、周长、形心等几何特征，使用它作图与用传统的作图方法截然不同，此时可采用“并”“交”“差”等布尔运算来构造不同形状的图形。图 5-47 所示为 3 种布尔运算的结果。

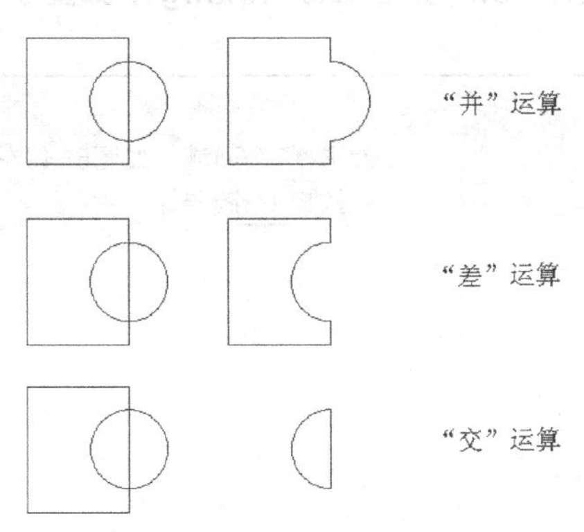

图 5-47 布尔运算

5.12.1 创建面域

REGION 命令用于生成面域。启动该命令后，用户选择一个或多个封闭图形，就能创建出面域。

命令启动方法

- 菜单命令：【绘图】/【面域】。
- 面板：【常用】选项卡中【绘图】面板上的按钮。
- 命令：REGION 或简写 REG。

【练习 5-18】 打开素材文件“dwg\第 5 章\5-18.dwg”，如图 5-48 所示，用 REGION 命令将该图创建成面域。

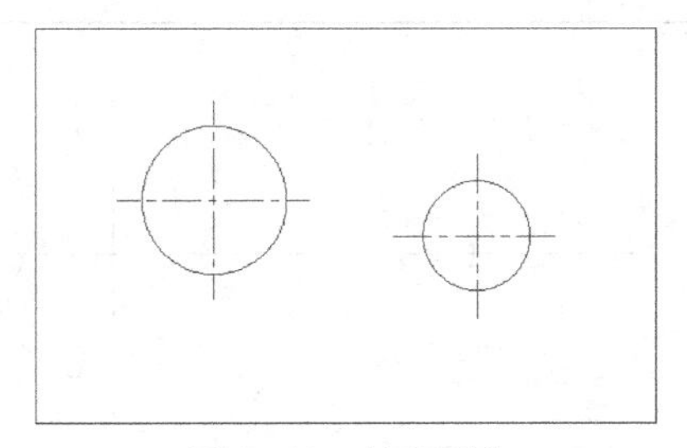

图 5-48 创建面域

```
命令：_region
选择对象：找到 7 个                    //选择矩形及两个圆，如图5-48所示
选择对象：                             //按Enter键结束
```

图 5-48 中包含了 3 个闭合区域，因而 AutoCAD 创建了 3 个面域。

面域以线框的形式显示出来，用户可以对面域进行移动、复制等操作，还可用 EXPLODE 命令分解面域，使其还原为原始图形对象。

5.12.2 “并”运算

“并”运算用于将所有参与运算的面域合并为一个新面域。

命令启动方法

- 菜单命令：【修改】/【实体编辑】/【并集】。
- 命令：UNION 或简写 UNI。

【练习 5-19】 打开素材文件“dwg\第 5 章\5-19.dwg”，如图 5-49 左图所示，用 UNION 命令将左图修改为右图。

```
命令：union
选择对象：找到 7 个                    //选择5个面域，如图5-49左图所示
选择对象：                             //按Enter键结束
```

结果如图 5-49 右图所示。

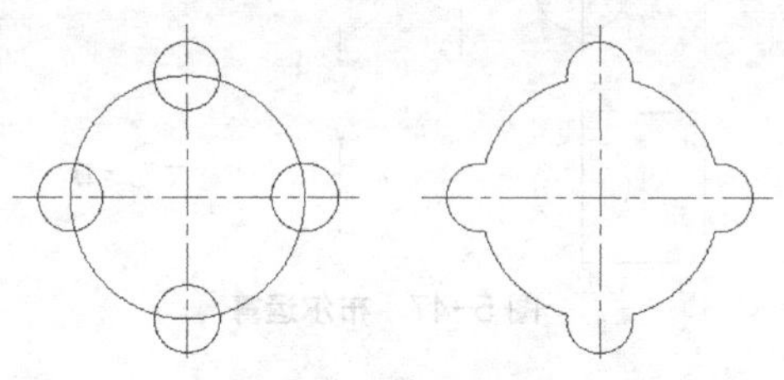

图 5-49 执行“并”运算

5.12.3 “差”运算

用户可利用“差”运算从一个面域中去掉一个或多个面域，从而形成一个新面域。

命令启动方法

- 菜单命令：【修改】/【实体编辑】/【差集】。
- 命令：SUBTRACT 或简写 SU。

【练习 5-20】 打开素材文件“dwg\第 5 章\5-20.dwg”，如图 5-50 左图所示，用 SUBTRACT 命令将左图修改为右图。

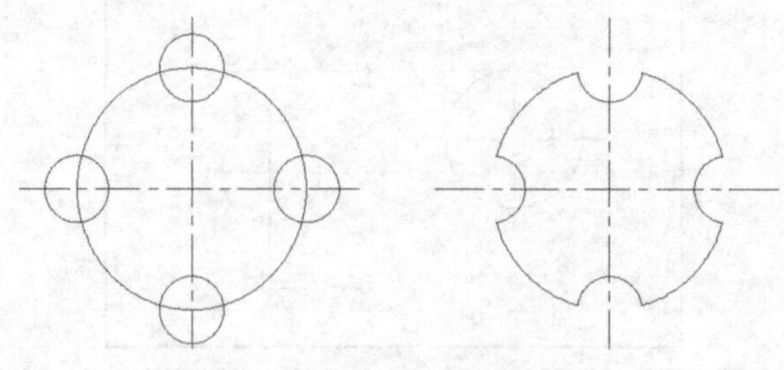

图 5-50 执行“差”运算

```
命令：subtract
选择对象：找到 1 个                    //选择大圆面域，如图5-50左图所示
选择对象：                             //按Enter键
选择对象：总计 4 个                    //选择4个小圆面域
选择对象：                             //按Enter键结束
```

结果如图 5-50 右图所示。

5.12.4 “交”运算

运用“交”运算可以求出各个相交面域的公共部分。

命令启动方法

- 菜单命令：【修改】/【实体编辑】/【交集】。
- 命令：INTERSECT 或简写 IN。

【练习 5-21】 打开素材文件“dwg\第 5 章\5-21.dwg”，如图 5-51 左图所示，用 INTERSECT 命令将左图修改为右图。

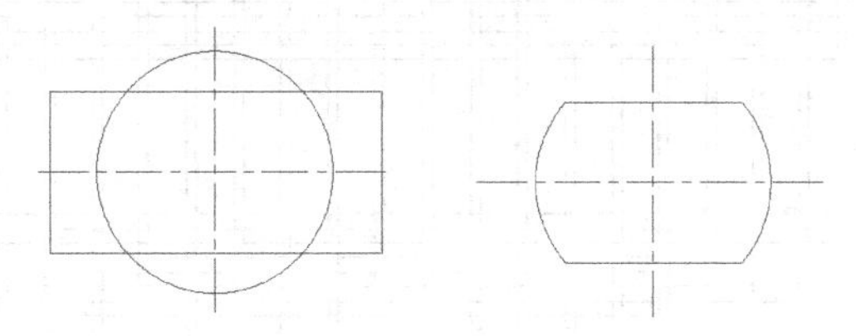

图 5-51 执行“交”运算

```
命令: intersect
选择对象: 找到 2 个                    //选择圆面域及矩形面域，如图5-51左图所示
选择对象:                              //按Enter键结束
```

结果如图 5-51 右图所示。

5.12.5 面域造型应用实例

面域造型的特点是通过面域对象的“并”“交”或“差”运算来创建图形，当图形边界比较复杂时，这种作图法的效率是很高的。要采用这种方法作图，首先必须对图形进行分析，以确定应生成哪些面域对象，然后考虑如何进行布尔运算形成最终的图形。例如，图 5-52 所示的图形可以看成是由一系列矩形面域组成的，对这些面域进行“并”运算就形成了所需的图形。

【练习 5-22】 利用面域造型法绘制图 5-52 所示的图形。

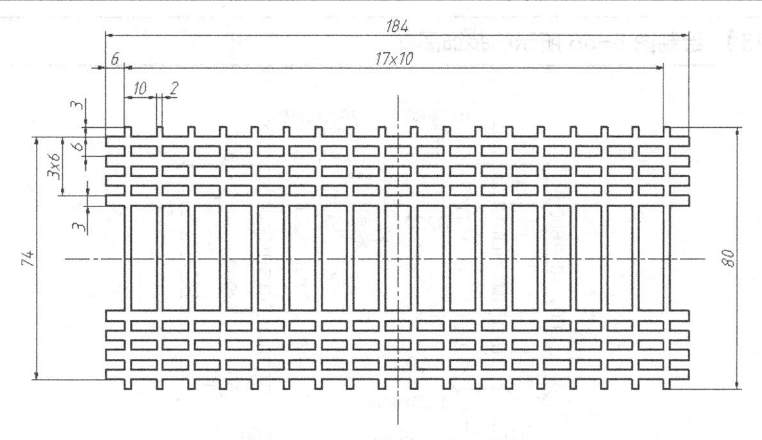

图 5-52 面域及布尔运算

1. 绘制两个矩形并将它们创建成面域，结果如图 5-53 所示。
2. 阵列矩形，再进行镜像操作，结果如图 5-54 所示。

图 5-53　创建面域

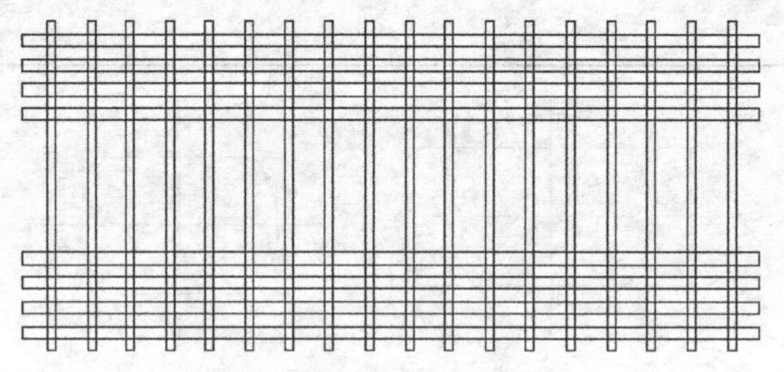

图 5-54　阵列面域

3. 对所有矩形面域执行“并”运算，结果如图 5-55 所示。

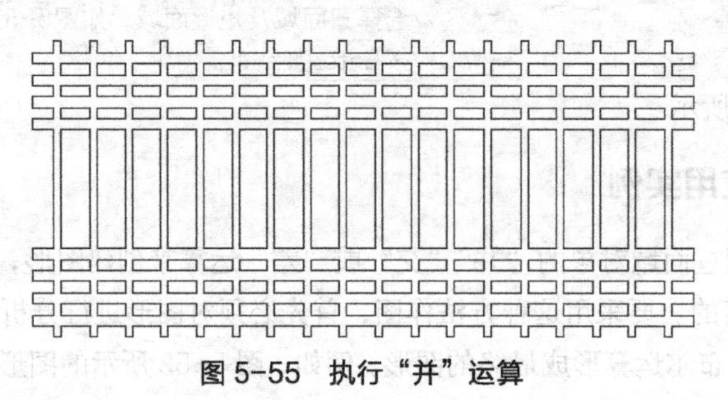

图 5-55　执行“并”运算

5.12.6　上机练习——用面域造型法绘制装饰图案

【练习 5-23】 绘制图 5-56 所示的装饰图案。

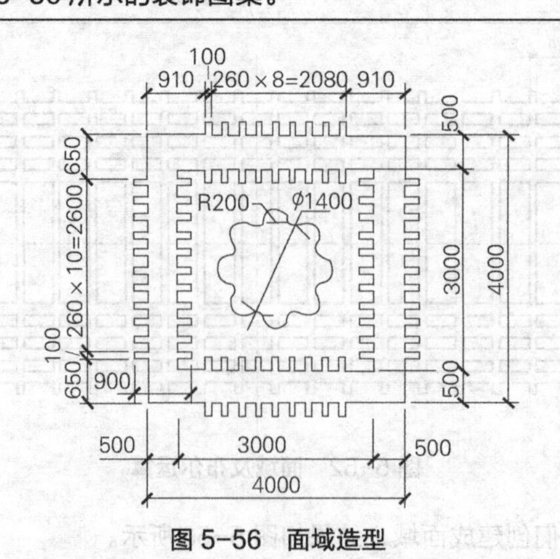

图 5-56　面域造型

1. 设定绘图区域大小为 10000×10000。

2. 打开极轴追踪、对象捕捉及自动追踪功能。指定极轴追踪角度增量为 90°；设定对象捕捉方式为“端点”“交点”；设置仅沿正交方向自动追踪。

3. 绘制两条作图辅助线 *A*、*B*，用 OFFSET、TRIM 及 CIRCLE 命令绘制两个正方形、一个矩形和两个圆，再用 REGION 命令将它们创建成面域，如图 5-57 所示。

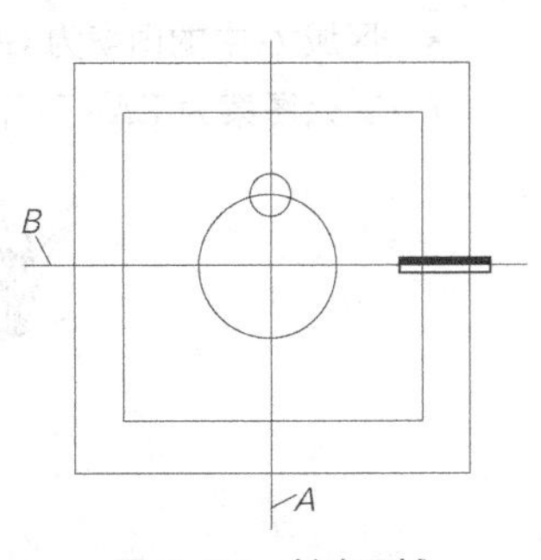

图 5-57 创建面域

4. 用大正方形面域“减去”小正方形面域，形成一个方框面域。

5. 用 ARRAY、MIRROR 及 ROTATE 等命令绘制图形 *C*、*D* 及 *E* 等，如图 5-58 所示。

6. 将所有的圆面域合并在一起，再将方框面域与所有矩形面域合并在一起，然后删除辅助线，结果如图 5-59 所示。

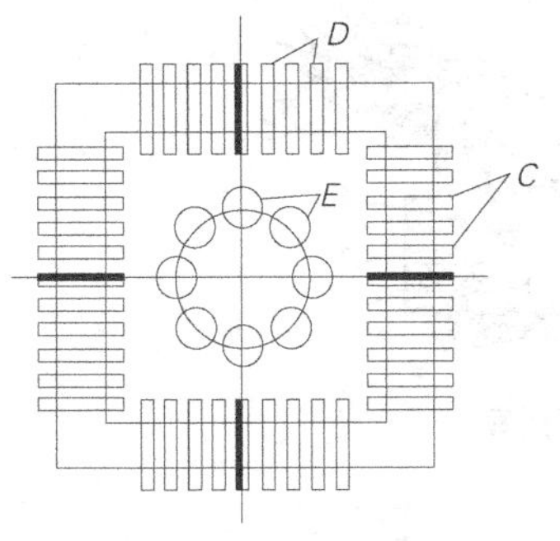

图 5-58 绘制图形 *C*、*D* 等

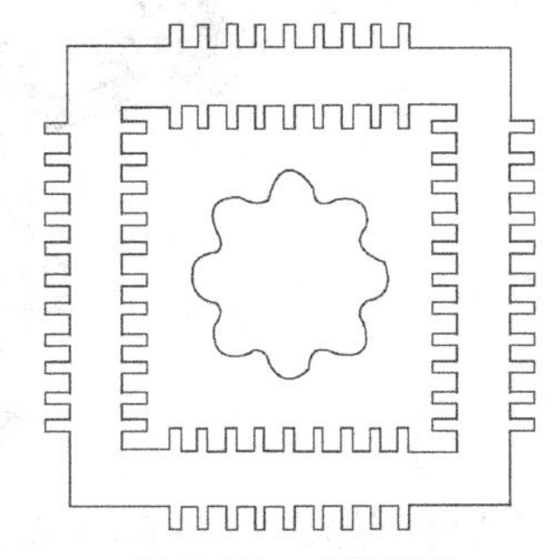
图 5-59 合并面域

5.13 综合练习——绘制植物及填充图案

【练习 5-24】打开素材文件“dwg\第 5 章 5-24.dwg”，如图 5-60 左图所示。用 PLINE、SPLINE 及 HATCH 等命令将左图修改为右图。

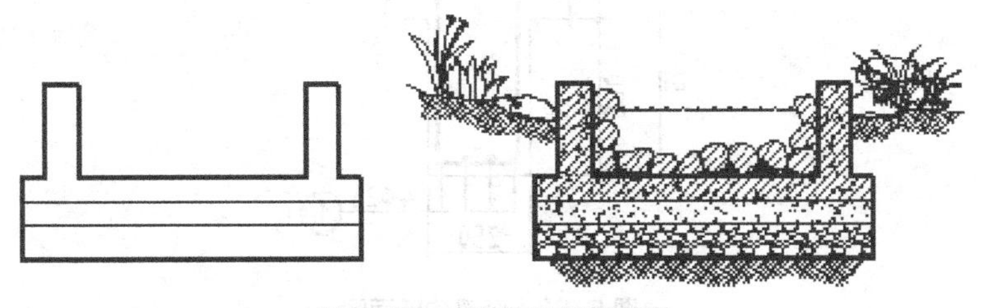
图 5-60 画植物及填充图案

1. 用 PLINE、SPLINE 及 SKETCH 命令绘制植物及石块，再用 REVCLOUD 命令画云状线，云状线的弧长为 100，该线代表水平面，如图 5-61 所示。

2. 用 PLINE 命令绘制辅助线 *A*、*B*、*C*，然后填充剖面图案，如图 5-62 所示。

- 石块的剖面图案为 ANSI33，角度为 0°，填充比例 16。
- 区域 *D* 中的图案为 AR-SAND，角度为 0°，填充比例 0.5。
- 区域 *E* 中有两种图案，分别为 ANSI31 和 AR-CONC，角度都为 0°，填充比例 16 和 1。
- 区域 *F* 中的图案为 AR-CONC，角度为 0°，填充比例 1。

- 区域 G 中的图案为 GRAVEL，角度为 0°，填充比例 8。
- 其余图案为 EARTH，角度为 45°，填充比例 12。

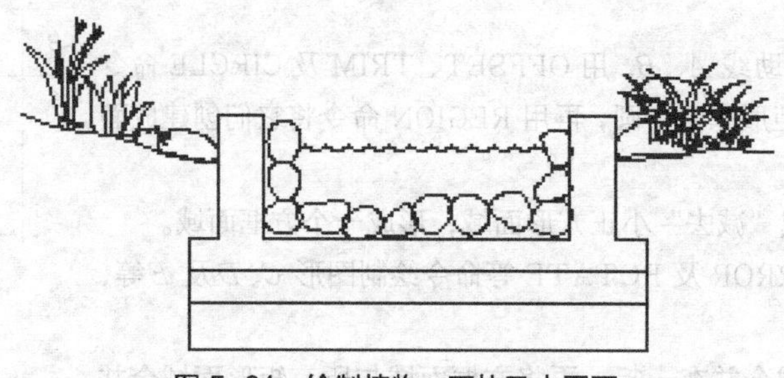

图 5-61　绘制植物、石块及水平面

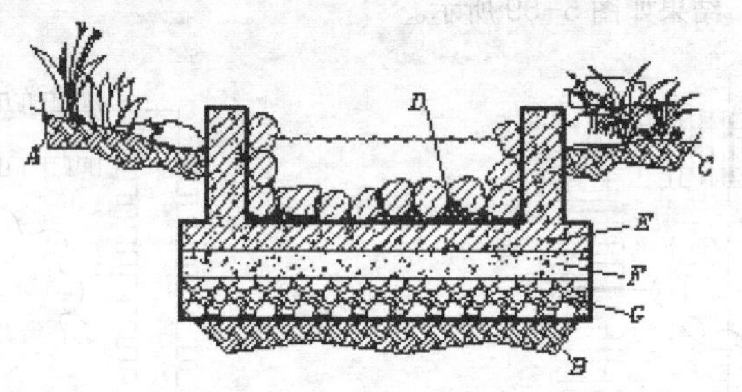

图 5-62　填充剖面图案

3. 删除辅助线，结果如图 5-60 右图所示。

5.14　综合练习二——绘制钢筋混凝土梁的断面图

【练习 5-25】 绘制图 5-63 所示的钢筋混凝土梁的断面图。混凝土保护层的厚度为 25。

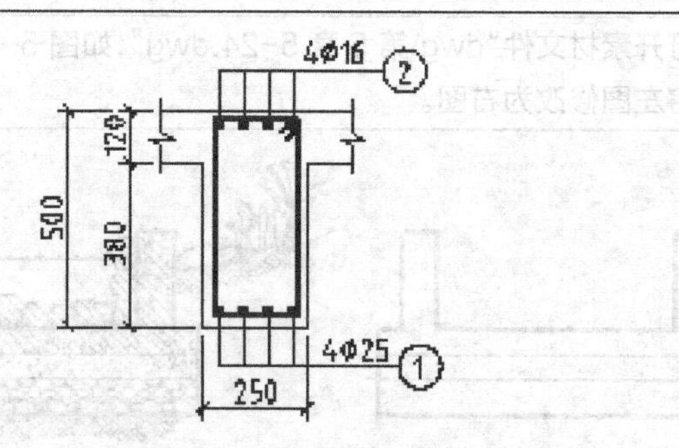

图 5-63　画梁的断面图

1. 创建以下图层。

名称	颜色	线型	线宽
结构-轮廓	白色	Continuous	默认
结构-钢筋	白色	Continuous	0.7

2. 设定绘图区域大小为 1000×1000。

3. 打开极轴追踪、对象捕捉及自动追踪功能。指定极轴追踪角度增量为 90°；设定对象捕捉方式为“端点”“交点”；设置仅沿正交方向自动追踪。

4. 切换到“结构-轮廓”层，画两条作图基准线 A、B，其长度约为700，如图5-64左图所示。用OFFSET及TRIM命令形成梁断面轮廓线及钢筋线，再用PLINE命令画折断线，如图5-64右图所示。

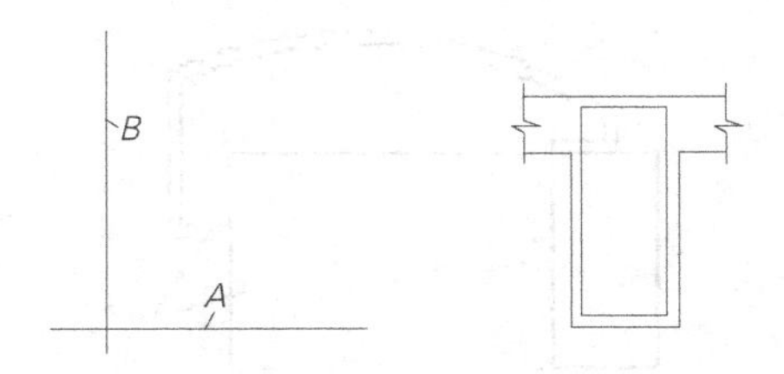

图5-64 画梁断面轮廓线及钢筋线

5. 用LINE命令画线段 E、F，再用DONUT、COPY及MIRROR命令绘制黑色圆点，然后将钢筋线及黑色圆点修改到“结构-钢筋”层上。相关尺寸如图5-65左图所示，结果如图5-65右图所示。绘制黑色圆点沿水平、竖直或倾斜方向的均匀分布，可以利用复制命令的“阵列”选项或是使用路径阵列命令。

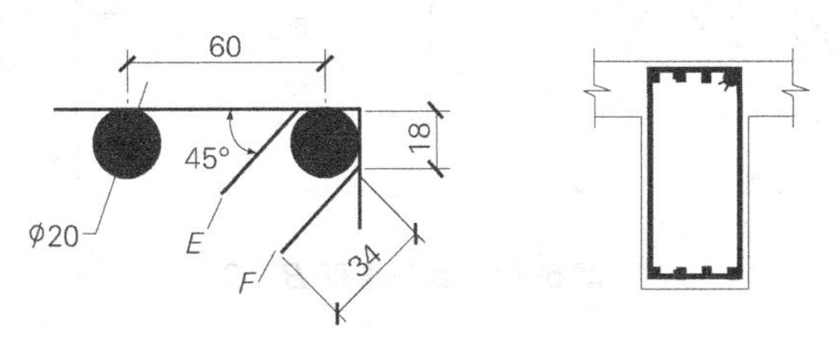

图5-65 画线段 E、F 及黑色圆点

5.15 综合练习三——绘制服务台节点大样图

【练习5-26】 绘制服务台节点大样图，如图5-66所示。

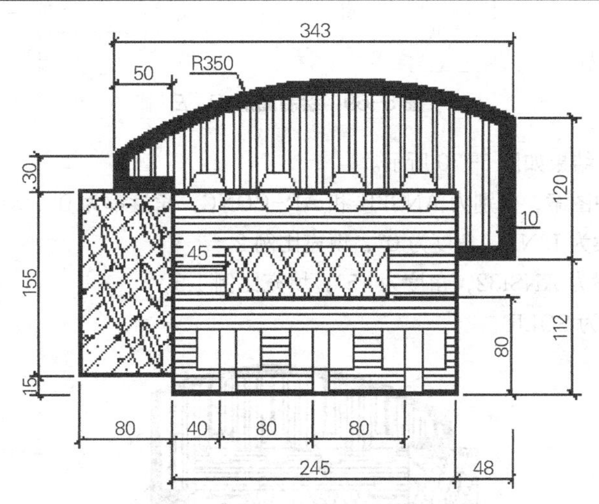

图5-66 绘制椭圆、多边形及填充剖面图案

1. 设定绘图区域大小为800×800。
2. 打开极轴追踪、对象捕捉及自动追踪功能。指定极轴追踪角度增量为90°；设定对象捕捉方式为

“端点”“交点”；设置仅沿正交方向自动追踪。

3. 用 LINE、ARC、PEDIT 及 OFFSET 命令绘制图形 *A*，如图 5-67 所示。

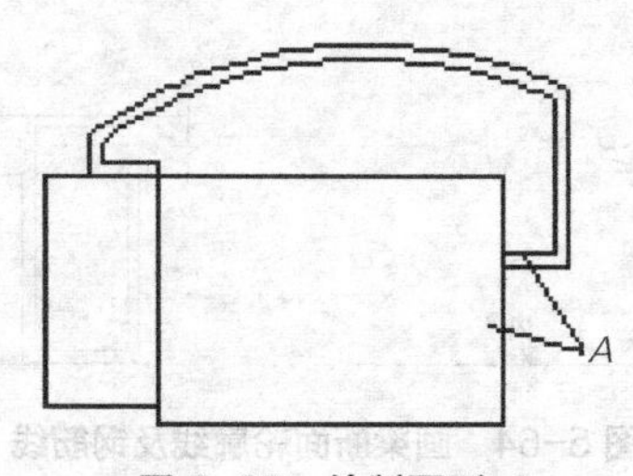

图 5-67　绘制图形 *A*

4. 用 OFFSET、TRIM、LINE 及 COPY 命令绘制图形 *B*、*C*，细节尺寸及结果如图 5-68 所示。

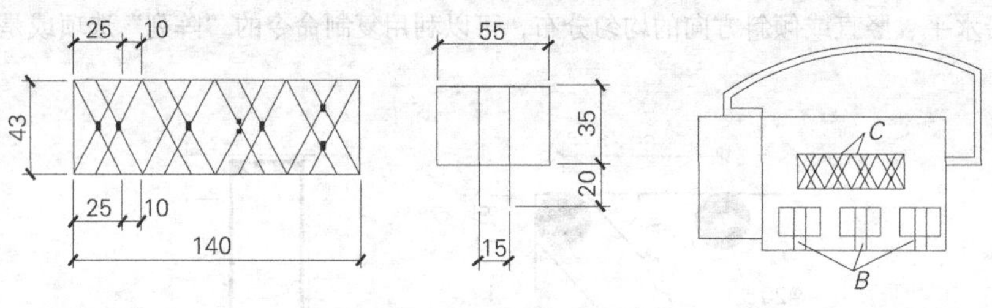

图 5-68　绘制图形 *B*、*C*

5. 用 ELLIPSE、POLYGON、LINE 及 COPY 命令绘制图形 *D*、*E*，细节尺寸及结果如图 5-69 所示。

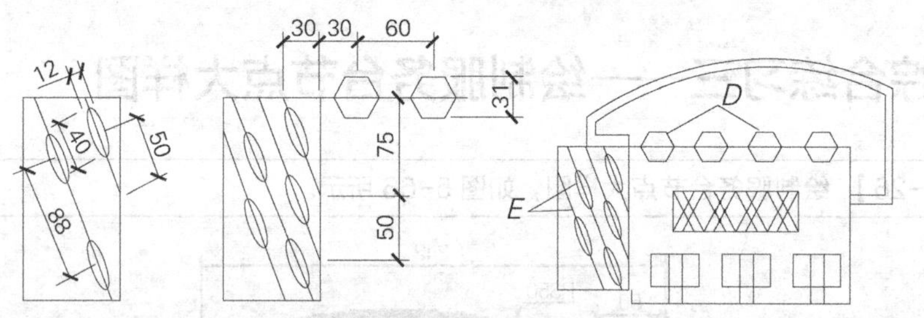

图 5-69　绘制图形 *D*、*E*

6. 填充剖面图案，结果如图 5-70 所示。

- 区域 *F* 中有两种图案，分别为 ANSI31 和 AR-CONC，角度都为 0°，填充比例 5 和 0.2。
- 区域 *G* 中的图案为 LINE，角度为 0°，填充比例 2。
- 区域 *H* 中的图案为 ANSI32，角度为 45°，填充比例 1.5。
- 区域 *I* 中的图案为 SOLID。

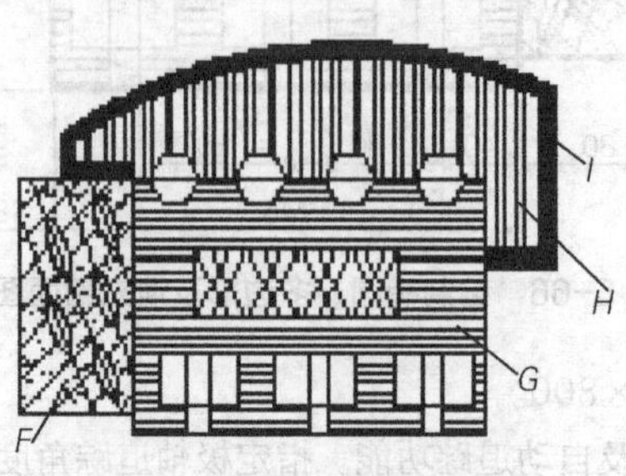

图 5-70　填充剖面图案

5.16 综合练习四——画圆环、实心多边形及沿线条均布对象

【练习 5-27】 用 LINE、PLINE、DONUT 及 ARRAY 等命令绘制图形，如图 5-71 所示。

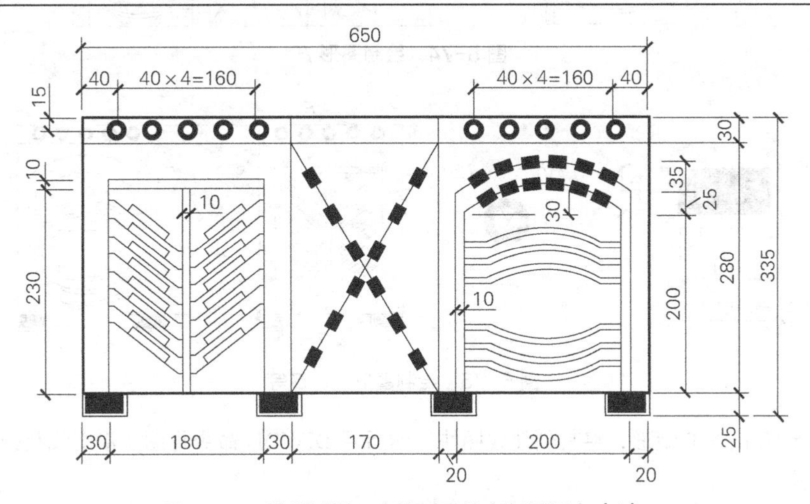

图 5-71 绘制椭圆、多边形及填充剖面图案（1）

1. 设定绘图区域大小为 1000×800。

2. 打开极轴追踪、对象捕捉及自动追踪功能。指定极轴追踪角度增量为 90°；设定对象捕捉方式为“端点”“交点”；设置仅沿正交方向自动追踪。

3. 画两条作图基准线 *A*、*B*，其长度约为 800、400，如图 5-72 左图所示。用 OFFSET、TRIM 及 LINE 命令绘制图形 *C*，如图 5-72 右图所示。

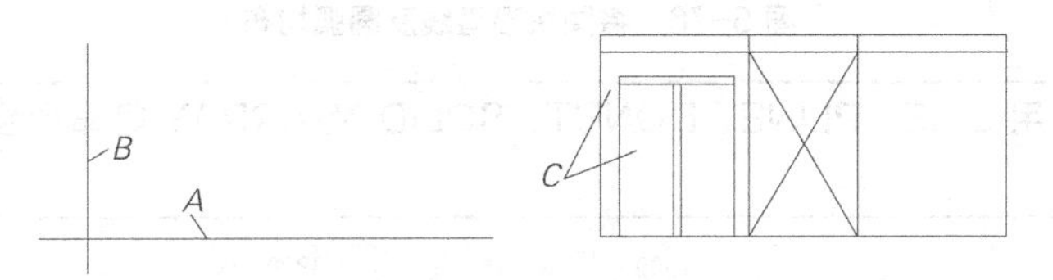

图 5-72 绘制图形 *C*

4. 用 LINE、XLINE、OFFSET、COPY、TRIM 及 MIRROR 命令绘制图形 *D*，细节尺寸及结果如图 5-73 所示。

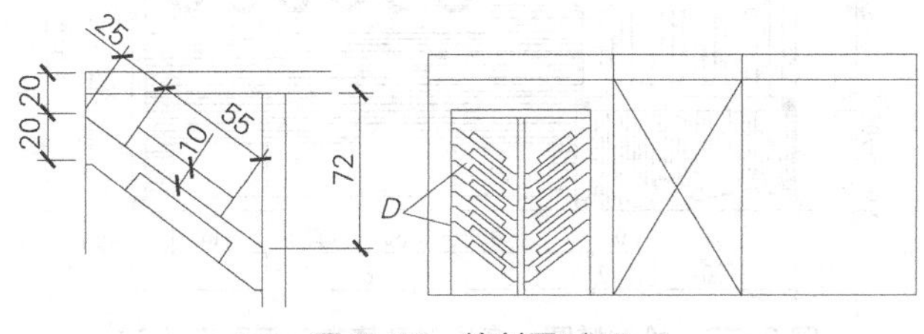

图 5-73 绘制图形 *D*

5. 用 LINE、ARC、COPY 及 MIRROR 命令绘制图形 *E*，细节尺寸及结果如图 5-74 所示。

6. 用 DONUT、LINE、SOLID 及 COPY 命令绘制图形 *F*、*G* 等，细节尺寸及结果如图 5-75 所示。

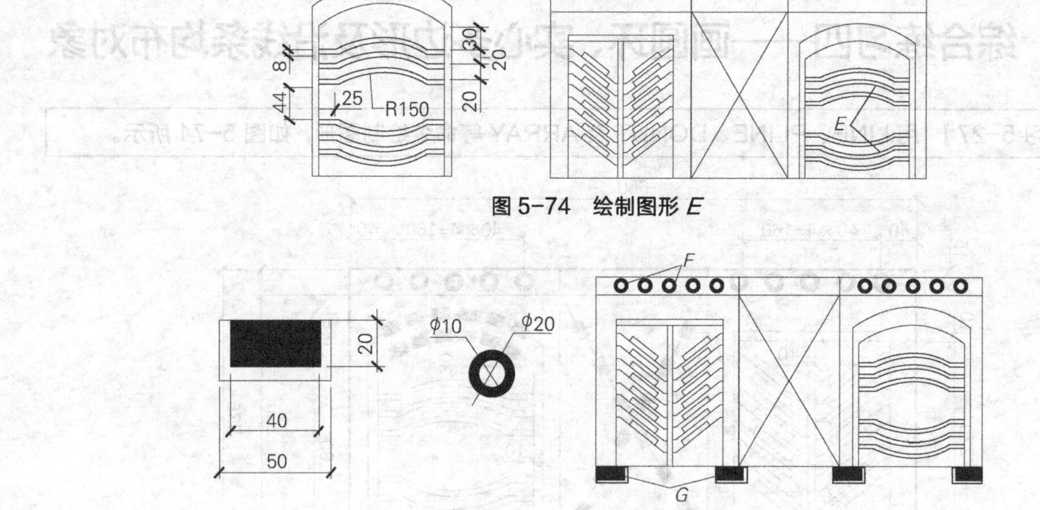

图 5-74 绘制图形 *E*

图 5-75 绘制图形 *F*、*G* 等

7. 画 20×10 的实心矩形，将其创建成图块，然后用 DIVIDE 命令将图块沿直线及圆弧均布，结果如图 5-76 所示。

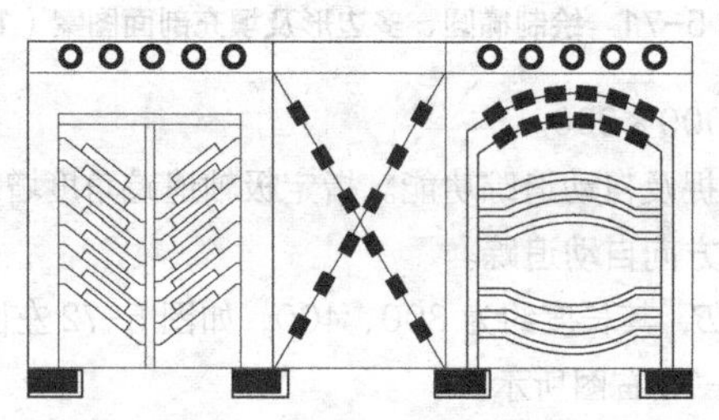

图 5-76 将图块沿直线及圆弧均布

【练习 5-28】 用 LINE、PLINE、DONUT、SOLID 及 ARRAY 等命令绘制图形，如图 5-77 所示。

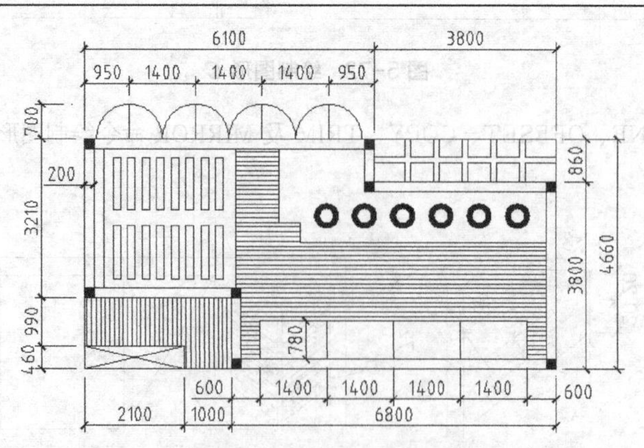

图 5-77 绘制椭圆、多边形及填充剖面图案（2）

1. 设定绘图区域大小为 15000×10000。
2. 打开极轴追踪、对象捕捉及自动追踪功能。指定极轴追踪角度增量为 90°；设定对象捕捉方式为

"端点""交点";设置仅沿正交方向自动追踪。

3. 用 PLINE、OFFSET 及 LINE 等命令绘制图形 *A*,如图 5-78 所示。

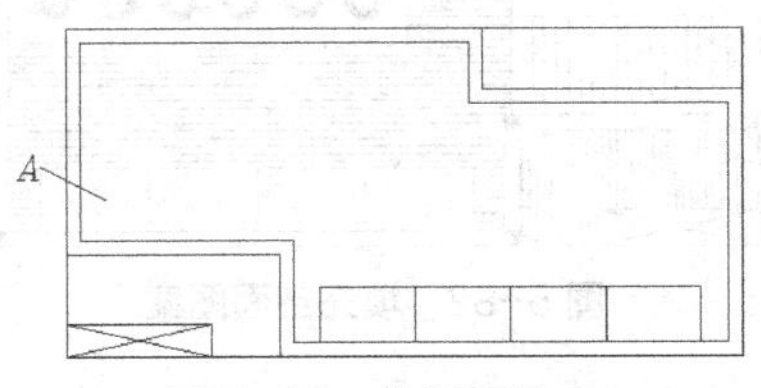

图 5-78 绘制图形 *A*

4. 用 LINE、RECTANG 及 COPY 命令绘制图形 *B*,细节尺寸及结果如图 5-79 所示。

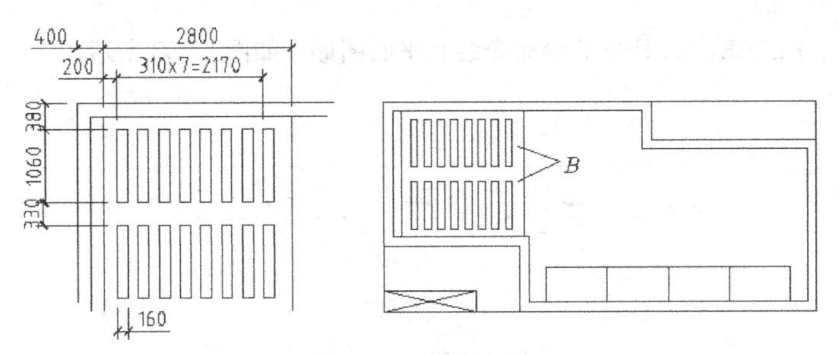

图 5-79 绘制图形 *B*

5. 用 SOLID、DONUT、COPY 及 LINE 命令绘制实心矩形、圆环及折线 *C*,细节尺寸及结果如图 5-80 所示。

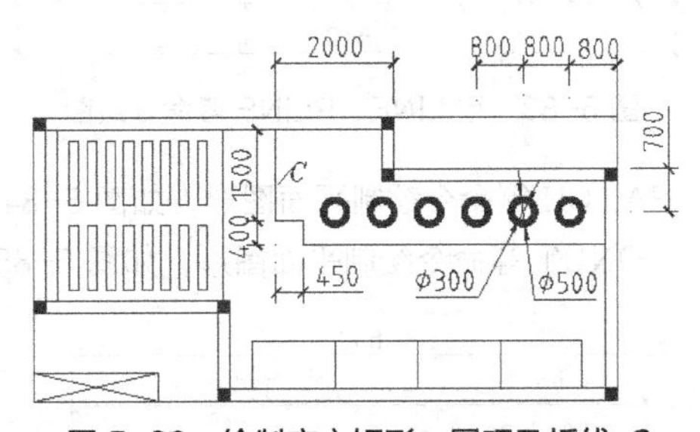

图 5-80 绘制实心矩形、圆环及折线 *C*

6. 用 LINE、OFFSET、CIRCLE 及 COPY 等命令绘制图形 *D*,细节尺寸及结果如图 5-81 所示。

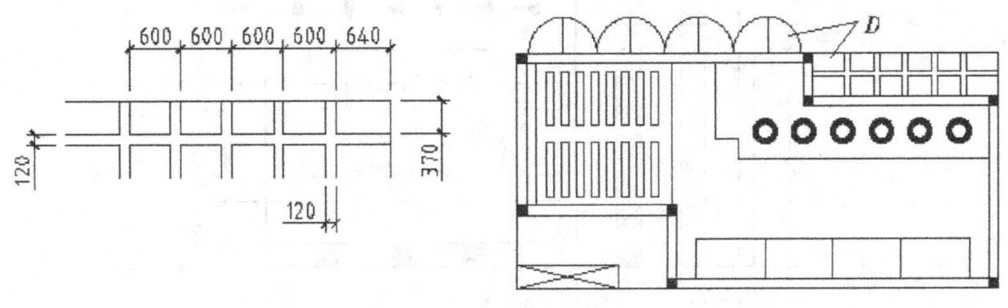

图 5-81 绘制图形 *D*

7. 填充剖面图案,结果如图 5-82 所示。

- 区域 *E* 中的图案为 LINE,角度为 0°,填充比例 30。
- 区域 *F* 中的图案为 LINE,角度为 90°,填充比例 30。

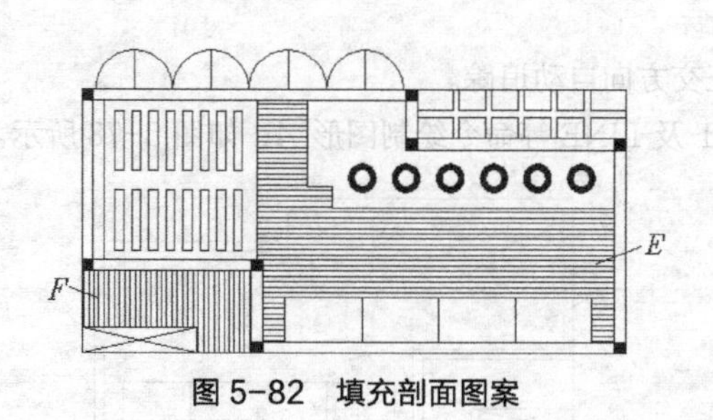

图 5-82　填充剖面图案

5.17　习题

1. 利用 LINE、PLINE、OFFSET 等命令绘制平面图形，如图 5-83 所示。

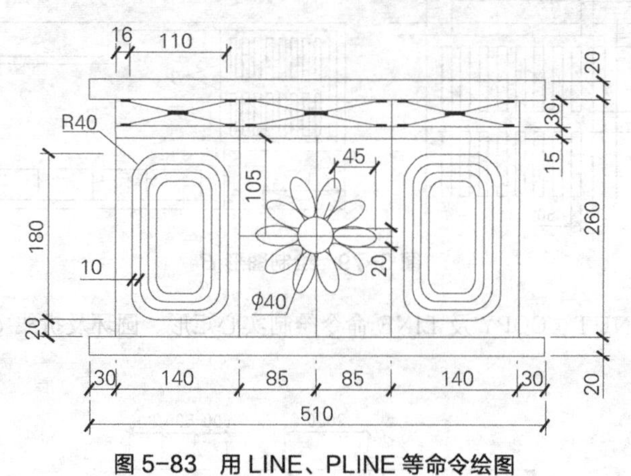

图 5-83　用 LINE、PLINE 等命令绘图

2. 利用 LINE、DONUT、HATCH 等命令绘制平面图形，如图 5-84 所示。
3. 利用 MLINE、PLINE、DONUT 等命令绘制平面图形，如图 5-85 所示。

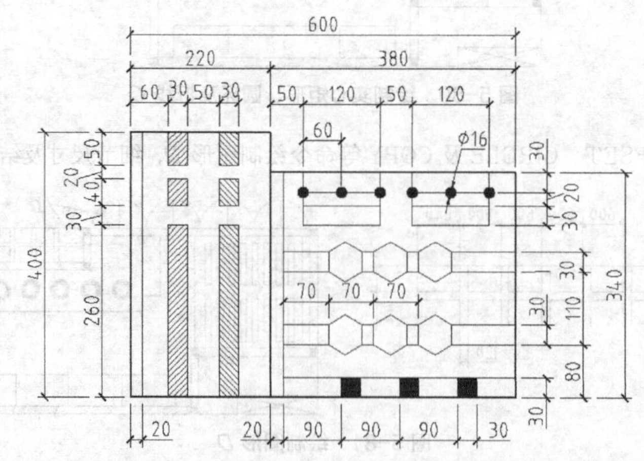

图 5-84　用 DONUT、HATCH 等命令绘图

4. 利用 DIVIDE、DONUT、REGION、UNION 等命令绘制平面图形，如图 5-86 所示。
5. 利用面域造型法绘制图 5-87 所示的图形。
6. 利用面域造型法绘制图 5-88 所示的图形。

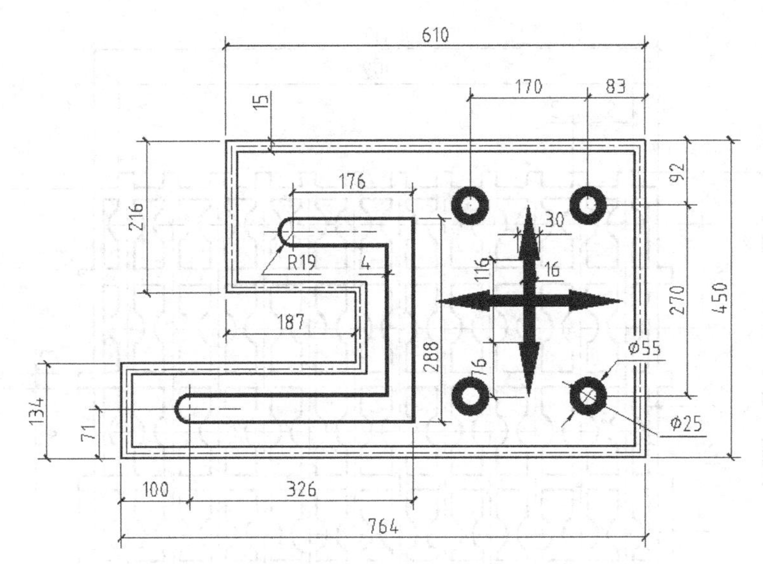

图 5-85　用 MLINE、DONUT 等命令绘图

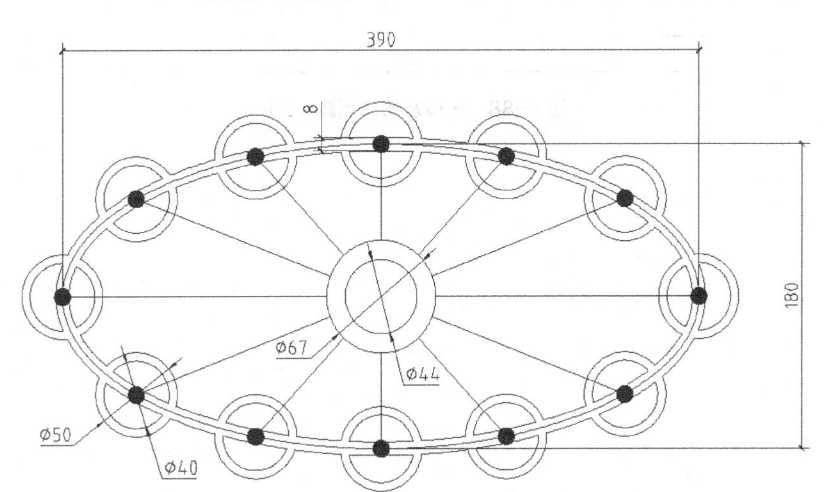

图 5-86　用 DIVIDE、REGION、UNION 等命令绘图

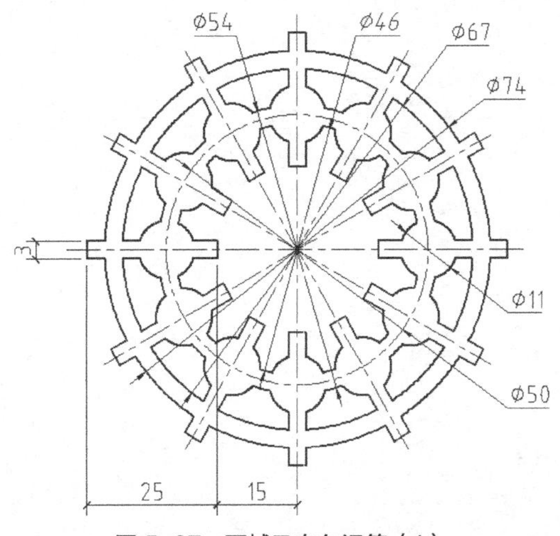

图 5-87　面域及布尔运算（1）

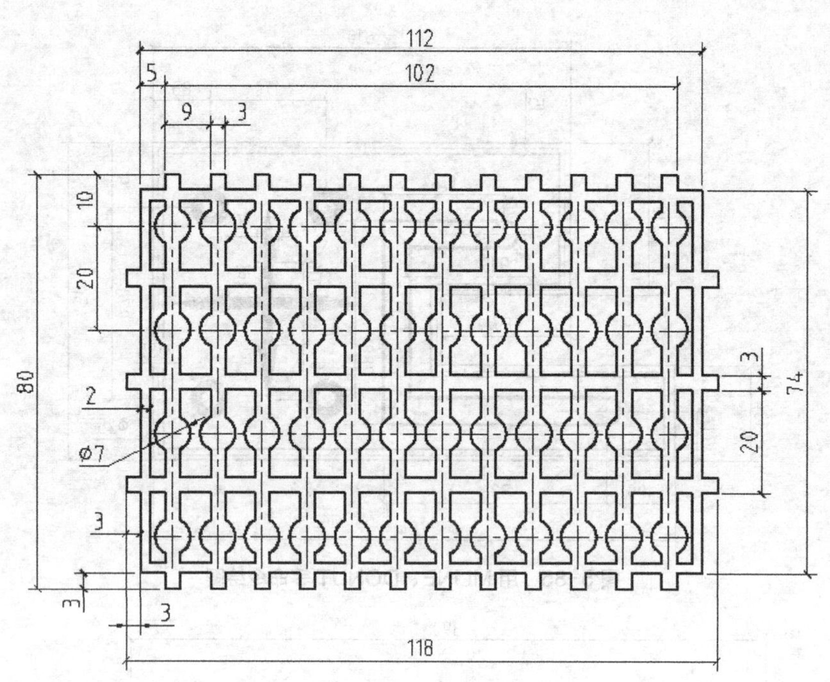

图 5-88　面域及布尔运算（2）

PART06

第6章

复杂图形绘制实例

学习目标：

- 掌握用AutoCAD画复杂平面图形的一般步骤
- 学习绘制复杂圆弧连接的方法
- 学习用OFFSET、TRIM命令快速作图的技巧
- 学习绘制对称图形及有均布特征的图形
- 学习用COPY、STRETCH等命令从已有图形生成新图形
- 掌握绘制倾斜图形的技巧
- 学习绘制视图及剖视图

■ 本章介绍了一些较复杂平面图形的绘制，这些图在各类工程设计图中具有典型性，并绘制难度较大。通过本章的学习，读者将掌握绘制复杂平面图形的一般方法及一些实用技巧。

6.1 绘制复杂图形的一般步骤

平面图形是由直线、圆、圆弧、多边形等图形元素组成的，作图时应从哪一部分入手呢？怎样才能更高效地绘图呢？一般应采取以下作图步骤。

（1）首先绘制图形的主要作图基准线，然后利用基准线定位及形成其他图形元素。图形的对称线、大圆中心线、重要轮廓线等可作为绘图基准线。

（2）绘制出主要轮廓线，形成图形的大致形状。一般不应从某一局部细节开始绘图。

（3）绘制出图形主要轮廓后就可开始绘制细节。先把图形细节分成几部分，然后依次绘制。对于复杂的细节，可先绘制作图基准线，再形成完整细节。

（4）修饰平面图形。用 BREAK、LENGTHEN 等命令打断及调整线条长度，再改正不适当的线型，然后修剪、擦去多余线条。

【练习 6-1】 使用 LINE、CIRCLE、OFFSET 及 TRIM 等命令绘制图 6-1 所示的图形。

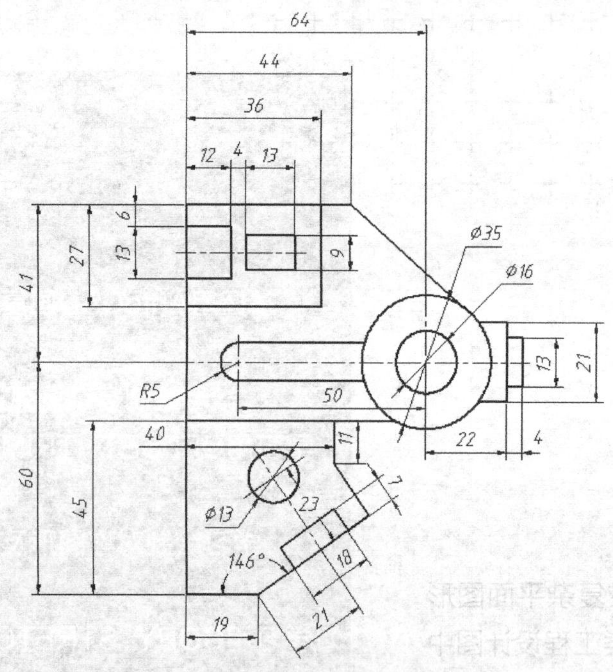

图 6-1 绘制平面图形的一般步骤（1）

1. 创建两个图层。

名称	颜色	线型	线宽
轮廓线层	白色	Continuous	0.5
中心线层	红色	Center	默认

2. 设定线型总体比例因子为 0.2。设定绘图区域大小为 150×150，并使该区域充满整个图形窗口。

3. 打开极轴追踪、对象捕捉及自动追踪功能。指定极轴追踪角度增量为 90°；设定对象捕捉方式为“端点”“交点”。

4. 切换到轮廓线层，绘制两条作图基准线 A、B，如图 6-2 左图所示。线段 A、B 的长度约为 200。

5. 利用 OFFSET、LINE 及 CIRCLE 等命令绘制图形的主要轮廓，如图 6-2 右图所示。

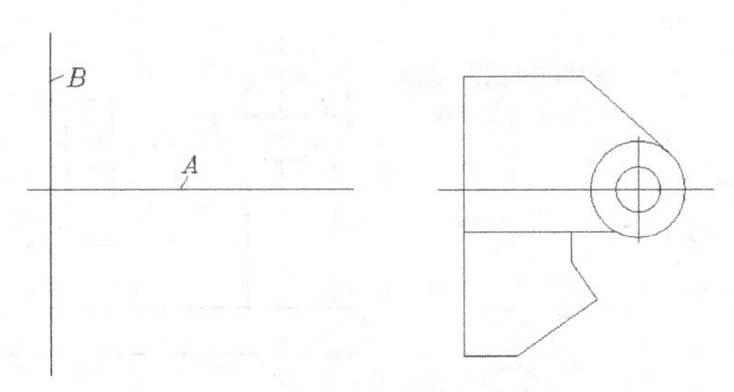

图 6-2　绘制图形的主要轮廓

6. 利用 OFFSET 及 TRIM 命令绘制图形 C，如图 6-3 左图所示。再依次绘制图形 D、E，如图 6-3 右图所示。

7. 绘制两条定位线 F、G，如图 6-4 左图所示。用 CIRCLE、OFFSET 及 TRIM 命令绘制图形 H，如图 6-4 右图所示。

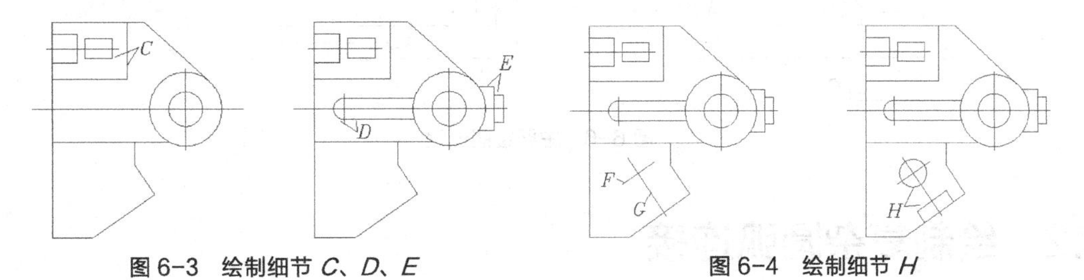

图 6-3　绘制细节 C、D、E　　　图 6-4　绘制细节 H

【练习 6-2】 绘制图 6-5 所示的图形。

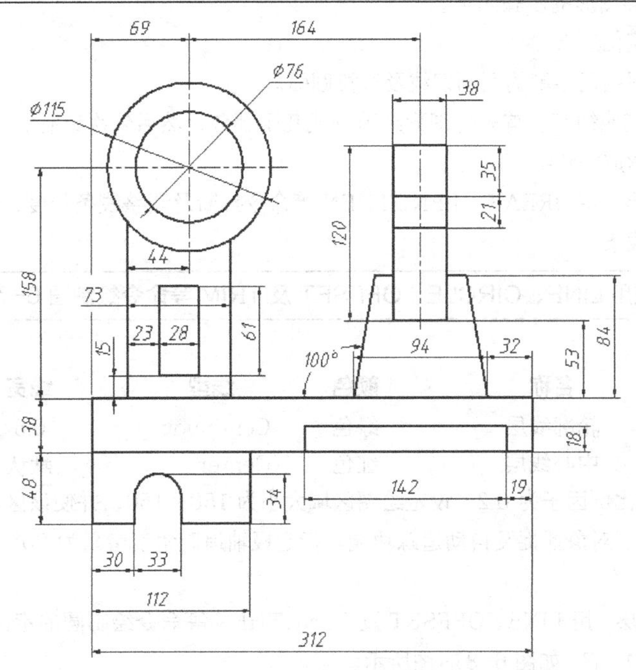

图 6-5　绘制平面图形的一般步骤（2）

主要作图步骤如图 6-6 所示。

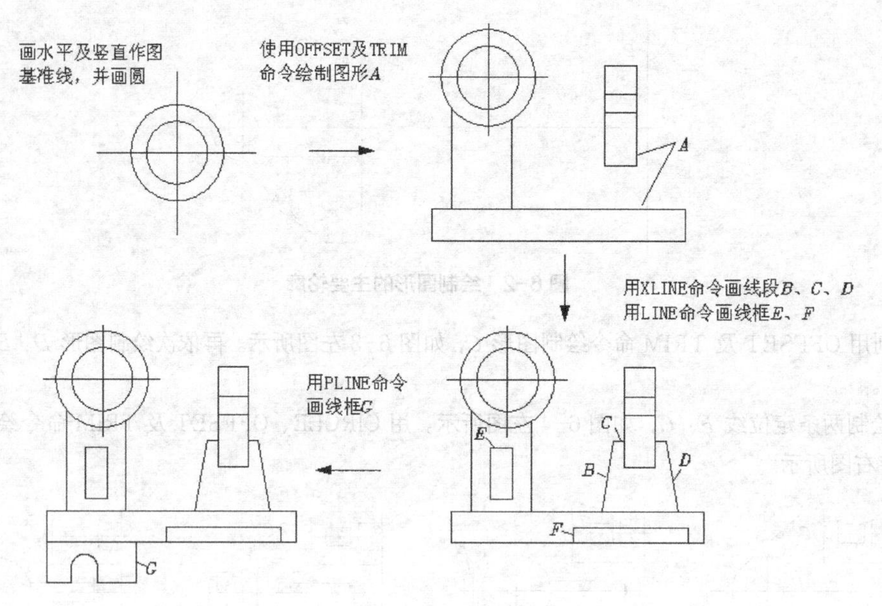

图 6-6　主要绘图过程

6.2　绘制复杂圆弧连接

平面图中图形元素的相切关系是一类典型的几何关系，如直线与圆弧相切，圆弧与圆弧相切等，如图 6-7 所示。绘制此类图形的步骤如下。

（1）画主要圆的定位线。

（2）绘制圆，并根据已绘制的圆画切线及过渡圆弧。

（3）绘制图形的其他细节。首先把图形细节分成几个部分，然后依次绘制。对于复杂的细节，可先画出作图基准线，再形成完整细节。

（4）修饰平面图形。用 BREAK、LENGTHEN 等命令打断及调整线条长度，再改正不适当的线型，然后修剪、擦去多余线条。

【练习 6-3】 使用 LINE、CIRCLE、OFFSET 及 TRIM 等命令绘制图 6-7 所示的图形。

1. 创建两个图层。

名称	颜色	线型	线宽
轮廓线层	绿色	Continuous	0.5
中心线层	红色	Center	默认

2. 设定线型总体比例因子为 0.2。设定绘图区域大小为 150×150，并使该区域充满整个图形窗口。

3. 打开极轴追踪、对象捕捉及自动追踪功能。指定极轴追踪角度增量为 90°；设定对象捕捉方式为“端点”“交点”。

4. 切换到轮廓线层，用 LINE、OFFSET 及 LENGTHEN 等命令绘制圆的定位线，如图 6-8 左图所示。画圆及过渡圆弧 *A*、*B*，如图 6-8 右图所示。

5. 用 OFFSET、XLINE 等命令绘制定位线 *C*、*D*、*E* 等，如图 6-9 左图所示。绘制圆 *F* 及线框 *G*、*H*，如图 6-9 右图所示。

6. 绘制定位线 *I*、*J* 等，如图 6-10 左图所示。绘制线框 *K*，如图 6-10 右图所示。

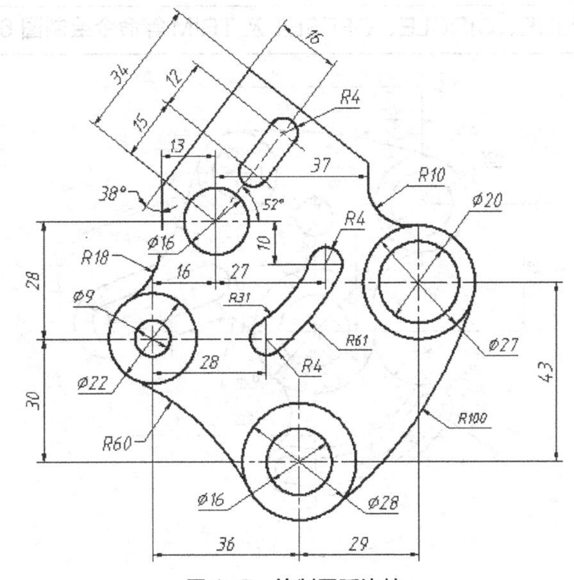

图 6-7　绘制圆弧连接

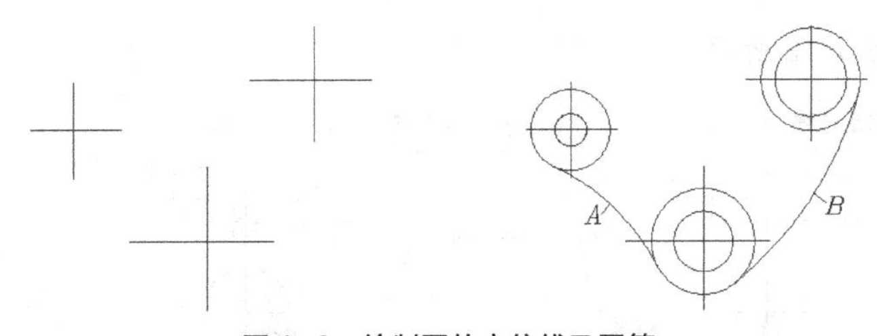

图 6-8　绘制圆的定位线及圆等

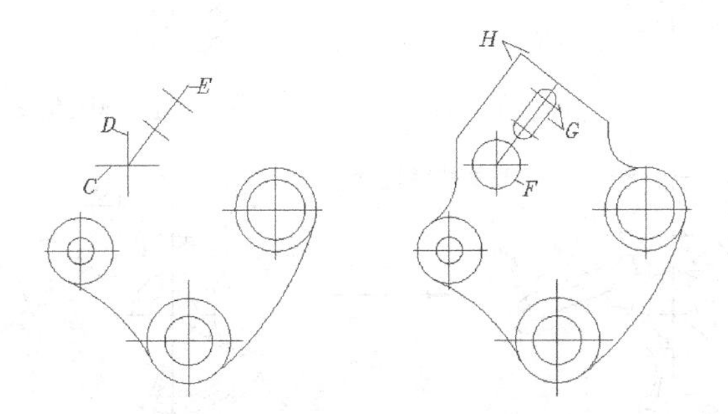

图 6-9　绘制圆 *F* 及线框 *G*、*H* 等

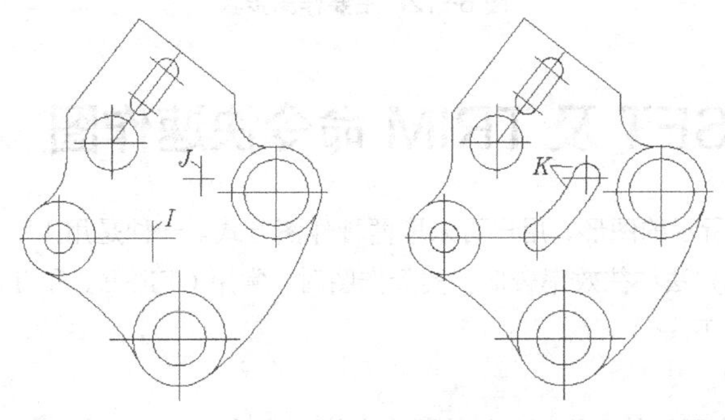

图 6-10　绘制线框 *K*

【练习 6-4】 利用 LINE、CIRCLE、OFFSET 及 TRIM 等命令绘制图 6-11 所示的图形。

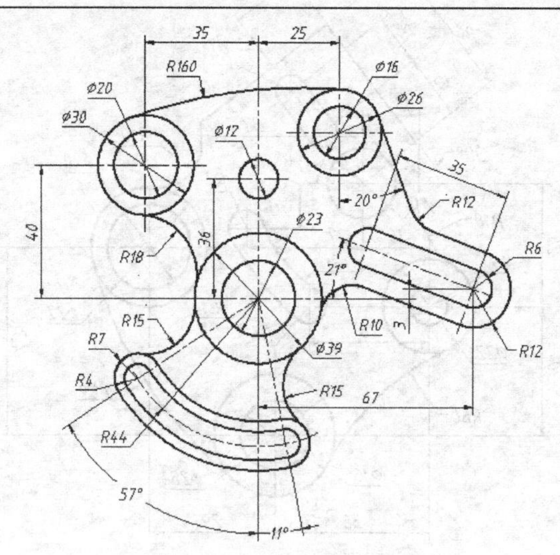

图 6-11　画圆及圆弧连接

主要作图步骤如图 6-12 所示。

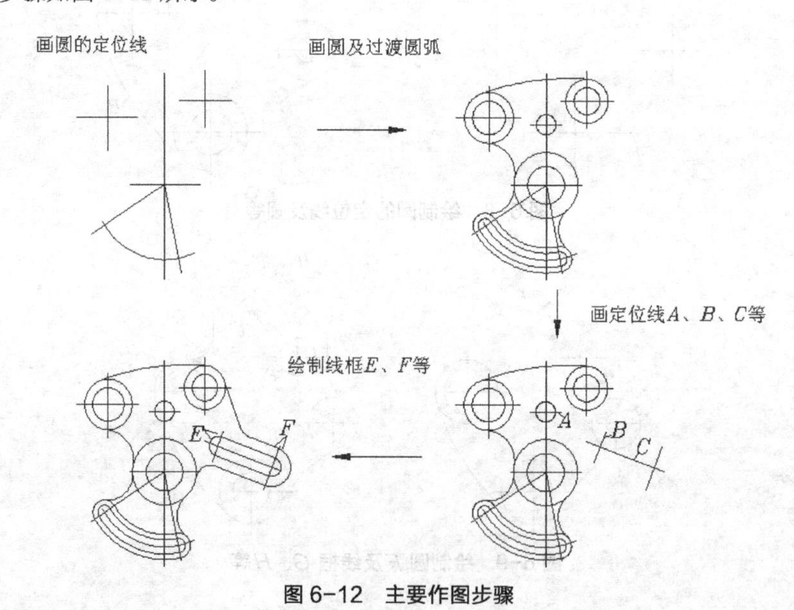

图 6-12　主要作图步骤

6.3　用 OFFSET 及 TRIM 命令快速作图

如果要绘制图 6-13 所示的图形，用户可采取两种作图方式。一种是用 LINE 命令将图中的每条线准确地绘制出来，这种作图方法往往效率较低。实际作图时，常用 OFFSET 和 TRIM 命令来构建图形。采用此法绘图的主要步骤如下。

（1）绘制作图基准线。

（2）用 OFFSET 命令平移基准线创建新的图形实体，然后用 TRIM 命令剪掉多余线条形成精确图形。

这种作图方法有一个显著的优点：仅反复使用两个命令就可完成几乎 90%的工作。下面通过绘制图 6-13 所示的图形来演示此法。

【练习 6-5】 利用 LINE、OFFSET 及 TRIM 等命令绘制图 6-13 所示的图形。

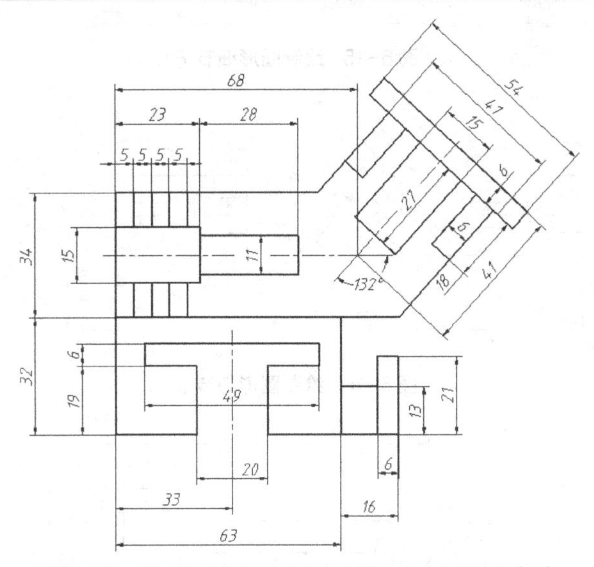

图 6-13 用 OFFSET 及 TRIM 等命令快速作图（1）

1. 创建两个图层。

名称	颜色	线型	线宽
轮廓线层	绿色	Continuous	0.5
中心线层	红色	Center	默认

2. 设定线型总体比例因子为 0.2。设定绘图区域大小为 180×180，并使该区域充满整个图形窗口。

3. 打开极轴追踪、对象捕捉及自动追踪功能。指定极轴追踪角度增量为 90°；设定对象捕捉方式为“端点”“交点”。

4. 切换到轮廓线层，画水平及竖直作图基准线 A、B，两线长度分别为 90、60 左右，如图 6-14 左图所示。用 OFFSET 及 TRIM 命令绘制图形 C，如图 6-14 右图所示。

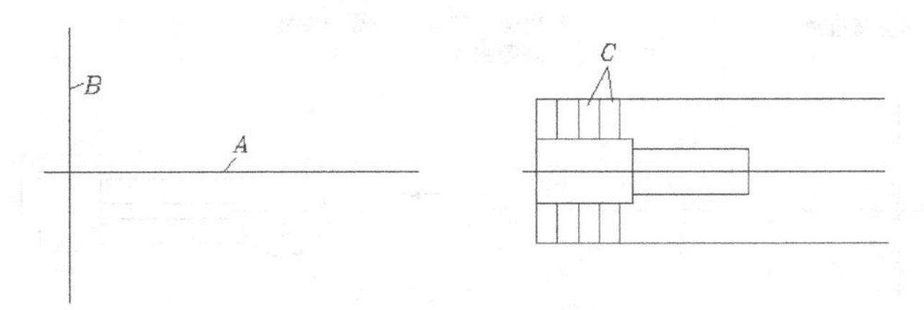

图 6-14 画作图基准线及细节 C

5. 用 XLINE 命令绘制作图基准线 D、E，两线相互垂直，如图 6-15 左图所示。用 OFFSET、TRIM 及 BREAK 等命令绘制图形 F，如图 6-15 右图所示。

6. 用 LINE 命令绘制线段 G、H，这两条线是下一步作图的基准线，如图 6-16 左图所示。用 OFFSET、TRIM 命令绘制图形 J，如图 6-16 右图所示。

【练习 6-6】 利用 LINE、CIRCLE、OFFSET 及 TRIM 等命令绘制图 6-17 所示的图形。

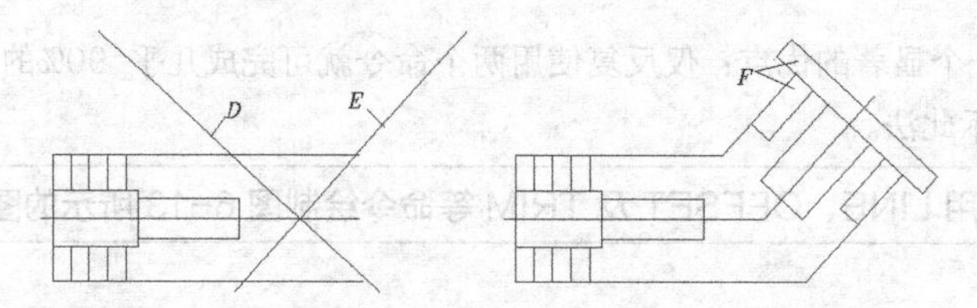

图 6-15　绘制图形细节 *F*

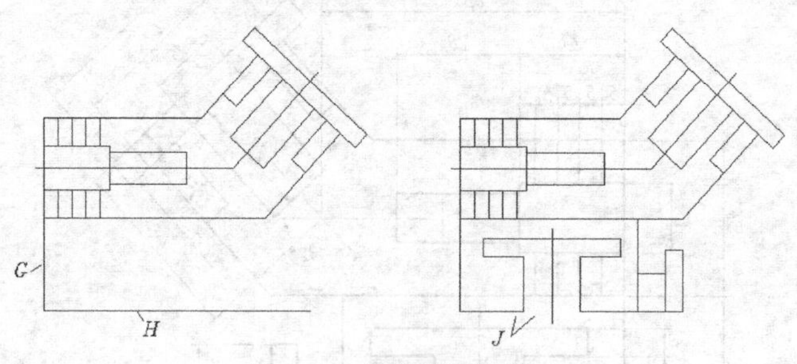

图 6-16　绘制图形细节 *J*

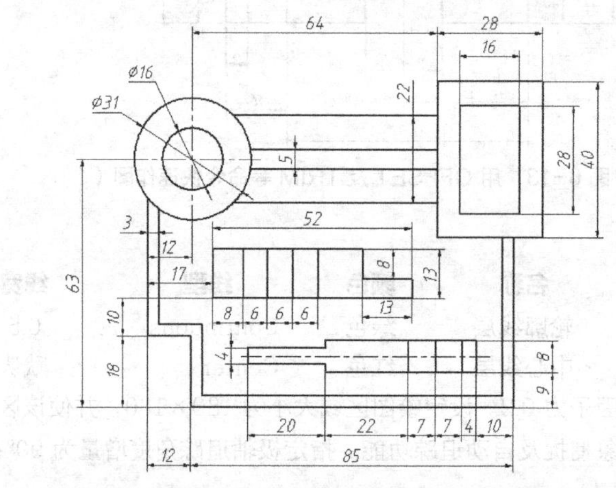

图 6-17　用 OFFSET 及 TRIM 等命令快速作图（2）

主要作图步骤如图 6-18 所示。

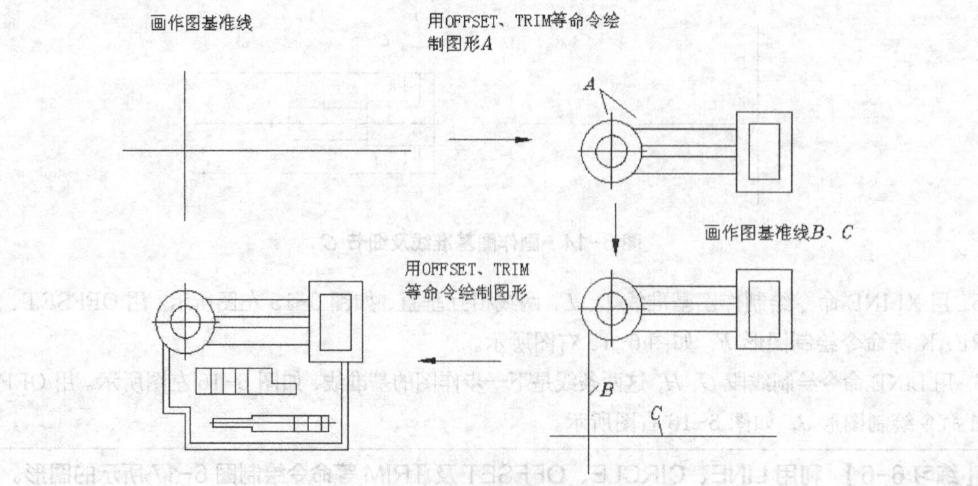

图 6-18　绘图过程

6.4 画具有均布几何特征的复杂图形

平面图形中，几何对象按矩形阵列或环形阵列方式均匀分布的现象是很常见的。对于这些对象，将阵列命令 ARRAY 与 MOVE、MIRROR 等命令结合使用就能轻易地创建出它们。

【练习 6-7】 利用 OFFSET、ARRAY 及 MIRROR 等命令绘制图 6-19 所示的图形。

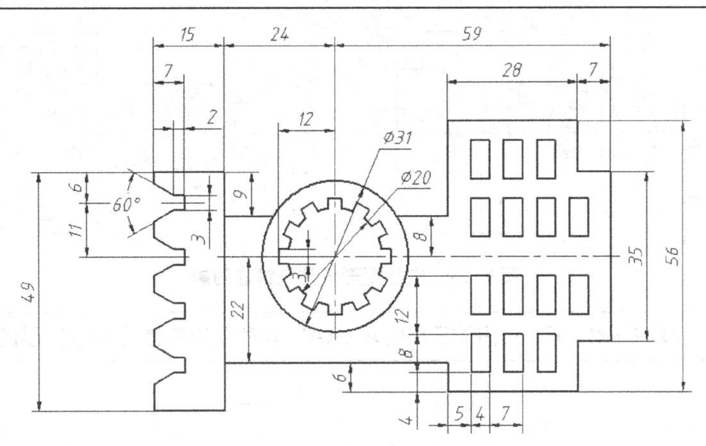

图 6-19 绘制具有均布几何特征的图形

1. 创建两个图层。

名称	颜色	线型	线宽
轮廓线层	绿色	Continuous	0.5
中心线层	红色	Center	默认

2. 设定线型总体比例因子为 0.2。设定绘图区域大小为 120×120，并使该区域充满整个图形窗口。

3. 打开极轴追踪、对象捕捉及自动追踪功能。指定极轴追踪角度增量为 90°；设定对象捕捉方式为“端点”“圆心”及“交点”。

4. 切换到轮廓线层，绘制圆的定位线 *A*、*B*，两线长度分别为 130、90 左右，如图 6-20 左图所示。绘制圆及线框 *C*、*D*，如图 6-20 右图所示。

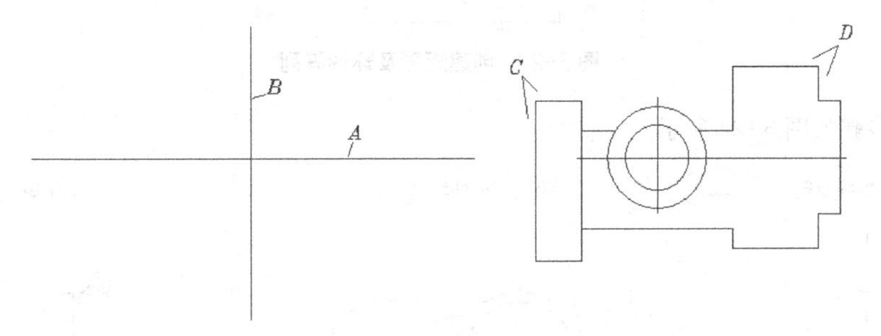

图 6-20 绘制定位线、圆及线框

5. 用 OFFSET 及 TRIM 绘制线框 *E*，如图 6-21 左图所示。用 ARRAY 命令创建线框 *E* 的环形阵列，如图 6-21 右图所示。

6. 用 LINE、OFFSET 及 TRIM 等命令绘制线框 *F*、*G*，如图 6-22 左图所示。用 ARRAY 命令创建线框 *F*、*G* 的矩形阵列，再对矩形进行镜像操作，如图 6-22 右图所示。

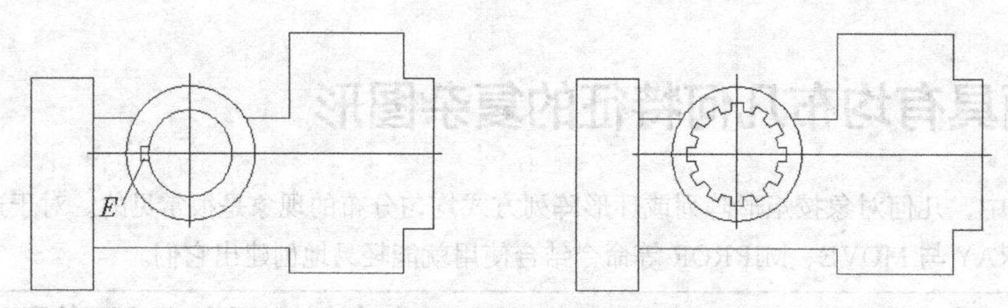

图 6-21　绘制线框 *E* 及创建环形阵列

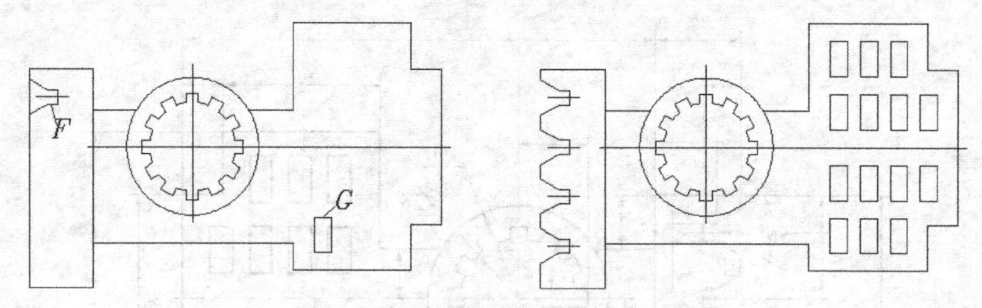

图 6-22　创建矩形阵列及镜像对象

【练习 6-8】 利用 CIRCLE、OFFSET 及 ARRAY 等命令绘制图 6-23 所示的图形。

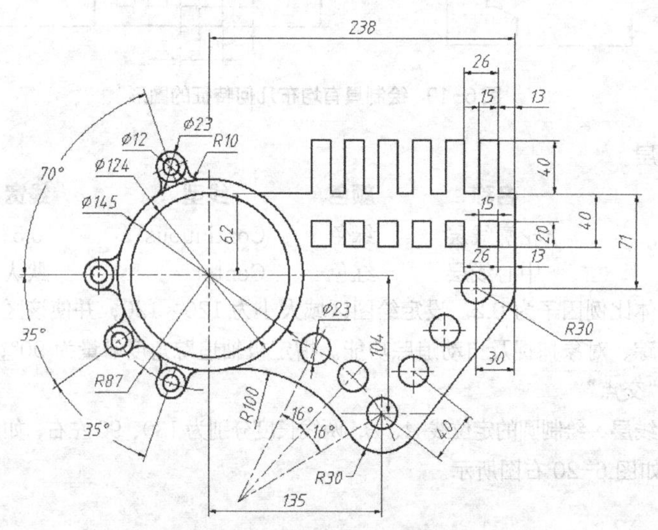

图 6-23　创建矩形及环形阵列

主要作图步骤如图 6-24 所示。

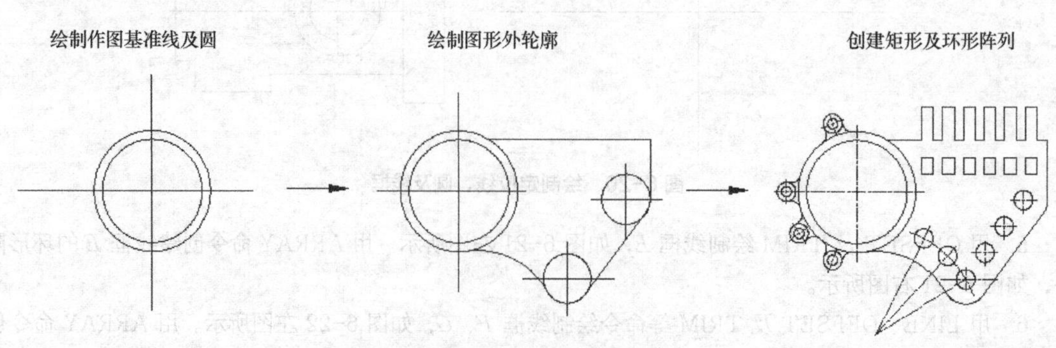

图 6-24　主要作图步骤

6.5 绘制倾斜图形的技巧

工程图中多数图形对象是沿水平或竖直方向的，对于此类图形实体，如果利用正交或极轴追踪功能辅助绘图，则非常方便。当图形元素处于倾斜方向时，常给作图带来许多不便。对于这类图形实体，可以采用以下方法绘制。

（1）在水平或竖直位置绘制图形。

（2）用 ROTATE 命令把图形旋转到倾斜方向，或用 ALIGN 命令调整图形位置及方向。

【练习 6-9】 利用 OFFSET、ROTATE 及 ALIGN 等命令绘制图 6-25 所示的图形。

1. 创建两个图层。

名称	颜色	线型	线宽
轮廓线层	白色	Continuous	0.5
中心线层	红色	Center	默认

2. 设定线型总体比例因子为 0.2。设定绘图区域大小为 150×150，并使该区域充满整个图形窗口。

3. 打开极轴追踪、对象捕捉及自动追踪功能。指定极轴追踪角度增量为 90°；设定对象捕捉方式为“端点”“交点”。

4. 切换到轮廓线层，绘制闭合线框及圆，如图 6-26 所示。

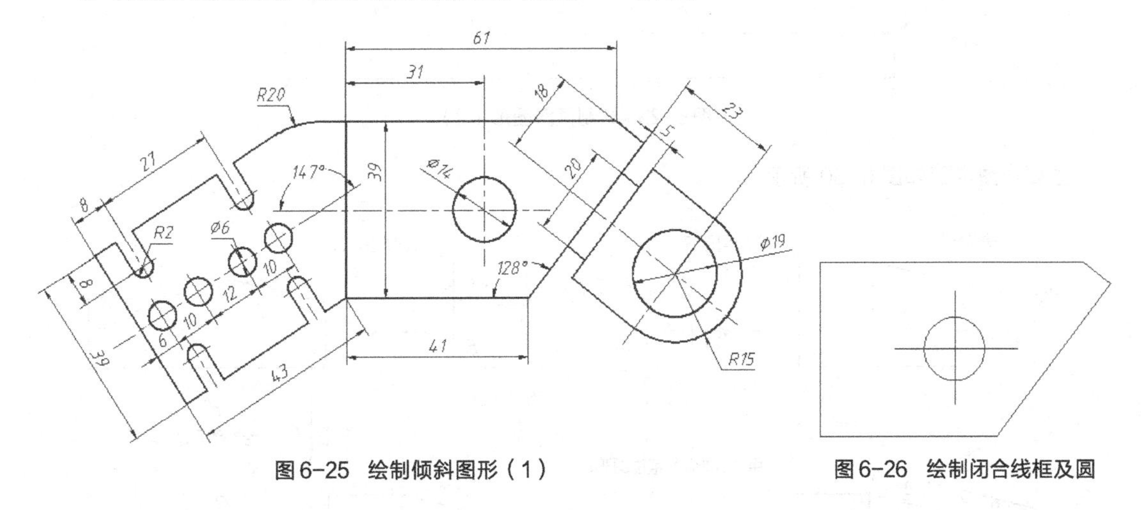

图 6-25 绘制倾斜图形（1）

图 6-26 绘制闭合线框及圆

5. 绘制图形 *A*，如图 6-27 左图所示。将图形 *A* 绕 *B* 点旋转 33°，然后创建圆角，如图 6-27 右图所示。

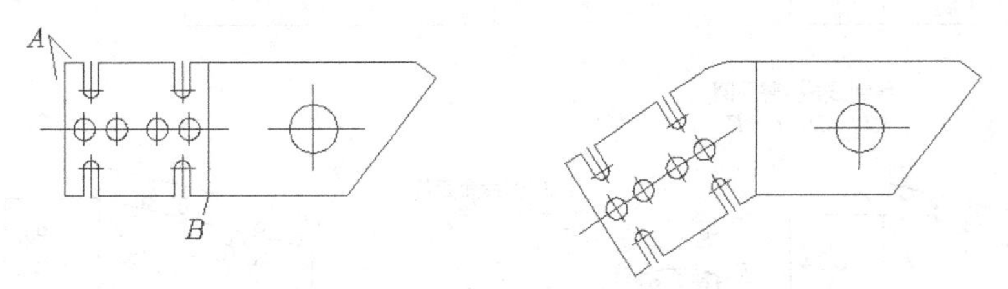

图 6-27 绘制图形 *A* 并旋转它

6. 绘制图形 *C*，如图 6-28 左图所示。用 ALIGN 命令将图形 *C* 定位到正确的位置，如图 6-28 右图所示。

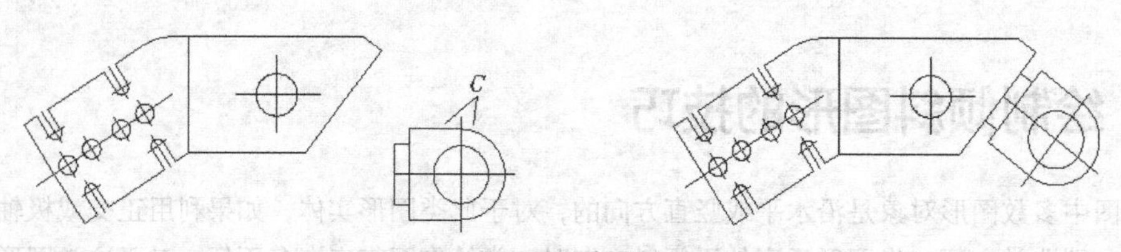

图 6-28　绘制图形 C 并调整其位置

【练习 6-10】 绘制图 6-29 所示的图形。

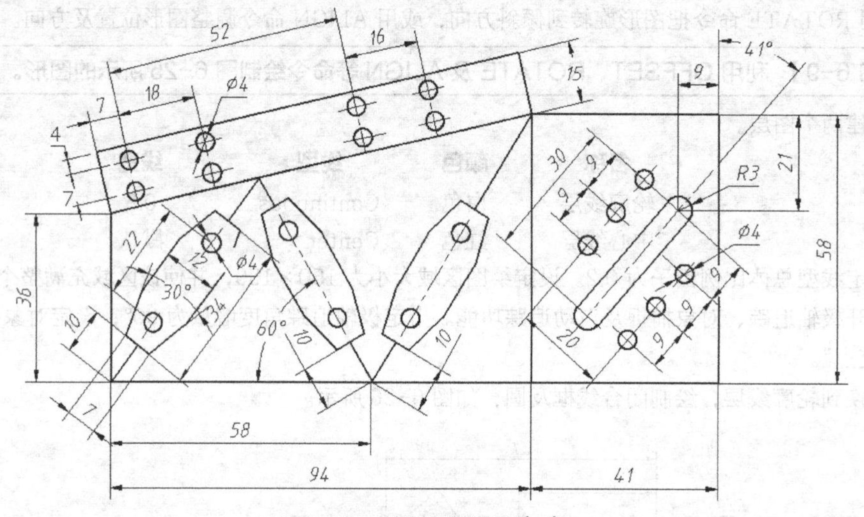

图 6-29　绘制倾斜图形（2）

主要作图步骤如图 6-30 所示。

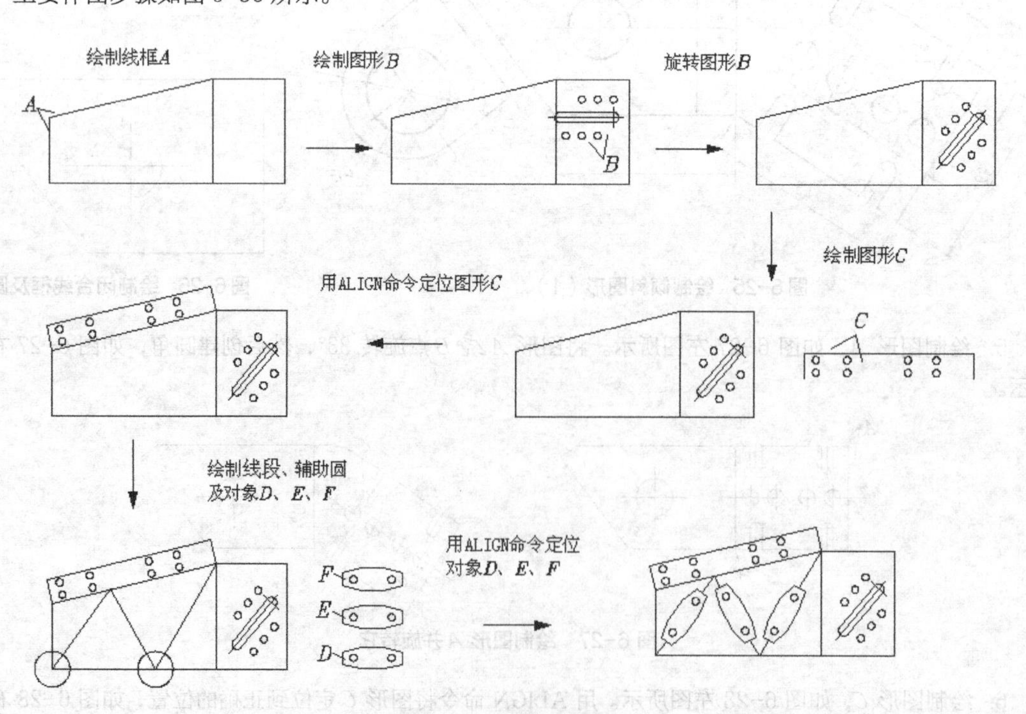

图 6-30　主要绘图过程

6.6 利用已有图形生成新图形

平面图形中常有一些局部细节的形状是相似的，只是尺寸不同。在绘制这些对象时，应尽量利用已有图形细节创建新图形。例如，可以先用 COPY 及 ROTATE 命令把图形细节复制到新位置并调整方向，然后利用 STRETCH 及 SCALE 等命令改变图形细节的大小。

【练习 6-11】利用 OFFSET、COPY、ROTATE 及 STRETCH 等命令绘制图 6-31 所示的图形。

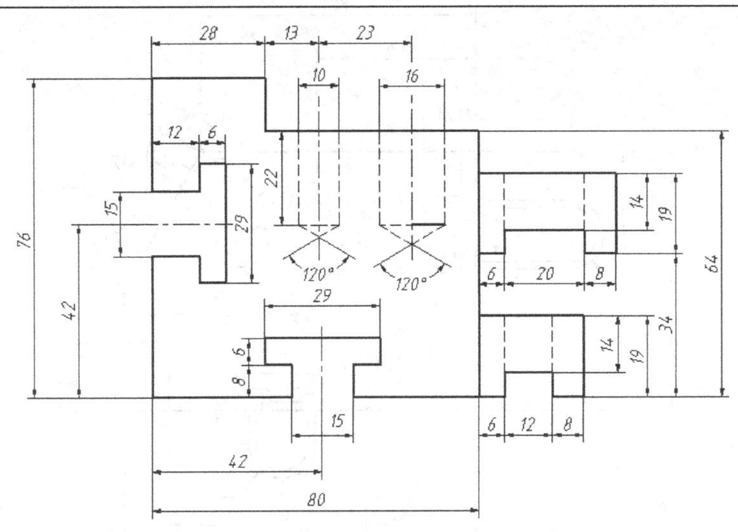

6-31 编辑已有图形生成新图形（1）

1. 创建三个图层。

名称	颜色	线型	线宽
轮廓线层	绿色	Continuous	0.5
中心线层	红色	Center	默认
虚线层	黄色	Dashed	默认

2. 设定线型总体比例因子为 0.2。设定绘图区域大小为 150×150，并使该区域充满整个图形窗口。

3. 打开极轴追踪、对象捕捉及自动追踪功能。指定极轴追踪角度增量为 90°；设定对象捕捉方式为“端点”“交点”。

4. 切换到轮廓线层，画作图基准线 *A*、*B*，其长度为 110 左右，如图 6-32 左图所示。用 OFFSET 及 TRIM 命令绘制线框 *C*，如图 6-32 右图所示。

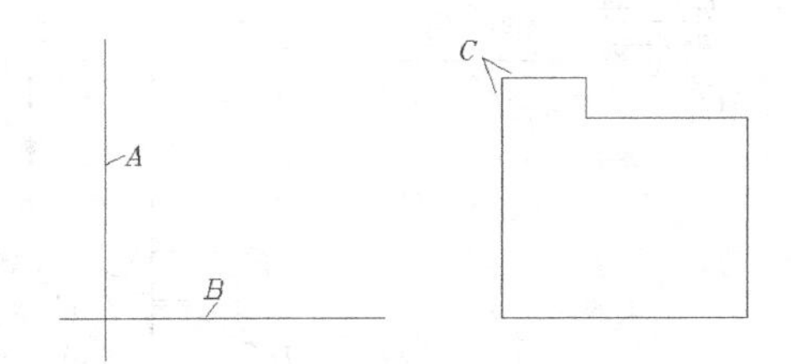

图 6-32 绘制作图基准线及线框

5. 绘制线框 *B*、*C*、*D*，如图 6-33 左图所示。用 COPY、ROTATE、SCALE 及 STRETCH 等命令绘制线框 *E*、*F*、*G*，如图 6-33 右图所示。

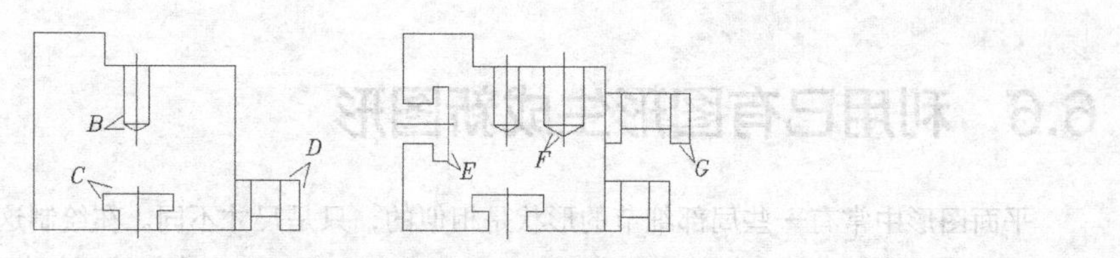

图 6-33　绘制线框及编辑线框形成新图形

【练习 6-12】 绘制图 6-34 所示的图形。

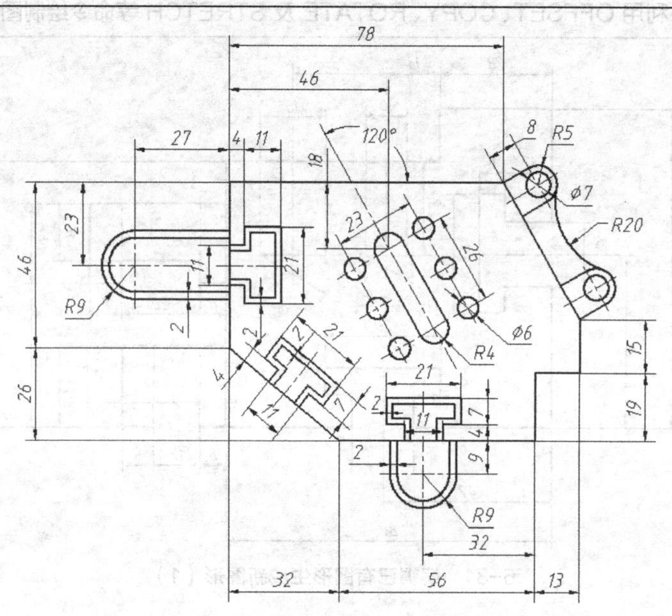

图 6-34　编辑已有图形生成新图形（2）

主要作图步骤如图 6-35 所示。

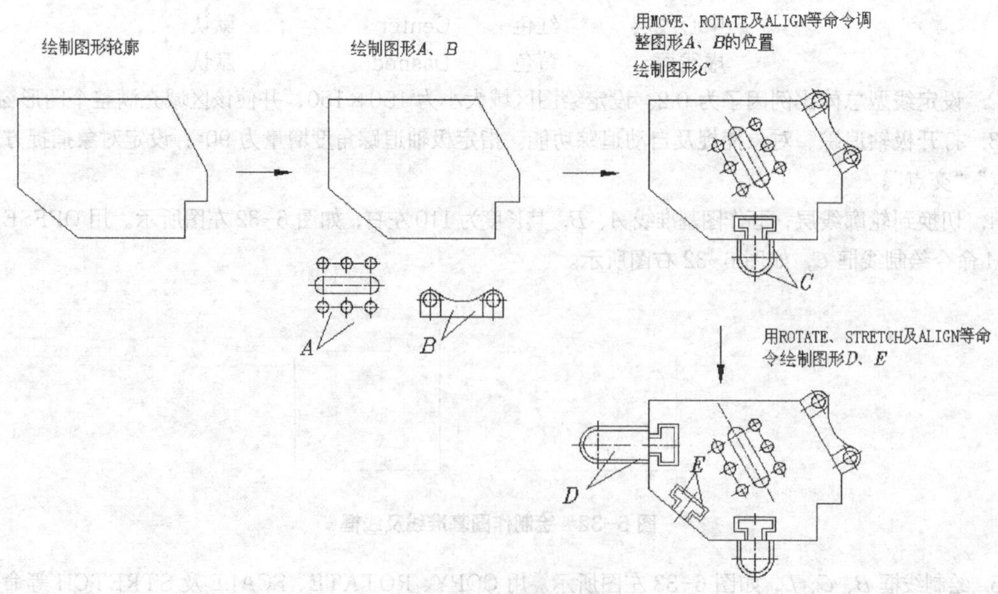

图 6-35　主要绘图过程

6.7 绘制组合体三视图

【练习 6-13】 根据轴测图及视图轮廓绘制完整视图，如图 6-36 所示。

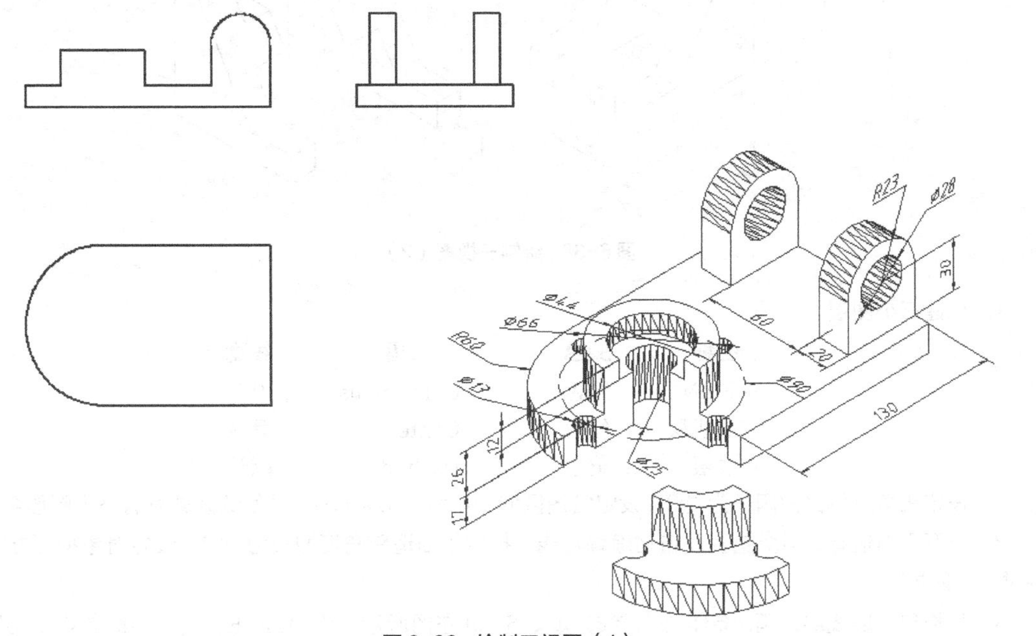

图 6-36 绘制三视图（1）

要点提示

绘制主视图及俯视图后，可将俯视图复制到新位置并旋转 90°，如图 6-37 所示。然后用 XLINE 命令绘制水平及竖直投影线，利用这些线条形成左视图的主要轮廓。

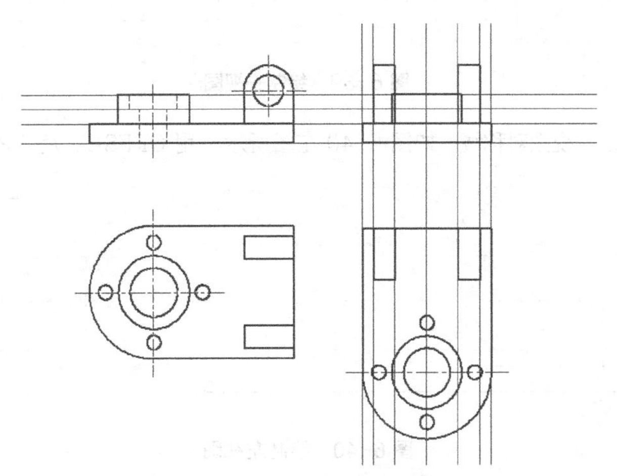

图 6-37 绘制水平及竖直投影线

【练习 6-14】 根据轴测图绘制三视图，如图 6-38 所示。

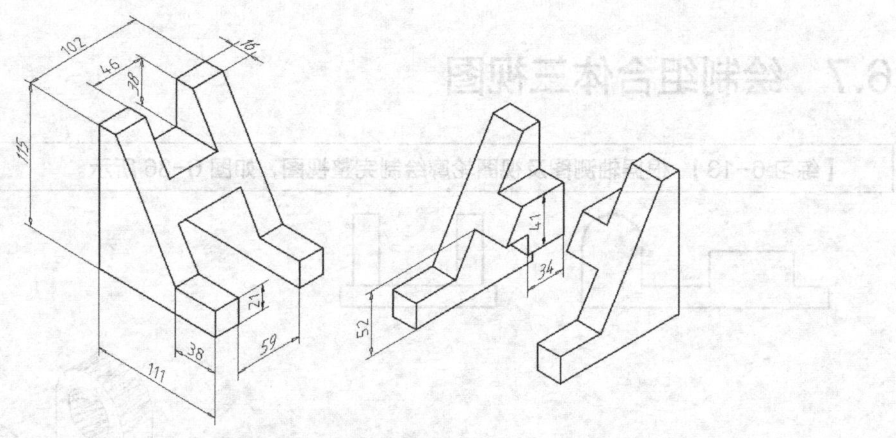

图6-38 绘制三视图（2）

1. 创建三个图层。

名称	颜色	线型	线宽
轮廓线层	绿色	Continuous	0.5
中心线层	红色	Center	默认
虚线层	黄色	Dashed	默认

2. 设定线型总体比例因子为 0.3。设定绘图区域大小为 170×170，并使该区域充满整个图形窗口。

3. 打开极轴追踪、对象捕捉及自动追踪功能。指定极轴追踪角度增量为 90°；设定对象捕捉方式为“端点”“交点”。

4. 切换到轮廓线层，画两条作图基准线，如图 6-39 左图所示。用 OFFSET 及 TRIM 等命令绘制主视图，如图 6-39 右图所示。

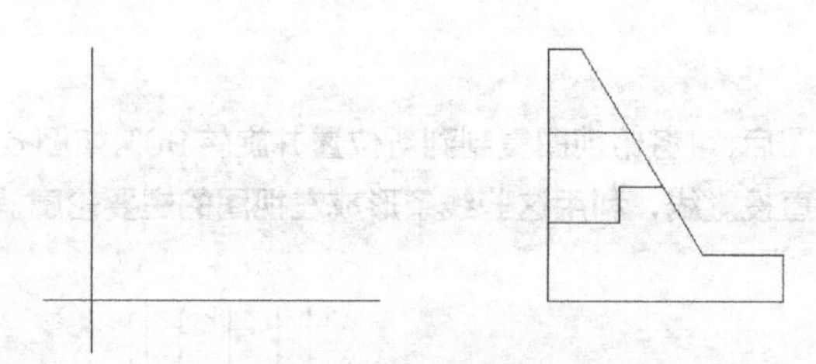

图 6-39 绘制主视图

5. 绘制水平投影线及左视图对称线，如图 6-40 左图所示。用 OFFSET 及 TRIM 等命令绘制左视图，如图 6-40 右图所示。

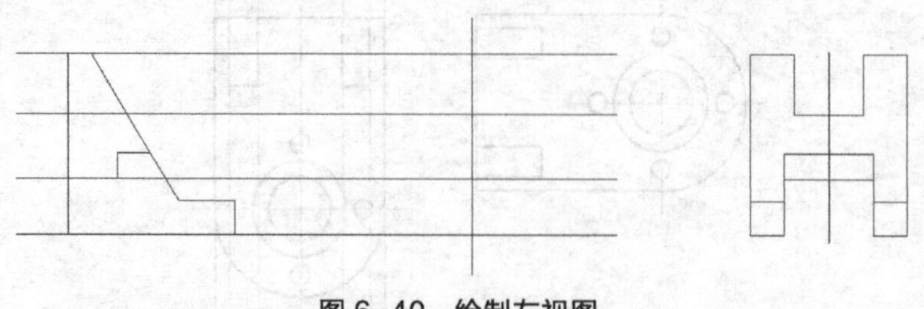

图 6-40 绘制左视图

6. 将左视图复制到屏幕的适当位置，将其旋转 90°，然后用 XLINE 命令从主视图、左视图向俯视图画投影线，如图 6-41 所示。

7. 用 OFFSET 及 TRIM 等命令绘制俯视图细节，如图 6-42 所示。

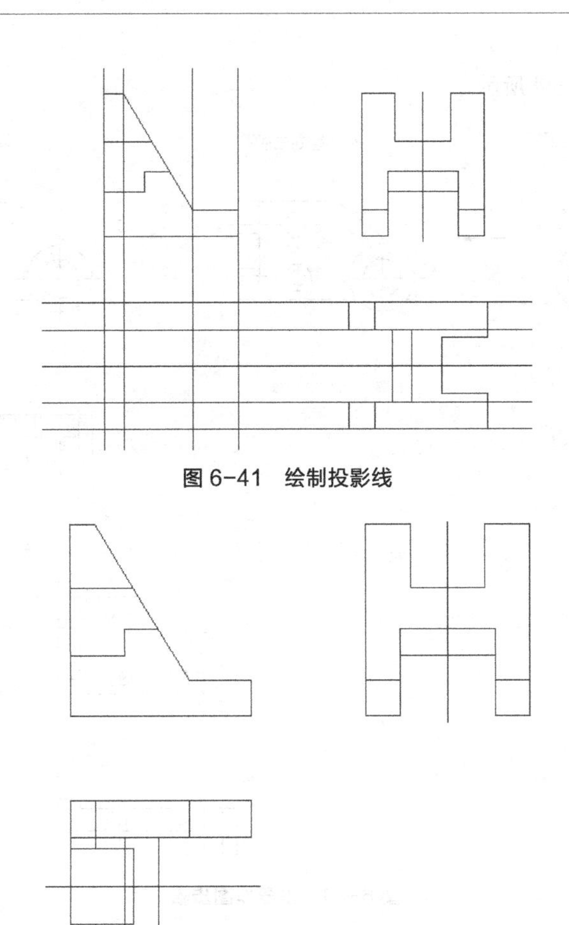

图 6-41　绘制投影线

图 6-42　绘制俯视图

【练习 6-15】 根据轴测图绘制三视图，如图 6-43 所示。

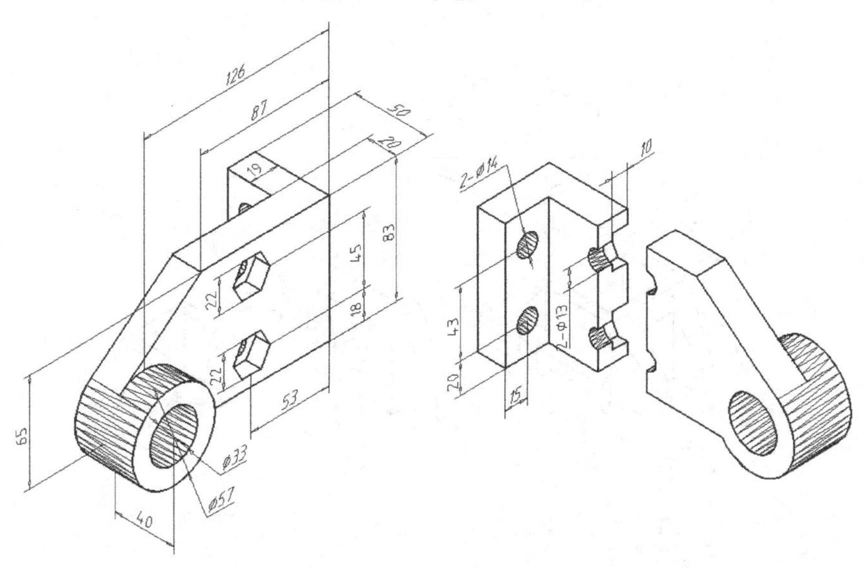

图 6-43　绘制三视图（3）

主要作图步骤如图 6-44 所示。

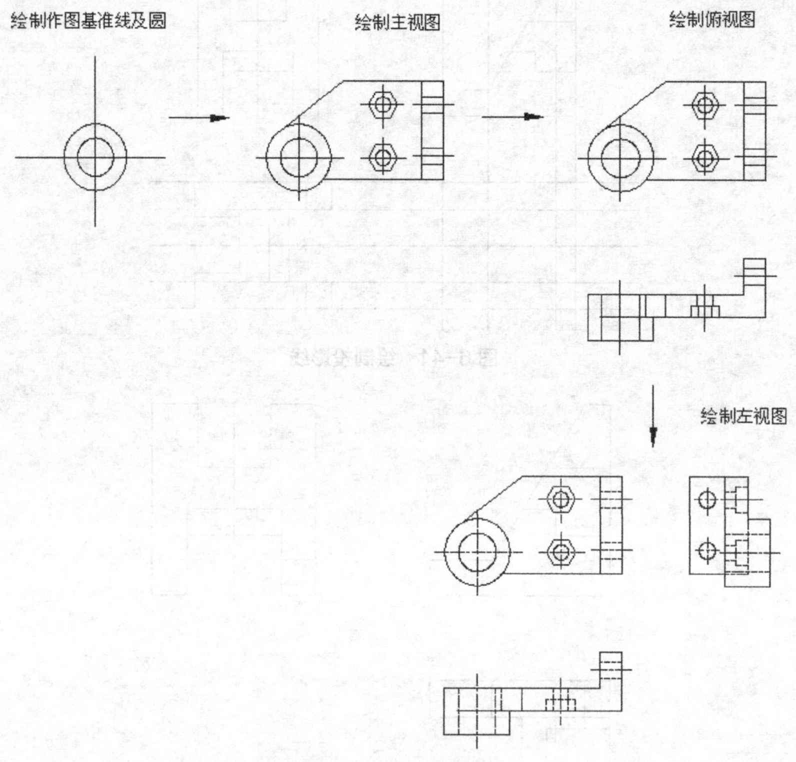

图 6-44　主要作图步骤

【练习 6-16】 根据轴测图及视图轮廓绘制三视图，如图 6-45 所示。

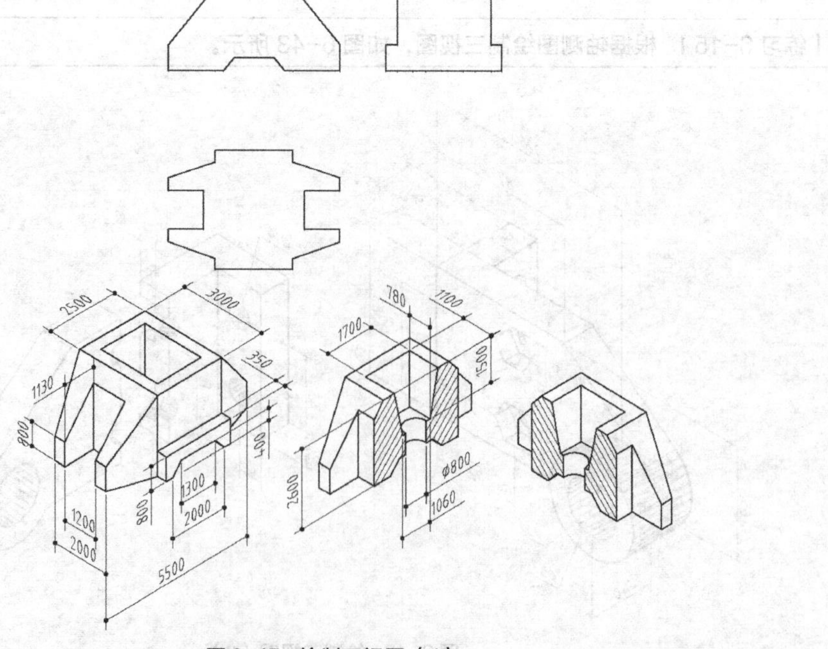

图 6-45　绘制三视图（4）

【练习 6-17】根据立体轴测图及视图轮廓绘制视图，正立面图采用全剖方式绘制，平面图为 1-1 半剖面图，如图 6-46 所示。

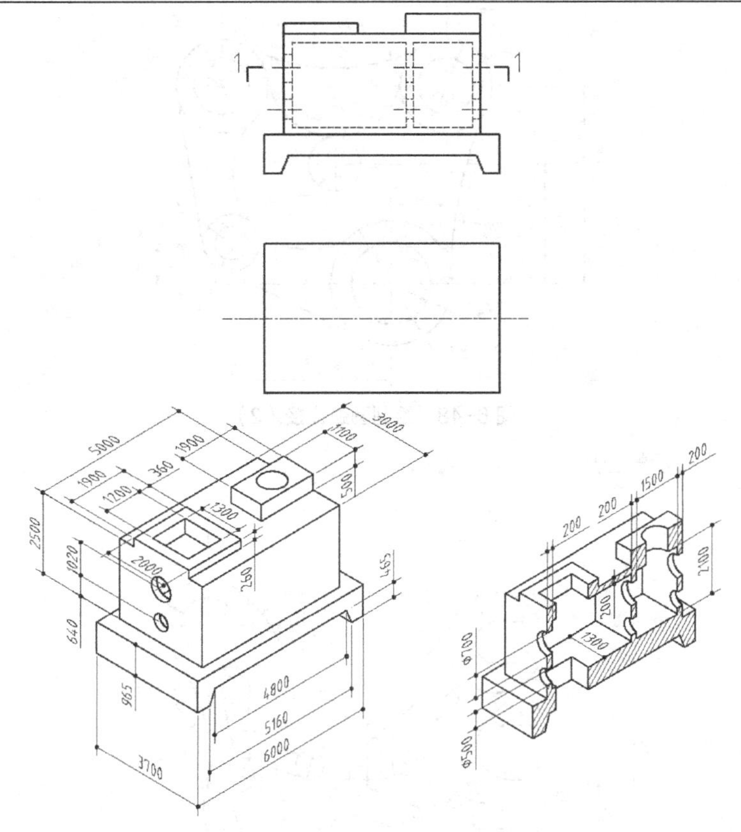

图 6-46　绘制全剖及半剖面图

6.8　习题

1. 绘制图 6-47 所示的图形。

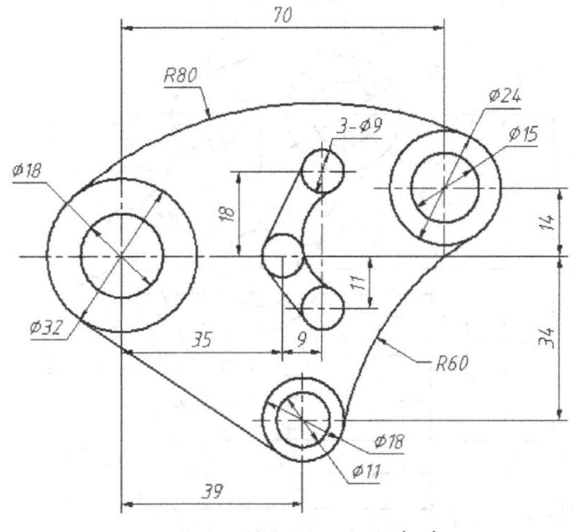

图 6-47　绘制圆弧连接（1）

2. 绘制图 6-48 所示的图形。

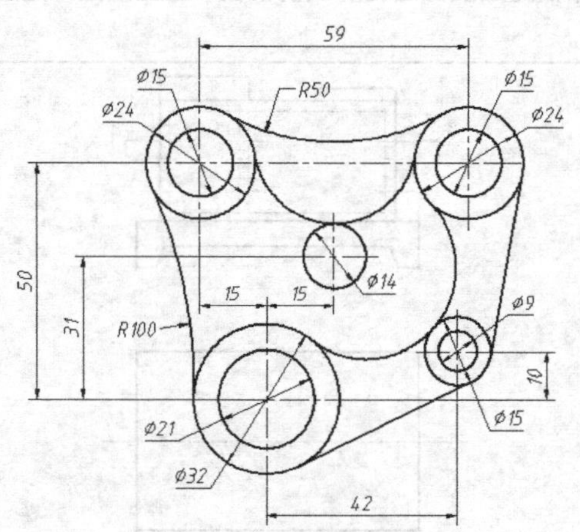

图 6-48　绘制圆弧连接（2）

3. 绘制图 6-49 所示的图形。

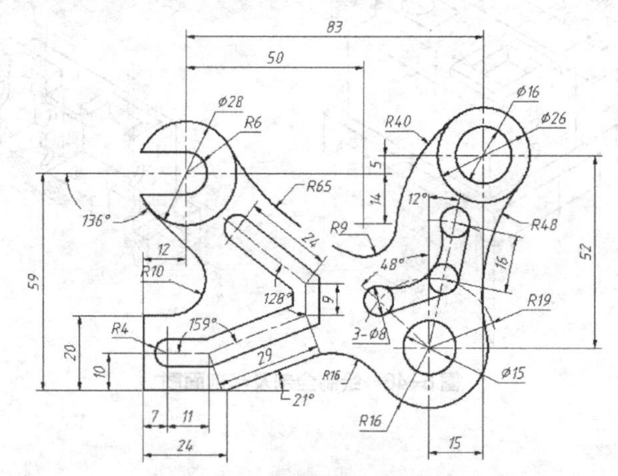

图 6-49　绘制圆弧连接（3）

4. 绘制图 6-50 所示的图形。

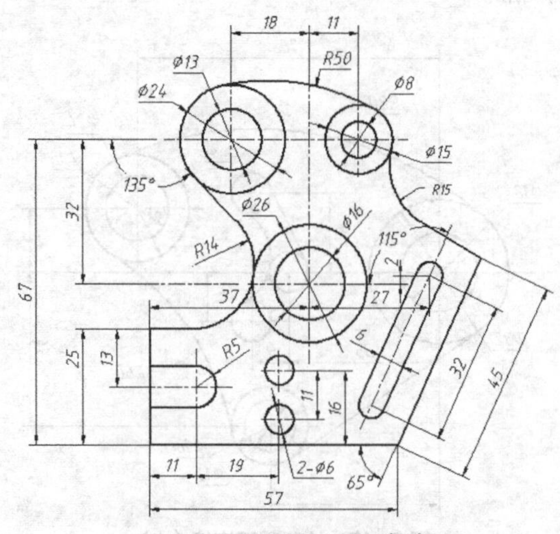

图 6-50　绘制圆弧连接（4）

5. 绘制图 6-51 所示的图形。

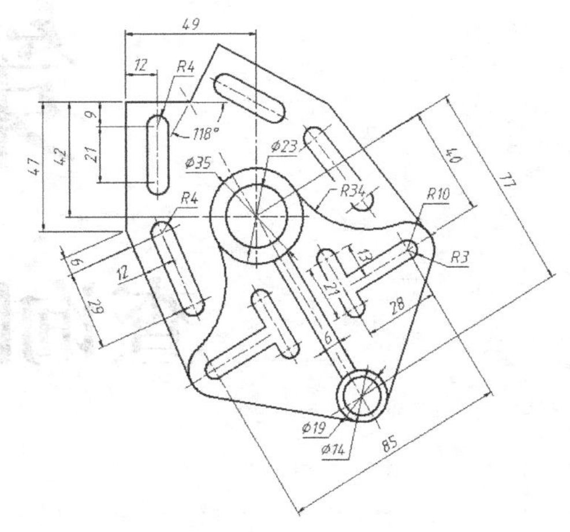

图 6-51　绘制倾斜图形

6. 绘制图 6-52 所示的图形。

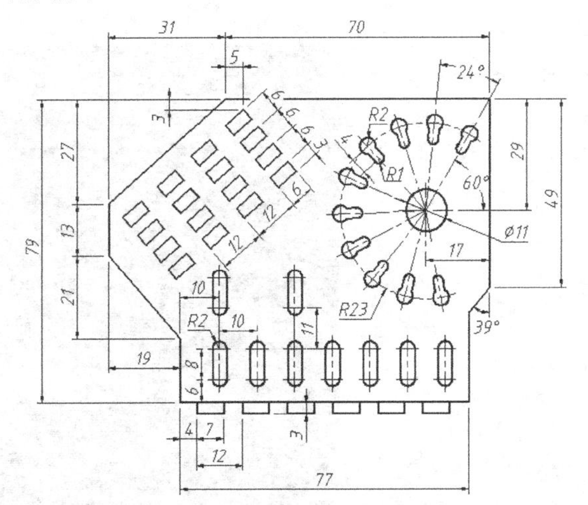

图 6-52　创建矩形及环形阵列

7. 绘制图 6-53 所示的图形。

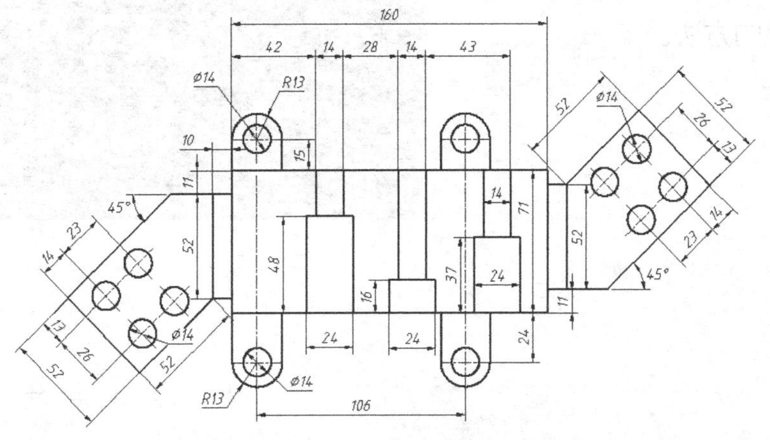

图 6-53　利用已有对象生成新对象

PART07

第7章

查询图形信息

学习目标：

- 熟悉获取点的坐标的方法
- 掌握测量距离的方法
- 学会如何计算图形面积及周长

■ 本章主要介绍查询距离、面积及周长等图形信息的方法。

7.1 获取点的坐标

ID 命令用于查询图形对象上某点的绝对坐标，坐标值以“x, y, z”形式显示出来。对于二维图形，z 坐标值为零。

命令启动方法

- 菜单命令：【工具】/【查询】/【点坐标】。
- 面板：【常用】选项卡中【实用工具】面板上的点坐标按钮。
- 命令：ID。

【练习 7-1】 练习 ID 命令的使用。

打开素材文件“dwg\第 7 章\7-1.dwg”。单击【实用工具】面板上的点坐标按钮，启动 ID 命令，AutoCAD 提示如下。

```
命令: '_id 指定点: cen于                          //捕捉圆心A，如图7-1所示
X = 1463.7504    Y = 1166.5606    Z = 0.0000      //AutoCAD显示圆心坐标值
```

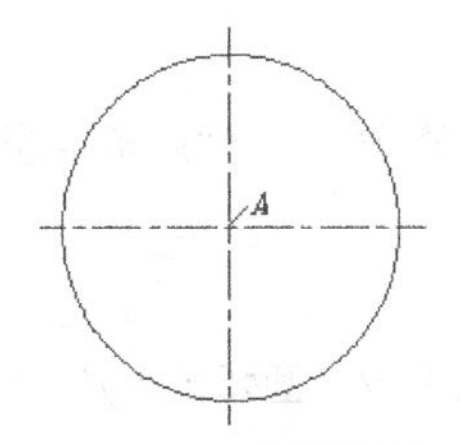

图 7-1 查询点的坐标

ID 命令显示的坐标值与当前坐标系的位置有关。如果用户创建新坐标系，则 ID 命令测量的同一点坐标值也将发生变化。

7.2 测量距离及连续线长度

使用 MEASUREGEOM 命令的【距离】选项（或 DIST 命令）可测量两点间距离，还可计算两点连线与 xy 平面的夹角以及在 xy 平面内的投影与 x 轴的夹角。此外，还能测出连续线的长度。

命令启动方法

- 菜单命令：【工具】/【查询】/【距离】。
- 面板：【常用】选项卡中【实用工具】面板上的按钮。
- 命令：MEASUREGEOM 或简写 MEA。

【练习 7-2】 练习 MEA 命令的使用。

打开素材文件“dwg\第 7 章\7-2.dwg”。单击【实用工具】面板上的按钮，启动 MEA 命令，AutoCAD 提示如下。

```
指定第一点:                                        //捕捉端点A，如图7-2所示
指定第二个点或 [多个点(M)]:                        //捕捉端点B
距离 = 206.9383，XY 平面中的倾角 = 106，   与 XY 平面的夹角 = 0
```

```
X 增量 = -57.4979，  Y 增量 = 198.7900，    Z 增量 = 0.0000
输入选项 [距离(D)/半径(R)/角度(A)/面积(AR)/体积(V)/退出(X)] <距离>: x
                                                        //结束
```

MEA 命令显示的测量值的意义如下。

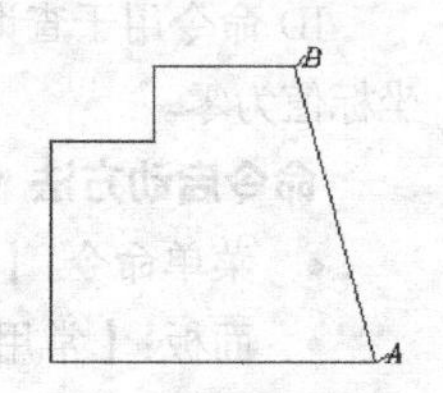

图 7-2 测量距离

- 距离：两点间的距离。
- *XY* 平面中的倾角：两点连线在 *xy* 平面上的投影与 *x* 轴间的夹角，如图 7-3 左图所示。
- 与 *XY* 平面的夹角：两点连线与 *xy* 平面间的夹角。
- *X* 增量：两点的 *x* 坐标差值。
- *Y* 增量：两点的 *y* 坐标差值。
- *Z* 增量：两点的 *z* 坐标差值。

要点提示 **使用 MEA 命令时，两点的选择顺序不影响距离值，但影响该命令的其他测量值。**

利用 MEA 命令可完成以下工作。

（1）计算线段构成的连续线长度。

启动 MEA 命令，选择“多个点（M）”选项，然后指定连续线的端点就能计算出连续线的长度，如图 7-3 中图所示。

（2）计算包含圆弧的连续线长度。

启动 MEA 命令，选择“多个点（M）”/“圆弧（A）”及“直线（L）”选项，就可以像绘制多段线一样测量含圆弧的连续线的长度，如图 7-3 右图所示。

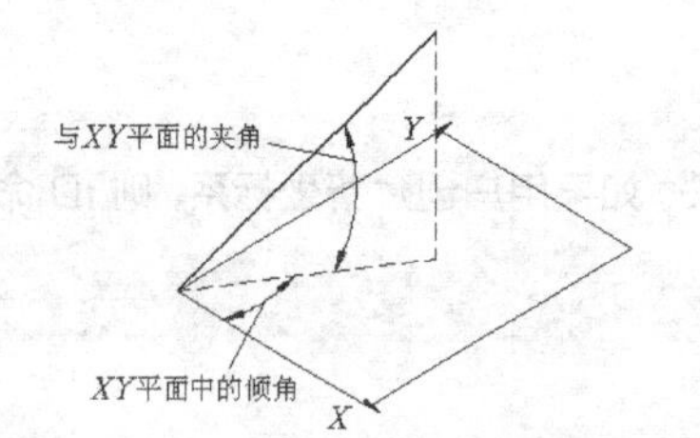

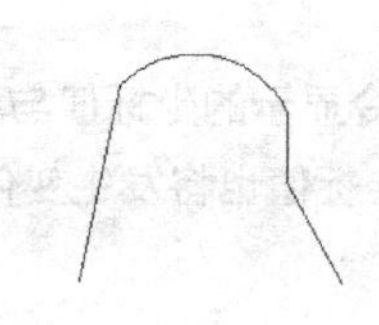

图 7-3 测量距离及长度

启动 MEA 命令后，再打开动态提示，AutoCAD 将在屏幕上显示测量的结果。完成一次测量的同时将弹出快捷菜单，选择【距离】命令，可继续测量距离另一条连续线的长度。

7.3 测量半径及直径

MEA 命令（【半径】选项）可用于测量圆弧的半径或直径值。

命令启动方法

- 菜单命令：【工具】/【查询】/【半径】。
- 面板：【常用】选项卡中【实用工具】面板上的按钮。

启动该命令，选择圆弧或圆，系统在命令窗口显示半径及直径值。若同时打开动态提示，则 AutoCAD 在屏幕上直接显示测量的结果，如图 7-4 所示。完成一次测量后，还将弹出快捷菜单，选择其中的选项，可继续进行测量。

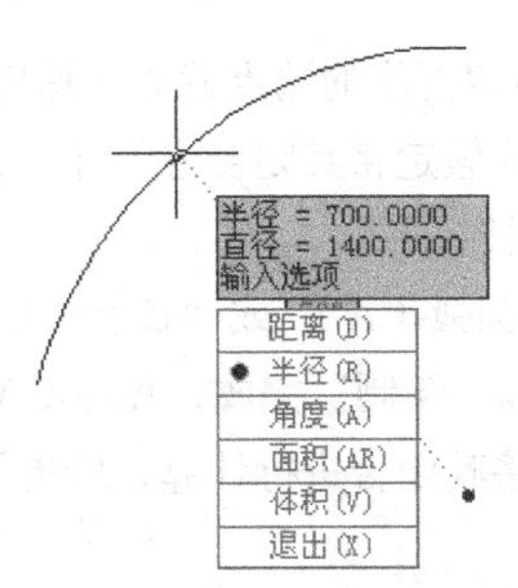

图 7-4 测量半径及直径

7.4 测量角度

MEA 命令(【角度】选项)可用于测量角度值，包括圆弧的圆心角、两条直线夹角及 3 点确定的角度等，如图 7-5 所示。

命令启动方法

- 菜单命令:【工具】/【查询】/【角度】。
- 面板:【常用】选项卡中【实用工具】面板上的按钮。

打开使用该命令可完成以下工作。动态提示，启动该命令，测量角度，AutoCAD 将屏幕上直接显示测量的结果。

(1)测量两条线段的夹角的方法。

单击按钮，选择夹角的两条边，如图 7-5 左图所示。

(2)测量圆心角的方法。

单击按钮，选择圆弧，或者在圆上选择两点，如图 7-5 中图所示。

(3)测量 3 点构成的角度的方法。

单击按钮，先选择夹角的顶点，再选择另外两点，如图 7-5 右图所示。

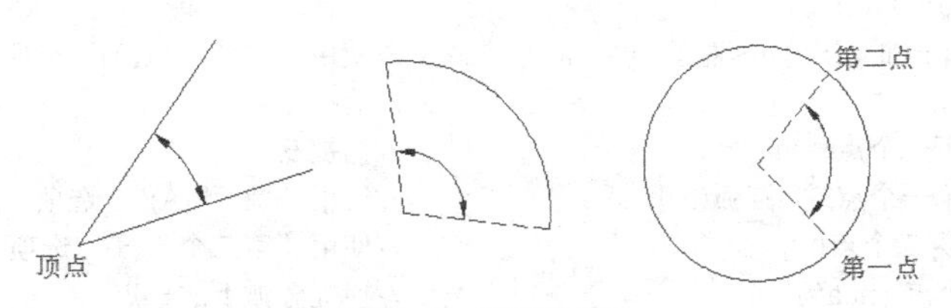

图 7-5 测量角度

7.5 计算图形面积及周长

使用 MEA 命令的“面积(AR)”选项(或 AREA 命令)可测量图形面积及周长。

一、命令启动方法

- 菜单命令:【工具】/【查询】/【面积】。
- 面板:【常用】选项卡中【实用工具】面板上的按钮。

启动该命令的同时打开动态提示，则 AutoCAD 将在屏幕上直接显示测量结果。

使用该命令可完成以下工作。

(1)测量多边形区域的面积及周长。

启动 MEA 或 AREA 命令，然后指定折线的端点就能计算出折线包围区域的面积及周长，如图 7-6 左图所示。若折线不闭合，则 AutoCAD 假定将其闭合进行计算，所得周长是折线闭合后的数值。

（2）测量包含圆弧区域的面积及周长。

启动 MEA 或 AREA 命令，选择“圆弧（A）”或“长度（L）”选项，就可以像创建多段线一样“绘制”图形的外轮廓，如图 7-6 右图所示。“绘制”完成，AutoCAD 显示所得的面积及周长。

若轮廓不闭合，则 AutoCAD 假定将其闭合进行计算，所得周长是轮廓闭合后的数值。

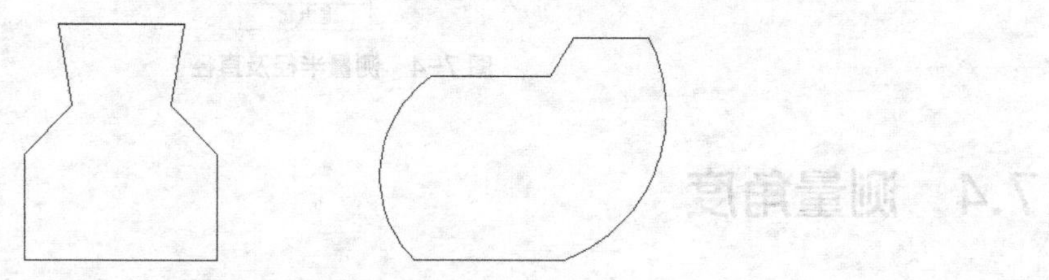

图 7-6　测量图形面积及周长

【练习 7-3】 用 MEA 命令计算图形面积，如图 7-7 所示。

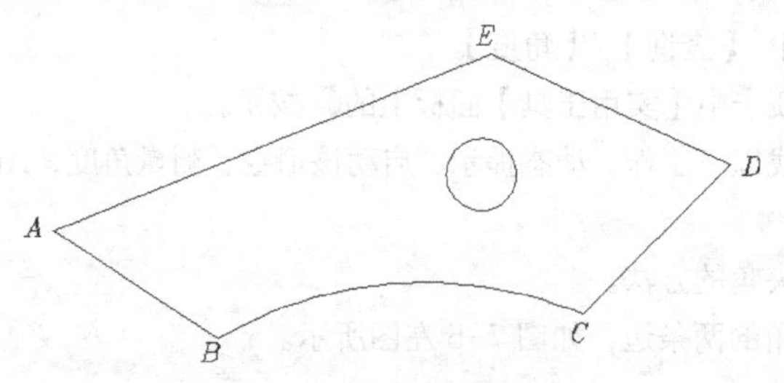

图 7-7　测量图形面积

打开素材文件“dwg\第 7 章\7-3.dwg”，单击【实用工具】选项卡中【查询】面板上的按钮，启动 MEA 命令，AutoCAD 提示如下。

```
命令：_MEASUREGEOM
指定第一个角点或 [增加面积(A)] <对象(O)>：a            //使用“增加面积(A)”选项
指定第一个角点：                                      //捕捉A点
（“加”模式)指定下一个点：                            //捕捉B点
（“加”模式)指定下一个点或 [圆弧(A)]：a                //使用 “圆弧(A)” 选项
指定圆弧的端点或[第二个点(S)]：s                      //使用“第二个点(S)”选项
指定圆弧上的第二个点：nea到                            //捕捉圆弧上的一点
指定圆弧的端点：                                      //捕捉C点
指定圆弧的端点或[直线(L)]：l                          //使用“直线(L)”选项
（“加”模式)指定下一个点：                            //捕捉D点
（“加”模式)指定下一个点：                            //捕捉E点
（“加”模式)指定下一个点：                            //按Enter键
面积 = 933629.2416，周长 = 4652.8657
总面积 = 933629.2416
指定第一个角点或 [减少面积(S)]：s                      //使用“减少面积(S)”选项
指定第一个角点或 [对象(O)]：o                          //使用“对象(O)”选项
(“减”模式) 选择对象：                                //选择圆
面积 = 36252.3386，圆周长 = 674.9521
总面积 = 897376.9029
(“减”模式) 选择对象：                                //按Enter键结束
```

二、命令选项

（1）对象（O）：求出所选对象的面积，有以下两种情况。

- 用户选择的对象是圆、椭圆、面域、正多边形及矩形等闭合图形。
- 对于非封闭的多段线及样条曲线，AutoCAD 将假定有一条连线使其闭合，然后计算出闭合区域的面积，而所计算出的周长却是多段线或样条曲线的实际长度。

（2）增加面积（A）：进入“加”模式。该选项使用户可以将新测量的面积加入到总面积中。

（3）减少面积（S）：利用此选项可使 AutoCAD 把新测量的面积从总面积中扣除。

要点提示 用户可以将复杂的图形创建成面域，然后利用“对象(O)”选项查询面积及周长。

7.6 列出对象的图形信息

使用 LIST 命令可以列表方式显示对象的图形信息，这些信息随对象类型的不同而不同，一般包括以下内容。

- 对象类型、图层及颜色等。
- 对象的一些几何特性，如线段的长度、端点坐标、圆心位置、半径大小、圆的面积及周长等。

命令启动方法

- 菜单命令：【工具】/【查询】/【列表】。
- 面板：【常用】选项卡中【特性】面板上的列表按钮。
- 命令：LIST 或简写 LI。

【练习 7-4】 练习 LIST 命令的使用。

打开素材文件“dwg\第 7 章\7-4.dwg”，单击【特性】面板上的列表按钮，启动 LIST 命令，AutoCAD 提示如下。

```
命令：_list
选择对象：找到 1 个          //选择圆，如图7-8所示
选择对象：                   //按Enter键结束，AutoCAD弹出【文本窗口】
 圆    图层：0
空间：模型空间
句柄 = 1e9
圆心 点， X=1643.5122  Y=1348.1237  Z=    0.0000
半径   59.1262
周长  371.5006
面积  10982.7031
```

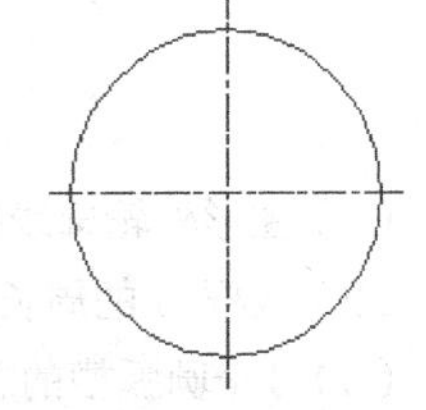

图 7-8 练习使用 LIST 命令

用户可以将复杂的图形创建成面域，然后用 LIST 命令查询面积及周长等。

7.7 查询图形信息综合练习

【练习 7-5】打开素材文件“dwg\第 7 章\7-5.dwg”，如图 7-9 所示，计算该图形的面积及周长。

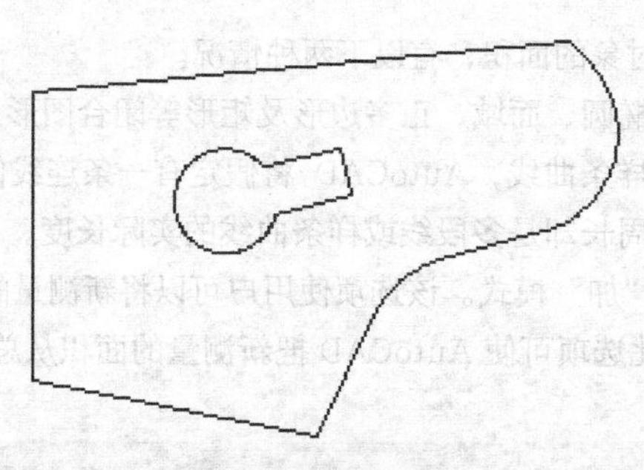

图 7-9 计算面积及周长（1）

1. 用 REGION 命令将图形外轮廓线框及内部线框创建成面域。

2. 用外轮廓线框构成的面域“减去”内部线框构成的面域。

3. 用 LIST 查询面域的面积和周长，结果为：面积等于 12825.2162，周长等于 643.8560。

【练习 7-6】 打开素材文件“dwg\第 7 章\7-6.dwg”，如图 7-10 所示。试计算：

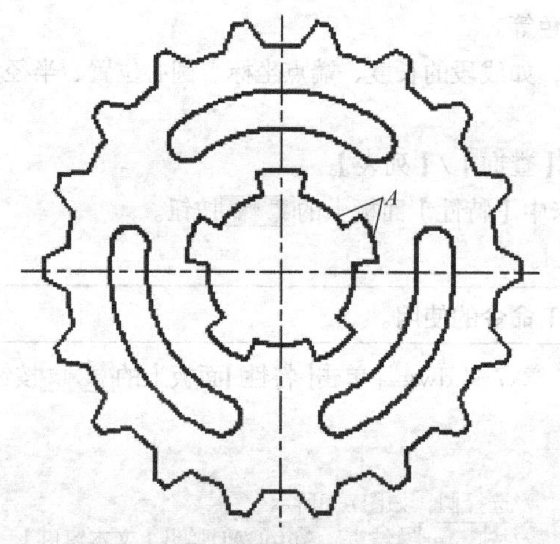

图 7-10 计算面积及周长（2）

（1）图形外轮廓线的周长。

（2）线框 *A* 的周长及围成的面积。

（3）3 个圆弧槽的总面积。

（4）去除圆弧槽及内部异形孔后的图形总面积。

1. 用 REGION 命令将图形外轮廓线围成的区域创建成面域，然后用 LIST 命令获取外轮廓线框的周长，数值为 758.56。

2. 把线框 *A* 围成的区域创建成面域，再用 LIST 命令查询该面域的周长和面积，数值分别为 292.91 和 3421.76。

3. 将 3 个圆弧槽创建成面域，然后利用 MEA 命令的“增加面积（A）”选项计算 3 个槽的总面积，数值为 4108.50。

4. 用外轮廓线面域“减去”3 个圆弧槽面域及内部异形孔面域，再用 LIST 命令查询图形总面积，数值为 17934.85。

7.8 习题

1. 打开素材文件“dwg\第 7 章\7-7.dwg”，如图 7-11 所示。试计算图形面积及外轮廓线周长。
2. 打开素材文件“dwg\第 7 章\7-8.dwg”，如图 7-12 所示，试计算图形面积及外轮廓线周长。

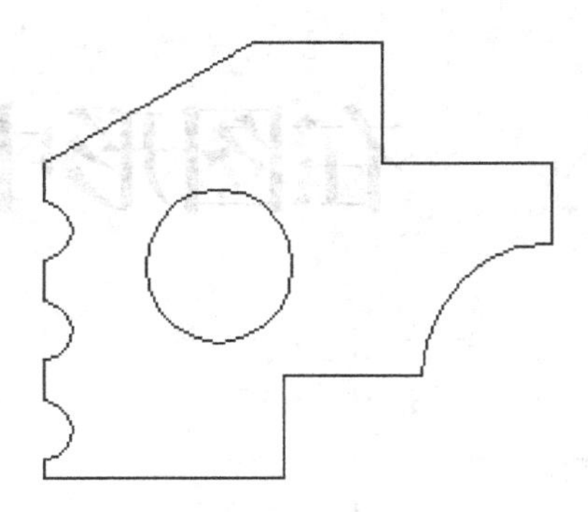

图 7-11 计算图形面积及周长（1）

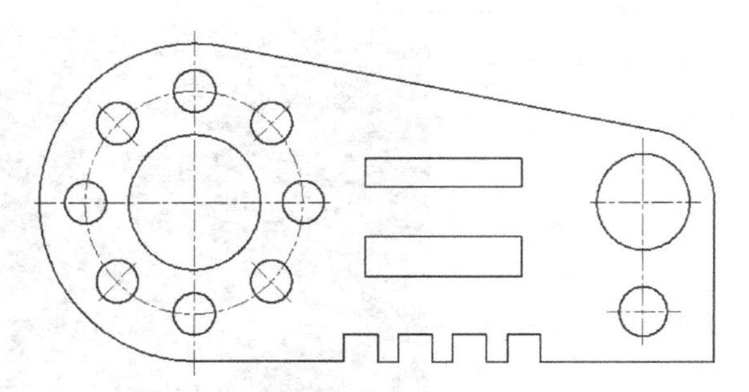

图 7-12 计算图形面积及周长（2）

PART08

第8章

在图形中添加文字

学习目标：

- 掌握创建、修改文字样式的方法
- 学会书写单行文字
- 学会书写多行文字
- 学会编辑文字
- 熟悉创建表格对象的方法

■ 本章主要介绍单行、多行文字及表格对象的创建和编辑方法。

8.1 创建及修改文字样式

在 AutoCAD 中创建文字对象时，它们的外观都由与其关联的文字样式所决定。默认情况下，Standard 文字样式是当前样式，用户也可根据需要创建新的文字样式。

文字样式主要是用于控制与文本连接的字体文件、字符宽度、文字倾斜角度及高度等项目。另外，还可通过它设计出相反的、颠倒的以及竖直方向的文本。

【练习 8-1】 创建文字样式。

1. 选择菜单命令【格式】/【文字样式】或单击【注释】面板上的A按钮，打开【文字样式】对话框，如图 8-1 所示。

2. 单击新建(N)...按钮，打开【新建文字样式】对话框，在【样式名】文本框中输入文字样式的名称“样式 1”，如图 8-2 所示。

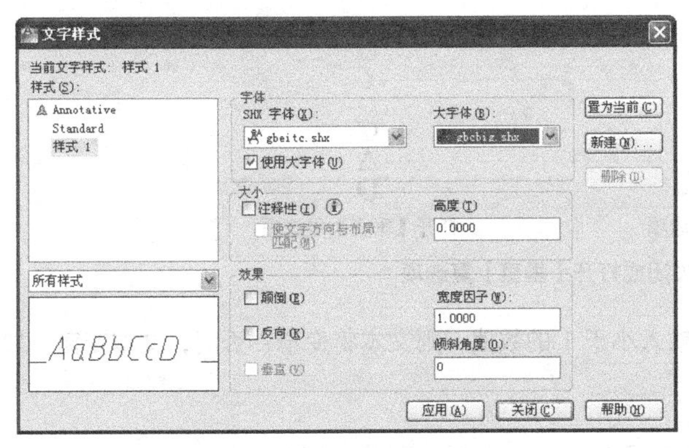

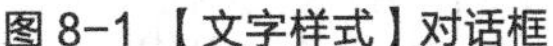
图 8-1 【文字样式】对话框

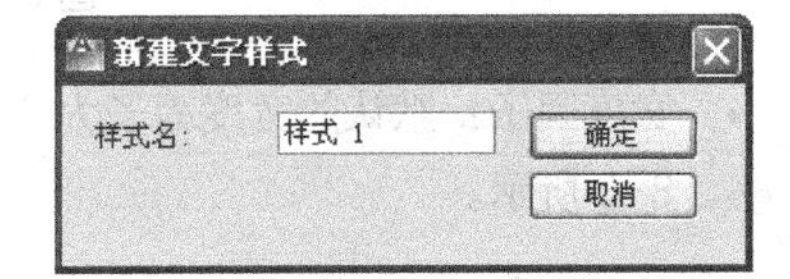

图 8-2 【新建文字样式】对话框

3. 单击确定按钮，返回【文字样式】对话框，在【SHx 字体】下拉列表中选择“gbeitc.shx”。再选中【使用大字体】复选项，然后在【大字体】下拉列表中选择“gbcbig.shx”，如图 8-1 所示。

4. 单击应用(A)按钮完成创建。

设置字体、字高和特殊效果等外部特征，以及修改、删除文字样式等操作都是在【文字样式】对话框中进行的。为了让用户更好地了解文字样式，现将该对话框的常用选项介绍如下。

- 【样式】列表框：该列表框中显示图样中所有文字样式的名称，用户可从中选择一个，使其成为当前样式。
- 新建(N)...按钮：单击此按钮，就可以创建新文字样式。
- 删除(D)按钮：在【样式】列表框中选择一个文字样式，再单击此按钮，就可以将该文字样式删除。当前样式和正在使用的文字样式不能被删除。
- 【SHx 字体】下拉列表：在此下拉列表中罗列了所有的字体。带有双“T”标志的字体是 Windows 系统提供的“TrueType”字体，其他字体是 AutoCAD 自己的字体（*.shx），其中“gbenor.shx”和“gbeitc.shx”（斜体西文）字体是符合国标的工程字体。
- 使用大字体：大字体是指专为亚洲国家设计的文字字体。其中“gbcbig.shx”字体是符合国标的工程汉字字体，该字体文件还包含一些常用的特殊符号。由于“gbcbig.shx”中不包含西文字体定义，所以使用时可将其与“gbenor.shx”和“gbeitc.shx”字体配合使用。
- 高度：用于输入字体的高度。如果用户在该文本框中指定了文本高度，则当使用 DTEXT（单行文字）命令时，系统将不再提示“指定高度”。

- 颠倒：选中此复选项，文字将上下颠倒显示。该复选项仅影响单行文字，如图 8-3 所示。
- 反向：选中此复选项，文字将首尾反向显示。该复选项仅影响单行文字，如图 8-4 所示。

AutoCAD 2000 关闭【颠倒】复选项　　AutoCAD 2000 打开【颠倒】复选项

图 8-3　关闭或打开【颠倒】复选项

AutoCAD 2000 关闭【反向】复选项　　AutoCAD 2000 打开【反向】复选项

图 8-4　关闭或打开【反向】复选项

- 垂直：选中此复选项，文字将沿竖直方向排列，如图 8-5 所示。

AutoCAD 关闭【垂直】复选项　　AutoCAD 打开【垂直】复选项

图 8-5　关闭或打开【垂直】复选项

- 宽度因子：默认的宽度因子为 1。若输入小于 1 的数值，则文本将变窄；否则，文本变宽，如图 8-6 所示。

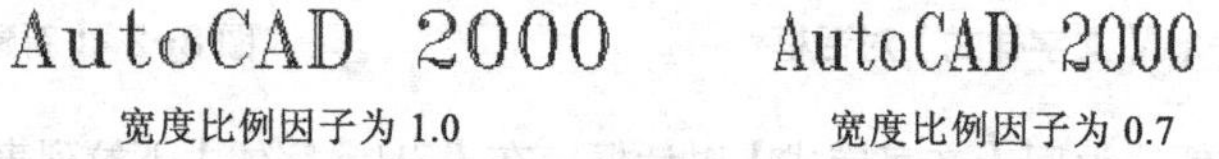

AutoCAD 2000 宽度比例因子为 1.0　　AutoCAD 2000 宽度比例因子为 0.7

图 8-6　调整宽度比例因子

- 倾斜角度：该文本框用于指定文本的倾斜角度。角度值为正时向右倾斜，为负时向左倾斜，如图 8-7 所示。

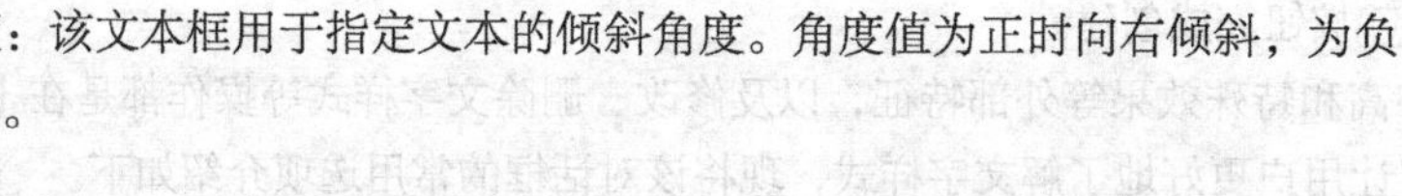

AutoCAD 2000 倾斜角度为 30º　　AutoCAD 2000 倾斜角度为-30º

图 8-7　设置文字倾斜角度

修改文字样式也是在【文字样式】对话框中进行的，其过程与创建文字样式相似，这里不再赘述。修改文字样式时，用户应注意以下几点。

（1）修改完成后，单击【文字样式】对话框的 应用(A) 按钮，则修改生效，AutoCAD 立即更新图样中与此文字样式关联的文字。

（2）当修改文字样式关联的字体文件时，AutoCAD 将改变所有文字的外观。

（3）当修改文字的颠倒、反向和垂直特性时，AutoCAD 将改变单行文字的外观；而修改文字高度、宽度因子及倾斜角度时，则不会引起已有单行文字外观的改变，但将影响此后创建的文字对象。

（4）对于多行文字，只有改变【垂直】【宽度因子】及【倾斜角度】选项才影响已有多行文字的外观。

8.2 单行文字

在 AutoCAD 中有两类文字对象：一类是单行文字，另一类是多行文字，它们分别由 TEXT 和 MTEXT 命令来创建。一般来讲，比较简短的文字项目（如标题栏信息、尺寸标注说明等）常常采用单行文字，而对带有段落格式的信息（如工艺流程、技术条件等）常采用多行文字。

8.2.1 创建单行文字

TEXT 命令用于创建单行文字对象。发出此命令后，用户不仅可以设定文本的对齐方式和文字的倾斜角度，还能用十字光标在不同的地方选取点以定位文本的位置（系统变量 DTEXTED 不等于 0），该特性使用户只发出一次命令就能在图形的多个区域放置文本。

默认情况下，与新建文字关联的文字样式是“Standard”。如果要输入中文，应使当前文字样式与中文字体相关联，此外，也可创建一个采用中文字体的新文字样式。

一、命令启动方法

- 菜单命令：【绘图】/【文字】/【单行文字】。
- 面板：【常用】选项卡中【注释】面板上的 A 单行文字 按钮。
- 命令：TEXT 或简写 DT。

【练习 8-2】 用 TEXT 命令在图形中放置一些单行文字。

1. 打开素材文件“dwg\第 8 章\8-2.dwg”。

2. 创建新文字样式并使其为当前样式。样式名为“工程文字”，与该样式相关联的字体文件是“gbeitc.shx”和“gbcbig.shx”。

3. 启动 TEXT 命令书写单行文字，如图 8-8 所示。

```
命令: _text
指定文字的起点或 [对正(J)/样式(S)]:                //单击A点，如图8-8所示
指定高度 <3.0000>: 5                               //输入文字高度
指定文字的旋转角度 <0>:                            //按Enter键
横臂升降机构                                       //输入文字
行走轮                                             //在B点处单击一点，并输入文字
行走轨道                                           //在C点处单击一点，并输入文字
行走台车                                           //在D点处单击一点，输入文字并按Enter键
台车行走速度5.72m/min                              //输入文字并按Enter键
台车行走电机功率3kW                                //输入文字
立架                                               //在E点处单击一点，并输入文字
配重系统                                           //在F点处单击一点，输入文字并按Enter键
                                                   //按Enter键结束
命令:DTEXT                                         //重复命令
指定文字的起点或 [对正(J)/样式(S)]:                //单击G点
指定高度 <5.0000>:                                 //按Enter键
指定文字的旋转角度 <0>: 90                         //输入文字旋转角度
设备总高5500                                       //输入文字并按Enter键
                                                   //按Enter键结束
```

再在 *H* 点处输入“横臂升降行程 1 500”，结果如图 8-8 所示。

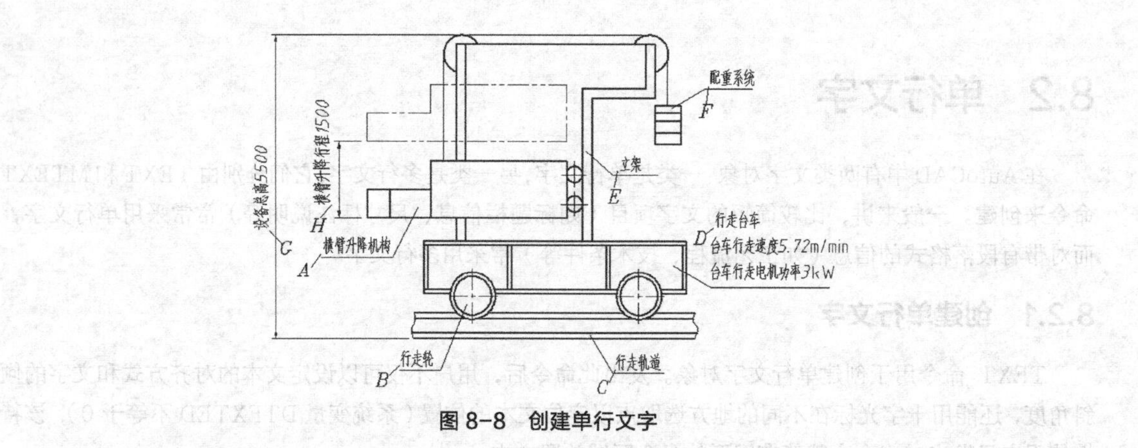

图 8-8　创建单行文字

要点提示 若发现图形中的文本没有正确显示出来，则多数情况是由于文字样式所关联的字体不合适。

二、命令选项

- 样式（S）：指定当前文字样式。
- 对正（J）：设定文字的对齐方式，详见 8.2.2 小节。

8.2.2　单行文字的对齐方式

输入 TEXT 命令后，AutoCAD 提示用户输入文本的插入点，此点和实际字符的位置关系由对齐方式“对正（J）”所决定。对于单行文字，AutoCAD 提供了十多种对正选项。默认情况下，文本是左对齐的，即指定的插入点是文字的左基线点，如图 8-9 所示。

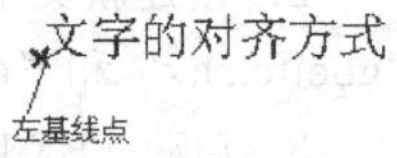

文字的对齐方式
左基线点

图 8-9　左对齐方式

如果要改变单行文字的对齐方式，就使用“对正（J）”选项。在“指定文字的起点或[对正（J）/样式（S）]:”提示下，输入“j”，则 AutoCAD 提示如下。

[对齐(A)/布满(F)/居中(C)/中间(M)/右对齐(R)/左上(TL)/中上(TC)/右上(TR)/左中(ML)/正中(MC)/右中(MR)/左下(BL)/中下(BC)/右下(BR)]:

下面对以上给出的选项进行详细说明。

- 对齐（A）：使用此选项时，系统提示指定文本分布的起始点和结束点。当用户选定两点并输入文本后，系统会将文字压缩或扩展，使其充满指定的宽度范围，而文字的高度则按适当比例变化，以使文本不至于被扭曲。
- 布满（F）：使用此选项时，系统增加了“指定高度”的提示。使用此选项也将压缩或扩展文字，使其充满指定的宽度范围，但文字的高度值等于指定的数值。

分别利用“对齐（A）”和“布满（F）”选项在矩形框中填写文字，结果如图 8-10 所示。

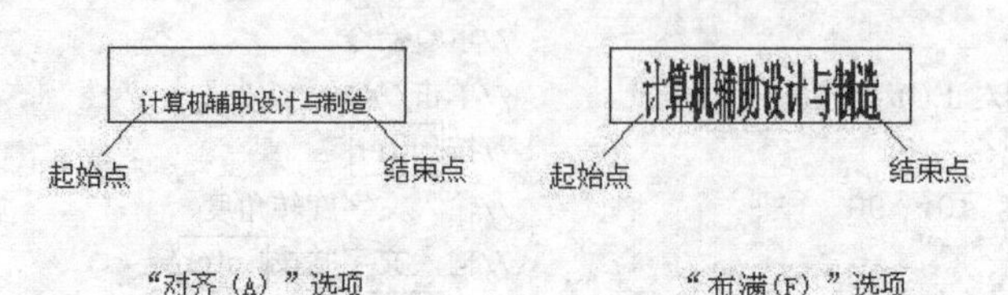

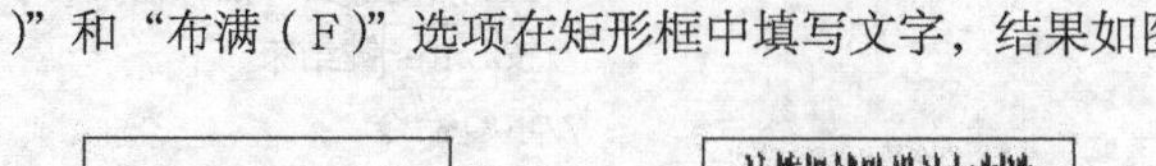

图 8-10　利用“对齐（A）”及“调整（F）”选项填写文字

- 居中（C）/中间（M）/右对齐（R）/左上（TL）/中上（TC）/右上（TR）/左中（ML）/正中

（MC）/右中（MR）/左下（BL）/中下（BC）/右下（BR）：通过这些选项可以设置文字的插入点，各插入点的位置如图 8-11 所示。

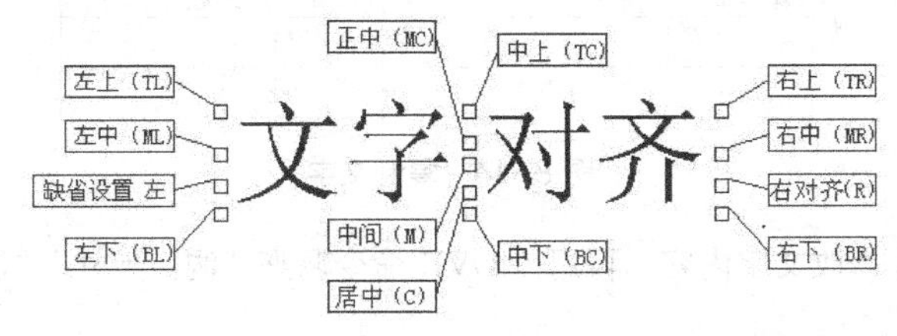

图 8-11　设置插入点

8.2.3　在单行文字中加入特殊符号

工程图中用到的许多符号都不能通过标准键盘直接输入，如文字的下划线、直径代号等。当用户利用 DTEXT 命令创建文字注释时，必须输入特殊的代码来产生特定的字符，这些代码及对应的特殊符号如表 8-1 所示。

表 8-1　特殊字符的代码

代码	字符
%%o	文字的上划线
%%u	文字的下划线
%%d	角度的度符号
%%p	表示"±"
%%c	直径代号

使用表中代码生成特殊字符的样例如图 8-12 所示。

添加%%u特殊%%u字符	添加特殊字符
%%c100	φ100
%%p0.010	±0.010

图 8-12　创建特殊字符

8.2.4　用 TEXT 命令填写表格的技巧

用 TEXT 命令可以方便地在表格中填写文字，但如果要保证表中文字项目的位置是对齐的就很困难了，因为使用 TEXT 命令时只能通过拾取点来确定文字的位置，这样就几乎不可能保证表中文字的位置是准确对齐的。

【练习 8-3】 向表格中添加文字的技巧。

1. 打开素材文件"dwg\第 8 章\8-3.dwg"。
2. 用 DTEXT 命令在表格的第一行中书写文字"门窗编号"，如图 8-13 所示。

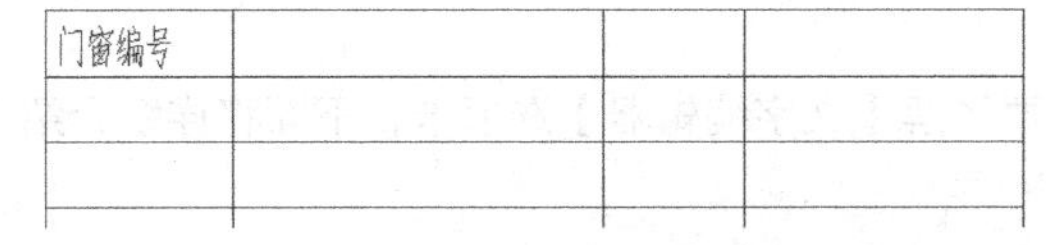

图 8-13　书写单行文字

3. 用 COPY 命令将“门窗编号”由 A 点复制到 B、C、D 点，结果如图 8-14 所示。

门窗编号	门窗编号	门窗编号	门窗编号
A	B	C	D

图 8-14　复制文字

4. 用 DDEDIT 命令修改文字内容，再用 MOVE 命令调整“洞口尺寸”“位置”的位置，结果如图 8-15 所示。

门窗编号	洞口尺寸	数量	位置

图 8-15　修改文字内容并调整其位置

5. 把已经填写的文字向下复制，结果如图 8-16 所示。

门窗编号	洞口尺寸	数量	位置
门窗编号	洞口尺寸	数量	位置
门窗编号	洞口尺寸	数量	位置
门窗编号	洞口尺寸	数量	位置
门窗编号	洞口尺寸	数量	位置

图 8-16　向下复制文字

6. 用 DDEDIT 命令修改文字内容，结果如图 8-17 所示。

门窗编号	洞口尺寸	数量	位置
M1	4260X2700	2	阳台
M2	1500X2700	1	主入口
C1	1800X1800	2	楼梯间
C2	1020X1500	2	卧室

图 8-17　修改文字内容

8.3 多行文字

使用 MTEXT 命令可以创建复杂的文字说明。用 MTEXT 命令生成的文字段落被称为多行文字，它可由任意数目的文字行组成，所有的文字构成一个单独的实体。使用 MTEXT 命令时，用户可以指定文本分布的宽度，但文字沿竖直方向可无限延伸。另外，用户还能设置多行文字中单个字符或某一部分文字的属性（包括文本的字体、倾斜角度和高度等）。

8.3.1 创建多行文字

要创建多行文字，首先要了解【文字编辑器】选项卡，下面将详细介绍【文字编辑器】选项卡的使用方法及常用选项的功能。

命令启动方法

- 菜单命令：【绘图】/【文字】/【多行文字】。
- 面板：【常用】选项卡中【注释】面板上的A 多行文字按钮。
- 命令：MTEXT 或简写 T。

【练习 8-4】 练习使用 MTEXT 命令。

启动 MTEXT 命令后，AutoCAD 提示如下。

```
指定第一角点:                    //用户在屏幕上指定文本边框的一个角点
指定对角点:                      //指定文本边框的对角点
```

当指定了文本边框的第一个角点后，再拖动鼠标光标指定矩形分布区域的另一个角点，一旦建立了文本边框，AutoCAD 就将弹出【文字编辑器】选项卡及顶部带标尺的文字输入框，这两部分组成了多行文字编辑器，如图 8-18 所示。利用此编辑器，用户可以方便地创建文字并设置文字样式、对齐方式、字体及字高等。

用户在文字输入框中输入文本，当文本到达定义边框的右边界时，按 Shift+Enter 组合键换行（若按 Enter 键换行，则表示已输入的文字构成一个段落）。默认情况下，文字输入框是透明的，用户可以观察到输入文字与其他对象是否重叠。若要关闭透明特性，可单击【选项】面板上的 更多 按钮，然后选择【编辑器设置】/【不透明背景】命令。

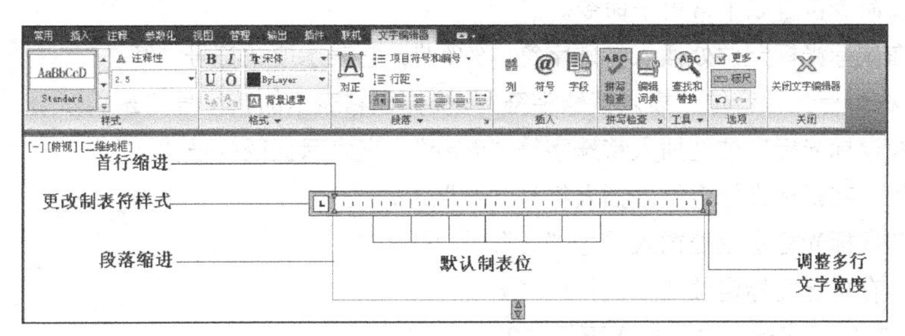

图 8-18 多行文字编辑器

下面介绍多行文字编辑器的主要功能。

一、【文字编辑器】选项卡

- 【样式】面板：设置多行文字的文字样式。若将一个新样式与现有的多行文字相关联，将不会影响文字的某些特殊格式，如粗体、斜体、堆叠等。
- 【字体】下拉列表：从此列表中选择需要的字体。多行文字对象中可以包含不同字体的字符。
- 【字体高度】栏：从此下拉列表中选择或直接输入文字高度。多行文字对象中可以包含不同高度的字符。
- B 按钮：如果所选用的字体支持粗体，则可以通过此按钮将文本修改为粗体形式，按下该按钮为打开状态。
- I 按钮：如果所选用的字体支持斜体，则可以通过此按钮将文本修改为斜体形式，按下该按钮为打开状态。
- U 按钮：可利用此按钮将文字修改为下划线形式。
- 【文字颜色】下拉列表：为输入的文字设定颜色或修改已选定文字的颜色。
- 标尺 按钮：打开或关闭文字输入框上部的标尺。
- 、、、、按钮：设定文字的对齐方式，这 5 个按钮的功能分别为左对齐、居中、右对齐、对正和分散对齐。

- 行距按钮：设定段落文字的行间距。
- 项目符号和编号按钮：给段落文字添加数字编号、项目符号或大写字母形式的编号。
- O按钮：给选定的文字添加上划线。
- @按钮：单击此按钮，弹出菜单，该菜单包含了许多常用符号。
- 【倾斜角度】文本框：设定文字的倾斜角度。
- 【追踪】文本框：控制字符间的距离。输入大于 1 的数值，将增大字符间距；否则，缩小字符间距。
- 【宽度因子】文本框：设定文字的宽度因子。输入小于 1 的数值，文本将变窄；否则，文本变宽。
- A按钮：设置多行文字的对正方式。

二、文字输入框

（1）标尺：设置首行文字及段落文字的缩进，还可设置制表位，操作方法如下。

- 拖动标尺上第一行的缩进滑块，可改变所选段落第一行的缩进位置。
- 拖动标尺上第二行的缩进滑块，可改变所选段落其余行的缩进位置。
- 标尺上显示了默认的制表位，如图 8-18 所示。要设置新的制表位，可用鼠标光标单击标尺。要删除创建的制表位，可用鼠标光标按住制表位，将其拖出标尺。

（2）快捷菜单：在文本输入框中单击鼠标右键，弹出快捷菜单，该菜单中包含了一些标准编辑命令和多行文字特有的命令，如图 8-19 所示（只显示了部分命令）。

- 符号：该命令包含以下常用子命令。

  度数：在鼠标光标定位处插入特殊字符“%%d”，它表示度数符号“°”。

  正/负：在鼠标光标定位处插入特殊字符“%%p”，它表示加减符号“±”。

  直径：在鼠标光标定位处插入特殊字符“%%c”，它表示直径符号“ϕ”。

  几乎相等：在鼠标光标定位处插入符号“≈”。

  角度：在鼠标光标定位处插入符号“∠”。

  不相等：在鼠标光标定位处插入符号“≠”。

  下标 2：在鼠标光标定位处插入下标“2”。

  平方：在鼠标光标定位处插入上标“2”。

  立方：在鼠标光标定位处插入上标“3”。

  其他：选择该命令，AutoCAD 弹出【字符映射表】对话框。在该对话框的【字体】下拉列表中选取字体，则对话框显示所选字体包含的各种字符，如图 8-20 所示。若要插入一个字符，先选择它并单击选择(S)按钮，此时 AutoCAD 将选取的字符放在【复制字符】文本框中。依次选取所有要插入的字符，然后单击复制(C)按钮，关闭【字符映射表】对话框，返回多行文字编辑器，在要插入字符的地方单击鼠标左键，再单击鼠标右键，从弹出的快捷菜单中选取【粘贴】命令，这样就将字符插入多行文字中了。
- 输入文字：选取该命令，则 AutoCAD 弹出【选择文件】对话框，用户可通过该对话框将其他文字处理器创建的文本文件输入到当前图形中。
- 项目符号和列表：给段落文字添加编号及项目符号。
- 背景遮罩：在文字后设置背景。
- 段落对齐：设置多行文字的对齐方式。
- 段落：设定制表位和缩进，控制段落的对齐方式、段落间距、行间距。
- 查找和替换：该命令用于搜索及替换指定的字符串。
- 堆叠：利用此命令使可层叠的文字堆叠起来（如图 8-21 所示），这对创建分数及公差形式的文字很有用。AutoCAD 通过特殊字符“/”“^”及“#”表明多行文字是可层叠的。输入层叠文字的方式为“左边文字+特殊字符+右边文字”，堆叠后，左面文字被放在右边文字的上面。

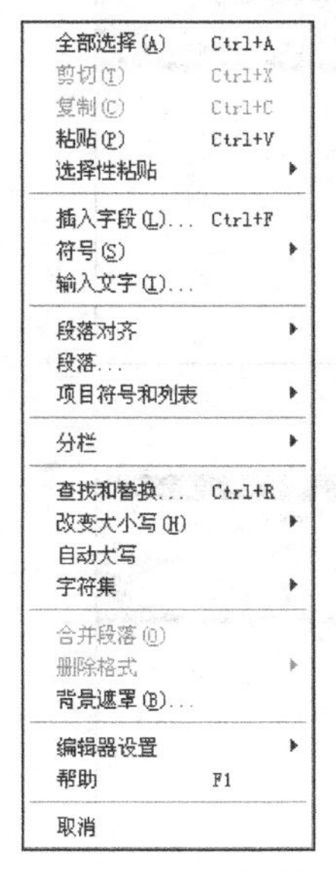

图 8-19　快捷菜单

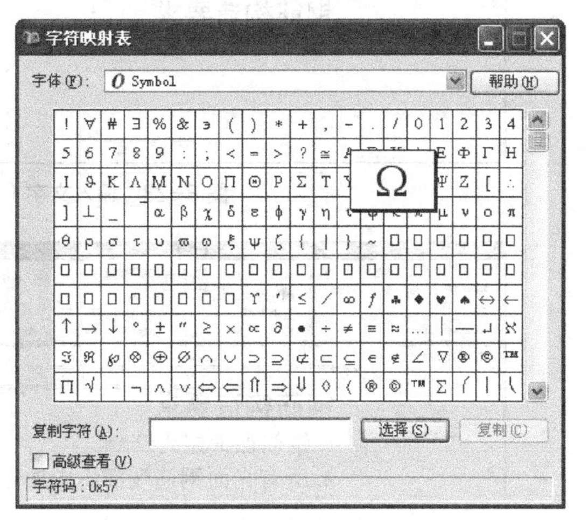

图 8-20 【字符映射表】对话框

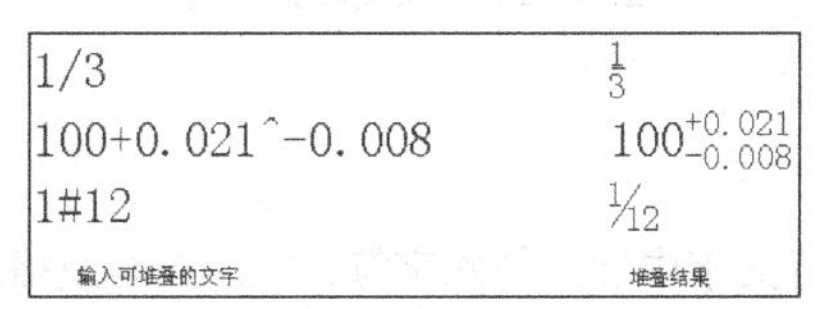

图 8-21　堆叠文字

【练习 8-5】 使用 MTEXT 命令创建多行文字，文字内容及样式如图 8-22 所示。

钢筋构造要求
1. 钢筋保护层为25mm。
2. 所有光面钢筋端部均应加弯钩。

图 8-22　创建多行文字

1. 设定绘图区域大小为 10000 × 10000。

2. 选择菜单命令【格式】/【文字样式】，打开【文字样式】对话框，设定文字高度为“400”，其余采用默认值。

3. 单击【注释】面板上的 A 多行文字 按钮，或者键入 MTEXT 命令，AutoCAD 提示如下。

```
指定第一角点:        //在A点处单击，如图8-22所示
指定对角点:          //在B点处单击
```

4. AutoCAD 弹出【文字编辑器】选项卡，如图 8-23 所示，在【字体】下拉列表中选择“黑体”，然后键入文字。

5. 在【字体】下拉列表中选择“宋体”，在【字体高度】文本框中输入数值“350”，然后键入文字，如图 8-24 所示。

6. 单击 按钮，结果如图 8-22 所示。

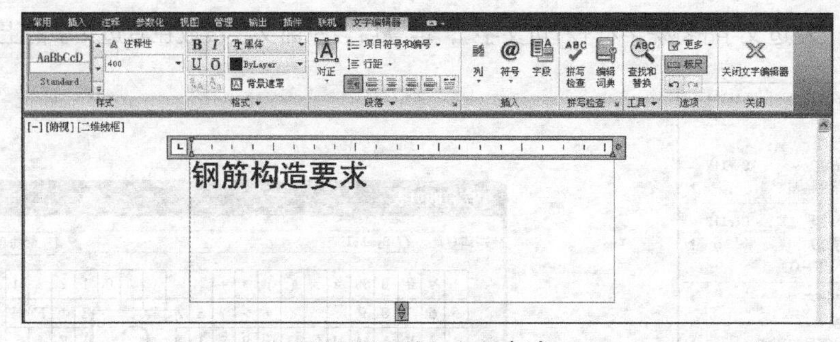

图 8-23　输入文字（1）

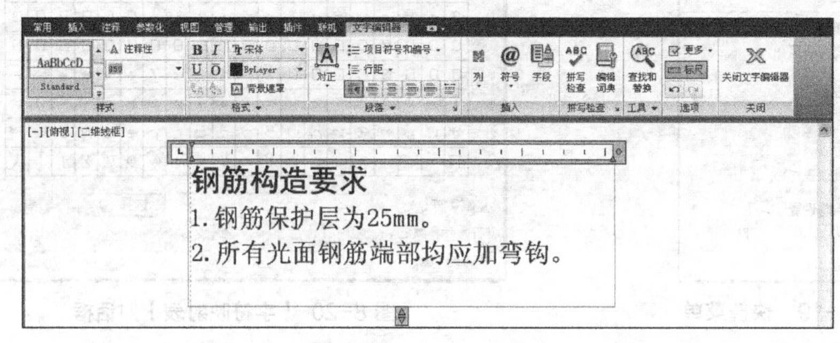

图 8-24　输入文字（2）

8.3.2　添加特殊字符

下面通过实例演示如何在多行文字中加入特殊字符，文字内容及格式如下。

管道穿墙及穿楼板时，应装 ϕ 40 的钢质套管。

供暖管道管径 *DN*≤32 采用螺纹连接。

【练习 8-6】 添加特殊字符。

1. 设定绘图区域大小为 10000×10000。

2. 选择菜单命令【格式】/【文字样式】，打开【文字样式】对话框，设定文字高度为“500”，其余采用默认设置。

3. 单击【注释】面板上的 A 多行文字 按钮，再指定文字分布的宽度，打开【文字编辑器】选项卡。在【字体】下拉列表中选择“宋体”，然后键入文字，如图 8-25 所示。

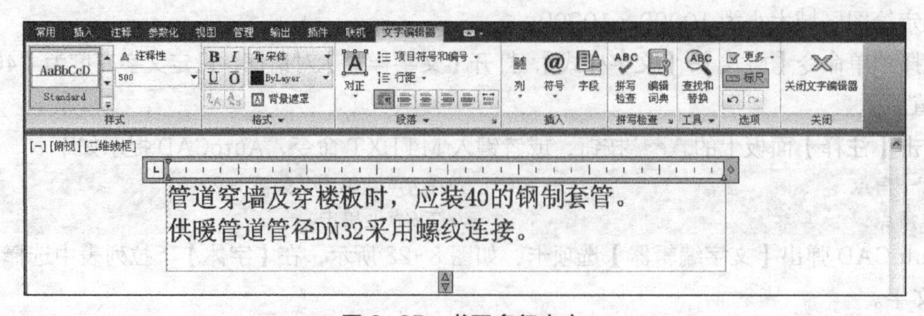

图 8-25　书写多行文字

4. 在要插入直径符号的位置单击鼠标左键，再指定当前字体为“txt”，然后单击鼠标右键，弹出快捷菜单，选择【符号】/【直径】命令，结果如图 8-26 所示。

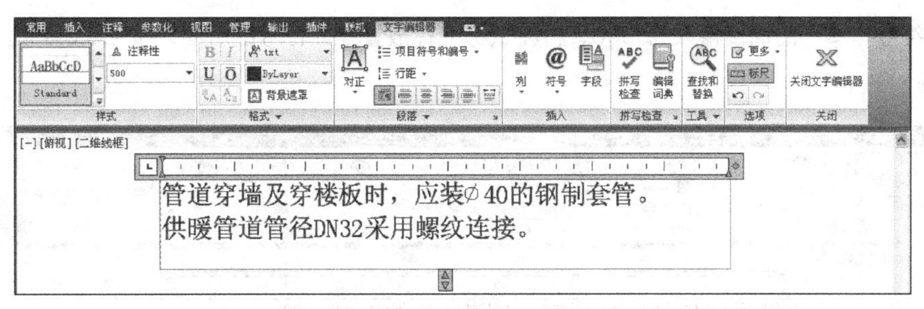

图 8-26　插入直径符号

5. 在文本输入窗口中单击鼠标右键，弹出快捷菜单，选择【符号】/【其他】命令，打开【字符映射表】对话框，如图 8-27 所示。

6. 在【字符映射表】对话框的【字体】下拉列表中选择“宋体”，然后选取需要的字符“≤”，如图 8-27 所示。

图 8-27 【字符映射表】对话框

7. 单击 选择(S) 按钮，再单击 复制(C) 按钮。

8. 返回文字输入框，在需要插入“≤”符号的位置单击鼠标左键，然后再单击鼠标右键，弹出快捷菜单，选择【粘贴】命令，结果如图 8-28 所示。

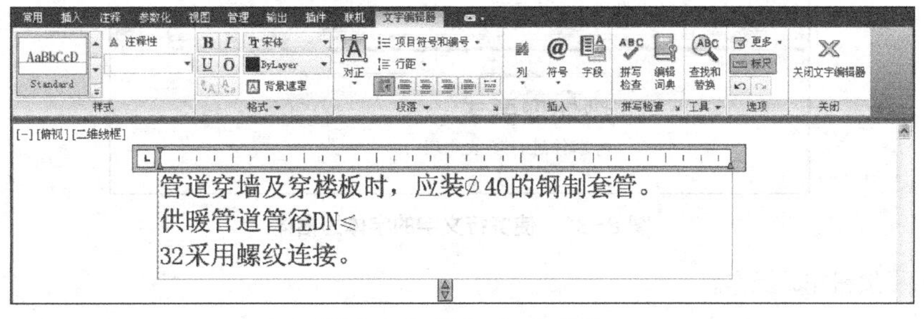

图 8-28　插入“≤”符号

粘贴符号“≤”后，AutoCAD 将自动回车。

9. 把符号“≤”的高度修改为 500，再将鼠标光标放置在此符号的后面，按 Delete 键，结果如图 8-29 所示。

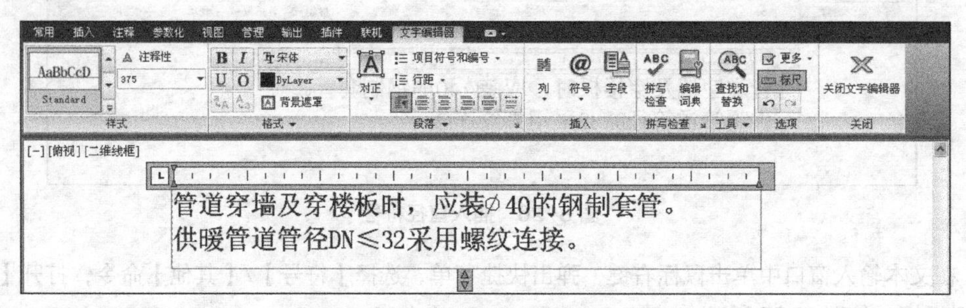

图 8-29 修改文字高度及调整文字位置

10. 单击按钮完成操作。

8.3.3 在多行文字中设置不同字体及字高

输入多行文字时，用户可随时选择不同字体及指定不同字高。

【练习 8-7】 在多行文字中设置不同字体及字高。

1. 单击【注释】面板上的按钮，再指定文字分布宽度，AutoCAD 弹出【文字编辑器】选项卡。在【字体】下拉列表中选择“黑体”，在【字体高度】文本框中输入数值“5”，然后键入文字，如图 8-30 所示。

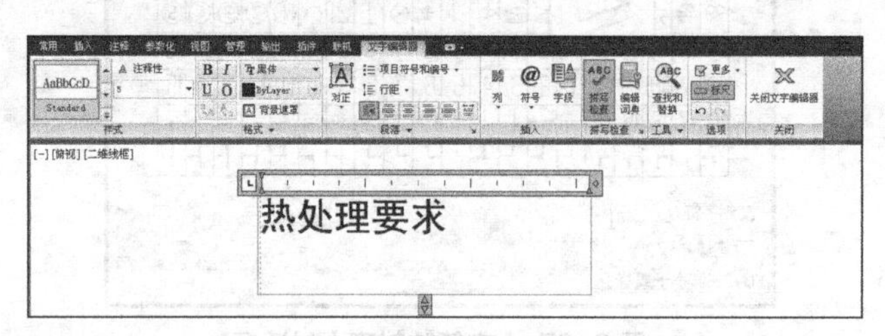

图 8-30 使多行文字的字体为黑体

2. 在【字体】下拉列表中选择“楷体-GB2312”，在【字体高度】文本框中输入数值“3.5”，然后键入文字，如图 8-31 所示。

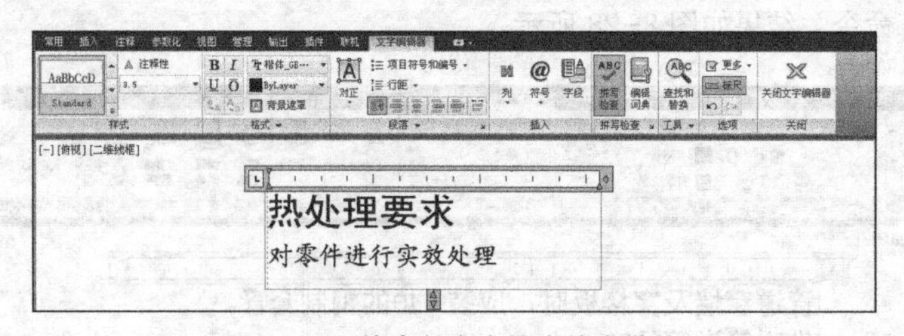

图 8-31 使多行文字的字体为楷体

3. 单击按钮完成操作。

8.3.4 创建分数及公差形式的文字

下面使用多行文字编辑器创建分数及公差形式的文字，文字内容如下。

$$\varnothing100\frac{H7}{m6}$$

$$200^{+0.020}_{-0.016}$$

【练习 8-8】 创建分数及公差形式的文字。

1. 打开【文字编辑器】选项卡，输入多行文字，如图 8-32 所示。

图 8-32　输入多行文字

2. 选择文字“H7/m6”，然后单击鼠标右键，选择【堆叠】命令，结果如图 8-33 所示。

图 8-33　创建分数形式的文字

3. 选择文字“+0.020^-0.016”，然后单击鼠标右键，选择【堆叠】命令，结果如图 8-34 所示。

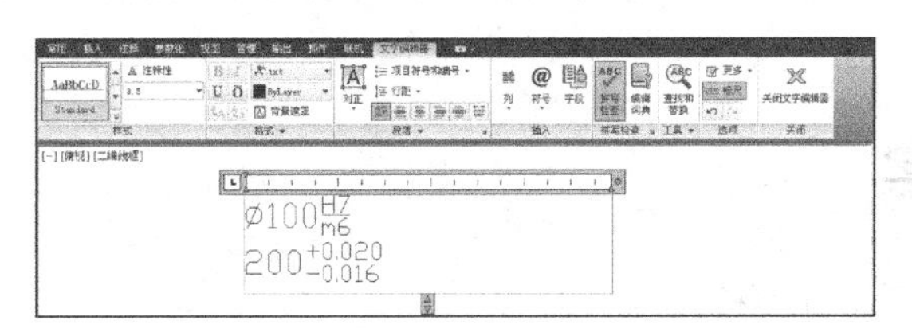

图 8-34　创建公差形式的文字

4. 单击 按钮完成操作。

要点提示　通过堆叠文字的方法也可创建文字的上标或下标，输入方式为“上标^”“^下标”。例如，输入“53^”，选中“3^”，单击鼠标右键，选择【堆叠】命令，结果为“53”。

8.3.5 在建筑图中使用注释性文字

在建筑图中书写文字时，需要注意的一个问题：尺寸文本的高度应设置为图纸上的实际高度与打印比例倒数的乘积。例如，文本在图纸上的高度为 3.5，打印比例为 1∶100，则书写文字时设定的文本高度应为 350。

在建筑图中书写说明文字时，也可采用注释性文字，此类对象具有注释比例属性，只需设置注释对象当前注释比例等于出图比例，就能保证出图后文字高度与最初设定值一致。

可以认为注释比例就是打印比例，创建注释文字后，系统自动以当前注释比例的倒数缩放其外观，这样就保证了输出图形后文字外观等于设定值。例如，设定字高为 3.5，设置当前注释比例为 1∶100，创建文字后其注释比例为 1∶100，显示在图形窗口中的文字外观将放大 100 倍，字高变为 350。这样当以 1∶100 比例出图后，文字高度变为 3.5。

若文字样式是注释性的，则与其关联的文字就是注释性的。在【文字样式】对话框中选择【注释性】选项，就将文字样式修改为注释性文字样式，如图 8-35 所示。

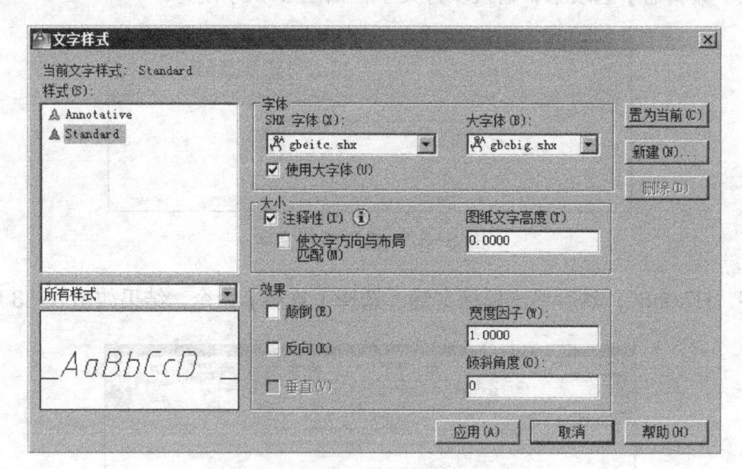

图 8-35 【文字样式】对话框

注释对象可以具有一个或多个注释比例，设定其中之一为当前注释比例，则注释对象外观以该比例值的倒数为缩放因子变大或变小。选择注释对象，通过单击右键弹出的快捷菜单上【特性】选项可添加或删除注释比例。单击 AutoCAD 状态栏底部的 1:1 按钮，可指定注释对象的某个比例值为当前注释比例。

8.4 编辑文字

编辑文字的常用方法有以下两种。

（1）使用 DDEDIT 命令编辑单行或多行文字（双击文字启动该命令）。选择的对象不同，系统将打开不同的对话框。对于单行文字，系统显示文本编辑框；对于多行文字，系统则打开【文字编辑器】。用 DDEDIT 命令编辑文本的优点是：此命令连续地提示用户选择要编辑的对象，因而只要发出 DDEDIT 命令就能一次修改许多文字对象。

（2）用 PROPERTIES 命令修改文本。选择要修改的文字后，单击鼠标右键，弹出快捷菜单，选择【特性】命令，启动 PROPERTIES 命令，打开【特性】对话框。在此对话框中用户不仅能修改文本的内容，还能编辑文本的其他许多属性，如倾斜角度、对齐方式、高度及文字样式等。

此外，双击文字也可快速修改文字。

【练习 8-9】 本练习内容包括修改文字内容、改变多行文字的字体及字高、调整多行文字的边界宽度及为文字指定新的文字样式，详见 8.4.1～8.4.3 小节。

8.4.1 修改文字内容、字体及字高

使用 DDEDIT 命令编辑单行或多行文字。

1. 打开素材文件“dwg\第 8 章\8-9.dwg”，该文件所包含的文字内容如下。

工程说明

（1）本工程±0.000 标高所相当的绝对标高由现场决定。

（2）混凝土强度等级为 C20。

（3）基础施工时，需与设备工种密切配合做好预留洞预留工作。

2. 输入 DDEDIT 命令，系统提示“选择注释对象”。选择文字，打开【文字编辑器】选项卡，如图 8-36 所示。选中标题中的文字“工程”，将其修改为“设计”。

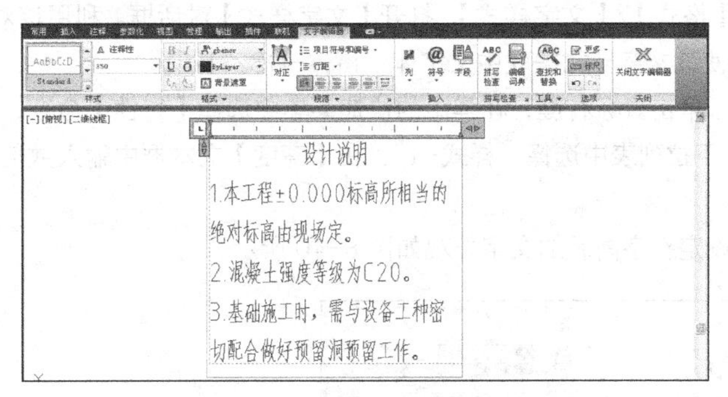

图 8-36　修改文字内容

3. 选中文字“设计说明”，然后在【字体】下拉列表中选择“黑体”，在【字体高度】文本框中输入数值“500”，按 Enter 键，结果如图 8-37 所示。

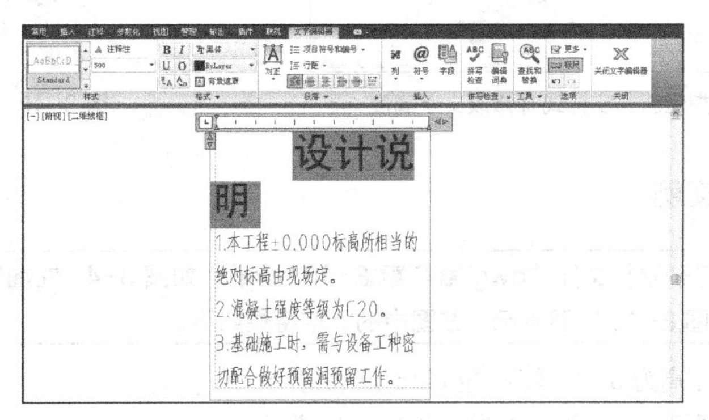

图 8-37　修改字体及字高

4. 单击按钮完成操作。

8.4.2　调整多行文字的边界宽度

继续前面的练习，修改多行文字的边界宽度。

1. 选择多行文字，显示对象关键点，如图 8-38 左图所示，激活右边的一个关键点，进入拉伸编辑模式。

2. 向右移动鼠标光标，拉伸多行文字边界，结果如图 8-38 右图所示。

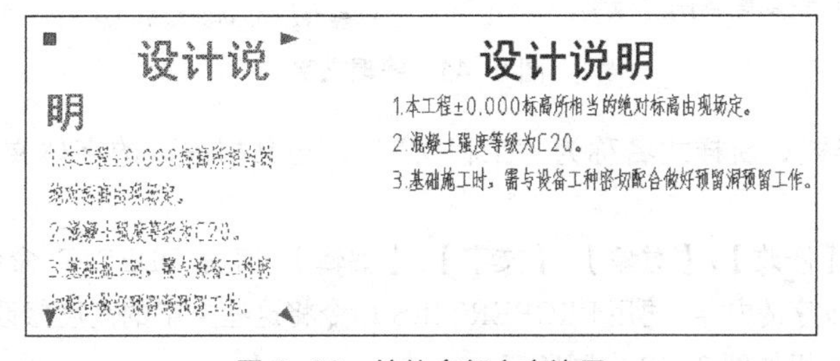

图 8-38　拉伸多行文字边界

8.4.3 为文字指定新的文字样式

继续前面的练习，为文字指定新的文字样式。

1. 选择菜单命令【格式】/【文字样式】，打开【文字样式】对话框。利用该对话框创建新文字样式，样式名为“样式-1”，使该文字样式关联中文字体“楷体-GB2312”。

2. 选择所有文字，单击鼠标右键，在弹出的快捷菜单中选择【特性】命令，打开【特性】对话框。在该对话框的【样式】下拉列表中选择“样式-1”，在【高度】文本框中输入数值“400”，按 Enter 键，结果如图 8-39 所示。

3. 采用新样式及设定新字高后的文字外观如图 8-40 所示。

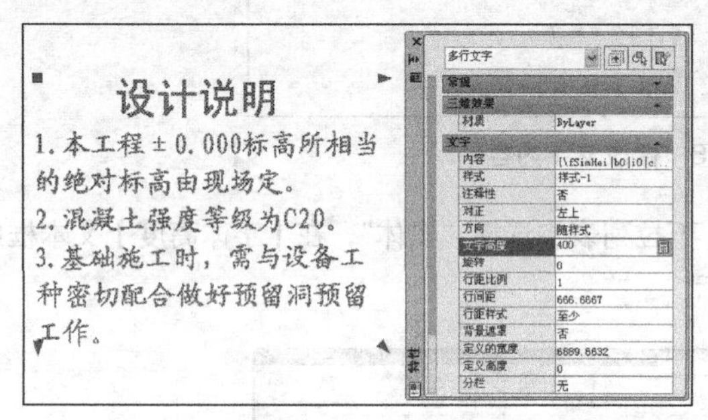

图 8-39 指定新文字样式并修改文字高度

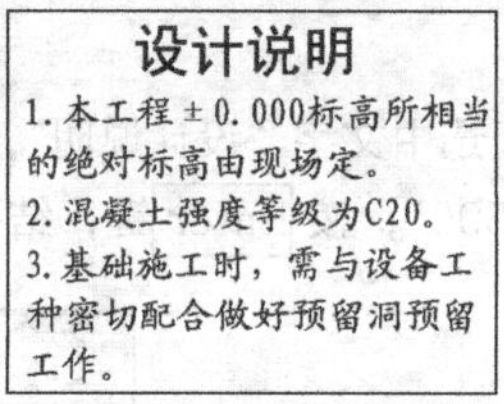

设计说明
1.本工程±0.000标高所相当的绝对标高由现场定。
2.混凝土强度等级为C20。
3.基础施工时，需与设备工种密切配合做好预留洞预留工作。

图 8-40 修改后的文字外观

8.4.4 编辑文字实例

【练习 8-10】 打开素材文件“dwg\第 8 章\8-10.dwg”，如图 8-41 左图所示，修改文字内容、字体及字高，结果如图 8-41 右图所示。右图中的文字特性如下。

- “技术要求”：字高为 5，字体为“gbeitc,gbcbig”。
- 其余文字：字高为 3.5，字体为“gbeitc,gbcbig”。

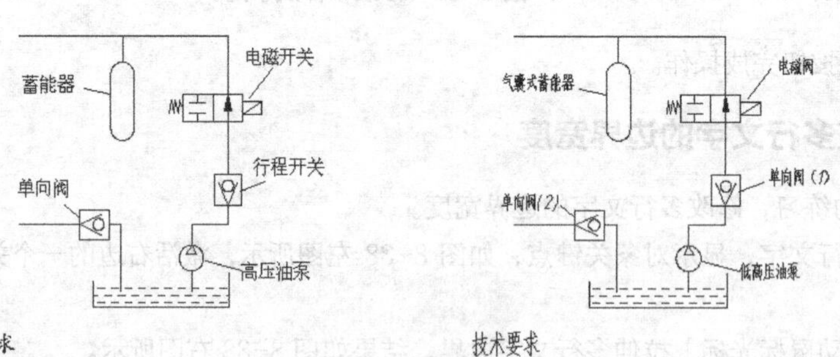

图 8-41 编辑文字

1. 创建新文字样式，新样式名称为“工程文字”，与其相关联的字体文件是“gbeitc.shx”和“gbcbig.shx”。

2. 选择菜单命令【修改】/【对象】/【文字】/【编辑】，启动 DDEDIT 命令。用该命令修改“蓄能器”“行程开关”等单行文字的内容，再用 PROPERTIES 命令将这些文字的高度修改为 3.5，并使其与样式“工程文字”相关联，结果如图 8-42 左图所示。

3. 用 DDEDIT 命令修改“技术要求”等多行文字的内容，再改变文字高度，并使其采用“gbeitc,gbcbig”字体（与样式“工程文字”相关联），结果如图 8-42 右图所示。

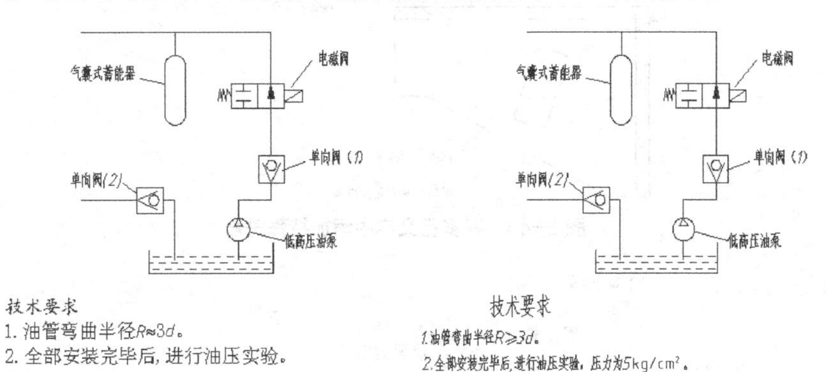

图 8-42 修改文字内容及高度等

8.5 创建单行及多行文字实例

【练习 8-11】打开素材文件“dwg\第 8 章\8-11.dwg”，在图中添加单行文字，如图 8-43 所示。文字字高 3.5，字体为“楷体”。

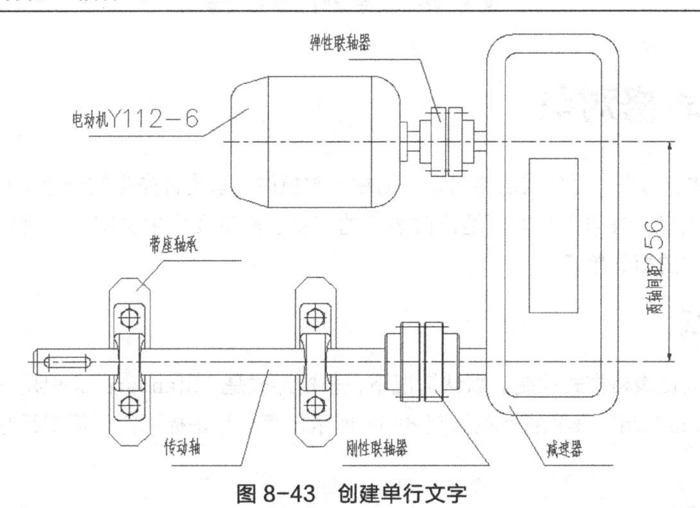

图 8-43 创建单行文字

【练习 8-12】打开素材文件“dwg\第 8 章\8.12.dwg”，在图中添加多行文字，如图 8-44 所示。图中文字特性如下。

- “α、λ、δ、≈、≥”：字高为 4，字体为“symbol”。
- 其余文字：字高为 5，中文字体为“gbcbig.shx”，西文字体为“gbeitc.shx”。

【练习 8-13】打开素材文件“dwg/第 8 章/8-13.dwg”，请在图中添加单行及多行文字，如图 8-45 所示，图中文字特性如下

- 单行文字字体为“宋体”，字高为“10”，其中部分文字沿 60°方向书写，字体倾斜角度为 30°。
- 多行文字字高为“12”，字体为“黑体”和“宋体”。

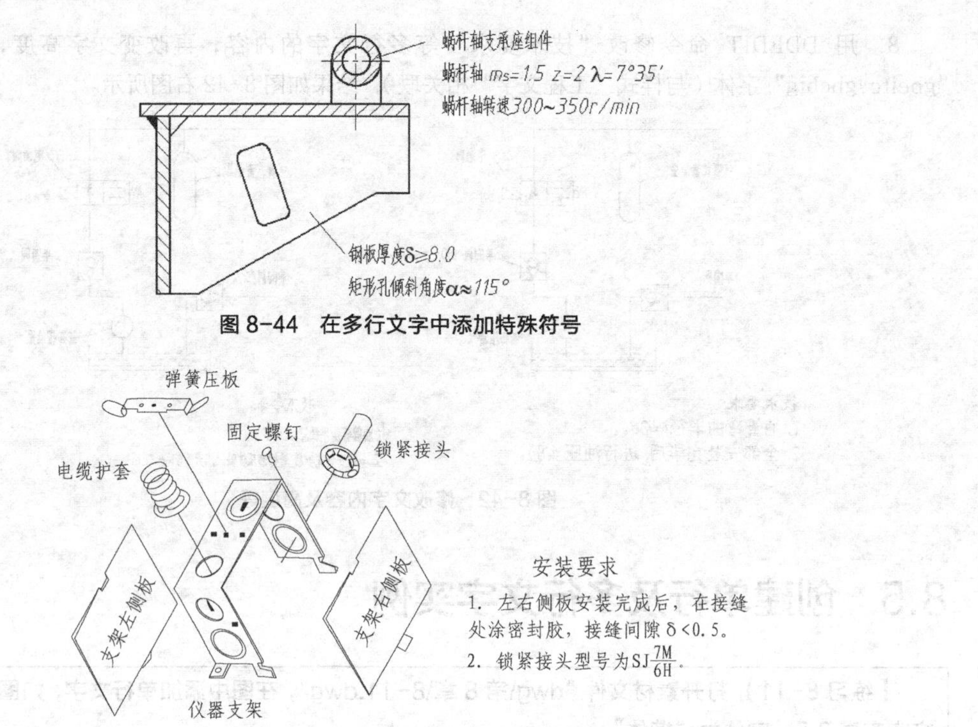

图 8-44　在多行文字中添加特殊符号

图 8-45　书写单行及多行文字

8.6　创建表格对象

在 AutoCAD 中，用户可以生成表格对象。创建该对象时，系统首先生成一个空白表格，随后用户可在该表中填入文字信息，并可以很方便地修改表格的宽度、高度及表中文字，还可按行、列方式删除表格单元或是合并表中的相邻单元。

8.6.1　表格样式

表格对象的外观由表格样式控制。默认情况下，表格样式是“Standard”，但用户可以根据需要创建新的表格样式。“Standard”表格的外观如图 8-46 所示，第一行是标题行，第二行是表头行，其他行是数据行。

图 8-46　“Standard”表格的外观

在表格样式中，用户可以设定标题文字和数据文字的文字样式、字高、对齐方式及表格单元的填充颜色，还可设定单元边框的线宽和颜色，以及控制是否将边框显示出来。

命令启动方法

- 菜单命令：【格式】/【表格样式】。

- 面板：【常用】选项卡中【注释】面板上的按钮。
- 命令：TABLESTYLE。

【练习 8-14】 创建新的表格样式。

1. 创建新文字样式，新样式名称为“工程文字”，与其相关联的字体文件是“gbeitc.shx”和“gbcbig.shx”。

2. 启动 TABLESTYLE 命令，打开【表格样式】对话框，如图 8-47 所示，利用该对话框可以新建、修改及删除表样式。

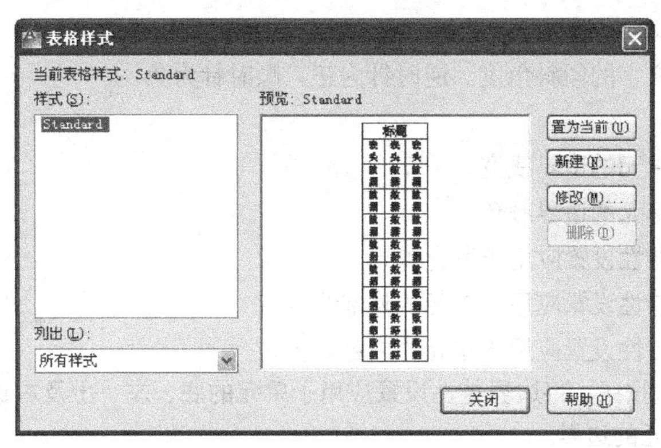

图 8-47 【表格样式】对话框

3. 单击新建(N)...按钮，打开【创建新的表格样式】对话框，在【基础样式】下拉列表中选取新样式的原始样式“Standard”，该原始样式为新样式提供默认设置。在【新样式名】文本框中输入新样式的名称“表格样式-1”，如图 8-48 所示。

4. 单击继续按钮，打开【新建表格样式】对话框，如图 8-49 所示。在【单元样式】下拉列表中分别选取“数据”“标题”“表头”选项，同时在【文字】选项卡中指定文字样式为“工程文字”，字高为“3.5”，在【常规】选项卡中指定文字对齐方式为“正中”。

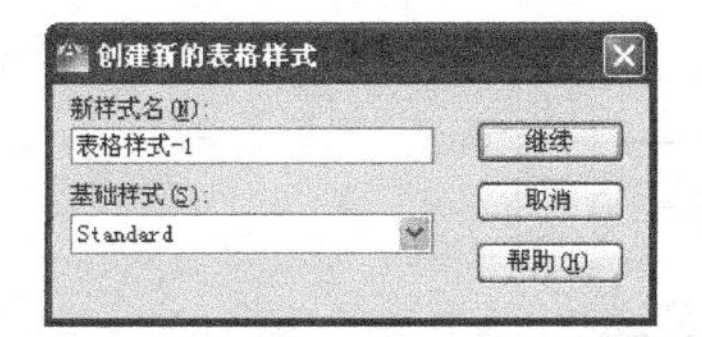

图 8-48 【创建新的表格样式】对话框

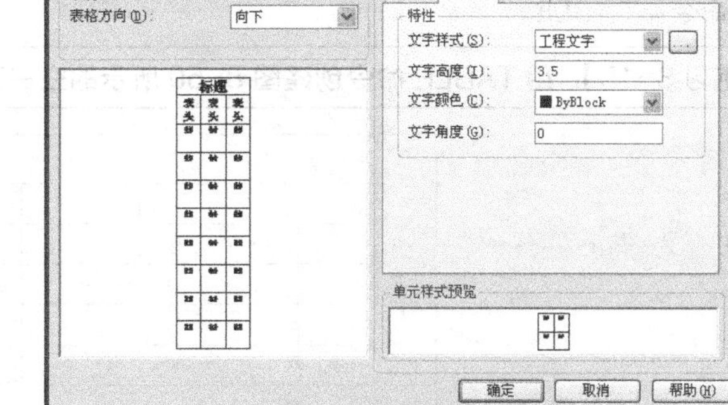

图 8-49 【新建表格样式】对话框

5. 单击确定按钮，返回【表格样式】对话框，再单击置为当前(U)按钮，使新的表格样式成为当前样式。

【新建表格样式】对话框中常用选项的功能如下。

（1）【常规】选项卡。

- 填充颜色：指定表格单元的背景颜色，默认值为“无”。
- 对齐：设置表格单元中文字的对齐方式。
- 水平：设置单元文字与左右单元边界之间的距离。
- 垂直：设置单元文字与上下单元边界之间的距离。

（2）【文字】选项卡。

- 文字样式：设置文字样式。单击按钮，打开【文字样式】对话框，从中可创建新的文字样式。
- 文字高度：输入文字的高度。
- 文字角度：设定文字的倾斜角度。逆时针为正，顺时针为负。

（3）【边框】选项卡。

- 线宽：指定表格单元的边界线宽。
- 颜色：指定表格单元的边界颜色。
- 按钮：将边界特性设置应用于所有单元。
- 按钮：将边界特性设置应用于单元的外部边界。
- 按钮：将边界特性设置应用于单元的内部边界。
- 、、、按钮：将边界特性设置应用于单元的底、左、上及右边界。
- 按钮：隐藏单元的边界。

（4）【表格方向】下拉列表。

- 向下：创建从上向下读取的表对象。标题行和表头行位于表的顶部。
- 向上：创建从下向上读取的表对象。标题行和表头行位于表的底部。

8.6.2 创建及修改空白表格

用 TABLE 命令可以创建空白表格，空白表格的外观由当前表格样式决定。使用该命令时，用户要输入的主要参数有“行数”“列数”“行高”及“列宽”等。

命令启动方法

- 菜单命令：【绘图】/【表格】。
- 面板：【常用】选项卡中【注释】面板上的按钮。
- 命令：TABLE。

【练习 8-15】 用 TABLE 命令创建图 8-50 所示的空白表格。

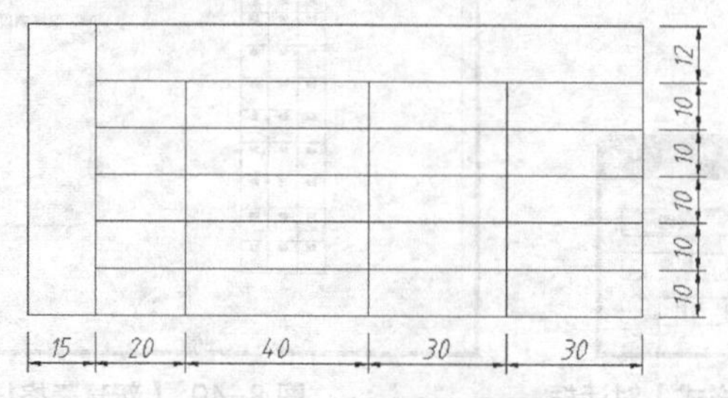

图 8-50 创建空白表格

1. 单击【注释】面板上的按钮，打开【插入表格】对话框，如图 8-51 所示。在该对话框中用户可通过选择表格样式，并指定表的行、列数目及相关尺寸来创建表格。

【插入表格】对话框中常用选项的功能如下。

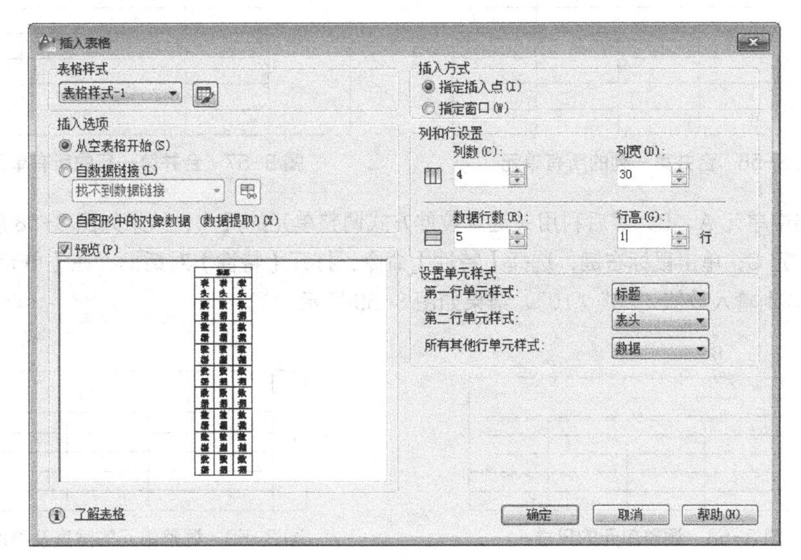

图 8-51 【插入表格】对话框

2. 单击确定按钮，再关闭文字编辑器，创建如图 8-52 所示的表格。

3. 在表格内按住鼠标左键并拖动鼠标光标，选中第 1 行和第 2 行，弹出【表格单元】选项卡，单击选项卡中【行数】面板上的按钮，删除选中的两行，结果如图 8-53 所示。

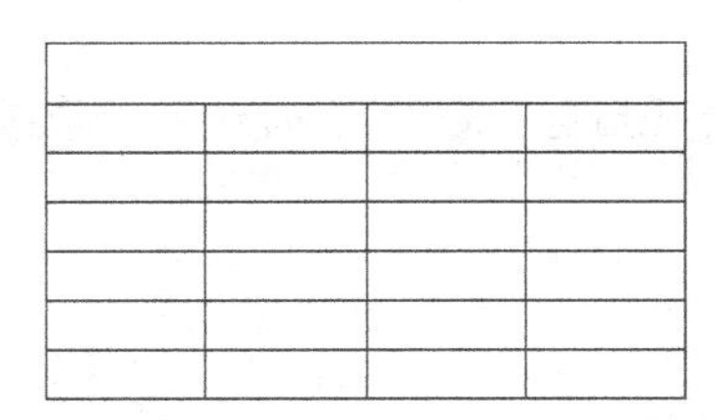

图 8-52 创建空白表格

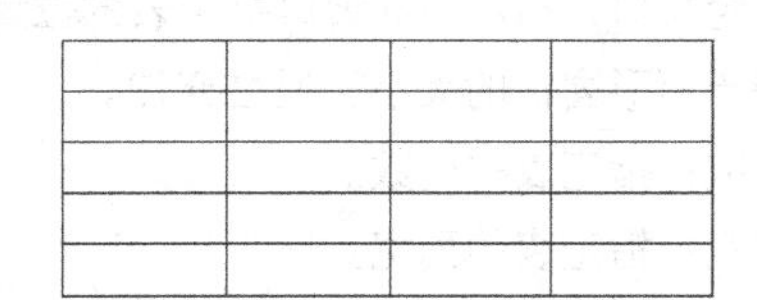

图 8-53 删除第 1 行和第 2 行

4. 选中第 1 列的任一单元，单击鼠标右键，弹出快捷菜单，选择【列】/【在左侧插入】命令，插入新的一列，结果如图 8-54 所示。

5. 选中第 1 行的任一单元，单击鼠标右键，弹出快捷菜单，选择【行】/【在上方插入】命令，插入新的一行，结果如图 8-55 所示。

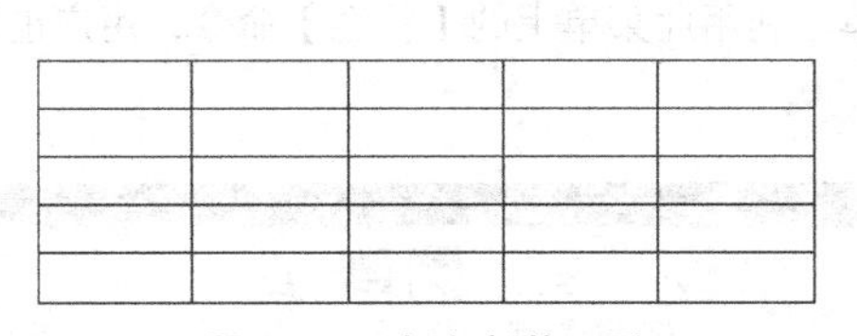

图 8-54 插入新的一列

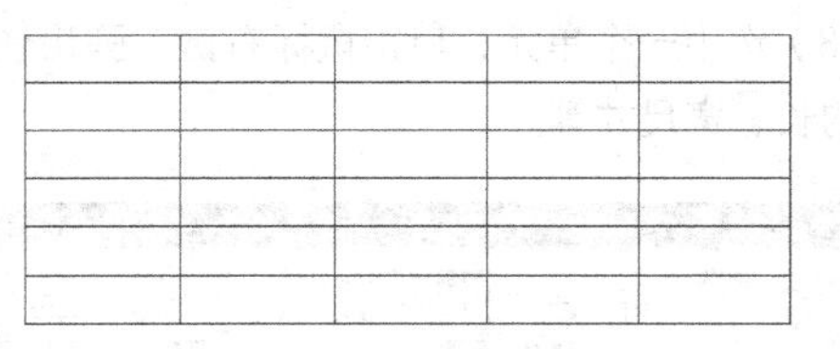

图 8-55 插入新的一行

6. 按住鼠标左键并拖动鼠标光标，选中第 1 列的所有单元，然后单击鼠标右键，弹出快捷菜单，选择【合并】/【全部】命令，结果如图 8-56 所示。

7. 按住鼠标左键并拖动鼠标光标，选中第 1 行的所有单元，然后单击鼠标右键，弹出快捷菜单，选择【合并】/【全部】命令，结果如图 8-57 所示。

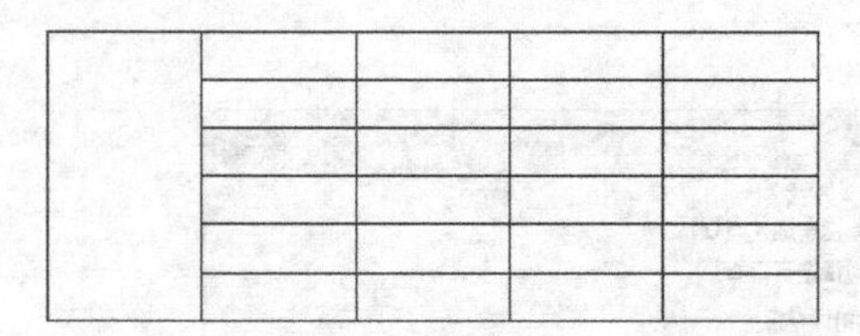

图 8-56　合并第一列的所有单元

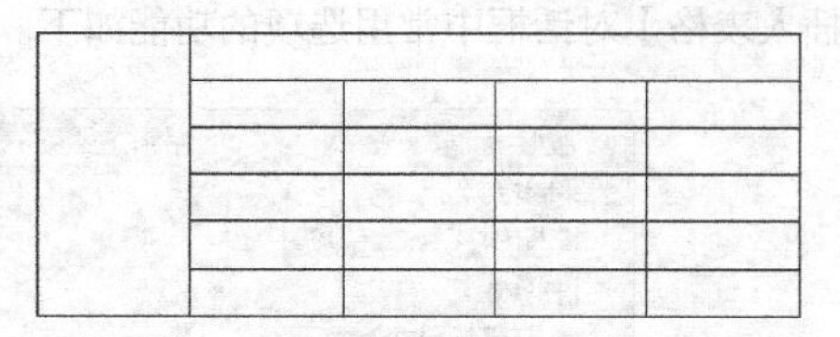

图 8-57　合并第一行的所有单元

8. 分别选中单元 A、B，然后利用关键点拉伸方式调整单元的尺寸，结果如图 8-58 所示。

9. 选中单元 C，单击鼠标右键，选择【特性】命令，打开【特性】对话框，在【单元宽度】及【单元高度】栏中分别输入数值“20”“10”，结果如图 8-59 所示。

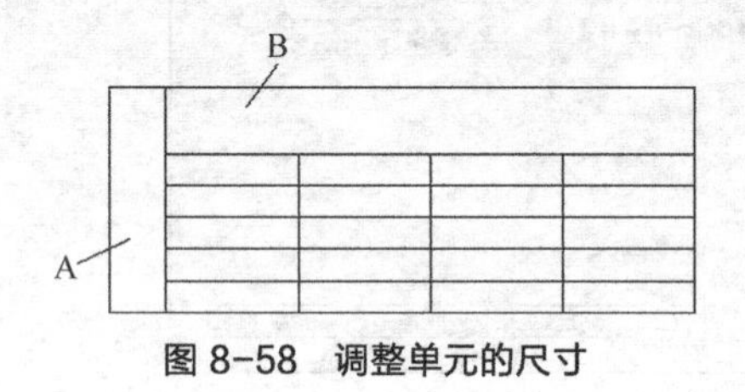

图 8-58　调整单元的尺寸　　图 8-59　调整单元的宽度及高度

10. 用类似的方法修改表格的其余尺寸。

- 表格样式：在该下拉列表中指定表格样式，其默认样式为“Standard”。
- 按钮：单击此按钮，打开【表格样式】对话框，利用该对话框用户可以创建新的表格样式或修改现有的样式。
- 指定插入点：指定表格左上角的位置。
- 指定窗口：利用矩形窗口指定表的位置和大小。若事先指定了表的行、列数目，则列宽和行高取决于矩形窗口的大小，反之亦然。
- 列数：指定表的列数。
- 列宽：指定表的列宽。
- 数据行数：指定数据行的行数。
- 行高：设定行的高度。“行高”是系统根据表样式中的文字高度及单元边距确定出来的。

对于已创建的表格，用户可用以下方法修改表格单元的长、宽尺寸及表格对象的行、列数目。

（1）选中表格单元，打开【表格单元】选项卡（如图 8-60 所示），利用此选项卡可插入及删除行、列单元，合并单元格，修改文字对齐方式等。

（2）选中一个单元，拖动单元边框的夹点就可以使单元所在的行、列变宽或变窄。

（3）选中一个单元，单击鼠标右键，弹出快捷菜单，利用此菜单上的【特性】命令，用户也可修改单元的长、宽尺寸等。

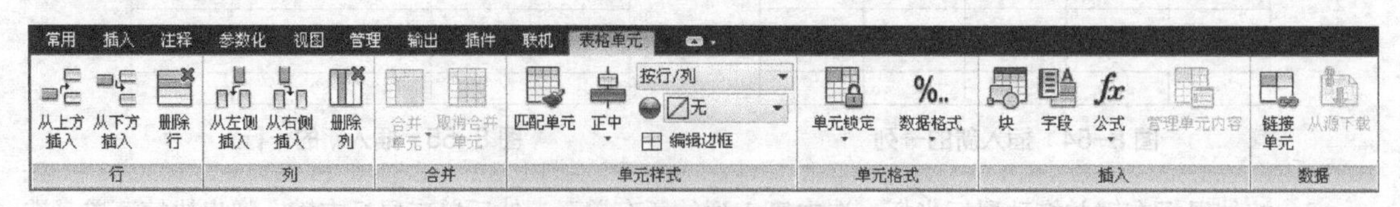

图 8-60　【表格单元】选项卡

用户若想一次编辑多个单元，则可用以下方法进行选择。

（1）在表格中按住鼠标左键并拖动鼠标光标，出现一个虚线矩形框，在该矩形框内以及与矩形框相交的单元都被选中。

（2）在单元内单击以选中它，再按住 Shift 键并在另一个单元内单击，则这两个单元以及它们之间的所有单元都被选中。

8.6.3　在表格对象中填写文字

在表格单元中可以很方便地填写文字信息。使用 TABLE 命令创建表格后，系统会高亮显示表格的第一个单元，同时打开【文字编辑器】选项卡，此时即可输入文字了。此外，用户双击某一单元也能将其激活，从而可在其中填写或修改文字。当要移动到相邻的下一个单元时，可按 Tab 键，或者使用箭头键向左（右、上、下）移动。

【练习 8-16】打开素材文件“dwg\第 8 章\8-16.dwg”，在表中填写文字，结果如图 8-61 所示。

类型	编号	洞口尺寸		数量	备注
		宽	高		
窗	C1	1800	2100	2	
	C2	1500	2100	3	
	C3	1800	1800	1	
门	M1	3300	3000	3	
	M2	4260	3000	2	
卷帘门	JLM	3060	3000	1	

图 8-61　在表中填写文字

1. 双击表格左上角的第一个单元将其激活，在其中输入文字，结果如图 8-62 所示。

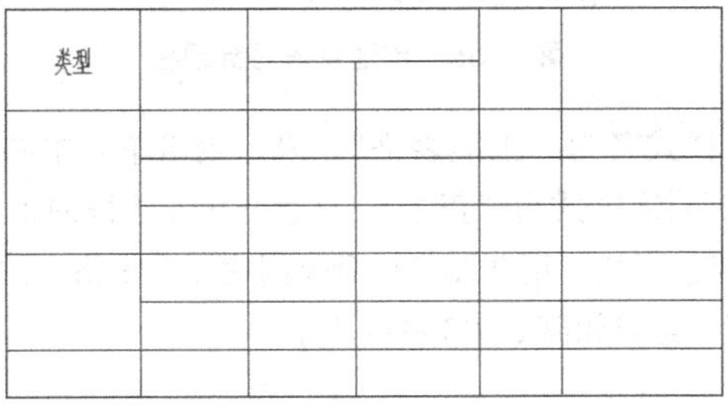

类型					

图 8-62　在左上角的第一个单元中输入文字

2. 使用箭头键进入其他表格单元继续填写文字，结果如图 8-63 所示。

类型	编号	洞口尺寸		数量	备注
		宽	高		
窗	C1	1800	2100	2	
	C2	1500	2100	3	
	C3	1800	1800	1	
门	M1	3300	3000	3	
	M2	4260	3000	2	
卷帘门	JLM	3060	3000	1	

图 8-63　输入表格中的其他文字

3. 选中“类型”“编号”，单击鼠标右键，弹出快捷菜单，选择【特性】命令，打开【特性】对话框，在【文字高度】文本框中输入数值“7”，再用同样的方法将“数量”“备注”的高度改为 7，结果如图 8-64 所示。

类型	编号	洞口尺寸		数量	备注
		宽	高		
窗	C1	1800	2100	2	
	C2	1500	2100	3	
	C3	1800	1800	1	
门	M1	3300	3000	3	
	M2	4260	3000	2	
卷帘门	JLM	3060	3000	1	

图 8-64　修改文字高度

4. 选中除第一行、第一列外的所有文字，单击鼠标右键，弹出快捷菜单，选择【特性】命令，打开【特性】对话框。在【对齐】下拉列表中选择“左中”，结果如图 8-61 所示。

【练习 8-17】 创建及填写标题栏，如图 8-65 所示。

10
10
16
16
12
16
8x7=56
标记
处数
更改文件号
年月日
设计
签名
年月日
标准化
签名
年月日
审核
工艺
批准
材料标记
12
12
阶段标记
重量
比例
10
9
9
共　张　第　张
单位名称
18
图样名称
20
图样代号
18
12
12
16
12
12
16
50
50

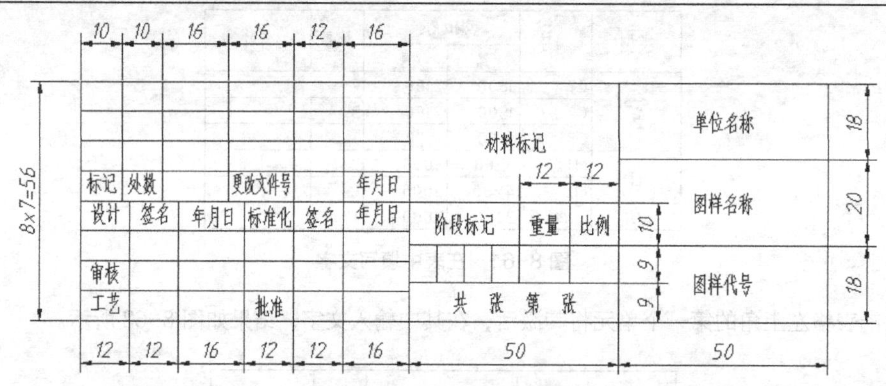

图 8-65　创建及填写标题栏

5. 创建新的表格样式，样式名为“工程表格”。设定表格单元中的文字字体为“gbeitc.shx”和“gbcbig.shx”，文字高度为 5，对齐方式为“正中”，文字与单元边框的距离为 0.1。

6. 指定“工程表格”为当前样式，用 TABLE 命令创建 4 个表格，如图 8-66 左图所示。用 MOVE 命令将这些表格组合成标题栏，结果如图 8-66 右图所示。

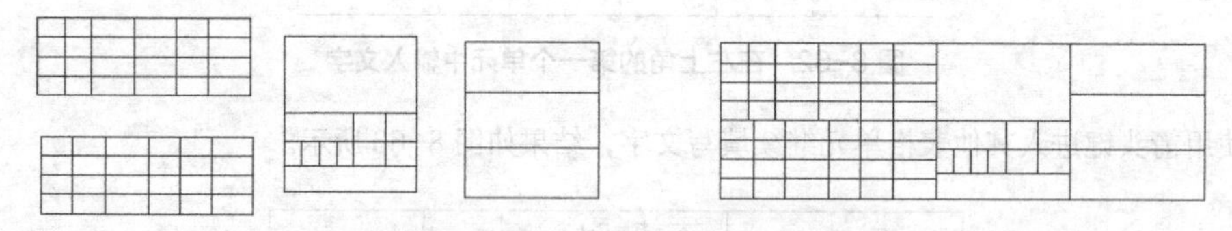

图 8-66　创建 4 个表格并将其组合成标题栏

7. 双击表格的某一单元以激活它，在其中输入文字，按箭头键移动到其他单元继续填写文字，结果如图 8-67 所示。

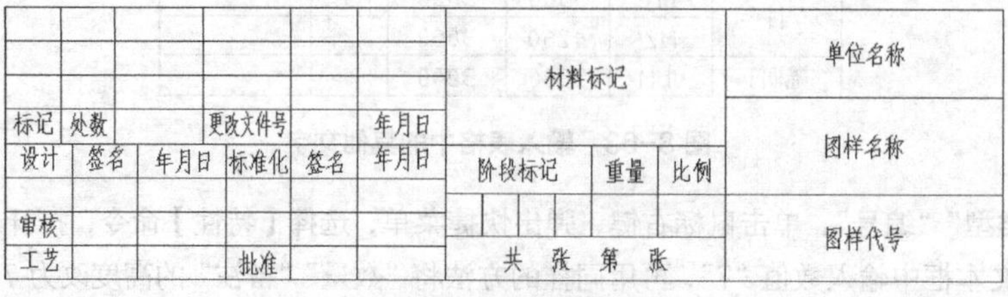

标记
处数
更改文件号
年月日
设计
签名
年月日
标准化
签名
年月日
审核
工艺
批准
材料标记
阶段标记
重量
比例
共　张　第　张
单位名称
图样名称
图样代号

图 8-67　在表格中填写文字

要点提示

双击“更改文件号”单元，选择所有文字，然后在【格式】面板上的 0.7000 文本框中输入文字的宽度比例因子为“0.8”，这样表格单元就有足够的宽度来容纳文字了。

8.7 习题

1. 打开素材文件“dwg\第8章\8-18.dwg”，如图8-68所示。请在图中加入单行文字，字高为3.5，字体为“楷体”。

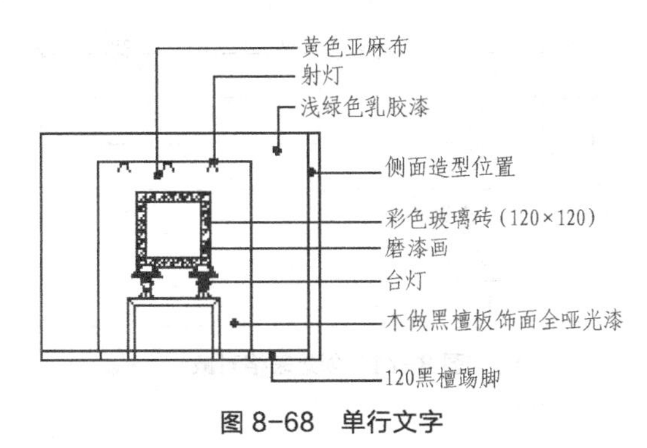

图8-68 单行文字

2. 打开素材文件“dwg\第8章\8-19.dwg”，请在图中添加单行及多行文字，如图8-69所示，图中文字特性如下。

- 上部文字为单行文字，字体为“楷体”，字高为80。
- 下部文字为多行文字，文字字高为80，“说明”的字体为黑体，其余文字字体为揩体。

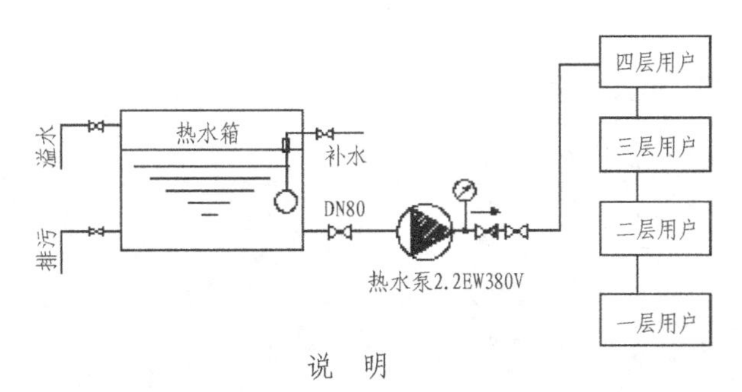

说　明

1. 设备造型：各水泵均采用上海连成泵业有限公司产品。
2. 管材选择：DN<100者采用镀锌钢管，丝扣连接。
3. 各热水供应管均需做好保温，保温材料采用超细玻璃棉外加铝薄片管壳，保温厚度为40MM。

图8-69 添加单行及多行文字

3. 打开素材文件“dwg\第8章\8-20.dwg”，如图8-70所示。请在表格中填写单行文字，字高为500及350，字体为“gbcbig.shx”。

4. 用TABLE命令创建表格，再修改表格并填写文字，文字高度为3.5，字体为“仿宋”，结果如图8-71所示。

类别	设计编号	洞口尺寸（mm）		樘数	采用标准图集及编号		备注
		宽	高		图集代号	编号	
门	M1	1800	2300	1			不锈钢门（样式由业主自定）
	M2	1500	2200	1			实木门（样式由业主自定）
	M3	1500	2200	1			夹板门（样式由业主自定）
	M4	900	2200	11			夹板门（样式由业主自定）
窗	C1	2350，3500	6400	1	98ZJ721		铝合金窗（详见大样）
	C2	2900，2400	9700	1	98ZJ721		铝合金窗（详见大样）
	C3	1800	2550	1	98ZJ721		铝合金窗（详见大样）
	C4	1800	2250	2	98ZJ721		铝合金窗（详见大样）

图 8-70　在表格中填写单行文字

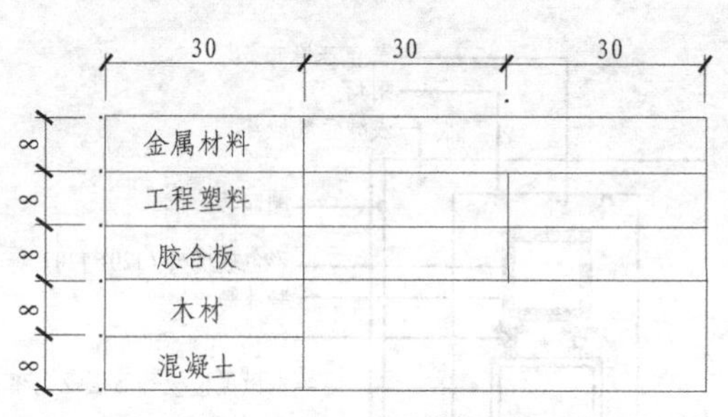

图 8-71　创建表格对象

PART09

第9章

标注尺寸

学习目标：

- 掌握创建及编辑尺寸样式的方法
- 掌握创建长度和角度尺寸的方法
- 学会创建直径和半径尺寸
- 学会标注尺寸及形位公差
- 熟悉快速标注尺寸的方法
- 熟悉如何编辑尺寸标注

■ 本章将介绍标注尺寸的基本方法及如何控制尺寸标注的外观，并通过典型实例说明怎样建立及编辑各种类型的尺寸。

9.1 尺寸样式

尺寸标注是一个复合体，它以块的形式存储在图形中，其组成部分包括尺寸线、尺寸界线、标注文字和箭头等，它们的格式都由尺寸样式来控制。尺寸样式是尺寸变量的集合，这些变量决定了尺寸标注中各元素的外观，只要调整样式中的某些尺寸变量，就能灵活地变动标注外观。

在标注尺寸前，一般都要创建尺寸样式，否则，AutoCAD 将使用默认样式生成尺寸标注。在 AutoCAD 中，用户可以定义多种不同的标注样式并为之命名。标注时，用户只需指定某个样式为当前样式，就能创建相应的标注形式。

9.1.1 尺寸标注的组成元素

当创建一个标注时，AutoCAD 会产生一个对象，这个对象以块的形式存储在图形文件中。图 9-1 给出了尺寸标注的基本组成部分，下面分别对其进行说明。

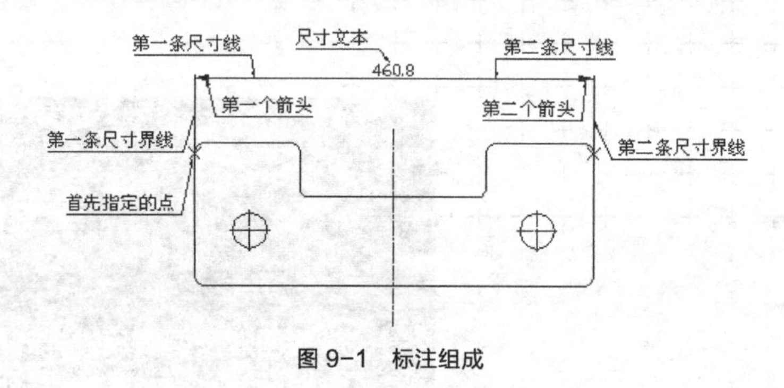

图 9-1 标注组成

- 尺寸界线：尺寸界线表明尺寸的界限，由图样中的轮廓线、轴线或对称中心线引出。标注时，尺寸界线由 AutoCAD 从对象上自动延伸出来，它的端点与对象接近但并不连接到图样上。
- 第一尺寸界线：第一尺寸界线位于首先指定的界线端点的一边，否则，为第二尺寸界线。
- 尺寸线：尺寸线表明尺寸长短并指明标注方向，一般情况下它是直线，而对于角度标注，它将是圆弧。
- 第一尺寸线：以标注文字为界，靠近第一尺寸界线的尺寸线。
- 箭头：也称终止符号，它被添加在尺寸线末尾。AutoCAD 中已预定义了一些箭头的形式，用户也可利用块创建其他的终止符号。
- 第一箭头：尺寸界线的次序决定了箭头的次序。

要点提示

如果系统变量 DIMASO 是打开状态，则 AutoCAD 将尺寸线、文本和箭头等作为单一对象绘制出来，否则，会将尺寸线、文本和箭头分别作为单个对象绘制出来。

9.1.2 创建国标尺寸样式

创建尺寸标注时，标注的外观是由当前尺寸样式控制的。AutoCAD 提供了一个默认的尺寸样式“ISO-25”，用户可以改变这个样式或者生成自己的尺寸样式。

下面讲解如何在图形文件中建立新的尺寸样式。

【练习 9-1】 建立新的国标尺寸样式。

1. 打开素材文件“dwg\第 9 章\9-1.dwg”，该文件中包含一张绘图比例为 1∶50 的图样。注意，该图在 AutoCAD 中是按 1∶1 的比例绘制的，打印时的输出比例为 1∶50。

2. 建立新文字样式，样式名为“标注文字”，与该样式相关联的字体文件是“gbenor.shx”和“gbcbig.shx”。

3. 单击【注释】面板上的按钮或选择菜单命令【格式】/【标注样式】，打开【标注样式管理器】对话框，如图 9-2 所示。该对话框用于管理尺寸样式，通过它可以创建新的尺寸样式或修改样式中的尺寸变量。

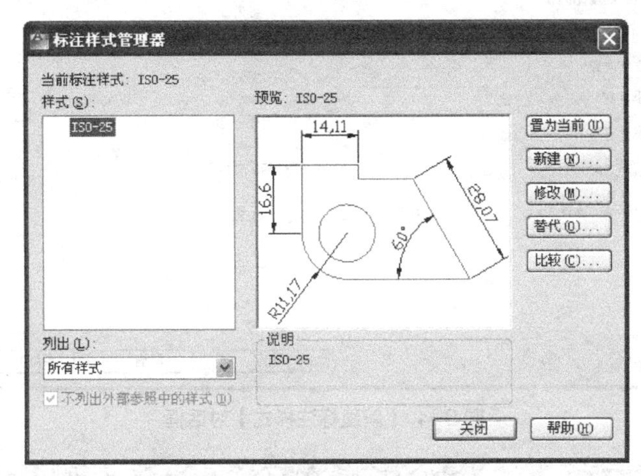

图 9-2 【标注样式管理器】对话框

4. 单击新建(N)...按钮，打开【创建新标注样式】对话框，如图 9-3 所示。在该对话框的【新样式名】文本框中输入新的样式名称“工程标注”，在【基础样式】下拉列表中指定某个尺寸样式作为新样式的基础样式，则新样式将包含基础样式的所有设置。此外，用户还可在【用于】下拉列表中设定新样式控制的尺寸类型。默认情况下，【用于】下拉列表的默认选项是“所有标注”，是指新样式将控制所有类型的尺寸。

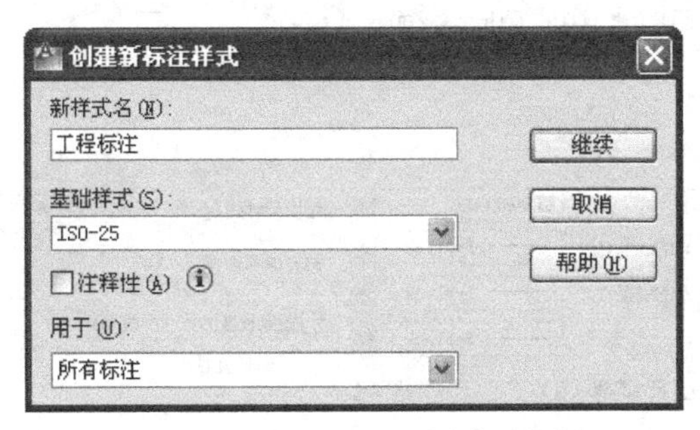

图 9-3 【创建新标注样式】对话框

5. 单击继续按钮，打开【新建标注样式】对话框，如图 9-4 所示。该对话框有 7 个选项卡，在这些选项卡中进行以下设置。

- 在【文字】选项卡的【文字样式】下拉列表中选择“标注文字”，在【文字高度】【从尺寸线偏移】栏中分别输入“2.5”和“0.8”，如图 9-4 所示。
- 进入【线】选项卡，在【基线间距】【超出尺寸线】和【起点偏移量】栏中分别输入“8”“1.8”

和“2”，如图 9-5 所示。

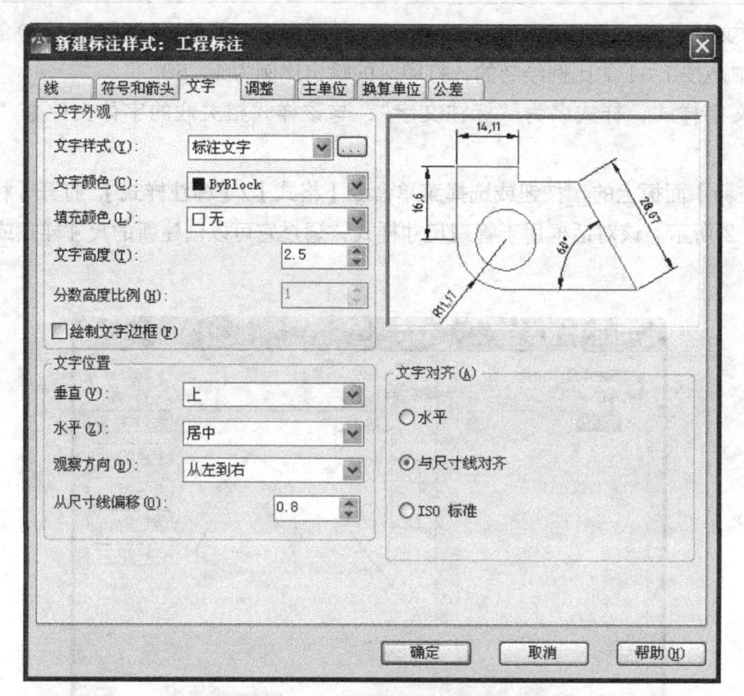

图 9-4 【新建标注样式】对话框

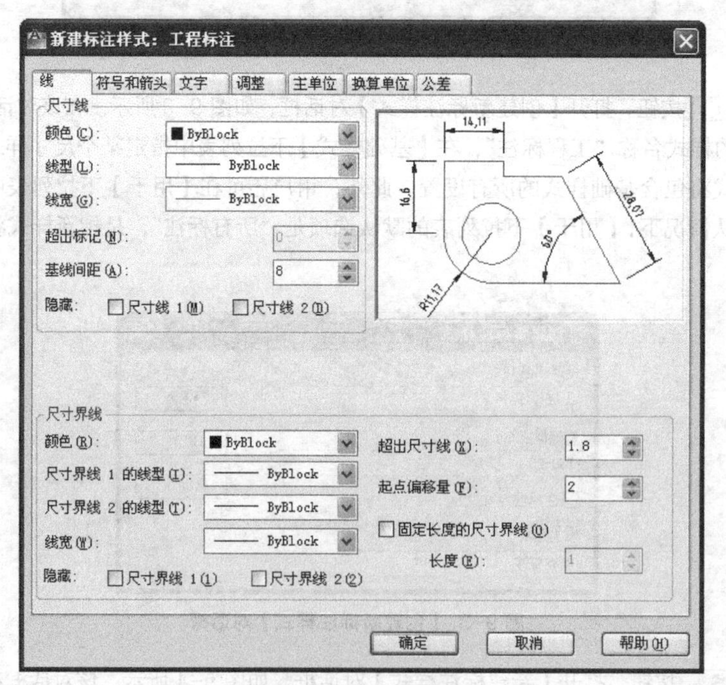

图 9-5 【线】选项卡

- 进入【符号和箭头】选项卡，在【箭头】分组框的【第一个】下拉列表中选择“建筑标记”，在【箭头大小】栏中输入“1.3”，如图 9-6 所示。

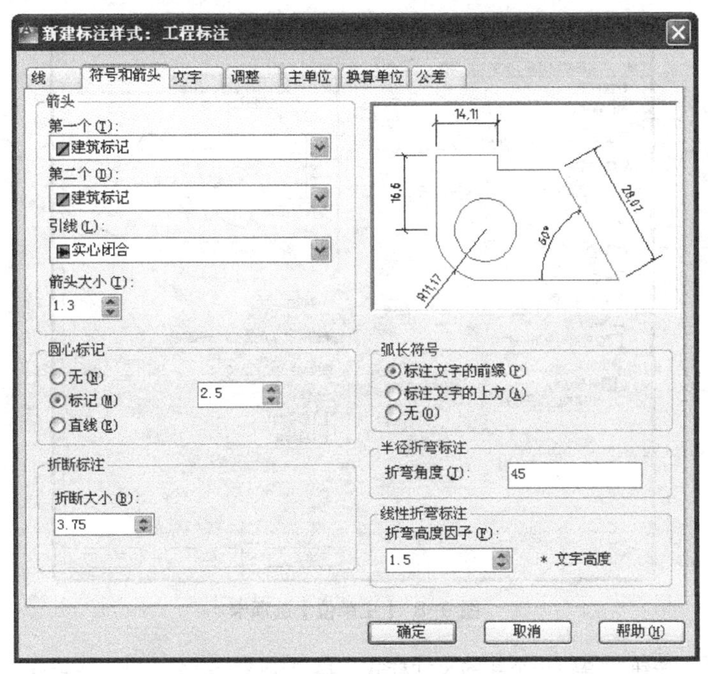

图 9-6 【符号和箭头】选项卡

- 进入【调整】选项卡，在【标注特征比例】分组框的【使用全局比例】栏中输入“50”（绘图比例的倒数），如图 9-7 所示。

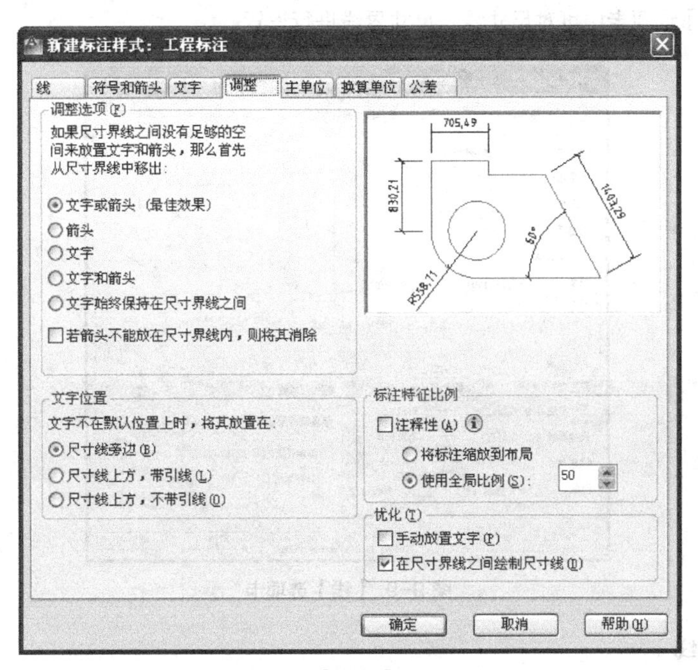

图 9-7 【调整】选项卡

- 进入【主单位】选项卡，在【单位格式】【精度】和【小数分隔符】下拉列表中分别选择“小数”“0.00”和“句点”，如图 9-8 所示。

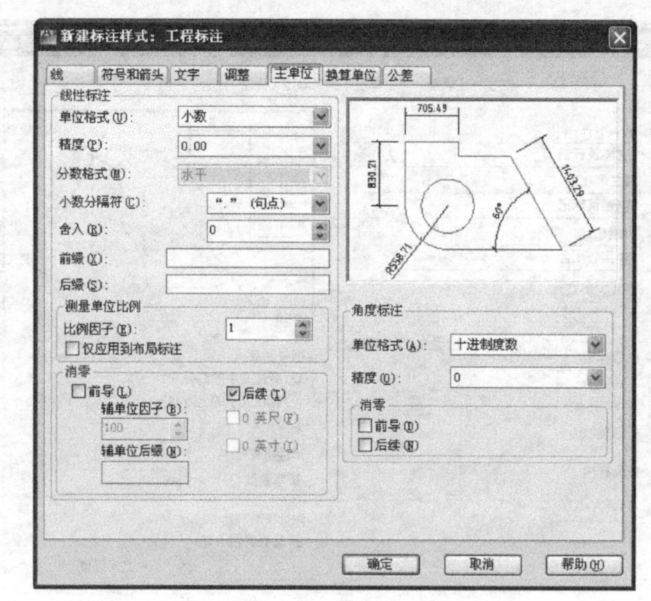

图 9-8 【主单位】选项卡

6. 单击 确定 按钮，得到一个新的尺寸样式，再单击 置为当前(U) 按钮，使新样式成为当前样式。

9.1.3 控制尺寸线、尺寸界线

在【标注样式管理器】对话框中单击 修改(M)... 按钮，打开【修改标注样式】对话框，如图 9-9 所示，在该对话框的【线】选项卡中可对尺寸线、尺寸界线进行设置。

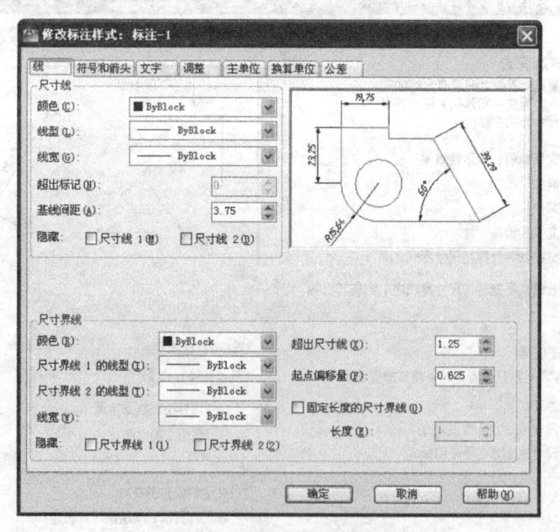

图 9-9 【线】选项卡

一、调整尺寸线

在【尺寸线】分组框中可设置影响尺寸线的变量，常用选项的功能如下。

- 超出标记：该选项决定了尺寸线超过尺寸界线的长度，如图 9-10 所示。若尺寸线两端是箭头，则此选项无效。但若在对话框的【符号和箭头】选项卡中设定了箭头的形式是“倾斜”或“建筑标记”时，该选项就是有效的。

- 基线间距：此选项决定了平行尺寸线间的距离。例如，当创建基线型尺寸标注时，相邻尺寸线间的距离就由该选项控制，如图 9-11 所示。

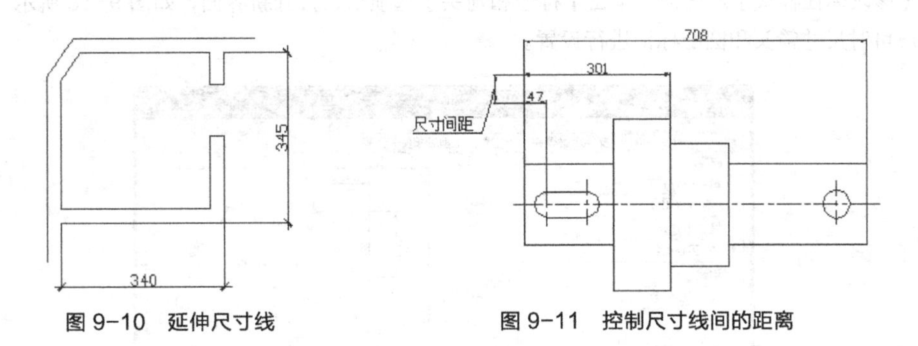

图 9-10　延伸尺寸线　　图 9-11　控制尺寸线间的距离

- 隐藏：【尺寸线 1】和【尺寸线 2】分别用于控制第一条和第二条尺寸线的可见性。在尺寸标注中，如果尺寸文字将尺寸线分成两段，则第一条尺寸线是指靠近第一个选择点的那一段，如图 9-12 所示，否则，第一条、第二条尺寸线与原始尺寸线长度一样。唯一的差别是第一条尺寸线仅在靠近第一选择点的那端带有箭头，而第二条尺寸线只在靠近第二选择点的那端带有箭头。

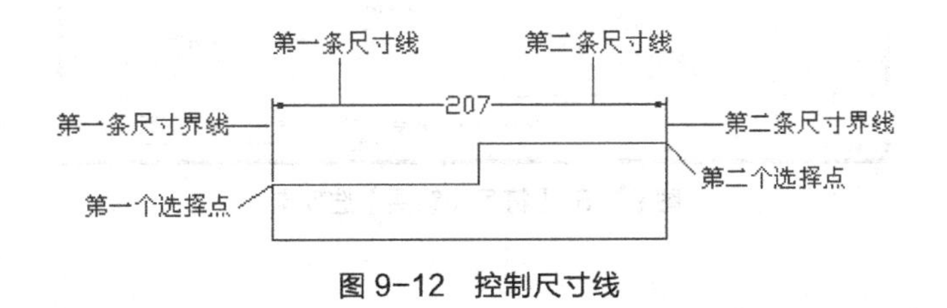

图 9-12　控制尺寸线

二、控制尺寸界线

【尺寸界线】分组框中包含了控制尺寸界线的选项，常用选项的功能如下。

- 超出尺寸线：控制尺寸界线超出尺寸线的距离，如图 9-13 所示。国标中规定，尺寸界线一般超出尺寸线 2~3 mm，如果准备使用 1∶1 比例出图，则延伸值要输入 2 和 3 之间的值。
- 起点偏移量：控制尺寸界线起点与标注对象端点间的距离，如图 9-14 所示。通常应使尺寸界线与标注对象不发生接触，这样才能较容易地区分尺寸标注和被标注的对象。

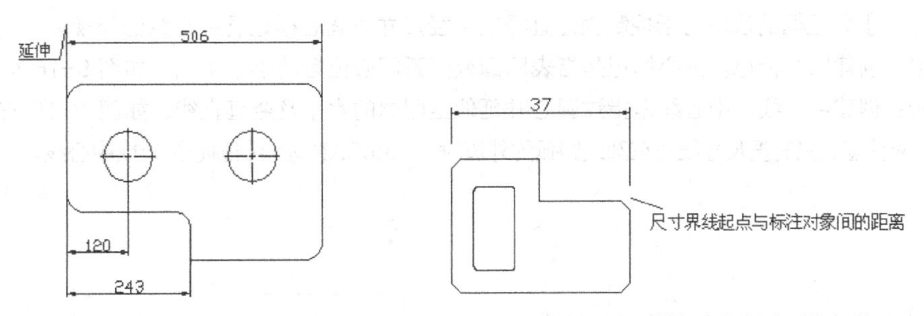

图 9-13　延伸尺寸界线　　图 9-14　控制尺寸界线起点与标注对象间的距离

- 隐藏：【尺寸界线 1】和【尺寸界线 2】控制了第一条和第二条尺寸界线的可见性，第一条尺寸界线由用户标注时选择的第一个尺寸起点决定，如图 9-12 所示。当某条尺寸界线与图形轮廓线重合或与其他图形对象发生干扰时，就可隐藏这条尺寸界线。

9.1.4　控制尺寸箭头及圆心标记

在【修改标注样式】对话框中单击【符号和箭头】选项卡，打开新界面，如图 9-15 所示。在此选项卡中用户可对尺寸箭头和圆心标记进行设置。

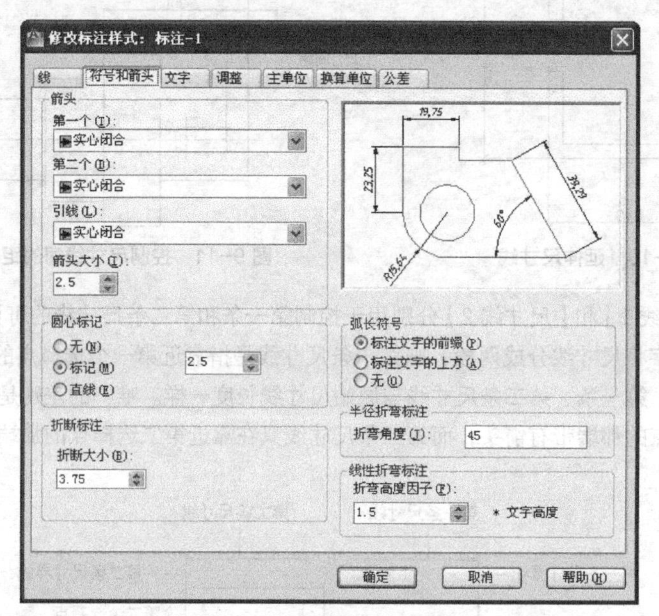

图 9-15 【符号和箭头】选项卡

一、控制箭头

【箭头】分组框提供了控制尺寸箭头的选项。

- 第一个/第二个：这两个下拉列表用于选择尺寸线两端箭头的样式。AutoCAD 中提供了 19 种箭头类型，如果选择了第一个箭头的形式，第二个箭头也将采用相同的形式。要想使它们不同，就需要在第一个下拉列表和第二个下拉列表中分别进行设置。
- 引线：通过此下拉列表设置引线标注的箭头样式。
- 箭头大小：利用此选项设定箭头大小。

二、设置圆心标记及圆中心线

【圆心标记】分组框的选项用于控制创建直径或半径尺寸时圆心标记及中心线的外观。

- 标记：创建圆心标记。圆心标记是指表明圆或圆弧圆心位置的小十字线，如图 9-16 左图所示。
- 直线：创建中心线。中心线是指过圆心并延伸至圆周的水平及竖直直线，如图 9-16 右图所示。用户应注意，只有把尺寸线放在圆或圆弧的外边时，AutoCAD 才绘制圆心标记或中心线。

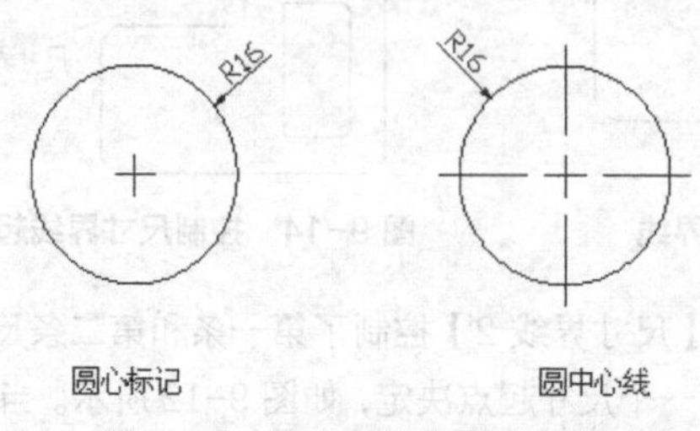

圆心标记　　　　圆中心线

图 9-16　圆心标记及圆中心线

- 【大小】文本框：利用该文本框设定圆心标记或圆中心线的大小。

9.1.5 控制尺寸文本外观和位置

在【修改标注样式】对话框中单击【文字】选项卡，打开新界面，如图 9-17 所示。在此选项卡中用户可以调整尺寸文字的外观，并能控制文本的位置。

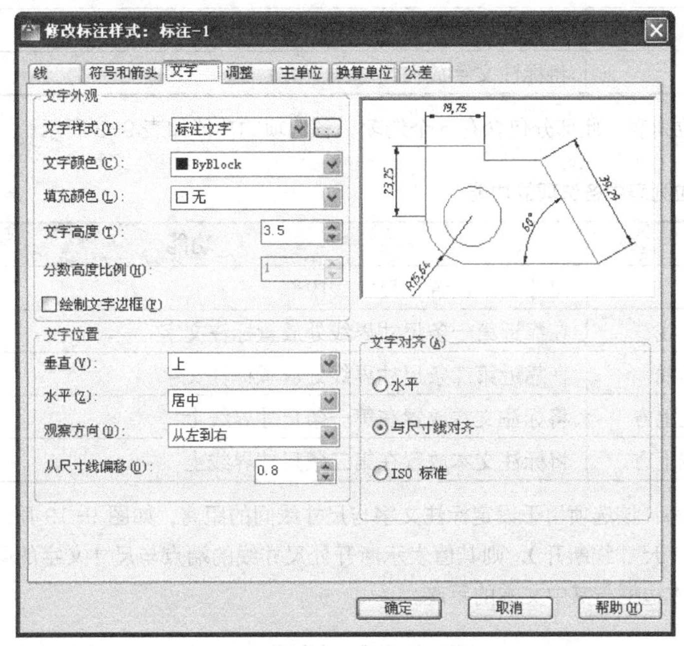

图 9-17 【文字】选项卡

一、控制标注文字的外观

通过【文字外观】分组框可以调整标注文字的外观，常用选项的功能如下。

- 文字样式：在该下拉列表中选择文字样式或单击【文字样式】下拉列表右边的[...]按钮，打开【文字样式】对话框，创建新的文字样式。
- 文字高度：在此文本框中指定文字的高度。若在文本样式中已设定了文字高度，则此文本框中设置的文本高度无效。
- 分数高度比例：该选项用于设定分数形式字符与其他字符的比例。只有当选择了支持分数的标注格式（标注单位为“分数”）时，此选项才可用。
- 绘制文字边框：通过此选项用户可以给标注文本添加一个矩形边框，如图 9-18 所示。

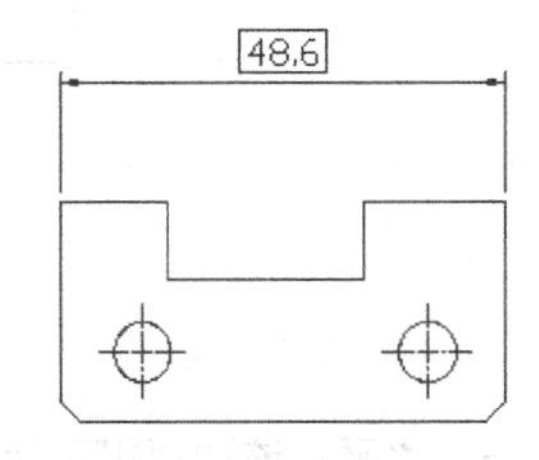

给标注文字添加矩形框

图 9-18 给标注文字添加矩形框

二、控制标注文字的位置

在【文字位置】和【文字对齐】分组框中可以控制标注文字的位置及放置方向，有关选项的功能如下。

- 【垂直】下拉列表：此下拉列表包含 5 个选项。当选中某一选项时，请注意对话框右上角预览图片的变化。通过这张图片用户可以更清楚地了解每一选项的功能，如表 9-1 所示。

表 9-1 【垂直】下拉列表中各选项的功能

选项	功能
居中	尺寸线断开，标注文字放置在断开处
上	尺寸文本放置在尺寸线上
外部	以尺寸线为准，将标注文字放置在距标注对象最远的那一边
JIS	标注文本的放置方式遵循日本工业标准
下	将标注文字放在尺寸线下方

- 【水平】下拉列表：此部分包含有 5 个选项，各选项的功能如表 9-2 所示。

表 9-2 【水平】下拉列表中各选项的功能

选项	功能
居中	尺寸文本放置在尺寸线中部
第一条尺寸界线	在靠近第一条尺寸界线处放置标注文字
第二条尺寸界线	在靠近第二条尺寸界线处放置标注文字
第一条尺寸界线上方	将标注文本放置在第一条尺寸界线上
第二条尺寸界线上方	将标注文本放置在第二条尺寸界线上

- 从尺寸线偏移：该选项用于设定标注文字与尺寸线间的距离，如图 9-19 所示。若标注文本在尺寸线的中间（尺寸线断开），则其值表示断开处尺寸线的端点与尺寸文字的间距。另外，该值也用来控制文本边框与其中文本的距离。

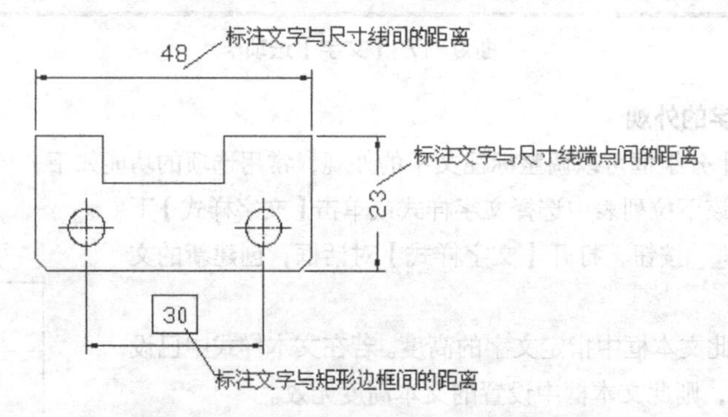

图 9-19 控制文字相对于尺寸线的偏移量

- 水平：该选项用于使所有的标注文本水平放置。
- 与尺寸线对齐：该选项用于使标注文本与尺寸线对齐。
- ISO 标准：当标注文本在两条尺寸界线的内部时，标注文本与尺寸线对齐；否则，标注文字水平放置。

国标中规定了尺寸文本放置的位置及方向，如图 9-20 所示。水平尺寸的数字字头朝上，垂直尺寸的数字字头朝左，要尽可能避免在图示 30°范围内标注尺寸。线性尺寸的数字一般应写在尺寸线上方，也允许写在尺寸线的中断处，但在同一张图纸上应尽可能保持一致。

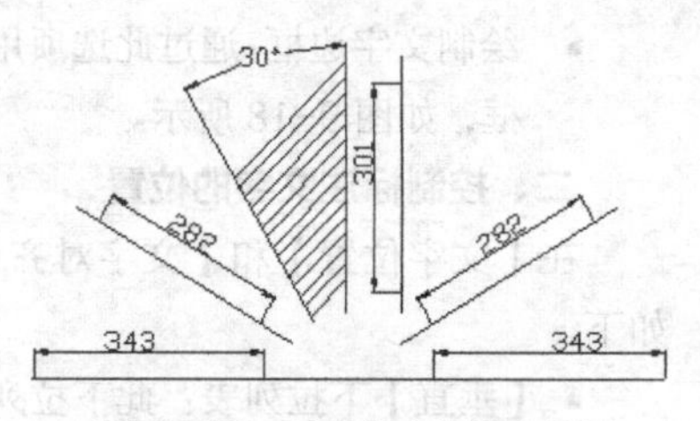

图 9-20 尺寸数字标注规则

9.1.6 调整箭头、标注文字及尺寸界线间的位置关系

在【修改标注样式】对话框中单击【调整】选项卡，弹出新的一页，如图9-21所示。在此选项卡中用户可以调整标注文字、尺寸箭头及尺寸界线间的位置关系。标注时，若两条尺寸界线间有足够的空间，则AutoCAD将箭头、标注文字放在尺寸界线之间。若两条尺寸界线间空间不足，则AutoCAD将按此选项卡中的设置调整箭头或标注文字的位置。

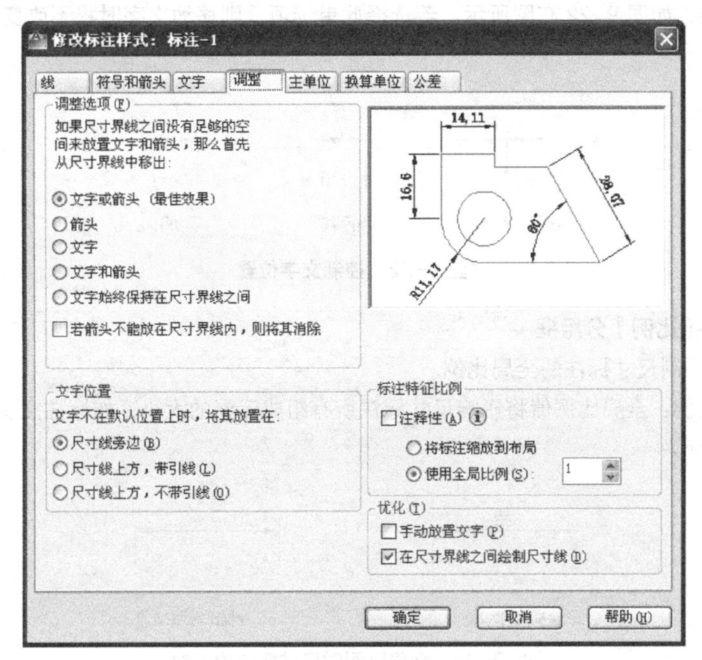

图9-21 【调整】选项卡

一、【调整选项】分组框

当尺寸界线间不能同时放下文字和箭头时，用户可通过【调整选项】分组框设定如何放置文字和箭头。

（1）文字或箭头（最佳效果）：对标注文本及箭头进行综合考虑，自动选择将其中之一放在尺寸界线外侧，以达到最佳标注效果。该选项有以下3种放置方式。

- 若尺寸界线间的距离仅够容纳文字，则只把文字放在尺寸界线内。
- 若尺寸界线间的距离仅够容纳箭头，则只把箭头放在尺寸界线内。
- 若尺寸界线间的距离既不够放置文字又不够放置箭头，则文字和箭头都放在尺寸界线外。

（2）箭头：选择此单选项后，AutoCAD尽量将箭头放在尺寸界线内；否则，文字和箭头都放在尺寸界线外。

（3）文字：选择此单选项后，AutoCAD尽量将文字放在尺寸界线内；否则，文字和箭头都放在尺寸界线外。

（4）文字和箭头：当尺寸界线间不能同时放下文字和箭头时，AutoCAD就将其都放在尺寸界线外。

（5）文字始终保持在尺寸界线之间：选择此单选项后，AutoCAD总是把文字放置在尺寸界线内。

（6）若箭头不能放在尺寸界线内，则将其消除：该选项可以和前面的选项一同使用。若尺寸界线间的空间不足以放下尺寸箭头，且箭头也没有被调整到尺寸界线外时，AutoCAD将不绘制出箭头。

二、【文字位置】分组框

该分组框用于控制当文本移出尺寸界线内时文本的放置方式。

- 尺寸线旁边：当标注文字在尺寸界线外时，将文字放置在尺寸线旁边，如图 9-22 左图所示。
- 尺寸线上方，带引线：当标注文字在尺寸界线外时，把标注文字放在尺寸线上方，并用指引线与其相连，如图 9-22 中图所示。若选择此单选项，则移动文字时将不改变尺寸线的位置。
- 尺寸线上方，不带引线：当标注文字在尺寸界线外时，把标注文字放在尺寸线上方，但不用指引线与其连接，如图 9-22 右图所示。若选择此单选项，则移动文字时将不改变尺寸线的位置。

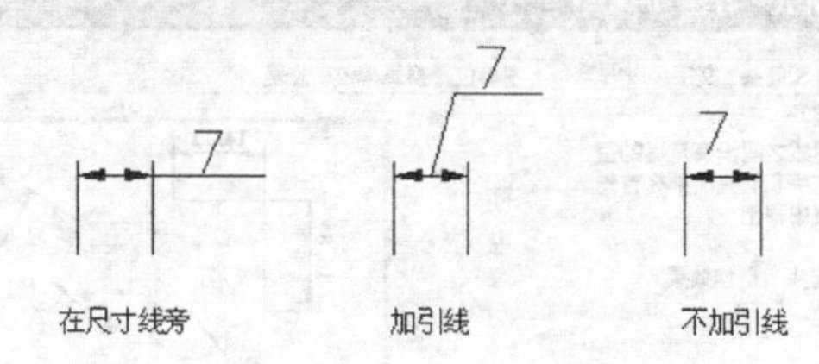

图 9-22　控制文字位置

三、【标注特征比例】分组框

该分组框用于控制尺寸标注的全局比例。

- 使用全局比例：全局比例值将影响尺寸标注所有组成元素的大小，如标注文字、尺寸箭头等，如图 9-23 所示。

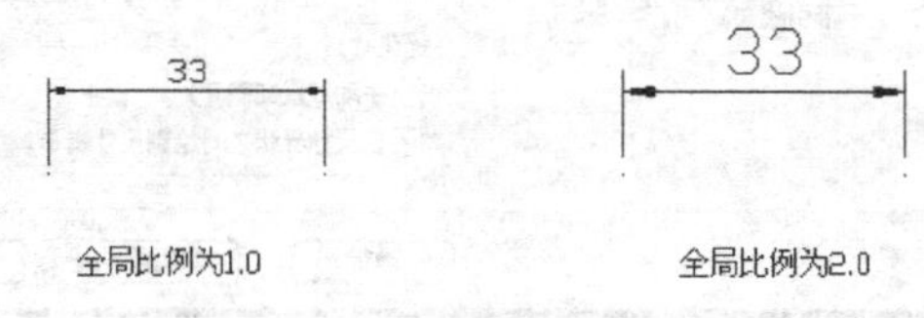

图 9-23　全局比例对尺寸标注的影响

- 将标注缩放到布局：选择此单选项后，全局比例不再起作用。当前尺寸标注的缩放比例是模型空间相对于图纸空间的比例。

四、【优化】分组框

- 手动放置文字：该选项使用户可以手工选择文本位置。
- 在尺寸界线之间绘制尺寸线：选中此复选项后，AutoCAD 总是在尺寸界线间绘制尺寸线；否则，当将尺寸箭头移至尺寸界线外侧时，不画出尺寸线，如图 9-24 所示。

图 9-24　控制是否绘制尺寸线

9.1.7　设置线性及角度尺寸精度

在【修改标注样式】对话框中单击【主单位】选项卡，打开新界面，如图 9-25 所示。在该选项卡中可以设置尺寸数值的精度，并能给标注文本加入前缀或后缀，下面分别对【线性标注】和【角度标注】分组框中的选项作出说明。

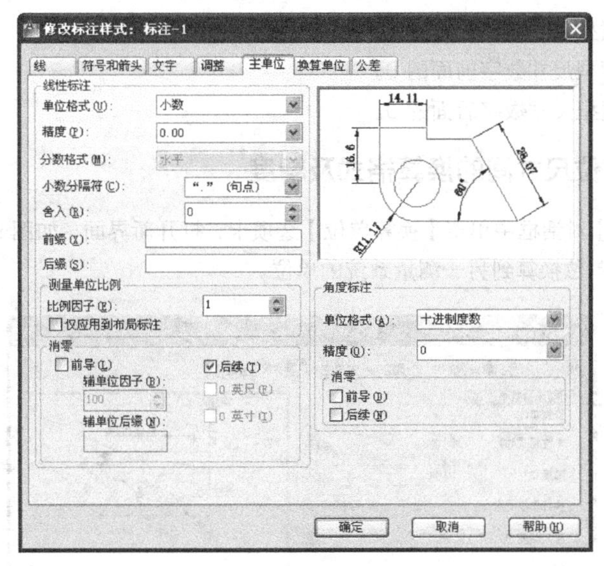

图 9-25 【主单位】选项卡

一、【线性标注】分组框

该分组框用于设置线性尺寸的单位格式和精度。

- 单位格式：在此下拉列表中选择所需的长度单位类型。
- 精度：设定长度型尺寸数字的精度（小数点后显示的位数）。
- 分数格式：只有当在【单位格式】下拉列表中选择“分数”选项时，该下拉列表才可用。此列表中有 3 个选项：【水平】【对角】和【非堆叠】，通过这些选项用户可设置标注文字的分数格式，效果如图 9-26 所示。

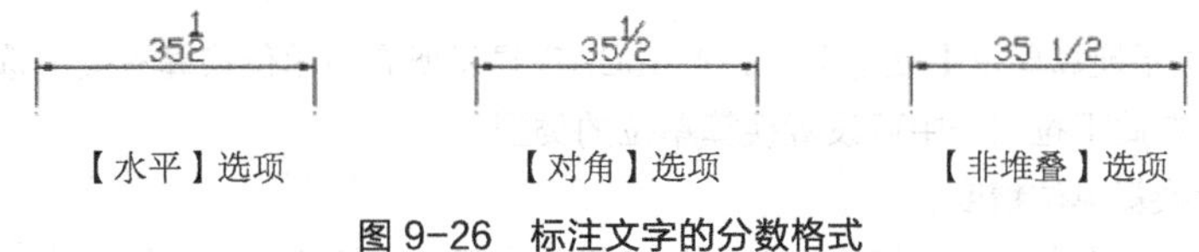

图 9-26 标注文字的分数格式

- 小数分隔符：若单位类型是十进制，则用户可在此下拉列表中选择分隔符的形式。AutoCAD 提供了 3 种分隔符：逗点、句点和空格。
- 舍入：此选项用于设定标注数值的近似规则。例如，如果在此栏中输入“0.03”，则 AutoCAD 将标注数字的小数部分近似到最接近 0.03 的整数倍。
- 前缀：在此文本框中可输入标注文本的前缀。
- 后缀：在此文本框中可输入标注文本的后缀。
- 比例因子：可输入尺寸数字的缩放比例因子。当标注尺寸时，AutoCAD 用此比例因子乘以真实的测量数值，然后将结果作为标注数值。
- 前导：隐藏长度型尺寸数字前面的 0。例如，若尺寸数字是“0.578”，则显示为“.578”。
- 后续：隐藏长度型尺寸数字后面的 0。例如，若尺寸数字是“5.780”，则显示为“5.78”。

二、【角度标注】分组框

在该分组框中用户可设置角度尺寸的单位格式和精度。

- 单位格式：在此下拉列表中可选择角度的单位类型。

- 精度：设置角度型尺寸数字的精度（小数点后显示的位数）。
- 前导：隐藏角度型尺寸数字前面的 0。
- 后续：隐藏角度型尺寸数字后面的 0。

9.1.8 设置不同单位尺寸间的换算格式及精度

在【修改标注样式】对话框中单击【换算单位】选项卡，打开新界面，如图 9-27 所示。该选项卡中的选项用于将一种标注单位换算到另一测量系统的单位。

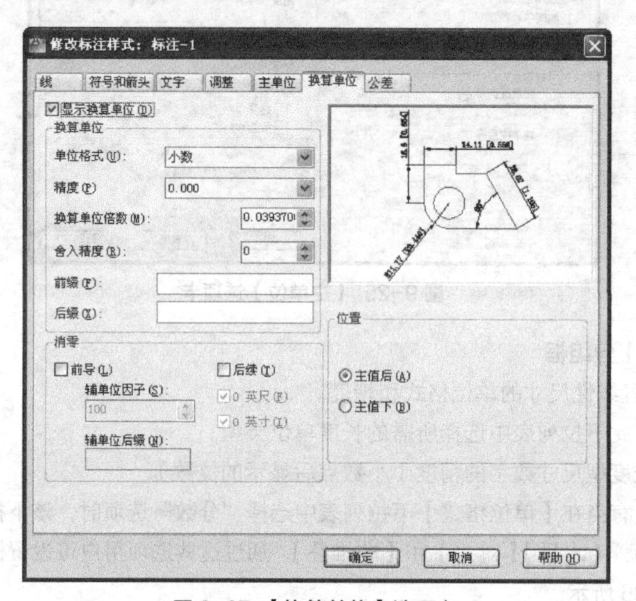

图 9-27 【换算单位】选项卡

当用户选中【显示换算单位】复选项后，AutoCAD 显示所有与单位换算有关的选项。

- 单位格式：在此下拉列表中可设置换算单位的类型。
- 精度：设置换算单位精度。
- 换算单位倍数：在此栏中可指定主单位与换算单位间的比例因子。例如，若主单位是英制，换算单位为十进制，则比例因子为“25.4”。
- 舍入精度：此选项用于设定标注数值的近似规则。例如，如果在此文本框中输入“0.02”，则 AutoCAD 将标注数字的小数部分近似到最接近 0.02 的整数倍。
- 前缀/后缀：在标注数值中加入前缀或后缀。

9.1.9 设置尺寸公差

在【修改标注样式】对话框中单击【公差】选项卡，打开新界面，如图 9-28 所示。在该选项卡中用户能设置公差格式及输入上、下偏差值，下面介绍此页中的控制选项。

一、【公差格式】分组框

在【公差格式】分组框中可指定公差值及精度。

（1）方式：该下拉列表中包含 5 个选项。

- 无：只显示基本尺寸。
- 对称：如果选择【对称】选项，则只能在【上偏差】栏中输入数值，标注时 AutoCAD 自动加入

“±”符号，效果如图 9-29 所示。

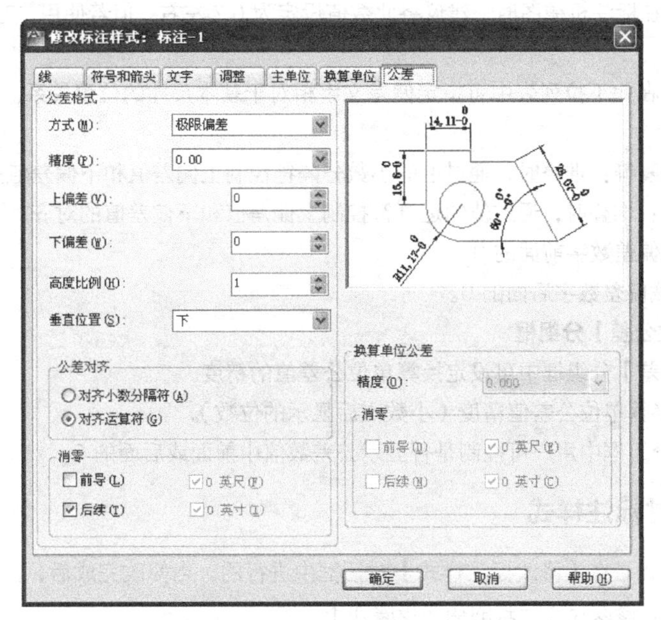

图 9-28 【公差】选项卡

- 极限偏差：利用此选项可以在【上偏差】和【下偏差】栏中分别输入尺寸的上、下偏差值。默认情况下，AutoCAD 将自动在上偏差前面添加“+”号，在下偏差前面添加“-”号。若在输入偏差值时加上“+”或“-”号，则最终显示的符号将是默认符号与输入符号相乘的结果。输入值正、负号与标注效果的对应关系如图 9-29 所示。

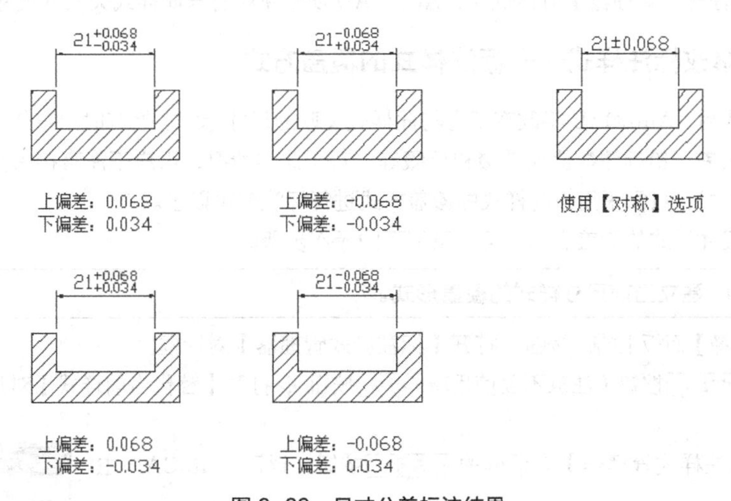

图 9-29 尺寸公差标注结果

- 极限尺寸：同时显示最大极限尺寸和最小极限尺寸。
- 基本尺寸：将尺寸标注值放置在一个长方形的框中（理想尺寸标注形式）。

（2）精度：设置上、下偏差值的精度（小数点后显示的位数）。

（3）上偏差：在此文本框中可输入上偏差数值。

（4）下偏差：在此文本框中可输入下偏差数值。

（5）高度比例：该选项能让用户调整偏差文本相对于尺寸文本的高度，默认值是 1，此时偏差文本与尺寸文本高度相同。在标注机械图时，建议将此数值设定为 0.7 左右，但若使用“对称”选项，则“高度比例”值仍选为 1。

（6）垂直位置：在此下拉列表中可指定偏差文字相对于基本尺寸的位置关系。当标注机械图时，建议选择“中”选项。

（7）对齐小数分隔符：堆叠时，通过值的小数分隔符控制上偏差值和下偏差值的对齐。

（8）对齐运算符：堆叠时，通过值的运算符控制上偏差值和下偏差值的对齐。

（9）前导：隐藏偏差数字前面的 0。

（10）后续：隐藏偏差数字后面的 0。

二、【换算单位公差】分组框

在【换算单位公差】分组框中可设定换算单位公差值的精度。

- 精度：设置换算单位公差值精度（小数点后显示的位数）。
- 消零：在此分组框中用户可控制是否显示公差数值中前面或后面的 0。

9.1.10 修改尺寸标注样式

修改尺寸标注样式是在【修改标注样式】对话框中进行的。当修改完成后，图样中所有使用此样式的标注都将发生变化，修改尺寸样式的操作步骤如下。

【练习 9-2】 修改尺寸标注样式。

1. 在【标注样式管理器】对话框中选择要修改的尺寸样式名称。
2. 单击 修改(M)... 按钮，AutoCAD 弹出【修改标注样式】对话框。
3. 在【修改标注样式】对话框的各选项卡中修改尺寸变量。
4. 关闭【标注样式管理器】对话框后，AutoCAD 便更新所有与此样式关联的尺寸标注。

9.1.11 临时修改标注样式——标注样式的覆盖方式

修改标注样式后，AutoCAD 将改变所有与此样式关联的尺寸标注。但有时用户想创建个别特殊形式的尺寸标注，如公差、给标注数值加前缀和后缀等。对于此类情况，用户不能直接去修改尺寸样式，但也不必再创建新样式，只需采用当前样式的覆盖方式进行标注就可以了。

要建立当前尺寸样式的覆盖形式，可按照下面的操作步骤。

【练习 9-3】 建立当前尺寸样式的覆盖形式。

1. 单击【注释】面板上的按钮，打开【标注样式管理器】对话框。
2. 再单击 替代(O)... 按钮（注意不要使用 修改(M)... 按钮），打开【替代当前样式】对话框，然后修改尺寸变量。
3. 单击【标注样式管理器】对话框的 关闭 按钮，返回 AutoCAD 主窗口。
4. 创建尺寸标注，则 AutoCAD 暂时使用新的尺寸变量控制尺寸外观。
5. 如果要恢复原来的尺寸样式，就再次进入【标注样式管理器】对话框，在该对话框的列表栏中选择该样式，然后单击 置为当前(U) 按钮。此时，AutoCAD 打开一个提示性对话框，如图 9-30 所示，单击 确定 按钮，AutoCAD 就忽略用户对标注样式的修改。

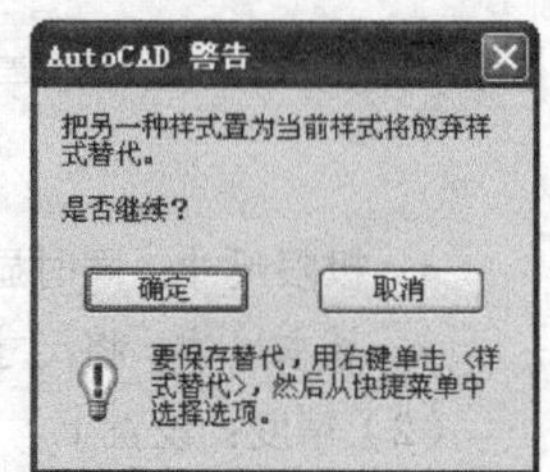

图 9-30 提示性对话框

9.1.12 删除和重命名标注样式

删除和重命名标注样式是在【标注样式管理器】对话框中进行的，具体操作步骤如下。

【练习 9-4】 删除和重命名标注样式。

1. 在【标注样式管理器】对话框的【样式】列表框中选择要进行操作的样式名。
2. 单击鼠标右键打开快捷菜单，选择【删除】命令就删除了尺寸样式，如图 9-31 所示。
3. 若要重命名样式，则选择【重命名】命令，然后输入新名称，如图 9-31 所示。

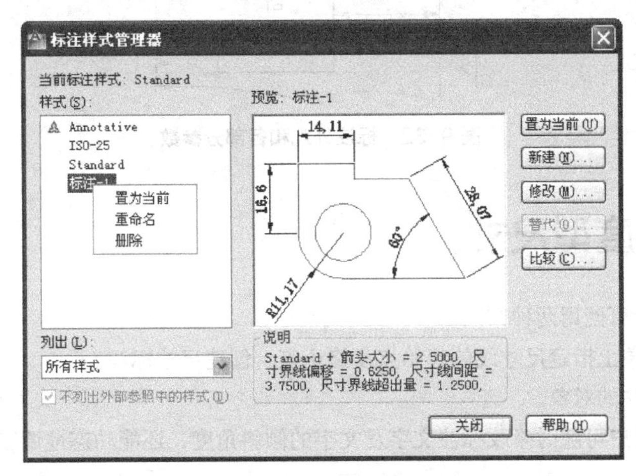

图 9-31 删除和重命名标注样式

需要注意的是，当前样式及正被使用的尺寸样式不能被删除。此外，也不能删除样式列表中仅有的一个标注样式。

9.1.13 标注尺寸的准备工作

在标注图样尺寸前应完成以下工作。

（1）为所有尺寸标注建立单独的图层，通过该图层就能很容易地将尺寸标注与图形的其他对象区分开来，因而这一步是非常必要的。

（2）专门为尺寸文字创建文本样式。

（3）打开自动捕捉模式，并设定捕捉类型为“端点”“圆心”和“中点”等，这样在创建尺寸标注时就能更快地拾取标注对象上的点。

（4）创建新的尺寸样式。

【练习 9-5】 为标注尺寸进行准备。

1. 创建一个新文件。
2. 建立一个名为“尺寸标注”的图层。
3. 创建新的文字样式，样式名为“尺寸文字样式”，此样式所关联的字体是“gbeitc.shx”，其余设定都以默认设置为准。
4. 建立新的尺寸样式，名称是“尺寸样式-1”，并根据图 9-32 所示的标注外观和各部分参数设定样式中相应的选项，然后指定新样式为当前样式，请读者自己完成这些步骤。

- H：标注文本关联“尺寸文字样式”，文字高度为“3.5”，精度为“0.0”，小数点格式是“句点”。

- E：文本与尺寸线间的距离是“0.8”。
- K：箭头大小为“2”。
- F：尺寸界线超出尺寸线的长度为“2”。
- G：尺寸界线起始点与标注对象端点间的距离为“2”。
- M：标注基线尺寸时，平行尺寸线间的距离为“8”。

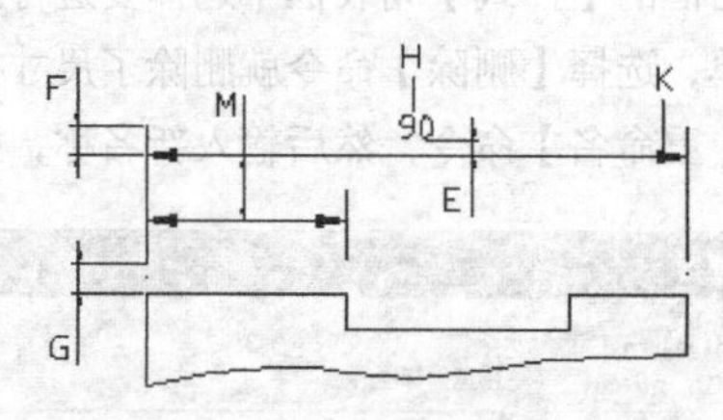

图 9-32　标注外观和各部分参数

9.2　创建长度型尺寸

标注长度尺寸一般可使用两种方法。

- 通过在标注对象上指定尺寸线的起始点及终止点，创建尺寸标注。
- 直接选择要标注的对象。

在标注过程中，用户可随时修改标注文字及文字的倾斜角度，还能动态地调整尺寸线的位置。

9.2.1　标注水平、竖直及倾斜方向尺寸

DIMLINEAR 命令可以用于标注水平、竖直及倾斜方向的尺寸。标注时，若要使尺寸线倾斜，则输入“R”选项，然后输入尺寸线倾角即可。

一、命令启动方法

- 菜单命令：【标注】/【线性】。
- 面板：【常用】选项卡中【注释】面板上的 按钮。
- 命令：DIMLINEAR 或简写 DIMLIN。

【练习 9-6】 练习使用 DIMLINEAR 命令。

打开素材文件“dwg\第 9 章\9-6.dwg”，用 DIMLINEAR 命令创建尺寸标注，如图 9-33 所示。

```
命令: _dimlinear
指定第一条尺寸界线原点或 <选择对象>:      int于
    //指定第一条尺寸界线的起始点A，或者按Enter键选择要标注的对象，如图9-33所示
指定第二条尺寸界线原点:int于                          //选取第二条尺寸界线的起始点B
指定尺寸线位置或[多行文字(M)/文字(T)/角度(A)/水平(H)/垂直(V)/旋转(R)]:
                    //拖动鼠标光标将尺寸线放置在适当位置，然后单击鼠标左键完成操作
```

结果如图 9-33 所示。

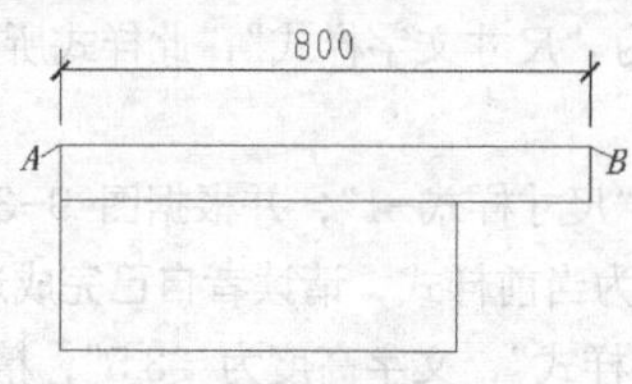

图 9-33　标注水平方向的尺寸

二、命令选项

- 多行文字（M）：使用该选项则打开多行文字编辑器，利用此编辑器用户可输入新的标注文字。

> **要点提示** 若修改了系统自动标注的文字，则会失去尺寸标注的关联性，即尺寸数字不随标注对象的改变而改变。

- 文字（T）：此选项使用户可以在命令行中输入新的尺寸文字。
- 角度（A）：通过该选项可设置文字的放置角度。
- 水平（H）/垂直（V）：创建水平或垂直型尺寸。用户也可通过移动鼠标光标指定创建何种类型的尺寸，若左右移动鼠标光标，则生成垂直尺寸；上下移动鼠标光标，则生成水平尺寸。
- 旋转（R）：使用 DIMLINEAR 命令时，AutoCAD 自动将尺寸线调整成水平或竖直方向。此选项可使尺寸线倾斜一个角度，因此可利用它标注倾斜的对象，如图 9-34 所示。

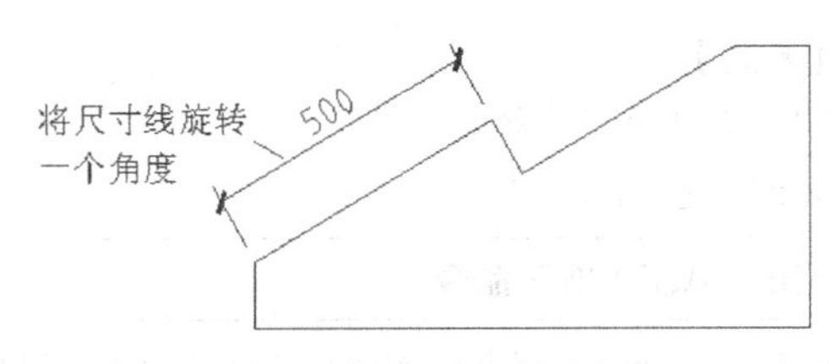

图 9-34　标注倾斜对象

9.2.2 创建对齐尺寸

要标注倾斜对象的真实长度可使用对齐尺寸，对齐尺寸的尺寸线平行于倾斜的标注对象。如果用户是通过选择两个点来创建对齐尺寸，则尺寸线与两点的连线平行。

命令启动方法

- 菜单命令：【标注】/【对齐】。
- 面板：【常用】选项卡中【注释】面板上的按钮。
- 命令：DIMALIGNED 或简写 DIMALI。

【练习 9-7】 练习使用 DIMALIGNED 命令。

打开素材文件“dwg\第 9 章\9-7.dwg”，用 DIMALIGNED 命令创建尺寸标注，如图 9-35 所示。

```
命令: _dimaligned
指定第一条尺寸界线原点或 <选择对象>: int于
                    //捕捉交点A，或者按Enter键选择要标注的对象，如图9-35所示
指定第二条尺寸界线原点: int于                      //捕捉交点B
指定尺寸线位置或[多行文字(M)/文字(T)/角度(A)]:      //移动鼠标光标，指定尺寸线的位置
```

结果如图 9-35 所示。

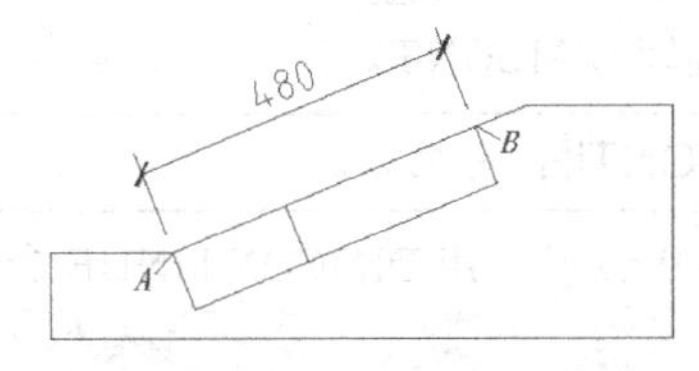

图 9-35　标注对齐尺寸

DIMALIGNED 命令各选项功能的介绍请参见 9.2.1 小节 DIMLINEAR 功能介绍。

9.2.3 创建连续型及基线型尺寸标注

连续型尺寸标注是一系列首尾相连的标注形式，而基线型尺寸标注是指所有的尺寸都从同一点开始标注，即它们公用一条尺寸界线。连续型和基线型尺寸的标注方法类似。在创建这两种形式的尺寸时，首先应建立一个尺寸标注，然后发出标注命令，当 AutoCAD 提示“指定第二条尺寸界线原点或 [放弃(U)/选择（S）] <选择>:”时，用户可采取下面的某种操作方式。

- 直接拾取对象上的点。由于用户已事先建立了一个尺寸，因此 AutoCAD 将以该尺寸的第一条尺寸界线为基准线生成基线型尺寸，或者以该尺寸的第二条尺寸界线为基准线建立连续型尺寸。
- 若不想在前一个尺寸的基础上生成连续型或基线型尺寸，就按 Enter 键，AutoCAD 提示“选择连续标注”或“选择基准标注”，此时，用户可重新选择某条尺寸界线作为建立新尺寸的基准线。

一、基线标注

命令启动方法

- 菜单命令：【标注】/【基线】。
- 面板：【注释】选项卡【标注】面板上的按钮。
- 命令：DIMBASELINE 或简写 DIMBASE。

【练习 9-8】 练习使用 DIMBASELINE 命令。

打开素材文件“dwg\第 9 章\9-8.dwg”，用 DIMBASELINE 命令创建尺寸标注，如图 9-36 所示。

```
命令: _dimbaseline
选择基准标注:                                        //指定A点处的尺寸界线为基准线，如图9-36所示
指定第二条尺寸界线原点或 [放弃(U)/选择(S)] <选择>: int于    //指定第二点B
指定第二条尺寸界线原点或 [放弃(U)/选择(S)] <选择>: int于    //指定第三点C
指定第二条尺寸界线原点或 [放弃(U)/选择(S)] <选择>:          //按Enter键
选择基准标注:                                              //按Enter键结束命令
```

结果如图 9-36 所示。

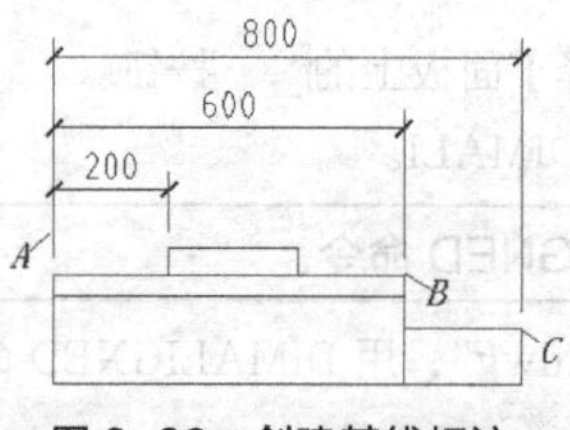

图 9-36 创建基线标注

二、连续标注

命令启动方法

- 菜单命令：【标注】/【连续】。
- 面板：【注释】选项卡【标注】面板上的按钮。
- 命令：DIMCONTINUE 或简写 DIMCONT。

【练习 9-9】 练习使用 DIMCONTINUE 命令。

打开素材文件“dwg\第 9 章\9-9.dwg”，用 DIMCONTINUE 命令创建尺寸标注，如图 9-37 所示。

```
命令: _dimcontinue
选择连续标注:                                        //指定A点处的尺寸界线为基准线，如图9-37所示
```

```
指定第二条尺寸界线原点或 [放弃(U)/选择(S)] <选择>: int于          //指定第二点B
指定第二条尺寸界线原点或 [放弃(U)/选择(S)] <选择>: int于          //指定第三点C
指定第二条尺寸界线原点或 [放弃(U)/选择(S)] <选择>: int于          //指定第四点D
指定第二条尺寸界线原点或 [放弃(U)/选择(S)] <选择>:                //按Enter键
选择连续标注:                                                     //按Enter键结束命令
```

结果如图 9-37 所示。

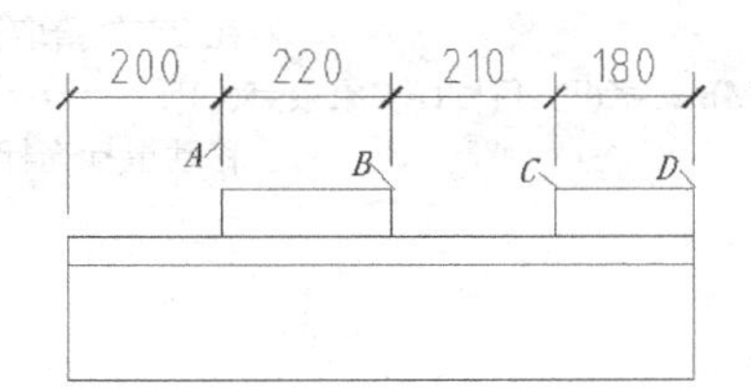

图 9-37　创建连续标注

用户可以对角度型尺寸使用 DIMBASELINE 和 DIMCONTINUE 命令。

9.3　创建角度尺寸

标注角度时，用户可通过拾取两条边线、三个点或一段圆弧来创建角度尺寸。

命令启动方法

- 菜单命令：【标注】/【角度】。
- 面板：【常用】选项卡中【注释】面板上的按钮。
- 命令：DIMANGULAR 或简写 DIMANG。

【练习 9-10】 练习使用 DIMANGULAR 命令。

打开素材文件“dwg\第 9 章\9-10.dwg”，用 DIMANGULAR 命令创建尺寸标注，如图 9-38 所示。

```
命令: _dimangular
选择圆弧、圆、直线或 <指定顶点>:                      //选择角的第一条边，如图9-38所示
选择第二条直线:                                       //选择角的第二条边
指定标注弧线位置或 [多行文字(M)/文字(T)/角度(A)/象限点(Q)]:
                                                      //移动鼠标光标指定尺寸线的位置
```

结果如图 9-38 所示。

DIMANGULAR 命令选项的功能如下。

象限点（Q）：指定标注应锁定到的象限。

其余各选项的功能介绍参见 9.2.1 小节。

以下两个练习演示了圆上两点或某一圆弧对应圆心角的标注方法。

第二条边线　32°　第一条边线

图 9-38　指定角边标注角度

【练习 9-11】 标注圆弧所对应圆心角。

```
命令: _dimangular
选择圆弧、圆、直线或 <指定顶点>:          //选择圆弧，如图9-39左图所示
指定标注弧线位置或 [多行文字(M)/文字(T)/角度(A)/象限点(Q)]:
                                          //移动鼠标光标指定尺寸线位置
```

结果如图 9-39 左图所示。

选择圆弧时，AutoCAD 直接标注圆弧所对应的圆心角，移动鼠标光标到圆心的不同侧时，标注数值也不同。

【练习 9-12】 标注圆上两点所对应圆心角。

```
命令: _dimangular
选择圆弧、圆、直线或 <指定顶点>:                    //在A点处拾取圆，如图9-39右图所示
指定角的第二个端点:                                 //在B点处拾取圆
指定标注弧线位置或 [多行文字(M)/文字(T)/角度(A)/象限点(Q)]:
                                                    //移动鼠标光标指定尺寸线位置
```

结果如图 9-39 右图所示。

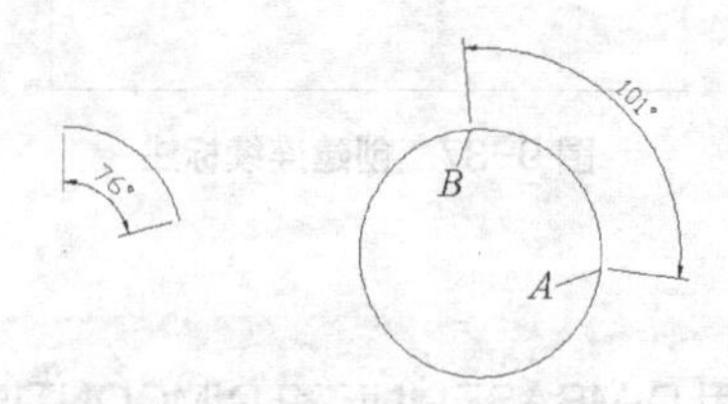

图 9-39 标注圆弧和圆

在圆上选择的第一个点是角度起始点，选择的第二个点是角度终止点，AutoCAD 标出这两点间圆弧所对应的圆心角。当移动鼠标光标到圆心的不同侧时，标注数值也不同。

DIMANGULAR 命令具有一个选项，允许用户利用 3 个点标注角度。当 AutoCAD 提示“选择圆弧、圆、直线或 <指定顶点>:”时，直接按 Enter 键，AutoCAD 继续提示：

```
指定角的顶点:                                       //指定角的顶点，如图9-40所示
指定角的第一个端点:                                 //拾取角的第一个端点
指定角的第二个端点:                                 //拾取角的第二个端点
指定标注弧线位置或 [多行文字(M)/文字(T)/角度(A)/象限点(Q)]:
                                                    //移动鼠标光标指定尺寸线位置
```

结果如图 9-40 所示。

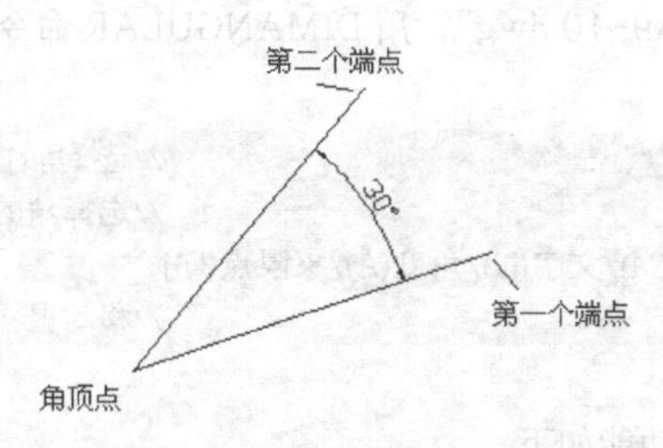

图 9-40 通过 3 点标注角度

用户应注意，当鼠标光标移动到角顶点的不同侧时，标注值将不同。

用户可以使用角度尺寸或长度尺寸的标注命令来查询角度值和长度值。当发出命令并选择对象后，就能看到标注文本，此时按 Esc 键取消正在执行的命令，就不会将尺寸标注出来。

9.3.1 利用尺寸样式覆盖方式标注角度

国标中对于角度标注有规定，如图 9-41 所示，角度数字一律水平书写，一般注写在尺寸线的中断处，

必要时可注写在尺寸线的上方或外面，也可画引线标注。显然，角度文本的注写方式与线性尺寸文本是不同的。

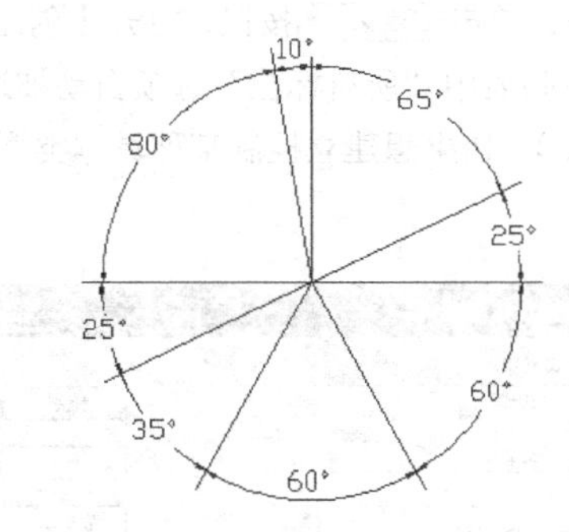

图 9-41　角度文本注写规则

为使角度数字的放置形式符合国标规定，用户可采用当前样式覆盖方式标注角度。

【练习 9-13】 用当前样式覆盖方式标注角度。

1. 打开素材文件“dwg\第 9 章\9-13.dwg”。

2. 单击【注释】面板上的按钮，打开【标注样式管理器】对话框，选择标注样式“练习”，单击 置为当前(U) 按钮，使其成为当前样式。

3. 单击 替代(O)... 按钮（注意不要使用 修改(M)... 按钮），打开【替代当前样式】对话框。

4. 单击【文字】选项卡，打开新界面，在该页的【文字对齐】分组框中选择【水平】单选项，如图 9-42 左图所示。

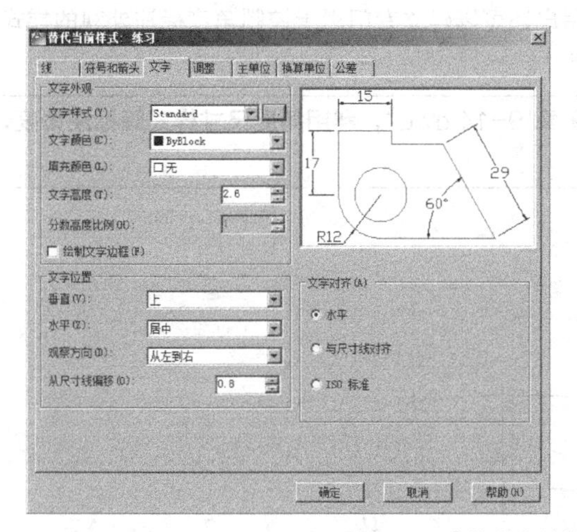

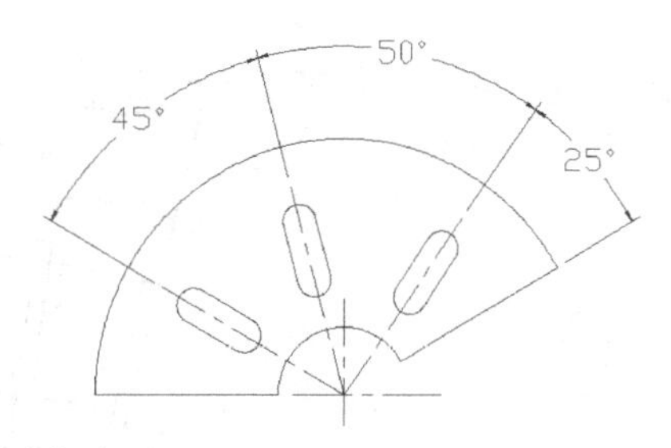

图 9-42 【替代当前样式】对话框

5. 返回 AutoCAD 主窗口，标注角度尺寸，角度数字将水平放置，如图 9-42 右图所示。

6. 角度标注完成后，若要恢复原来的尺寸样式，就进入【标注样式管理器】对话框，在该对话框的列表栏中选择尺寸样式，然后单击 置为当前(U) 按钮。此时，AutoCAD 打开一个提示性对话框，继续单击 确定 按钮完成操作。

9.3.2　使用角度尺寸样式簇标注角度

对于某种类型的尺寸，其标注外观可能需要进行一些调整，例如，创建角度尺寸时要求文字放置在水平位置，标注直径时想生成圆的中心线。在 AutoCAD 中，用户可以通过尺寸样式簇对某种特定类型的尺寸进行控制。

在【标注样式管理器】对话框中，单击新建(N)...按钮，打开【创建新标注样式】对话框，如图 9-43 所示。默认状态下，在【用于】下拉列表中“所有标注”选项自动被选中，利用此选项创建的尺寸样式通常被称为上级样式（或父尺寸样式），如果想建立控制某种具体类型尺寸的样式簇（子样式），就在下拉列表中选择所需的尺寸类型。

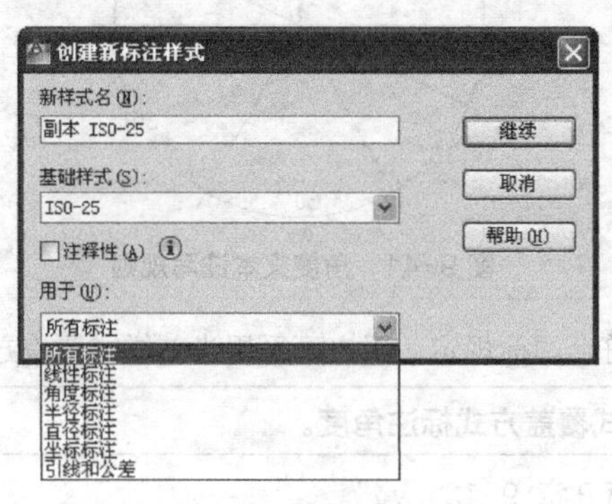

图 9-43 【创建新标注样式】对话框

用户可以修改样式簇中的某些尺寸变量（暂且称为 A 部分尺寸变量），以形成特殊的标注形式，但对这些变量的改动并不影响上级样式中相应的尺寸变量。同样若在上级样式中修改 A 部分尺寸变量，也不会影响样式簇中此部分变量的设置。但若在父级样式中修改其他的尺寸变量，则样式簇中对应的变量就将跟随变动。

除了利用尺寸样式覆盖方式标注角度外，用户还可以建立专门用于控制角度标注外观的样式簇。下面的过程说明了如何利用标注样式簇创建角度尺寸。

【练习 9-14】 打开素材文件“dwg\第 9 章\9-14.dwg”，利用角度尺寸样式簇标注角度，如图 9-44 所示。

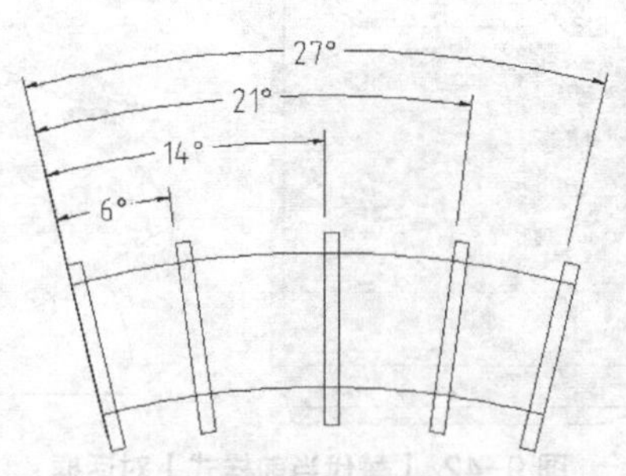

图 9-44 利用角度尺寸样式簇标注角度

1. 单击【注释】面板上的按钮，打开【标注样式管理器】对话框，再单击新建(N)...按钮，打开【创建新标注样式】对话框，在【用于】下拉列表中选择“角度标注”，如图 9-45 所示。

2. 单击继续按钮，打开【新建标注样式】对话框，进入【文字】选项卡，在该选项卡的【文字对齐】分组框中选择【水平】单选项，如图 9-46 所示。

3. 单击确定按钮完成操作。

4. 返回主窗口，用 DIMANGULAR 和 DIMBASELINE 命令标注角度尺寸，此类尺寸的外观由样式簇控制，结果如图 9-44 所示。

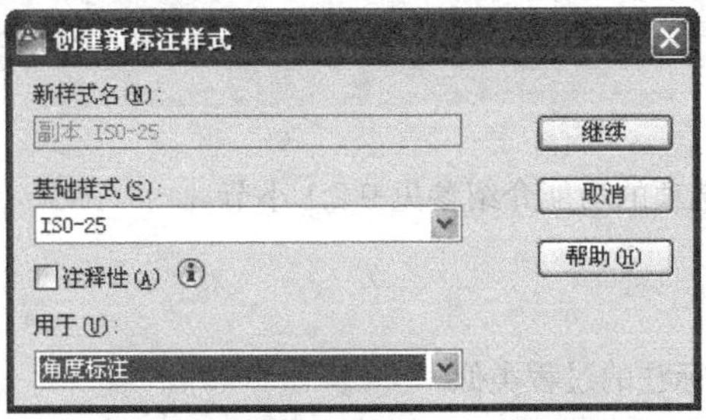

图 9-45 【创建新标注样式】对话框

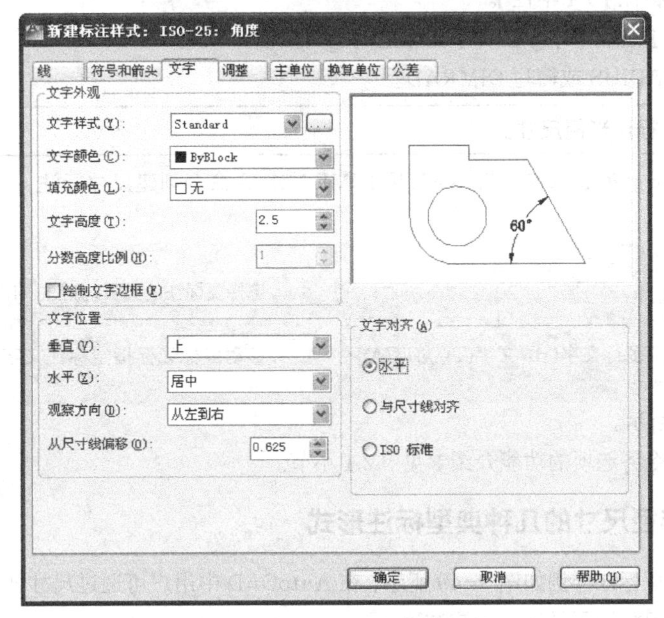

图 9-46 【新建标注样式】对话框

9.4 直径和半径型尺寸

在标注直径和半径尺寸时，AutoCAD 自动在标注文字前面加入“ϕ”或“R”符号。实际标注中，直径和半径型尺寸的标注形式多种多样，若通过当前样式的覆盖方式进行标注就非常方便了。

9.4.1 标注直径尺寸

命令启动方法

- 菜单命令：【标注】/【直径】。
- 面板：【常用】选项卡中【注释】面板上的按钮。
- 命令：DIMDIAMETER 或简写 DIMDIA。

【练习 9-15】 标注直径尺寸。

打开素材文件“dwg\第 9 章\9-15.dwg”，用 DIMDIAMETER 命令创建尺寸标注，如图 9-47 所示。

```
命令: _dimdiameter
```

```
选择圆弧或圆:                                    //选择要标注的圆，如图9-47所示
指定尺寸线位置或 [多行文字(M)/文字(T)/角度(A)]:        //移动鼠标光标指定标注文字的位置
```

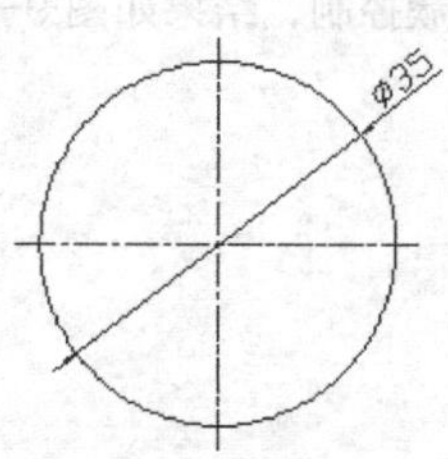

结果如图 9-47 所示。

DIMDIAMETER 命令各选项的功能介绍参见 9.2.1 小节。

图 9-47　标注直径

9.4.2　标注半径尺寸

半径尺寸标注与直径尺寸标注的过程类似。

命令启动方法

- 菜单命令：【标注】/【半径】。
- 面板：【常用】选项卡中【注释】面板上的按钮。
- 命令：DIMRADIUS 或简写 DIMRAD。

【练习 9-16】 标注半径尺寸。

打开素材文件“dwg\第 9 章\9-16.dwg”，用 DIMRADIUS 命令创建尺寸标注，如图 9-48 所示。

```
命令: _dimradius
选择圆弧或圆:                                    //选择要标注的圆弧，如图9-43所示
指定尺寸线位置或 [多行文字(M)/文字(T)/角度(A)]:        //移动鼠标光标指定标注文字的位置
```

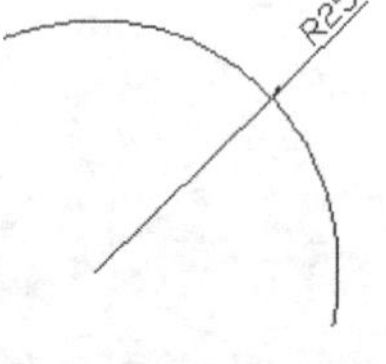

图 9-48　标注半径

结果如图 9-48 所示。

DIMRADIUS 命令各选项的功能介绍参见 9.2.1 小节。

9.4.3　直径及半径尺寸的几种典型标注形式

直径和半径的典型标注样例如图 9-49 所示，在 AutoCAD 中用户可通过尺寸样式覆盖方式创建这些标注形式，下面的练习演示了具体的标注过程。

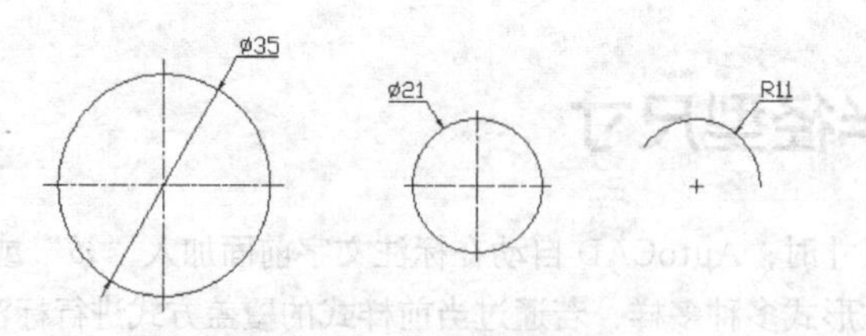

图 9-49　直径和半径的典型标注

【练习 9-17】 将标注文字水平放置。

1. 打开素材文件“dwg\第 9 章\9-17.dwg”。
2. 单击【注释】面板上的按钮，打开【标注样式管理器】对话框。
3. 再单击 替代(O)... 按钮，打开【替代当前样式】对话框。
4. 单击【文字】选项卡，打开新界面，在该页的【文字对齐】分组框中选择【水平】单选项，如图 9-50 所示。
5. 返回 AutoCAD 主窗口，标注直径尺寸，结果如图 9-49 左图所示。

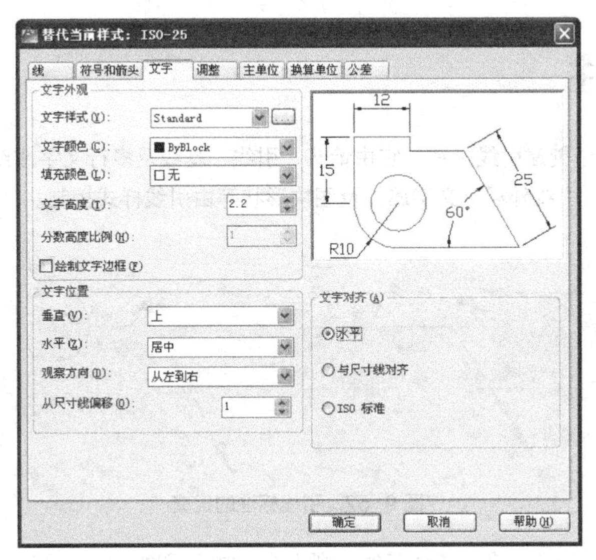

图 9-50 【文字】选项卡

【练习 9-18】 把尺寸线放在圆弧外面。

默认情况下，AutoCAD 将在圆或圆弧内放置尺寸线，但用户也可以去掉圆或圆弧内的尺寸线。

1. 打开素材文件“dwg\第 9 章\9-18.dwg”。

2. 打开【标注样式管理器】对话框，在该对话框中单击 替代(O)... 按钮，打开【替代当前样式】对话框。

3. 单击【调整】选项卡，在此选项卡的【优化】分组框中取消对【在尺寸界线之间绘制尺寸线】复选项的选择，如图 9-51 所示。

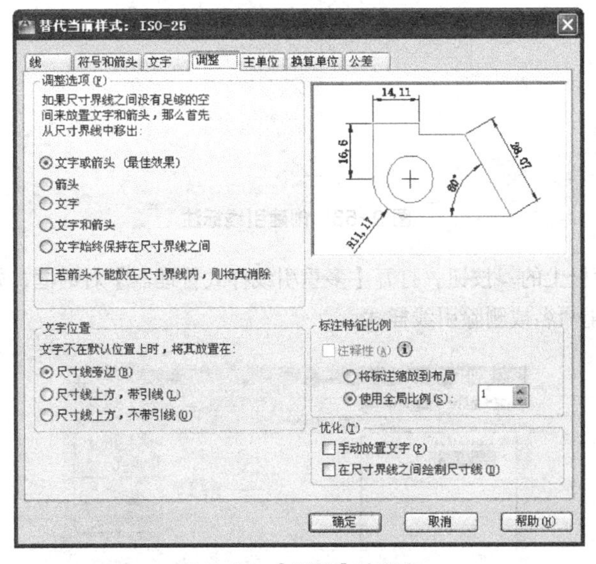

图 9-51 【调整】选项卡

4. 再单击【文字】选项卡，打开新界面，在该页的【文字对齐】分组框中选择【水平】单选项，如图 9-50 所示。

5. 返回 AutoCAD 主窗口，标注直径及半径尺寸，结果如图 9-49 右图所示。

9.5 引线标注

MLEADER 命令用于创建引线标注，它由箭头、引线、基线及多行文字或图块组成，如图 9-52 所示。其中，箭头的形式、引线外观、文字属性及图块形状等由引线样式控制。

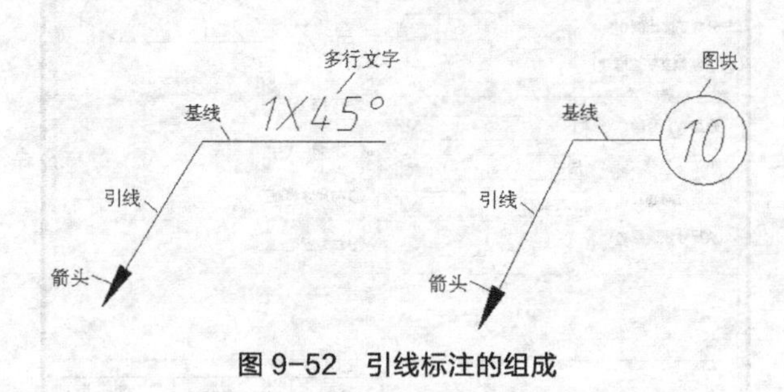

图 9-52 引线标注的组成

选中引线标注对象，若利用夹点移动基线，则引线、文字或图块跟随移动；若利用夹点移动箭头，则只有引线跟随移动，基线、文字或图块不动。

一、命令启动方法

- 菜单命令：【标注】/【多重引线】。
- 面板：【常用】选项卡中【注释】面板上的 引线 按钮。
- 命令：MLEADER。

【练习 9-19】 打开素材文件“dwg\第 9 章\9-19.dwg”，用 MLEADER 命令创建引线标注，如图 9-53 所示。

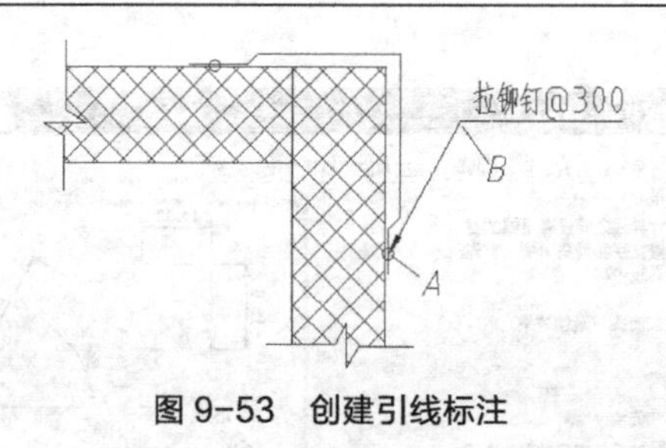

图 9-53 创建引线标注

1. 单击【注释】面板上的按钮，打开【多重引线样式管理器】对话框，如图 9-54 所示，利用该对话框可新建、修改、重命名或删除引线样式。

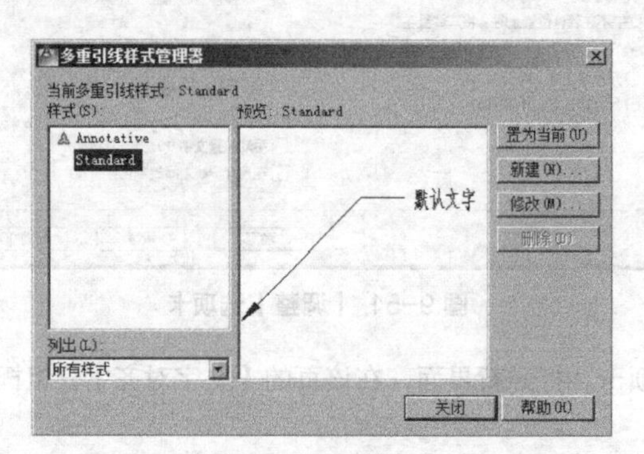

图 9-54 【多重引线样式管理器】对话框

2. 单击[修改(M)...]按钮，打开【修改多重引线样式】对话框，如图 9-57 所示，在该对话框中可以完成以下设置。

- 【引线格式】选项卡设置的选项如图 9-55 所示。

图 9-55 【引线格式】选项卡

- 【引线结构】选项卡设置的选项如图 9-56 所示。【基线距离】栏中的数值表示基线的长度，【指定比例】栏中的数值为引线标注的整体缩放比例值。

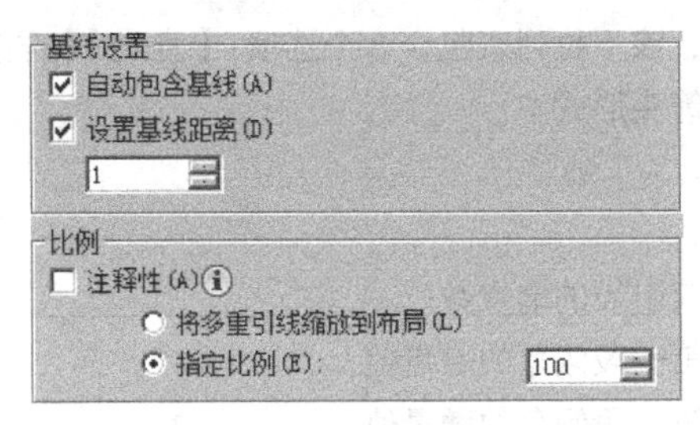

图 9-56 【引线结构】选项卡

- 【内容】选项卡设置的选项如图 9-57 所示。其中，【基线间隙】栏中的数值表示基线与标注文字间的距离。

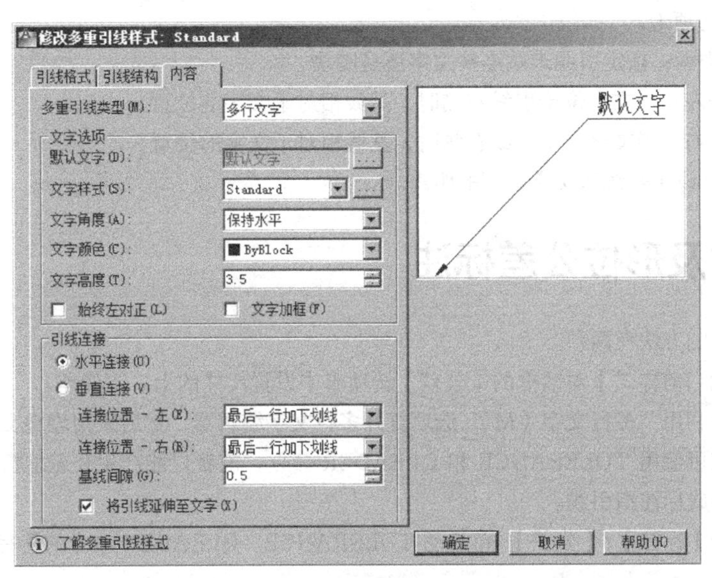

图 9-57 【修改多重引线样式】对话框

3. 单击【注释】面板上的[引线]按钮，启动创建引线标注命令。

```
命令: _mleader
指定引线箭头的位置或 [引线基线优先(L)/内容优先(C)/选项(O)] <选项>:
                                        //指定引线起始点A，如图9-53所示
指定引线基线的位置:                      //指定引线下一个点B
                    //启动文字编辑器，然后输入标注文字“拉铆钉@300”
```

结果如图 9-53 所示。

创建引线标注时，若文本或指引线的位置不合适，则可利用关键点编辑方式进行调整。

二、命令选项

- 引线基线优先（L）：创建引线标注时，首先指定基线的位置。
- 内容优先（C）：创建引线标注时，首先指定文字或图块的位置。

【修改多重引线样式】对话框中常用选项的功能如下。

（1）【引线格式】选项卡。

- 类型：指定引线的类型，该下拉列表包含 3 个选项：【直线】【样条曲线】【无】。
- 符号：设置引线端部的箭头形式。
- 大小：设置箭头的大小。

（2）【引线结构】选项卡。

- 最大引线点数：指定连续引线的端点数。
- 第一段角度：指定引线第一段倾角的增量值。
- 第二段角度：指定引线第二段倾角的增量值。
- 自动包含基线：将水平基线附着到引线末端。
- 设置基线距离：设置基线的长度。
- 指定比例：指定引线标注的缩放比例。

（3）【内容】选项卡。

- 多重引线类型：指定引线末端连接文字还是图块。
- 连接位置-左：当文字位于引线左侧时，基线相对于文字的位置。
- 连接位置-右：当文字位于引线右侧时，基线相对于文字的位置。
- 基线间隙：设定基线和文字之间的距离。

9.6 尺寸及形位公差标注

创建尺寸公差的方法有两种。

（1）在【替代当前样式】对话框的【公差】选项卡中设置尺寸的上、下偏差。

（2）标注时，利用“多行文字（M）”选项打开多行文字编辑器，然后采用堆叠文字方式标注公差。

标注形位公差可使用 TOLERANCE 和 QLEADER 命令，前者只能产生公差框格，而后者既能形成公差框格，又能形成标注指引线。

选择菜单命令【标注】/【公差】，可启动 TOLERANCE。QLEADER 命令的简写为 QL。

9.6.1 标注尺寸公差

【练习 9-20】 利用当前样式覆盖方式标注尺寸公差。

1. 打开素材文件“dwg\第 9 章\9-20.dwg”。

2. 打开【标注样式管理器】对话框，然后单击 替代(O)... 按钮，打开【替代当前样式】对话框，再单击【公差】选项卡，弹出新的一页，如图 9-58 所示。

3. 在【方式】【精度】和【垂直位置】下拉列表中分别选择“极限偏差”“0.000”和“中”，在【上偏差】【下偏差】和【高度比例】栏中分别输入“0.039”“0.015”和“0.75”，如图 9-58 所示。

4. 返回 AutoCAD 图形窗口，输入 DIMLINEAR 命令，AutoCAD 提示如下。

```
命令: _dimlinear
指定第一条尺寸界线原点或 <选择对象>:                    //捕捉交点A，如图9-59所示
指定第二条尺寸界线原点:                                  //捕捉交点B
指定尺寸线位置或[多行文字(M)/文字(T)/角度(A)/水平(H)/垂直(V)/旋转(R)]:
                                                        //移动鼠标光标指定标注文字的位置
```

结果如图 9-59 所示。

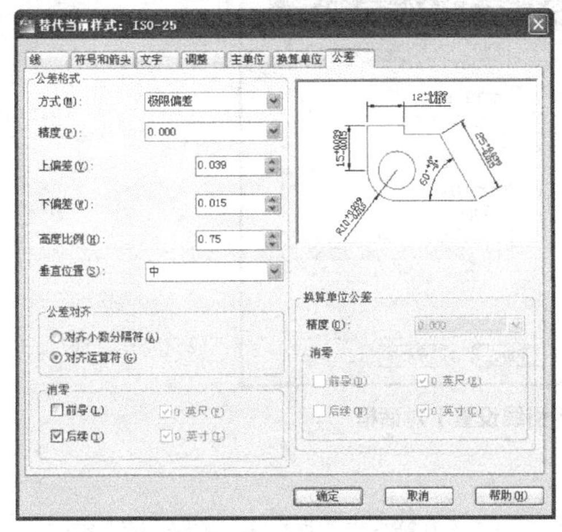

图 9-58 【公差】选项卡

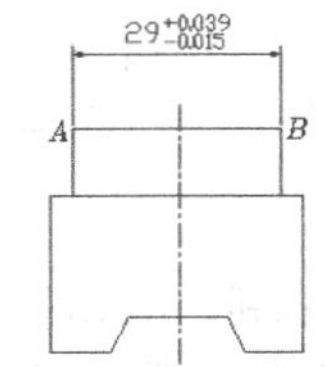

图 9-59 标注尺寸公差

> **要点提示** 标注尺寸公差时，若空间过小，可考虑使用较窄的文字进行标注。具体方法是先建立一个新的文本样式，在该样式中设置文字宽度比例因子小于 1，然后通过尺寸样式的覆盖方式使当前尺寸样式关联新文字样式，这样标注的文字宽度就会变小。

【练习 9-21】 通过堆叠文字方式标注尺寸公差。

```
命令: _dimlinear
指定第一条尺寸界线原点或 <选择对象>:            //捕捉交点A，如图9-59所示
指定第二条尺寸界线原点:                          //捕捉交点B
指定尺寸线位置或 [多行文字(M)/文字(T)/角度(A)/水平(H)/垂直(V)/旋转(R)]:m
//打开【文字编辑器】选项卡，在此选项卡中采用堆叠文字方式输入尺寸公差，如图9-60所示
指定尺寸线位置或 [多行文字(M)/文字(T)/角度(A)/水平(H)/垂直(V)/旋转(R)]:
                                                //指定标注文字位置
```

结果如图 9-59 所示。

图 9-60 【文字编辑器】选项卡

9.6.2 标注形位公差

标注形位公差常利用 QLEADER 命令，示例如下。

【练习 9-22】 用 QLEADER 命令标注形位公差，如图 9-62 所示。

1. 打开素材文件“dwg\第 9 章\9-22.dwg”。
2. 输入 QLEADER 命令，AutoCAD 提示“指定第一条引线点或 [设置（S）] <设置>:”，直接按 Enter 键，打开【引线设置】对话框，在【注释】选项卡中选取【公差】单选项，如图 9-61 所示。

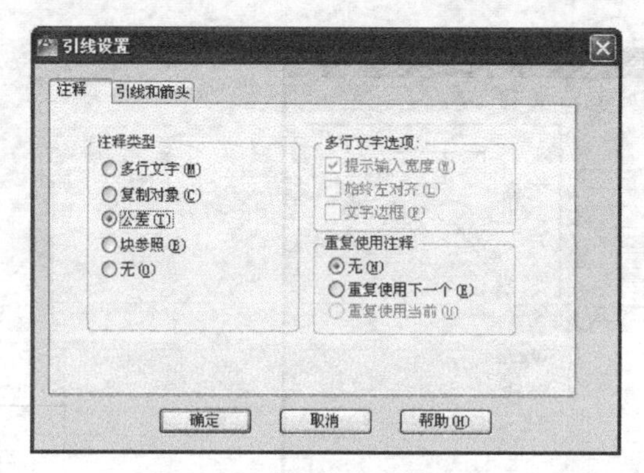

图 9-61 【引线设置】对话框

3. 单击 确定 按钮，AutoCAD 提示如下。

```
指定第一个引线点或 [设置(S)]<设置>:        //在轴线上捕捉点A，如图9-62所示
指定下一点:                              //打开正交并在B点处单击一点
指定下一点:                              //在C点处单击一点
```

AutoCAD 弹出【形位公差】对话框，用户可在该对话框中输入公差值，如图 9-63 所示。单击 确定 按钮，结果如图 9-62 所示。

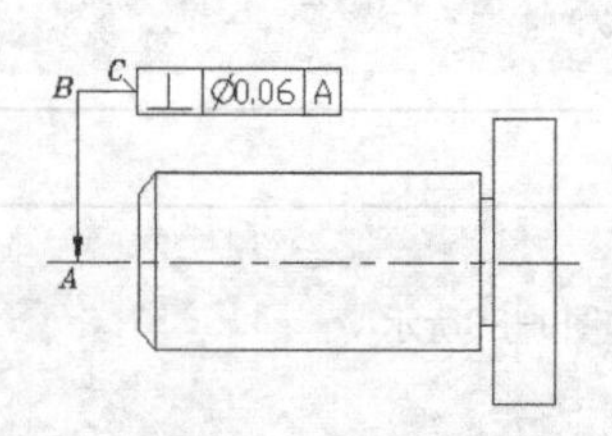

图 9-62 标注形位公差

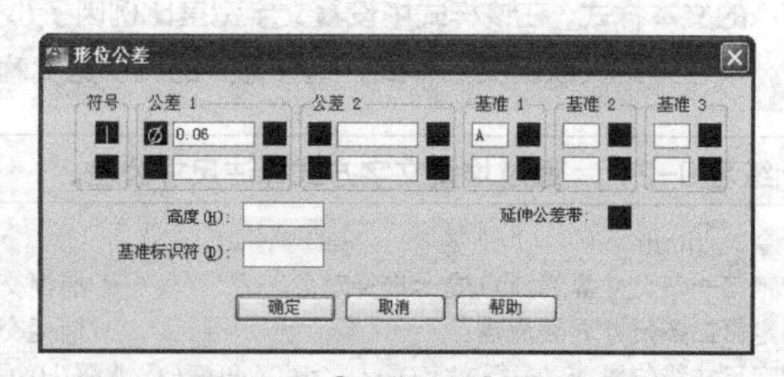

图 9-63 【形位公差】对话框

9.7 编辑尺寸标注

尺寸标注的各个组成部分（如文字的大小、箭头的形式等）都可以通过调整尺寸样式进行修改，但当变动尺寸样式后，所有与此样式关联的尺寸标注都将发生变化。如果仅仅想改变某一个尺寸的外观或标注文本的内容该怎么办？本节将通过一个实例说明编辑单个尺寸标注的一些方法。

【练习 9-23】 本练习内容包括修改标注文本内容、改变尺寸界线及文字的倾斜角度、调整标注位置及编辑尺寸标注属性等，详见 9.7.1～9.7.4 小节。

9.7.1 修改尺寸标注文字

如果仅仅是修改尺寸标注文字，那么最佳的方法是使用 DDEDIT 命令，输入该命令后，用户可以连续地修改想要编辑的尺寸。

双击尺寸标注，打开文字编辑器，修改标注文字，但一次只能编辑一个尺寸。

下面用 DDEDIT 命令修改标注文本的内容。

1. 打开素材文件“dwg\第 9 章\9-23.dwg”。

2. 输入 DDEDIT 命令，AutoCAD 提示“选择注释对象或 [放弃(U)]:”，选择尺寸“84”后，AutoCAD 打开【文字编辑器】选项卡，在该编辑器中输入直径代码，如图 9-64 所示。

图 9-64　多行文字编辑器

3. 单击按钮，返回图形窗口，AutoCAD 继续提示“选择注释对象或[放弃(U)]:”，此时，用户选择尺寸“104”，然后在该尺寸文字前加入直径代码，编辑结果如图 9-65 右图所示。

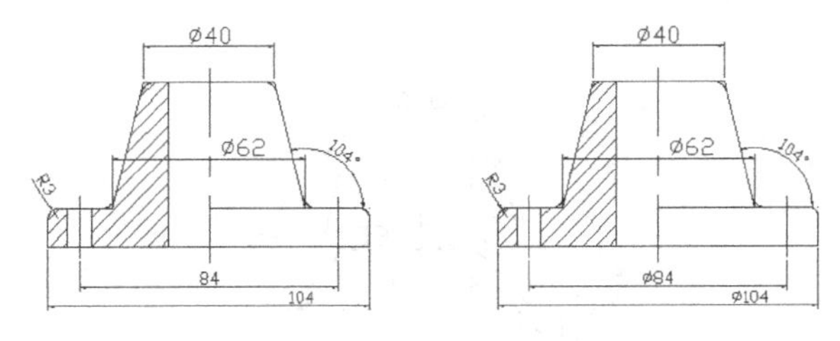

图 9-65　修改尺寸文本

9.7.2 改变尺寸界线和文字的倾斜角度及恢复标注文字

DIMEDIT 命令可以用于调整尺寸文本位置，并能修改及恢复真实的标注文本。此外，通过它还可将尺寸界线倾斜某一角度及旋转尺寸文字。使用这个命令的优点是，可以同时编辑多个尺寸标注。

DIMEDIT 命令的选项功能如下。

- 默认（H）：将标注文字放置在尺寸样式中定义的位置。
- 新建（N）：该选项打开多行文字编辑器，通过此编辑器输入新的标注文字或恢复真实的标注文本。
- 旋转（R）：将标注文本旋转某一角度。
- 倾斜（O）：使尺寸界线倾斜一个角度。当创建轴测图尺寸标注时，这个选项非常有用。

下面使用 DIMEDIT 命令使尺寸“ϕ62”的尺寸界线倾斜，如图 9-66 所示。

接上例。单击【注释】选项卡中【标注】面板的上按钮，或者键入 DIMEDIT 命令，AutoCAD 提示如下。

```
命令: _dimedit
输入标注编辑类型[默认(H)/新建(N)/旋转(R)/倾斜(O)]<默认>:o //使用“倾斜(O)”选项
选择对象: 找到 1 个                                //选择尺寸“ϕ62”
选择对象:                                         //按Enter键
```

输入倾斜角度 (按 Enter 键表示无):120 //输入尺寸界线的倾斜角度

结果如图 9-66 所示。

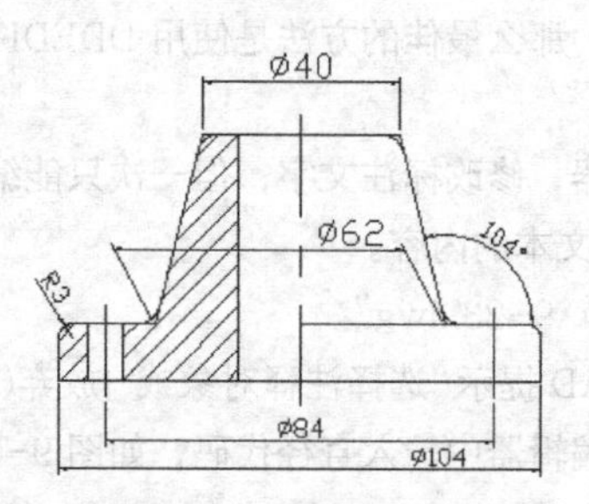

图 9-66 使尺寸界线倾斜某一角度

9.7.3 调整标注位置、均布及对齐尺寸线

关键点编辑方式非常适合于移动尺寸线和标注文字。进入这种编辑模式后，一般通过尺寸线两端或标注文字所在处的关键点来调整尺寸的位置。

平行尺寸线间的距离可用 DIMSPACE 命令调整，该命令可使平行尺寸线按用户指定的数值等间距分布。操作时，可单击【注释】选项卡【标注】面板上的按钮，启动 DIMSPACE 命令。

对于连续的线性及角度标注，可通过 DIMSPACE 命令使所有尺寸线对齐，此时设定尺寸线间距为“0”即可。

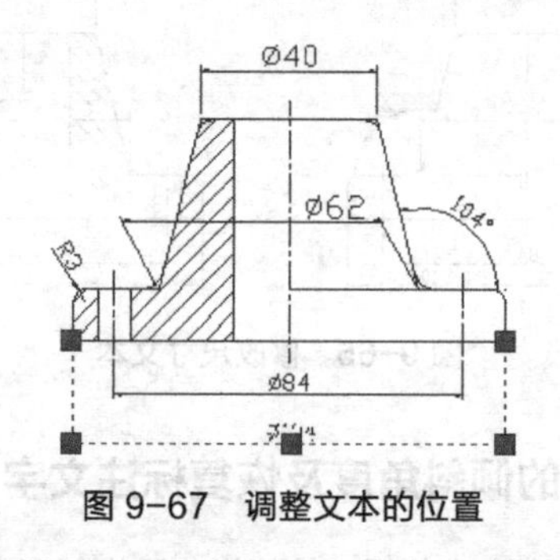

图 9-67 调整文本的位置

下面使用关键点编辑方式调整尺寸标注的位置。

1. 接上例。选择尺寸“104”，并激活文本所在处的关键点，AutoCAD 自动进入拉伸编辑模式。
2. 向下移动鼠标光标调整文本的位置，结果如图 9-67 所示。

调整尺寸标注位置的最佳方法是采用关键点编辑方式，当激活关键点后就可以移动文本或尺寸线到适当的位置。若还不能满足要求，则可用 EXPLODE 命令将尺寸标注分解为单个对象，然后再调整它们以达到满意的效果。

9.7.4 编辑尺寸标注属性

使用 PROPERTIES 命令可以非常方便地编辑尺寸，用户一次选取多个尺寸标注，单击右键，选择【特性】选项，启动该命令，打开【特性】对话框，在该对话框中可修改尺寸标注的许多属性。使用 PROPERTIES 命令的另一个优点是当多个尺寸标注的某一属性不同时，也能将其设置为相同。例如，有几个尺寸标注的文本高度不同，就可同时选择这些尺寸，然后用 PROPERTIES 命令将所有标注文本的高度值修改为同样的数值。

下面使用 PROPERTIES 命令修改标注文字的高度。

1. 接上例。选择尺寸“ϕ40”和“ϕ62”，然后键入 PROPERTIES 命令，AutoCAD 弹出【特性】对话框。

2. 在该对话框的【文字高度】文本框中输入数值“3.5”，如图 9-68 所示。

3. 返回图形窗口，单击 Esc 键取消选择，结果如图 9-69 所示。

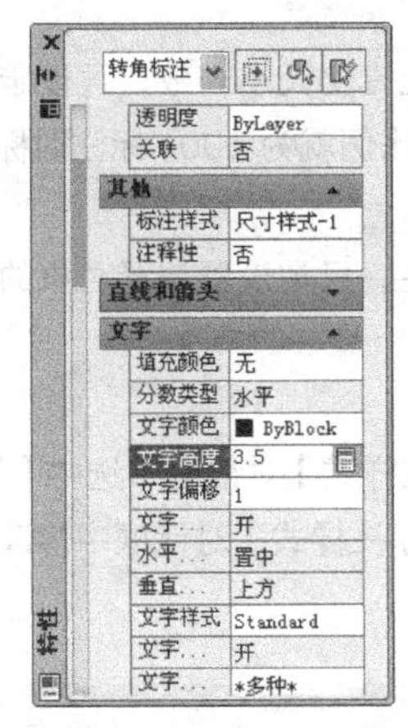

图 9-68　修改文本高度

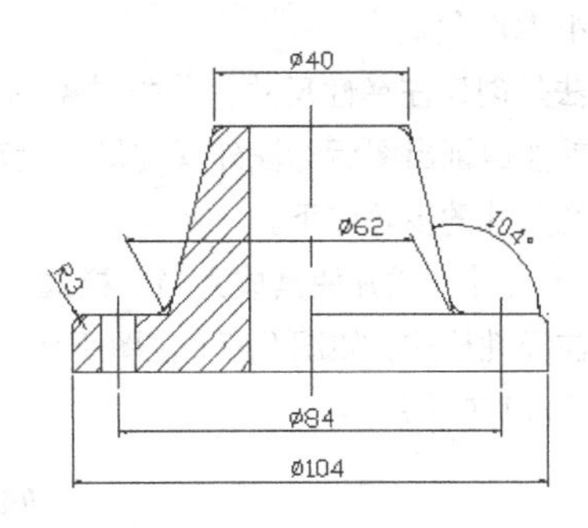

图 9-69　修改结果

9.7.5　更新标注

如果发现尺寸标注的格式不合适，可以使用“更新标注”命令进行修改。过程是：先以当前尺寸样式的覆盖方式改变尺寸样式，然后通过“更新标注”命令使要修改的尺寸按新的尺寸样式进行更新。使用此命令时，用户可以连续地对多个尺寸进行更新。

单击【注释】选项卡中【标注】面板上的按钮，可启动“更新标注”命令。

下面练习使半径及角度尺寸的文本水平放置。

1. 接上例。单击【注释】面板上的按钮，打开【标注样式管理器】对话框。

2. 单击 替代(O)... 按钮，打开【替代当前样式】对话框。

3. 单击【文字】选项卡，打开新界面，在该页的【文字对齐】分组框中选择【水平】单选项。

4. 返回 AutoCAD 主窗口，单击【注释】选项卡中【标注】面板上的按钮，AutoCAD 提示如下。

```
选择对象：找到 1 个                    //选择角度尺寸
选择对象：找到 1 个，总计 2 个          //选择半径尺寸
```

结果如图 9-70 所示。

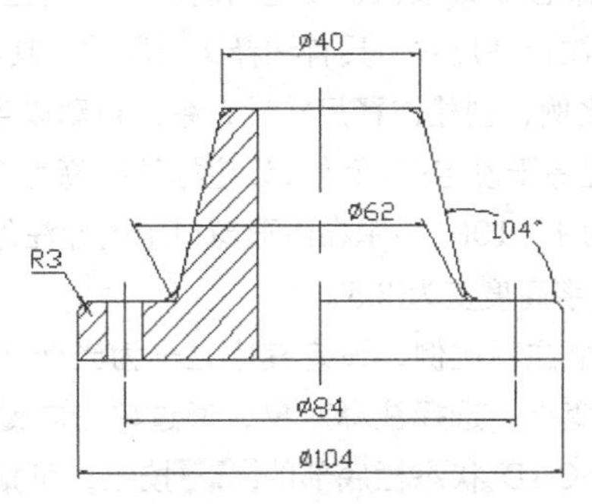

图 9-70　更新尺寸标注

9.8 在建筑图中标注注释性尺寸

在建筑图中创建尺寸标注时，需要注意的一个问题是：尺寸文本的高度及箭头大小应如何设置。若设置不当，打印出图后，由于打印比例的影响，尺寸外观往往不合适。要解决这个问题，可以采用下面的方法。

在尺寸样式中将标注文本高度及箭头大小等设置成与图纸上真实大小一致，再设定标注总体比例因子为打印比例的倒数即可。例如，打印比例为 1∶100，标注总体比例就为 100。标注时标注外观放大 100 倍，打印时缩小 100 倍。

另一个方法是创建注释性尺寸，此类对象具有注释比例属性。只需设置注释对象的当前注释比例等于出图比例，就能保证出图后标注外观与最初设定值一致。

创建注释性尺寸的步骤如下。

1. 创建新的尺寸样式并使其成为当前样式。在【创建新标注样式】对话框中选中【注释性】复选框，设定新样式为注释性样式，如图 9-71 左图所示。也可在【修改标注样式】对话框中修改已有样式为注释性样式，如图 9-71 右图所示。

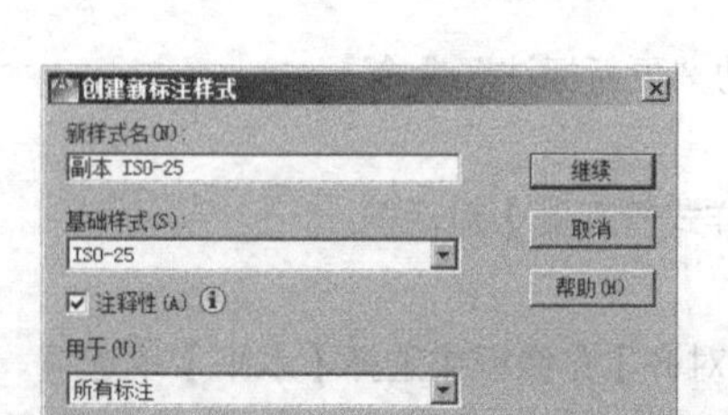

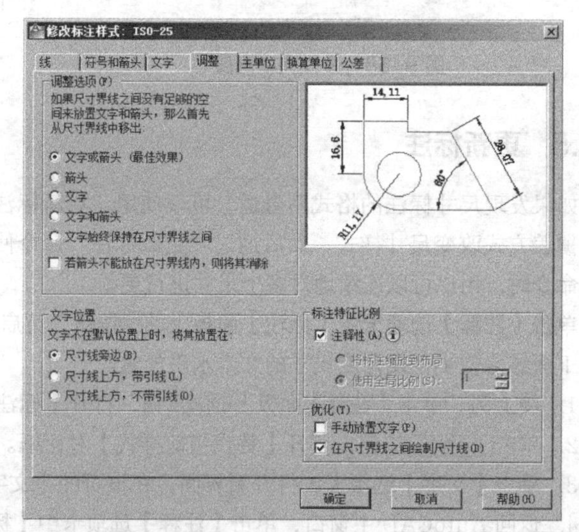

图 9-71　创建注释性标注样式

2. 在注释性标注样式中设定尺寸文本高度、箭头外观大小与图纸上一致。

3. 单击 AutoCAD 状态栏底部的按钮，设定当前注释比例值等于打印比例。

4. 创建尺寸标注，该尺寸为注释性尺寸，具有注释比例属性，其注释比例为当前设置值。

可以认为注释比例就是打印比例，创建注释尺寸后，系统自动以当前注释比例的倒数缩放其外观，这样就保证了输出图形后尺寸外观等于设定值。例如，设定标注字高为 3.5，设置当前注释比例为 1∶100，创建尺寸后该尺寸的注释比例就为 1∶100，显示在图形窗口中的标注外观将放大 100 倍，字高变为 350。这样当以 1∶100 比例出图后，文字高度变为 3.5。

注释对象可以具有一个或多个注释比例，设定其中之一为当前注释比例，则注释对象的外观以该比例值的倒数为缩放因子变大或变小。选择注释对象，通过单击右键选择快捷菜单上【特性】选项可添加或删除注释比例。单击 AutoCAD 状态栏底部的按钮，可指定注释对象的某个比例值为当前注释比例。

9.9 上机练习——尺寸标注综合练习

下面提供平面图形、零件图及建筑图的标注练习，练习内容包括标注尺寸、创建尺寸公差及选用图幅等。

9.9.1 采用普通尺寸或注释性尺寸标注平面图形

【练习 9-24】打开素材文件“dwg\第 9 章\9-24.dwg”，标注图形，结果如图 9-72 所示。图幅选用 A3 幅面，绘图比例为 1：2，标注字高为 2.5，字体为“gbeitc.shx”。

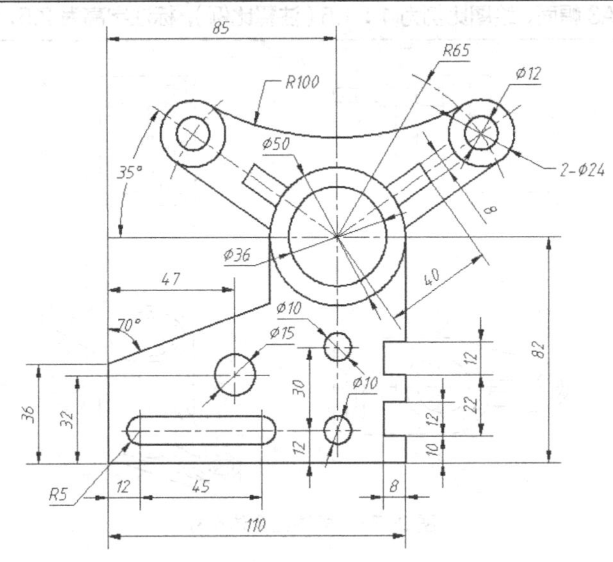

图 9-72 标注平面图形

1. 打开包含标准图框的附盘文件“dwg\第 9 章\A3.dwg”，把 A3 图框复制到要标注的图形中，用 SCALE 命令把 A3 图框放大 2 倍。

2. 用 MOVE 命令将图样放入图框内。

3. 建立一个名为“标注层”的图层，设置图层颜色为绿色，线型为 Continuous，并使其成为当前层。

4. 创建新文字样式，样式名为“标注文字”，与该样式相关联的字体文件是“gbeitc.shx”和“gbcbig.shx”。

5. 创建一个尺寸样式，名称为“国标标注”，对该样式进行以下设置。

- 标注文本关联“标注文字”，文字高度为 2.5，精度为 0.0，小数点格式是“句点”。
- 标注文本与尺寸线间的距离是 0.8。
- 箭头大小为 2。
- 尺寸界线超出尺寸线长度为 2。
- 尺寸线起始点与标注对象端点间的距离为 0。
- 标注基线尺寸时，平行尺寸线间的距离为 7。
- 标注全局比例因子为 2。
- 使“国标标注”成为当前样式。

6. 打开对象捕捉，设置捕捉类型为“端点”和“交点”。标注尺寸，结果如图 9-72 所示。

7. 将当前标注样式修改为注释性标注样式。

8. 单击程序窗口状态栏底部的 按钮，设置当前注释比例为 1 : 2。

9. 利用【注释】选项卡【标注】面板上的 按钮更新所有尺寸，将尺寸修改为注释性尺寸，观察尺寸外观变化。

10. 选择部分尺寸，通过单击右键选择快捷菜单上的【特性】选项给尺寸添加多个注释比例。然后，单击 按钮设定其中之一为当前注释比例，观察尺寸外观的变化。

9.9.2 标注组合体尺寸

【练习 9-25】 打开素材文件“dwg\第 9 章\ 9-25.dwg”，采用注释性尺寸标注组合体，结果如图 9-73 所示。图幅选用 A3 幅面，绘图比例为 1 : 1.5（注释比例），标注字高为 2.5，字体为“gbeitc.shx”。

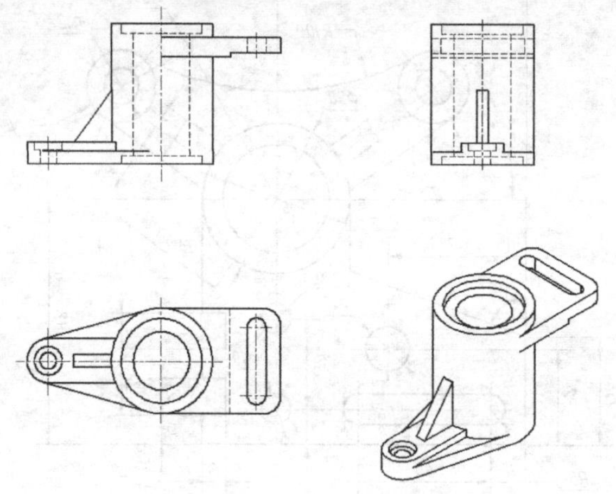

图 9-73 标注组合体尺寸

1. 插入 A3 幅面图框，并将图框放大 1.5 倍。利用 MOVE 命令布置好视图。
2. 创建注释性标注样式，并设置当前注释比例为 1 : 1.5。
3. 标注圆柱体的定形尺寸，如图 9-74 所示。

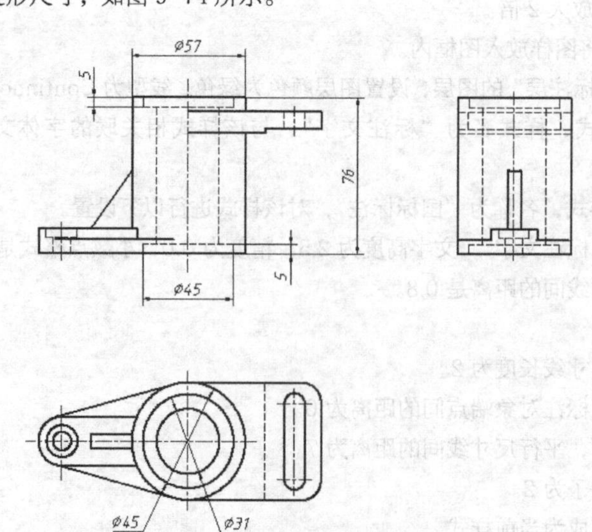

图 9-74 创建圆柱体定形尺寸

4. 标注底板的定形尺寸及其上孔的定位尺寸，如图 9-75 所示。

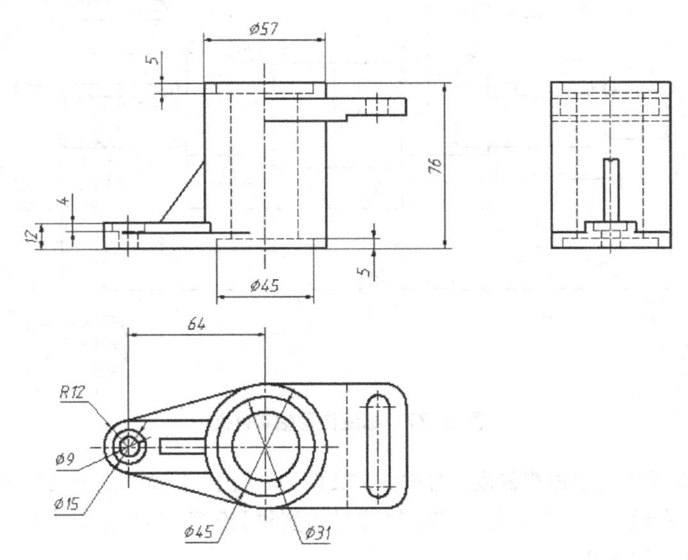

图 9-75　创建底板的定形及定位尺寸

5. 标注三角形肋板及右顶板的定形及定位尺寸，如图 9-76 所示。

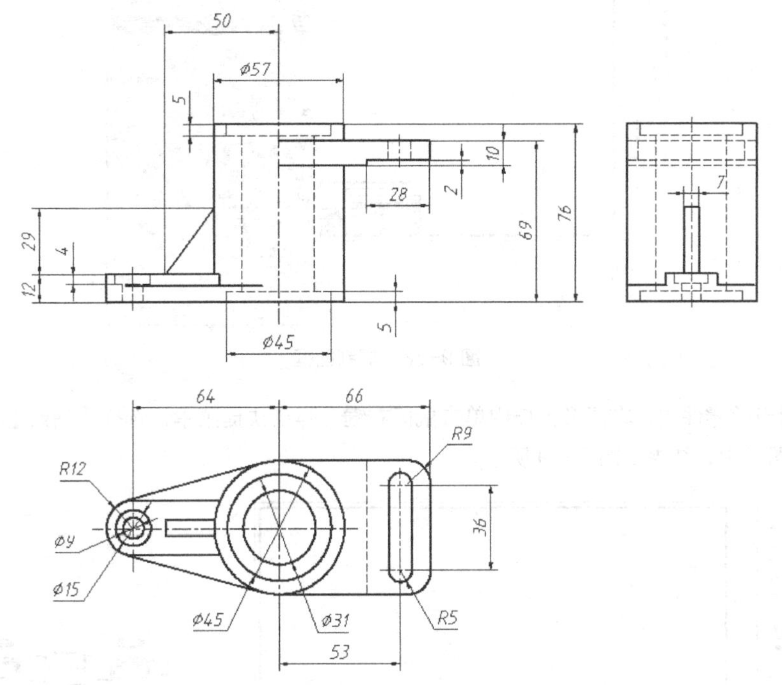

图 9-76　创建肋板及右顶板定形及定位尺寸

9.9.3　插入图框、标注零件尺寸及表面粗糙度

【练习 9-26】打开素材文件“dwg\第 9 章\9-26.dwg”，标注传动轴零件图，标注结果如图 9-77 所示。零件图图幅选用 A3 幅面，绘图比例为 2：1，标注字高为 2.5，字体为“gbeitc.shx”。

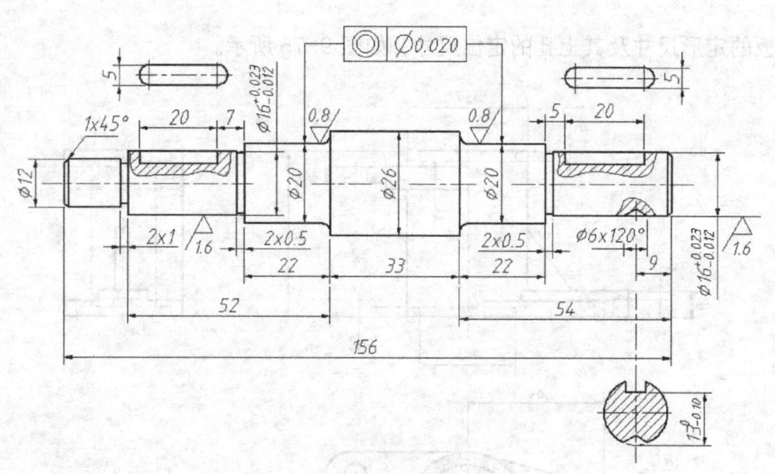

图 9-77　标注传动轴零件图

1. 打开包含标准图框及表面粗糙度符号的素材文件“dwg\第 9 章\A3.dwg”，如图 9-78 所示。在图形窗口中单击鼠标右键，弹出快捷菜单，选择【带基点复制】选项，然后指定 A3 图框的右下角为基点，再选择该图框及表面粗糙度符号。

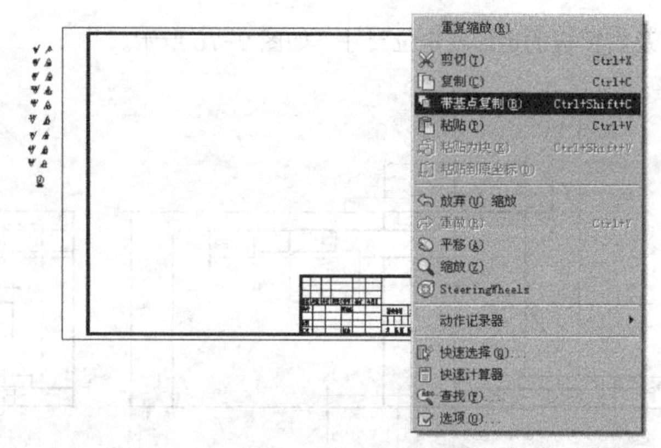

图 9-78　复制图框

2. 切换到当前零件图，在图形窗口中单击鼠标右键，弹出快捷菜单，选择【粘贴】选项，把 A3 图框复制到当前图形中，结果如图 9-79 所示。

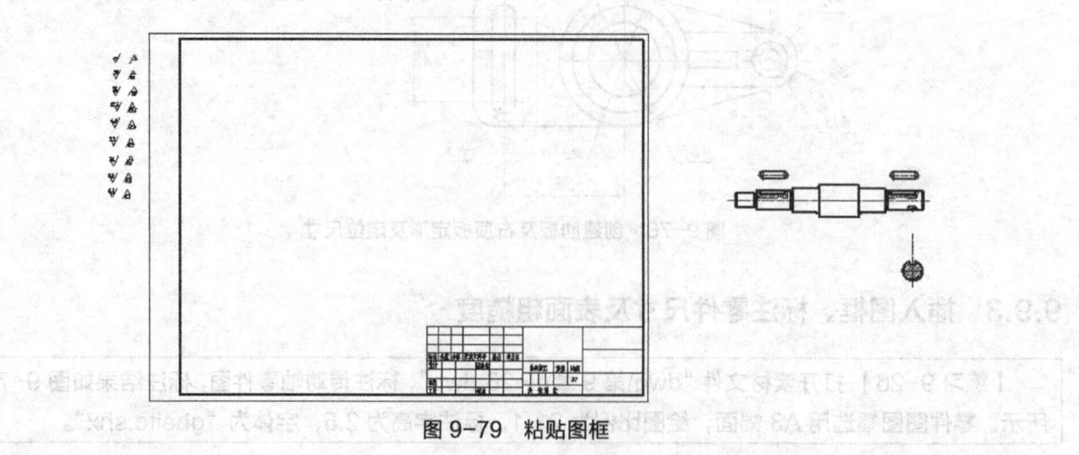

图 9-79　粘贴图框

3. 用 SCALE 命令把 A3 图框和表面粗糙度符号缩小 50%。

4. 创建新文字样式，样式名为“标注文字”，与该样式相关联的字体文件是“gbeitc.shx”和“gbcbig.shx”。

5. 创建一个注释性尺寸样式，名称为“国标标注”，对该样式进行以下设置。

- 标注文本关联“标注文字”，文字高度为 2.5，精度为 0.0，小数点格式是“句点”。
- 标注文本与尺寸线间的距离是 0.8。
- 箭头大小为 2。
- 尺寸界线超出尺寸线长度为 2。
- 尺寸线起始点与标注对象端点间的距离为 0。
- 标注基线尺寸时，平行尺寸线间的距离为 7。
- 使“国标标注”成为当前样式。
- 设置当前注释比例为 2：1。

6. 用 MOVE 命令将视图放入图框内，创建尺寸，再用 COPY 及 ROTATE 命令标注表面粗糙度，结果如图 9-77 所示。

7. 若不采用注释性尺寸，则应设定标注总体比例因子为打印比例的倒数，然后进行标注。

9.9.4 插入图框及标注 1：100 的建筑平面图

【练习 9-27】 打开素材文件“dwg\第 9 章\9-27.dwg”，该文件中包含一张 A3 幅面的建筑平面图，绘图比例为 1：100。标注此图样，结果如图 9-80 所示。

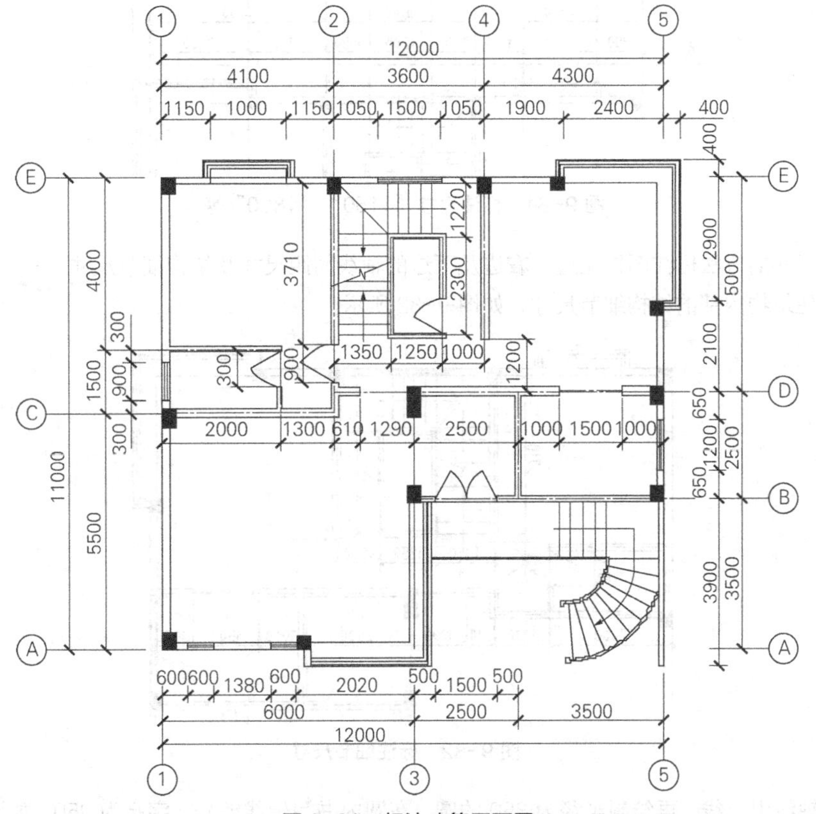

图 9-80 标注建筑平面图

1. 建立一个名为“建筑-标注”的图层，设置图层颜色为红色，线型为“Continuous”，并使其成为当前层。

2. 创建新文字样式，样式名为“标注文字”，与该样式相关联的字体文件是“gbenor.shx”和“gbcbig.shx”。

3. 创建一个注释性尺寸样式，名称为“工程标注”，对该样式进行以下设置。

- 标注文本关联“标注文字”，文字高度为“2.5”，精度为“0.0”，小数点格式为“句点”。
- 标注文本与尺寸线间的距离为“0.8”。
- 尺寸起止符号为“建筑标记”，其大小为“1.3”。
- 尺寸界线超出尺寸线的长度为“1.5”。
- 尺寸线起始点与标注对象端点间的距离为“2”。
- 标注基线尺寸时，平行尺寸线间的距离为“8”。
- 使“工程标注”成为当前样式。

4. 单击程序窗口状态栏底部的 A 1:1 按钮，设置当前注释比例为 1：100。若不采用注释性尺寸，则应设定标注总体比例因子为打印比例的倒数，然后进行标注。

5. 激活对象捕捉功能，设置捕捉类型为“端点”“交点”。

6. 使用 XLINE 命令绘制水平辅助线 *A* 及竖直辅助线 *B*、*C* 等，竖直辅助线是墙体、窗户等结构的引出线，水平辅助线与竖直线的交点是标注尺寸的起始点和终止点，标注尺寸“1150”“1800”等，结果如图 9-81 所示。

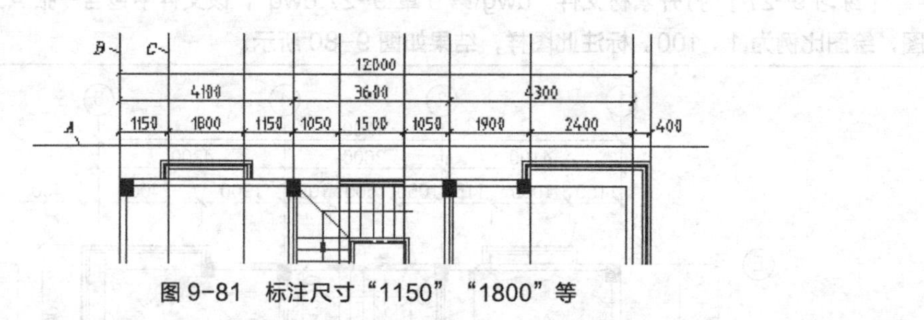

图 9-81　标注尺寸“1150”“1800”等

7. 使用同样的方法标注图样左边、右边及下边的轴线间距尺寸及结构细节尺寸。

8. 标注建筑物内部的结构细节尺寸，如图 9-82 所示。

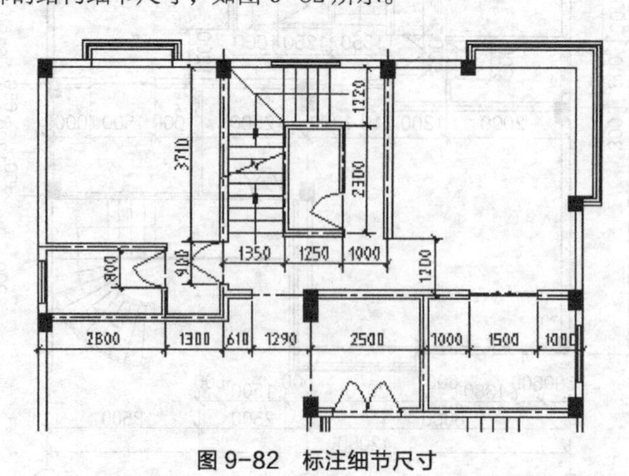

图 9-82　标注细节尺寸

9. 绘制轴线引出线，再绘制半径为 350 的圆，在圆内书写轴线编号，字高为 350，如图 9-83 所示。

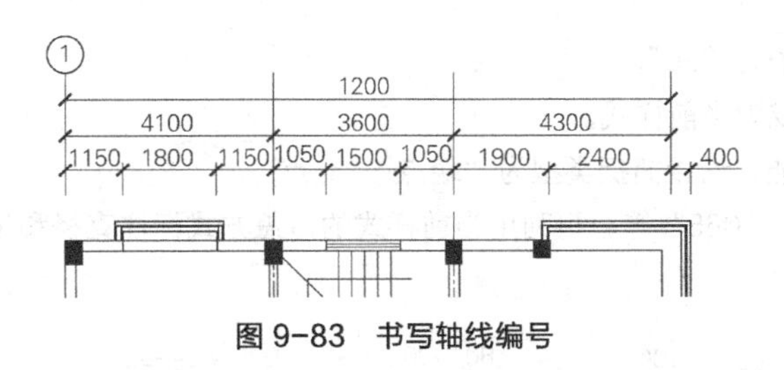

图 9-83　书写轴线编号

10. 复制圆及轴线编号，然后使用 DDEDIT 命令修改编号数字，结果如图 9-80 所示。

9.9.5 标注不同绘图比例的剖面图

【练习 9-28】 打开素材文件“dwg\第 9 章\9-28.dwg”，该文件中包含一张 A3 幅面的图纸，图纸上有两个剖面图，绘图比例分别为 1：20 和 1：10，标注这两个图样，结果如图 9-84 所示。

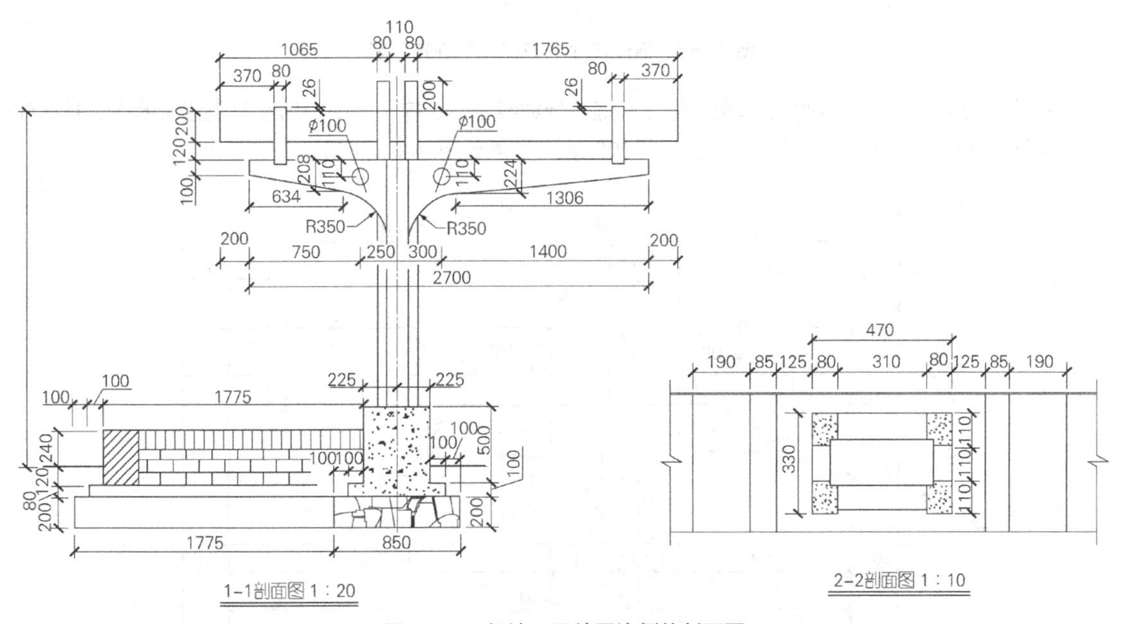

图 9-84　标注不同绘图比例的剖面图

1. 建立一个名为“建筑-标注”的图层，设置图层颜色为红色，线型为“Continuous”，并使其成为当前层。

2. 创建新文字样式，样式名为“标注文字”，与该样式相关联的字体文件是“gbeitc.shx”和“gbcbig.shx”。

3. 创建一个尺寸样式，名称为“工程标注”，对该样式进行以下设置。

- 标注文本关联“标注文字”，文字高度为“2.5”，精度为“0.0”，小数点格式为“句点”。
- 标注文本与尺寸线间的距离为“0.8”。
- 尺寸起止符号为“建筑标记”，其大小为“1.3”。
- 尺寸界线超出尺寸线的长度为“1.5”。
- 尺寸线起始点与标注对象端点间的距离为“1.5”。
- 标注基线尺寸时，平行尺寸线间的距离为“8”。

- 标注全局比例因子为“20”。
- 使“工程标注”成为当前样式。

4. 激活对象捕捉功能，设置捕捉类型为“端点”“交点”。

5. 标注尺寸“370”“1065”等，再利用当前样式的覆盖方式标注直径和半径尺寸，结果如图 9-85 所示。

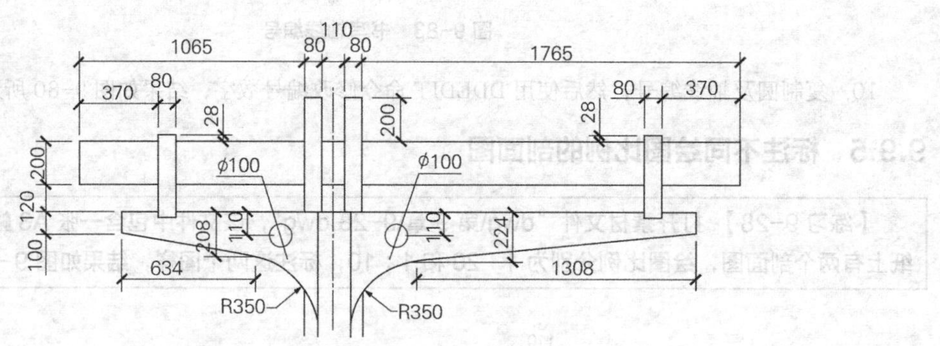

图 9-85　标注尺寸“370”“1065”等

6. 使用 XLINE 命令绘制水平辅助线 A 及竖直辅助线 B、C 等，水平辅助线与竖直线的交点是标注尺寸的起始点和终止点，标注尺寸“200”“750”等，结果如图 9-86 所示。

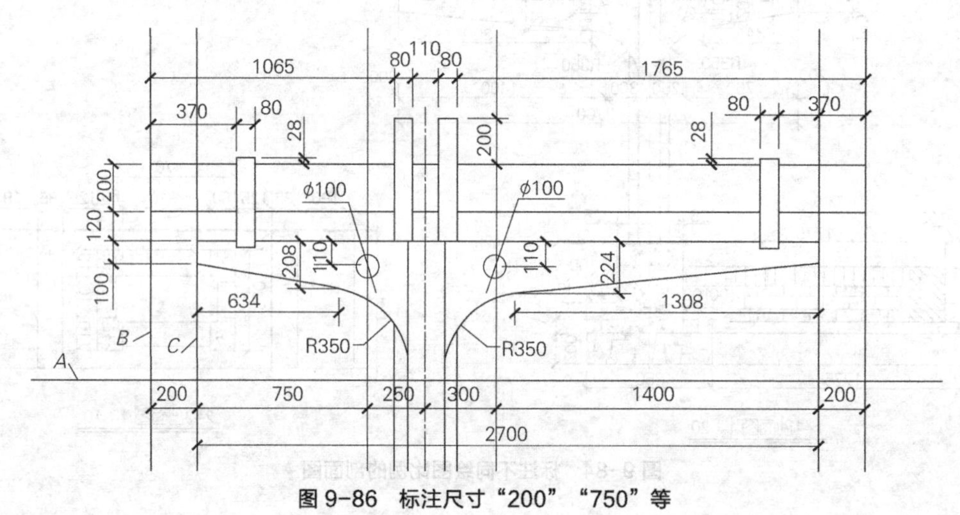

图 9-86　标注尺寸“200”“750”等

7. 标注尺寸“100”“1775”等，结果如图 9-87 所示。

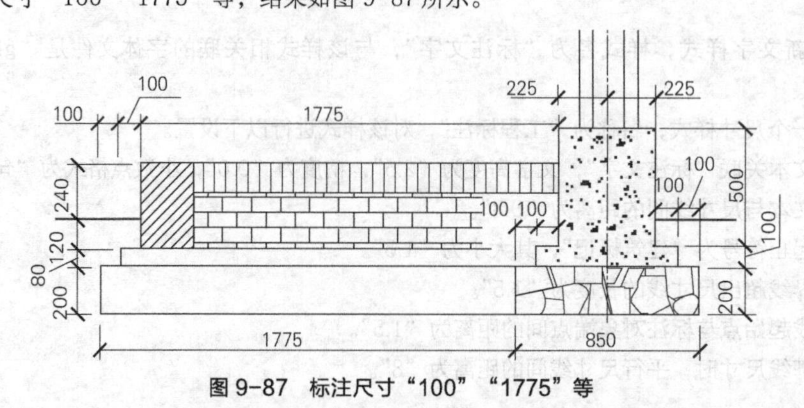

图 9-87　标注尺寸“100”“1775”等

8. 以“工程标注”为基础样式创建新样式，样式名为“工程标注 1-10”。新样式的标注数字比例因子为“0.5”，除此之外，新样式的尺寸变量与基础样式的完全相同。

要点提示 由于 1∶20 的剖面图是按 1∶1 的比例绘制的，所以 1∶10 的剖面图比真实尺寸放大了两倍。为使标注文字能够正确反映出建筑物的实际大小，应设定标注数字比例因子为 0.5。

9. 使“工程标注 1-10”成为当前样式，然后标注尺寸“310”“470”等，结果如图 9-88 所示。

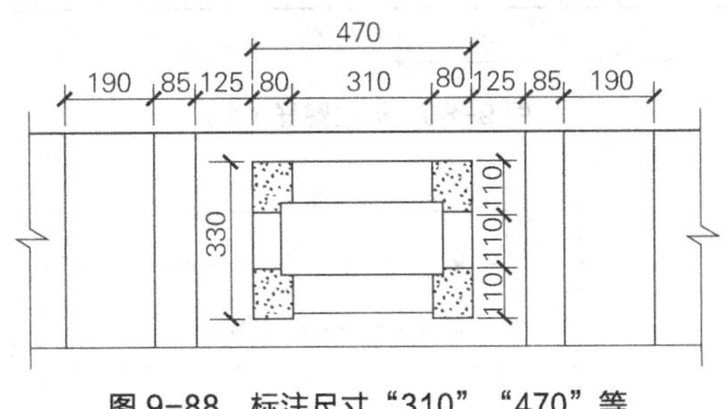

图 9-88　标注尺寸“310”“470”等

9.10　习题

1. 思考题。

（1）AutoCAD 中的尺寸对象由哪几部分组成？

（2）尺寸样式的作用是什么？

（3）创建基线形式标注时，如何控制尺寸线间的距离？

（4）怎样调整尺寸界线起点与标注对象间的距离？

（5）标注样式的覆盖方式有何作用？

（6）若公差数值的外观大小不合适，应如何调整？

（7）标注尺寸前一般应做哪些工作？

（8）如何设定标注全局比例因子？它的作用是什么？

（9）如何建立样式簇？它的作用是什么？

（10）怎样修改标注文字内容及调整标注数字的位置？

（11）尺寸的注释比例有什么作用？

2. 打开素材文件“dwg\第 9 章\9-29.dwg”，标注该图样，结果如图 9-89 所示。标注文字采用的字体为“gbenor.shx”，字高为 2.5，标注全局比例因子为 50。

3. 打开素材文件“dwg\第 9 章\9-30.dwg”，标注该图样，结果如图 9-90 所示。标注文字采用的字体为“gbenor.shx”，字高为 2.5，标注全局比例因子为 150。

4. 打开素材文件“dwg\第 9 章\9-31.dwg”，标注该图样，结果如图 9-91 所示。标注文字采用的字体为“gbenor.shx”，字高为 2.5，标注全局比例因子为 100。

5. 打开素材文件“dwg\第 9 章\9-32.dwg”，标注该图样，结果如图 9-92 所示。标注文字采用的字体为“gbenor.shx”，字高为 2.5，标注全局比例因子为 100。

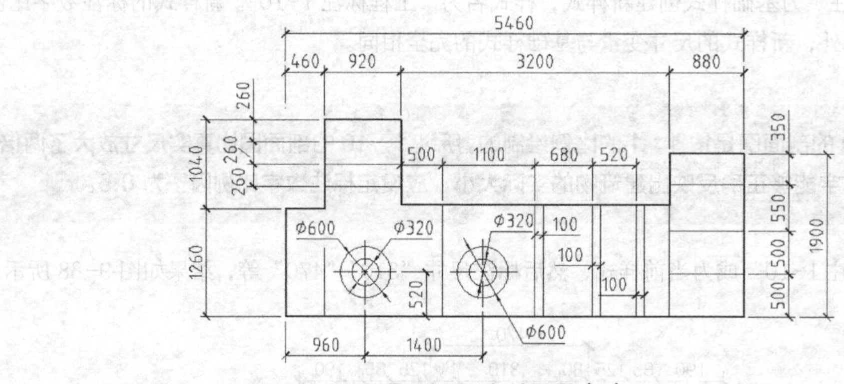

图 9-89 标注图样（1）

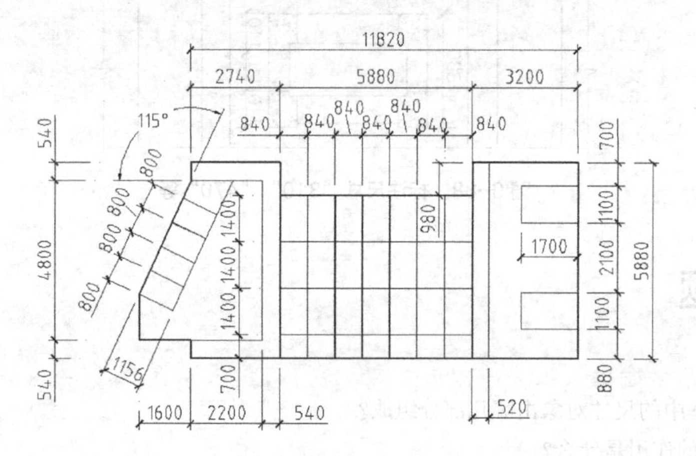

图 9-90 标注图样（2）

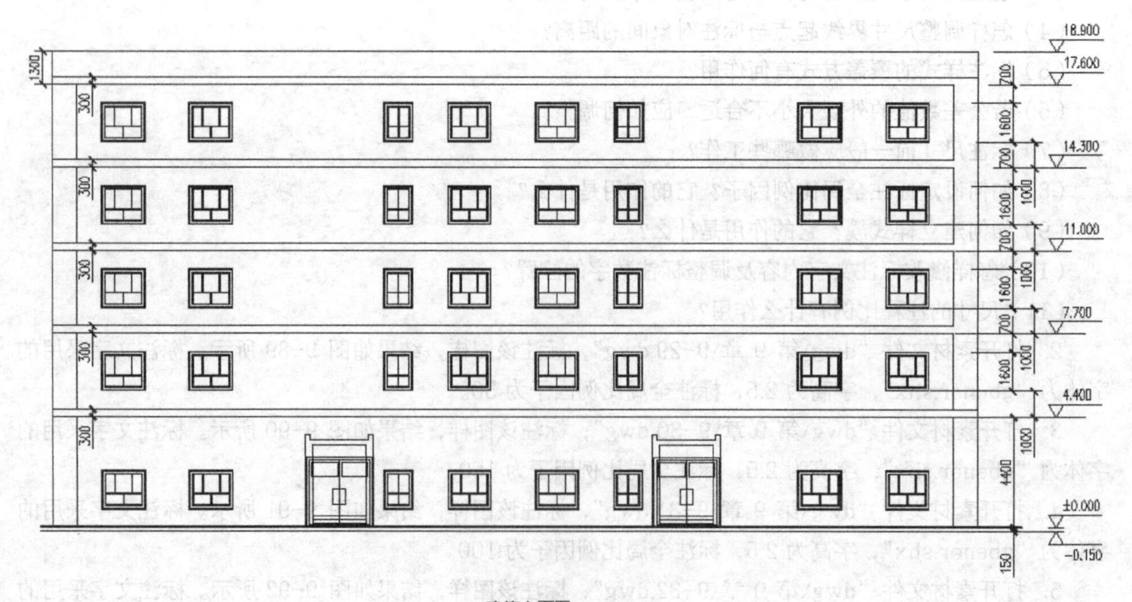

图 9-91 标注图样（3）

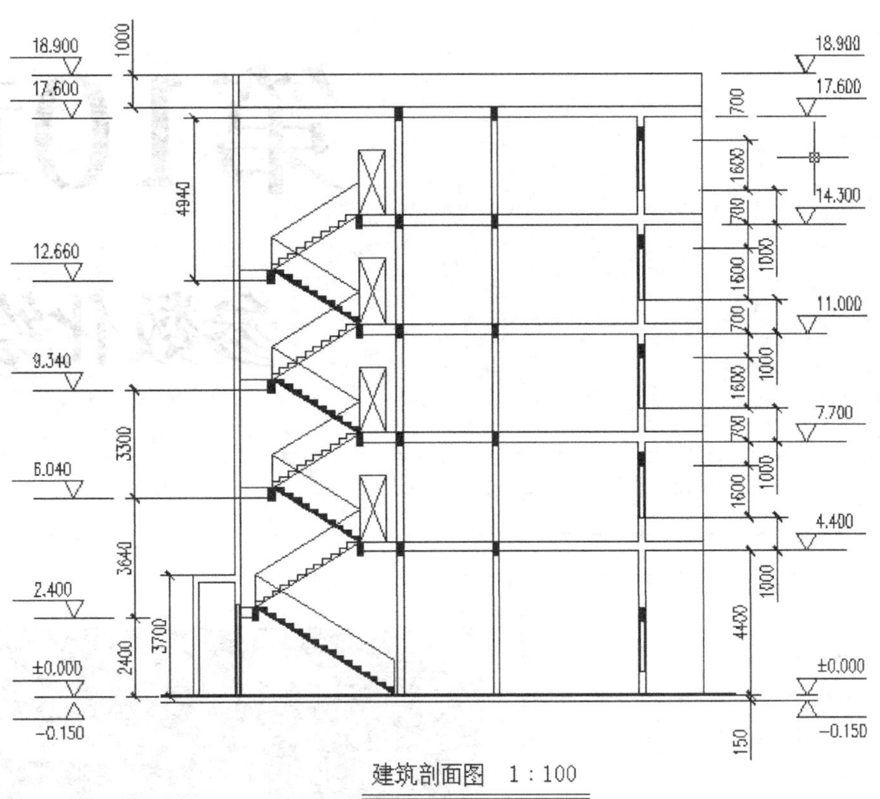
18.900
17.600
12.660
9.340
6.040
2.400
±0.000
-0.150
1000
4940
3300
3640
3700
2400
18.900
17.600
14.300
11.000
7.700
4.400
±0.000
-0.150
700
1600
1000
4400
150
建筑剖面图 1:100

图 9-92 标注图样（4）

PART10

第10章

参数化绘图

学习目标：

- 掌握添加及编辑几何约束的方法
- 掌握添加及编辑尺寸约束的方法
- 掌握参数化绘图的一般步骤

■ 本章将介绍添加、编辑几何约束和尺寸约束的方法，利用变量及表达式约束图形的过程和参数化绘图的一般方法。

10.1 几何约束

本节将介绍添加及编辑几何约束的方法。

10.1.1 添加几何约束

几何约束用于确定二维对象间或对象上各点间的几何关系，如平行、垂直、同心或重合等。例如，可添加平行约束使两条线段平行，添加重合约束使两端点重合等。

用户可通过【参数化】选项卡的【几何】面板来添加几何约束，约束的种类如表 10-1 所示。

表 10-1 几何约束的种类

几何约束按钮	名称	功能
	重合约束	使两个点或一个点和一条直线重合
	共线约束	使两条直线位于同一条无限长的直线上
	同心约束	使选定的圆、圆弧或椭圆保持同一中心点
	固定约束	使一个点或一条曲线固定到相对于世界坐标系（WCS）的指定位置和方向上
	平行约束	使两条直线保持相互平行
	垂直约束	使两条直线或多段线的夹角保持 90°
	水平约束	使一条直线或一对点与当前 UCS 的 x 轴保持平行
	竖直约束	使一条直线或一对点与当前 UCS 的 y 轴保持平行
	相切约束	使两条曲线保持相切或与其延长线保持相切
	平滑约束	使一条样条曲线与其他样条曲线、直线、圆弧或多段线保持几何连续性
	对称约束	使两个对象或两个点关于选定直线保持对称
	相等约束	使两条线段或多段线具有相同长度，或者使圆弧具有相同半径值
	自动约束	根据选择对象自动添加几何约束。单击【几何】面板右下角的箭头，打开【约束设置】对话框，通过【自动约束】选项卡设置添加各类约束的优先级及是否添加约束的公差值

在添加几何约束时，选择两个对象的顺序将决定对象怎样更新。通常，所选的第二个对象会根据第一个对象进行调整。例如，应用垂直约束时，选择的第二个对象将调整为垂直于第一个对象。

【练习 10-1】 绘制平面图形，可任意选择图形尺寸，如图 10-1 左图所示。编辑图形，然后给图中对象添加几何约束，结果如图 10-1 右图所示。

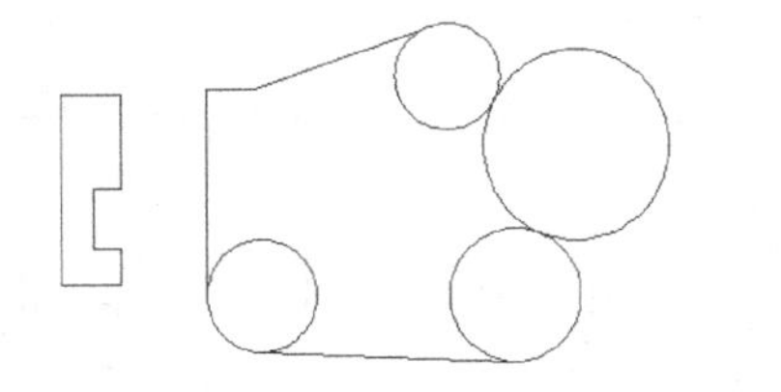

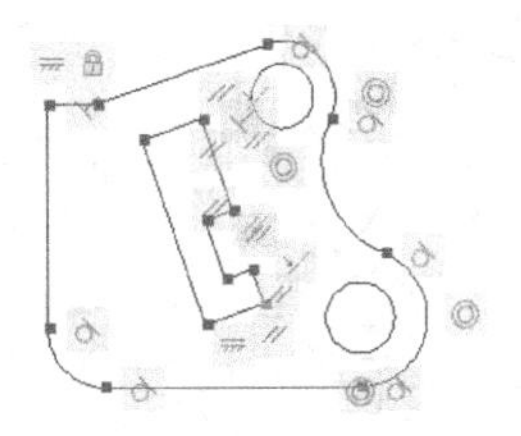

图 10-1 添加几何约束

1. 绘制平面图形，可任意选择图形尺寸，如图 10-2 左图所示。修剪多余线条，结果如图 10-2 右图所示。

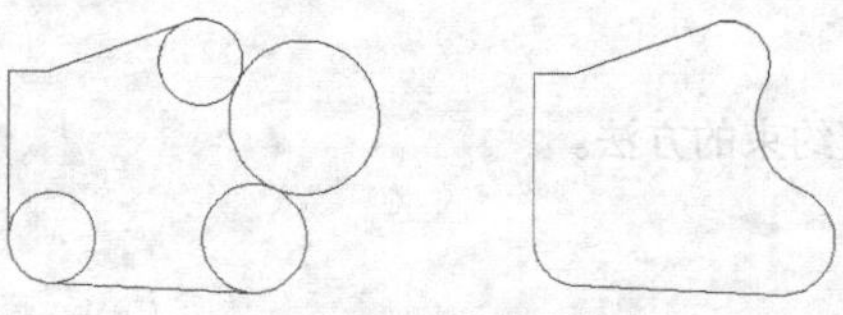

图 10-2　绘制平面图形

2. 单击【几何】面板上的按钮（自动约束），然后选择所有图形对象，AutoCAD 自动对已选对象添加几何约束，如图 10-3 所示。

3. 添加以下约束。

（1）固定约束：单击按钮，捕捉 A 点。

（2）相切约束：单击按钮，先选择圆弧 B，再选线段 C。

（3）水平约束：单击按钮，选择线段 D。

结果如图 10-4 所示。

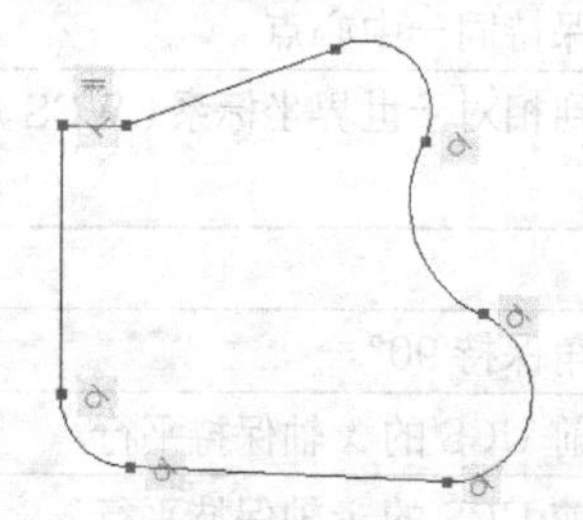

图 10-3　自动添加几何约束

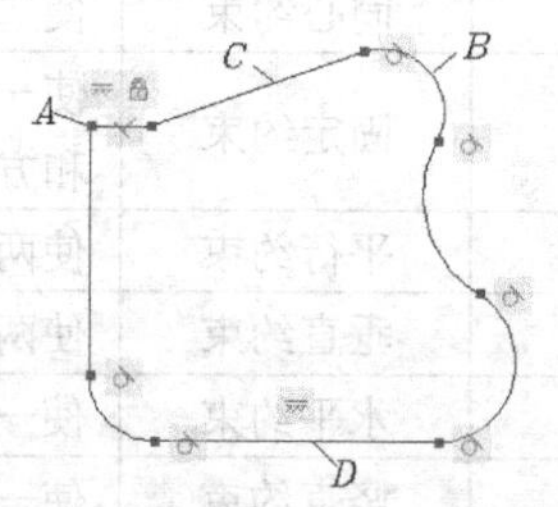

图 10-4　添加固定、相切及水平约束

4. 绘制两个圆，如图 10-5 左图所示。给两个圆添加同心约束，结果如图 10-5 右图所示。指定圆弧圆心时，可利用“CEN”捕捉。

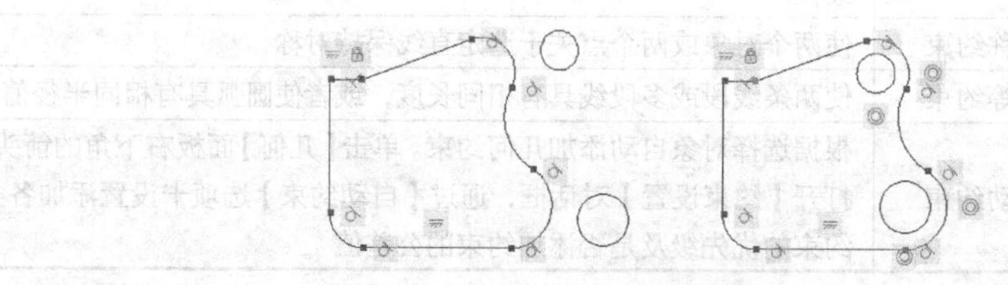

图 10-5　添加同心约束

5. 绘制平面图形，可任意选择图形尺寸，如图 10-6 左图所示。旋转及移动图形，结果如图 10-6 右图所示。

6. 为图形内部的线框添加自动约束，然后在线段 E、F 间加入平行约束，结果如图 10-7 所示。

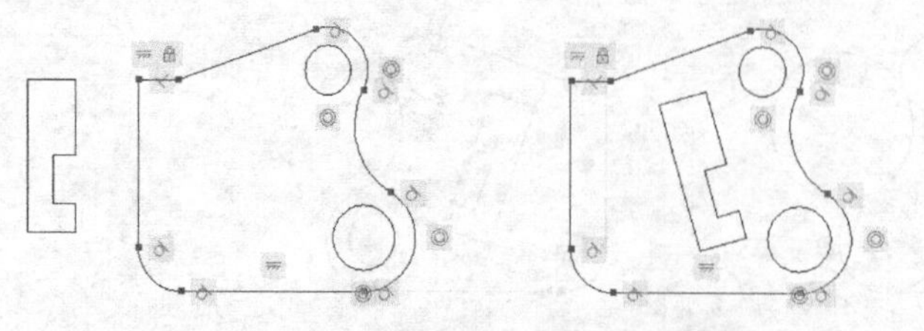

图 10-6　绘制平面图形并旋转、移动图形

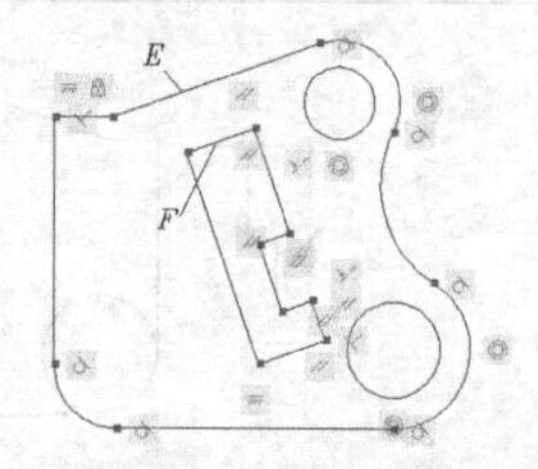

图 10-7　添加约束

10.1.2 编辑几何约束

添加几何约束后，在对象的旁边出现约束图标。将鼠标光标移动到图标或图形对象上，AutoCAD 将亮显相关的对象及约束图标。用户对已加到图形中的几何约束可以进行显示、隐藏和删除等操作。

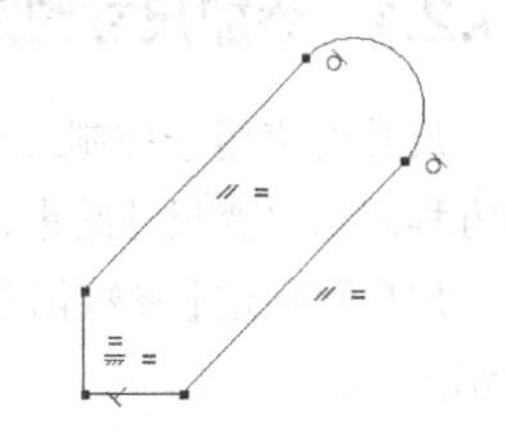

图 10-8 绘制图形并添加约束

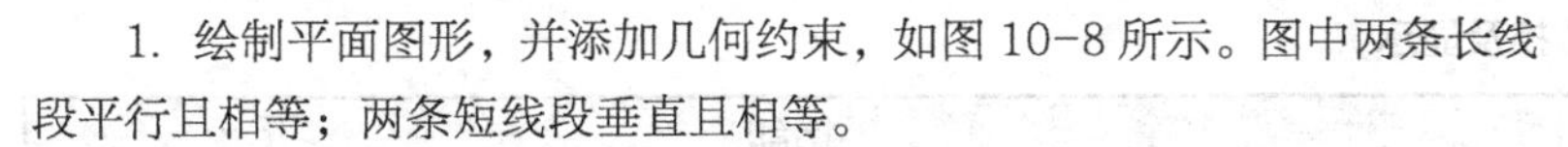

【练习 10-2】 编辑几何约束。

1. 绘制平面图形，并添加几何约束，如图 10-8 所示。图中两条长线段平行且相等；两条短线段垂直且相等。

2. 单击【参数化】选项卡中【几何】面板上的 全部隐藏 按钮，图形中的所有几何约束将全部被隐藏。

3. 单击【参数化】选项卡中【几何】面板上的 全部显示 按钮，图形中所有的几何约束将全部被显示。

4. 将鼠标光标放到某一约束上，该约束将加亮显示。单击鼠标右键，弹出快捷菜单，如图 10-9 所示，选择【删除】命令可以将该几何约束删除。选择【隐藏】命令，该几何约束将被隐藏。要想重新显示该几何约束，就单击【参数化】选项卡中【几何】面板上的 显示/隐藏 按钮。

5. 选择图 10-9 所示快捷菜单中的【约束栏设置】命令或单击【几何】面板右下角的箭头，将弹出【约束设置】对话框，如图 10-10 所示。通过该对话框可以设置哪种类型的约束显示在约束栏图标中，还可以设置约束栏图标的透明度。

6. 选择受约束的对象，单击【参数化】选项卡中【管理】面板上的按钮，将删除图形中所有的几何约束和尺寸约束。

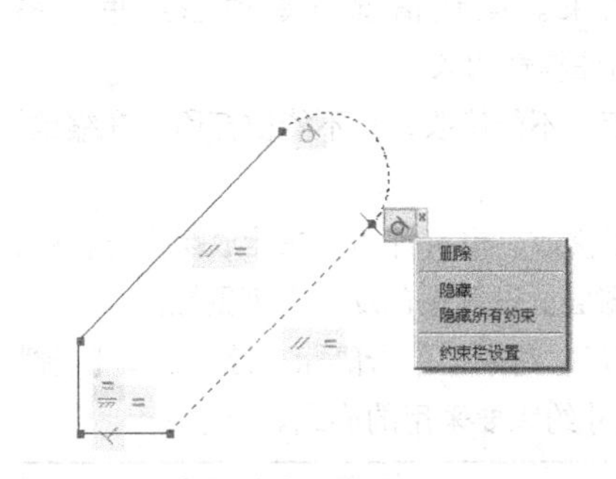

图 10-9 编辑几何约束

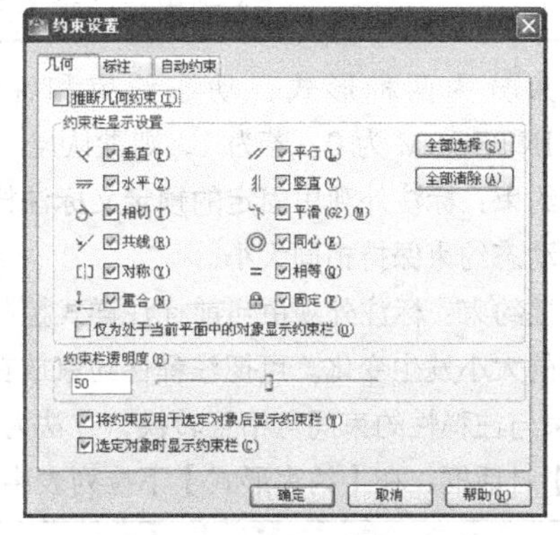

图 10-10 【约束设置】对话框

10.1.3 修改已添加几何约束的对象

用户可通过以下方法编辑受约束的几何对象。

（1）使用关键点编辑模式修改受约束的几何图形，该图形会保留应用的所有约束。

（2）使用 MOVE、COPY、ROTATE 和 SCALE 等命令修改受约束的几何图形后，结果会保留应用于对象的约束。

（3）在有些情况下，使用 TRIM、EXTEND、BREAK 等命令修改受约束的对象后，所加约束将被删除。

10.2 尺寸约束

本节将介绍添加及编辑尺寸约束的方法。

10.2.1 添加尺寸约束

尺寸约束用于控制二维对象的大小、角度及两点间的距离等，此类约束可以是数值，也可以是变量及方程式。改变尺寸约束，则将驱动对象发生相应变化。

用户可通过【参数化】选项卡的【标注】面板来添加尺寸约束。约束种类、约束转换及显示如表 10-2 所示。

表 10-2 尺寸约束的种类、转换及显示

按钮	名称	功能
	线性约束	约束两点之间的水平或竖直距离
	水平约束	约束对象上的点或不同对象上两个点之间的 x 距离
	竖直约束	约束对象上的点或不同对象上两个点之间的 y 距离
	对齐约束	约束两点、点与直线、直线与直线间的距离
	半径约束	约束圆或者圆弧的半径
	直径约束	约束圆或者圆弧的直径
	角度约束	约束直线间的夹角、圆弧的圆心角或 3 个点构成的角度
	转换	（1）将普通尺寸标注（与标注对象关联）转换为动态约束或注释性约束 （2）使动态约束与注释性约束相互转换 （3）利用“形式（F）”选项指定当前尺寸约束为动态约束或注释性约束

尺寸约束分为两种形式：动态约束和注释性约束。默认情况下是动态约束，系统变量 CCONSTRAINTFORM 为 0。若为 1，则默认尺寸约束为注释性约束。

- 动态约束：标注外观由固定的预定义标注样式决定，不能修改，且不能被打印。在缩放操作过程中，动态约束保持相同大小。
- 注释性约束：标注外观由当前标注样式控制，可以修改，也可打印。在缩放操作过程中，注释性约束的大小发生变化。可把注释性约束放在同一图层上设置颜色及改变可见性。

动态约束与注释性约束间可相互转换，方法为：选择尺寸约束，单击鼠标右键，选择【特性】命令，打开【特性】对话框，在【约束形式】下拉列表中指定尺寸约束要采用的形式。

【练习 10-3】绘制平面图形，添加几何约束及尺寸约束，使图形处于完全约束状态，如图 10-11 所示。

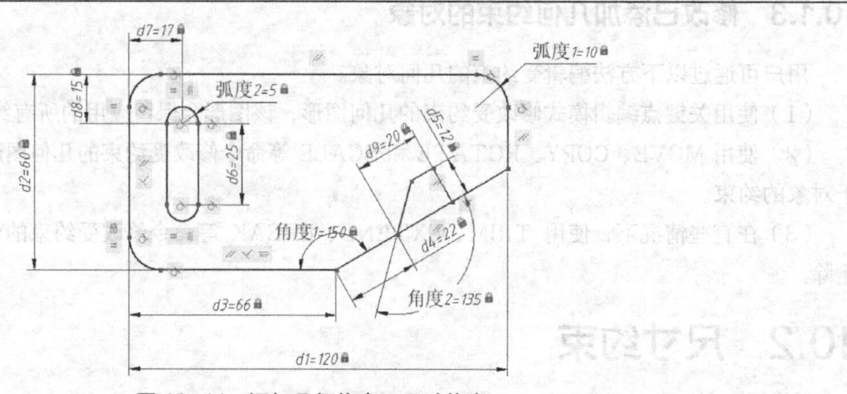

图 10-11 添加几何约束及尺寸约束

1. 设定绘图区域大小为 200×200，并使该区域充满整个图形窗口。

2. 打开极轴追踪、对象捕捉及自动追踪功能，设定对象捕捉方式为“端点”“交点”及“圆心”。

3. 绘制图形，可任意选择图形尺寸，如图 10-12 左图所示。让 AutoCAD 自动约束图形，对圆心 *A* 施加固定约束，对所有圆弧施加相等约束，结果如图 10-12 右图所示。

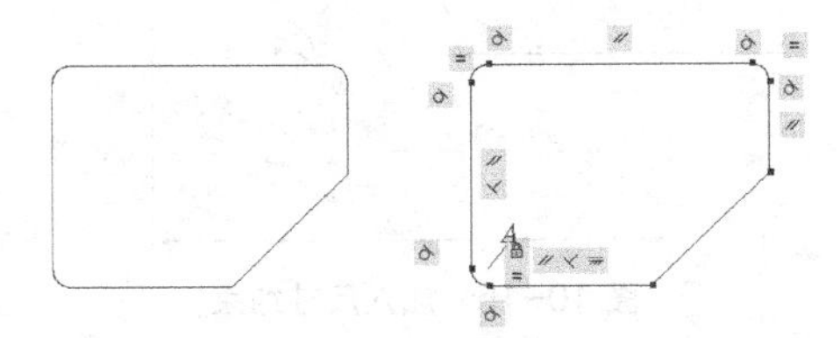

图 10-12　自动约束图形及施加固定约束

4. 添加以下尺寸约束。

（1）线性约束：单击按钮，指定 *B*、*C* 点，输入约束值，创建线性尺寸约束，如图 10-13 左图所示。

（2）角度约束：单击按钮，选择线段 *D*、*E*，输入角度值，创建角度约束。

（3）半径约束：单击按钮，选择圆弧，输入半径值，创建半径约束。

（4）继续创建其余尺寸约束，结果如图 10-13 右图所示。添加尺寸约束的一般顺序是，先定形，后定位；先大尺寸，后小尺寸。

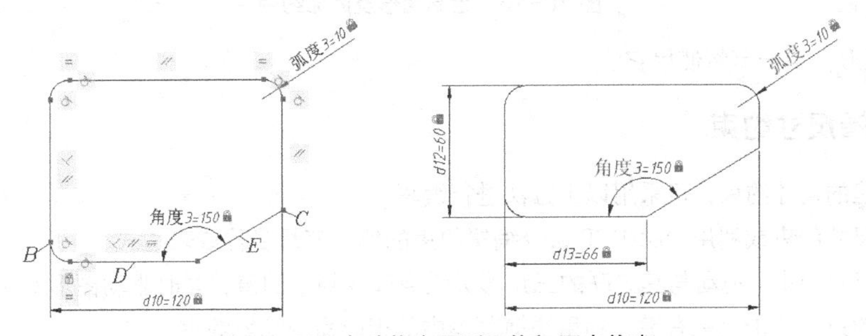

图 10-13　自动约束图形及施加固定约束

5. 绘制图形，可任意选择图形尺寸，如图 10-14 左图所示。让 AutoCAD 自动约束新图形，然后添加平行及垂直约束，结果如图 10-14 右图所示。

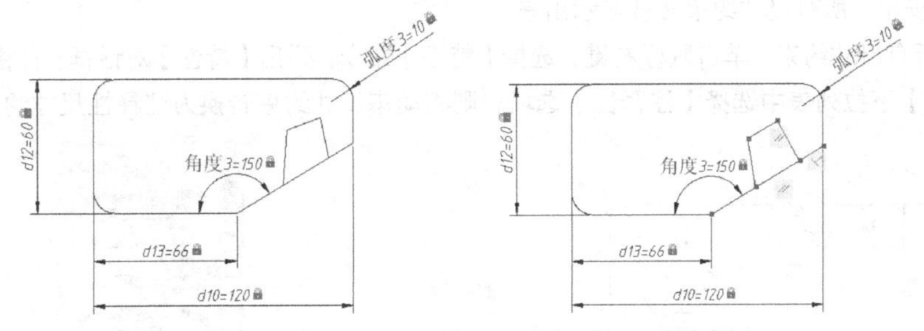

图 10-14　自动约束图形及施加平行、垂直约束

6. 添加尺寸约束，如图 10-15 所示。

7. 绘制图形，可任意选择图形尺寸，如图 10-16 左图所示。修剪多余线条，添加几何约束及尺寸约束，结果如图 10-16 右图所示。

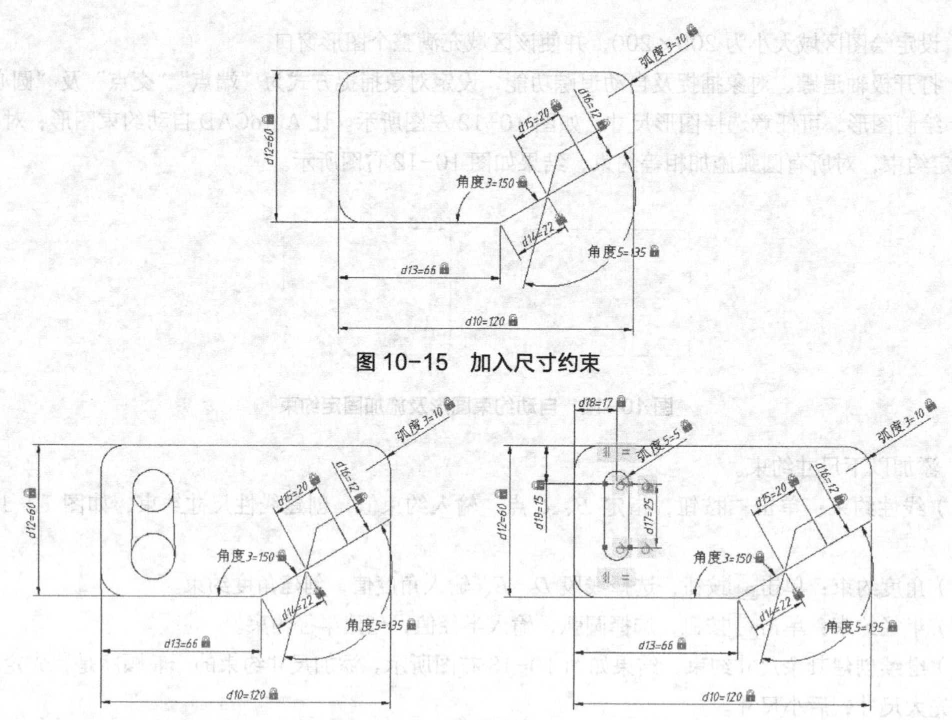

图 10-15　加入尺寸约束

图 10-16　绘制图形及添加约束

8. 保存图形，下一节将使用它。

10.2.2　编辑尺寸约束

对于已创建的尺寸约束，可采用以下方法进行编辑。

（1）双击尺寸约束或利用 DDEDIT 命令编辑约束的值、变量名称或表达式。

（2）选中尺寸约束，拖动与其关联的三角形关键点改变约束的值，同时驱动图形对象进行相应改变。

（3）选中约束，单击鼠标右键，利用快捷菜单中的相应命令编辑约束。

继续前面的练习，下面修改尺寸值及转换尺寸约束。

1. 将总长尺寸由 120 改为 100，“角度 3”改为 130，结果如图 10-17 所示。

2. 单击【参数化】选项卡中【标注】面板上的 全部隐藏 按钮，图中的所有尺寸约束将全部被隐藏，单击 全部显示 按钮，所有尺寸约束又被显示出来。

3. 选中所有尺寸约束，单击鼠标右键，选择【特性】命令，弹出【特性】对话框，如图 10-18 所示。在【约束形式】下拉列表中选择【注释性】选项，则将动态尺寸约束转换为注释性尺寸约束。

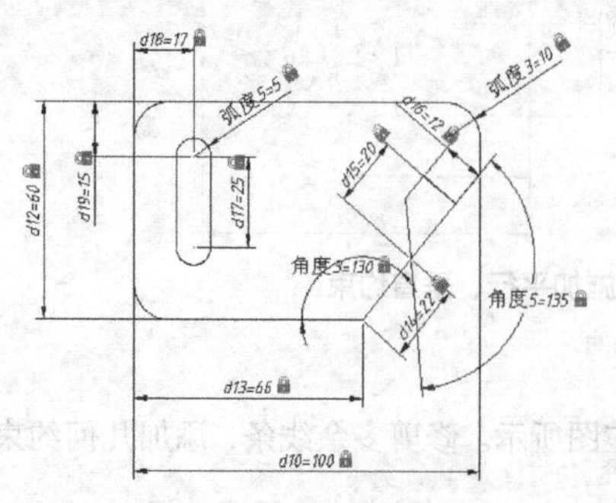

图 10-17　修改尺寸值

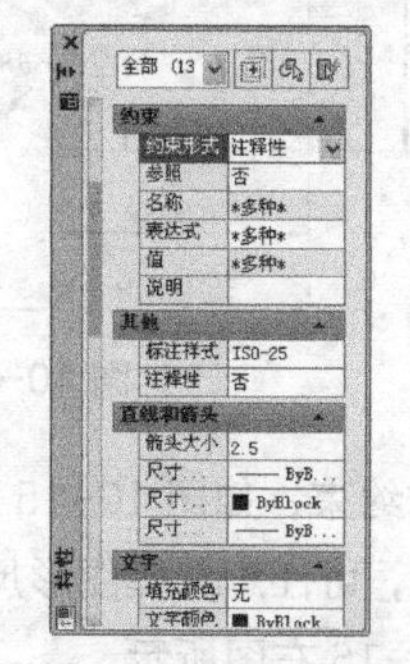

图 10-18 【特性】对话框

4. 修改尺寸约束名称的格式。单击【标注】面板右下角的箭头，弹出【约束设置】对话框，如图 10-19 左图所示。在【标注】选项卡的【标注名称格式】下拉列表中选择“值”选项，再取消对【为注释性约束显示锁定图标】复选项的选择，结果如图 10-19 右图所示。

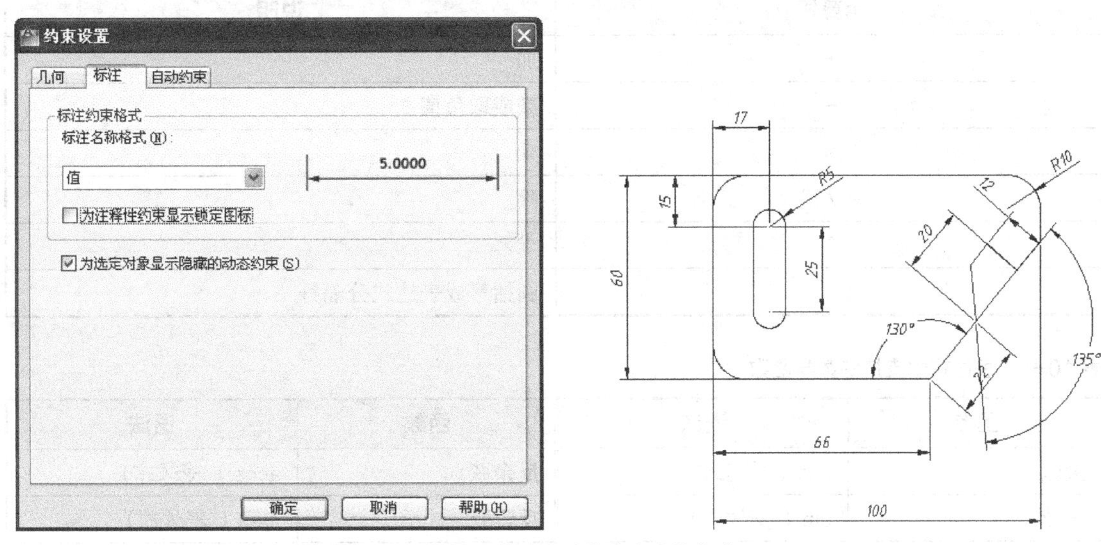

图 10-19 修改尺寸约束名称的格式

10.2.3 用户变量及方程式

尺寸约束通常是数值形式，但也可采用自定义变量或数学表达式。单击【参数化】选项卡中【管理】面板上的 *fx* 按钮，打开【参数管理器】对话框，如图 10-20 所示。此管理器显示所有尺寸约束及用户变量，利用它可轻松地对约束和变量进行管理。

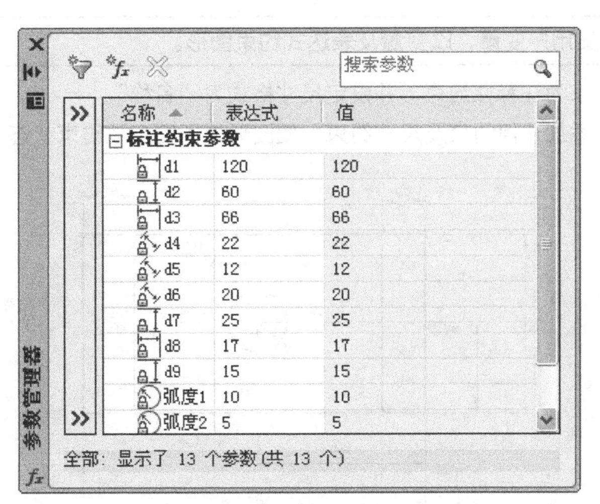

图 10-20 【参数管理器】对话框

- 单击尺寸约束的名称以亮显图形中的约束。
- 双击名称或表达式可进行编辑。
- 单击鼠标右键，弹出快捷菜单，选择【删除参数】命令，以删除标注约束或用户变量。
- 单击列标题名称，对相应的列进行排序。

尺寸约束或变量采用表达式时，常用的运算符及数学函数如表 10-3 和表 10-4 所示。

表 10-3　在表达式中使用的运算符

运算符	说明
+	加
−	减或取负值
*	乘
/	除
^	求幂
( )	圆括号或表达式分隔符

表 10-4　表达式中支持的数学函数

函数	语法	函数	语法
余弦	cos (*表达式*)	反余弦	acos (*表达式*)
正弦	sin (*表达式*)	反正弦	asin (*表达式*)
正切	tan (*表达式*)	反正切	atan (*表达式*)
平方根	sqrt (*表达式*)	幂函数	pow(*表达式 1*; *表达式 2*)
对数，基数为 e	ln (*表达式*)	指数函数，底数为 e	exp (*表达式*)
对数，基数为 10	log (*表达式*)	指数函数，底数为 10	exp10 (*表达式*)
将度转换为弧度	d2r (*表达式*)	将弧度转换为度	r2d (*表达式*)

【练习 10-4】 定义用户变量，以变量及表达式约束图形。

1. 指定当前尺寸约束为注释性约束，并设定尺寸格式为“名称”。
2. 绘制平面图形，添加几何约束及尺寸约束，使图形处于完全被约束状态，如图 10-21 所示。

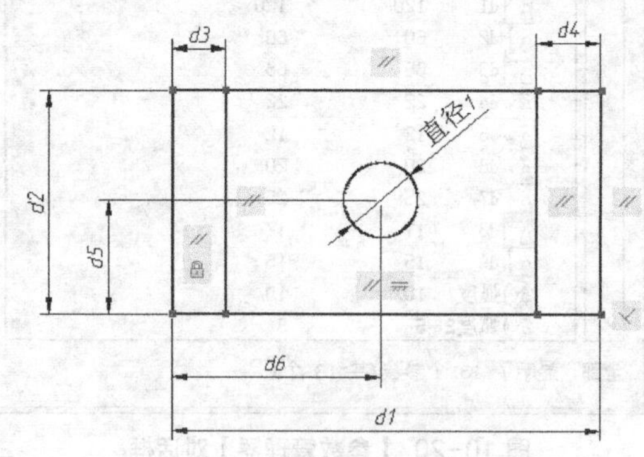

图 10-21　绘制平面图形及添加约束

3. 单击【管理】面板上的 *fx* 按钮，打开【参数管理器】对话框，利用该管理器修改变量名称，定义用户变量及建立新的表达式等，如图 10-22 所示。单击 按钮可建立新的用户变量。
4. 利用【参数管理器】将矩形面积改为 3 000，结果如图 10-23 所示。

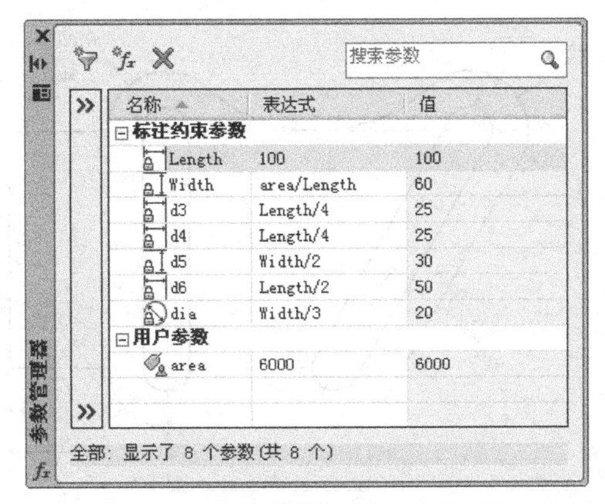

图 10-22 【参数管理器】对话框

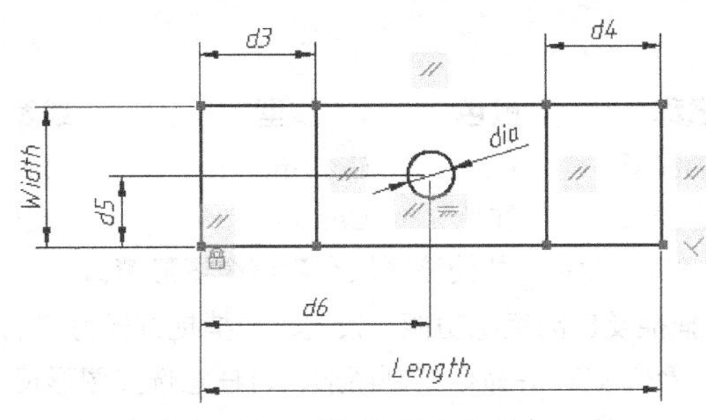

图 10-23 修改矩形面积

10.3 参数化绘图的一般步骤

使用 LINE、CIRCLE、OFFSET 等命令绘图时，必须输入准确的数据参数，绘制完成的图形是精确无误的。若要改变图形的形状及大小，一般要重新绘制。利用 AutoCAD 的参数化功能绘图，创建的图形对象是可变的，其形状及大小由几何及尺寸约束控制。当修改这些约束后，图形就发生相应变化。

利用参数化功能绘图的步骤与采用一般绘图命令绘图的步骤是不同的，主要作图过程如下。

（1）根据图样的大小设定绘图区域大小，并将绘图区充满图形窗口，这样就能了解随后绘制的草图轮廓的大小，而不至于使草图形状失真太大。

（2）将图形分成由外轮廓及多个内轮廓组成，按先外后内的顺序绘制。

（3）绘制外轮廓的大致形状，创建的图形对象的大小是任意的，相互间的位置关系（如平行、垂直等）是近似的。

（4）根据设计要求对图形元素添加几何约束，确定它们间的几何关系。一般先让 AutoCAD 自动创建约束（如重合、水平等），然后加入其他约束。为使外轮廓在 *xy* 坐标面的位置固定，应对其中某点施加固定约束。

（5）添加尺寸约束，确定外轮廓中各图形元素的精确大小及位置。创建的尺寸包括定形及定位尺寸，标注顺序一般为先大后小，先定形后定位。

（6）采用相同的方法依次绘制各个内轮廓。

【练习 10-5】 利用 AutoCAD 的参数化功能绘制平面图形，如图 10-24 所示。先画出图形的大致形状，然后给所有对象添加几何约束及尺寸约束，使图形处于完全被约束状态。

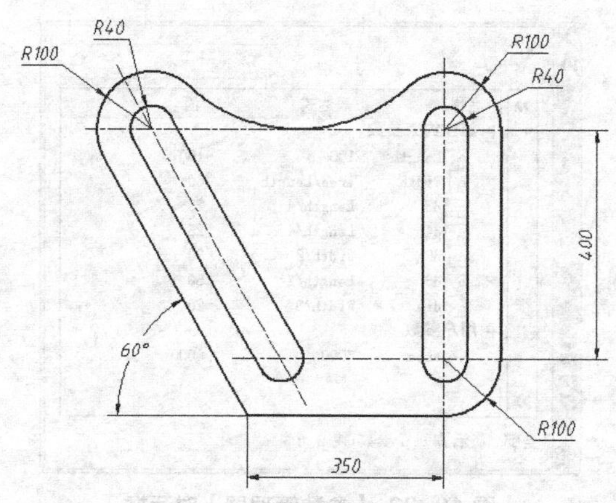

图 10-24　利用参数化功能绘图

1. 创建以下两个图层。

名称	颜色	线型	线宽
轮廓线层	白色	Continuous	0.5
中心线层	红色	Center	默认

2. 设定绘图区域大小为 800×800，并使该区域充满整个图形窗口。

3. 打开极轴追踪、对象捕捉及自动追踪功能，设定对象捕捉方式为“端点”“交点”及“圆心”。

4. 使用 LINE、CIRCLE 及 TRIM 等命令绘制图形，可任意选择图形尺寸，如图 10-25 左图所示。修剪多余线条并倒圆角，以形成外轮廓草图，结果如图 10-25 右图所示。

5. 启动自动添加几何约束功能，给所有的图形对象添加几何约束，如图 10-26 所示。

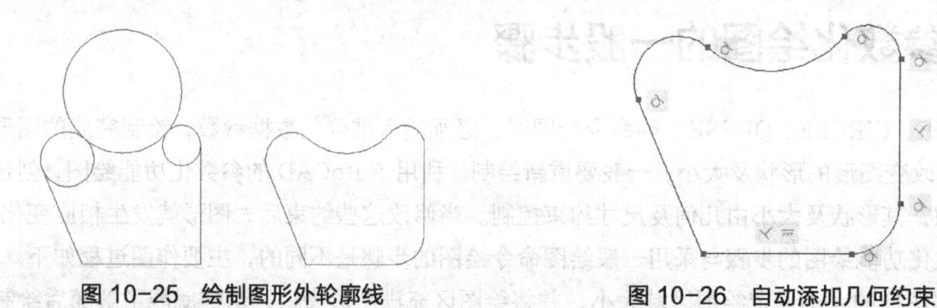

图 10-25　绘制图形外轮廓线　　图 10-26　自动添加几何约束

6. 创建以下约束。

（1）给圆弧 A、B、C 添加相等约束，使 3 个圆弧的半径相等，如图 10-27 左图所示。

（2）对左下角点施加固定约束。

（3）给圆心 D、F 及圆弧中点 E 添加水平约束，使 3 点位于同一条水平线上，结果如图 10-27 右图所示。操作时，可利用对象捕捉确定要约束的目标点。

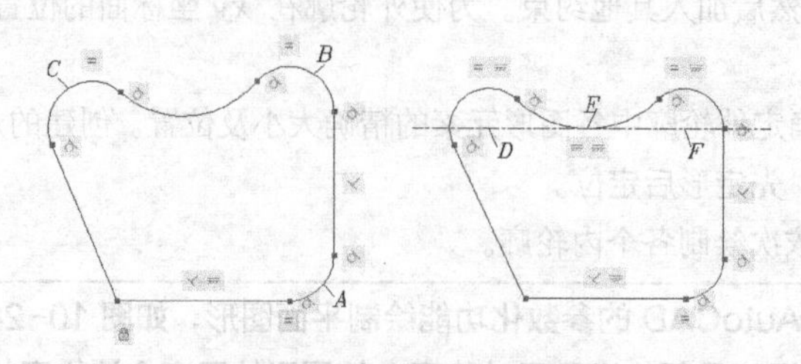

图 10-27　添加几何约束

7. 单击[全部隐藏]按钮，隐藏几何约束。标注圆弧的半径尺寸，然后标注其他尺寸，如图 10-28 左图所示。将角度值修改为“60”，结果如图 10-28 右图所示。

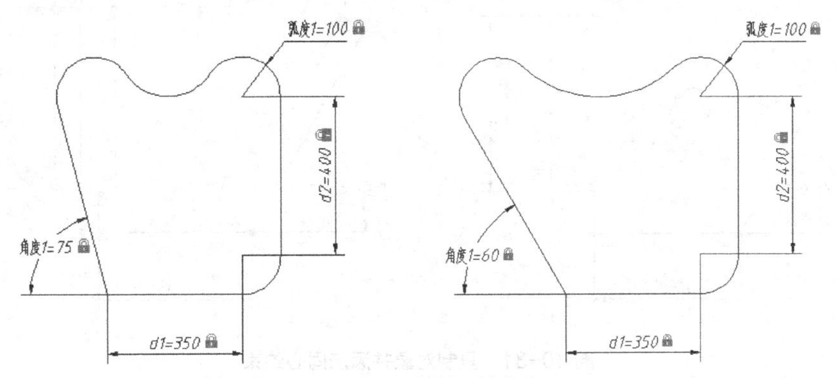

图 10-28　添加尺寸约束

8. 绘制圆及线段，如图 10-29 左图所示。修剪多余线条并自动添加几何约束，结果如图 10-29 右图所示。

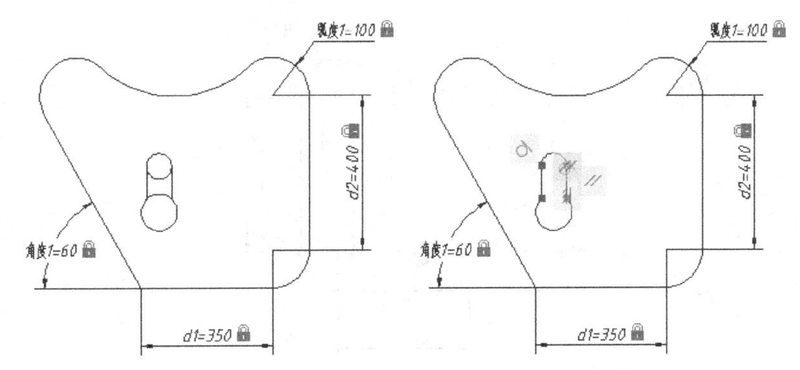

图 10-29　绘制圆、线段及自动添加几何约束

9. 给圆弧 *G*、*H* 添加同心约束，给线段 *I*、*J* 添加平行约束等，如图 10-30 所示。

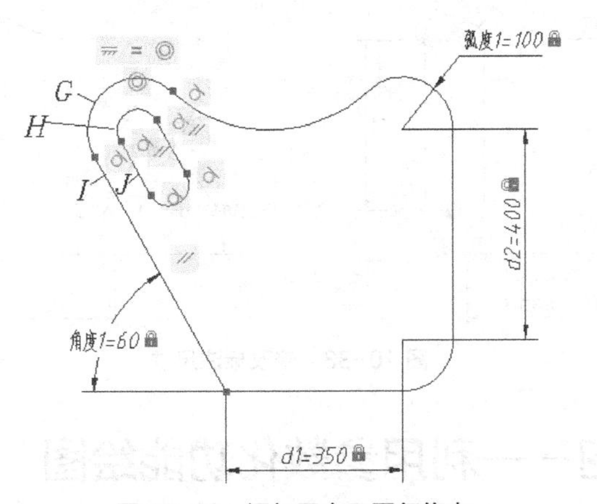

图 10-30　添加同心及平行约束

10. 复制线框，如图 10-31 左图所示。对新线框添加同心约束，结果如图 10-31 右图所示。

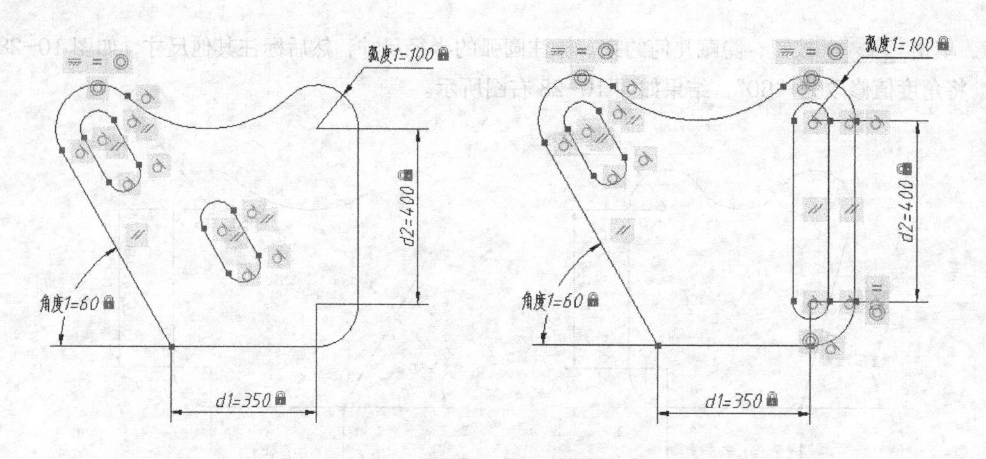

图 10-31　复制对象并添加同心约束

11. 使圆弧 *L*、*M* 的圆心位于同一条水平线上，并让它们的半径相等，结果如图 10-32 所示。

12. 标注圆弧的半径尺寸 40，如图 10-33 左图所示。将半径值由 40 改为 30，结果如图 10-33 右图所示。

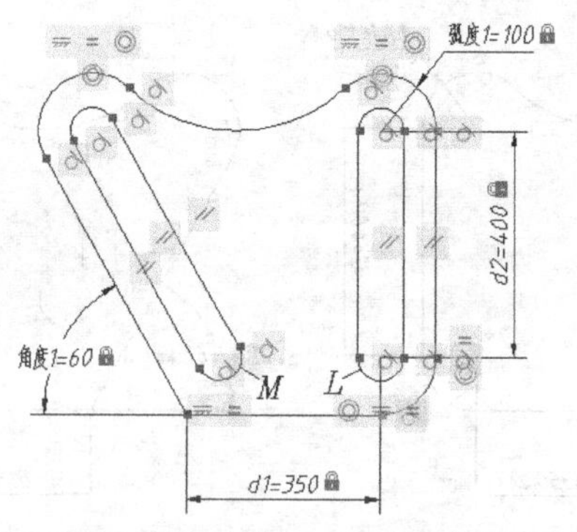

图 10-32　添加水平及相等约束

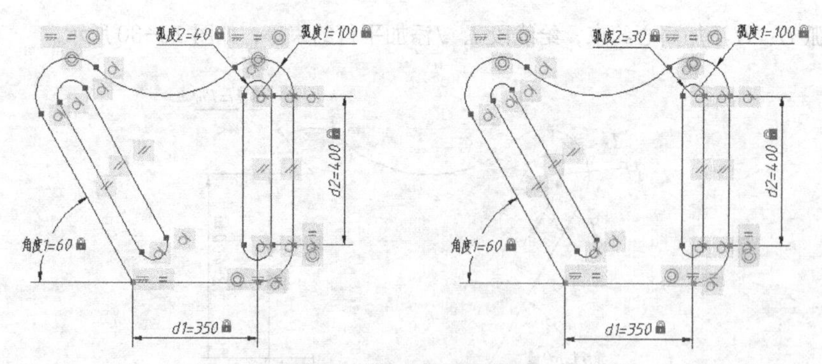

图 10-33　修改标注尺寸

10.4　综合练习——利用参数化功能绘图

【练习 10-6】 利用 AutoCAD 的参数化功能绘制平面图形，如图 10-34 所示。先画出图形的大致形状，然后给所有对象添加几何约束及尺寸约束，使图形处于完全被约束状态。

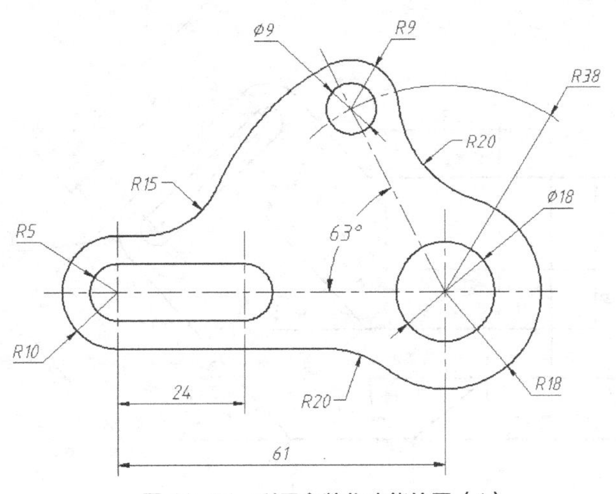

图 10-34 利用参数化功能绘图（1）

【练习 10-7】 **利用 AutoCAD 的参数化功能绘制平面图形，如图 10-35 左图所示。先画出图形的大致形状，然后给所有对象添加几何约束及尺寸约束，使图形处于完全被约束状态。修改其中部分尺寸使图形变形，结果如图 10-35 右图所示。**

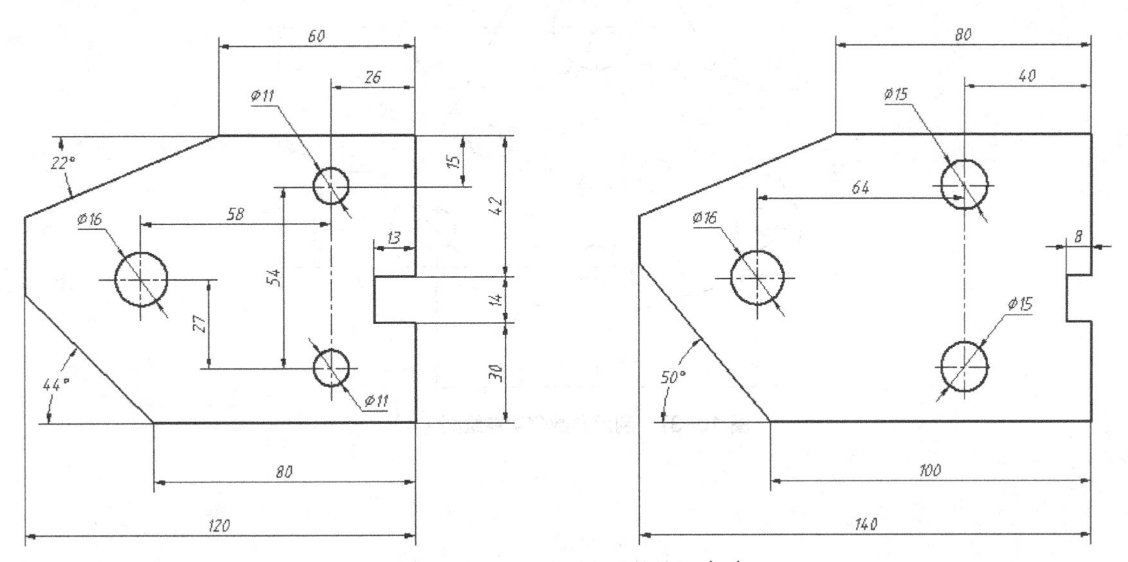

图 10-35 利用参数化功能绘图（2）

10.5 习题

1. 利用 AutoCAD 的参数化功能绘制平面图形，如图 10-36 所示。给所有对象添加几何约束及尺寸约束，使图形处于完全被约束状态。

2. 利用 AutoCAD 的参数化功能绘制平面图形，如图 10-37 所示。给所有对象添加几何约束及尺寸约束，使图形处于完全被约束状态。

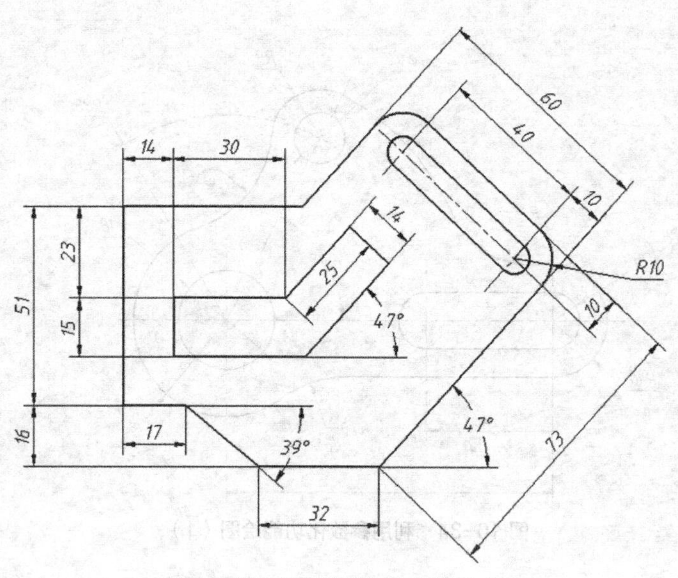

图 10-36　利用参数化功能绘图（3）

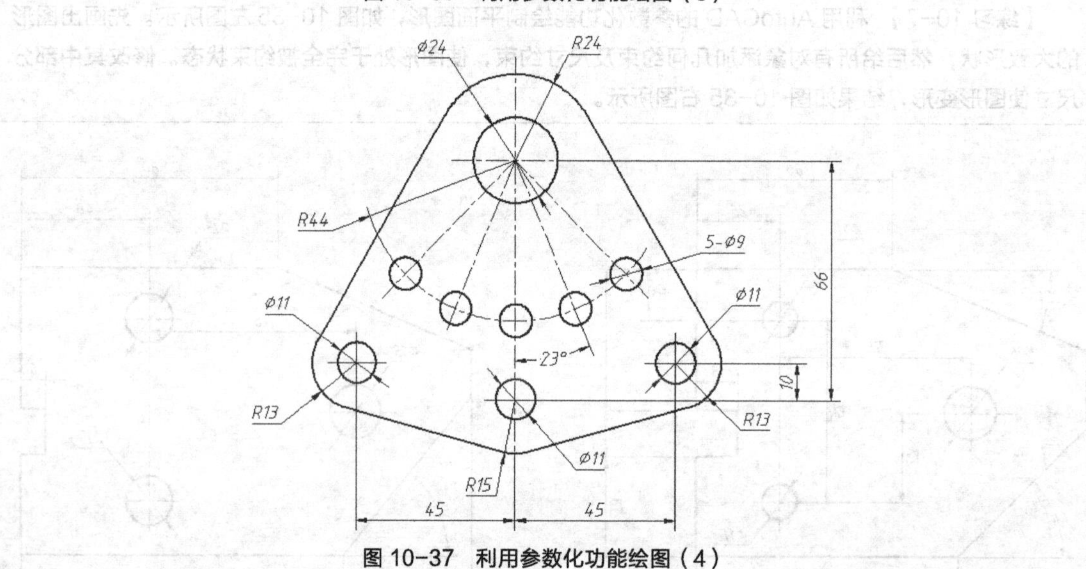

图 10-37　利用参数化功能绘图（4）

PART11

第11章

图块、外部引用及设计工具

学习目标：

- 掌握创建及插入图块的方法 ■
- 学会如何创建、使用及编辑块属性 ■
- 熟悉如何使用外部引用 ■
- 熟悉如何使用AutoCAD【设计中心】■
- 熟悉如何使用、修改及创建【工具选项板】■

■ 本章主要介绍如何创建及使用图块、块属性，并讲解外部引用、【设计中心】及【工具选项板】的用法。

11.1 图块

在工程图中有大量被反复使用的图形对象，如机械图中的螺栓、螺钉和垫圈等，建筑图中的门、窗等。由于这些对象的结构形状相同，只是尺寸有所不同，因而作图时常常将它们创建成图块，这样会方便以后的作图。

（1）减少重复性劳动并实现"积木式"绘图。

将常用件、标准件定制成标准库，作图时在某一位置插入已定义的图块就可以了，因而用户不必反复绘制相同的图形元素，这样就实现了"积木式"的作图方式。

（2）节省存储空间。

每当向图形中增加一个图元，AutoCAD 就必须记录此图元的信息，从而增大了图形的存储空间。对于被反复使用的图块，AutoCAD 仅对其进行一次定义。当用户插入图块时，AutoCAD 只是对已定义的图块进行引用，这样就可以节省大量的存储空间。

（3）方便编辑。

在 AutoCAD 中，图块是作为单一对象来处理的。常用的编辑命令（如 MOVE、COPY 和 ARRAY 等）都适用于图块，它还可以嵌套，即在一个图块中包含其他的一些图块。此外，如果对某一图块进行重新定义，就会使图样中所有被引用的图块都自动更新。

11.1.1 创建图块

用 BLOCK 命令可以将图形的一部分或整个图形创建成图块，用户可以给图块起名，并可定义插入基点。

命令启动方法

- 菜单命令：【绘图】/【块】/【创建】。
- 面板：【常用】选项卡中【块】面板上的按钮。
- 命令：BLOCK 或简写 B。

【练习 11-1】 创建图块。

1. 打开素材文件"dwg\第 11 章\11-1.dwg"。

2. 单击【块】面板上的按钮，打开【块定义】对话框，如图 11-1 所示，在【名称】栏中输入新建图块的名称为"洗涤槽"。

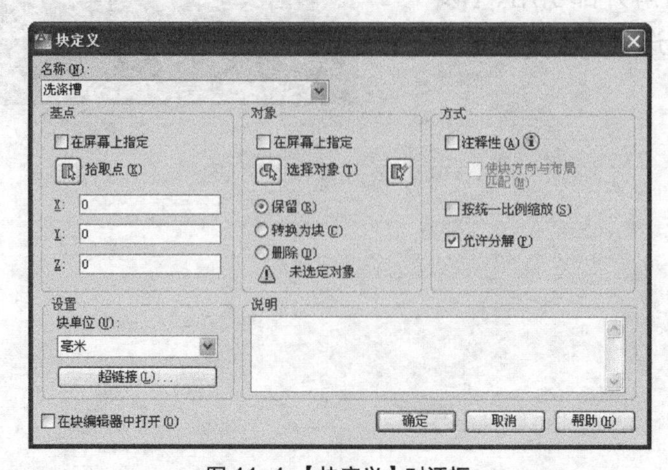

图 11-1 【块定义】对话框

【块定义】对话框中常用选项的功能如下。

- 名称：在此栏中可输入新建图块的名称，最多可使用 255 个字符。单击下拉列表右边的按钮，打开下拉列表，该列表中显示了当前图形的所有图块。
- 拾取点：单击左侧按钮，AutoCAD 切换到绘图窗口，用户可直接在图形中拾取某点作为块的插入基点。
- 【X】【Y】【Z】文本框：在这 3 个文本框中可分别输入插入基点的 x、y、z 坐标值。
- 选择对象：单击左侧按钮，AutoCAD 切换到绘图窗口，用户可在绘图区中选择构成图块的图形对象。
- 保留：选择该单选项，则 AutoCAD 生成图块后，还保留构成块的源对象。
- 转换为块：选择该单选项，则 AutoCAD 生成图块后，把构成块的源对象也转化为块。
- 删除：通过该单选项，用户可以设置创建图块后是否删除构成块的源对象。

3. 选择构成块的图形元素。单击按钮（选择对象），返回绘图窗口，并提示“选择对象”，选择“洗涤槽”，如图 11-2 所示。

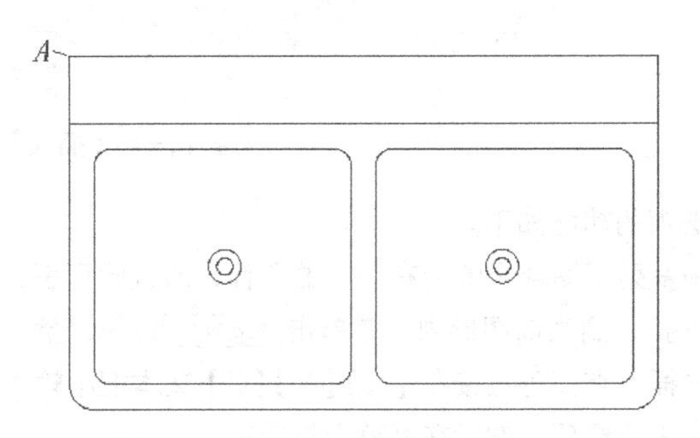

图 11-2 创建图块

4. 指定块的插入基点。单击按钮（拾取点），系统将返回绘图窗口，并提示“指定插入基点”，拾取点 A，如图 11-2 所示。

5. 单击 确定 按钮，生成图块。

在定制符号块时，一般将块图形画在 1×1 的正方形中，这样就便于在插入块时确定图块沿 x、y 方向的缩放比例因子。

11.1.2 插入图块或外部文件

用户可以使用 INSERT 命令在当前图形中插入块或其他图形文件，无论被插入的块或图形多么复杂，AutoCAD 都将它们作为一个单独的对象。如果用户需编辑其中的单个图形元素，就必须用 EXPLODE 命令分解图块或文件块。

命令启动方法

- 菜单命令：【插入】/【块】。
- 面板：【常用】选项卡中【块】面板上的按钮。
- 命令：INSERT 或简写 I。

【练习 11-2】 创建及插入图块。

1. 打开素材文件“dwg\第 11 章\11-2.dwg”。

2. 将图中的座椅创建成图块，块名“座椅”，块的插入点为 *A* 点，如图 11-3 所示。

3. 启动 INSERT 命令，打开【插入】对话框，在【名称】下拉列表中选择“座椅”，并在“插入点”“比例”及“旋转”区域中选择“在屏幕上指定”选项，如图 11-4 所示。

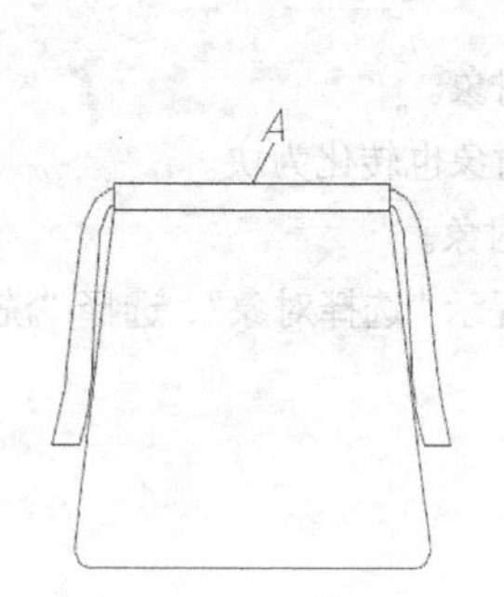

图 11-3 创建图块

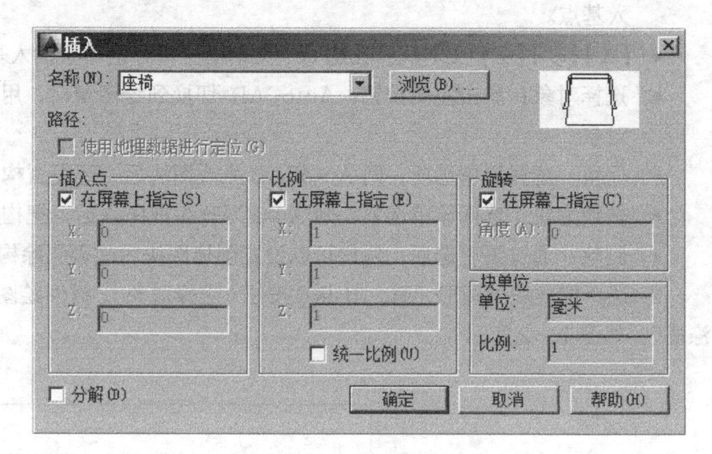

图 11-4 【插入】对话框

【插入】对话框中常用选项的功能如下。

- 名称：该下拉列表中罗列了图样中的所有图块的名称，通过此列表，用户可选择要插入的块。如果要将“.dwg”文件插入到当前图形中，就单击 浏览(B)... 按钮，然后选择要插入的文件。
- 插入点：确定图块的插入点。可直接在【X】【Y】【Z】文本框中输入插入点的绝对坐标值，或者选中【在屏幕上指定】复选项，然后在屏幕上指定。
- 比例：确定块的缩放比例。可直接在【X】【Y】【Z】文本框中输入沿这 3 个方向的缩放比例因子，也可选中【在屏幕上指定】复选项，然后在屏幕上指定。

要点提示 **用户可以指定 *x*、*y* 方向的负缩放比例因子，此时被插入的图块将进行镜像变换。**

- 统一比例：该选项使块沿 *x*、*y*、*z* 方向的缩放比例都相同。
- 旋转：指定插入块时的旋转角度。可在【角度】文本框中直接输入旋转角度值，也可通过选中【在屏幕上指定】复选项，然后在屏幕上指定。
- 分解：若用户选中该复选项，则 AutoCAD 在插入块的同时分解块对象。

4. 单击 确定 按钮，AutoCAD 提示：

```
命令: _insert
指定插入点或 [基点(B)/比例(S)/X/Y/Z/旋转(R)]:
                                            //单击一点指定插入点
输入 X 比例因子，指定对角点，或 [角点(C)/XYZ(XYZ)] <1>: 1
                                            //输入x方向缩放比例因子
输入 Y 比例因子或 <使用 X 比例因子>: 1         //输入y方向缩放比例因子
指定旋转角度 <0>: -90                        //输入图块的旋转角度
```

5. 插入其余图块，复制、旋转及镜像图块，结果如图 11-5 所示。

要点提示 **当把一个图形文件插入到当前图中时，被插入图样的图层、线型、图块和字体样式等也将加入到当前图中。如果两者中有重名的对象，那么当前图中的定义优先于被插入的图样。**

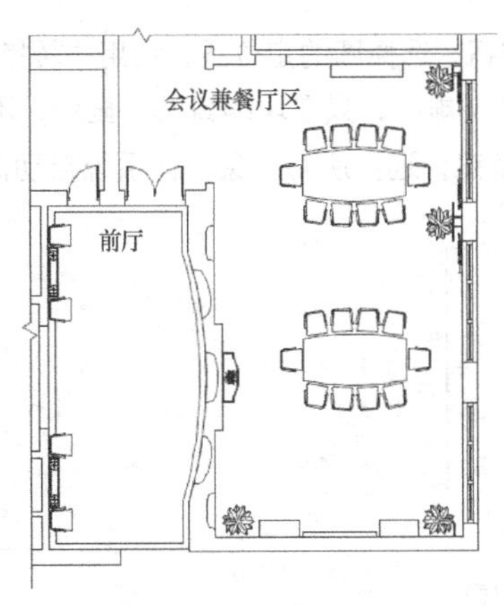

图 11-5 插入图块

11.1.3 定义图形文件的插入基点

用户可以在当前文件中以块的形式插入其他图形文件。当插入文件时，默认的插入基点是坐标原点，这时可能给用户的作图带来麻烦。由于当前图形的原点可能在屏幕的任意位置，这样就常常造成在插入图形后图形没有显示在屏幕上，好像并无任何图形被插入当前图样中似的。为了便于控制被插入的图形文件，使其放置在屏幕的适当位置，用户可以使用 BASE 命令定义图形文件的插入基点，这样在插入时就可通过这个基点来确定图形的位置。

键入 BASE 命令，AutoCAD 提示“输入基点”，此时，用户可在当前图形中拾取某个点作为图形的插入基点。

11.1.4 参数化动态块

用 BLOCK 命令创建的图块是静态的，使用时不能改变其形状及大小（只能缩放）。动态块不仅继承了普通图块的所有特性，并且增加了动态性。创建此类图块时，可加入几何及尺寸约束，利用这些约束可驱动块的形状及大小发生变化。

【练习 11-3】 创建参数化动态块。

1. 单击【常用】选项卡中【块】面板上的按钮，打开【编辑块定义】对话框，输入块名“DB-1”。单击 确定 按钮，进入【块】编辑器。绘制平面图形，可选择任意尺寸，如图 11-6 所示。

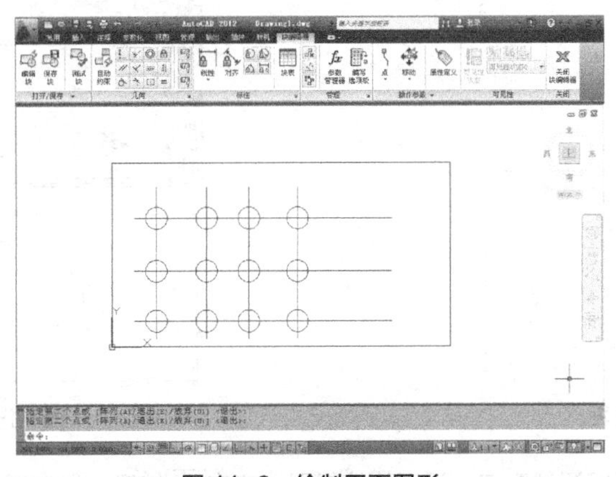
图 11-6 绘制平面图形

2. 单击【管理】面板上的按钮，选择圆的定位线，利用“转换（C）”选项将定位线转化为构造几何对象，如图 11-7 所示。此类对象是虚线，只在块编辑器中显示，不在绘图窗口中显示。

3. 单击【几何】面板上的按钮，选择所有对象，让系统自动添加几何约束，如图 11-8 所示。

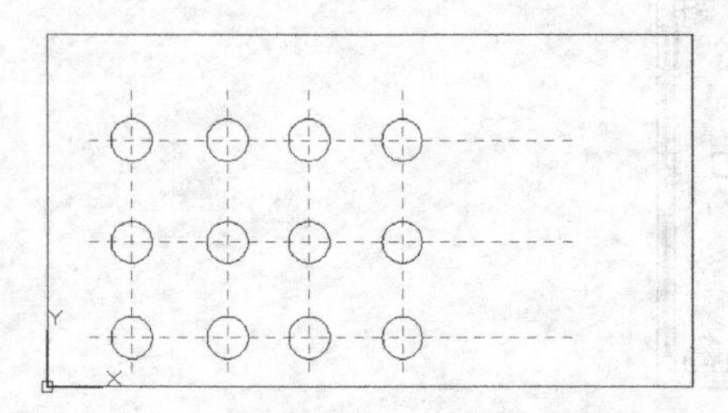

图 11-7　将定位线转化为构造几何对象

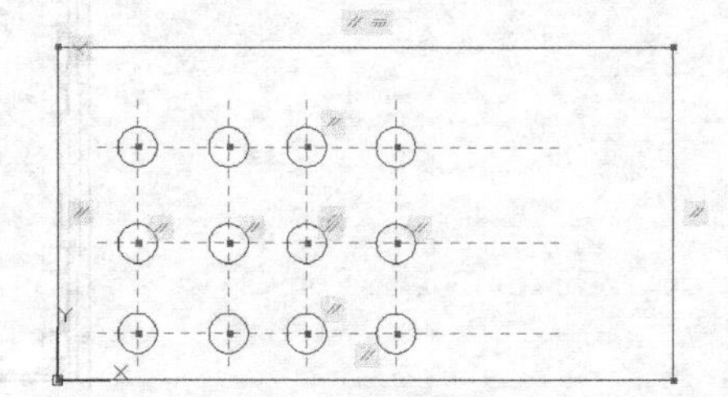

图 11-8　自动添加几何约束

4. 给所有圆添加相等约束，然后加入尺寸约束并修改尺寸变量的名称，如图 11-9 所示。

5. 单击【管理】面板上的按钮，打开【参数管理器】，修改尺寸变量的值（不修改变量【L】【W】【DIA】的值），如图 11-10 所示。

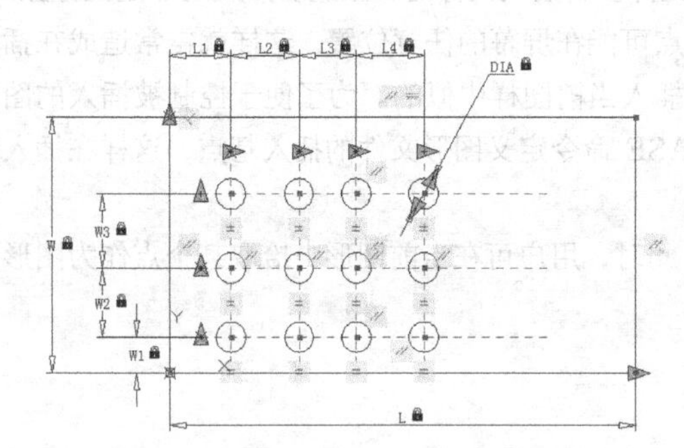

图 11-9　加入尺寸约束并修改尺寸变量的名称

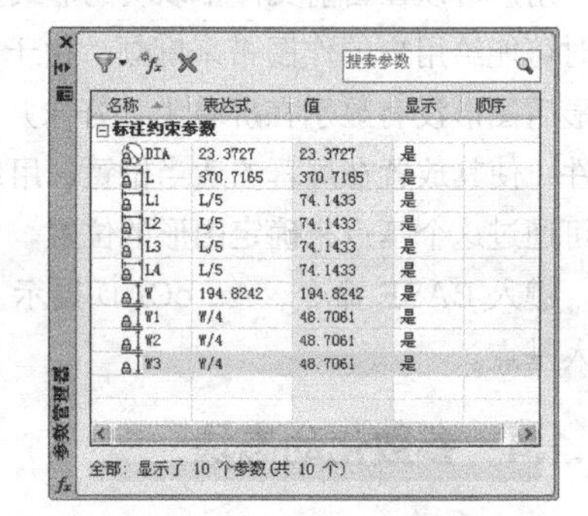

名称	表达式	值	显示	顺序
标注约束参数				
DIA	23.3727	23.3727	是	
L	370.7165	370.7165	是	
L1	L/5	74.1433	是	
L2	L/5	74.1433	是	
L3	L/5	74.1433	是	
L4	L/5	74.1433	是	
W	194.8242	194.8242	是	
W1	W/4	48.7061	是	
W2	W/4	48.7061	是	
W3	W/4	48.7061	是	

全部：显示了 10 个参数(共 10 个)

图 11-10　修改尺寸变量的值

6. 单击按钮，测试图块。选中图块，拖动关键点改变块的大小，如图 11-11 所示。

7. 单击鼠标右键，选择【特性】命令，打开【特性】对话框，将尺寸变量【L】【W】【DIA】的值修改为“18”“6”“1.1”，结果如图 11-12 所示。

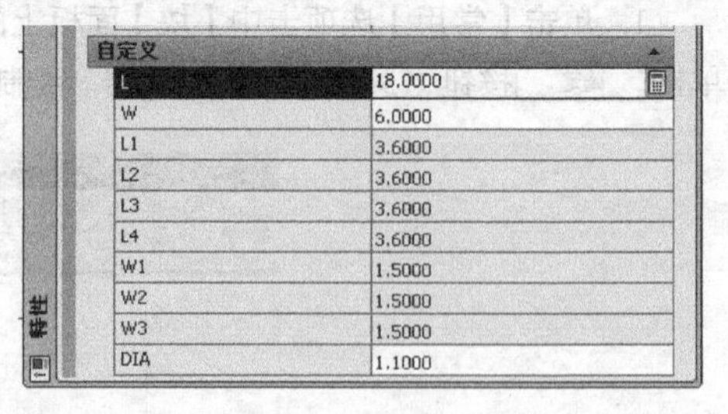

自定义	
L	18.0000
W	6.0000
L1	3.6000
L2	3.6000
L3	3.6000
L4	3.6000
W1	1.5000
W2	1.5000
W3	1.5000
DIA	1.1000

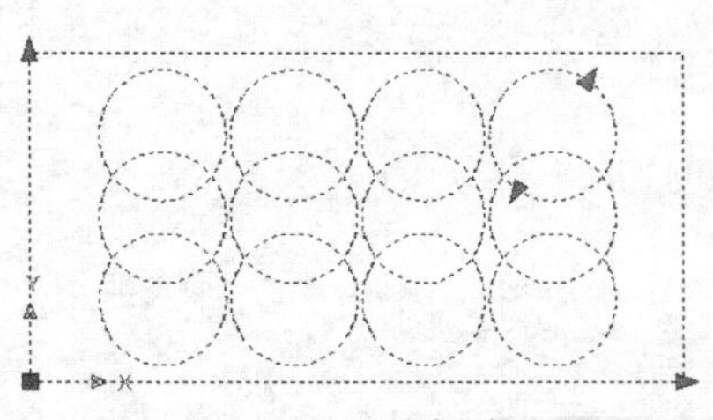

图 11-11　测试图块

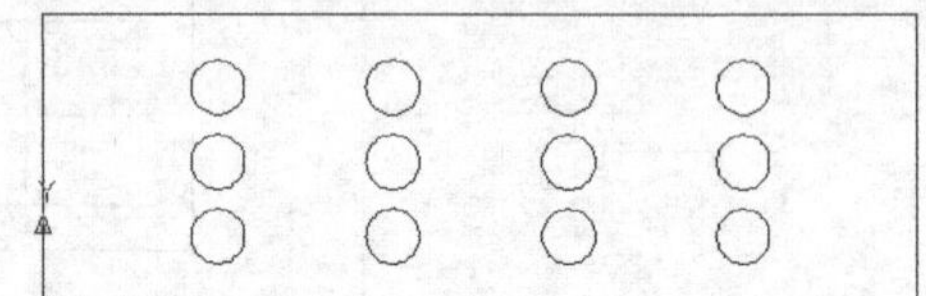

图 11-12　修改尺寸

8. 单击按钮，关闭测试窗口，返回块编辑器。单击按钮，保存图块。

11.1.5 利用表格参数驱动动态块

在动态块中加入几何及尺寸约束后，就可通过修改尺寸值改变动态块的形状及大小。用户可事先将多个尺寸参数创建成表格，利用表格指定块的不同尺寸组。

【练习 11-4】 创建参数化动态块。

1. 单击【常用】选项卡中【块】面板上的按钮，打开【编辑块定义】对话框，输入块名“DB-2”。单击 确定 按钮，进入块编辑器。绘制平面图形，可选择任意尺寸，如图 11-13 所示。

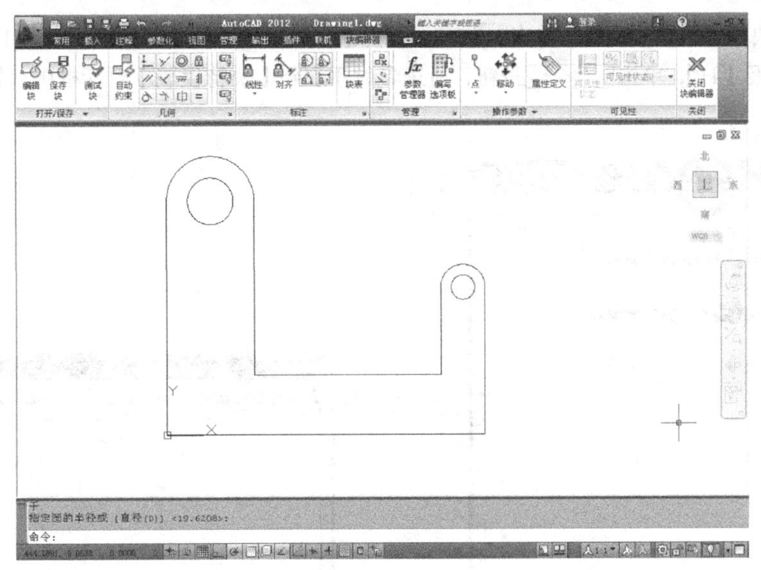

图 11-13 绘制平面图形

2. 单击【几何】面板上的按钮，选择所有对象，让系统自动添加几何约束，如图 11-14 所示。

3. 添加相等约束，使两个半圆弧及两个圆的大小相同；添加水平约束，使两个圆弧的圆心在同一条水平线上，如图 11-15 所示。

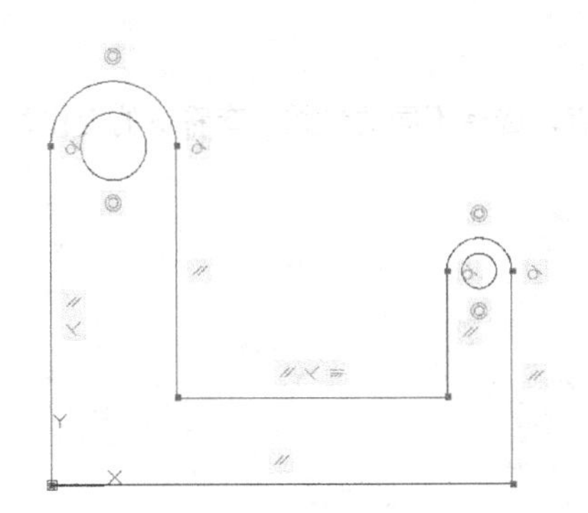

图 11-14 自动添加几何约束

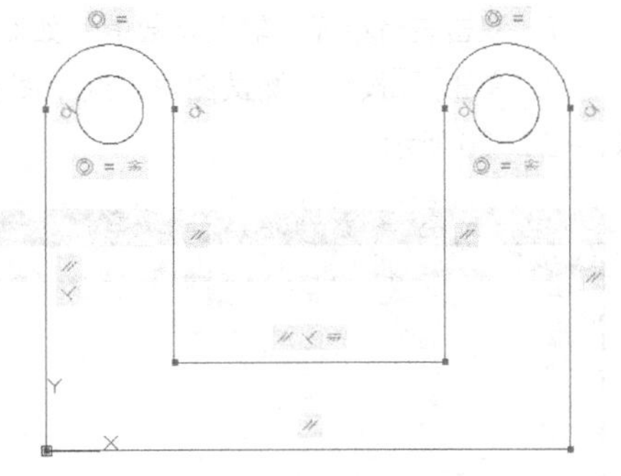

图 11-15 添加几何约束

4. 添加尺寸约束，修改尺寸变量的名称及相关表达式，如图 11-16 所示。

5. 双击【标注】面板上的按钮，指定块参数表放置的位置，打开【块特性表】对话框。单击该对话框的按钮，打开【新参数】对话框，如图 11-17 所示。输入新参数名称“LxH”，设定新参数类型“字符串”。

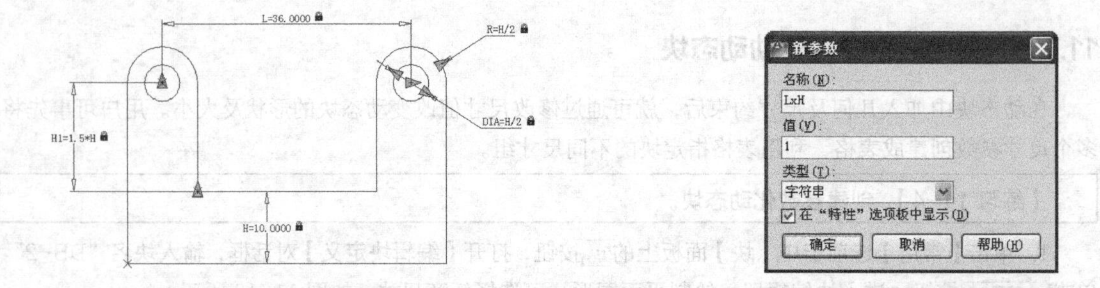

图 11-16　加入尺寸约束　　　　图 11-17 【新参数】对话框

6. 返回【块特性表】对话框，单击按钮，打开【添加参数特性】对话框，如图 11-18 左图所示。选择参数【L】及【H】，单击 确定 按钮，所选参数添加到【块特性表】对话框中，如图 11-18 右图所示。

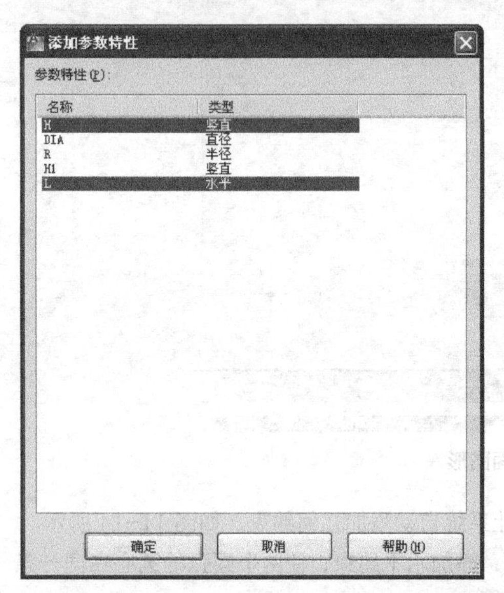

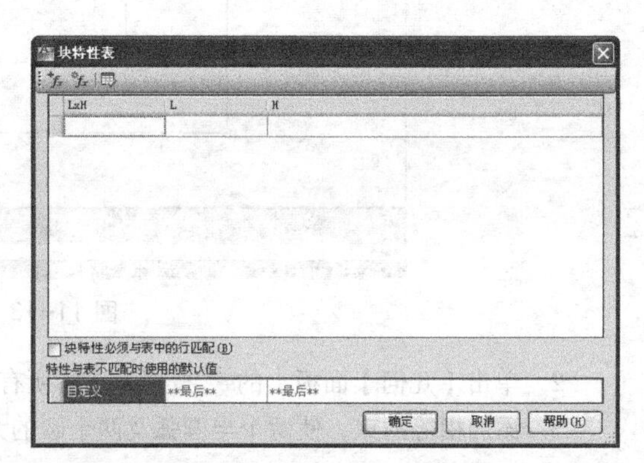

图 11-18　将参数添加到【块特性表】对话框中

7. 双击表格单元，输入参数值，如图 11-19 所示。

8. 单击按钮，测试图块。选中图块，单击参数表的关键点，选择不同的参数，查看块的变化，如图 11-20 所示。

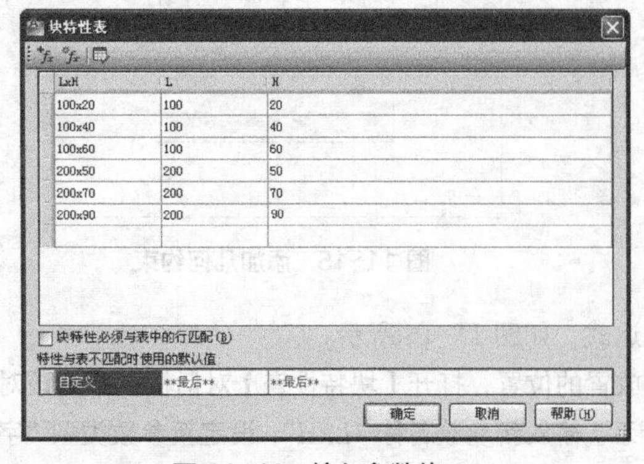

LxH	L	H
100x20	100	20
100x40	100	40
100x60	100	60
200x50	200	50
200x70	200	70
200x90	200	90

块特性必须与表中的行匹配(B)
特性与表不匹配时使用的默认值
自定义　**最后**　**最后**
确定　取消　帮助(H)

图 11-19　输入参数值

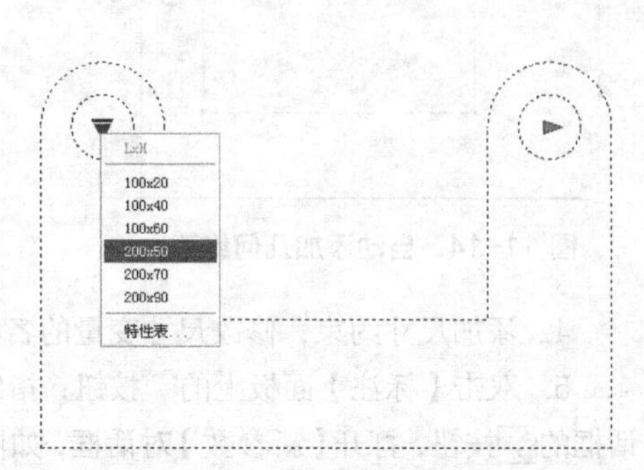

图 11-20　测试图块

9. 关闭测试窗口，单击【标注】面板上的按钮，打开【块特性表】对话框。按住列标题名称“L”，将其拖到第一列，如图 11-21 所示。

10. 单击按钮，测试图块。选中图块，单击参数表的关键点，打开参数列表，目前的列表样式已发生变化，如图 11-22 所示。

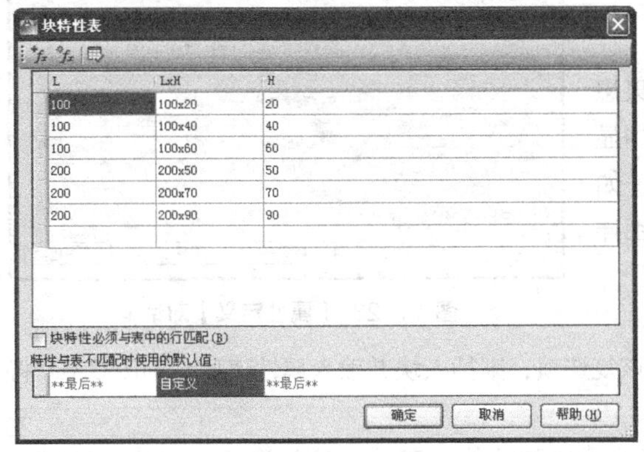

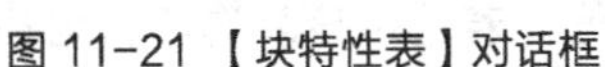
图 11-21 【块特性表】对话框

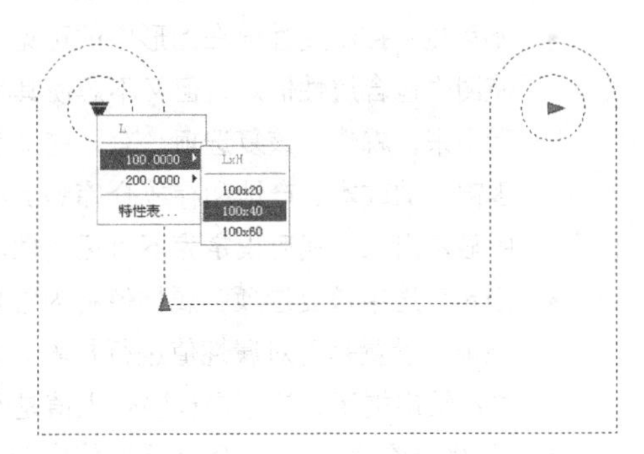

图 11-22 测试图块

11. 单击按钮，关闭测试窗口，返回【块编辑器】。单击按钮，保存图块。

11.1.6 在工程图中使用注释性符号块

用户可以创建注释性图块。在工程图中插入注释性图块，就不必考虑打印比例对图块外观的影响，只要当前注释比例等于出图比例，就能保证出图后图块外观与设定值一致。

使用注释性图块的步骤如下。

1. 按实际尺寸绘制图块图形。

2. 设定当前注释比例为 1∶1，创建注释图块（在【块定义】对话框选择【注释性】选项），则图块的注释比例为 1∶1。

3. 设置当前注释比例等于打印比例，然后插入图块，图块外观自动缩放，缩放比例因子为当前注释比例的倒数。

11.2 块属性

在 AutoCAD 中，用户可以使块附带属性。属性类似于商品的标签，包含了图块所不能表达的其他各种文字信息，如材料、型号和制造者等，存储在属性中的信息一般被称为属性值。当用 BLOCK 命令创建块时，就将已定义的属性与图形一起生成块，这样块中就包含属性了。当然，用户也能仅将属性本身创建成一个块。

通过属性，用户能够快速产生关于设计项目的信息报表，属性也可作为一些符号块的可变文字对象。其次，属性也常用来预定义文本位置、内容或提供文本默认值等。例如，把标题栏中的一些文字项目定制成属性对象，就能方便地进行填写或修改。

11.2.1 创建及使用块属性

命令启动方法

- 菜单命令：【绘图】/【块】/【定义属性】。

- 面板：【常用】选项卡中【块】面板上的按钮。
- 命令：ATTDEF 或简写 ATT。

启动 ATTDEF 命令，AutoCAD 弹出【属性定义】对话框，如图 11-23 所示，用户利用该对话框创建块属性。

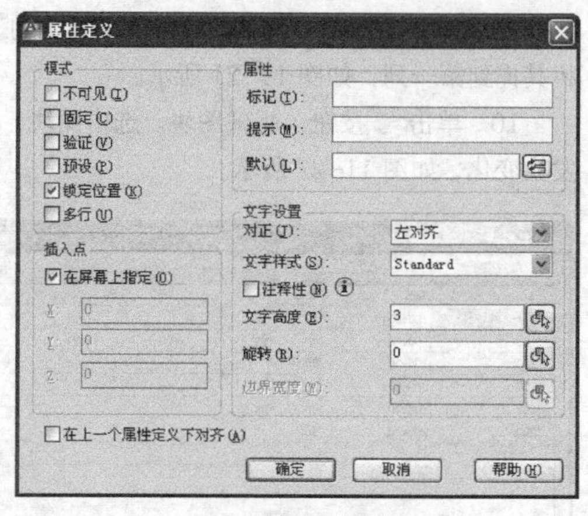

图 11-23 【属性定义】对话框

【属性定义】对话框中常用选项的功能如下。

- 不可见：控制属性值在图形中的可见性。如果想使图中包含属性信息，但又不想使其在图形中显示出来，就选中该复选项。有一些文字信息（如零部件的成本、产地和存放仓库等）不必在图样中显示出来，就可设定为不可见属性。
- 固定：选中该复选项，属性值将为常量。
- 验证：设置是否对属性值进行校验。若选中该复选项，则插入块并输入属性值后，AutoCAD 将再次给出提示，让用户校验输入值是否正确。
- 预设：该选项用于设定是否将实际属性值设置成默认值。若选中该复选项，则插入块时，AutoCAD 将不再提示用户输入新属性值，实际属性值等于【属性】分组框中的默认值。
- 锁定位置：锁定块参照中属性的位置。解锁后，属性可以相对于使用夹点编辑的块的其他部分移动，并且可以调整多行文字属性的大小。
- 多行：指定属性值可以包含多行文字。选中此复选项后，可以指定属性的边界宽度。
- 标记：标识图形中每次出现的属性。可使用任何字符组合（空格除外）输入属性标记。小写字母会自动转换为大写字母。
- 提示：指定在插入包含该属性定义的块时显示的提示。如果不输入提示，属性标记将用作提示。如果在【模式】分组框选中【固定】复选项，那么【属性】分组框中的【提示】选项将不可用。
- 默认：指定默认的属性值。
- 插入点：指定属性位置，输入坐标值或者选中【在屏幕上指定】复选项。
- 对正：该下拉列表中包含了十多种属性文字的对齐方式，如布满、居中、中间、左对齐和右对齐等。这些选项的功能与 TEXT 命令对应的选项功能相同，参见 8.2.2 小节。
- 文字样式：可从该下拉列表中选择文字样式。
- 文字高度：用户可直接在文本框中输入属性文字高度，或者单击右侧按钮切换到绘图窗口，在绘图区中拾取两点以指定高度。
- 旋转：设定属性文字的旋转角度。

【练习 11-5】 下面的练习将演示定义属性及使用属性的具体过程。

1. 打开素材文件"dwg\第 11 章\11-5.dwg"。

2. 键入 ATTDEF 命令，AutoCAD 弹出【属性定义】对话框，如图 11-24 所示。在【属性】分组框中输入下列内容。

标记：姓名及号码
提示：请输入您的姓名及电话号码
默认：李燕　2660732

3. 在【文字样式】下拉列表中选择"样式-1"，在【文字高度】文本框中输入数值"3"，单击确定按钮，AutoCAD 提示"指定起点"，在电话机的下边拾取 *A* 点，结果如图 11-25 所示。

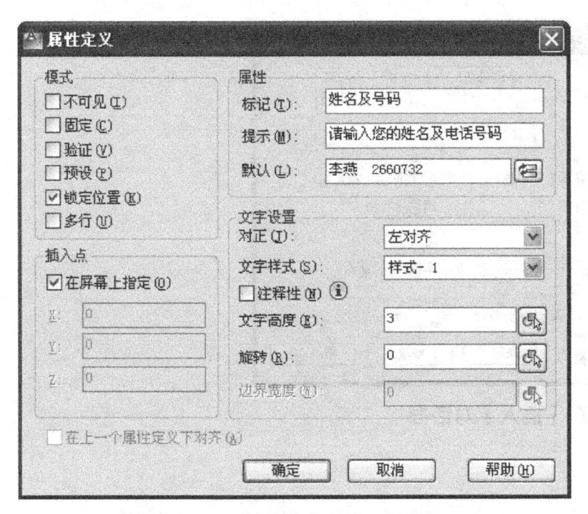

图 11-24 【属性定义】对话框

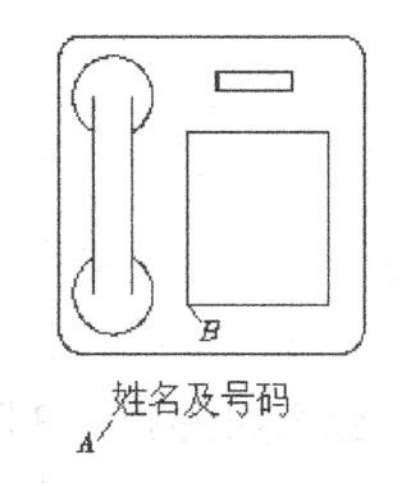

图 11-25 定义属性

4. 将属性与图形一起创建成图块。单击【块】面板上的按钮，AutoCAD 弹出【块定义】对话框，如图 11-26 所示。

5. 在【名称】栏中输入新建图块的名称“电话机”，在【对象】分组框中选择【保留】单选项，如图 11-26 所示。

图 11-26 【块定义】对话框

6. 单击按钮（选择对象），AutoCAD 返回绘图窗口，并提示“选择对象”，选择电话机及属性，如图 11-25 所示。

7. 指定块的插入基点。单击按钮（拾取点），AutoCAD 返回绘图窗口，并提示“指定插入基点”，拾取点 *B*，如图 11-25 所示。

8. 单击 确定 按钮，AutoCAD 生成图块。

9. 插入带属性的块。单击【块】面板上的按钮，AutoCAD 弹出【插入】对话框，在【名称】下拉列表中选择“电话机”，如图 11-27 所示。

10. 单击 确定 按钮，AutoCAD 提示如下。

```
指定插入点或 [基点(B)/比例(S)/X/Y/Z/旋转(R)]:        //在屏幕上的适当位置指定插入点
请输入您的姓名及电话号码 <李燕   2660732>: 张涛   5895926
                                                  //输入属性值
```

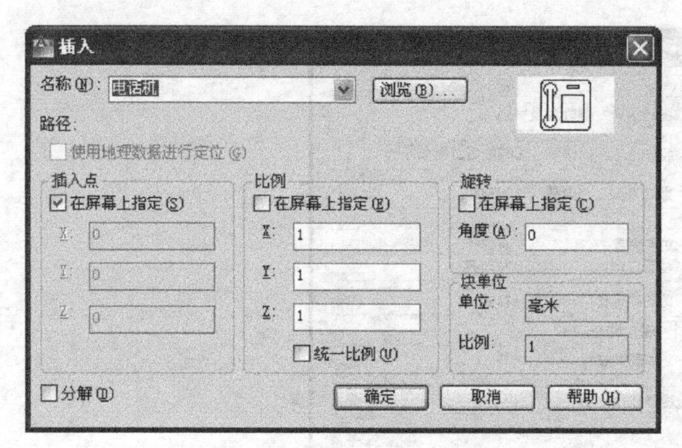

图 11-27 【插入】对话框

结果如图 11-28 所示。

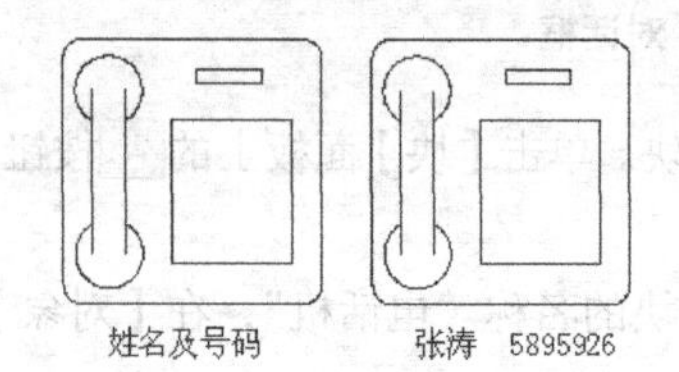

图 11-28 插入附带属性的图块

11.2.2 编辑属性定义

创建属性后，用户可对其进行编辑，常用的命令是 DDEDIT 和 PROPERTIES。前者可用于修改属性标记、提示及默认值，通过后者能修改属性定义的更多项目。

一、用 DDEDIT 命令修改属性定义

调用 DDEDIT 命令，AutoCAD 提示“选择注释对象”，选取属性定义标记后，AutoCAD 弹出【编辑属性定义】对话框，如图 11-29 所示。在该对话框中，用户可修改属性定义的标记、提示及默认值。

双击属性定义标记，也打开【编辑属性定义】对话框。

二、用 PROPERTIES 命令修改属性定义

选择属性定义，然后单击鼠标右键，选择【特性】命令，AutoCAD 弹出【特性】对话框，如图 11-30 所示。该对话框的【文字】区域中列出了属性定义的标记、提示、默认值、字高及旋转角度等项目，用户可在该对话框中对其进行修改。

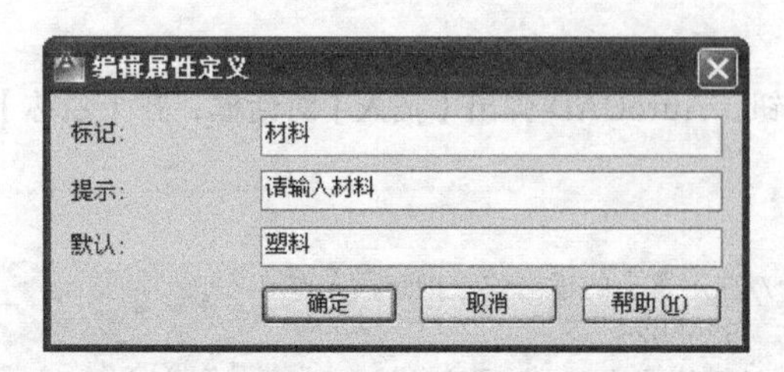

图 11-29 【编辑属性定义】对话框

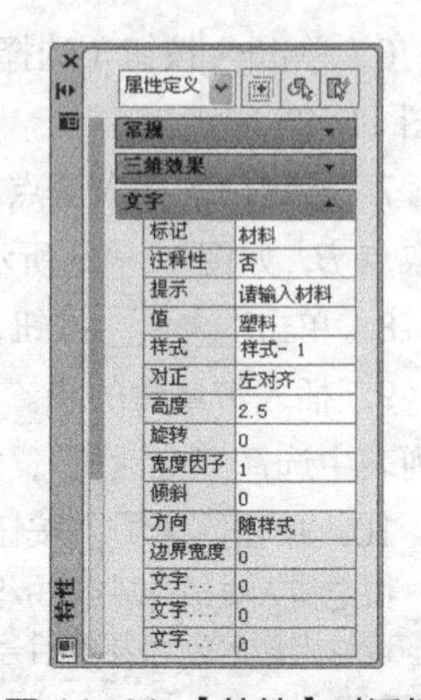

图 11-30 【特性】对话框

11.2.3 编辑块的属性

若属性已被创建成为块，则用户可用 EATTEDIT 命令来编辑属性值及属性的其他特性。双击带属性的块，也可启动该命令。

命令启动方法

- 菜单命令：【修改】/【对象】/【属性】/【单个】。
- 面板：【常用】选项卡中【块】面板上的按钮。
- 命令：EATTEDIT。

【练习 11-6】 练习使用 EATTEDIT 命令。

打开素材文件"dwg\第 11 章\11-6.dwg"。启动 EATTEDIT 命令，AutoCAD 提示"选择块"，用户选择要编辑的图块后，AutoCAD 弹出【增强属性编辑器】对话框，如图 11-31 所示。在该对话框中，用户可对块属性进行编辑。

【增强属性编辑器】对话框中有【属性】【文字选项】和【特性】3 个选项卡，它们的功能如下。

- 【属性】选项卡：在该选项卡中，AutoCAD 列出了当前块对象中各个属性的标记、提示及值，如图 11-31 所示。选中某一属性，用户就可以在【值】框中修改属性的值。
- 【文字选项】选项卡：该选项卡用于修改属性文字的一些特性，如文字样式、字高等，如图 11-32 所示。选项卡中各选项的含义与【文字样式】对话框中同名选项的含义相同。

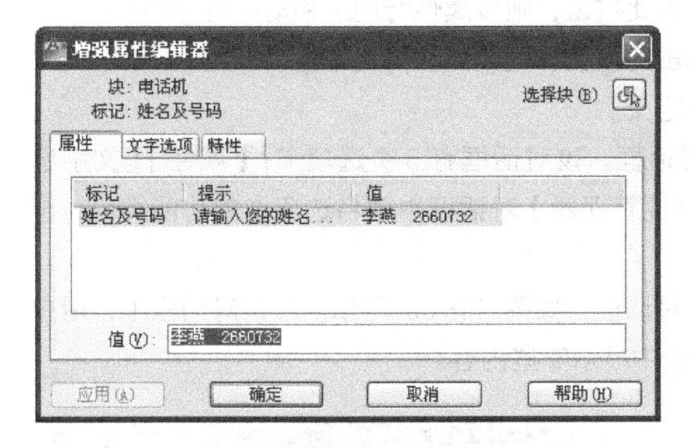

图 11-31 【增强属性编辑器】对话框

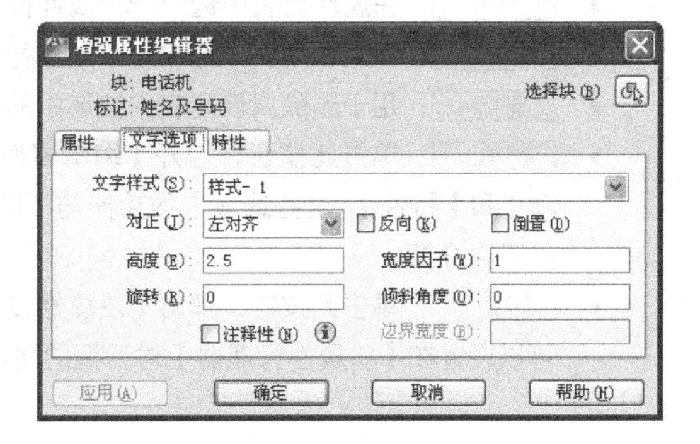

图 11-32 【文字选项】选项卡

- 【特性】选项卡：在该选项卡中用户可以修改属性文字的图层、线型、颜色等，如图 11-33 所示。

图 11-33 【特性】选项卡

11.2.4 【块属性管理器】

【块属性管理器】对话框用于管理当前图形中所有块的属性定义，通过它能够修改属性定义及改变插入块时系统提示用户输入属性值的顺序。

命令启动方法

- 菜单命令：【修改】/【对象】/【属性】/【块属性管理器】。
- 面板：【常用】选项卡中【块】面板上的按钮。
- 命令：BATTMAN。

【练习 11-7】 练习使用 BATTMAN 命令。

打开素材文件“dwg\第 11 章\11-7.dwg”。启动 BATTMAN 命令，AutoCAD 弹出【块属性管理器】对话框，如图 11-34 所示。利用这个对话框可以编辑块属性值及改变输入属性值的顺序等。

该对话框中常用选项的功能如下。

- 选择块：通过此按钮可选择要操作的块。单击该按钮，AutoCAD 切换到绘图窗口，并提示“选择块”，用户选择块后，AutoCAD 又返回【块属性管理器】对话框。

- 【块】下拉列表：用户也可通过此下拉列表选择要操作的块。该列表显示当前图形中所有具有属性的图块名称。

- 同步(Y)：用户修改某一属性定义后，单击此按钮，将更新所有块对象中的属性定义。
- 上移(U)：在属性列表中选中一个属性行，单击此按钮，则该属性行向上移动一行。
- 下移(D)：在属性列表中选中一个属性行，单击此按钮，则该属性行向下移动一行。
- 删除(R)：用于删除属性列表中被选中的属性定义。
- 编辑(E)...：单击此按钮，打开【编辑属性】对话框。该对话框有 3 个选项卡：【属性】【文字选项】和【特性】，这些选项卡的功能与【增强属性管理器】对话框中同名选项卡的功能类似，这里不再介绍。
- 设置(S)...：单击此按钮，弹出【块属性设置】对话框，如图 11-35 所示。在该对话框中，用户可以设置在【块属性管理器】对话框的属性列表中显示哪些内容。

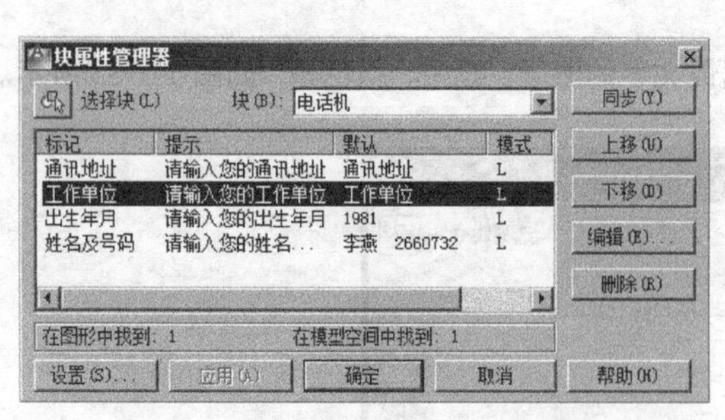

图 11-34 【块属性管理器】对话框

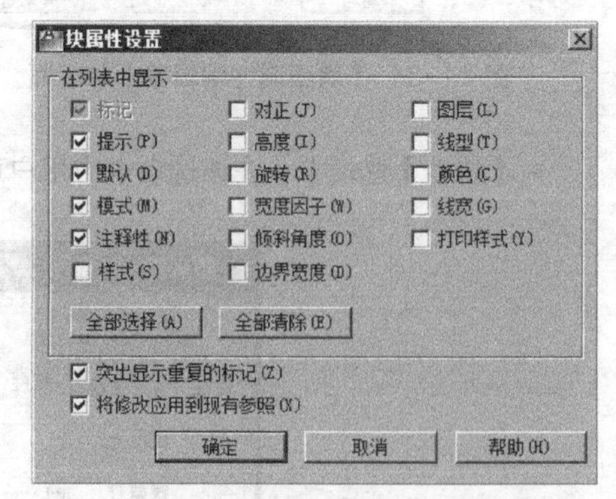

图 11-35 【块属性设置】对话框

11.2.5 创建建筑图例库

建筑图例库包含了建筑图中常用的图例，如门、窗、室内家具等，这些图例以块的形式保存在图形文件中。在绘制建筑图时，用户可以通过设计中心或【工具选项板】插入图例库中的图块。图例块一般都被绘制在 1×1 的正方形中，插入时可以很方便地确定块的缩放比例。也可将图例块创建成动态块，这样可在插入图块后利用关键点编辑方式或 PROPERTIES 命令修改图块的尺寸。

【练习 11-8】 利用符号块绘制电路图。

1. 打开素材文件“dwg\第 11 章\11-8.dwg”。

2. 将图中的 3 个电气符号创建成图块，插入点分别设定在 A、B、C 点处，如图 11-36 所示。注意，这 3 个符号的高度都为 1。这样做的原因是当使用块时，用户能更方便地控制块的缩放比例。

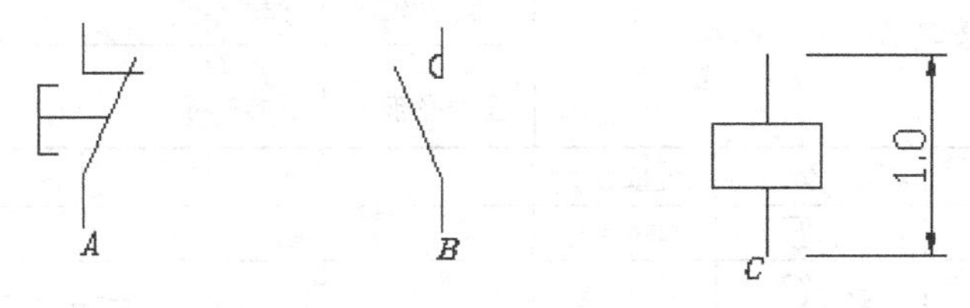

图 11-36 创建符号块

3. 在要放置符号的位置绘制矩形，矩形高度为 5，如图 11-37 所示。修剪及删除多余线条，结果如图 11-38 所示。

4. 插入电气符号块，块的缩放比例为 5，如图 11-39 所示。

5. 用 TEXT 命令书写文字，字高为 2.5，宽度比例因子为 0.8，字体为宋体，如图 11-40 所示。

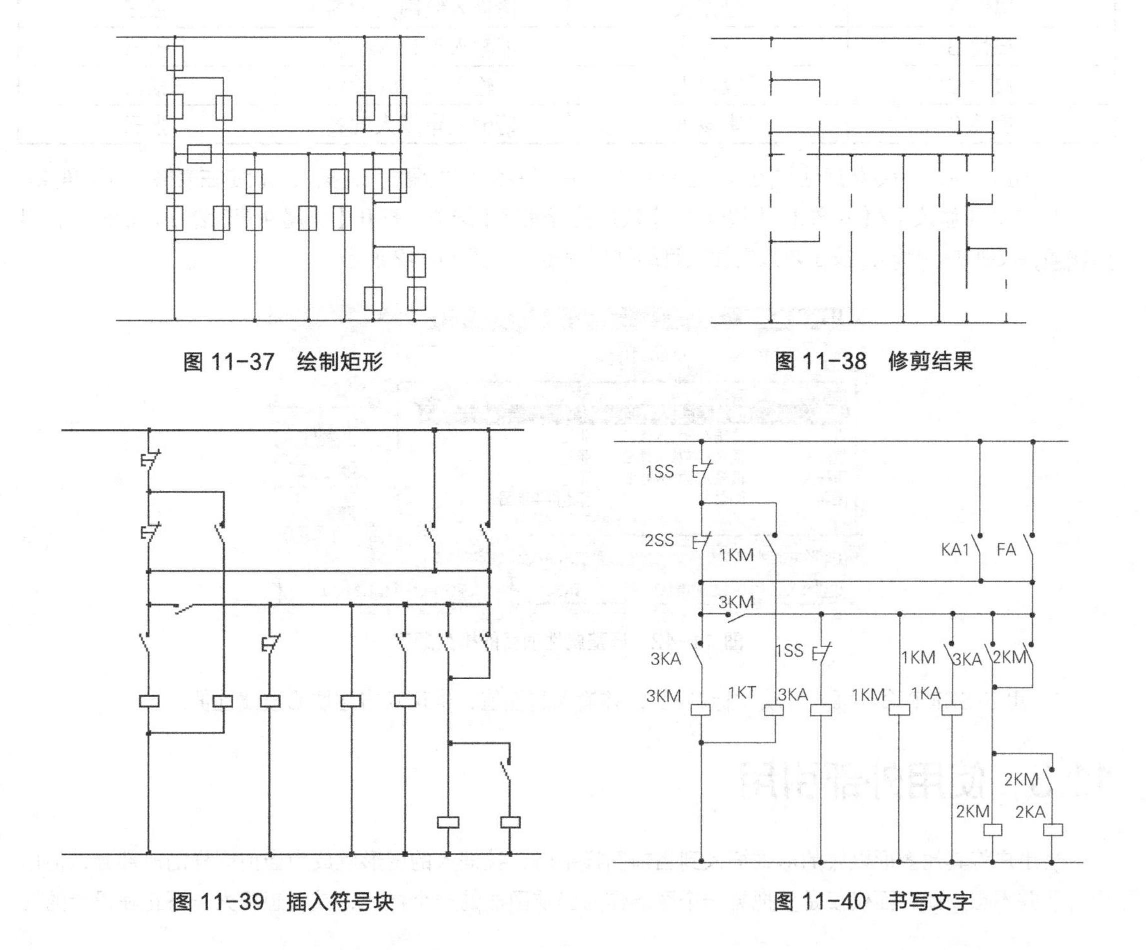

图 11-37 绘制矩形

图 11-38 修剪结果

图 11-39 插入符号块

图 11-40 书写文字

11.2.6 上机练习——创建带属性的标题栏块

【练习 11-9】 创建标题栏块，该块中要填写的文字项目为块属性。

1. 打开素材文件“dwg\第 11 章\11-9.dwg”，创建属性项 *A*、*B*、*C*、*D*，如图 11-41 所示。属性包含的内容如表 11-4 所示，属性项字高为 3.5，字体为“gbcbig.shx”。

<table>
<tr><td colspan="3" rowspan="2">图名</td><td>建设单位</td><td colspan="3">建设单位</td></tr>
<tr><td>工程名称</td><td colspan="3">工程名称</td></tr>
<tr><td>绘　图</td><td>绘图人 /A</td><td>项目负责人</td><td></td><td>比　例</td><td></td><td>图　别</td></tr>
<tr><td>设　计</td><td>设计人 /B</td><td>工程负责人</td><td></td><td>图　号</td><td colspan="2"></td></tr>
<tr><td>校　对</td><td>校对人 /C</td><td>审　定</td><td></td><td colspan="3" rowspan="2">×××市建筑设计院</td></tr>
<tr><td>审　核</td><td>审核人 /D</td><td>日　期</td><td></td></tr>
</table>

图 11-41　画表格

表 11-1　各属性项包含的内容

项目	标记	提示	值
属性 A	绘图人	请输入绘图人姓名	张三
属性 B	设计人	请输入设计人姓名	张三
属性 C	校对人	请输入校对人姓名	张三
属性 D	审核人	请输入审核人姓名	张三

2. 用 BLOCK 命令将属性与图形一起定制成图块，块名为“标题栏”，插入点设定在表格的右下角点。

3. 单击【修改】/【对象】/【属性】/【块属性管理器】选项，打开【块属性管理器】对话框，利用 下移(D) 按钮或 上移(U) 按钮调整属性项目的排列顺序，如图 11-42 所示。

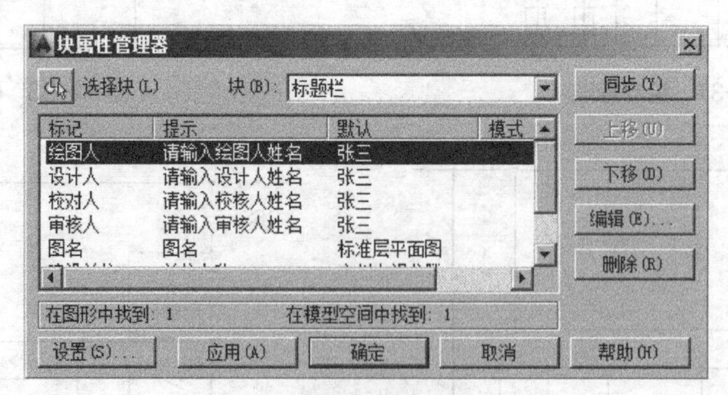

图 11-42　调整属性项目的排列顺序

4. 用 INSERT 命令插入图块“标题栏”，并输入属性值，也可双击图块修改属性值。

11.3 使用外部引用

当用户将其他图形以块的形式插入到当前图样中时，被插入的图形就成为当前图样的一部分，但用户可能并不想如此，而仅仅是要把另一个图形作为当前图形的一个样例，或者想观察一下正在设计的模型与相关的其他模型是否匹配，此时就可通过外部引用（也被称为 Xref）将其他图形文件放置到当前图形中。

Xref 使用户能方便地在自己的图形中以引用的方式看到其他图样，被引用的图并不成为当前图样的一部分，当前图形中仅记录了外部引用文件的位置和名称。虽然如此，用户仍然可以控制被引用图形层的可见性，并能进行对象捕捉。

利用 Xref 获得其他图形文件比插入文件块有更多的优点。

（1）由于外部引用的图形并不是当前图样的一部分，因而利用 Xref 组合的图样比通过文件块构成的图样要小。

（2）每当 AutoCAD 装载图样时，都将加载最新的 Xref 版本。因此，若外部图形文件有所改动，则用户装入的引用图形也将跟随着变动。

（3）利用外部引用将有利于几个人共同完成一个设计项目，因为 Xref 使设计者之间可以容易地查看对方的设计图样，从而协调设计内容。另外，Xref 也使设计人员同时使用相同的图形文件进行分工设计。例如，一个建筑设计小组的所有成员通过外部引用就能同时参照建筑物的结构平面图，然后分别开展电路、管道等方面的设计工作。

11.3.1 引用外部图形

命令启动方法

- 菜单命令：【插入】/【DWG 参照】。
- 面板：【插入】选项卡中【参照】面板上的按钮。
- 命令：XATTACH 或简写 XA。

【练习 11-10】 练习 XATTACH 命令的使用。

1. 创建一个新的图形文件。

2. 单击【插入】选项卡中【参照】面板上的按钮，启动 XATTACH 命令，打开【附着参照文件】对话框，通过此对话框选择文件“dwg\第 11 章\11-10-A.dwg”，再单击打开(O)按钮，弹出【附着外部参照】对话框，如图 11-43 所示。

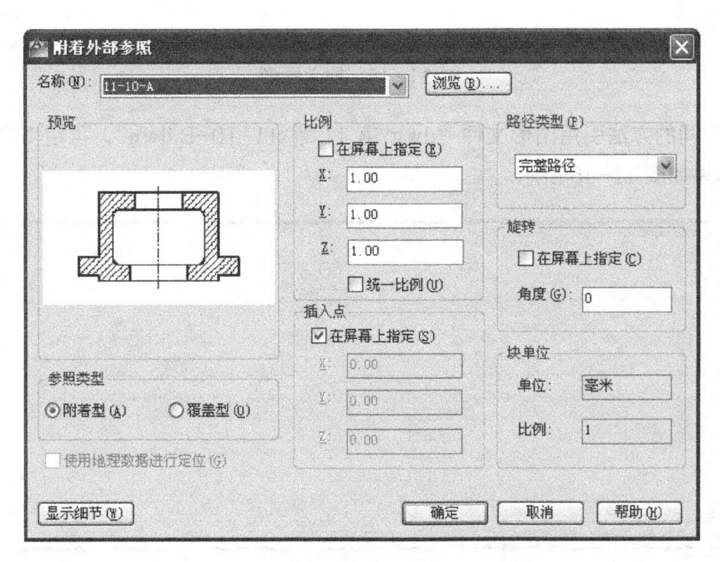

图 11-43 【附着外部参照】对话框

【附着参照文件】对话框中常用选项的功能如下。

- 名称：该下拉列表显示了当前图形中包含的外部参照文件的名称。用户可在列表中直接选取文件，或单击 浏览(B)... 按钮查找其他的参照文件。
- 附着型：图形文件 *A* 嵌套了其他的 Xref，而这些文件是以“附着型”方式被引用的，则当新文件引用图形 *A* 时，用户不仅可以看到图形 *A* 本身，还能看到图形 *A* 中嵌套的 Xref。附加方式的 Xref 不能循环嵌套，即如果图形 *A* 引用了图形 *B*，而图形 *B* 又引用了图形 *C*，则图形 *C* 不能再引用图形 *A*。
- 覆盖型：图形 *A* 中有多层嵌套的 Xref，但它们均以“覆盖型”方式被引用。当其他图形引用图形 *A* 时，就只能看到图形 *A* 本身，而其包含的任何 Xref 都不会被显示出来。覆盖方式的 Xref 可以循环引用，这使设计人员可以灵活地查看其他任何图形文件，而无须为图形之间的嵌套关系担忧。
- 插入点：可在此分组框中指定外部参照文件的插入基点，可直接在【X】【Y】和【Z】文本框中输入插入点的坐标，或选中【在屏幕上指定】复选项，然后在屏幕上指定。
- 比例：可在此分组框中指定外部参照文件的缩放比例，可直接在【X】【Y】【Z】文本框中输入沿这 3 个方向的比例因子，或者选中【在屏幕上指定】复选项，然后在屏幕上指定。
- 旋转：用于确定外部参照文件的旋转角度，可直接在【角度】文本框中输入角度值，或者选中【在屏幕上指定】复选项，然后在屏幕上指定。

3. 单击 确定 按钮，再按 AutoCAD 提示指定文件的插入点，移动及缩放视图，结果如图 11-44 所示。

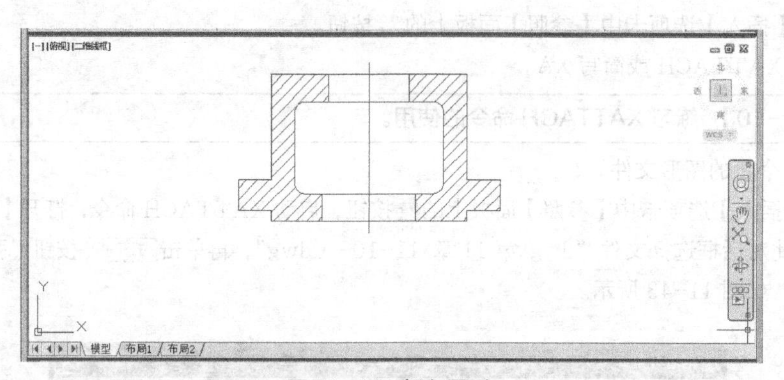

图 11-44　插入图形

4. 用与上述相同的方法引用图形文件“dwg\第 11 章\11-10-B.dwg”，再用 MOVE 命令把两个图形组合在一起，结果如图 11-45 所示。

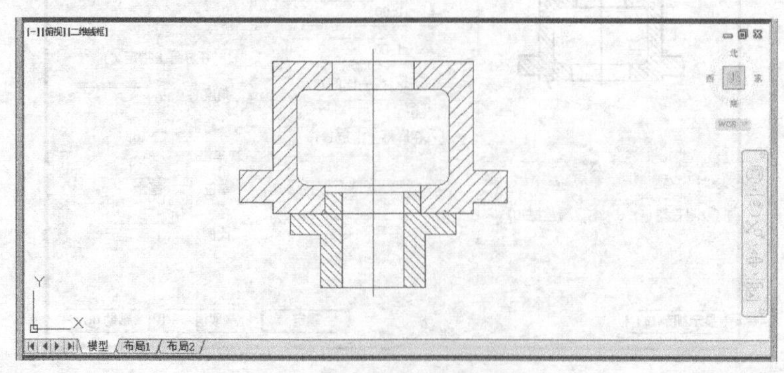

图 11-45　插入并组合图形

11.3.2 更新外部引用文件

当被引用的图形进行了修改后，AutoCAD 并不自动更新当前图样中的 Xref 图形，用户必须重新加载以更新它。启动 Xref 命令，打开【外部参照】对话框中，用户可以选择一个引用文件或者同时选取几个文件，然后单击鼠标右键，选取【重载】命令，以加载外部图形，如图 11-46 所示。由于可以随时进行更新，因此用户在设计过程中能及时获得最新的 Xref 文件。

命令启动方法

- 菜单命令：【插入】/【外部参照】。
- 面板：【插入】选项卡中【参照】面板右下角的按钮。
- 命令：XREF 或简写 XR。

继续前面的练习，下面修改引用图形，然后在当前图形中更新它。

1. 打开素材文件“dwg\第 11 章\11-10-A.dwg”，用 STRETCH 命令将零件下部配合孔的直径尺寸增加 4，保存图形。

2. 切换到新图形文件。单击【插入】选项卡中【参照】面板右下角的按钮，打开【外部参照】对话框，如图 11-46 所示。在该对话框的文件列表框中选中“11-10-A.dwg”文件后，单击鼠标右键，弹出快捷菜单，选择【重载】命令以加载外部图形。

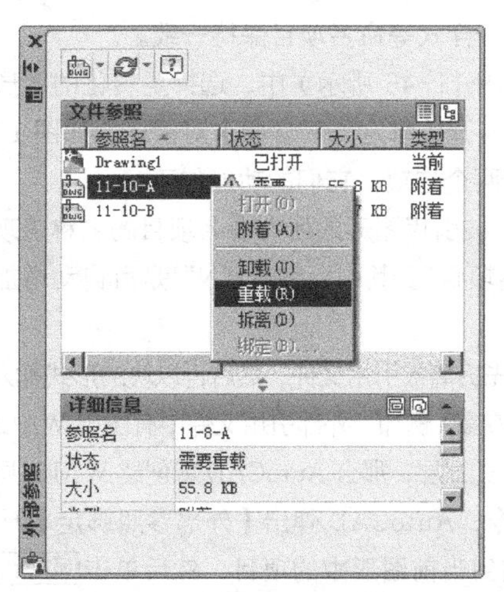

图 11-46 【外部参照】对话框

【外部参照】对话框中常用选项的功能如下。

- ：单击此按钮，AutoCAD 弹出【选择参照文件】对话框，用户通过该对话框选择要插入的图形文件。
- 附着（快捷菜单命令，以下都是）：选择此命令，AutoCAD 弹出【外部参照】对话框，用户通过此对话框选择要插入的图形文件。
- 卸载：暂时移走当前图形中的某个外部参照文件，但在列表框中仍保留该文件的路径。
- 重载：在不退出当前图形文件的情况下更新外部引用文件。
- 拆离：将某个外部参照文件去除。
- 绑定：将外部参照文件永久地插入当前图形中，使之成为当前文件的一部分，详细内容见 11.3.3 小节。

3. 重新加载外部图形后，结果如图 11-47 所示。

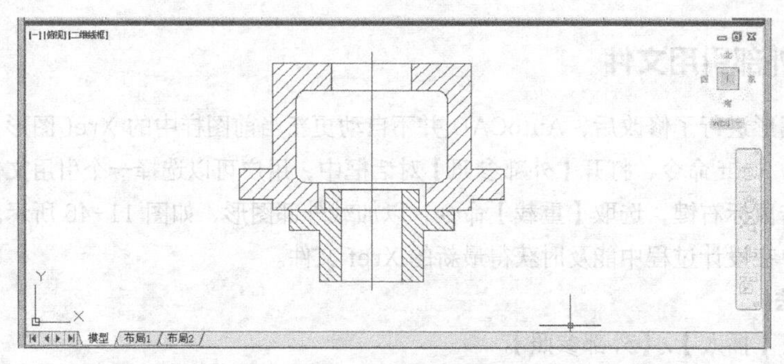

图 11-47　重新加载图形

11.3.3　转化外部引用文件的内容为当前图样的一部分

由于被引用的图形本身并不是当前图形的内容，因此被引用图形的命名项目（如图层、文本样式、尺寸标注样式等）都以特有的格式表示出来。Xref 的命名项目表示形式为“Xref 名称|命名项目”，通过这种方式，AutoCAD 将被引用文件的命名项目与当前图形的命名项目区别开来。

用户可以把外部引用文件转化为当前图形的内容，转化后 Xref 就变为图样中的一个图块，另外，也能把被引用图形的命名项目（如图层、文字样式等）转变为当前图形的一部分。通过这种方法，用户可以轻易地使所有图纸的图层、文字样式等命名项目保持一致。

在【外部参照】对话框（如图 11-46 所示）中，选择要转化的图形文件，然后单击鼠标右键，弹出快捷菜单，选取【绑定】命令，打开【绑定外部参照】对话框，如图 11-48 所示。

【绑定外部参照】对话框中有两个选项，它们的功能如下。

- 绑定：选中该单选项时，被引用图形的所有命名项目的名称表现形式由“Xref 名称|命名项目”变为“Xref 名称N命名项目”。其中，字母“N”是可自动增加的整数，以避免与当前图样中的项目名称重复。
- 插入：使用该选项类似于先拆离被引用文件，然后再以块的形式插入外部文件。当合并外部图形后，命名项目的名称前不加任何前缀。例如，外部引用文件中有图层 WALL，当利用【插入】选项转化外部图形时，若当前图形中无 WALL 层，那么 AutoCAD 就创建 WALL 层，否则继续使用原来的 WALL 层。

在命令行上输入 XBIND 命令，AutoCAD 弹出【外部参照绑定】对话框，如图 11-49 所示。在该对话框左边的列表框中选择要添加到当前图形中的项目，然后单击 添加(A) -> 按钮，把命名项加入到【绑定定义】列表框中，再单击 确定 按钮完成操作。

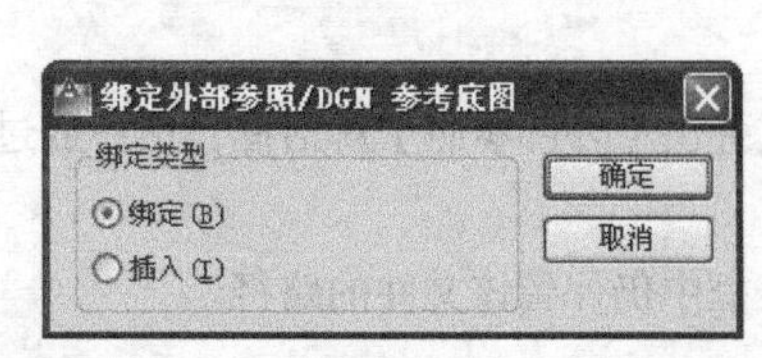

图 11-48 【绑定外部参照】对话框

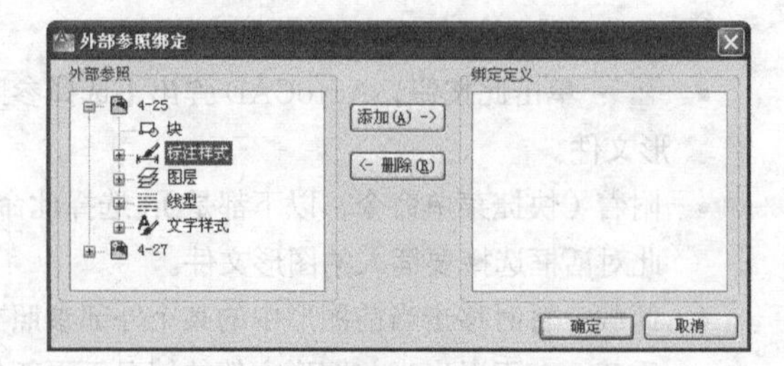

图 11-49 【外部参照绑定】对话框

要点提示　用户可以通过 Xref 连接一系列的库文件，如果想要使用库文件中的内容，就用 XBIND 命令将库文件中的有关项目（如尺寸样式、图块等）转化成当前图样的一部分。

11.4 AutoCAD【设计中心】

【设计中心】为用户提供了一种直观、高效且与 Windows 资源管理器相似的操作界面。通过它，用户可以很容易地查找和组织本地局域网络或 Internet 上存储的图形文件，同时还能方便地利用其他图形资源及图形文件中的块、文本样式和尺寸样式等内容。此外，如果用户打开多个文件，还能通过【设计中心】进行有效地管理。

对于 AutoCAD【设计中心】，其主要功能可以具体地概括成以下几点。

（1）从本地磁盘、网络甚至 Internet 上浏览图形文件内容，并可通过【设计中心】打开文件。

（2）通过【设计中心】可以将某一图形文件中包含的块、图层、文本样式和尺寸样式等信息展示出来，它也提供预览的功能。

（3）利用拖放操作可以将一个图形文件或块、图层和文字样式等插入到另一图形中使用。

（4）可以快速查找存储在其他位置的图样、图块、文字样式、标注样式和图层等信息。搜索完成后，可将结果加载到【设计中心】或直接拖入当前图形中使用。

下面提供几个练习让读者了解【设计中心】的使用方法。

11.4.1 浏览及打开图形

【练习 11-11】 利用【设计中心】查看及打开图形。

1. 单击【视图】选项卡中【选项板】面板上的按钮，打开【设计中心】对话框，如图 11-50 所示。该对话框中包含以下 3 个选项卡。

- 文件夹：显示本地计算机及网上邻居的信息资源，与 Windows 资源管理器类似。
- 打开的图形：列出当前 AutoCAD 中所有被打开的图形文件。单击文件名前的图标“⊞”,【设计中心】即列出该图形所包含的命名项目，如图层、文字样式和图块等。
- 历史记录：显示最近访问过的图形文件，包括文件的完整路径。

2. 查找“AutoCAD 2012-Simplified Chinese”子目录，选中子目录中的“Sample”文件夹并将其展开，再选中目录中的“Database Connectivity”文件夹并将其展开。单击对话框顶部的按钮，选择【大图标】,【设计中心】在右边的窗口中显示文件夹中图形文件的小型图片，如图 11-50 所示。

3. 选中“db_samp.dwg”图形文件的小型图标，【文件夹】选项卡下部则显示出相应的预览图片及文件路径，如图 11-50 所示。

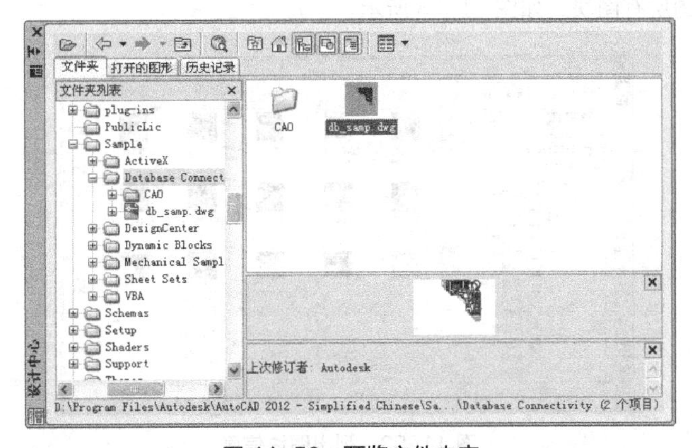

图 11-50 预览文件内容

4. 单击鼠标右键，弹出快捷菜单，如图 11-51 所示，选取【在应用程序窗口中打开】命令，就可打开此文件。

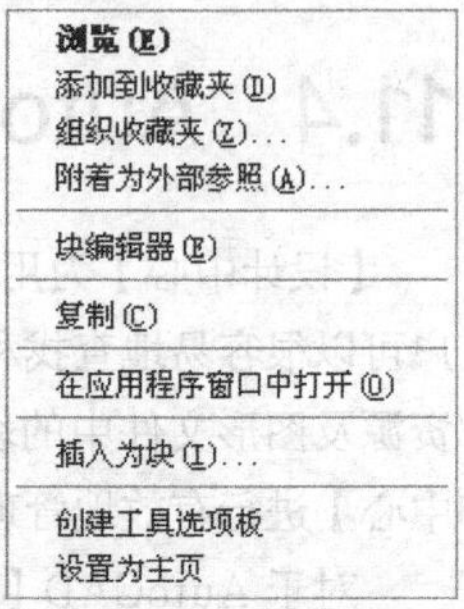

浏览(E)
添加到收藏夹(D)
组织收藏夹(Z)...
附着为外部参照(A)...
块编辑器(E)
复制(C)
在应用程序窗口中打开(O)
插入为块(I)...
创建工具选项板
设置为主页

图 11-51 快捷菜单

快捷菜单中其他常用选项的功能如下。

- 浏览：列出文件中块、图层和文本样式等命名项目。
- 添加到收藏夹：在收藏夹中创建图形文件的快捷方式，当用户单击【设计中心】的按钮时，能快速找到这个文件的快捷图标。
- 附着为外部参照：以附加或覆盖方式引用外部图形。
- 插入为块：将图形文件以块的形式插入到当前图样中。
- 创建工具选项板：创建以文件名命名的【工具选项板】，该选项板包含图形文件中的所有图块。

11.4.2 将图形文件的块、图层等对象插入到当前图形中

【练习 11-12】 利用【设计中心】插入图块、图层等对象。

1. 打开【设计中心】，查找“AutoCAD 2012-Simplified Chinese”子目录，选中子目录中的“Sample”文件夹并将其展开，再选中目录中的“Database Connectivity”文件夹并展开它。

2. 选中“db_samp.dwg”文件，则【设计中心】在右边的窗口中列出图层、图块和文字样式等项目，如图 11-52 所示。

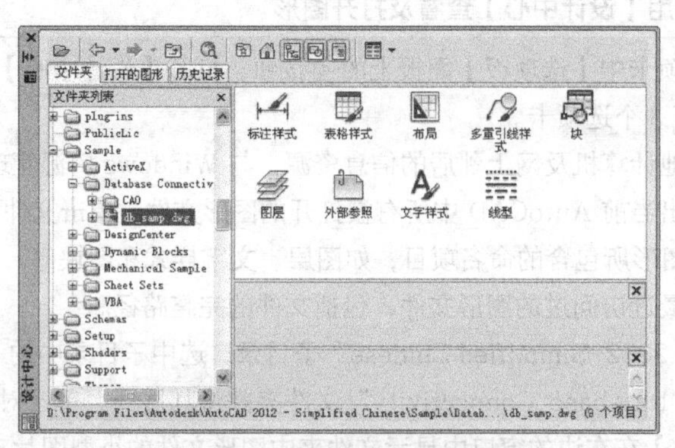

图 11-52 显示图层、图块等项目

3. 若要显示图形中块的详细信息，就选中【块】，然后单击鼠标右键，选择【浏览】命令，则【设计中心】列出图形中的所有图块，如图 11-53 所示。

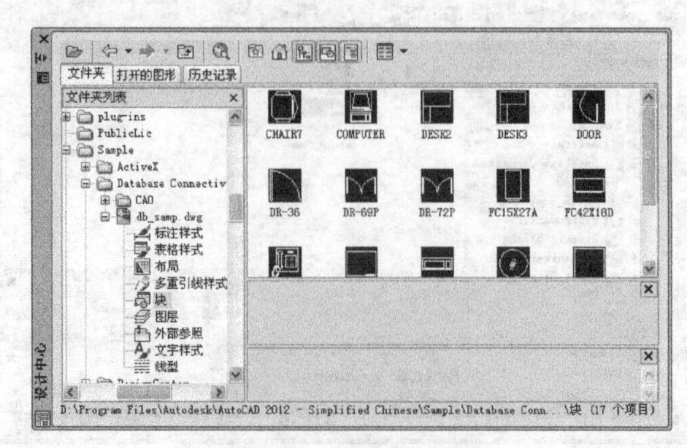

图 11-53 列出图块信息

4. 选中某一图块，单击鼠标右键，弹出快捷菜单，选取【插入块】命令，就可将此图块插入到当前图形中。

5. 用与上述类似的方法可将图层、标注样式和文字样式等项目插入到当前图形中。

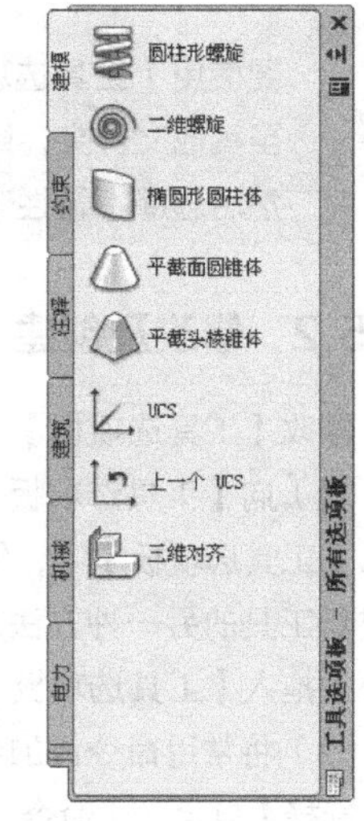

图 11-54 【工具选项板】窗口

11.5 【工具选项板】窗口

【工具选项板】窗口包含一系列工具选项板，这些选项板以选项卡的形式布置在选项板窗口中，如图 11-54 所示。选项板中包含图块、填充图案等对象，这些对象常被称为工具。用户可以从工具板中直接将某个工具拖入到当前图形中（或单击工具以启动它），也可以将新建图块、填充图案等放入【工具选项板】中，还能把整个【工具选项板】输出，或者创建新的【工具选项板】。总之，【工具选项板】窗口提供了组织、共享图块及填充图案的有效方法。

11.5.1 利用【工具选项板】窗口插入图块及图案

命令启动方法

- 菜单命令：【工具】/【选项板】/【工具选项板】。
- 面板：【视图】选项卡中【选项板】面板上的▦按钮。
- 命令：TOOLPALETTES 或简写 TP。

启动 TOOLPALETTES 命令，打开【工具选项板】窗口。当需要向图形中添加块或填充图案时，可直接单击工具启动它或是将其从【工具选项板】窗口上拖入当前图形中。

【练习 11-13】 从【工具选项板】窗口中插入块。

1. 打开素材文件“dwg\第 11 章\11-13.dwg”。

2. 单击【视图】选项卡中【选项板】面板上的▦按钮，打开【工具选项板】窗口，再单击【建筑】选项卡，显示【建筑】工具板，如图 11-55 右图所示。

3. 单击工具板中的【门-公制】工具，再指定插入点，将门插入图形中，结果如图 11-55 左图所示。

4. 用 ROTATE 命令调整门的方向，再用关键点编辑方式改变门的大小及开启角度，结果如图 11-56 所示。

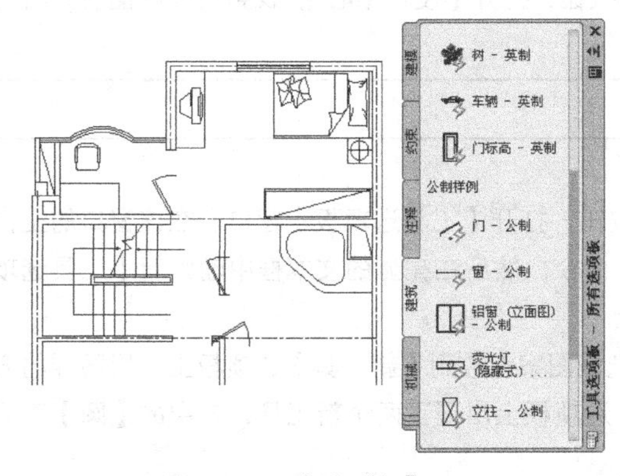

图 11-55 插入“门”

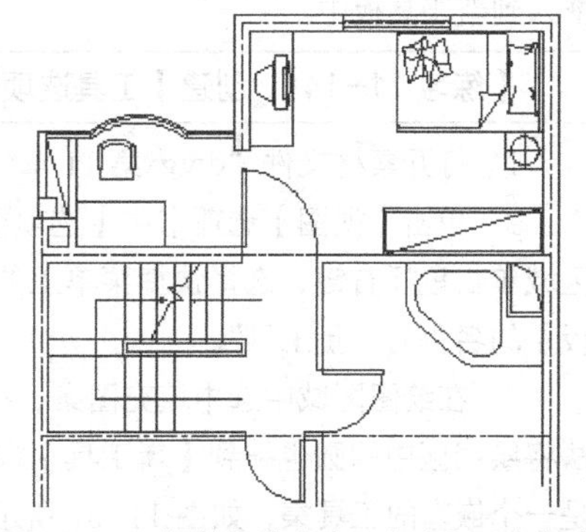
图 11-56 调整门的方向、大小和开启角度

要点提示 要使用【工具选项板】上的块工具，源图形文件必须始终处于可用状态。如果源图形文件移至其他文件夹，则必须对块工具的源文件特性进行修改。方法是，在块工具上单击鼠标右键，然后选择【特性】命令，打开【工具特性】对话框，在该对话框中指定新的源文件位置。

11.5.2 修改及创建【工具选项板】

修改【工具选项板】一般包含以下几方面内容。

（1）向【工具选项板】中添加新工具。从绘图窗口将直线、圆、尺寸标注、文字及填充图案等对象拖入【工具选项板】中，创建相应的新工具。用户可使用该工具快速生成与原始对象特性相同的新对象。生成新工具的另一种方法是，先利用【设计中心】显示某一图形中的块及填充图案，然后将其从【设计中心】拖入【工具选项板】中。

（2）将常用命令添加到【工具选项板】中。在【工具选项板】的空白处单击鼠标右键，弹出快捷菜单，选择【自定义】命令，打开【自定义】对话框。此时，按住鼠标左键将工具栏上的命令按钮拖至【工具选项板】上，在【工具选项板】上就创建了相应的命令工具。

（3）将一个选项板中的工具移动或复制到另一个选项板中。在【工具选项板】中选中一个工具，单击鼠标右键，弹出快捷菜单，利用【复制】或【剪切】命令复制该工具，然后切换到另一个工具选项板，单击鼠标右键，弹出快捷菜单，选择【粘帖】命令，添加该工具。

（4）修改【工具选项板】某一个工具的插入特性及图案特性，例如，可以事先设定块插入时的缩放比例或填充图案的角度和比例。在要修改的工具上单击鼠标右键，弹出快捷菜单，选择【特性】命令，打开【工具特性】对话框。该对话框列出了工具的插入特性及基本特性，用户可选择某一特性进行修改。

（5）从【工具选项板】中删除工具。在【工具选项板】中的一个工具上单击鼠标右键，弹出快捷菜单，选择【删除】命令，即删除此工具。

创建新【工具选项板】的方法如下。

（1）使鼠标光标位于【工具选项板】窗口，单击鼠标右键，弹出快捷菜单，选择【新建选项板】命令。

（2）从绘图窗口将直线、圆、尺寸标注、文字和填充图案等对象拖入【工具选项板】中，以创建新工具。

（3）在【工具选项板】的空白处单击鼠标右键，弹出快捷菜单，选择【自定义命令】命令，打开【自定义用户界面】对话框。此时，按住鼠标左键将对话框的命令按钮拖至【工具选项板】上，在【工具选项板】上就创建了相应的命令工具。

（4）单击【视图】选项卡中【选项板】面板上的按钮，打开【设计中心】，找到所需的图块，将其拖入到新工具板中。

【练习 11-14】 创建【工具选项板】。

1. 打开素材文件“dwg\第 11 章\11-14.dwg”。

2. 单击【视图】选项卡中【选项板】面板上的按钮，打开【工具选项板】窗口。在该窗口的空白区域单击鼠标右键，选择快捷菜单上的【新建选项板】命令，然后在亮显的文本框中输入新【工具选项板】的名称为“新工具”。

3. 在绘图区域中选中填充图案，按住鼠标左键，把该图案拖放到【新工具】选项板上。用同样的方法将绘图区中的圆也拖到【新工具】选项板上。此时，选项板上出现了两个新工具，其中的【圆】工具是一个嵌套的工具集，如图 11-57 所示。

4. 在【新工具】选项板的【ANSI31】工具上单击鼠标右键，然后在快捷菜单上选择【特性】命令，打开【工具特性】对话框，在该对话框的【图层】下拉列表中选择“剖面层”选项，如图 11-58 所示。今后，当用“ANSI31”工具创建填充图案时，图案将位于剖面层上。

5. 在【新工具】选项板的空白区域中单击鼠标右键，弹出快捷菜单，选择【自定义命令】命令，打开【自定义用户界面】对话框。然后将鼠标光标移到按钮的上边，按住鼠标左键，将该按钮拖到【新工具】选项板上，则【工具选项板】上就出现阵列工具，如图 11-59 所示。

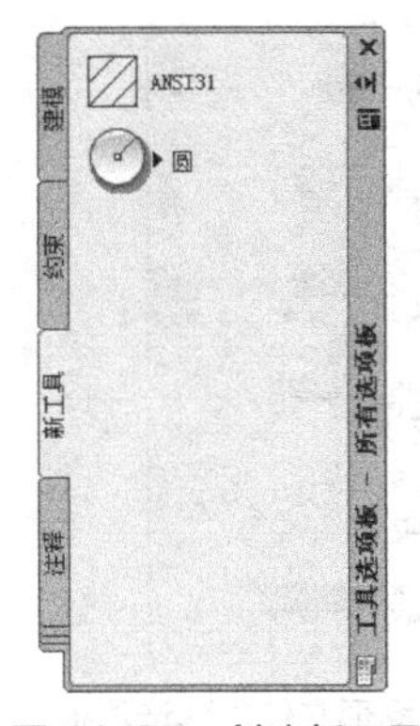

图 11-57 创建新工具

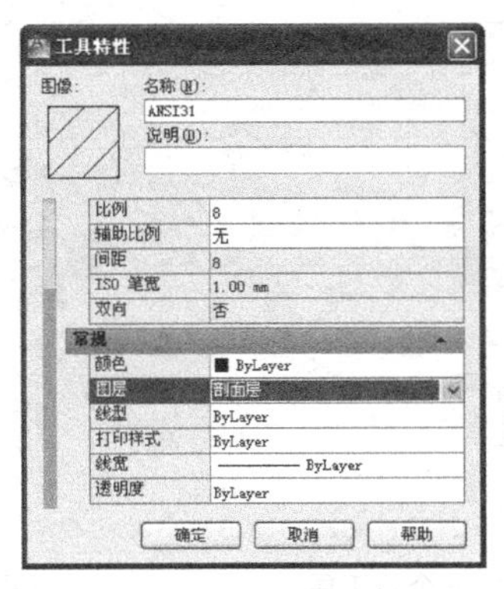

图 11-58 【工具特性】对话框

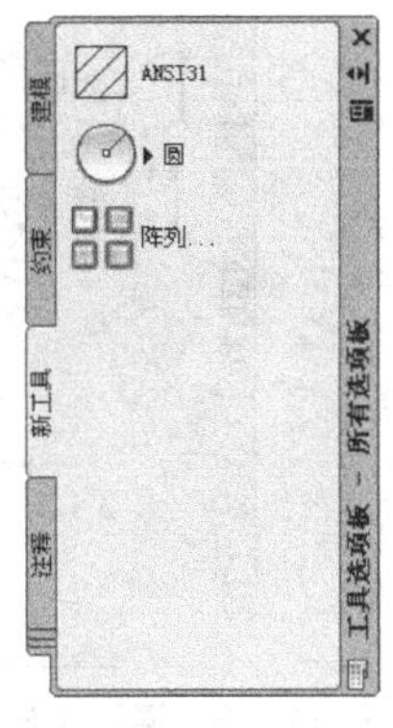

图 11-59 创建阵列工具

11.5.3 创建建筑图例【工具选项板】

建筑工程图中，经常使用图例表示建筑构件，如绿化图例、门窗图例及室内用具图例等。将这些图例创建成图块，并放入【工具选项板】中，就可以在需要的时候快速查找及插入图例。

【练习 11-15】 创建建筑图例【工具选项板】。

1. 打开素材文件“dwg\第 11 章\11-15.dwg”。

2. 单击【视图】选项卡【选项板】面板上的按钮，打开【工具选项板】窗口。在窗口的空白区域中单击鼠标右键，选择快捷菜单上的【新建选项板】选项，然后在亮显的文本框中输入新【工具选项板】的名称为“建筑图例”。

3. 在绘图区域中选中门的图块，按住鼠标左键，把该图块拖放到【建筑图例】选项板上，结果如图 11-60 所示。

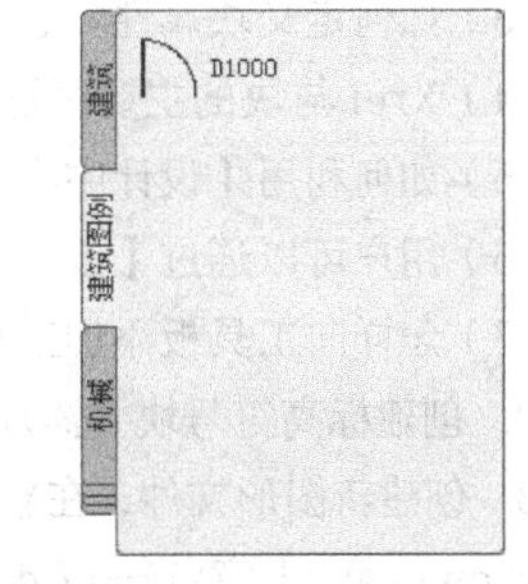

图 11-60 给选项板中添加“工具”

4. 打开【设计中心】对话框，在该对话框【文件夹】选项卡中找到素材文件文件“第 11 章\Home-Space Planner.dwg”。显示该文件所包含的图块，结果如图 11-61 所示。

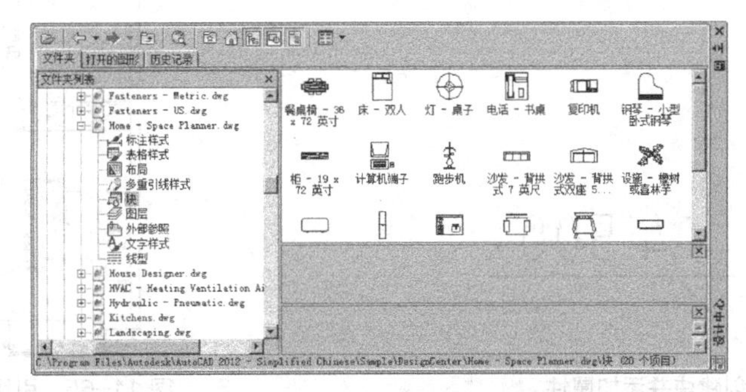

图 11-61 显示文件中包含的图块

5. 选中其中一个图块（例如床块），然后按住左键将其拖入【建筑图例】选项板中，则此图块将成为选项板中的一个新工具，如图 11-62 所示。

6. 在【设计中心】的【文件夹】选项卡中找到文件“第 11 章\House Designer.dwg”。选中该文件，单击右键，选择【创建工具选项板】选项，生成名为“House Designer”的新选项板，如图 11-63 所示。新选项板中包含了“House Designer.dwg”中的所有图块工具。

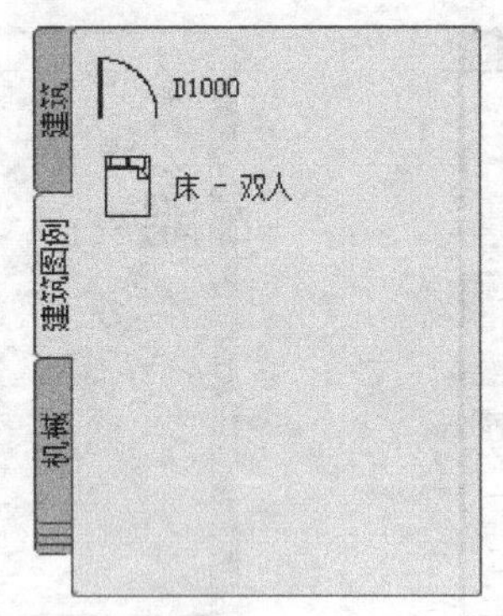

图 11-62 通过【设计中心】添加一个新工具

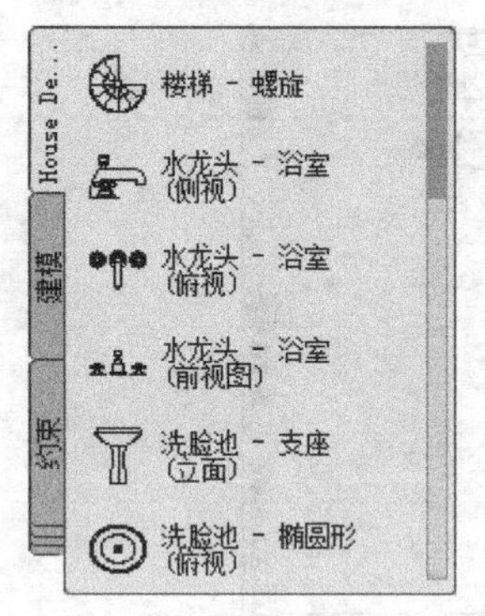

图 11-63 通过图形文件创建选项板

11.6 习题

1. 思考题。

（1）绘制工程图时，把重复使用的标准件定制成图块有何好处？

（2）定制符号块时，为什么常将块图形绘制在 1×1 的正方形中？

（3）如何定义块属性？它有何用途？

（4）Xref 与块的主要区别是什么？其用途有哪些？

（5）如何利用【设计中心】浏览及打开图形？

（6）用户可以通过【设计中心】列出图形文件中的哪些信息？如何在当前图样中使用这些信息？

（7）怎样向工具板添加工具或从其中删除工具？

2. 创建标高符号块并添加属性，如图 11-64 所示。

3. 创建新图形文件，在新图形中引用素材文件“dwg\第 11 章\11-16.dwg”，然后利用【设计中心】插入“dwg\第 11 章\11-17.dwg”中的图块，块名为“双人床”“电视”及“电脑桌”，结果如图 11-65 所示。

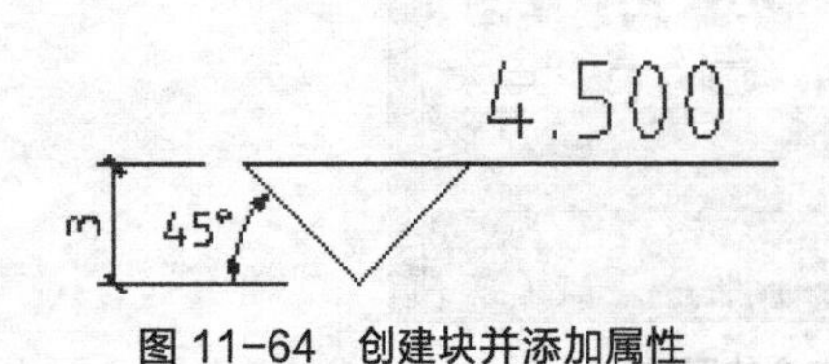

图 11-64 创建块并添加属性

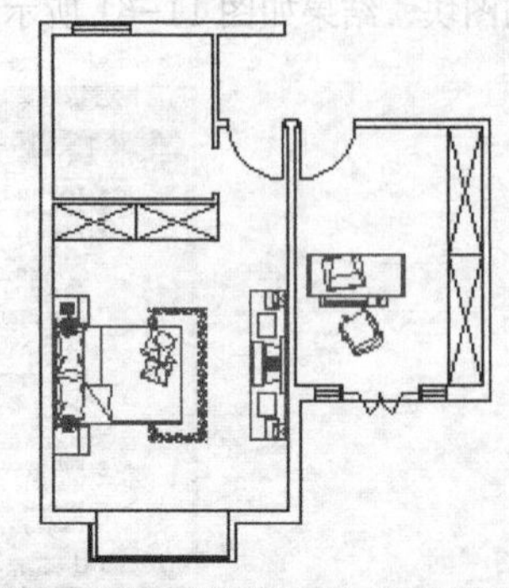

图 11-65 引用图形及插入图块

PART12

第12章 建筑施工图

■ 本章主要介绍用 AutoCAD 绘制建筑总平面图、平面图、立面图、剖面图和建筑详图的一般步骤及一些实用绘图技巧。

学习目标：

- 掌握绘制建筑总平面图的方法和技巧
- 掌握绘制建筑平面图的方法和技巧
- 掌握绘制建筑立面图的方法和技巧
- 掌握绘制建筑剖面图的方法和技巧
- 掌握绘制建筑详图的方法和技巧

12.1 画建筑总平面图

在设计和建造一幢房屋前，需要用一张总平面图说明建筑物的地点、位置、朝向及周围的环境等，总平面图显示了一项工程的整体布局。

建筑总平面图是一个水平投影图（俯视图）。绘制时，按照一定的比例在图纸上画出房屋轮廓线及其他设施水平投影的可见线，以表示建筑物和周围设施在一定范围内的总体布置情况，其图示的主要内容如下。

- 建筑物的位置和朝向。
- 室外场地、道路布置、绿化配置等的情况。
- 新建建筑物与相邻建筑物、周围环境的关系。

12.1.1 用 AutoCAD 绘制总平面图的步骤

绘制总平面图的主要步骤如下。

（1）将建筑物所在位置的地形图以块的形式插入到当前图形中，然后用 SCALE 命令缩放地形图，使其大小与实际地形尺寸相吻合。例如，若地形图上有一个代表长度为 10m 的线段，将地形图插入 AutoCAD 中后，启动 SCALE 命令，利用该命令的“参照（R）”选项将该线段由原始尺寸缩放到 10000（单位为 mm）个图形单位。

（2）绘制新建筑物周围的原有建筑、道路系统及绿化情况等。

（3）在地形图中绘制新建筑物轮廓。若已有该建筑物平面图，可将该平面图复制到总平面图中，删除不必要的线条，仅保留平面图的外形轮廓线即可。

（4）插入标准图框，并以绘图比例的倒数缩放图框。

（5）标注新建筑物的定位尺寸、室内地面标高及室外整平标高等。（标注为绘图比例的倒数）。

12.1.2 总平面图绘制实例

【练习 12-1】 绘制图 12-1 所示的建筑总平面图。绘图比例为 1∶500，采用 A3 幅面图框。

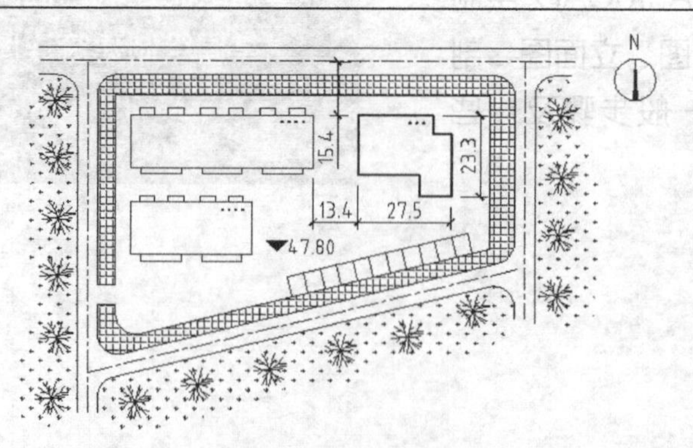

图 12-1 画总平面图

1. 创建以下图层。

名称	颜色	线型	线宽
总图-新建	白色	Continuous	0.7
总图-原有	白色	Continuous	默认

总图-道路	蓝色	Continuous	默认
总图-绿化	绿色	Continuous	默认
总图-车场	白色	Continuous	默认
总图-标注	白色	Continuous	默认

当创建不同种类的对象时，应切换到相应图层。

2. 设定绘图区域大小为 200000×200000，设置总体线型比例因子为 500（绘图比例的倒数）。

3. 打开极轴追踪、对象捕捉及捕捉追踪功能。设置极轴追踪角度增量为 90°；设定对象捕捉方式为端点、交点；设置仅沿正交方向进行捕捉追踪。

4. 用 XLINE 命令绘制水平及竖直作图基准线，然后利用 OFFSET、LINE、BREAK、FILLET 及 TRIM 等命令绘制道路及停车场，如图 12-2 所示。图中所有圆角半径为 6000。

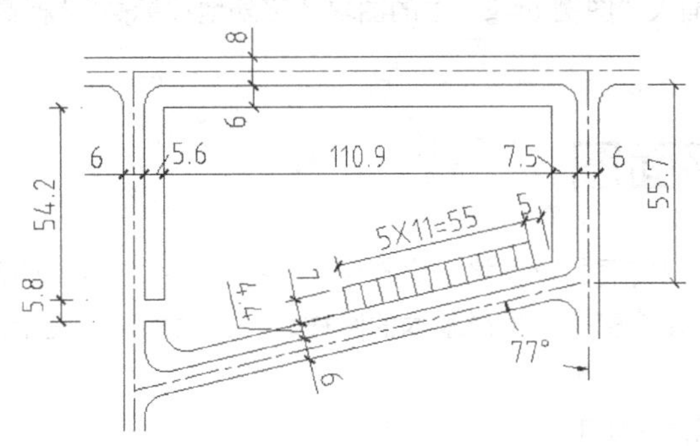

图 12-2　绘制道路及停车场

5. 用 OFFSET、TRIM 等命令绘制原有建筑及新建建筑，细节尺寸及结果如图 12-3 所示。用 DONUT 命令绘制表示建筑物层数的圆点，圆点直径为 1000。

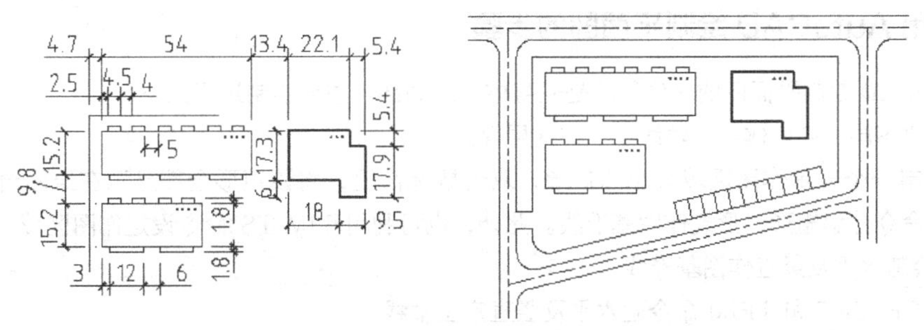

图 12-3　绘制原有建筑及新建建筑

6. 利用【设计中心】插入“图例.dwg”中的图块“树木”，再用 PLINE 命令绘制辅助线 *A*、*B*、*C*，然后填充剖面图案，图案名称为 GRASS 及 ANGLE，如图 12-4 所示。删除辅助线，结果如图 12-5 所示。

7. 打开素材文件“12-A3.dwg”，该文件包含一个 A3 幅面的图框。利用 Windows 的复制/粘贴功能将 A3 幅面图纸复制到总平面图中。用 SCALE 命令缩放图框，缩放比例为 500。把总平面图布置在图框中，如图 12-5 所示。

8. 标注尺寸。尺寸文字字高为 2.5，标注总体比例因子等于 500，尺寸数值比例因子为 0.001。

要点提示 当以 1∶500 比例打印图纸时，标注字高为 2.5，标注文本是以“米”为单位的数值。

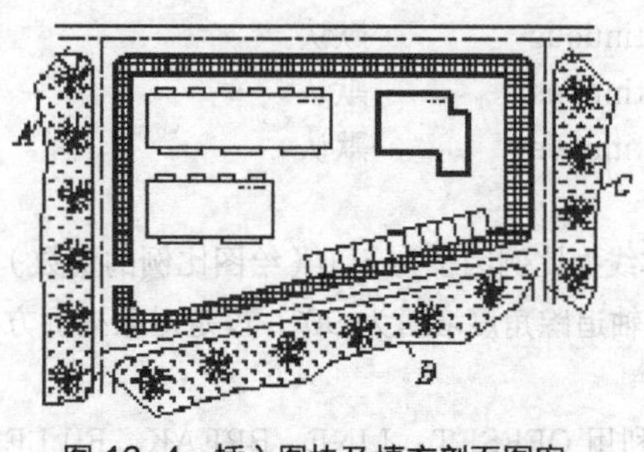

图 12-4　插入图块及填充剖面图案

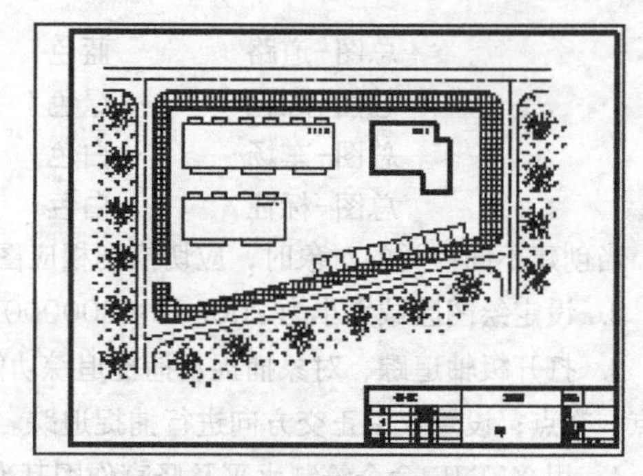

图 12-5　插入图框

9. 利用【设计中心】插入“图例.dwg”中的图块“室外地坪标高”“标高”及“指北针”，块的缩放比例因子为 500。

12.2　画建筑平面图

假想用一个剖切平面在门窗洞的位置将房屋剖切开，把剖切平面以下的部分进行正投影而形成的图样就是建筑平面图。该图是建筑施工图中最基本的图样之一，主要用于表示建筑物的平面形状以及沿水平方向的布置和组合关系等。

建筑平面图的主要图示内容如下。

- 房屋的平面形状、大小及房间的布局。
- 墙体、柱及墩的位置和尺寸。
- 门、窗及楼梯的位置和类型。

12.2.1　用 AutoCAD 绘制平面图的步骤

用 AutoCAD 绘制平面图的总体思路是先整体、后局部。主要绘制过程如下。

（1）创建图层，如墙体层、轴线层、柱网层等。

（2）绘制一个表示作图区域大小的矩形，双击鼠标滚轮，将该矩形全部显示在绘图窗口中。再用 EXPLODE 命令分解矩形，形成作图基准线。此外，也可利用 LIMITS 命令设定作图区域大小，然后用 LINE 命令绘制水平及竖直作图基准线。

（3）用 OFFSET 和 TRIM 命令画水平及竖直定位轴线。

（4）用 MLINE 命令画外墙体，形成平面图的大致形状。

（5）绘制内墙体。

（6）用 OFFSET 和 TRIM 命令在墙体上形成门窗洞口。

（7）绘制门窗、楼梯及其他局部细节。

（8）插入标准图框，并以绘图比例的倒数缩放图框。

（9）标注尺寸，尺寸标注总体比例为绘图比例的倒数。

（10）书写文字，文字字高为图纸上的实际字高与绘图比例倒数的乘积。

12.2.2　平面图绘制实例

【练习 12-2】 绘制建筑平面图，如图 12-6 所示。绘图比例 1：100，采用 A2 幅面图框。为使图形简洁，图中仅标出了总体尺寸、轴线间距尺寸及部分细节尺寸。

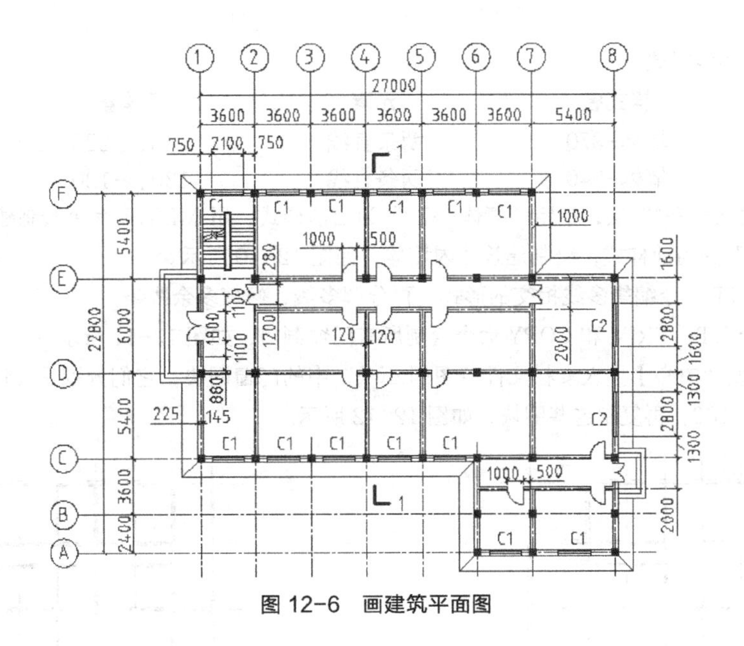

图 12-6　画建筑平面图

1. 创建以下图层。

名称	颜色	线型	线宽
建筑-轴线	蓝色	Center	默认
建筑-柱网	白色	Continuous	默认
建筑-墙体	白色	Continuous	0.7
建筑-门窗	红色	Continuous	默认
建筑-台阶及散水	红色	Continuous	默认
建筑-楼梯	红色	Continuous	默认
建筑-标注	白色	Continuous	默认

当创建不同种类的对象时，应切换到相应图层。

2. 设定绘图区域大小为 40000×40000，设置总体线型比例因子为 100（绘图比例的倒数）。

3. 打开极轴追踪、对象捕捉及捕捉追踪功能。设置极轴追踪角度增量为 90°；设定对象捕捉方式为端点、交点；设置仅沿正交方向进行捕捉追踪。

4. 用 LINE 命令绘制水平及竖直作图基准线，然后利用 OFFSET、BREAK 及 TRIM 等命令形成轴线，如图 12-7 所示。

5. 在屏幕的适当位置绘制柱的横截面图，尺寸如图 12-8 左图所示。先画一个正方形，再连接两条对角线，然后用“Solid”图案填充图形，如图 12-8 右图所示。正方形两条对角线的交点可作为柱截面的定位基准点。

6. 用 COPY 命令形成柱网，如图 12-9 所示。

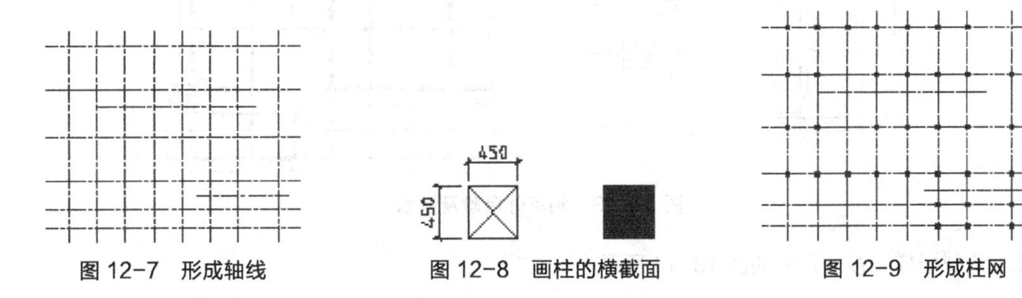

图 12-7　形成轴线　　图 12-8　画柱的横截面　　图 12-9　形成柱网

7. 创建两个多线样式。

样式名	元素	偏移量
墙体-370	两条直线	145、-225
墙体-240	两条直线	120、-120

8. 关闭“建筑-柱网”层，指定“墙体-370”为当前样式，用 MLINE 命令绘制建筑物外墙体。再设定“墙体-240”为当前样式，绘制建筑物内墙体，如图 12-10 所示。

9. 用 MLEDIT 命令编辑多线相交的形式，再分解多线，修剪多余线条。

10. 用 OFFSET、TRIM 和 COPY 命令绘制所有门窗洞口，如图 12-11 所示。

11. 利用【设计中心】插入素材文件“图例.dwg”中的门窗图块，它们分别是 M1000、M1200、M1800 及 C370×100，再复制这些图块，如图 12-12 所示。

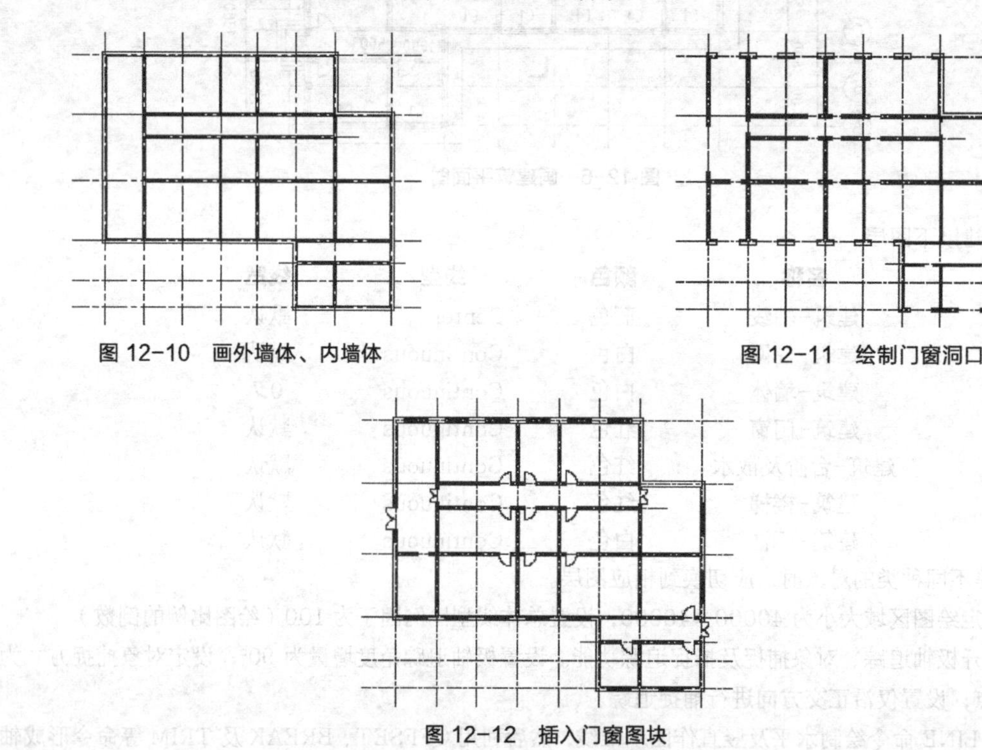

图 12-10 画外墙体、内墙体

图 12-11 绘制门窗洞口

图 12-12 插入门窗图块

12. 绘制室外台阶及散水，细节尺寸及结果如图 12-13 所示。

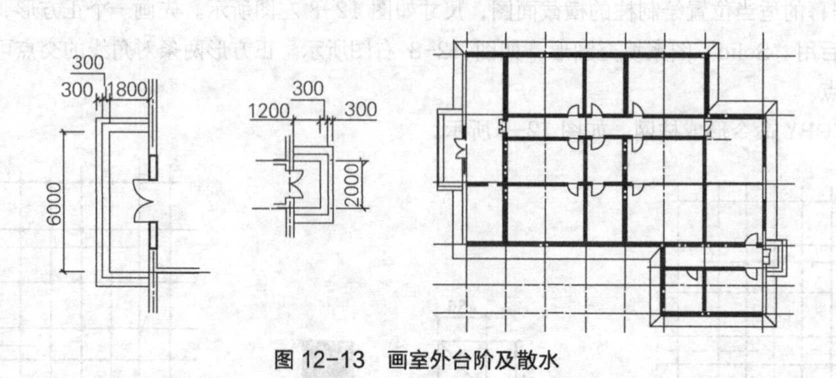

图 12-13 画室外台阶及散水

13. 绘制楼梯，楼梯尺寸如图 12-14 所示。

14. 打开素材文件“12-A2.dwg”，该文件包含一个A2幅面的图框。利用Windows的复制/粘贴功能将A2幅面图纸复制到平面图中。用SCALE命令缩放图框，缩放比例为100。然后，把平面图布置在图框中，如图12-15所示。

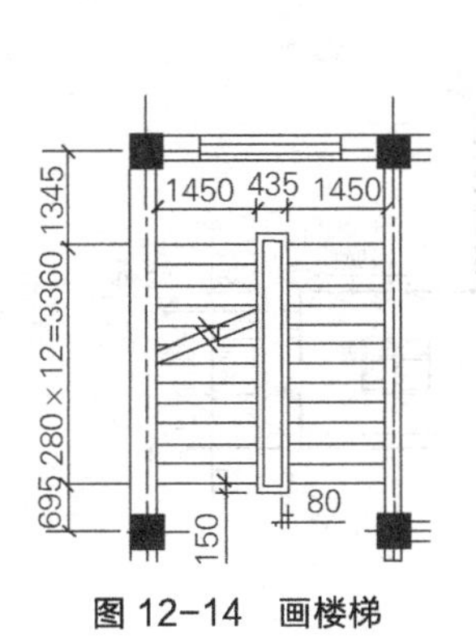

图12-14 画楼梯

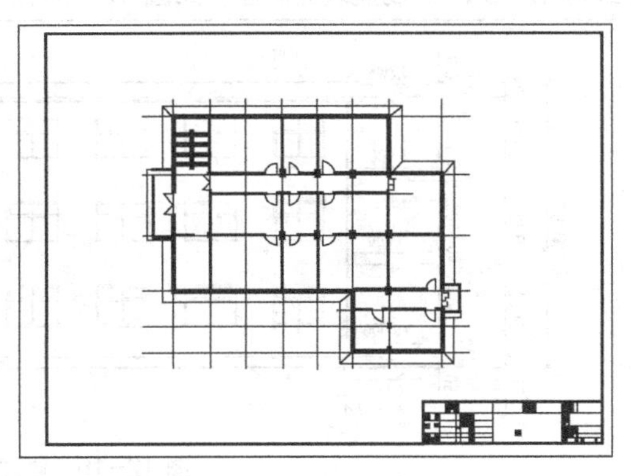
图12-15 插入图框

15. 标注尺寸，尺寸文字字高为2.5，标注总体比例因子等于100。

16. 利用【设计中心】插入“图例.dwg”中的标高块及轴线编号块，并填写属性文字，块的缩放比例因子为100。

17. 将文件以名称“平面图.dwg”保存，该文件将用于绘制立面图和剖面图。

12.3 画建筑立面图

建筑立面图是按不同投影方向绘制的房屋侧面外形图，它主要显示房屋的外貌和立面装饰的情况，其中反映主要入口或比较显著地反映房屋外貌特征的立面图被称为正立面图，其余立面图相应地被称为背立面、侧立面。房屋有4个朝向，常根据房屋的朝向命名相应方向的立面图，如南立面图、北立面图、东立面图和西立面图。此外，也可根据建筑平面图中首尾轴线命名，如①~⑦立面图。轴线的顺序是：当观察者面向建筑物时，按从左往右的轴线顺序。

12.3.1 用AutoCAD画立面图的步骤

可将平面图作为绘制立面图的辅助图形。先从平面图画竖直投影线将建筑物的主要特征投影到立面图，然后绘制立面图的各部分细节。

画立面图的主要过程如下。

（1）创建图层，如建筑轮廓层、窗洞层及轴线层等。

（2）通过外部引用方式将建筑平面图插入当前图形中。或者打开已有平面图，将其另存为一个文件，以此文件为基础绘制立面图。也可利用Windows的复制/粘贴功能从平面图中获取有用的信息。

（3）从平面图画建筑物轮廓的竖直投影线，再画地平线、屋顶线等，这些线条构成了立面图的主要布局线。

（4）利用投影线形成各层门窗洞口线。

（5）以布局线为作图基准线，绘制墙面细节，如阳台、窗台及壁柱等。

（6）插入标准图框，并以绘图比例的倒数缩放图框。

（7）标注尺寸，尺寸标注总体比例为绘图比例的倒数。

（8）书写文字，文字字高为图纸上的实际字高与绘图比例倒数的乘积。

12.3.2 立面图绘制实例

【练习 12-3】 绘制建筑立面图，如图 12-16 所示。绘图比例 1：100，采用 A3 幅面图框。

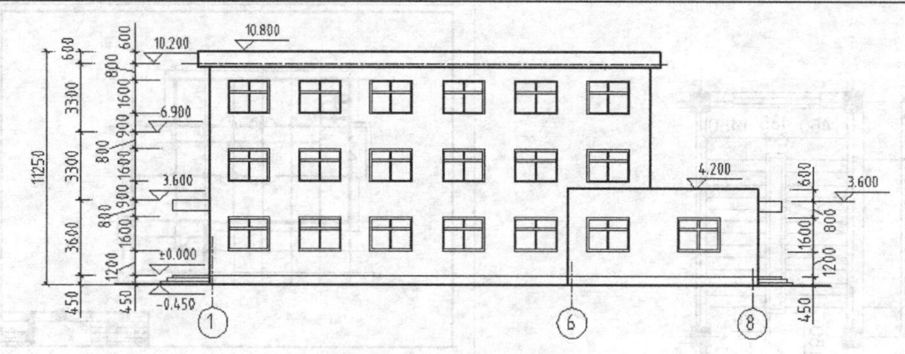

图 12-16 画建筑立面图

1. 创建以下图层。

名称	颜色	线型	线宽
建筑-轴线	蓝色	Center	默认
建筑-构造	白色	Continuous	默认
建筑-轮廓	白色	Continuous	0.7
建筑-地坪	白色	Continuous	1.0
建筑-窗洞	红色	Continuous	0.35
建筑-标注	白色	Continuous	默认

当创建不同种类的对象时，应切换到相应图层。

2. 设定绘图区域大小为 40000×40000，设置总体线型比例因子为 100（绘图比例的倒数）。

3. 打开极轴追踪、对象捕捉及捕捉追踪功能。设置极轴追踪角度增量为 90°；设定对象捕捉方式为端点、交点；设置仅沿正交方向进行捕捉追踪。

4. 利用外部引用方式或利用 Windows 的复制/粘贴功能将上节创建的文件“平面图.dwg”插入当前图形中，再关闭该文件的“建筑－标注”及“建筑－柱网”层。也可打开“平面图.dwg”，另存为“立面图.dwg”，以此文件作为绘制立面图的基础文件。

5. 从平面图画竖直投影线，再用 LINE、OFFSET 及 TRIM 命令画屋顶线、室外地坪线和室内地坪线等，细部尺寸及结果如图 12-17 所示。

6. 从平面图画竖直投影线，再用 OFFSET 及 TRIM 命令形成窗洞线，如图 12-18 所示。

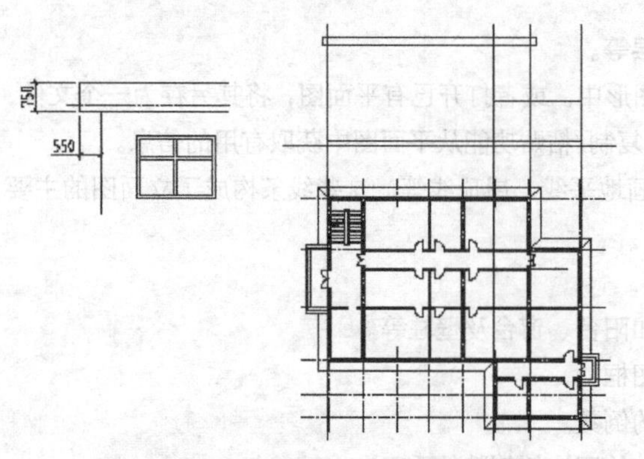

图 12-17 画投影线、建筑物轮廓线等

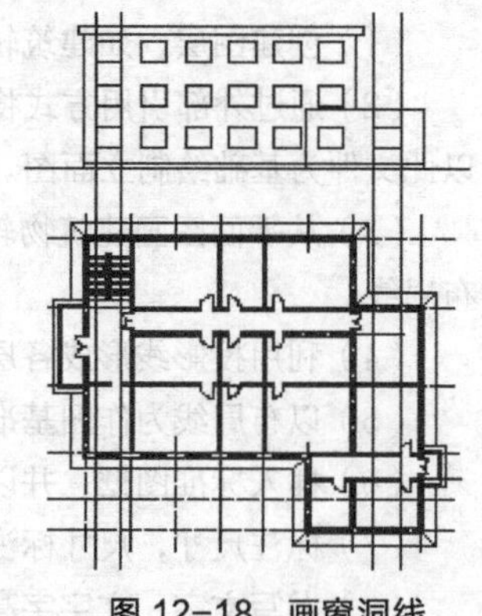

图 12-18 画窗洞线

7. 绘制窗户，窗户细节尺寸及作图结果如图 12-19 所示。

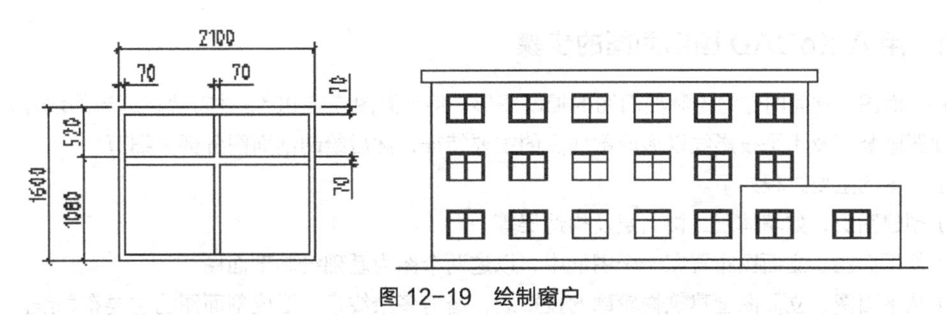

图 12-19 绘制窗户

8. 从平面图画竖直投影线，再用 OFFSET 及 TRIM 命令绘制雨篷及室外台阶，结果如图 12-20 所示。雨篷厚度为 500，室外台阶分 3 个踏步，每个踏步高 150。

9. 拆离外部引用文件，再打开素材文件“12-A3.dwg”，该文件包含一个 A3 幅面的图框。利用 Windows 的复制/粘贴功能将 A3 幅面图纸复制到立面图中。用 SCALE 命令缩放图框，缩放比例为 100。然后，把立面图布置在图框中，如图 12-21 所示。

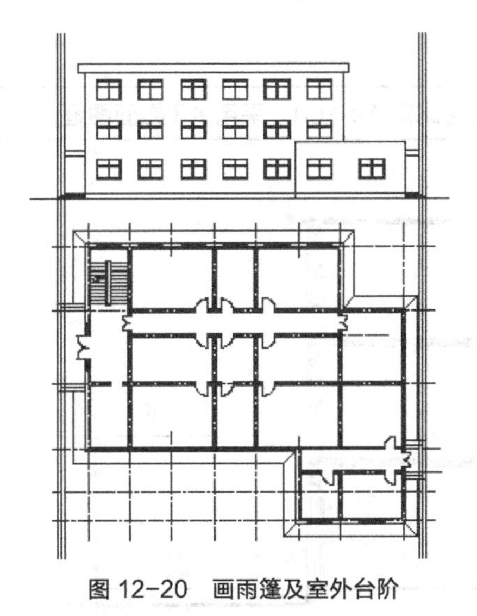

图 12-20 画雨篷及室外台阶

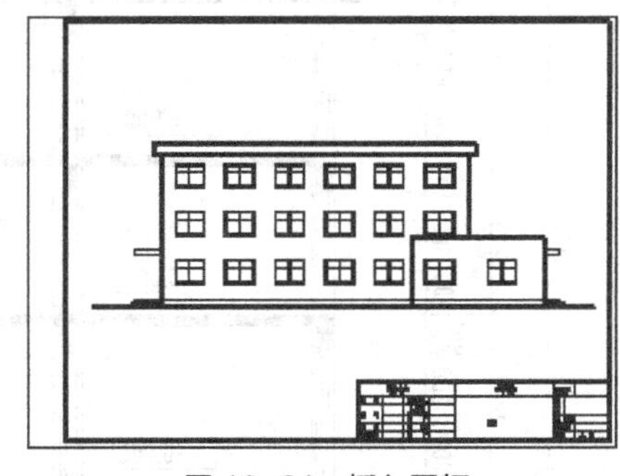

图 12-21 插入图框

10. 标注尺寸，尺寸文字字高为 2.5，标注总体比例因子等于 100。

11. 利用【设计中心】插入“图例.dwg”中的标高块及轴线编号块，并填写属性文字，块的缩放比例因子为 100。

12. 将文件以名称“立面图.dwg”保存，该文件将用于绘制剖面图。

12.4 画建筑剖面图

剖面图主要用于显示房屋内部的结构形式、分层情况及各部分的联系等。它的绘制方法是假想一个铅垂的平面剖切房屋，移去挡住的部分，然后将剩余的部分按正投影原理绘制出来。

剖面图反映的主要内容如下。

- 在垂直方向上房屋各部分的尺寸及组合。
- 建筑物的层数、层高。

- 房屋在剖面位置上的主要结构形式、构造方式等。

12.4.1 用 AutoCAD 画剖面图的步骤

可将平面图、立面图作为绘制剖面图的辅助图形。将平面图旋转 90°，并布置在适当的地方，从平面图、立面图画竖直及水平投影线以形成剖面图的主要特征，然后绘制剖面图各部分细节。

画剖面图的主要过程如下。

（1）创建图层，如墙体层、楼面层及构造层等。

（2）将平面图、立面图布置在一个图形中，以这两个图为基础绘制剖面图。

（3）从平面图、立面图画建筑物轮廓的投影线，修剪多余线条，形成剖面图的主要布局线。

（4）利用投影线形成门窗高度线、墙体厚度线及楼板厚度线等。

（5）以布局线为作图基准线，绘制未剖切到的墙面细节，如阳台、窗台及墙垛等。

（6）插入标准图框，并以绘图比例的倒数缩放图框。

（7）标注尺寸，尺寸标注总体比例为绘图比例的倒数。

（8）书写文字，文字字高为图纸上的实际字高与绘图比例倒数的乘积。

12.4.2 剖面图绘制实例

【练习 12-4】 绘制建筑剖面图，如图 12-22 所示。绘图比例 1：100，采用 A3 幅面图框。

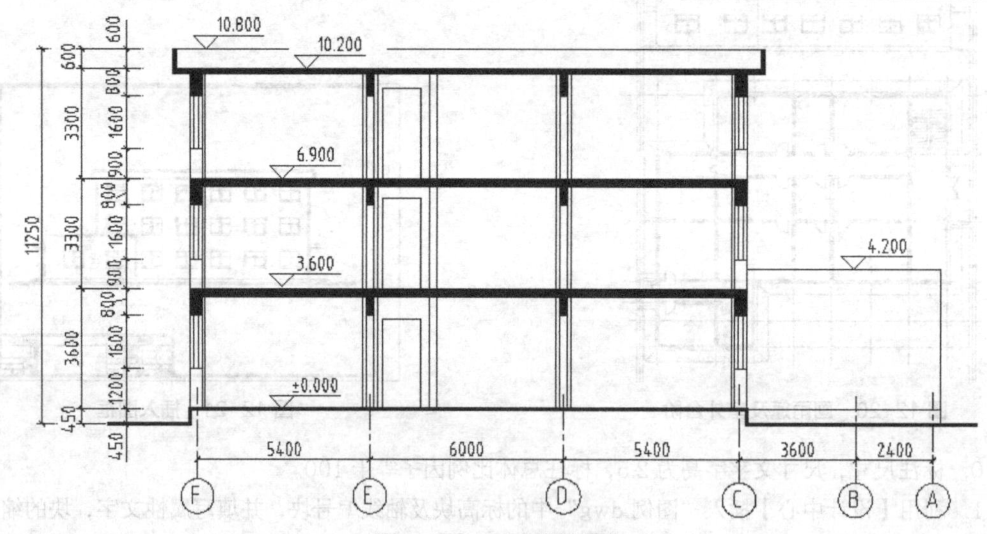

图 12-22 画建筑剖面图

1. 创建以下图层。

名称	颜色	线型	线宽
建筑-轴线	蓝色	Center	默认
建筑-楼面	白色	Continuous	0.7
建筑-墙体	白色	Continuous	0.7
建筑-地坪	白色	Continuous	1.0
建筑-门窗	红色	Continuous	默认
建筑-构造	红色	Continuous	默认
建筑-标注	白色	Continuous	默认

当创建不同种类的对象时，应切换到相应图层。

2. 设定绘图区域大小为 30000×30000，设置总体线型比例因子为 100（绘图比例的倒数）。

3. 打开极轴追踪、对象捕捉及捕捉追踪功能。设置极轴追踪角度增量为 90°；设定对象捕捉方式为端点、交点；设置仅沿正交方向进行捕捉追踪。

4. 利用外部引用方式将已创建的文件“平面图.dwg”“立面图.dwg”插入当前图形中，再关闭两文件的“建筑-标注”层。

5. 将建筑平面图旋转 90°，并将其布置在适当位置。从立面图和平面图向剖面图画投影线，再绘制屋顶左、右端面线，如图 12-23 所示。

6. 从平面图画竖直投影线，投影墙体，如图 12-24 所示。

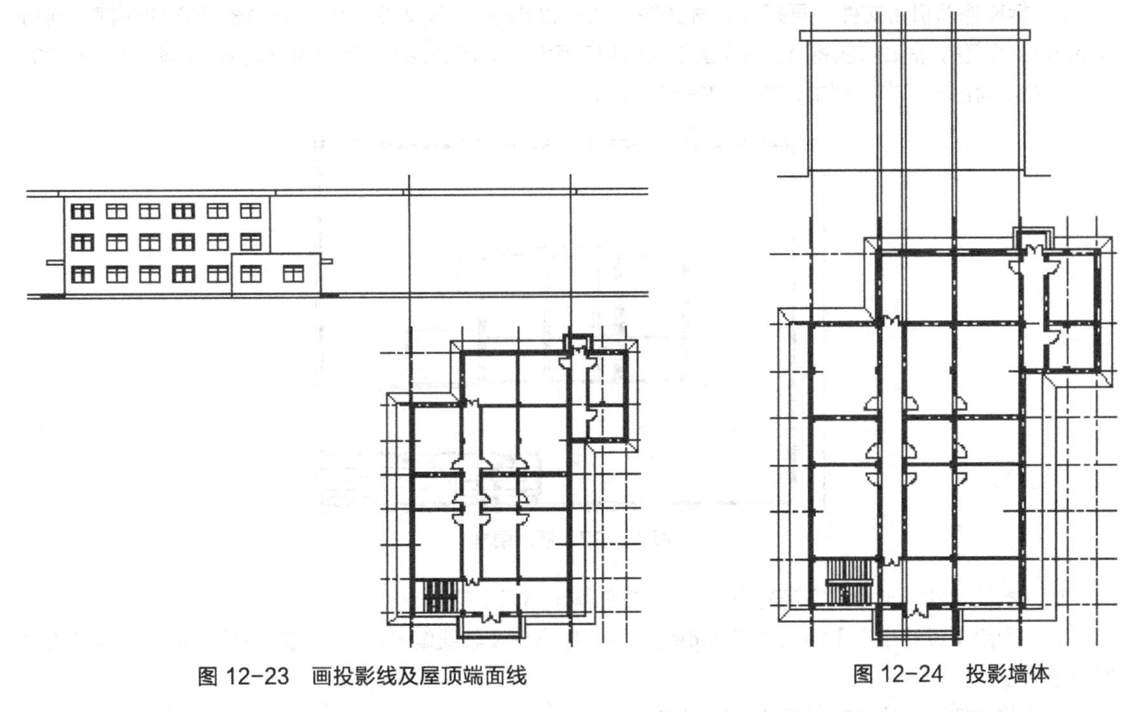

图 12-23 画投影线及屋顶端面线　　图 12-24 投影墙体

7. 从立面图画水平投影线，再用 OFFSET、TRIM 等命令绘制楼板、窗洞及檐口，如图 12-25 所示。

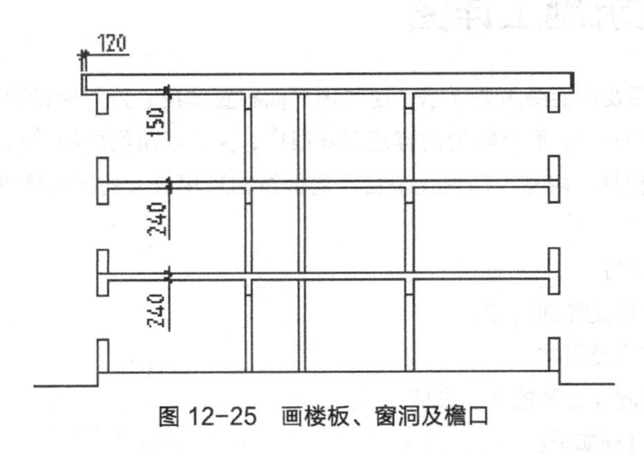

图 12-25 画楼板、窗洞及檐口

8. 画窗户、门、柱及其他细节等，如图 12-26 所示。

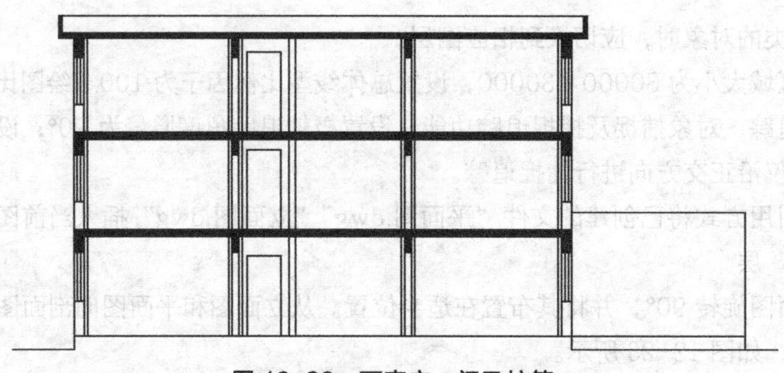

图 12-26　画窗户、门及柱等

9. 拆离外部引用文件，再打开素材文件“12-A3.dwg”，该文件包含一个 A3 幅面的图框。利用 Windows 的复制/粘贴功能将 A3 幅面图纸复制到剖面图中。用 SCALE 命令缩放图框，缩放比例为 100。然后，把剖面图布置在图框中，如图 12-27 所示。

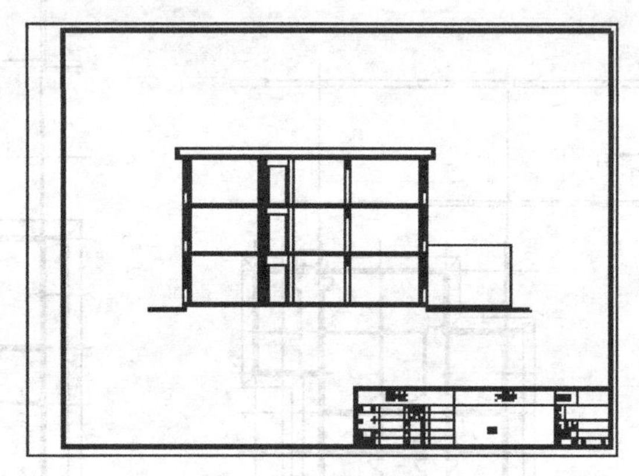

图 12-27　插入图框

10. 标注尺寸，尺寸文字字高为 2.5，标注总体比例因子等于 100。

11. 利用【设计中心】插入“图例.dwg”中的标高块及轴线编号块，并填写属性文字，块的缩放比例因子为 100。

12. 将文件以名称“剖面图.dwg”保存。

12.5　绘制建筑施工详图

建筑平面图、立面图及剖面图主要显示了建筑物平面布置情况、外部形状和垂直方向的结构构造等。由于这些图样的绘图比例较小，而反映的内容范围却很广，因而建筑物的细节结构很难清晰地显示出来。为满足施工要求，常对楼梯、墙身、门窗及阳台等局部结构采用较大的比例详细绘制，这样画出的图样被称为建筑详图。

详图主要包括以下内容。

- 某部分的详细构造及详细尺寸。
- 使用的材料、规格及尺寸。
- 有关施工要求及制作方法的文字说明。

画建筑详图的主要过程如下。

（1）创建图层，如轴线层、墙体层及装饰层等。

（2）将平面图、立面图或剖面图中的有用对象复制到当前图形中，以减少作图工作量。

（3）不同绘图比例的详图都按 1∶1 比例绘制。可先画出作图基准线，然后利用 OFFSET 及 TRIM 命令绘制图样细节。

（4）插入标准图框，并以出图比例的倒数缩放图框。

（5）对绘图比例与出图比例不同的详图进行缩放操作，缩放比例因子等于绘图比例与出图比例的比值，然后再将所有详图布置在图框内。例如，有绘图比例为 1∶20 和 1∶40 的两张详图，要布置在 A3 幅面的图纸内，出图比例为 1∶40。则布图前，应先用 SCALE 命令缩放 1∶20 的详图，缩放比例因子为 2。

（6）标注尺寸，尺寸标注总体比例为出图比例的倒数。

（7）对于已缩放 n 倍的详图，应采用新样式进行标注。标注总体比例为出图比例的倒数，尺寸数值比例因子为 $1/n$。

（8）书写文字，文字字高为图纸上的实际字高与绘图比例倒数的乘积。

【练习 12-5】 绘制建筑详图，如图 12-28 所示。两个详图的绘图比例分别为 1∶10 和 1∶20，图幅采用 A3 幅面，出图比例 1∶10。

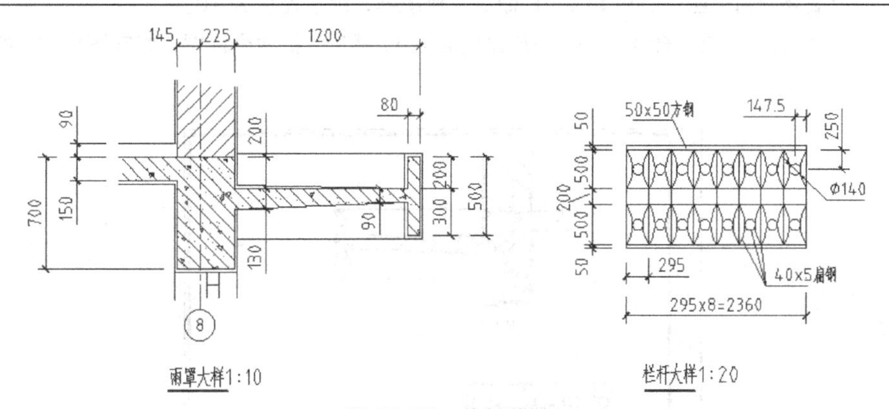

图 12-28 绘制详图

1. 创建以下图层。

名称	颜色	线型	线宽
建筑-轴线	蓝色	Center	默认
建筑-楼面	白色	Continuous	0.7
建筑-墙体	白色	Continuous	0.7
建筑-门窗	红色	Continuous	默认
建筑-构造	红色	Continuous	默认
建筑-标注	白色	Continuous	默认

当创建不同种类的对象时，应切换到相应图层。

2. 设定绘图区域大小为 4000×4000，设置总体线型比例因子为 10（出图比例的倒数）。

3. 打开极轴追踪、对象捕捉及捕捉追踪功能。设置极轴追踪角度增量为 90°；设定对象捕捉方式为“端点”“交点”；设置仅沿正交方向进行捕捉追踪。

4. 用 LINE 命令绘制轴线及水平作图基准线，然后用 OFFSET、TRIM 命令绘制墙体、楼板及雨篷等，如图 12-29 所示。

5. 用 OFFSET、LINE 及 TRIM 命令绘制墙面、门及楼板面构造等，再填充剖面图案，如图 12-30 所示。

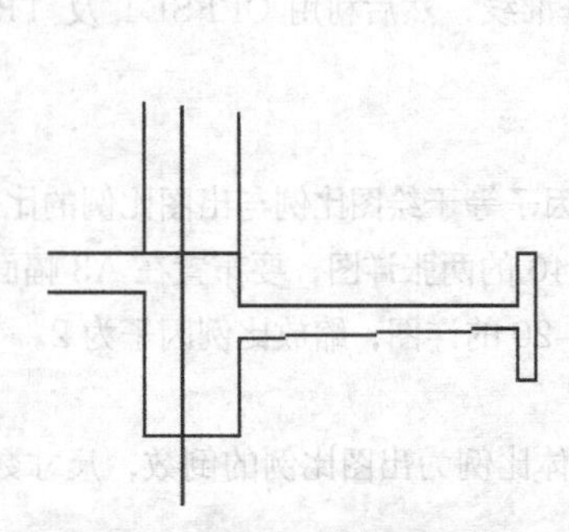

图 12-29 画墙体、楼板及雨篷等

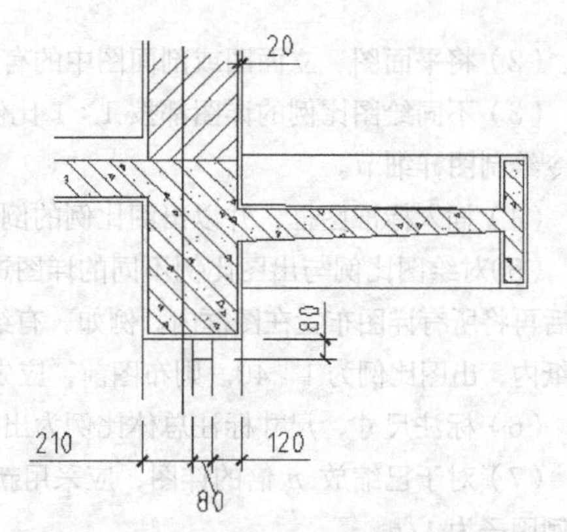

图 12-30 绘制墙面、门及楼板面构造等

6. 用与 4、5 步类似的方法绘制栏杆大样图。

7. 打开素材文件“12-A3.dwg”，该文件包含一个 A3 幅面的图框。利用 Windows 的复制/粘贴功能将 A3 幅面图纸复制到详图中。用 SCALE 命令缩放图框，缩放比例为 10。

8. 用 SCALE 命令缩放栏杆大样图，缩放比例为 0.5。然后，把两个详图布置在图框中，如图 12-31 所示。

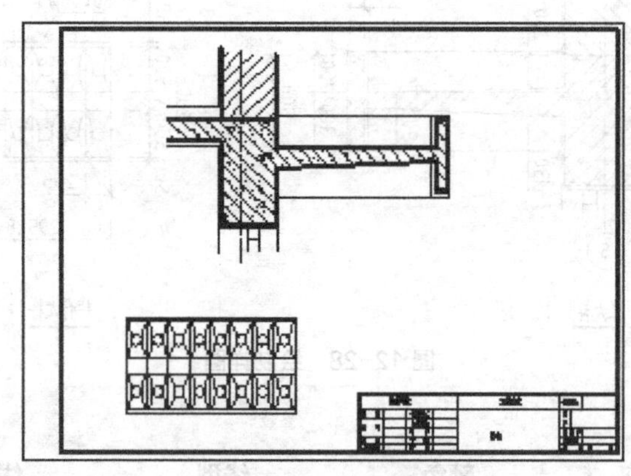

图 12-31 插入图框

9. 创建尺寸标注样式“详图 1：10”，尺寸文字字高为 2.5，标注等于 10。再以“详图 1：10”为基础样式创建新样式“详图 1：20”，该样式尺寸数值比例因子为 2。

10. 标注尺寸及书写文字，文字字高为 35。

12.6 创建样板图

从前面几节的绘图实例可以看出，每次建立新图样时，都要生成图层，设置颜色、线型和线宽，设定绘图区域大小，创建标注样式、文字样式等，这些工作是一些重复性劳动，非常耗费时间。另外，若每次重复这些设定，也很难保证所有设计图样的图层、文字样式及标注样式等项目的一致性。要解决以上问题，可采取下面的方法。

一、从已有工程图生成新图形

打开已有工程图，删除不必要的内容，将其另存为一个新文件，则新图样具有与原图样相同的绘图环境。

二、利用自定义样板图生成新图形

工程图中常用的图纸幅面包括 A0、A1、A2 和 A3 等，可针对每种标准幅面图纸定义一个样板图，其扩展名为“.dwt”，包含的内容有各类图层、工程文字样式、工程标注样式、图框、标题栏及会签栏等。当要创建新图样时，可指定已定义的样板图为原始图，这样就将样板图中的标准设置全部传递给了新图样。

【练习 12-6】 定义 A3 幅面样板图。

1. 建立保存样板文件的文件夹，名为“工程样板文件”。

2. 新建一个图形，在该图形中绘制 A3 幅面图框、标题栏及会签栏。可将标题栏及会签栏创建成表格对象，这样更便于填写文字。

3. 创建图层，如“建筑 - 轴线”层、“建筑 - 墙体”层等，并设定图层颜色、线型及线宽属性。

4. 新建文字样式“工程文字”，设定该样式关联的字体文件为“gbenor.shx”和 “gbcbig.shx”。

5. 创建名为“工程标注”的标注样式，该样式关联的文字样式是“工程文字”。

6. 选择菜单命令【文件】/【另存为】，打开【图形另存为】对话框，在该对话框【保存于】下拉列表中找到文件夹“工程样板文件”，在“文件名”栏中输入样板文件的名称“A3”，再通过【文件类型】下拉列表设定文件扩展名为“.dwt”。

7. 单击 保存(S) 按钮，打开【样板选项】对话框，如图 12-32 所示。在【说明】列表框中输入关于样板文件的说明文字，单击 确定 按钮完成。

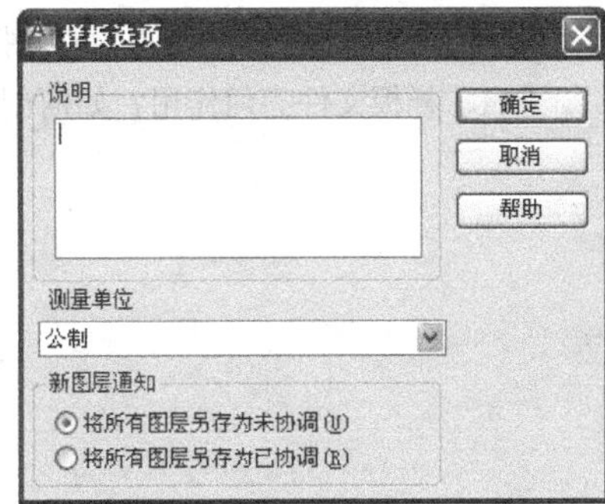

图 12-32 【样板选项】对话框

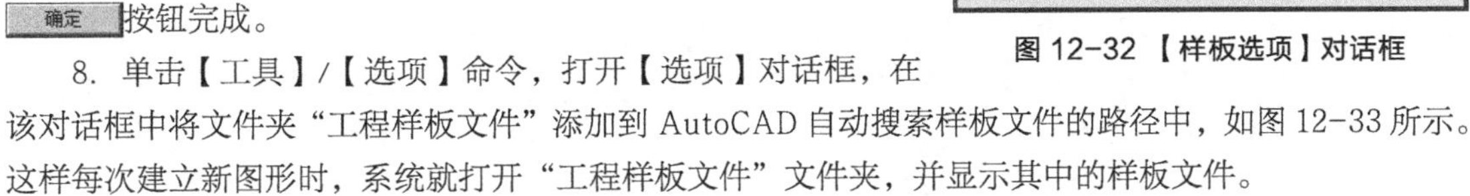

8. 单击【工具】/【选项】命令，打开【选项】对话框，在该对话框中将文件夹“工程样板文件”添加到 AutoCAD 自动搜索样板文件的路径中，如图 12-33 所示。这样每次建立新图形时，系统就打开“工程样板文件”文件夹，并显示其中的样板文件。

图 12-33 【选项】对话框

12.7 习题

（1）用 AutoCAD 绘制平面图、立面图及剖面图的主要作图步骤是怎样的？

（2）除用 LIMITS 命令设定绘图区域大小外，还可用哪些方法进行设定？

（3）如何插入标准图框？

（4）若绘图比例为 1∶150，则标注尺寸时，标注总体比例应设置为多少？

（5）绘制剖面图时，可用哪些方法从平面图、立面图中获取有用的信息？

（6）如何将图例库中的图块插入当前图形中？

（7）若要将图例库中的所有图块一次插入当前图形中，应如何操作？

（8）若要在同一张图纸上布置多个不同绘图比例的详图，应怎样操作？

（9）已将详图放大一倍，要使尺寸标注数值反映原始长度，应怎样设定？

（10）绘图比例为 1∶100，要使打印在图纸上的文字高度为 3.5，则书写文字时的高度为多少？

（11）样板文件有何作用？如何创建样板文件？

PART13

第13章

结构施工图

学习目标：

掌握绘制基础平面图的方法和技巧 ■

掌握绘制结构平面图的方法和技巧 ■

学会如何绘制钢筋混凝土构件图 ■

■ 本章主要介绍用 AutoCAD 绘制基础平面图、楼层结构平面图和钢筋混凝土构件图的一般步骤及一些实用绘图技巧。

13.1 基础平面图

基础平面图用于显示建筑物基础的平面布局及详细构造。其图示方法是假想用一个水平剖切平面在相对标高为±0.000处将建筑物剖开，移去上面部分，再去除基础周围的回填土后进行水平投影。

13.1.1 绘制基础平面图的步骤

基础平面图的绘图比例一般与建筑平面图相同，两个图轴线分布情况应一致。画基础平面图的主要过程如下。

（1）创建图层，如墙体层、基础层及标注层等。

（2）绘制轴线、柱网及墙体，或从建筑平面图中复制这些对象。

（3）用XLINE、OFFSET及TRIM等命令绘制基础轮廓线。

（4）插入标准图框，并以绘图比例的倒数缩放图框。

（5）标注尺寸，尺寸标注全局比例为绘图比例的倒数。

（6）书写文字，文字字高为图纸上的实际字高与绘图比例倒数的乘积。

13.1.2 基础平面图绘制实例

【练习13-1】绘制建筑物基础平面图，如图13-1所示。绘图比例为1:100，采用A2幅面图框。

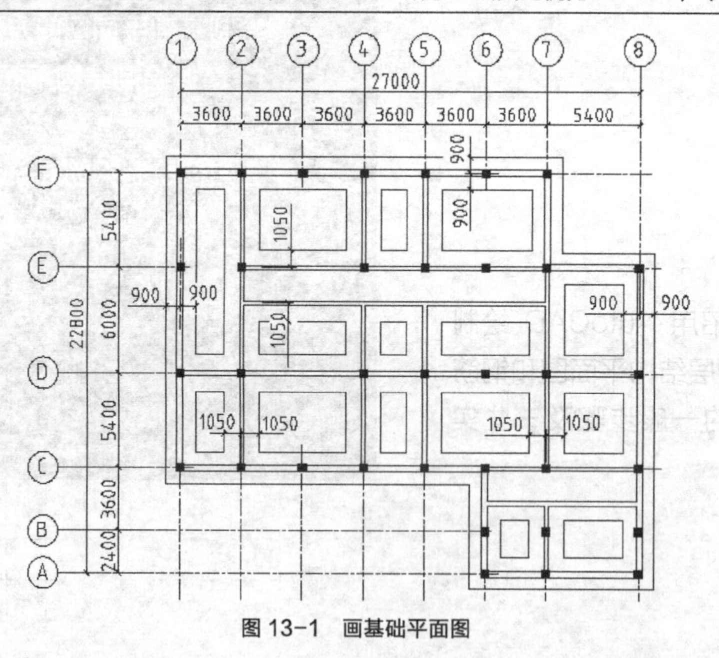

图13-1 画基础平面图

1. 打开素材文件“建筑平面图.dwg”。关闭“建筑-标注”“建筑-楼梯”等图层，只保留“建筑-轴线”“建筑-墙体”“建筑-柱网”层。

2. 创建新图形，设定绘图区大小为40000×40000，设置全局线型比例因子为100（绘图比例的倒数）。

3. 利用Windows的复制/粘贴功能将“建筑平面图.dwg”中的轴线、墙体及柱网复制到新图形中，再利用JOIN及STRETCH等命令使断开的墙体连接起来，结果如图13-2所示。

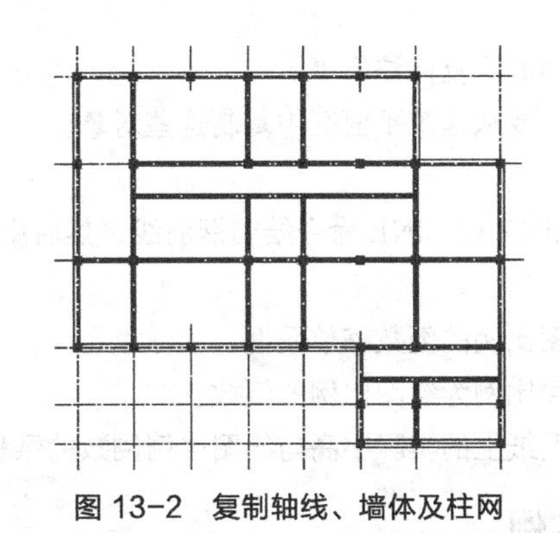

图 13-2 复制轴线、墙体及柱网

4. 将新图形的“建筑-轴线”“建筑-墙体”“建筑-柱网”层改名为“结构-轴线”“结构-基础墙体”“结构-柱网”，然后创建以下图层。

名称	颜色	线型	线宽
结构-基础	白色	Continuous	0.35
结构-标注	红色	Continuous	默认

当创建不同种类的对象时，应切换到相应图层。

5. 利用 XLINE、OFFSET 及 TRIM 命令绘制基础墙两侧的基础外形轮廓，如图 13-3 所示。

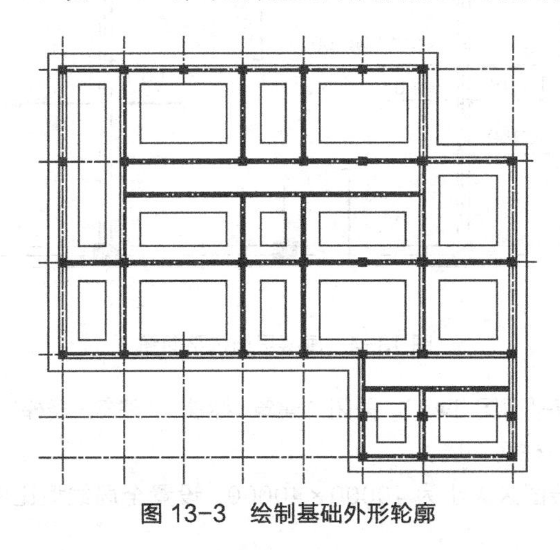

图 13-3 绘制基础外形轮廓

6. 插入标准图框、标注尺寸及书写文字，请读者自己完成相关步骤。

13.2 结构平面图

结构平面图是显示室外地坪以上建筑物各层梁、板、柱和墙等构件平面布置情况的图样。其图示方法是假想沿着楼板上表面将建筑物剖开，移去上面部分，然后从上往下进行投影。

13.2.1 绘制结构平面图的步骤

绘制结构平面图时，一般应选用与建筑平面图相同的绘图比例，绘制出与建筑平面图完全一致的轴线。

绘制结构平面图的主要过程如下。

（1）创建图层，如墙体层、钢筋层及标注层等。

（2）绘制轴线、柱网及墙体，或从建筑平面图中复制这些对象。

（3）绘制板、梁的布置情况。

（4）在屏幕的适当位置用 PLINE 或 LINE 命令绘制钢筋线，然后用 COPY、ROTATE 及 MOVE 命令在板内布置钢筋。

（5）插入标准图框，并以绘图比例的倒数缩放图框。

（6）标注尺寸，尺寸标注全局比例为绘图比例的倒数。

（7）书写文字，文字字高为图纸上的实际字高与绘图比例倒数的乘积。

13.2.2 结构平面图绘制实例

【练习 13-2】绘制楼层结构平面图，如图 13-4 所示。绘图比例为 1：100，采用 A2 幅面图框。这个例题是用来演示绘制结构平面图的步骤，因此仅画出了楼板的部分配筋。

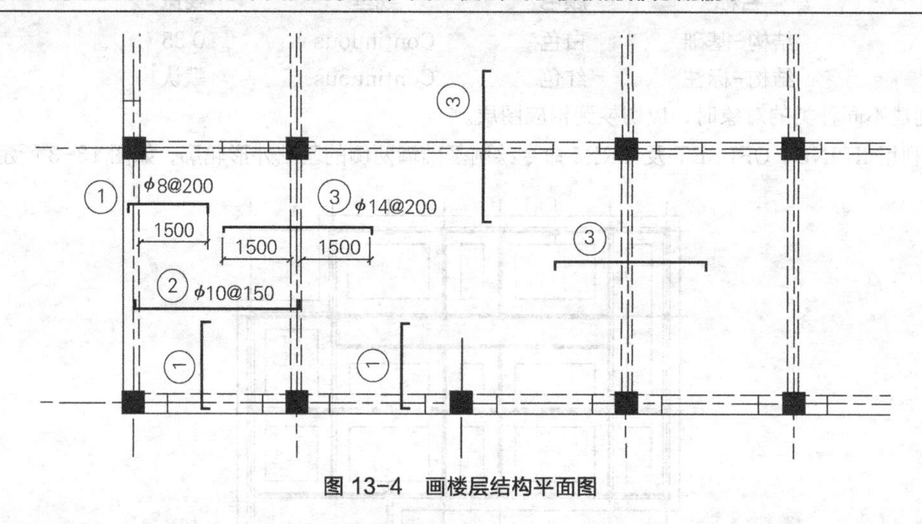

图 13-4 画楼层结构平面图

1. 打开素材文件“建筑平面图.dwg”。关闭“建筑-标注”“建筑-楼梯”等图层，只保留“建筑-轴线”“建筑-墙体”和“建筑-柱网”层。

2. 创建新图形，设定绘图区大小为 40000×40000，设置全局线型比例因子为 100（绘图比例的倒数）。

3. 利用 Windows 的复制/粘贴功能将“建筑平面图.dwg”中的轴线、墙体及柱网复制到新图形中。利用 ERASE、EXTEND 及 STRETCH 命令使断开的墙体连接起来，如图 13-5 所示。

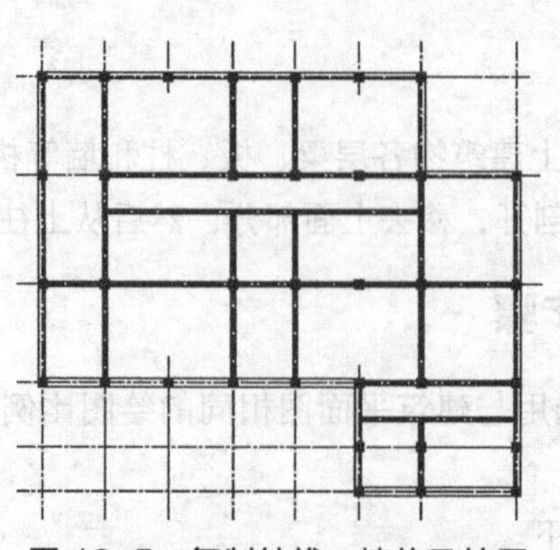

图 13-5 复制轴线、墙体及柱网

4. 将新图形的“建筑-轴线”“建筑-墙体”“建筑-柱网”层改名为“结构-轴线”“结构-墙体”“结构-柱网”，然后创建以下图层。

名称	颜色	线型	线宽
结构-钢筋	白色	Continuous	0.70
结构-标注	红色	Continuous	默认

当创建不同种类的对象时，应切换到相应图层。

5. 在屏幕的适当位置用 PLINE 或 LINE 命令绘制钢筋，如图 13-6 所示。

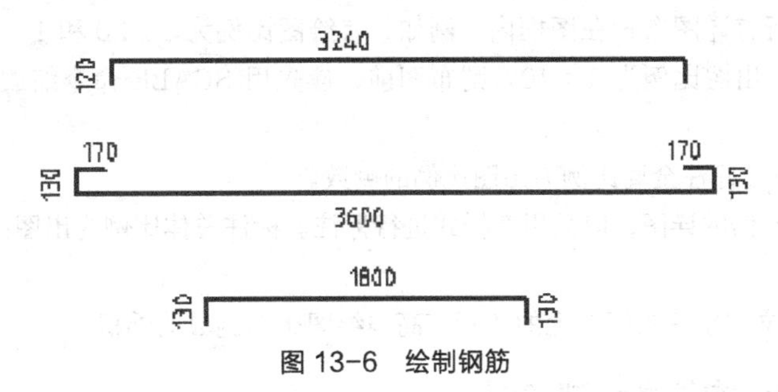

图 13-6　绘制钢筋

6. 用 COPY、ROTATE 及 MOVE 等命令在楼板内布置钢筋，部分结果如图 13-7 所示。

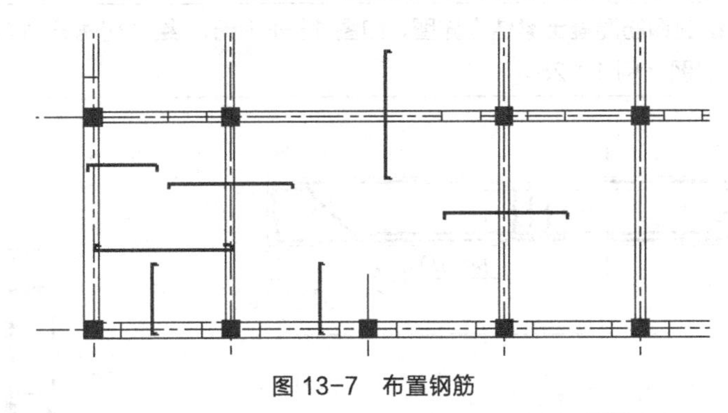

图 13-7　布置钢筋

7. 在楼梯间绘制交叉对角线，再将楼板下的不可见构件修改为虚线。
8. 请读者自己绘制楼板内其余配筋，然后插入图框、标注尺寸及书写文字。

13.3　钢筋混凝土构件图

钢筋混凝土构件图显示了构件的形状大小、钢筋本身及其在混凝土中的布置情况。该图的图示特点是假定混凝土是透明的，然后将构件进行投影，这样构件内的钢筋是可见的，其分布情况一目了然。必要时，还可将钢筋抽出来绘制钢筋详图并列出钢筋表。

13.3.1　绘制钢筋混凝土构件图的步骤

绘制钢筋混凝土构件图时，一般先画出构件的外形轮廓，然后绘制构件内的钢筋。此类图的主要作图过程如下。

（1）创建图层，如钢筋层、梁层及标注层等。

（2）可将已有施工图中的有用对象复制到当前图形中，以减少作图工作量。

（3）不同绘图比例的构件详图都按 1∶1 比例绘制。一般先画出轴线、重要轮廓边线等，再以这些线为作图基准线，用 OFFSET 及 TRIM 命令绘制构件外形轮廓。

（4）在屏幕的适当位置用 PLINE 或 LINE 命令绘制钢筋线，然后用 COPY、ROTATE 及 MOVE 命令将钢筋布置在构件中。也可以构件轮廓线为基准线，用 OFFSET 及 TRIM 命令绘制钢筋。

（5）用 DONUT 命令画表示钢筋断面的圆点，圆点外径等于图纸上圆点直径尺寸与出图比例倒数的乘积。

（6）插入标准图框，并以出图比例的倒数缩放图框。

（7）对绘图比例与出图比例不同的构件详图进行缩放操作，缩放比例因子等于绘图比例与出图比例的比值，然后再将所有详图布置在图框内。例如，有绘图比例为 1∶20 和 1∶40 的两张详图要布置在 A3 幅面的图纸内，出图比例为 1∶40。则布图前，应先用 SCALE 命令缩放 1∶20 的详图，缩放比例因子为 2。

（8）标注尺寸，尺寸标注全局比例为出图比例的倒数。

（9）对于已缩放 n 倍的详图，应采用新样式进行标注。标注总体比例为出图比例的倒数，尺寸数值比例因子为 $1/n$。

（10）书写文字，文字字高为图纸上的实际字高与绘图比例倒数的乘积。

13.3.2 钢筋混凝土构件图绘制实例

【练习 13-3】 绘制钢筋混凝土梁结构详图，如图 13-8 所示。绘图比例分别为 1∶25 和 1∶10，图幅采用 A2 幅面，出图比例 1∶25。

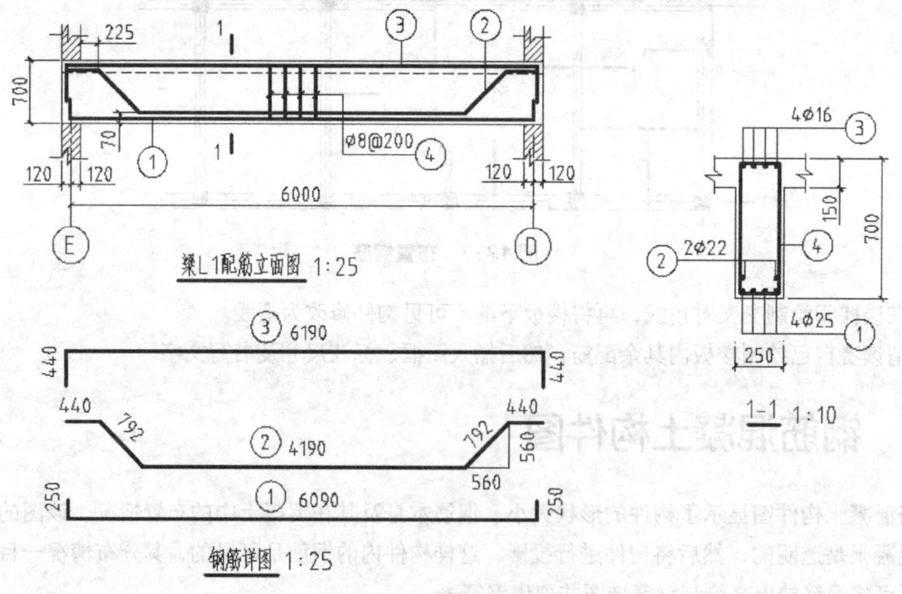

图 13-8 画梁的结构详图

1. 创建以下图层。

名称	颜色	线型	线宽
结构-轴线	蓝色	Center	默认
结构-梁	白色	Continuous	默认
结构-钢筋	白色	Continuous	0.7
结构-标注	红色	Continuous	默认

当创建不同种类的对象时，应切换到相应图层。

2. 设定绘图区域大小为 10000×10000，设置全局线型比例因子为 25（出图比例的倒数）。

3. 打开极轴追踪、对象捕捉及捕捉追踪功能。设置极轴追踪角度增量为 90°；设定对象捕捉方式为“端点”“交点”；设置仅沿正交方向进行捕捉追踪。

4. 用 LINE 命令绘制轴线及水平作图基准线，然后用 OFFSET、TRIM 命令绘制墙体及梁的轮廓线，如图 13-9 所示。

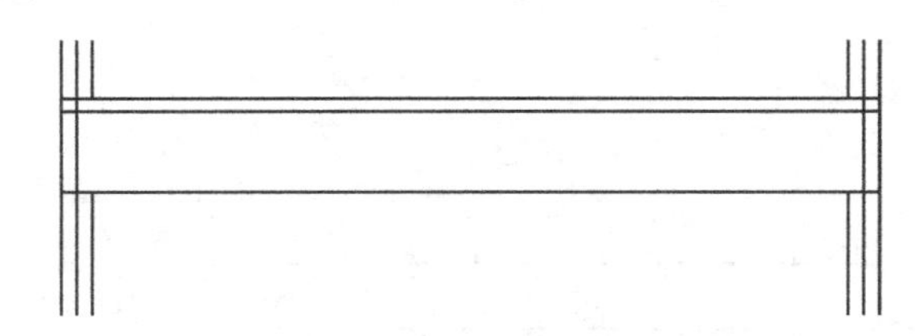

图 13-9 画墙体及梁的轮廓线

5. 在屏幕的适当位置用 PLINE 或 LINE 命令绘制钢筋，然后用 COPY、MOVE 等命令在梁内布置钢筋，结果如图 13-10 所示。钢筋保护层的厚度为 25。

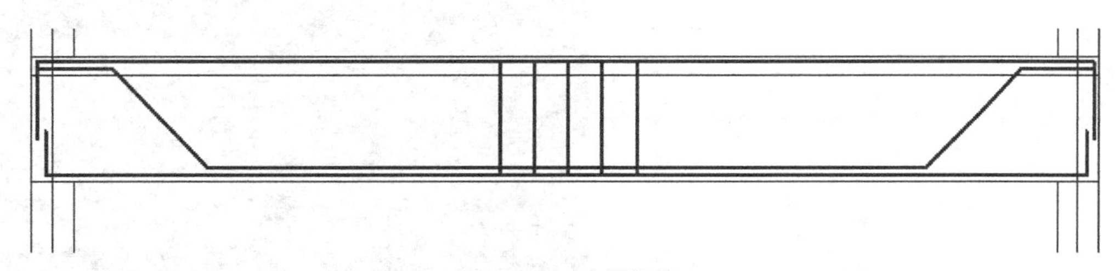

图 13-10 布置钢筋

6. 用 LINE、OFFSET 及 DONUT 命令绘制梁的断面图，如图 13-11 所示。图中圆点直径为 20。

7. 用 SCALE 命令缩放断面图，缩放比例为 2.5，该值等于断面图的绘图比例与出图比例的比值。

8. 插入标准图框、标注尺寸及书写文字，请读者自己完成相关步骤。

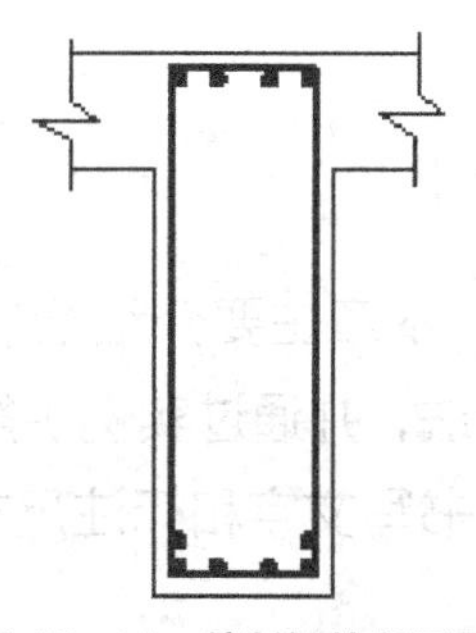

图 13-11 绘制梁的断面图

13.4 习题

（1）绘制基础平面图、楼层结构平面图及钢筋混凝土构件图的主要作图步骤是怎样的？

（2）绘制结构平面图时，可用何种方法从建筑平面图中获取有用的信息？

（3）与 LINE 命令相比，用 PLINE 命令绘制钢筋线有何优点？

（4）出图比例为 1∶30。若要求图纸上钢筋断面的直径为 1.5mm，则用 DONUT 命令画断面圆点时，应设定圆点外径是多少？

（5）要在标准图纸上布置两个结构详图，详图的绘图比例分别为 1∶10 和 1∶30。若出图比例设定为 1∶30，则应对哪个图样进行缩放？缩放比例是多少？图样缩放后，怎样才能使标注文字反映构件的真实大小？

PART14

第14章

轴测图

学习目标：

- 掌握激活轴测投影模式的方法
- 学会在轴测模式下绘制线段、圆及平行线
- 掌握在轴测图中添加文字的方法
- 学会如何给轴测图标注尺寸

■ 本章主要介绍绘制轴测图的基本方法，并通过实例讲解如何在轴测图中书写文字和标注尺寸。

14.1 轴测投影模式、轴测面及轴测轴

在 AutoCAD 中，用户可以利用轴测投影模式绘制轴测图。当激活此模式后，十字光标会自动调整到与当前指定的轴测面一致的位置，如图 14-1 所示。

长方体的等轴测投影如图 14-1 所示，其投影中只有 3 个平面是可见的。为便于绘图，将这 3 个面作为画线、找点等操作的基准平面，并称它们为轴测面，根据其位置的不同分别是左轴测面、右轴测面和顶轴测面。当激活了轴测模式后，用户就可以在这 3 个面间进行切换，同时系统会自动改变十字光标的形状，以使它们看起来好像处于当前轴测面内，图 14-1 所示为切换至顶轴测面时鼠标光标的外观。

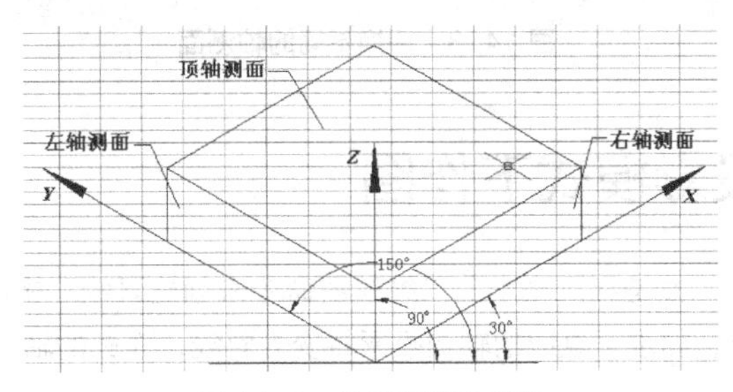

图 14-1 轴测面和轴测轴

在图 14-1 所示的轴测图中，长方体的可见边与水平线间的夹角分别是 30°、90°、150°。现在，在轴测图中建立一个假想的坐标系，该坐标系的坐标轴被称为轴测轴，它们所处的位置如下。

- x 轴与水平位置的夹角是 30°。
- y 轴与水平位置的夹角是 150°。
- z 轴与水平位置的夹角是 90°。

进入轴测模式后，十字光标将始终与当前轴测面的轴测轴方向一致。用户可以使用以下方法激活轴测投影模式。

【练习 14-1】 激活轴测投影模式。

1. 在状态栏的按钮上单击鼠标右键，选择【设置】选项，打开【草图设置】对话框，进入【捕捉和栅格】选项卡，如图 14-2 所示。

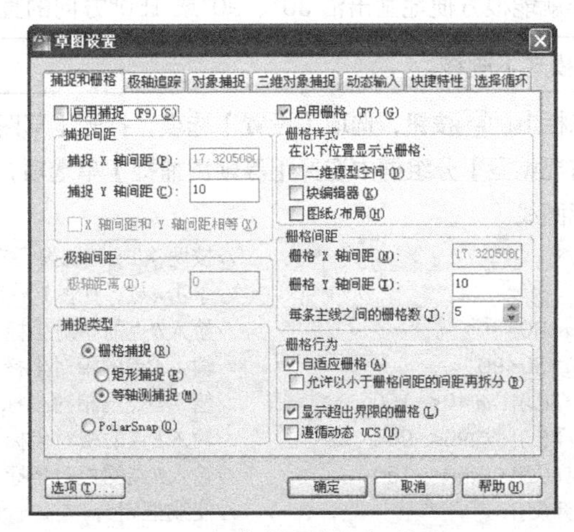

图 14-2 【草图设置】对话框

2. 在【捕捉类型】分组框中选择【等轴测捕捉】单选项，激活轴测投影模式。

3. 单击 确定 按钮，退出【草图设置】对话框，十字光标将处于左轴测面内，如图 14-3 左图所示。

4. 按 F5 键可切换至顶轴测面，再按 F5 键可切换至右轴测面，如图 14-3 中图和右图所示。

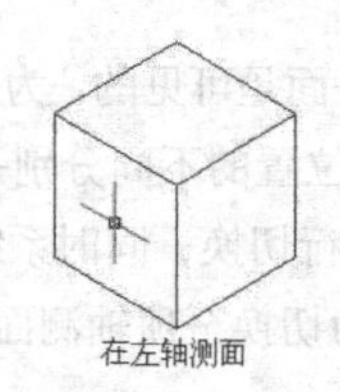

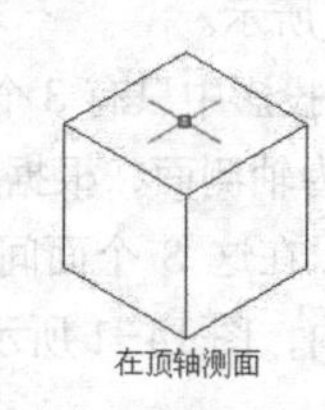

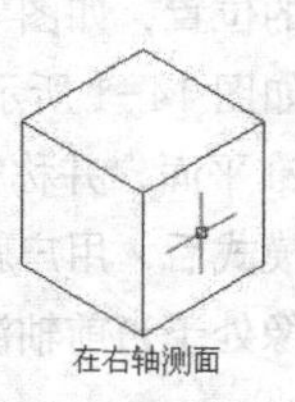

图 14-3　切换不同的轴测面

14.2　在轴测投影模式下作图

进入轴测模式后，用户仍然是利用基本的二维绘图命令来创建直线、椭圆等图形对象，但要注意这些图形对象轴测投影的特点，如水平直线的轴测投影将变为斜线，而圆的轴测投影将变为椭圆。

14.2.1　在轴测模式下画直线

在轴测模式下画直线常有以下 3 种方法。

（1）通过输入点的极坐标来绘制直线。当所绘直线与不同的轴测轴平行时，输入的极坐标角度值将不同，有以下几种情况。

- 所画直线与 x 轴平行时，极坐标角度应输入 30°或－150°。
- 所画直线与 y 轴平行时，极坐标角度应输入 150°或－30°。
- 所画直线与 z 轴平行时，极坐标角度应输入 90°或－90°。
- 如果所画直线与任何轴测轴都不平行，则必须先找出直线上的两点，然后连线。

（2）打开正交模式辅助画线，此时所绘直线将自动与当前轴测面内的某一轴测轴方向一致。例如，若处于右轴测面且打开正交模式，那么所画直线的方向为 30°或 90°。

（3）利用极轴追踪、自动追踪功能画线。打开极轴追踪、自动捕捉和自动追踪功能，并设定自动追踪的角度增量为“30”，这样就能很方便地画出沿 30°、90°或 150°方向的直线。

【练习 14-2】 在轴测模式下画线。

1. 用鼠标右键单击状态栏上的按钮，选取【设置】选项，打开【草图设置】对话框，在该对话框【捕捉和栅格】选项卡的【捕捉类型】分组框中选择【等轴测捕捉】单选项，激活轴测投影模式。

2. 通过输入点的极坐标画线。

```
命令： <等轴测平面 右视>                          //按两次F5键切换到右轴测面
命令：_line 指定第一点：                          //单击A点，如图14-4所示
指定下一点或 [放弃(U)]: @100<30                   //输入B点的相对坐标
指定下一点或 [放弃(U)]: @150<90                   //输入C点的相对坐标
指定下一点或 [闭合(C)/放弃(U)]: @40<-150          //输入D点的相对坐标
指定下一点或 [闭合(C)/放弃(U)]: @95<-90           //输入E点的相对坐标
指定下一点或 [闭合(C)/放弃(U)]: @60<-150          //输入F点的相对坐标
指定下一点或 [闭合(C)/放弃(U)]: c                 //使线框闭合
```

结果如图 14-4 所示。

3. 打开正交状态画线。

```
命令: <等轴测平面 左视>                       //按F5键切换到左轴测面
命令: <正交 开>                               //打开正交
命令: _line 指定第一点: int于                 //捕捉A点，如图14-5所示
指定下一点或 [放弃(U)]: 100                   //输入线段AG的长度
指定下一点或 [放弃(U)]: 150                   //输入线段GH的长度
指定下一点或 [闭合(C)/放弃(U)]: 40            //输入线段HI的长度
指定下一点或 [闭合(C)/放弃(U)]: 95            //输入线段IJ的长度
指定下一点或 [闭合(C)/放弃(U)]: end于         //捕捉F点
指定下一点或 [闭合(C)/放弃(U)]:               //按Enter键结束命令
```

结果如图 14-5 所示。

4. 打开极轴追踪、对象捕捉及自动追踪功能。设置极轴追踪角度增量为“30”，设定对象捕捉方式为“端点”“交点”，设置沿所有极轴角进行自动追踪。

```
命令: <等轴测平面 俯视>                  //按F5键切换到顶轴测面
命令: <等轴测平面 右视>                  //按F5键切换到右轴测面
命令: _line 指定第一点: 20               //从A点沿30°方向追踪并输入追踪距离
指定下一点或 [放弃(U)]: 30               //从K点沿90°方向追踪并输入追踪距离
指定下一点或 [放弃(U)]: 50               //从L点沿30°方向追踪并输入追踪距离
指定下一点或 [闭合(C)/放弃(U)]:          //从M点沿-90°方向追踪并捕捉交点N
指定下一点或 [闭合(C)/放弃(U)]:          //按Enter键结束命令
```

结果如图 14-6 所示。

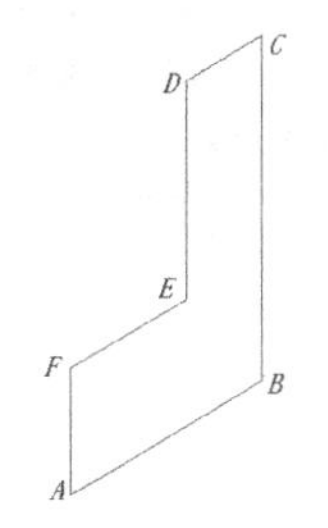

图 14-4 在右轴测面内画线（1）

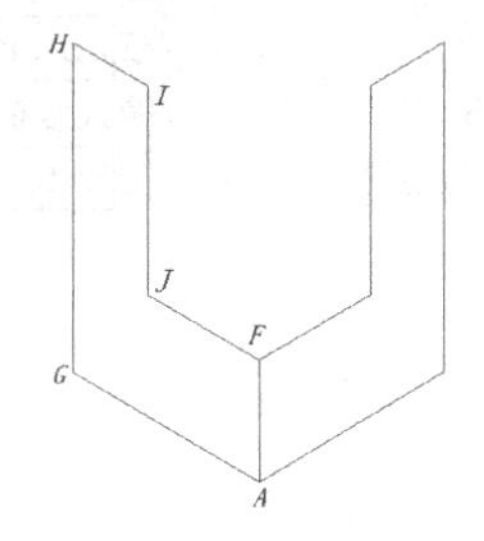

图 14-5 在左轴测面内画线

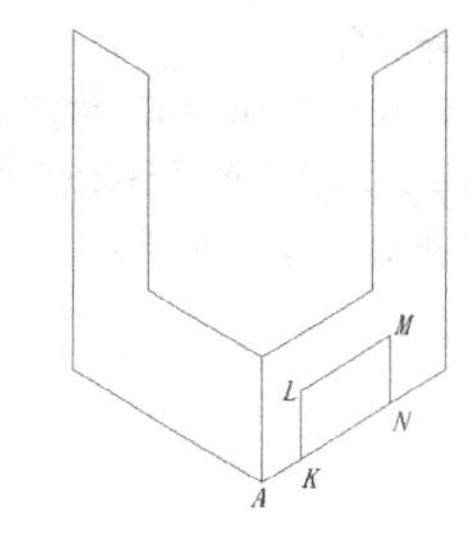

图 14-6 在右轴测面内画线（2）

14.2.2 在轴测面内画平行线

通常情况下用 OFFSET 命令绘制平行线，但在轴测面内画平行线的方法与在标准模式下画平行线的方法有所不同。如图 14-7 所示，在顶轴测面内作直线 A 的平行线 B，要求它们之间沿 30°方向的间距是 30。如果使用 OFFSET 命令，并直接输入偏移距离 30，则偏移后两线间的垂直距离等于 30，而沿 30°方向的间距并不是 30。为避免上述情况发生，常使用 COPY 命令或者 OFFSET 命令的“通过（T）”选项来绘制平行线。

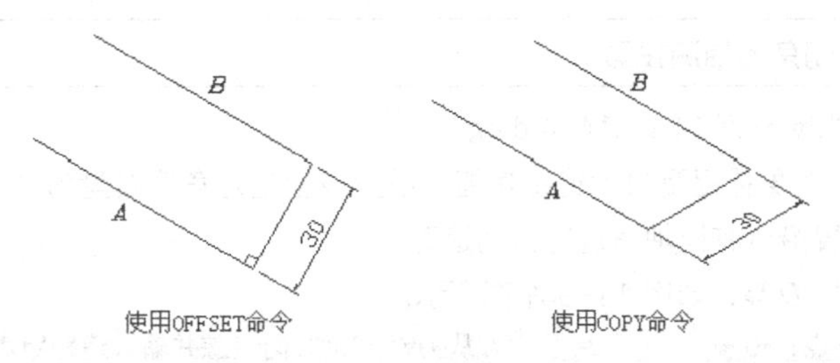

图 14-7 画平行线

使用 COPY 命令可以在二维和三维空间中对对象进行复制。使用此命令时，系统提示输入两个点或一个位移值。如果指定两点，则从第一点到第二点间的距离和方向就表示了新对象相对于源对象的位移。如果在“指定基点或 [位移（D）]:”提示下直接输入一个坐标值（直角坐标或极坐标），然后在第二个“指定第二个点:”的提示下按 Enter 键，那么输入的值就会被认为是新对象相对于源对象的移动值。

【练习 14-3】 在轴测面内作平行线。

1. 打开素材文件“dwg\第 14 章\14-3.dwg”。

2. 打开极轴追踪、对象捕捉及自动追踪功能。设置极轴追踪角度增量为“30”，设定对象捕捉方式为“端点”“交点”，设置沿所有极轴角进行自动追踪。

3. 用 COPY 命令绘制平行线。

```
命令: _copy
选择对象: 找到 1 个                                      //选择线段A，如图14-8所示
选择对象:                                                //按Enter键
指定基点或 [位移(D)/模式(O)] <位移>:                      //单击一点
指定第二个点或 [阵列(A)]<使用第一个点作为位移>: 26
                                                         //沿-150°方向追踪并输入追踪距离
指定第二个点或[阵列(A)/退出(E)/放弃(U)]   <退出>:52
                                                         //沿-150°方向追踪并输入追踪距离
指定第二个点或[阵列(A)/退出(E)/放弃(U)]   <退出>:         //按Enter键结束命令
命令:copy                                                //重复命令
选择对象: 找到 1 个                                      //选择线段B
选择对象:                                                //按Enter键
指定基点或 [位移(D)/模式(O)] <位移>:   15<90              //输入复制的距离和方向
指定第二个点或[阵列(A)] <使用第一个点作为位移>:           //按Enter键结束命令
```

结果如图 14-8 所示。

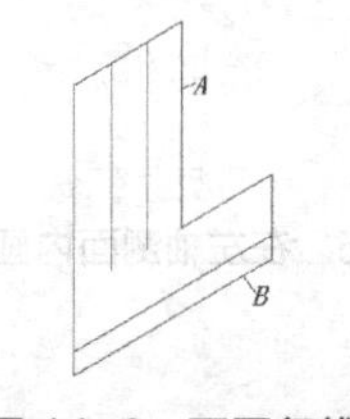

图 14-8　画平行线

14.2.3　轴测模式下角的绘制方法

在轴测面内绘制角时，不能按角度的实际值进行绘制，因为在轴测投影图中，投影角度值与实际角度值是不相符合的。在这种情况下，应先确定角边上点的轴测投影，并将点连线，以获得实际的角轴测投影。

【练习 14-4】 绘制角的轴测投影。

1. 打开素材文件“dwg\第 14 章\14-4.dwg”。

2. 打开极轴追踪、对象捕捉及自动追踪功能。设置极轴追踪角度增量为“30”，设定对象捕捉方式为“端点”“交点”，设置沿所有极轴角进行自动追踪。

3. 绘制线段 *B*、*C*、*D* 等，如图 14-9 左图所示。

```
命令: _line 指定第一点: 50                  //从A点沿30°方向追踪并输入追踪距离
指定下一点或 [放弃(U)]: 80                  //从A点沿-90°方向追踪并输入追踪距离
```

```
指定下一点或 [放弃(U)]:                    //按Enter键结束命令
```

复制线段 B，再连线 C、D，然后修剪多余的线条，结果如图 14-9 右图所示。

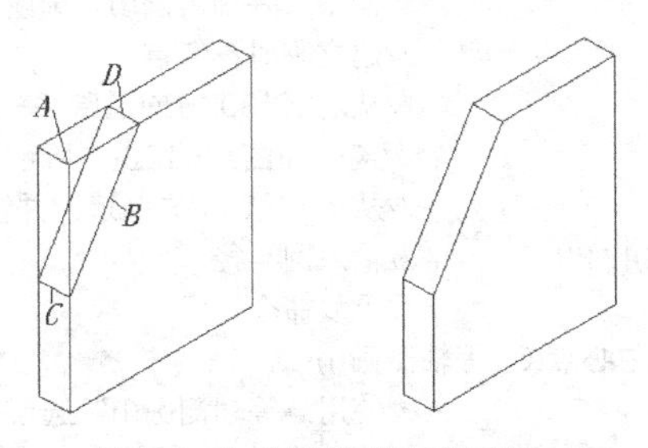

图 14-9　绘制角的轴测投影

14.2.4　绘制圆的轴测投影

圆的轴测投影是椭圆，当圆位于不同轴测面内时，椭圆的长轴、短轴位置也将不同。手工绘制圆的轴测投影比较麻烦，在 AutoCAD 中可直接使用 ELLIPSE 命令的"等轴测圆（I）"选项进行绘制，该选项仅在轴测模式被激活的情况下才出现。

键入 ELLIPSE 命令，AutoCAD 提示如下。

```
命令: _ellipse
指定椭圆轴的端点或 [圆弧(A)/中心点(C)/等轴测圆(I)]: I          //输入"I"
指定等轴测圆的圆心:                                            //指定圆心
指定等轴测圆的半径或 [直径(D)]:                                //输入圆半径
```

选择"等轴测圆（I）"选项，再根据提示指定椭圆中心并输入圆的半径值，则 AutoCAD 会自动在当前轴测面中绘制出相应圆的轴测投影。

绘制圆的轴测投影时，首先要利用 F5 键切换到合适的轴测面，使之与圆所在的平面对应起来，这样才能使椭圆看起来是在轴测面内，如图 14-10 左图所示。否则，所画椭圆的形状是不正确的。如图 14-10 右图所示，圆的实际位置在正方体的顶面，而所绘轴测投影却位于右轴测面内，结果轴测圆与正方体的投影就显得不匹配了。

绘制轴测图时经常要画线与线间的圆滑过渡，此时过渡圆弧变为椭圆弧。绘制这个椭圆弧的方法是在相应的位置画一个完整的椭圆，然后使用 TRIM 命令修剪多余的线条，如图 14-11 所示。

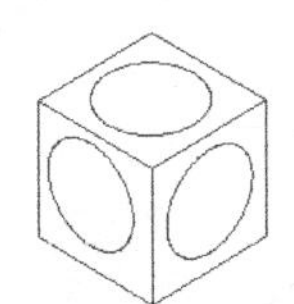
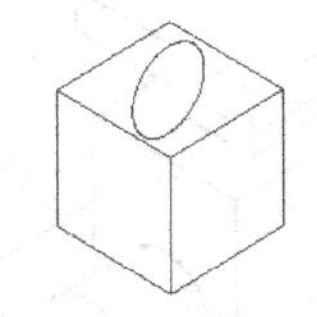

图 14-10　绘制轴测圆

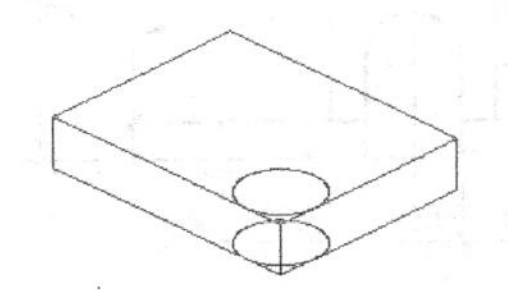
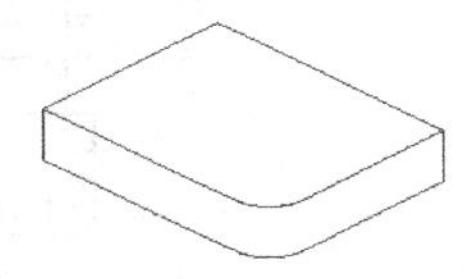

图 14-11　绘制过渡的椭圆弧

【练习 14-5】 在轴测图中绘制圆及过渡圆弧。

1. 打开素材文件"dwg\第 14 章\14-5.dwg"。

2. 在按钮上单击鼠标右键，选择【设置】命令，打开【草图设置】对话框，在该对话框【捕捉和栅格】选项卡的【捕捉类型】分组框中选取【等轴测捕捉】单选项，激活轴测投影模式。

3. 打开极轴追踪、对象捕捉及自动追踪功能。设置极轴追踪角度增量为"30"，设定对象捕捉方式为"端点""交点"，设置沿所有极轴角进行自动追踪。

4. 切换到顶轴测面，启动 ELLIPSE 命令，AutoCAD 提示如下。

```
命令: _ellipse
指定椭圆轴的端点或 [圆弧(A)/中心点(C)/等轴测圆(I)]: i
                                        //使用"等轴测圆(I)"选项
指定等轴测圆的圆心: tt                    //建立临时参考点
指定临时对象追踪点: 20                    //从A点沿30°方向追踪并输入B点到A点的
                                        距离，如图14-12左图所示
指定等轴测圆的圆心: 20                    //从B点沿150°方向追踪并输入追踪距离
指定等轴测圆的半径或 [直径(D)]: 20        //输入圆半径
命令:ellipse                             //重复命令
指定椭圆轴的端点或 [圆弧(A)/中心点(C)/等轴测圆(I)]: i
                                        //使用"等轴测圆(I)"选项
指定等轴测圆的圆心: tt                    //建立临时参考点
指定临时对象追踪点: 50                    //从A点沿30°方向追踪并输入C点到A点的距离
指定等轴测圆的圆心: 60                    //从C点沿150°方向追踪并输入追踪距离
指定等轴测圆的半径或 [直径(D)]: 15        //输入圆半径
```

结果如图 14-12 左图所示。修剪多余的线条，结果如图 14-12 右图所示。

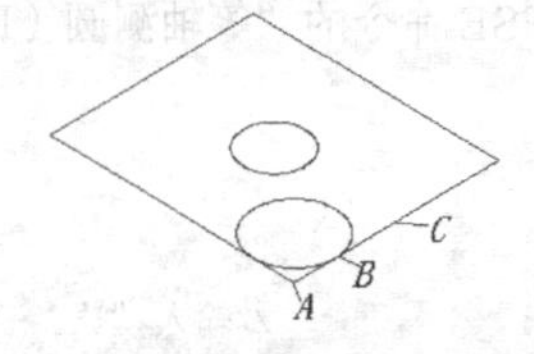

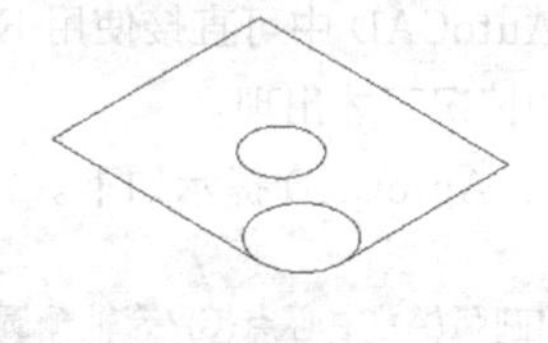

图 14-12 在轴测图中绘制圆及过渡圆弧

14.2.5 上机练习——画组合体的轴测投影

【练习 14-6】 根据平面视图绘制正等轴测图，如图 14-13 所示。

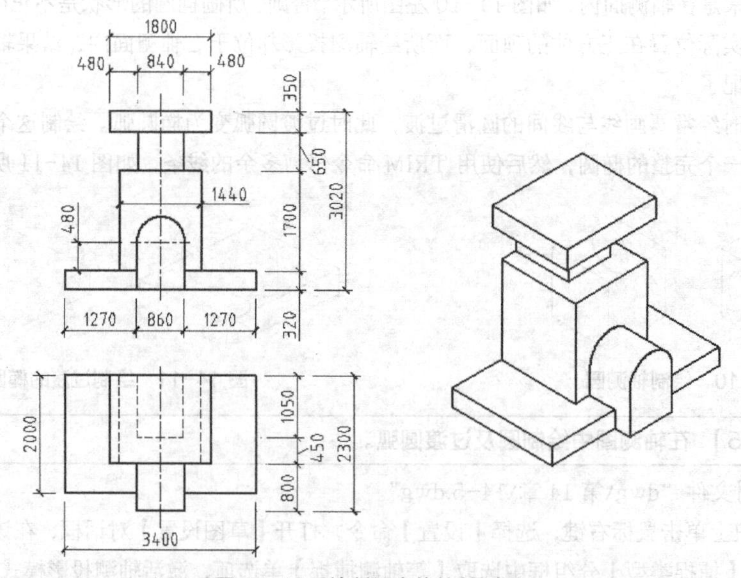

图 14-13 绘制组合体的轴测图

1. 设定绘图区域的大小为 10000×10000。
2. 激活轴测投影模式，打开极轴追踪、对象捕捉及自动追踪功能。设置极轴追踪角度增量为"30"，设定对象捕捉方式为“端点”“中点”“交点”，设置沿所有极轴角进行自动追踪。

3. 按F5键切换到顶轴测面，用 LINE 命令绘制线框 A，如图 14-14 所示。

4. 将线框 A 复制到 B 处，再连线 C、D、E，如图 14-15 左图所示。删除多余的线条，结果如图 14-15 右图所示。

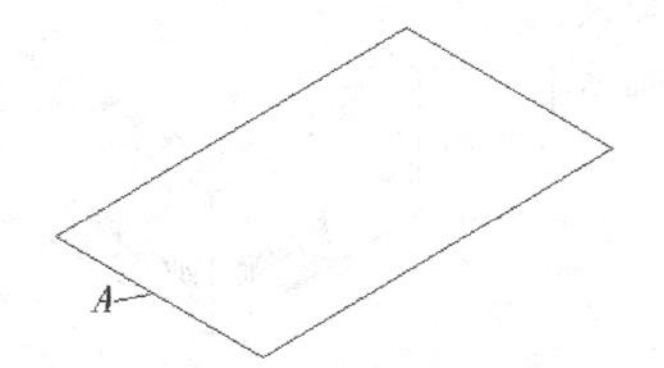

图 14-14　绘制线框 A

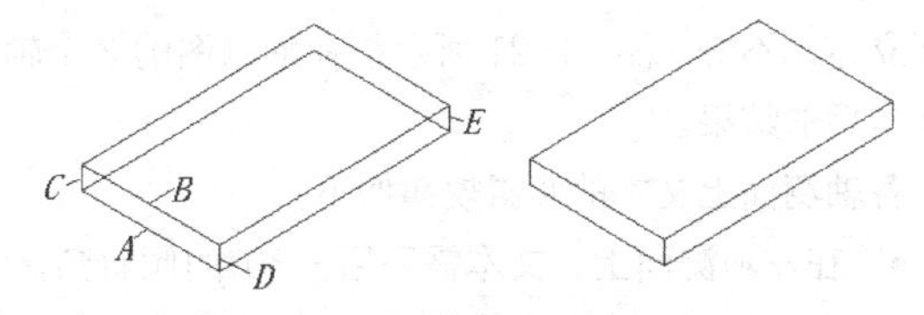

图 14-15　复制对象及连线

5. 用 LINE 命令绘制线框 F，再将此线框复制到 G 处，结果如图 14-16 所示。

6. 连线 H、I 等，如图 14-17 左图所示。删除多余的线条，结果如图 14-17 右图所示。

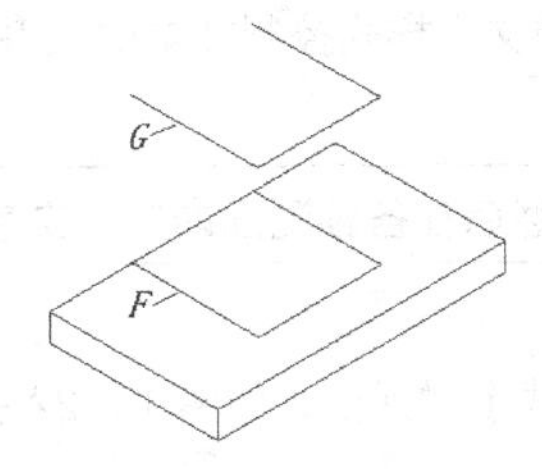

图 14-16　绘制线框 F 并将其复制

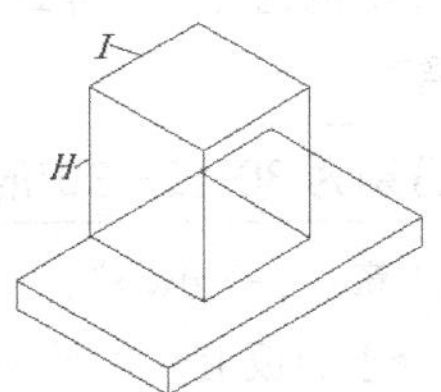

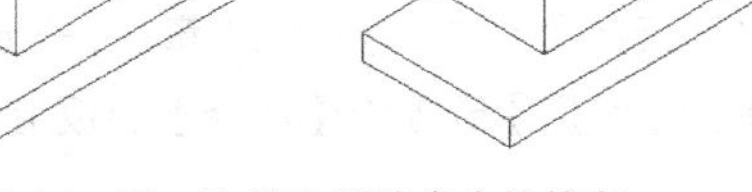

图 14-17　连线及删除多余的线条

7. 用与第 5、6 步相同的方法绘制对象 J，结果如图 14-18 所示。

8. 用与第 5、6 步相同的方法绘制对象 K，结果如图 14-19 所示。

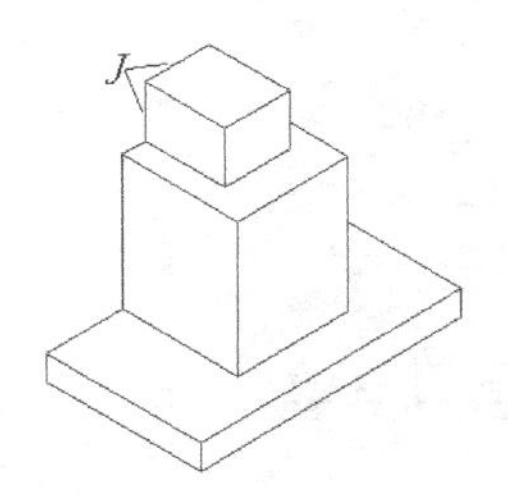

图 14-18　绘制对象 J

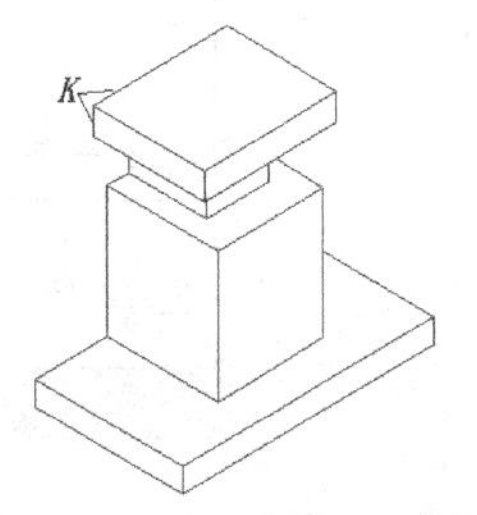

图 14-19　绘制对象 K

9. 按F5键切换到右轴测面，用 ELLIPSE、COPY 及 LINE 命令生成对象 L，如图 14-20 左图所示。删除多余的线条，结果如图 14-20 右图所示。

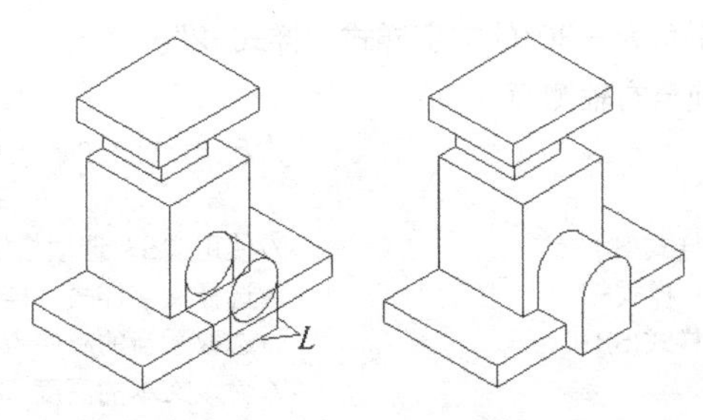

图 14-20　生成对象 L

14.3 在轴测图中写文本

为了使某个轴测面中的文本看起来像是在该轴测面内，就必须根据各轴测面的位置特点将文字倾斜某一角度，以使它们的外观与轴测图协调起来，否则立体感不好。图 14-21 所示是在轴测图的 3 个轴测面上采用适当倾角书写文本后的结果。

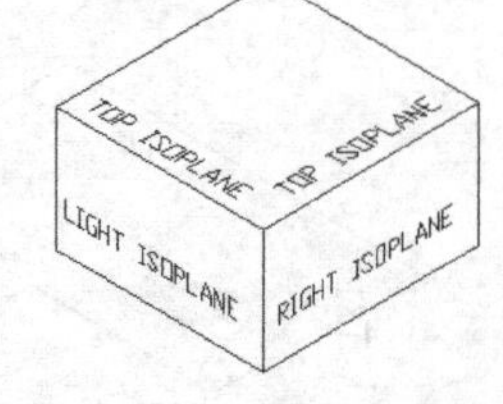

图 14-21 轴测面上的文本

各轴测面上文本的倾斜规律如下。

- 在左轴测面上，文本需采用 - 30°的倾斜角。
- 在右轴测面上，文本需采用 30°的倾斜角。
- 在顶轴测面上，当文本平行于 x 轴时，采用 - 30°的倾斜角。
- 在顶轴测面上，当文本平行于 y 轴时，需采用 30°的倾角。

由以上规律可以看出，各轴测面内的文本或是倾斜 30°或是倾斜 - 30°，因此在轴测图中书写文字时，应事先建立倾斜角分别为 30°和 - 30°的两种文本样式，只要利用合适的文本样式控制文本的倾斜角度，就能够保证文字外观看起来是正确的。

【练习 14-7】 创建倾斜角分别为 30°和 - 30°的两种文字样式，然后在各轴测面内书写文字。

1. 打开素材文件“dwg\第 14 章\14-7.dwg”。
2. 单击【常用】选项卡【注释】面板上的A按钮，打开【文字样式】对话框，如图 14-22 所示。

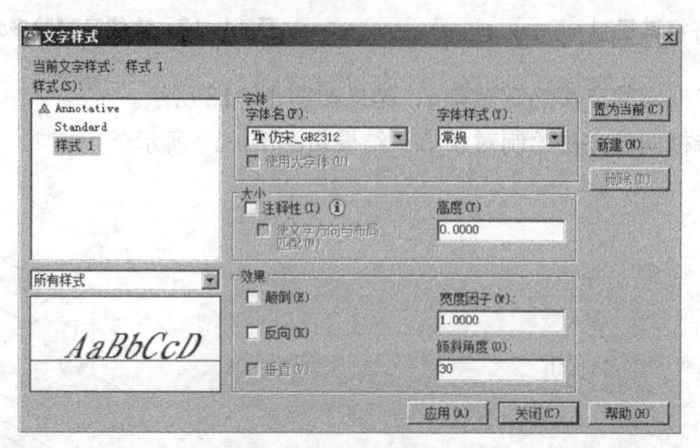

图 14-22 【文字样式】对话框

3. 单击 新建(N)... 按钮，建立名为“样式-1”的文本样式。在【字体名】下拉列表中将文本样式所关联的字体设定为“仿宋-GB2312”，在【效果】分组框的【倾斜角度】文本框中输入数值“30”，如图 14-22 所示。
4. 用同样的方法建立倾斜角为 - 30°的文字样式“样式-2”。
5. 激活轴测模式，并切换至右轴测面。

```
命令: dt                                        //利用DTEXT命令书写单行文本
text
指定文字的起点或 [对正(J)/样式(S)]: s             //使用“S”选项指定文字的样式
输入样式名或 [?] <样式-2>: 样式-1                 //选择文字样式“样式-1”
指定文字的起点或 [对正(J)/样式(S)]:                //选取适当的起始点A，如图14-23所示
指定高度 <22.6472>: 16                           //输入文本的高度
指定文字的旋转角度 <0>: 30                        //指定单行文本的书写方向
```

```
输入文字: 使用style1                                //输入单行文字
输入文字:                                           //按Enter键结束命令
```

6. 按F5键切换至左轴测面。

```
命令: dt                                           //重复前面的命令
text
指定文字的起点或 [对正(J)/样式(S)]: s                //使用"S"选项指定文字的样式
输入样式名或 [?] <样式-1>: 样式-2                    //选择文字样式"样式-2"
指定文字的起点或 [对正(J)/样式(S)]:                  //选取适当的起始点B
指定高度 <22.6472>: 16                             //输入文本的高度
指定文字的旋转角度 <0>: -30                         //指定单行文本的书写方向
输入文字: 使用style2                                //输入单行文字
输入文字:                                           //按Enter键结束命令
```

7. 按F5键切换至顶轴测面。

```
命令: dt                                           //沿x轴方向(30°)书写单行文本
text
指定文字的起点或 [对正(J)/样式(S)]: s                //使用"S"选项指定文字的样式
输入样式名或 [?] <样式-2>:                          //按Enter键采用"样式-2"
指定文字的起点或 [对正(J)/样式(S)]:                  //选取适当的起始点D
指定高度 <16>: 16                                  //输入文本的高度
指定文字的旋转角度 <330>: 30                        //指定单行文本的书写方向
输入文字: 使用style2                                //输入单行文字
输入文字:                                           //按Enter键结束命令
命令:                                              //重复上一次的命令
text                                               //沿y轴方向(-30°)书写单行文本
指定文字的起点或 [对正(J)/样式(S)]: s                //使用"S"选项指定文字的样式
输入样式名或 [?] <样式-2>: 样式-1                    //选择文字样式"样式-1"
指定文字的起点或 [对正(J)/样式(S)]:                  //选取适当的起始点C
指定高度 <16>:                                     //按Enter键指定文本高度
指定文字的旋转角度 <30>:-30                         //指定单行文本的书写方向
输入文字: 使用style1                                //输入单行文字
输入文字:                                           //按Enter键结束命令
```

结果如图 14-23 所示。

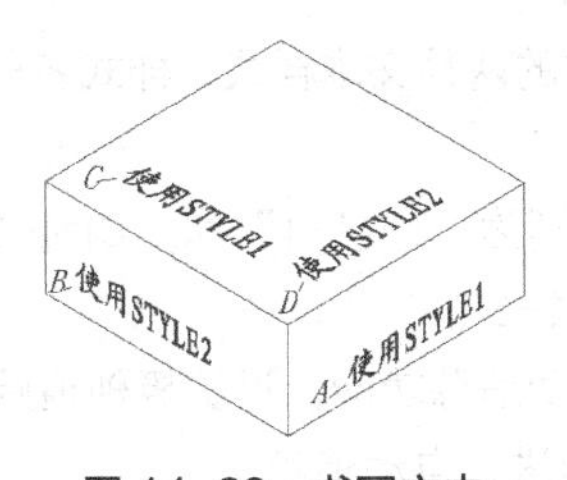

图 14-23 书写文本

14.4 标注尺寸

当用标注命令在轴测图中创建尺寸后，其外观看起来与轴测图本身不协调。为了让某个轴测面内的尺寸标注看起来就像是在这个轴测面内，就需要将尺寸线、尺寸界线倾斜某一角度，以使它们与相应的轴测轴平行。此外，标注文本也必须被设置成倾斜某一角度的形式，才能使文本的外观也具有立体感。图 14-24 所示是标注的初始状态与调整外观后结果的比较。

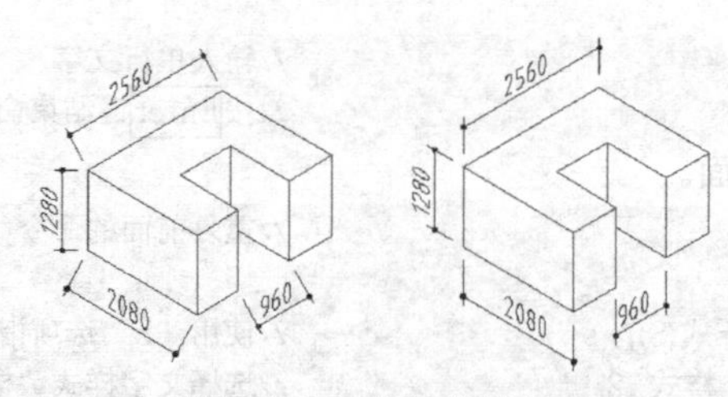

图 14-24　标注的外观

在轴测图中标注尺寸时，一般采取以下步骤。

（1）创建两种尺寸样式，这两种样式所控制的标注文本的倾斜角度分别是 30°和 - 30°。

（2）由于在等轴测图中只有沿与轴测轴平行的方向进行测量才能得到真实的距离值，因此创建轴测图的尺寸标注时应使用 DIMALIGNED 命令（对齐尺寸）。

（3）标注完成后，利用 DIMEDIT 命令的"倾斜（O）"选项修改尺寸界线的倾斜角度，使尺寸界线的方向与轴测轴的方向一致，这样才能使标注的外观具有立体感。

【练习 14-8】 打开素材文件"dwg\第 14 章\14-8.dwg"，标注此轴测图，结果如图 14-25 所示。

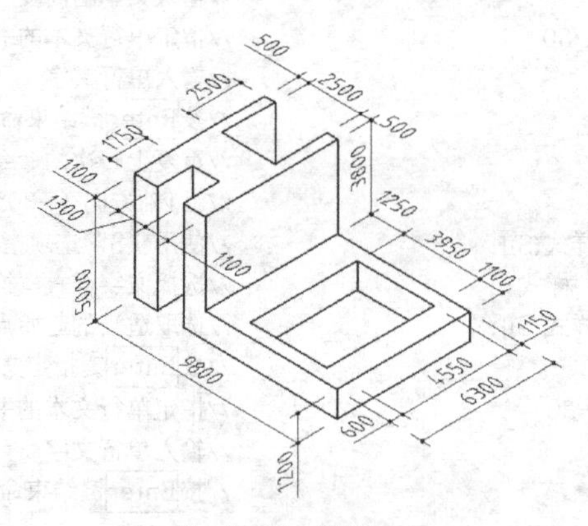

图 14-25　标注尺寸

1. 建立倾斜角分别为 30°和 - 30°的两种文本样式，样式名分别为"样式-1"和"样式-2"。这两个样式所关联的字体文件是"gbenor.shx"。

2. 创建两种尺寸样式，样式名分别为"DIM-1"和"DIM-2"，其中"DIM-1"关联文本样式"样式-1"，"DIM-2"关联文本样式"样式-2"。

3. 打开极轴追踪、对象捕捉及自动追踪功能。设置极轴追踪角度增量为"30"，设定对象捕捉方式为"端点""交点"，设置沿所有极轴角进行自动追踪。

4. 指定尺寸样式"DIM-1"为当前样式，然后使用对齐标注命令 DIMALIGNED 和连续标注命令 DIMCONTINUE 标注尺寸"500""2500"等，如图 14-26 所示。

5. 使用【注释】选项卡中【标注】面板上的 按钮将尺寸界线倾斜到 30°或 - 30°的方向，再利用关键点编辑方式调整标注文字及尺寸线的位置，结果如图 14-27 所示。

```
命令: _dimedit
输入标注编辑类型 [默认(H)/新建(N)/旋转(R)/倾斜(O)] <默认>: _o
                                        //单击【注释】选项卡中【标注】面板上的按钮
选择对象:总计 3 个                       //选择尺寸"500" "2500" "500"
选择对象:                               //按Enter键
```

```
输入倾斜角度 (按 Enter 表示无): 30                  //输入尺寸界线的倾斜角度
命令: _dimedit
输入标注编辑类型 [默认(H)/新建(N)/旋转(R)/倾斜(O)] <默认>:_o
                                                  //单击【注释】选项卡中【标注】面板上的按钮
选择对象:总计 3 个                                 //选择尺寸"600" "4550"和"1150"
选择对象:                                          //按Enter键
输入倾斜角度 (按 Enter 表示无): -30                 //输入尺寸界线的倾斜角度
```

6. 指定尺寸样式“DIM-2”为当前样式，单击【注释】选项卡中【标注】面板上的按钮，选择尺寸“600”“4550”和“1150”进行更新，结果如图 14-28 所示。

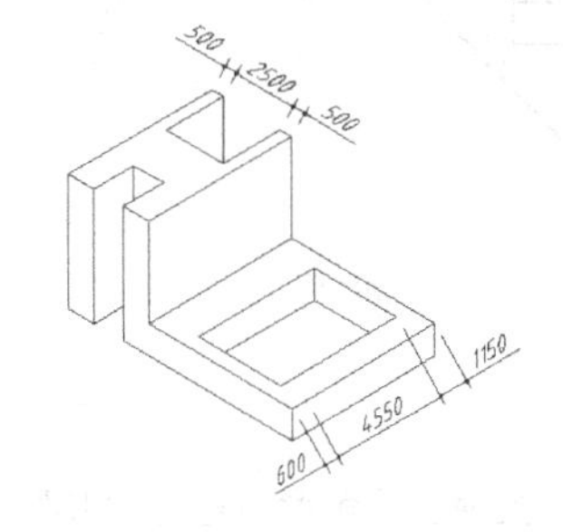

图 14-26　标注对齐尺寸

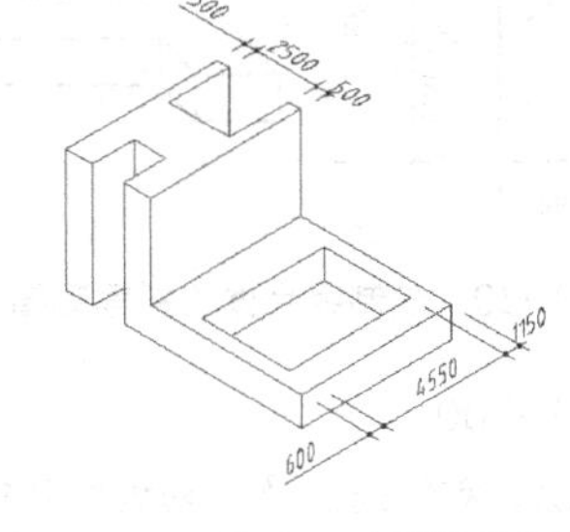

图 14-27　修改尺寸界线的倾斜角

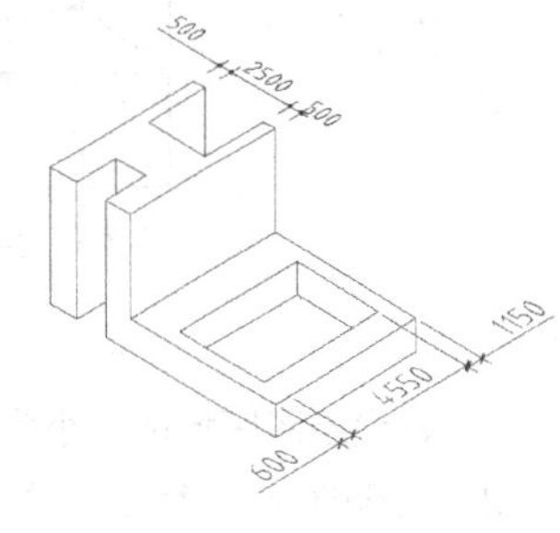

图 14-28　更新尺寸标注

7. 用类似的方法标注其余尺寸，结果如图 14-25 所示。

有时也使用引线在轴测图中进行标注，但所得到的外观一般不会满足要求，此时可用 EXPLODE 命令将标注分解，然后分别调整引线和文本的位置。

14.5　绘制正面斜等测投影图

前面介绍了正等轴测图的画法。在建筑图中，管网系统立体图及通风系统立体图常采用正面斜等测投影图，这种图的特点是平行于屏幕，其斜等测投影图反映实形。斜等测图的画法与正等测图的画法类似，这两种图沿 3 个轴测轴的轴测比例都为 1，只是轴测轴方向不同，如图 14-29 所示。

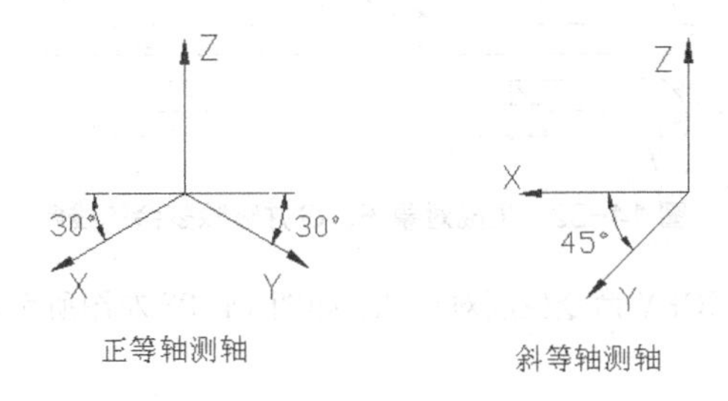

图 14-29　轴测轴

系统没有提供斜等测投影模式，但用户只要在作图时激活极轴追踪、对象捕捉及自动追踪功能，并设定极轴追踪角度增量为 45°，就能很方便地绘制斜等测图。

【练习 14-9】 根据平面视图绘制斜等测图，如图 14-30 所示。

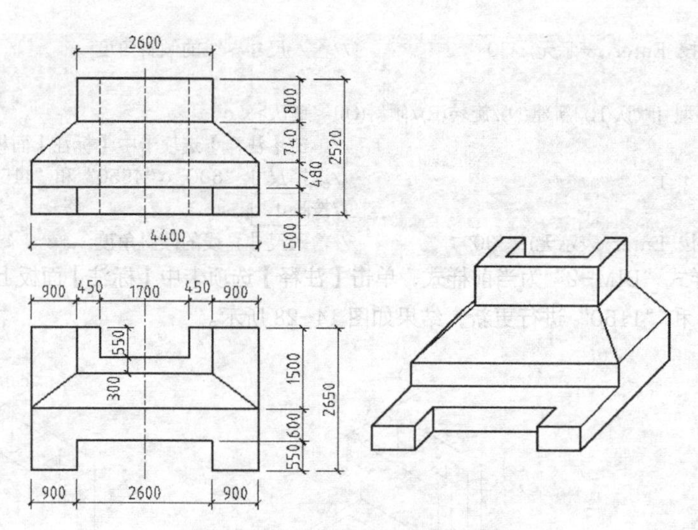

图 14-30　绘制组合体的斜等测图

1. 设定绘图区域的大小为 10000×10000。

2. 激活轴测投影模式，打开极轴追踪、对象捕捉及自动追踪功能。设置极轴追踪角度增量为“45”，设定对象捕捉方式为“端点”“交点”，设置沿所有极轴角进行自动追踪。

3. 用 LINE 命令绘制线框 *A*，将线框 *A* 向上复制到 *B* 处，再连线 *C*、*D* 和 *E*，如图 14-31 左图所示。删除多余的线条，结果如图 14-31 右图所示。

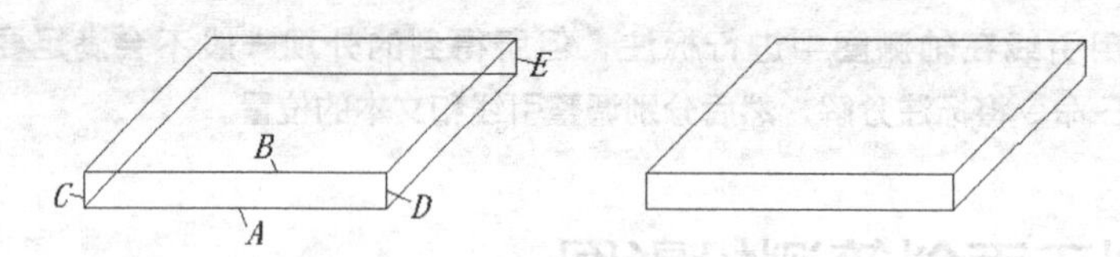

图 14-31　绘制线框 *A*、*B* 等

4. 用 LINE 及 COPY 命令生成对象 *F*、*G*，如图 14-32 左图所示。删除多余的线条，结果如图 14-32 右图所示。

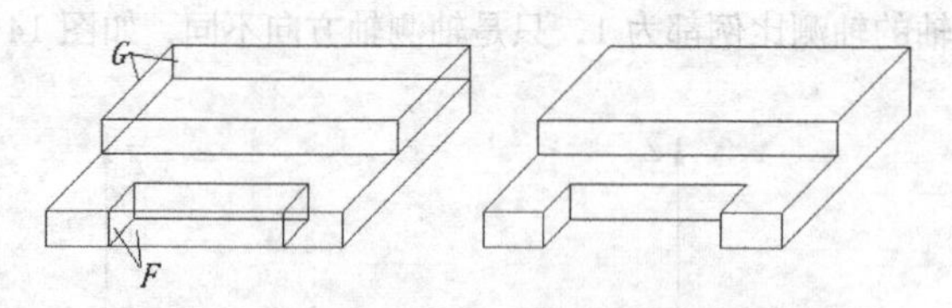

图 14-32　生成对象 *F*、*G* 并删除多余的线条

5. 用 LINE、MOVE 和 COPY 命令生成对象 *H*，如图 14-33 左图所示。删除多余的线条，结果如图 14-33 右图所示。

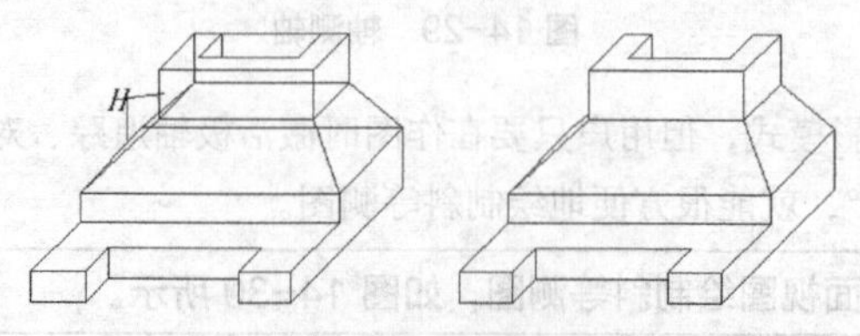

图 14-33　生成对象 *H* 并删除多余的线条

14.6 综合练习——绘制送风管道的斜等测图

【练习 14-10】 绘制送风管道的正面斜等测图，如图 14-34 所示。

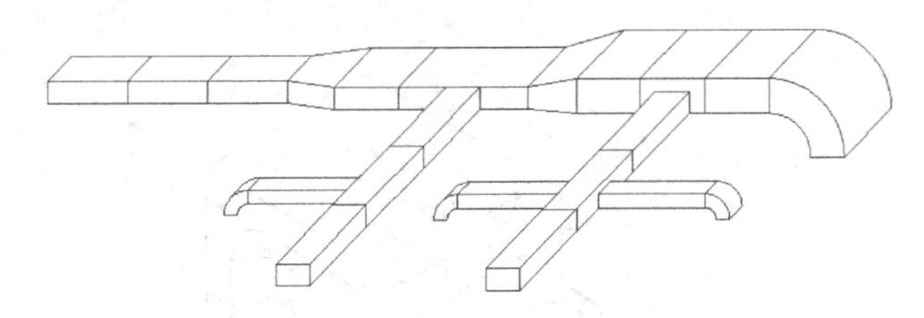

图 14-34 绘制送风管道的斜等测图

1. 设定绘图区域的大小为 16000×16000。

2. 激活轴测投影模式，打开极轴追踪、对象捕捉及自动追踪功能。设置极轴追踪角度增量为“45”，设定对象捕捉方式为“端点”“中点”和“交点”，设置沿所有极轴角进行自动追踪。

3. 用 LINE 命令绘制一个 630×400 的矩形 *A*，再复制矩形并连线，如图 14-35 左图所示。删除多余的线条，结果如图 14-35 右图所示。

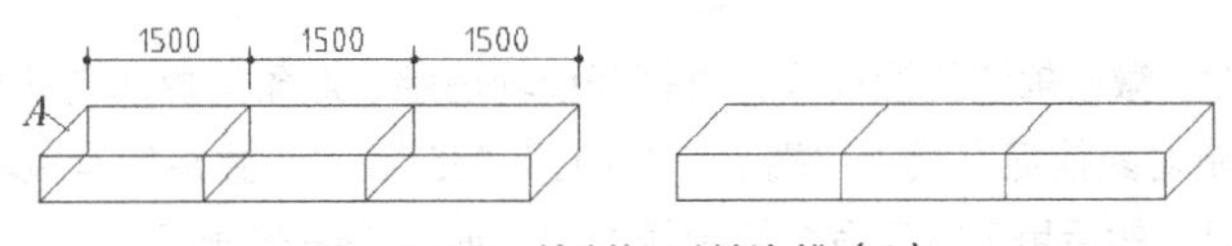

图 14-35 绘制矩形并连线（1）

4. 绘制一个 1000×400 的矩形 *B*，再复制矩形并连线，如图 14-36 上图所示。删除多余的线条，结果如图 14-36 下图所示。

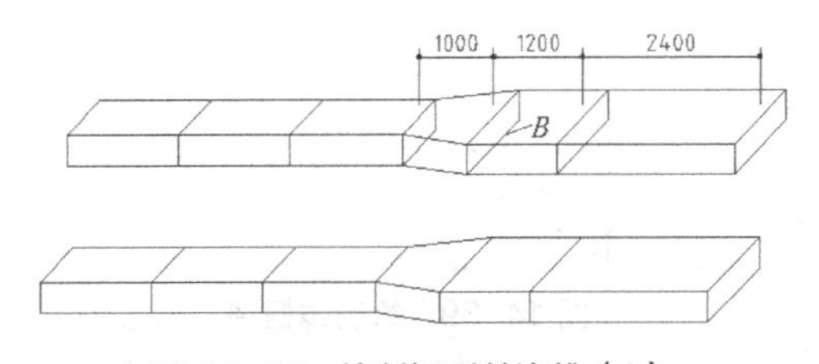

图 14-36 绘制矩形并连线（2）

5. 用类似的方法绘制轴测图其余部分，请读者自己完成相关步骤。作图所需的主要细节尺寸如图 14-37 所示，其他尺寸由读者自定。

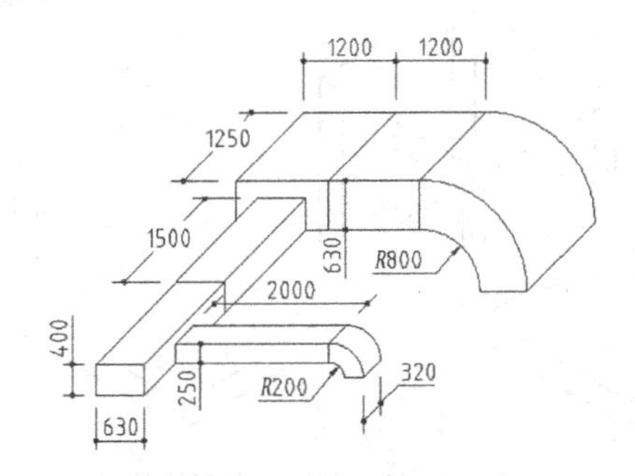

图 14-37 主要细节尺寸

14.7 综合练习二——绘制组合体的轴测图

【练习 14-11】 绘制图 14-38 所示的组合体的轴测图。

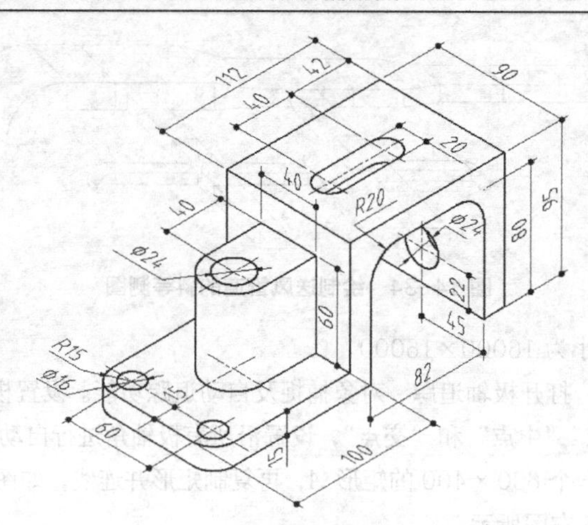

图 14-38 绘制组合体的轴测图（1）

1. 创建新图形文件。激活轴测投影模式，再打开极轴追踪、对象捕捉及自动追踪功能。指定极轴追踪角度增量为 30°；设定对象捕捉方式为“端点”“圆心”“交点”；设置沿所有极轴角进行自动追踪。

2. 切换到右轴测面，然后用 LINE 命令绘制线框 *A*，如图 14-39 所示。

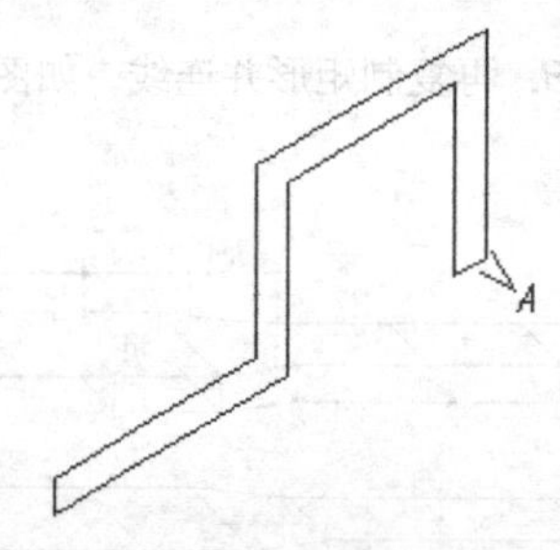

图 14-39 绘制线框 *A*

3. 沿 150°方向复制线框 *A*，然后连线 *B*、*C*、*D* 等，如图 14-40 左图所示。修剪及删除多余线条，结果如图 14-40 右图所示。

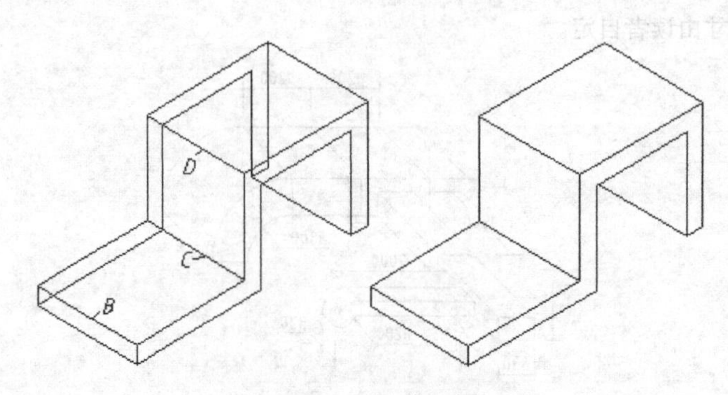

图 14-40 复制对象及连线

4. 绘制椭圆弧，如图 14-41 所示

```
命令: _ellipse
指定椭圆轴的端点或 [圆弧(A)/中心点(C)/等轴测圆(I)]: I
                                        //使用“等轴测圆(I)”选项
指定等轴测圆的圆心: tt                    //建立临时追踪参考点
指定临时对象追踪点: 20                    //从E点向下追踪并输入追踪距离
指定等轴测圆的圆心: 20                    //从F点沿-150°方向追踪并输入追踪距离
指定等轴测圆的半径或 [直径(D)]: 20         //输入圆半径
命令: _copy                              //复制对象
选择对象: 找到 1个                        //选择椭圆G
选择对象:                                //按Enter键
指定基点或 [位移(D)] <位移>:              //单击一点
指定第二个点或 <使用第一个点作为位移>: 42
                                        //沿-150°方向追踪并输入追踪距离
指定第二个点或 [退出(E)/放弃(U)] <退出>:   //按Enter键结束
```

结果如图 14-41 左图所示。修剪及删除多余线条，结果如图 14-41 右图所示。

要点提示 **绘制圆的轴测投影时，首先要利用 F5 键切换到合适的轴测面，使之与圆所在的平面对应起来，这样才能使椭圆看起来是在轴测面内。否则，所画椭圆的形状是不正确的。**

5. 切换到顶轴测面，绘制椭圆，如图 14-42 所示。

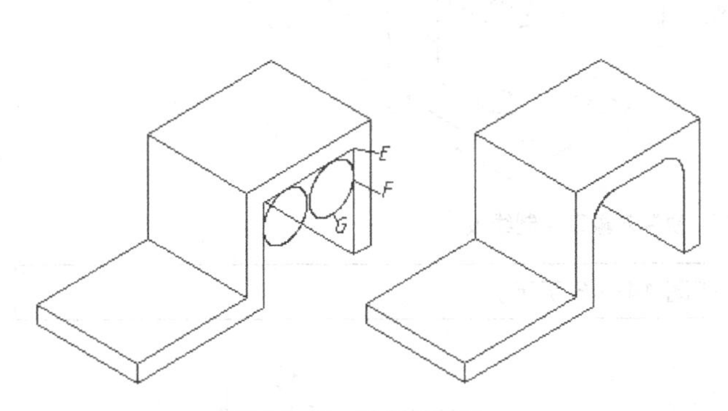

图 14-41　绘制椭圆弧

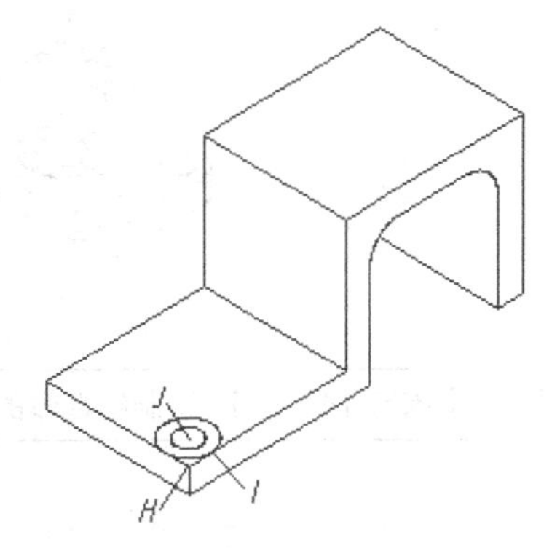

图 14-42　绘制椭圆

6. 复制椭圆，再绘制切线 *K*，结果如图 14-43 左图所示。修剪及删除多余线条，结果如图 14-43 右图所示。

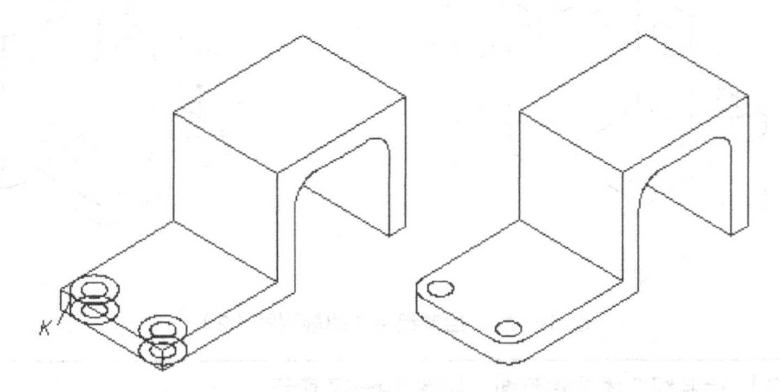

图 14-43　复制椭圆及画切线 *K*

7. 绘制定位线、椭圆及线段，结果如图 14-44 所示。

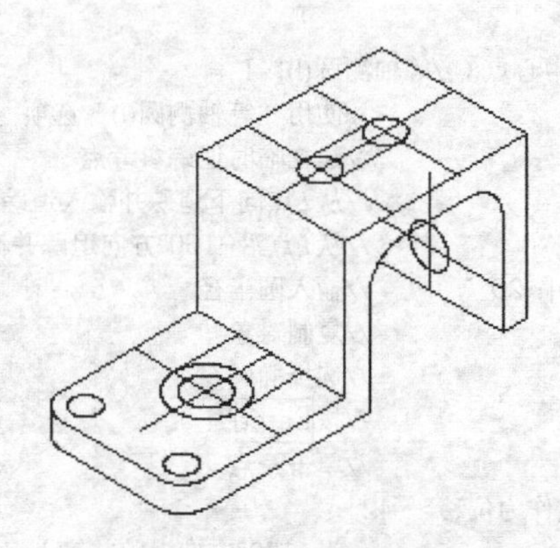

图 14-44　画定位线、椭圆等

8. 复制椭圆及定位线，然后绘制线段 *L*、*M*、*N* 等，结果如图 14-45 左图所示。修剪及删除多余线条，再调整定位线的长度，结果如图 14-45 右图所示。

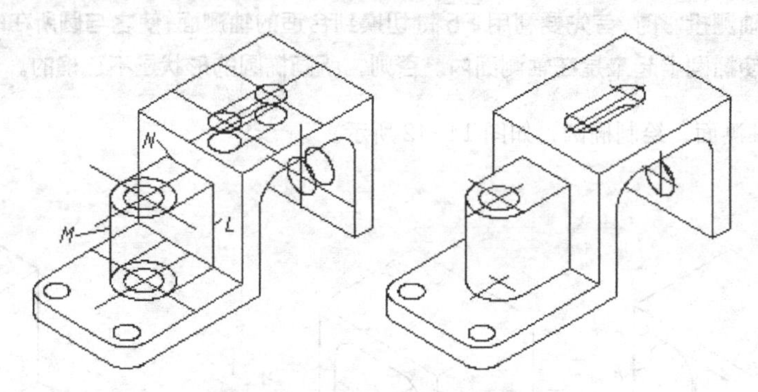

图 14-45　复制对象及绘制线段

【练习 14-12】 绘制组合体的轴测图，如图 14-46 所示。

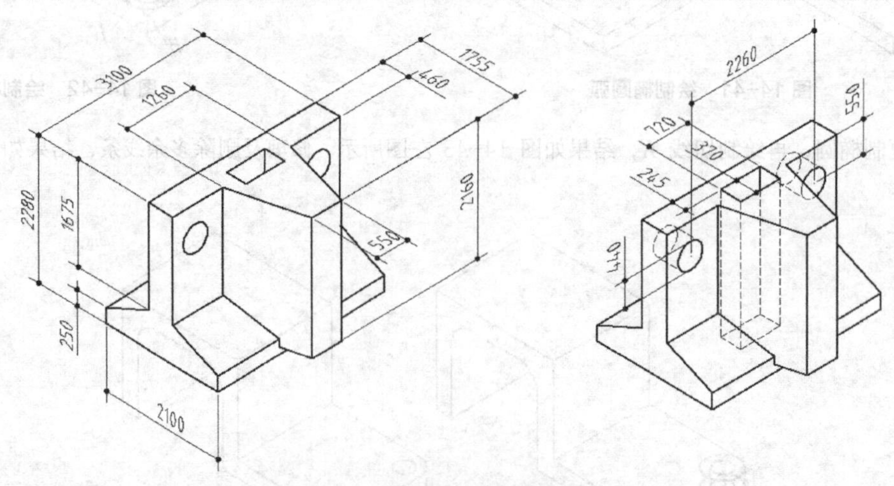

图 14-46　绘制组合体的轴测图（2）

【练习 14-13】 绘制组合体的轴测图，如图 14-47 所示。

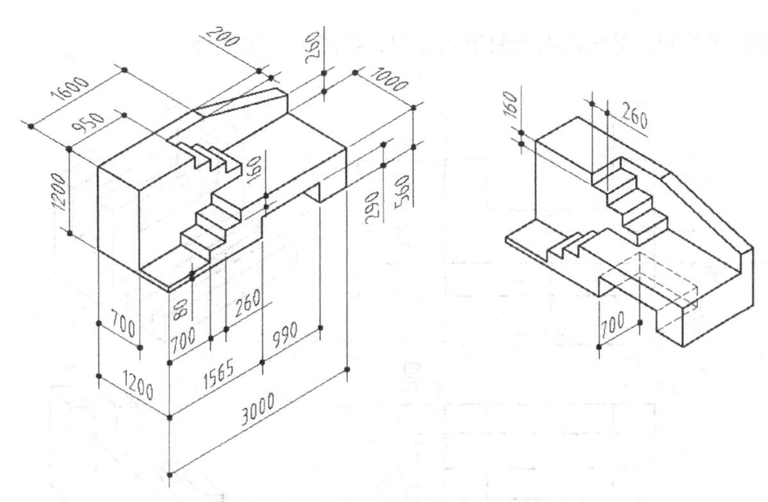

图 14-47　绘制组合体的轴测图（3）

14.8　习题

1. 思考题。

（1）怎样激活轴测投影模式？

（2）轴测图是真正的三维图形吗？

（3）为了便于沿轴测轴方向追踪定位，一般应设定极轴追踪的角度增量为多少？

（4）在轴测面内绘制平行线时可采取哪些方法？

（5）如何绘制轴测图中的过渡圆弧？

（6）为了使轴测面上的文字具有立体感，应将文字的倾斜角度设定为多少？

（7）如何在轴测图中标注尺寸？常使用哪几个命令来创建尺寸？

2. 根据平面视图绘制正等轴测图及斜等轴测图，如图 14-48 所示。

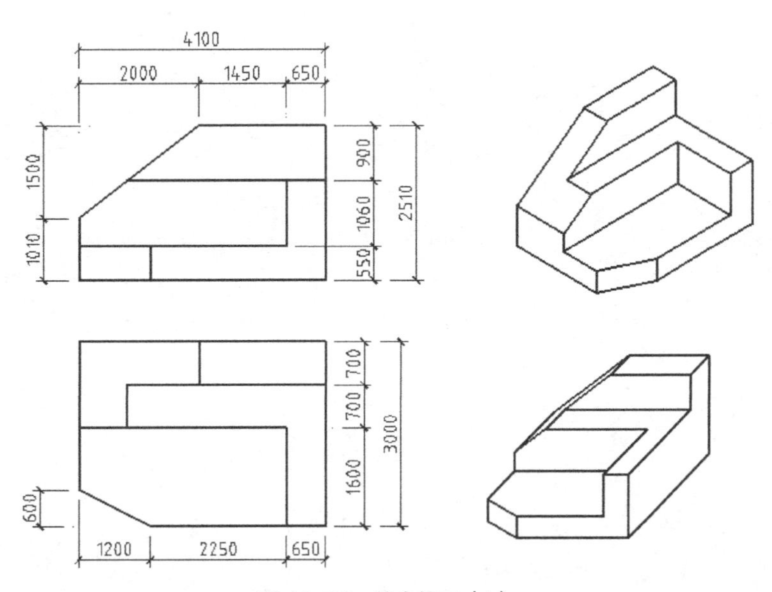

图 14-48　综合练习（1）

3. 根据平面视图绘制正等轴测图及斜等轴测图，如图 14-49 所示。

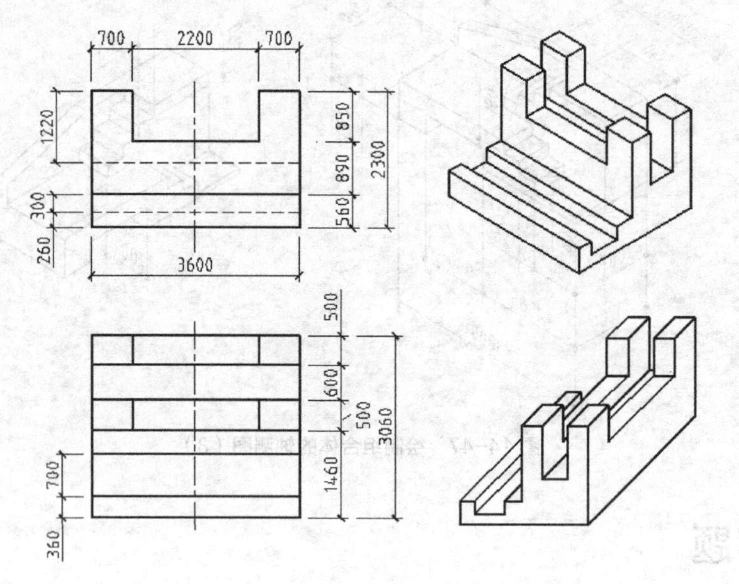

图 14-49　综合练习（2）

PART15

第15章

三维建模

■ 本章主要介绍 AutoCAD 三维建模的基础知识，包括如何在三维空间中观察对象，创建实体及曲面的命令，实体模型的一般建模方法等。

学习目标：

- 掌握观察三维模型的方法 ■
- 学会如何创建消隐图及着色图 ■
- 掌握创建三维基本立体及多段体的方法 ■
- 掌握拉伸、旋转二维对象，形成实体或曲面的方法 ■
- 掌握通过扫掠、放样创建实体或曲面的方法 ■
- 学会如何利用平面或曲面切割实体 ■
- 掌握利用布尔运算构建复杂实体模型的方法 ■

15.1 三维模型及建模空间

二维绘图时，所有工作都局限在一个平面内，点的位置只需用 x、y 坐标表示。而在三维空间中，要确定一个点，就需用 x、y、z 这 3 个坐标。图 15-1 所示为在 xy 平面内的二维图形及三维空间的立体图形。

默认情况下，AutoCAD 世界坐标系的 xy 平面是绘图平面，用户所画直线、圆和矩形等对象都在此平面内。尽管如此，AutoCAD 却是用三维坐标来存储这些对象信息的，只不过此时的 z 坐标值为零。因此，前面所讲的二维图实际上是 3D 空间某个平面上的图形，它们是三维图形的特例。用户可以在 3D 空间的任何一个平面上建立适当的坐标系，然后在此平面上绘制二维图。

在 AutoCAD 中，用户可以创建 3 种类型的三维模型：线框模型、表面模型和实体模型。这 3 种模型在计算机上的显示方式相同，即以线架结构显示出来，但用户可用特定命令表现表面模型及实体模型的真实性。

线框模型

线框模型是一种轮廓模型，它是对三维对象的轮廓描述，仅由 3D 空间的直线及曲线组成，不包含面及体的信息。由于模型不包含表面，因此用户可以“看穿”模型，且不能使该模型消隐或着色。又由于它不含有立体数据，所以用户也不能得到对象的质量、重心、体积和惯矩等物理特性。图 15-2 所示为两个立体的线框模型，用户可以透过第一个模型看到第二个模型。

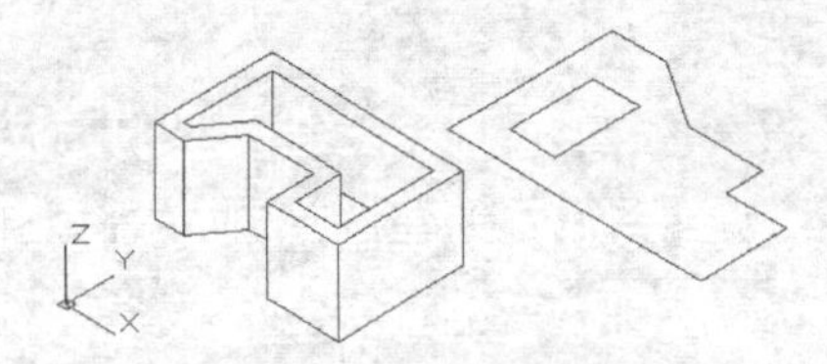

图 15-1 二维图形及三维图形

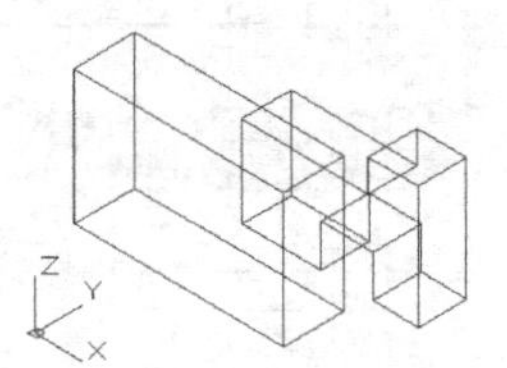

图 15-2 线框模型

表面模型

AutoCAD 用多边形网格来表示表面，如图 15-3 左图所示，网格密度由系统变量 SURFU 及 SURFV 控制。各类表面组合在一起就构成了表面模型，此种模型具有面及三维立体边界信息，面不透明，能遮挡光线，因此曲面模型可以被渲染及消隐。对于计算机辅助加工，用户还可以根据零件的曲面模型形成完整的加工信息。图 15-3 右图所示为两个曲面模型的消隐效果，前面的立体遮住了后面立体的一部分。

实体模型

实体模型具有表面及体的信息。对于此类模型，用户可以区分对象的内部及外部，并可以对它进行打孔、切槽及添加材料等布尔操作，还能检测出对象间是否发生干涉及分析模型的质量特性，如质心、体积和惯矩等。对于计算机辅助加工，用户可利用实体模型的数据生成数控加工代码。图 15-4 所示为在实体上开槽、打孔的结果。

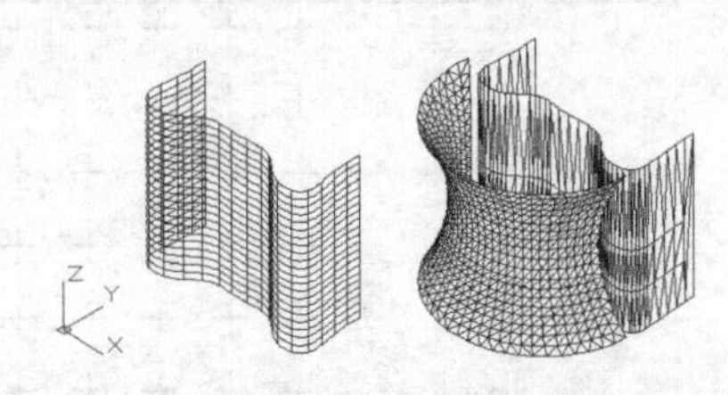

图 15-3 表面模型

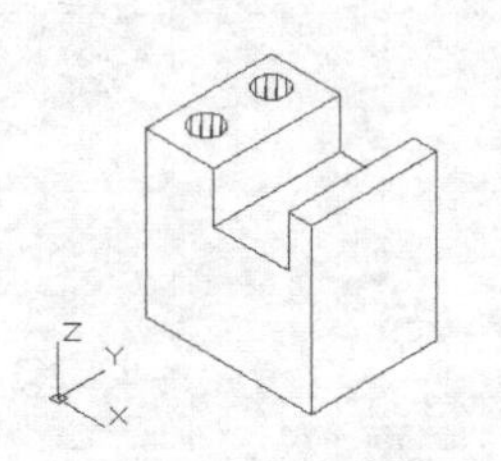

图 15-4 实体模型

用户创建三维模型时可切换至 AutoCAD 三维工作空间。打开快速访问工具栏上的【工作空间】下拉列表，或者单击状态栏上的按钮，弹出快捷菜单，选择“三维建模”选项，就切换至该空间。默认情况下，三维建模空间包含【建模】面板、【实体编辑】面板、【坐标】面板、【视图】面板等，如图 15-5 所示。这些面板的功能如下。

图 15-5 三维建模空间

- 【建模】面板：包含创建基本立体、回转体及其他曲面立体等的命令按钮。
- 【实体编辑】面板：利用该面板中的命令按钮可对实体表面进行拉伸、旋转等操作。
- 【坐标】面板：通过该面板上的命令按钮可以创建及管理 UCS 坐标系。
- 【视图】面板：通过该面板中的命令按钮可设定观察模型的方向，形成不同的模型视图。

15.2 观察三维模型的方法

用户在绘制三维图形的过程中，常需要从不同方向观察图形。当用户设定某个查看方向后，AutoCAD 就显示出对应的 3D 视图，具有立体感的 3D 视图将有助于正确理解模型的空间结构。AutoCAD 的默认视图是 xy 平面视图，这时观察点位于 z 轴上，且观察方向与 z 轴重合，因而用户看不见物体的高度，所见的视图是模型在 xy 平面内的视图。

AutoCAD 提供了多种创建 3D 视图的方法，如利用 VIEW、DDVPOINT、VPOINT 和 3DORBIT 等命令就能沿不同方向观察模型。其中，VIEW、DDVPOINT、VPOINT 命令可使用户在三维空间中设定视点的位置，而 3DORBIT 命令可使用户利用单击并拖动鼠标光标的方法将 3D 模型旋转起来，该命令使三维视图的操作及三维可视化变得十分容易。

15.2.1 用标准视点观察 3D 模型

对于任意三维模型，用户都可以从多个方向进行观察。进入三维建模空间，该空间【常用】选项卡中【视图】面板上的【三维导航】下拉列表提供了 10 种标准视点，如图 15-6 所示。通过这些视点就能获得 3D 对象的 10 种视图，如前视图、后视图、左视图及东南轴测图等。

单击绘图窗口左上角的视图控件，弹出快捷菜单，其中列出了 10 种标准视图选项。

标准视点是相对于某个基准坐标系（世界坐标系或用户创建的坐标系）设定的，基准坐标系不同，所得的视图就不同。

用户可在【视图管理器】对话框中指定基准坐标系，方法是：选择【三维导航】下拉列表中的“视图管理器”，打开【视图管理器】对话框，该对话框左边的列表框中列出了预设的标准正交视图名称，这些视图所采用的基准坐标系可在【设定相对于】下拉列表中选定，如图 15-7 所示。

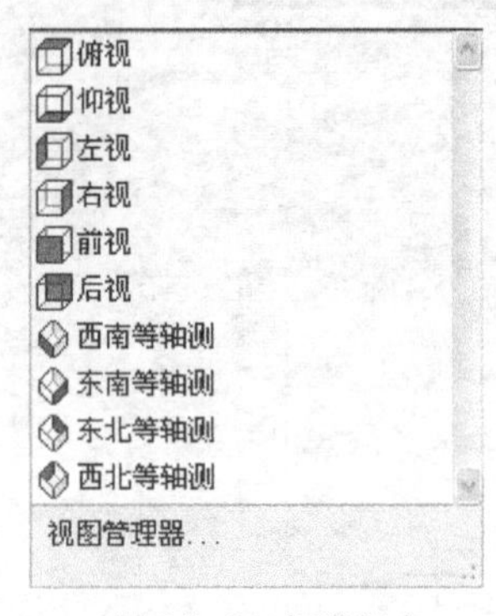

图 15-6　标准视点

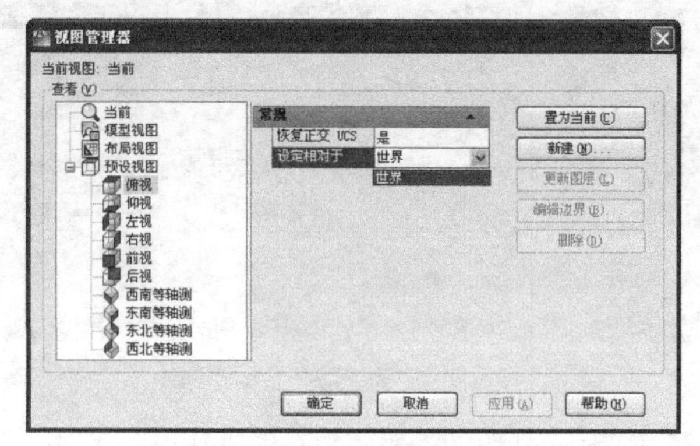

图 15-7 【视图管理器】对话框

【练习 15-1】 下面通过图 15-8 所示的三维模型来演示标准视点生成的视图。

1. 打开素材文件“dwg\第 15 章\15-1.dwg”，如图 15-8 所示。

2. 选择【三维导航】下拉列表中的“前视”选项，再发出消隐命令 HIDE，结果如图 15-9 所示，此图是三维模型的前视图。也可通过绘图窗口左上角的视图控件进行切换。

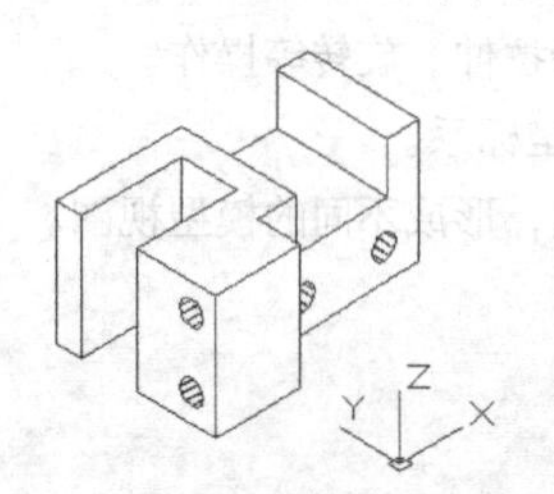

图 15-8　用标准视点观察模型

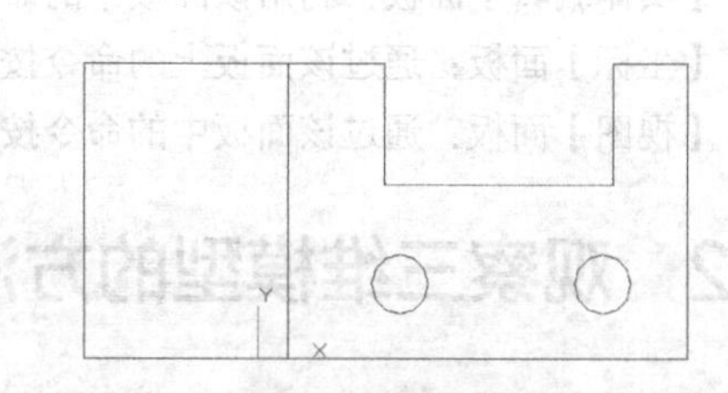

图 15-9　前视图

3. 选择【三维导航】下拉列表的“左视”选项，再发出消隐命令 HIDE，结果如图 15-10 所示，此图是三维模型的左视图。

4. 选择【三维导航】下拉列表的“东南等轴测”选项，然后发出消隐命令 HIDE，结果如图 15-11 所示，此图是三维模型的东南轴测视图。

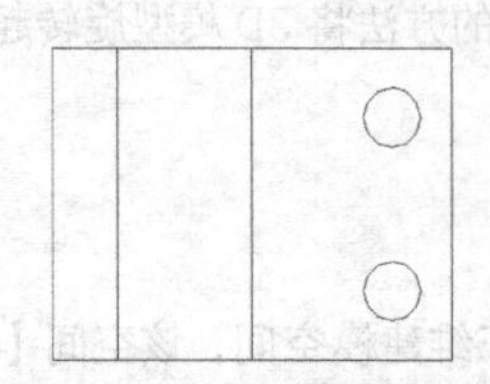

图 15-10　左视图

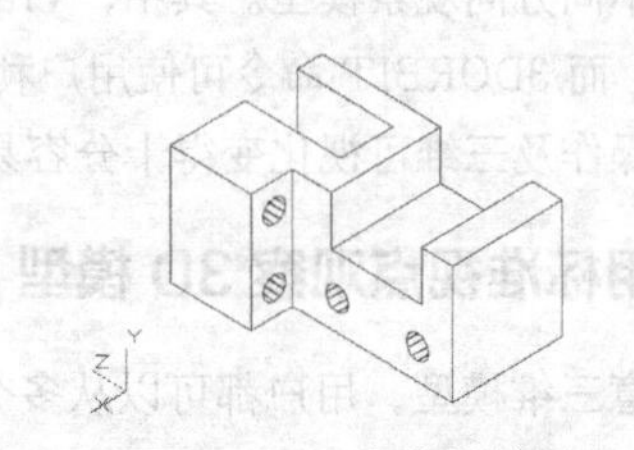

图 15-11　东南轴测图

15.2.2 三维动态旋转

3DFORBIT 命令用于激活交互式的动态视图，用户通过单击并拖动鼠标光标的方法来改变观察方向，从而能够非常方便地获得不同方向的 3D 视图。使用此命令时，用户可以选择观察全部对象或模型中的一部分对象，AutoCAD 围绕待观察的对象形成一个辅助圆，该圆被 4 个小圆分成 4 等份，如图 15-12 所示。辅助圆的圆心是观察目标点，当用户按住鼠标左键并拖动时，待观察的对象（或目标点）静止不动，而视点绕着 3D 对象旋转，显示结果是视图在不断地转动。

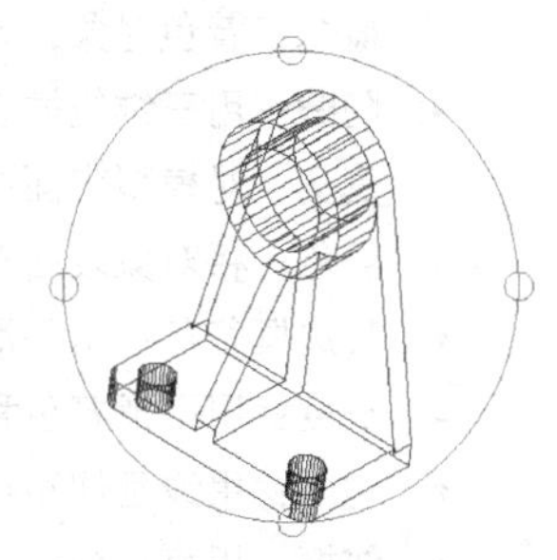

图 15-12　3D 动态视图

当用户想观察整个模型的部分对象时，应先选择这些对象，然后启动 3DFORBIT 命令，此时，仅所选对象显示在屏幕上。若其没有处在动态观察器的大圆内，就单击鼠标右键，选取【范围缩放】命令。

命令启动方法

- 菜单命令：【视图】/【动态观察】/【自由动态观察】。
- 面板：【视图】选项卡中【导航】面板上的自由动态观察按钮。
- 命令：3DFORBIT。

启动 3DFORBIT 命令，AutoCAD 窗口中就出现一个大圆和 4 个均布的小圆，如图 15-12 所示。当鼠标光标移至圆的不同位置时，其形状将发生变化，不同形状的鼠标光标表明了当前视图的旋转方向。

一、球形光标

鼠标光标位于辅助圆内时，就变为上面这种形状，此时，用户可假想一个球体把目标对象包裹起来。单击并拖动鼠标光标，就使球体沿鼠标光标拖动的方向旋转，模型视图也就随之旋转起来。

二、圆形光标

移动鼠标光标到辅助圆外，鼠标光标就变为上面这种形状。按住鼠标左键并将鼠标光标沿辅助圆拖动，就使 3D 视图旋转，旋转轴垂直于屏幕并通过辅助圆心。

三、水平椭圆形光标

当把鼠标光标移动到左、右小圆的位置时，其形状就变为水平椭圆。单击并拖动鼠标光标就使视图绕着一个铅垂轴线转动，此旋转轴线经过辅助圆心。

四、竖直椭圆形光标

将鼠标光标移动到上、下两个小圆的位置时，鼠标光标就变为上面的这种形状。单击并拖动鼠标光标将使视图绕着一个水平轴线转动，此旋转轴线经过辅助圆心。

当 3DFORBIT 命令被激活时，单击鼠标右键，弹出快捷菜单，如图 15-13 所示。

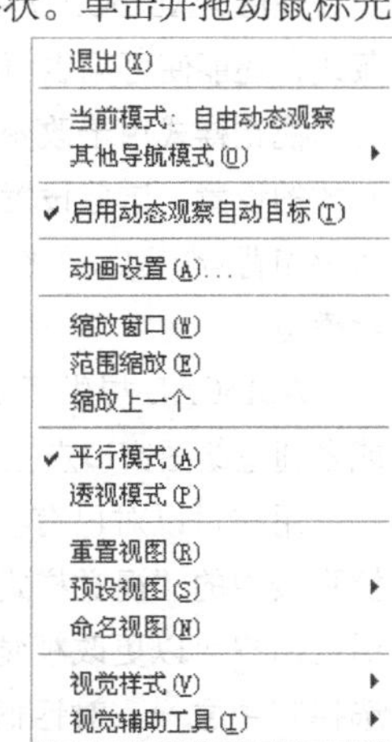

图 15-13　快捷菜单

此菜单中常用命令的功能如下。

（1）其他导航模式：对三维视图执行平移、缩放操作。

（2）缩放窗口：单击两点指定缩放窗口，AutoCAD 将放大此窗口区域。

（3）范围缩放：将图形对象充满整个图形窗口。

（4）缩放上一个：返回上一个视图。

（5）平行模式：激活平行投影模式。

（6）透视模式：激活透视投影模式，透视图与眼睛观察到的图像极为接近。

（7）重置视图：将当前的视图恢复到激活 3DFORBIT 命令时的视图。

（8）预设视图：指定要使用的预定义视图，如左视图、俯视图等。

（9）命名视图：选择要使用的命名视图。

（10）视觉样式：提供以下着色方式。

- 概念：着色对象，效果缺乏真实感，但可以清晰地显示模型细节。
- 隐藏：用三维线框表示模型并隐藏不可见线条。
- 真实：对模型表面进行着色，显示已附着于对象的材质。
- 着色：将对象表面着色，着色的表面较光滑。
- 带边框着色：用平滑着色和可见边显示对象。
- 灰度：用平滑着色和单色灰度显示对象。
- 勾画：用线延伸和抖动边修改器显示手绘效果的对象。
- 线框：用直线和曲线表示模型。
- X 射线：以局部透明度显示对象。

15.2.3 使用 ViewCube 观察模型

绘图窗口右上角的 ViewCube 工具是用于控制观察方向的可视化工具，如图 15-14 所示，用法如下。

- 单击或拖动立方体的面、边、角点、周围文字及箭头等改变视点。
- 单击“ViewCube”左上角图标，切换到等轴测视图。
- 单击“ViewCube”下边的图标，切换到其他坐标系。

AutoCAD 通过 ViewCube 工具的角、边和面定义了 26 个视图，单击这些部分就更改模型视图。单击 ViewCube 工具上的一个面，将切换到标准平行视图：俯视图、仰视图、左视图、右视图、前视图、后视图。单击 ViewCube 工具上的一个角，可通过将视点设置在角点处创建视图。单击一条边，可通过将视点设置在边线处创建视图。

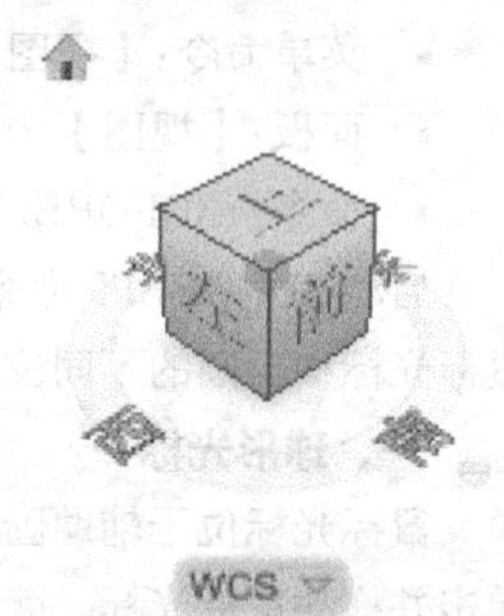

图 15-14　ViewCube 工具

15.2.4 视觉样式

AutoCAD 用线框表示三维模型，在绘制及编辑三维对象时，用户面对的都是模型的线框图。若模型较复杂，则众多线条交织在一起，用户很难清晰地观察对象的结构形状。为了获得较好的显示效果，用户可创建 3D 对象的消隐图（可使用 HIDE 命令）或着色图，这两种图像都具有良好的立体感。模型经消隐处理后，AutoCAD 将使隐藏线不可见，仅显示可见的轮廓线。而对模型进行着色后，则不仅可消除隐藏线，还能使可见表面附带颜色。因此，在着色后，模型的真实感将进一步增强，如图 15-15 所示。

视觉样式用于改变模型在视口中的显示外观，从而创建消隐图或着色图等。它是一组控制模型显示方式的设置，这些设置包括面设置、环境设置及边设置等。面设置控制视口中面的外观，环境设置控制阴影和背景，边设置控制如何显示边。当选中一种视觉样式时，AutoCAD 在视口中按样式规定的形式显示模型。

AutoCAD 提供了 10 种默认视觉样式，用户可在【视图】面板的【视觉样式】下拉列表中进行选择，或者通过绘图窗口左上角的视觉样式控件进行切换。

用户可以对已有视觉样式进行修改或是创建新的视觉样式。单击【视图】面板上【视觉样式】下拉列表中的“视觉样式管理器”选项，打开【视觉样式管理器】对话框，如图 15-16 所示。通过该对话框用户可以更改视觉样式的设置或新建视觉样式。该对话框上部列出了所有视觉样式的效果图片，选择其中之一，对话框下部就列出所选样式的面设置、环境设置及边设置等参数，用户可对这些参数进行修改。

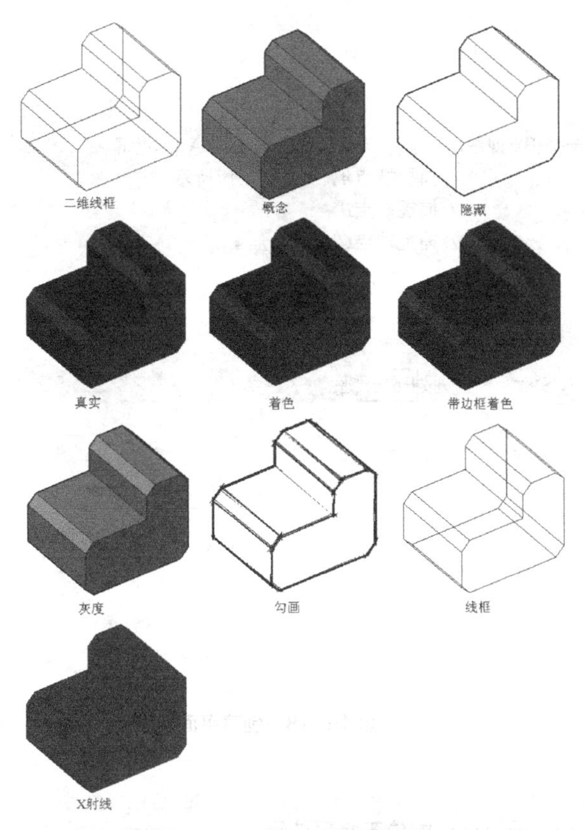

图 15-15　各种视觉样式的效果

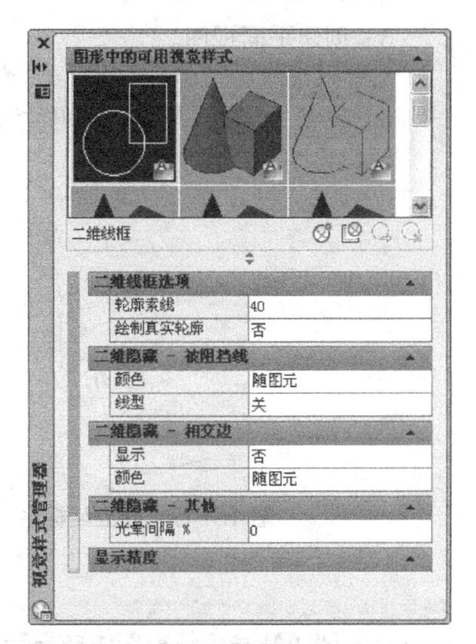

图 15-16 【视觉样式管理器】对话框

15.2.5　快速建立平面视图

使用 PLAN 命令可以生成坐标系的 *xy* 平面视图，即视点位于坐标系的 *z* 轴上，该命令在三维建模过程中非常有用。例如，当用户想在 3D 空间的某个平面上绘图时，可先以该平面为 *xy* 坐标面创建 UCS 坐标系，然后使用 PLAN 命令使坐标系的 *xy* 平面视图显示在屏幕上，这样，在三维空间的某一平面上绘图就如同画一般的二维图一样。

一、命令启动方法

- 菜单命令：【视图】/【三维视图】/【平面视图】。
- 命令：PLAN。

【练习 15-2】 练习使用 PLAN 命令。

启动 PLAN 命令，AutoCAD 提示如下。

命令：plan
输入选项 [当前 UCS(C)/UCS(U)/世界(W)] <当前 UCS>://指定要创建平面视图的坐标系

二、命令选项

- 当前 UCS（C）：这是默认选项，用于创建当前 UCS 的 *xy* 平面视图。
- UCS（U）：此选项允许用户选择一个命名的 UCS，AutoCAD 将生成该 UCS 的 *xy* 平面视图。
- 世界（W）：该选项使用户创建 WCS 的 *xy* 平面视图。

【练习 15-3】 练习用 PLAN 命令建立 3D 对象的平面视图。

1. 打开素材文件“dwg\第 15 章\15-3.dwg”。

2. 利用 3 点建立用户坐标系。

```
命令: ucs
指定 ucs 的原点或 [面(F)/命名(NA)/对象(OB)/上一个(P)/视图(V)/世界(W)/X/Y/Z/Z 轴(ZA)] <世界>:
                                                  //捕捉端点A，如图15-17所示
指定 X 轴上的点或 <接受>:                          //捕捉端点B
指定 XY 平面上的点或 <接受>:                       //捕捉端点C
```

结果如图 15-17 所示。

3. 创建平面视图。

```
命令: plan
输入选项 [当前 UCS(C)/UCS(U)/世界(W)] <当前 UCS>:      //按Enter键
```

结果如图 15-18 所示。

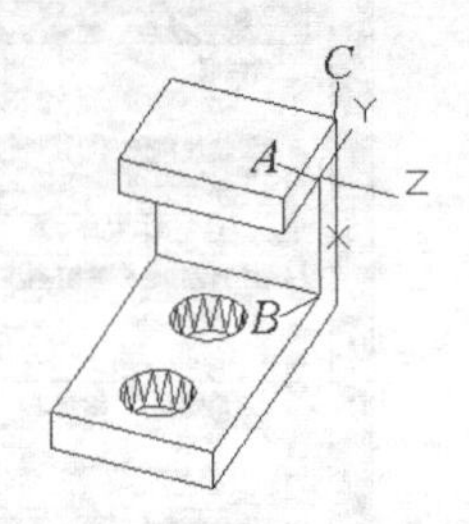

图 15-17　建立坐标系

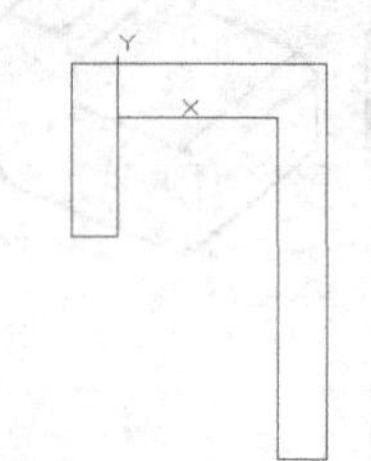

图 15-18　创建平面视图

要点提示　PLAN 命令将重新生成显示窗口，以使 x 轴在显示窗口中位于水平位置。

15.2.6　平行投影模式及透视投影模式

AutoCAD 图形窗口中的投影模式或是平行投影模式或是透视投影模式，前者投影线相互平行，后者投影线相交于投射中心。平行投影视图能反映出物体主要部分的真实大小和比例关系。透视模式与眼睛观察物体的方式类似，此时物体显示的特点是近大远小，视图具有较强的深度感和距离感。当观察点与目标距离接近时，这种效果更明显。

图 15-19 所示为平行投影图及透视投影图。在 ViewCube 工具上单击鼠标右键，弹出快捷菜单，选择【平行】命令，切换到平行投影模式；选择【透视】命令，就切换到透视投影模式。

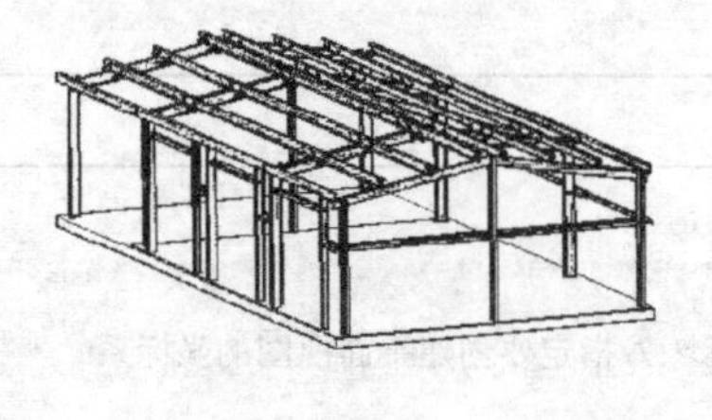

平行投影图

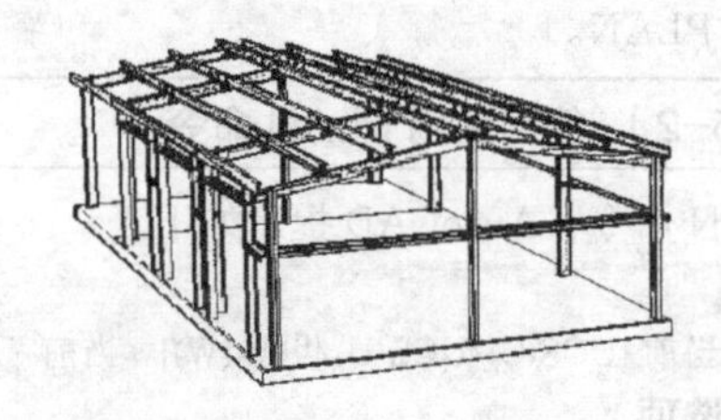

透视投影图

图 15-19　平行投影图及透视投影图

15.2.7　利用多个视口观察 3D 图形

在三维建模的过程中，用户经常需要从不同的方向观察三维模型，以便于定位实体或检查已建模型的正确性。在单视口中，每次只能得到3D对象的一个视图，若要把模型不同观察方向的视图都同时显示出来，就要创建多个视口（平铺视口），如图15-20所示。

平铺视口具有以下特点。

（1）每个视口并非独立的实体，而仅仅是对屏幕的一种划分。

（2）对于每个视口，用户都能设置观察方向或定义独立的UCS坐标系。

（3）用户可以保存及恢复视口的配置信息。

（4）在执行命令的过程中，用户可以从一个视口转向另一个视口进行操作。

（5）单击某个视口就将它激活，每次只能激活一个视口，被激活的视口带有粗黑边框。

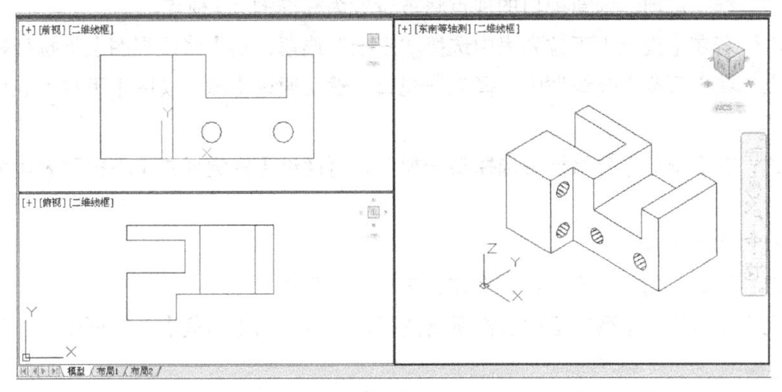

图15-20　创建多个视口

命令启动方法

- 菜单命令：【视图】/【视口】/【新建视口】。
- 面板：【视图】选项卡【视口】面板上的按钮。
- 命令：VPORTS。

调用VPORTS命令，AutoCAD弹出【视口】对话框，如图15-21所示。通过该对话框用户就可建立多个视口。

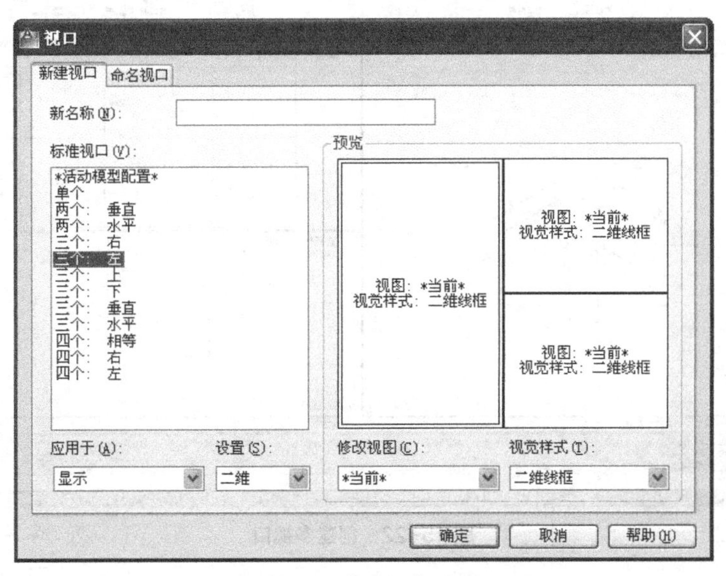

图15-21　【视口】对话框

【视口】对话框有两个选项卡，下面分别说明各选项卡中的选项功能。

（1）【新建视口】选项卡。

- 新名称：在此文本框中输入新视口的名称，AutoCAD 就将新的视口设置保存起来。
- 标准视口：此列表框中列出了 AutoCAD 提供的标准视口配置。当用户选择其一时，【预览】分组框中就显示视口布置的预览图。
- 应用于：在此下拉列表中选择【显示】选项，则 AutoCAD 根据视口设置对整个图形窗口进行划分。若选择【当前视口】选项，则 AutoCAD 仅将当前激活的视口重新划分。
- 设置：如果在此下拉列表中选择“二维”选项，那么所有新视口的视点与当前视口的视点相同。若选择“三维”选项，则新视口的视点将被设置为标准的 3D 视点。
- 修改视图：若在【设置】下拉列表中选择“三维”选项，则【修改视图】下拉列表将提供所有的标准视点。在【预览】分组框中选择某一视口，然后通过【修改视图】下拉列表可为该视口设置视点。
- 视觉样式：在【预览】分组框中选择某一视口，再通过【视觉样式】下拉列表可为该视口指定视觉样式。

（2）【命名视口】选项卡。

- 命名视口：已命名的视口设置都将在该列表框中被列出。
- 预览：在【命名视口】列表框中选择所需的视口设置，则【预览】分组框中将显示视口布置的预览图。

【练习 15-4】 熟悉多视口的使用。

1. 打开素材文件“dwg\第 15 章\15-4.dwg”，键入 VPORTS 命令，AutoCAD 弹出【视口】对话框。在【标准视口】列表框中选取【三个：左】选项，在【设置】下拉列表中选择“三维”选项，然后单击 确定 按钮，结果如图 15-22 所示。

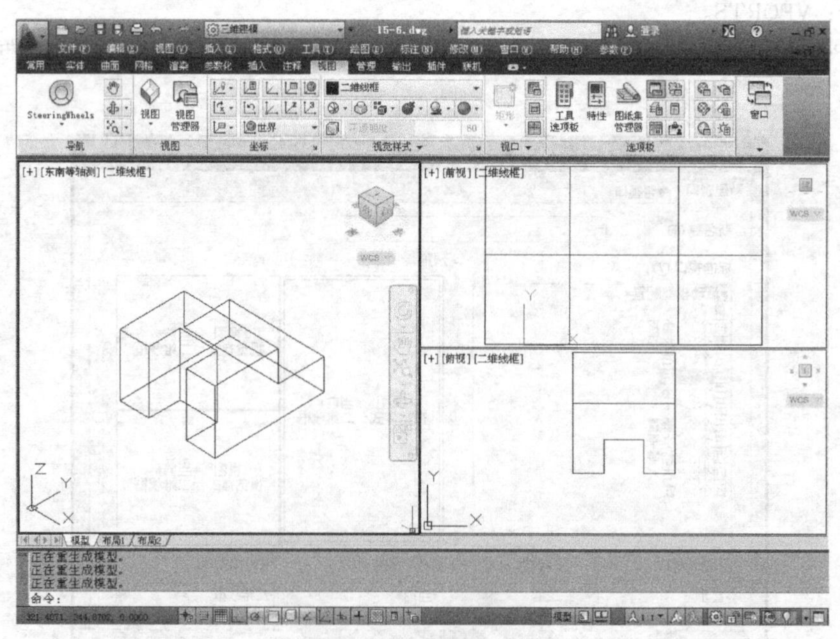

图 15-22 创建多视口

2. 单击右上视口以激活它，并在此视口中建立新的用户坐标系。

```
命令: ucs
指定 UCS 的原点或 [面(F)/命名(NA)/对象(OB)/上一个(P)/视图(V)/世界(W)/X/Y/Z/Z 轴(ZA)] <世界>: y
                                                    //使当前的UCS绕y轴旋转
指定绕 Y 轴的旋转角度 <90>: 90                        //输入旋转角度
```

3. 创建平面视图。

```
命令: plan
输入选项 [当前 UCS(C)/UCS(U)/世界(W)] <当前 UCS>:       //按Enter键
```

结果如图 15-23 所示。

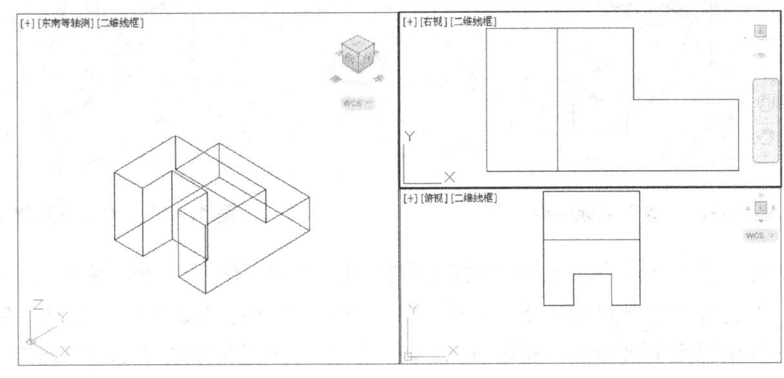

图 15-23 生成平面视图

15.3 用户坐标系

默认情况下，AutoCAD 的坐标系统是世界坐标系，该坐标系是一个固定坐标系。用户也可在三维空间中建立自己的坐标系（UCS），该坐标系是一个可变动的坐标系，坐标轴正向按右手螺旋法则确定。三维绘图时，UCS 坐标系特别有用，因为用户可以在任意位置、沿任意方向建立 UCS，从而使得三维绘图变得更加容易。

在 AutoCAD 中，多数 2D 命令只能在当前坐标系的 *xy* 平面或与 *xy* 平面平行的平面内执行。若用户想在 3D 空间的某一平面内使用 2D 命令，则应在此平面位置创建新的 UCS。

【练习 15-5】 在三维空间中创建坐标系。

1. 打开素材文件“dwg\第 15 章\15-5.dwg”。
2. 改变坐标原点。单击【坐标】面板上的按钮，或者键入 UCS 命令，AutoCAD 提示如下。

```
命令: ucs
指定 UCS 的原点或 [面(F)/命名(NA)/对象(OB)/上一个(P)/视图(V)/世界(W)/X/Y/Z/Z 轴(ZA)] <世界>:
                                        //捕捉A点，如图15-24所示
指定 X 轴上的点或 <接受>:                 //按Enter键
```

结果如图 15-24 所示。

3. 将 UCS 坐标系绕 *x* 轴旋转 90°。

```
命令:ucs
指定 ucs 的原点或 [面(F)/命名(NA)/对象(OB)/上一个(P)/视图(V)/世界(W)/X/Y/Z/Z 轴(ZA)] <世界>: x
                                        //使用“X”选项
指定绕 X 轴的旋转角度 <90>: 90            //输入旋转角度
```

结果如图 15-25 所示。

4. 利用 3 点定义新坐标系。

```
命令:ucs
指定 ucs 的原点或 [面(F)/命名(NA)/对象(OB)/上一个(P)/视图(V)/世界(W)/X/Y/Z/Z 轴(ZA)] <世界>: end于
                                                    //捕捉B点，如图15-26所示
在正 X 轴范围上指定点: end于                          //捕捉C点
在 ucs XY 平面的正 Y 轴范围上指定点: end于            //捕捉D点
```

结果如图 15-26 所示。

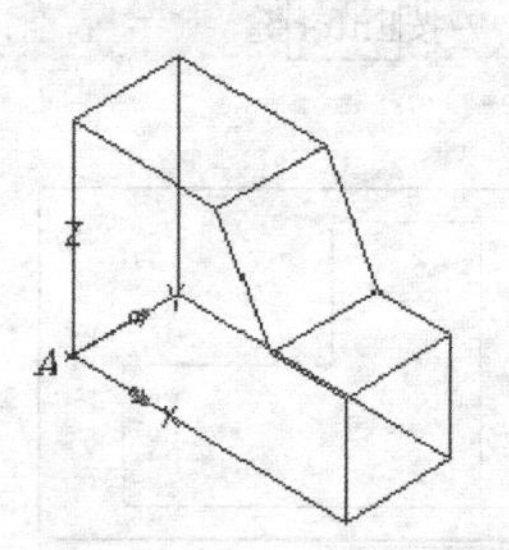

图 15-24　改变坐标原点

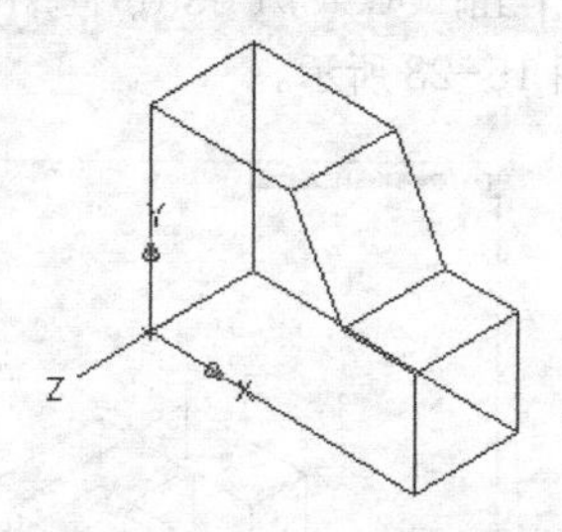

图 15-25　将坐标系绕 *x* 轴旋转

除用 UCS 命令改变坐标系外，用户也可打开动态 UCS 功能，使 UCS 坐标系的 *xy* 平面在绘图过程中自动与某一平面对齐。按 F6 键或按下状态栏上的按钮，就可打开动态 UCS 功能。启动二维或三维绘图命令，将鼠标光标移动到要绘图的实体面，该实体面亮显，表明坐标系的 *xy* 平面临时与实体面对齐，绘制的对象将处于此面内。绘图完成后，UCS 坐标系又返回原来状态。

在 AutoCAD 2012 中，UCS 图标是一个可被选择的对象，选中它，出现关键点，激活关键点可移动或旋转坐标系。也可先将鼠标光标悬停在关键点上，弹出快捷菜单，利用菜单命令调整坐标系，如图 15-27 所示。

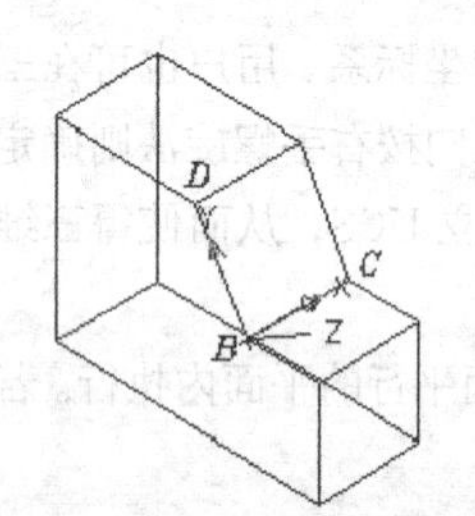

图 15-26　利用 3 点定义坐标系

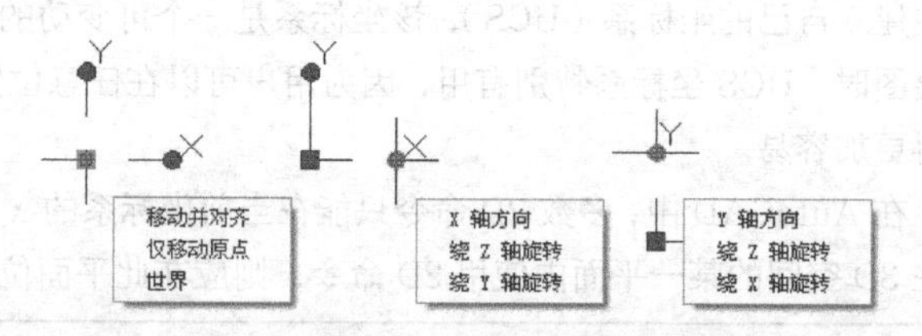

图 15-27　UCS 图标对象

15.4　创建三维实体和曲面

创建三维实体和曲面的主要工具都包含在【建模】面板和【实体编辑】面板中，如图 15-28 所示。利用这些工具用户可以创建圆柱体、球体及锥体等基本立体。此外，还可通过拉伸、旋转、扫掠及放样 2D 对象形成三维实体和曲面。

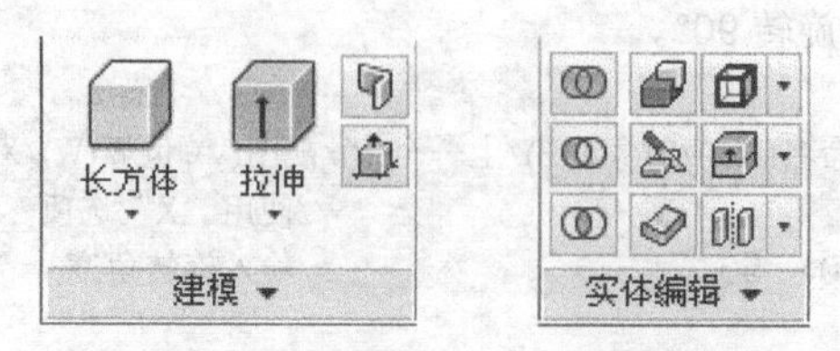

图 15-28　【建模】面板及【实体编辑】面板

15.4.1 三维基本立体

AutoCAD 能生成长方体、球体、圆柱体、圆锥体、楔形体以及圆环体等基本立体，【建模】面板上包含了创建这些立体的命令按钮，表 15-1 列出了这些按钮的功能及操作时要输入的主要参数。

表 15-1 创建基本立体的命令按钮

按钮	功能	输入参数
长方体	创建长方体	指定长方体的一个角点，再输入另一角点的相对坐标
球体	创建球体	指定球心，输入球半径
圆柱体	创建圆柱体	指定圆柱体底面的中心点，输入圆柱体半径及高度
圆锥体	创建圆锥体及圆锥台	指定圆锥体底面的中心点，输入锥体底面半径及锥体高度 指定圆锥台底面的中心点，输入锥台底面半径、顶面半径及锥台高度
楔体	创建楔形体	指定楔形体的一个角点，再输入另一对角点的相对坐标
圆环体	创建圆环体	指定圆环中心点，输入圆环体半径及圆管半径
棱锥体	创建棱锥体及棱锥台	指定棱锥体底面边数及中心点，输入锥体底面半径及锥体高度 指定棱锥台底面边数及中心点，输入棱锥台底面半径、顶面半径及棱锥台高度

创建长方体或其他基本立体时，用户也可通过单击一点设定参数的方式进行绘制。当 AutoCAD 提示输入相关数据时，用户移动鼠标光标到适当位置，然后单击一点。在此过程中，立体的外观将被显示出来，以便于用户初步确定立体形状。绘制完成后，用户可用 PROPERTIES 命令显示立体尺寸，并对其修改。

【练习 15-6】 创建长方体及圆柱体。

1. 进入三维建模工作空间。打开【视图】面板上的【三维导航】下拉列表，选择“东南等轴测”选项，切换到东南等轴测视图。再通过【视图】面板上的【视觉样式】下拉列表设定当前模型显示方式为“二维线框”。也可通过绘图窗口左上角的相关控件控制观察方向及视觉样式。

2. 单击【建模】面板上的 长方体 按钮，AutoCAD 提示如下。

```
命令: _box
指定第一个角点或 [中心(C)]:                      //指定长方体角点A，如图15-29左图所示
指定其他角点或 [立方体(C)/长度(L)]: @100,200,300
                                                 //输入另一角点B的相对坐标
```

结果如图 15-29 左图所示。

3. 单击【建模】面板上的 圆柱体 按钮，AutoCAD 提示如下。

```
命令: _cylinder
指定底面的中心点或 [三点(3P)/两点(2P)/切点、切点、半径(T)/椭圆(E)]:
                                                 //指定圆柱体底圆中心，如图15-29右图所示
指定底面半径或 [直径(D)] <80.0000>: 80            //输入圆柱体半径
指定高度或 [两点(2P)/轴端点(A)] <300.0000>: 300   //输入圆柱体高度
```

结果如图 15-29 右图所示。

4. 改变实体表面网格线的密度。

```
命令: isolines
输入 isolines 的新值 <4>: 40                     //设置实体表面网格线的数量，详见15.4.11小节
```

选择菜单命令【视图】/【重生成】，重新生成模型，实体表面网格线变得更加密集。

5. 控制实体消隐后表面网格线的密度。

```
命令：facetres
输入 facetres 的新值 <0.5000>：5//设置实体消隐后的网格线密度，详见15.4.11小节
```

启动 HIDE 命令，结果如图 15-29 所示。

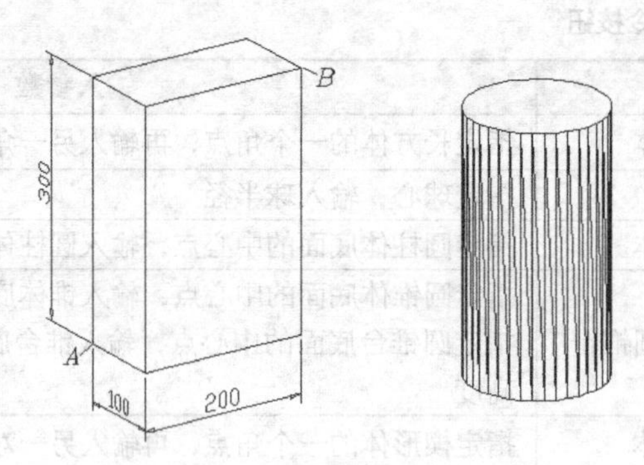

图 15-29 创建长方体及圆柱体

15.4.2 多段体

使用 POLYSOLID 命令可以像绘制连续折线或画多段线一样创建实体，该实体被称为多段体。它看起来是由矩形薄板及圆弧形薄板组成的，用户可以设定板的高度和厚度。此外，用户还可利用该命令将已有的直线、圆弧及二维多段线等对象创建成多段体。

一、命令启动方法

- 菜单命令：【绘图】/【建模】/【多段体】。
- 面板：【常用】选项卡中【建模】面板上的按钮。
- 命令：POLYSOLID 或简写 PSOLID。

【练习 15-7】 练习使用 POLYSOLID 命令。

1. 打开素材文件“dwg\第 15 章\15-7.dwg”。

2. 将坐标系绕 x 轴旋转 90°，打开极轴追踪、对象捕捉极自动追踪功能，用 POLYSOLID 命令创建实体。

```
命令：_Polysolid 指定起点或 [对象(O)/高度(H)/宽度(W)/对正(J)] <对象>：h
                                                  //使用“高度(H)”选项
指定高度 <260.0000>：260                          //输入多段体的高度
指定起点或 [对象(O)/高度(H)/宽度(W)/对正(J)] <对象>：w    //使用“宽度(W)”选项
指定宽度 <30.0000>：30                            //输入多段体的宽度
指定起点或 [对象(O)/高度(H)/宽度(W)/对正(J)] <对象>：j    //使用“对正(J)”选项
输入对正方式 [左对正(L)/居中(C)/右对正(R)] <居中>：c     //使用“居中(C)”选项
指定起点或 [对象(O)/高度(H)/宽度(W)/对正(J)] <对象>：mid  于
                                                  //捕捉中点A，如图15-30所示
指定下一个点或 [圆弧(A)/放弃(U)]：100               //向下追踪并输入追踪距离
指定下一个点或 [圆弧(A)/放弃(U)]：a                 //切换到圆弧模式
指定圆弧的端点或 [闭合(C)/方向(D)/直线(L)/第二个点(S)/放弃(U)]：220
                                                  //沿x轴方向追踪并输入追踪距离
指定圆弧的端点或 [闭合(C)/方向(D)/直线(L)/第二个点(S)/放弃(U)]：l
                                                  //切换到直线模式
```

```
指定下一个点或 [圆弧(A)/闭合(C)/放弃(U)]: 150
                                                //向上追踪并输入追踪距离
指定下一个点或 [圆弧(A)/闭合(C)/放弃(U)]:          //按Enter键结束
```

结果如图 15-30 所示。

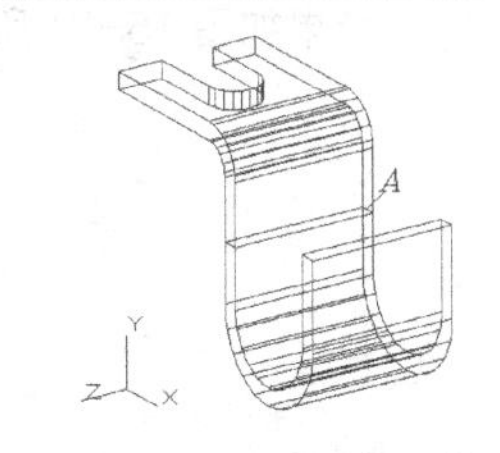

图 15-30 创建多段体

二、命令选项

- 对象（O）：将直线、圆弧、圆及二维多段线转化为实体。
- 高度（H）：设定实体沿当前坐标系 z 轴的高度。
- 宽度（W）：指定实体宽度。
- 对正（J）：设定鼠标光标在实体宽度方向的位置。该选项包含“圆弧”子选项，可用于创建圆弧形多段体。

15.4.3 将二维对象拉伸成实体或曲面

使用 EXTRUDE 命令可以拉伸二维对象生成 3D 实体或曲面，若拉伸闭合对象，则生成实体，否则，生成曲面。操作时，用户可指定拉伸高度值及拉伸对象的锥角，还可沿某一直线或曲线路径进行拉伸。

EXTRUDE 命令能拉伸的对象及路径如表 15-2 所示。

表 15-2 拉伸对象及路径

拉伸对象	拉伸路径
直线、圆弧、椭圆弧	直线、圆弧、椭圆弧
二维多段线	二维及三维多段线
二维样条曲线	二维及三维样条曲线
面域	螺旋线
实体上的平面	实体及曲面的边

要点提示 **实体的面、边及顶点是实体的子对象，按住 Ctrl 键就能选择这些子对象。**

一、命令启动方法

- 菜单命令：【绘图】/【建模】/【拉伸】。
- 面板：【常用】选项卡中【建模】面板上的拉伸按钮。
- 命令：EXTRUDE 或简写 EXT。

【练习 15-8】 练习使用 EXTRUDE 命令。

1. 打开素材文件“dwg\第 15 章\15-8.dwg”，用 EXTRUDE 命令创建实体。
2. 将图形 A 创建成面域，再将连续线 B 编辑成一条多段线，如图 15-31 所示。
3. 用 EXTRUDE 命令拉伸面域及多段线，形成实体和曲面。

```
命令: _extrude
选择要拉伸的对象或 [模式(MO)]: 找到 1 个                  //选择面域
选择要拉伸的对象或 [模式(MO)]:                            //按Enter键
指定拉伸的高度或 [方向(D)/路径(P)/倾斜角(T)/表达式(E)] <262.2213>: 260
                                                          //输入拉伸高度
命令:extrude                                              //重复命令
选择要拉伸的对象或 [模式(MO)]: 找到 1 个                  //选择多段线
选择要拉伸的对象或 [模式(MO)]:                            //按Enter键
```

```
指定拉伸的高度或 [方向(D)/路径(P)/倾斜角(T)/表达式(E)] <260.0000>: p
                                                         //使用"路径(P)"选项
选择拉伸路径或 [倾斜角(T)]:                                //选择样条曲线C
```

结果如图 15-31 所示。

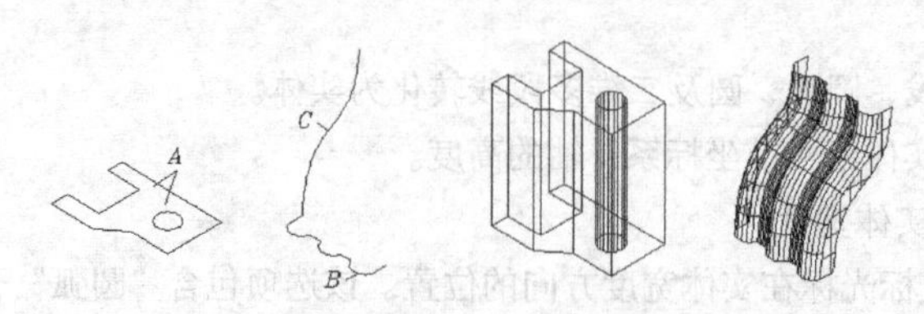

图 15-31　拉伸面域及多段线

> 要点提示
> 系统变量 SURFU 和 SURFV 用于控制曲面上素线的密度。选中曲面，启动 PROPERTIES 命令，该命令将列出这两个系统变量的值，修改它们，曲面上素线的数量就发生变化。

二、命令选项

- 模式（MO）：控制拉伸对象是实体还是曲面。
- 指定拉伸的高度：如果输入正的拉伸高度，则对象沿 z 轴正向拉伸。若输入负值，则沿 z 轴负向拉伸。当对象不在坐标系 xy 平面内时，将沿该对象所在平面的法线方向拉伸对象。
- 方向（D）：指定两点，由两点的连线确定拉伸的方向和距离。
- 路径（P）：沿指定路径拉伸对象，形成实体或曲面。拉伸时，路径被移动到轮廓的形心位置。路径不能与拉伸对象在同一个平面内，也不能具有较大曲率的区域，否则，有可能在拉伸过程中产生自相交的情况。
- 倾斜角（T）：当 AutoCAD 提示"指定拉伸的倾斜角度<0>:"时，输入正的拉伸倾斜角，表示从基准对象逐渐变细地拉伸，而负角度值则表示从基准对象逐渐变粗地拉伸，如图 15-32 所示。用户要注意拉伸斜角不能太大，若拉伸实体截面在到达拉伸高度前已经变成一个点，那么 AutoCAD 将提示不能进行拉伸。

表达式（E）：输入公式或方程式，以指定拉伸高度。

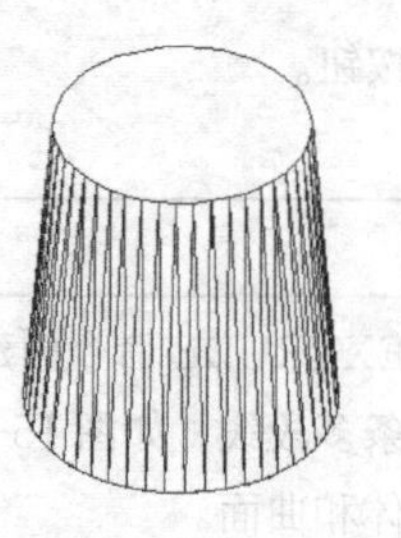

拉伸斜角为5°

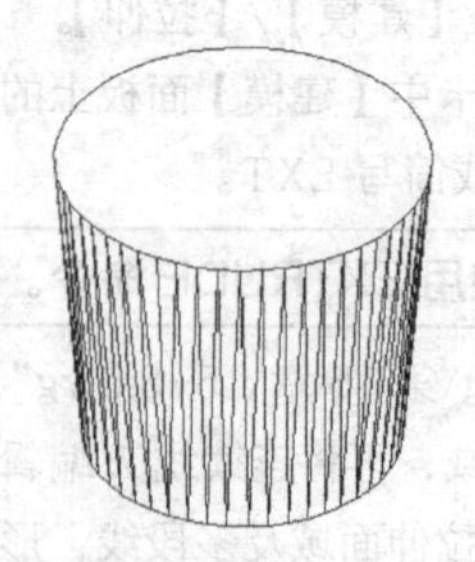

拉伸斜角为-5°

图 15-32　指定拉伸斜角

15.4.4　旋转二维对象形成实体或曲面

使用 REVOLVE 命令可以旋转二维对象生成 3D 实体，若二维对象是闭合的，则生成实体，否则，生成曲面。用户可以通过选择直线，指定两点或 x、y 轴来确定旋转轴。

REVOLVE 命令可以用于旋转以下二维对象。

- 直线、圆弧、椭圆弧。
- 二维多段线、二维样条曲线。
- 面域、实体上的平面。

一、命令启动方法

- 菜单命令：【绘图】/【建模】/【旋转】。
- 面板：【常用】选项卡中【建模】面板上的按钮。
- 命令：REVOLVE 或简写 REV。

【练习 15-9】 练习使用 REVOLVE 命令。

打开素材文件“dwg\第 15 章\15-9.dwg”，用 REVOLVE 命令创建实体。

```
命令: _revolve
选择要旋转的对象或 [模式(MO)]: 找到 1 个
                                    //选择要旋转的对象，该对象是面域，如图15-33左图所示
选择要旋转的对象或 [模式(MO)]:                                      //按Enter键
指定轴起点或根据以下选项之一定义轴 [对象(O)/X/Y/Z] <对象>:          //捕捉端点A
指定轴端点:                                                         //捕捉端点B
指定旋转角度或 [起点角度(ST)/反转(R)/表达式(EX)] <360>: st          //使用“起点角度(ST)”选项
指定起点角度 <0.0>: -30                                             //输入回转起始角度
指定旋转角度或[起点角度(ST)/表达式(EX)]<360>: 210                   //输入回转角度
```

再启动 HIDE 命令，结果如图 15-33 右图所示。

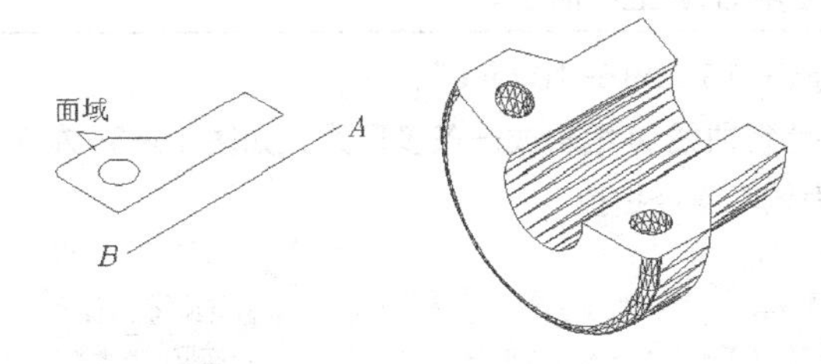

图 15-33　将二维对象旋转成 3D 实体

若通过拾取两点指定旋转轴，则轴的正向是从第一点指向第二点，旋转角的正方向按右手螺旋法则确定。

二、命令选项

- 模式（MO）：控制旋转动作是创建实体还是曲面。
- 对象（O）：选择直线或实体的线性边作为旋转轴，轴的正方向是从拾取点指向最远端点。
- X、Y、Z：使用当前坐标系的 x、y、z 轴作为旋转轴。
- 起点角度（ST）：指定旋转起始位置与旋转对象所在平面的夹角，角度的正向以右手螺旋法则确定。
- 反转（R）：更改旋转方向，类似于输入 -（负）角度值。
- 表达式（EX）：输入公式或方程式，以指定旋转角度。

使用 EXTRUDE、REVOLVE 命令时，如果要保留原始的线框对象，就设置系统变量 DELOBJ 等于 0。

15.4.5 通过扫掠创建实体或曲面

使用 SWEEP 命令可以将平面轮廓沿二维或三维路径进行扫掠，以形成实体或曲面，若二维轮廓是闭合的，则生成实体，否则，生成曲面。扫掠时，轮廓一般会被移动并被调整到与路径垂直的方向。默认情况下，轮廓形心将与路径起始点对齐，但也可指定轮廓的其他点作为扫掠对齐点。

扫掠时可选择的轮廓对象及路径如表 15-3 所示。

表 15-3 扫掠轮廓及路径

轮廓对象	扫掠路径
直线、圆弧、椭圆弧	直线、圆弧、椭圆弧
二维多段线	二维及三维多段线
二维样条曲线	二维及三维样条曲线
面域	螺旋线
实体上的平面	实体及曲面的边

一、命令启动方法

- 菜单命令：【绘图】/【建模】/【扫掠】。
- 面板：【常用】选项卡中【建模】面板上的扫掠按钮。
- 命令：SWEEP。

【练习 15-10】 练习使用 SWEEP 命令。

1. 打开素材文件“dwg\第 15 章\15-10.dwg”。
2. 利用 PEDIT 命令将路径曲线 *A* 编辑成一条多段线，如图 15-34 左图所示。
3. 用 SWEEP 命令将面域沿路径扫掠。

```
命令：_sweep
选择要扫掠的对象或 [模式(MO)]：找到 1 个                    //选择轮廓面域，如图15-34左图所示
选择要扫掠的对象或 [模式(MO)]：                             //按Enter键
选择扫掠路径或 [对齐(A)/基点(B)/比例(S)/扭曲(T)]：b          //使用“基点(B)”选项
指定基点： end于                                            //捕捉B点
选择扫掠路径或 [对齐(A)/基点(B)/比例(S)/扭曲(T)]：           //选择路径曲线A
```

再启动 HIDE 命令，结果如图 15-34 右图所示。

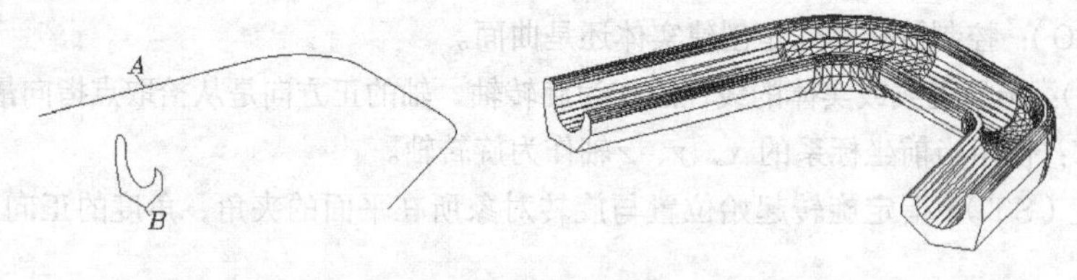

图 15-34 扫掠

二、命令选项

- 模式（MO）：控制扫掠动作是创建实体还是曲面。
- 对齐（A）：指定是否将轮廓调整到与路径垂直的方向或保持原有方向。默认情况下，AutoCAD 将使轮廓与路径垂直。
- 基点（B）：指定扫掠时的基点，该点将与路径起始点对齐。

- 比例（S）：路径起始点处的轮廓缩放比例为 1，路径结束处的缩放比例为输入值，中间轮廓沿路径连续变化。与选择点靠近的路径端点是路径的起始点。
- 扭曲（T）：设定轮廓沿路径扫掠时的扭转角度，角度值小于 360°。该选项包含“倾斜”子选项，可使轮廓随三维路径自然倾斜。

15.4.6 通过放样创建实体或曲面

使用 LOFT 命令可对一组平面轮廓曲线进行放样，形成实体或曲面，若所有轮廓是闭合的，则生成实体，否则，生成曲面，如图 15-35 所示。注意，放样时，轮廓线或是全部闭合或是全部开放，不能使用既包含开放轮廓又包含闭合轮廓的选择集。

放样实体或曲面中间轮廓的形状可利用放样路径控制，如图 15-35 左图所示，放样路径始于第一个轮廓所在的平面，终于最后一个轮廓所在的平面。导向曲线是另一种控制放样形状的方法，可将轮廓上对应的点通过导向曲线连接起来，使轮廓按预定方式进行变化，如图 15-35 右图所示。轮廓的导向曲线可以有多条，每条导向曲线必须与各轮廓相交，始于第一个轮廓，止于最后一个轮廓。

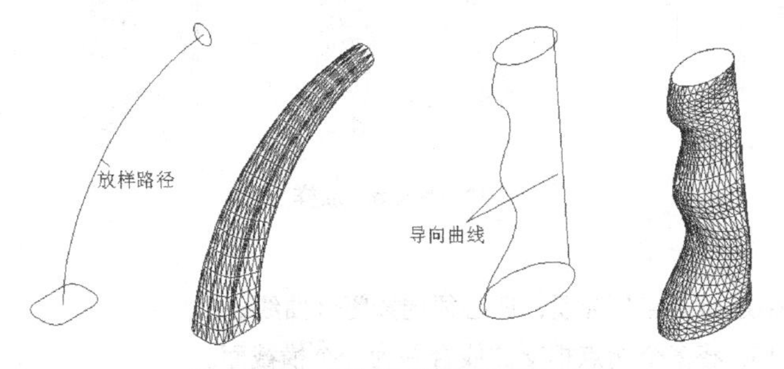

图 15-35 通过放样创建三维对象

放样时可选择的轮廓对象、路径及导向曲线如表 15-4 所示。

表 15-4 放样轮廓、路径及导向曲线

轮廓对象	路径及导向曲线
直线、圆弧、椭圆弧	直线、圆弧、椭圆弧
二维多段线、二维样条曲线	二维及三维多段线
点对象、仅第一个或最后一个放样截面可以是点	二维及三维样条曲线

一、命令启动方法

- 菜单命令：【绘图】/【建模】/【放样】。
- 面板：【常用】选项卡中【建模】面板上的放样按钮。
- 命令：LOFT。

【练习 15-11】 练习使用 LOFT 命令。

1. 打开素材文件“dwg\第 15 章\15-11.dwg”。
2. 利用 PEDIT 命令将线条 *A*、*D*、*E* 编辑成多段线，如图 15-36 所示。
3. 用 LOFT 命令在轮廓 *B*、*C* 间放样，路径曲线是 *A*。

```
命令: _loft
按放样次序选择横截面或 [点(PO)/合并多条边(J)/模式(MO)]:总计 2 个          //选择轮廓B、C，如图
15-36所示
按放样次序选择横截面或 [点(PO)/合并多条边(J)/模式(MO)]:                    //按Enter键
```

```
输入选项 [导向(G)/路径(P)/仅横截面(C)/设置(S)] <仅横截面>: P
                                                        //使用"路径(P)"选项
选择路径轮廓:                                           //选择路径曲线A
```

结果如图 15-36 所示。

4. 用 LOFT 命令在轮廓 *F*、*G*、*H*、*I*、*J* 间放样，导向曲线是 *D*、*E*，如图 15-36 所示。

```
命令: _loft
按放样次序选择横截面或 [点(PO)/合并多条边(J)/模式(MO)]:总计 5 个      //选择轮廓F、G、H、I、J
按放样次序选择横截面或 [点(PO)/合并多条边(J)/模式(MO)]:                //按Enter键
输入选项 [导向(G)/路径(P)/仅横截面(C)/设置(S)] <仅横截面>: G
                                                                      //使用"导向(G)"选项
选择导向轮廓或[合并多条边(J)]:总计 2 个                                //导向曲线是D、E
```

结果如图 15-36 所示。

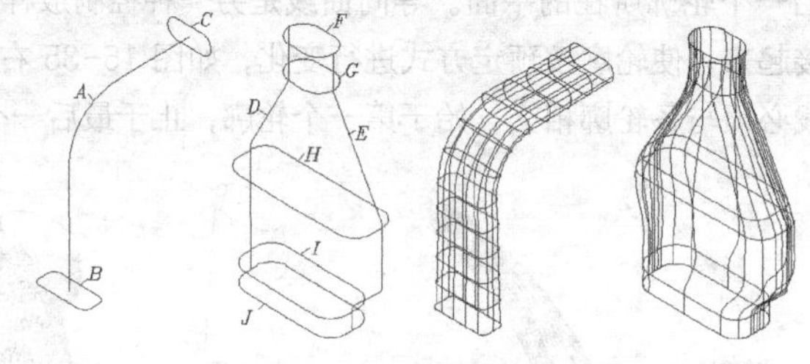

图 15-36　放样

二、命令选项

- 点（PO）：如果选择"点"选项，还必须选择闭合曲线。
- 合并多条边（J）：将多个端点相交曲线合并为一个横截面。
- 模式（MO）：控制放样对象是实体还是曲面。
- 导向（G）：利用连接各个轮廓的导向曲线控制放样实体或曲面的截面形状。
- 路径（P）：指定放样实体或曲面的路径，路径要与各个轮廓截面相交。
- 仅横截面（L）：在不使用导向或路径的情况下，创建放样对象。
- 设置（S）：选择此选项，打开【放样设置】对话框，如图 15-37 所示，通过该对话框控制放样对象表面的变化。

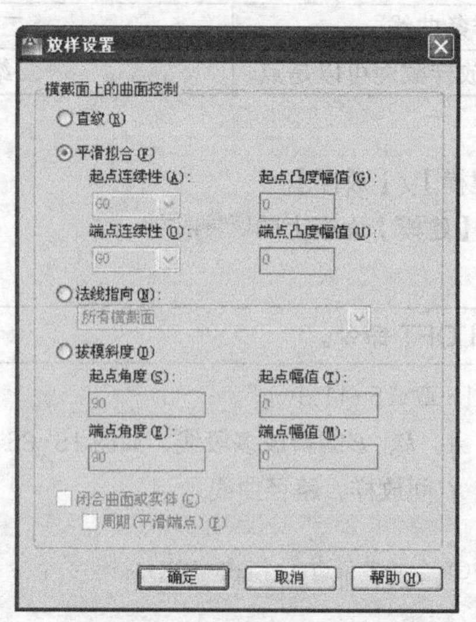

图 15-37 【放样设置】对话框

【放样设置】对话框中各选项的功能如下。

- 直纹：各轮廓线间是直纹面。
- 平滑拟合：用平滑曲面连接各轮廓线。
- 法线指向：此下拉列表中的选项用于设定放样对象表面与各轮廓截面是否垂直。
- 拔模斜度：设定放样对象表面在起始及终止位置处的切线方向与轮廓所在截面的夹角，该角度对放样对象的影响范围由【幅值】文本框中的数值决定，数值的有效范围为1~10。

15.4.7 创建平面

用户使用PLANESURF命令可以创建矩形平面或将闭合线框、面域等对象转化为平面。操作时，可一次选取多个对象。

命令启动方法

- 菜单命令：【绘图】/【建模】/【曲面】/【平面】。
- 面板：【曲面】选项卡【创建】面板上的按钮。
- 命令：PLANESURF。

启动PLANESURF命令，AutoCAD提示“指定第一个角点或 [对象（O）] <对象>:”，用户可采取以下方式设定参数。

- 指定矩形的对角点创建矩形平面。
- 使用“对象（O）”选项，选择构成封闭区域的一个或多个对象生成平面。

15.4.8 加厚曲面形成实体

使用THICKEN 命令可以加厚任何类型的曲面，从而形成实体。

命令启动方法

- 菜单命令：【修改】/【三维操作】/【加厚】。
- 面板：【常用】选项卡中【实体编辑】面板上的按钮。
- 命令：THICKEN。

启动THICKEN命令，选择要加厚的曲面，再输入厚度值，曲面就被转化为实体。

15.4.9 利用平面或曲面切割实体

SLICE 命令可用于根据平面或曲面切开实体模型，被剖切的实体可保留一半或两半都保留，保留部分将保持原实体的图层和颜色特性。剖切方法是先定义切割平面，然后选定需要的部分。用户可通过3点来定义切割平面，也可指定当前坐标系 *xy*、*yz*、*zx* 平面作为切割平面。

一、命令启动方法

- 菜单命令：【修改】/【三维操作】/【剖切】。
- 面板：【常用】选项卡中【实体编辑】面板上的按钮。
- 命令：SLICE或简写SL。

【练习15-12】 练习使用SLICE命令。

打开素材文件“dwg\第15章\15-12.dwg”，用SLICE命令切割实体。

```
命令：_slice
选择要剖切的对象：找到 1 个                                  //选择实体
选择要剖切的对象：                                           //按Enter键
指定切面的起点或 [平面对象(O)/曲面(S)/Z 轴(Z)/视图(V)/XY/YZ/ZX/三点(3)] <三点>:
```

```
                                                           //按Enter键，利用3点定义剖切平面
指定平面上的第一个点：end于                                 //捕捉端点A，如图15-38左图所示
指定平面上的第二个点：mid于                                 //捕捉中点B
指定平面上的第三个点：mid于                                 //捕捉中点C
在所需的侧面上指定点或 [保留两个侧面(B)] <保留两个侧面>：   //在要保留的那边单击一点
命令:SLICE                                                  //重复命令
选择要剖切的对象：找到 1 个                                 //选择实体
选择要剖切的对象：                                          //按Enter键
指定切面的起点或 [平面对象(O)/曲面(S)/Z 轴(Z)/视图(V)/XY/YZ/ZX/三点(3)] <三点>：s
                                                           //使用"曲面(S)"选项
选择曲面：                                                  //选择曲面
选择要保留的实体或 [保留两个侧面(B)] <保留两个侧面>：       //在要保留的那边单击一点
```

删除曲面后的结果如图 15-38 右图所示。

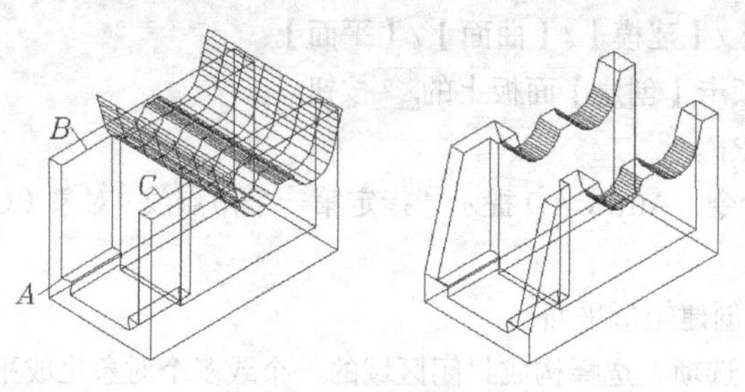

图 15-38 切割实体

二、命令选项

- 平面对象（O）：用圆、椭圆、圆弧或椭圆弧、二维样条曲线或二维多段线等对象所在的平面作为剖切平面。
- 曲面（S）：指定曲面作为剖切面。
- Z 轴（Z）：通过指定剖切平面的法线方向来确定剖切平面。
- 视图（V）：剖切平面与当前视图平面平行。
- XY、YZ、ZX：用坐标平面 *xoy*、*yoz*、*zox* 剖切实体。

15.4.10 螺旋线、涡状线及弹簧

HELIX 命令用于创建螺旋线及涡状线，这些曲线可用作扫掠路径及拉伸路径，从而形成复杂的三维实体。用户先用 HELIX 命令绘制螺旋线，再用 SWEEP 命令将圆沿螺旋线扫掠就创建出弹簧的实体模型。

一、命令启动方法

- 菜单命令：【绘图】/【螺旋】。
- 面板：【常用】选项卡中【绘图】面板上的按钮。
- 命令：HELIX。

【练习 15-13】 练习使用 HELIX 命令。

1. 打开素材文件"dwg\第 15 章\15-13.dwg"。
2. 用 HELIX 命令绘制螺旋线。

```
命令：_Helix
指定底面的中心点：                               //指定螺旋线底面中心点
指定底面半径或 [直径(D)] <40.0000>：40           //输入螺旋线半径值
指定顶面半径或 [直径(D)] <40.0000>：             //按Enter键
```

```
指定螺旋高度或 [轴端点(A)/圈数(T)/圈高(H)/扭曲(W)] <100.0000>: h
                                                //使用"圈高(H)"选项
指定圈间距 <20.0000>: 20                         //输入螺距
指定螺旋高度或 [轴端点(A)/圈数(T)/圈高(H)/扭曲(W)] <100.0000>: 100
                                                //输入螺旋线高度
```

结果如图 15-39 左图所示。

若输入螺旋线的高度为 0，则形成涡状线。

3. 用 SWEEP 命令将圆沿螺旋线扫掠形成弹簧，再启动 HIDE 命令，结果如图 15-39 右图所示。

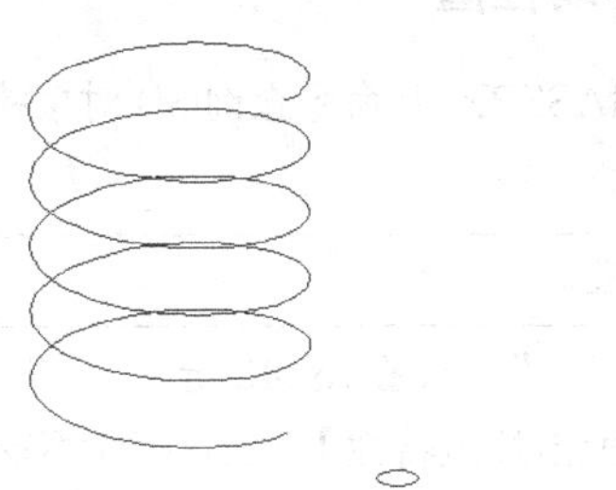

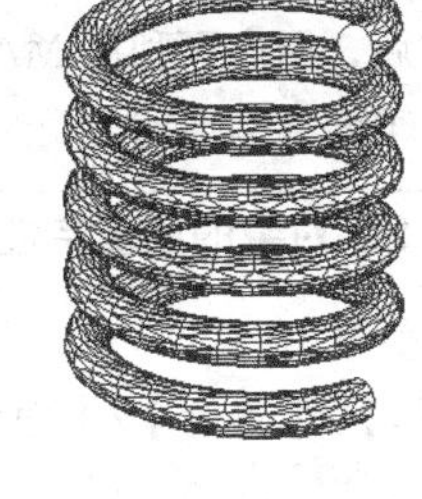

图 15-39 绘制螺旋线及弹簧

二、命令选项

- 轴端点（A）：指定螺旋轴端点的位置。通过螺旋轴的长度及方向指定螺旋线的高度及倾斜方向。
- 圈数（T）：输入螺旋线的圈数，数值小于 500。
- 圈高（H）：输入螺旋线的螺距。
- 扭曲（W）：按顺时针或逆时针方向绘制螺旋线，以第二种方式绘制的螺旋线是右旋的。

15.4.11 与实体显示有关的系统变量

与实体显示有关的系统变量有 3 个：ISOLINES、FACETRES、DISPSILH，下面分别对其进行介绍。

- 系统变量 ISOLINES：此变量用于设定实体表面网格线的数量，如图 15-40 所示。
- 系统变量 FACETRES：此变量用于设置实体消隐或渲染后的表面网格密度，此变量值的范围为 0.01～10.0，值越大表明网格越密，消隐或渲染后的表面越光滑，如图 15-41 所示。

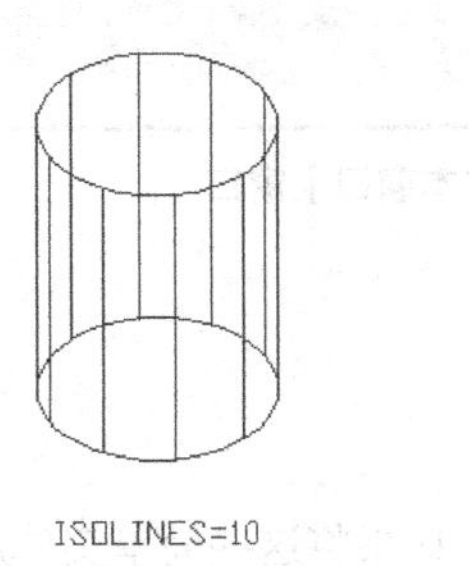

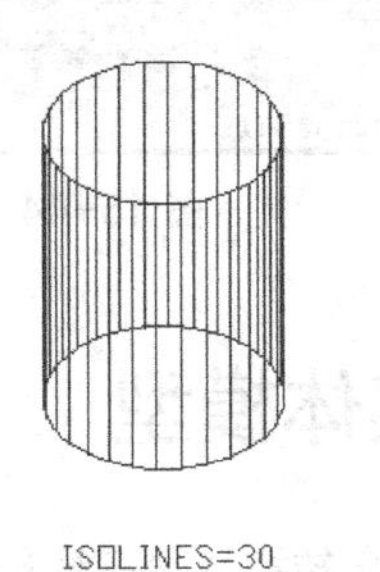

图 15-40 ISOLINES 变量

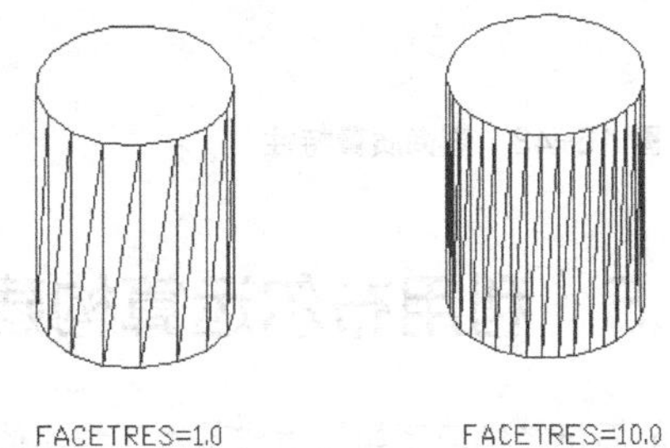

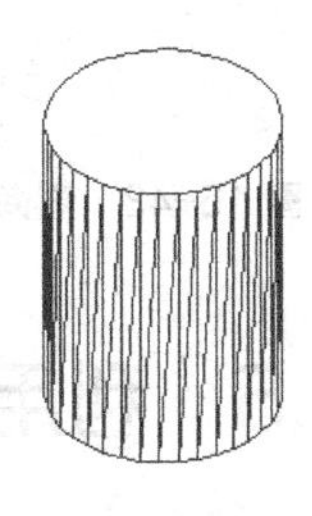

图 15-41 FACETRES 变量

- 系统变量 DISPSILH：此变量用于控制消隐时是否显示出实体表面的网格线，若此变量值为 0，则显示网格线；若为 1，则不显示网格线，如图 15-42 所示。

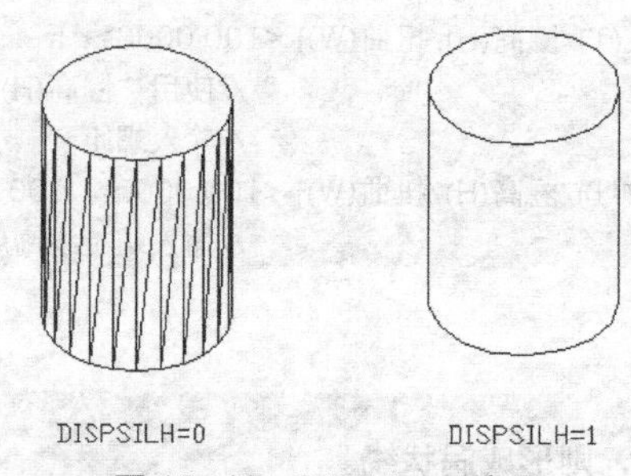

图 15-42 DISPSILH 变量

15.4.12 获得实体体积、转动惯量等属性值

将零件创建成三维实体后，用户可利用 MASSPROP 命令查询 3D 对象的质量特性，从而获得体积、质心和转动惯量等属性值，下面举例说明。

【练习 15-14】 查询 3D 对象的质量特性。

1. 打开素材文件“dwg\第 15 章\15-14.dwg”，如图 15-43 所示。
2. 选择菜单命令【工具】/【查询】/【面域/质量特性】，AutoCAD 提示如下。

```
命令: _massprop
选择对象: 找到 1 个                //选择实体对象
选择对象:                          //按Enter键
```

3. AutoCAD 弹出【文本窗口】窗口，该窗口中列出了 3D 对象的体积、质心和惯性积等特性，如图 15-44 所示。用户可将这些分析结果保存到一个文件中。

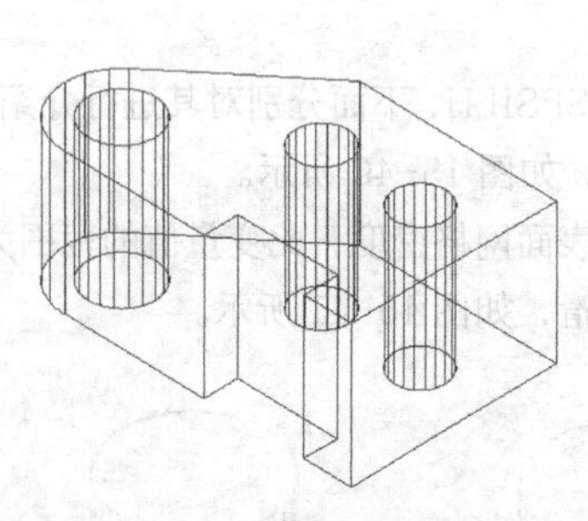

图 15-43 查询质量特性

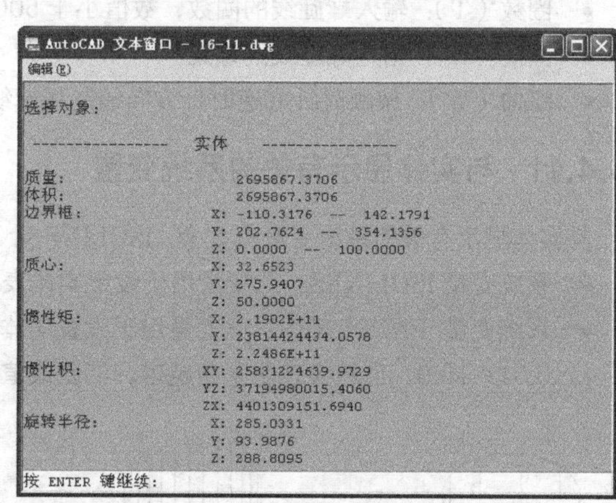

图 15-44 【文本窗口】窗口

15.5 利用布尔运算构建复杂实体模型

前面已经学习了如何生成基本三维实体及由二维对象转换得到三维实体。如果将这些简单实体放在一起，然后进行布尔运算就能构建复杂的三维模型。

布尔运算包括并集、差集、交集。

- 并集操作：使用 UNION 命令可将两个或多个实体合并在一起形成新的单一实体，操作对象既可以是相交的，也可以是分离开的。

【练习 15-15】 并集操作。

打开素材文件“dwg\第 15 章\15-15.dwg”，用 UNION 命令进行“并”运算。单击【实体编辑】面板上的按钮或选择菜单命令【修改】/【实体编辑】/【并集】，AutoCAD 提示如下。

```
命令：_union
选择对象：找到 2 个                    //选择圆柱体及长方体，如图15-45左图所示
选择对象：                             //按Enter键结束
```

结果如图 15-45 右图所示。

- 差集操作：使用 SUBTRACT 命令可将实体构成的一个选择集从另一个选择集中减去。操作时，用户首先选择被减对象，构成第一选择集，然后选择要减去的对象，构成第二选择集，操作结果是第一选择集减去第二选择集后形成的新对象。

【练习 15-16】 差集操作。

打开素材文件“dwg\第 15 章\15-16.dwg”，用 SUBTRACT 命令进行“差”运算。单击【实体编辑】面板上的按钮或选择菜单命令【修改】/【实体编辑】/【差集】，AutoCAD 提示如下。

```
命令：_subtract 选择要从中减去的实体、曲面和面域...
选择对象：找到 1 个                    //选择长方体，如图15-46左图所示
选择对象：                             //按Enter键
选择要减去的实体、曲面和面域...
选择对象：找到 1 个                    //选择圆柱体
选择对象：                             //按Enter键结束
```

结果如图 15-46 右图所示。

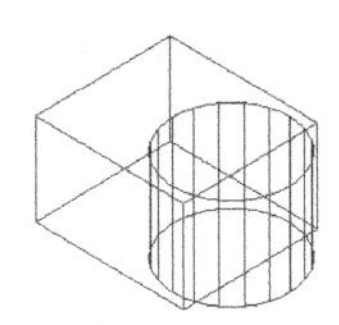

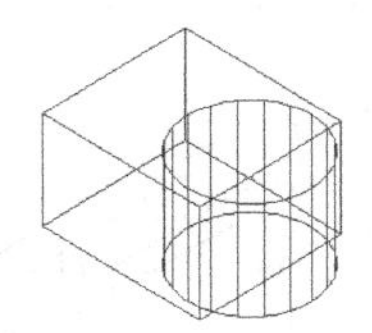

图 15-45　并集操作

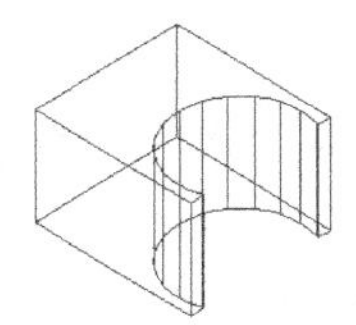

图 15-46　差集操作

- 交集操作：使用 INTERSECT 命令可创建由两个或多个实体重叠部分构成的新实体。

【练习 15-17】 交集操作。

打开素材文件“dwg\第 15 章\15-17.dwg”，用 INTERSECT 命令进行“交”运算。单击【实体编辑】面板上的按钮或选取菜单命令【修改】/【实体编辑】/【交集】，AutoCAD 提示如下。

```
命令：_intersect
选择对象：                             //选择圆柱体和长方体，如图15-47左图所示
选择对象：                             //按Enter键
```

结果如图 15-47 右图所示。

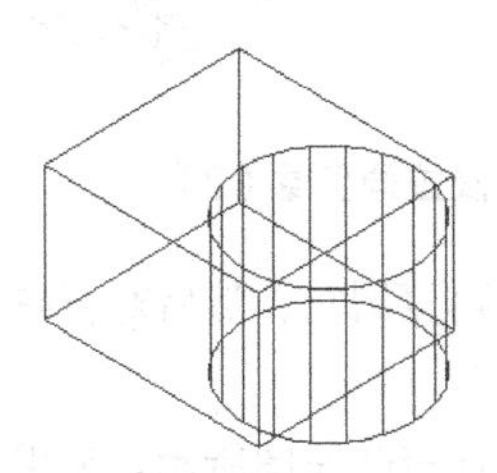

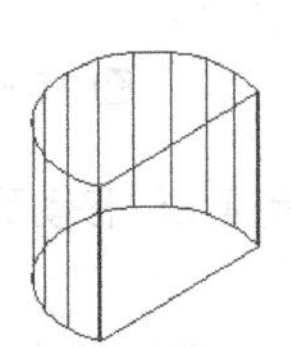

图 15-47　交集操作

【练习 15-18】 下面绘制图 15-48 所示组合体的实体模型，通过这个例子向读者演示三维建模的过程。

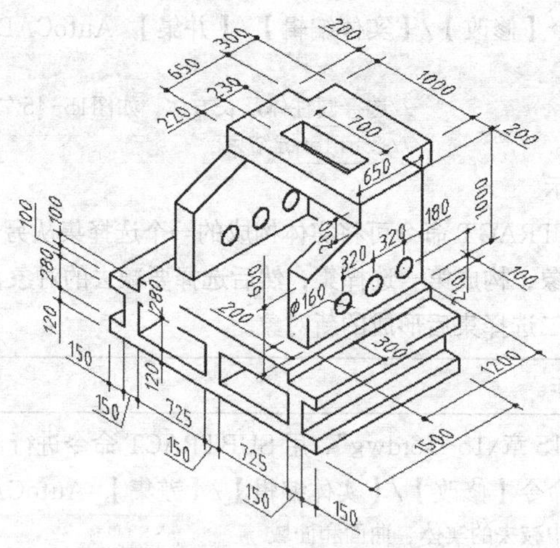

图 15-48 创建实体模型（1）

1. 创建一个新图形文件。

2. 选择菜单命令【视图】/【三维视图】/【东南等轴测】，切换到东南轴测视图。将坐标系绕 x 轴旋转 90°，在 xy 平面画二维图形，再把此图形创建成面域，如图 15-49 左图所示。拉伸面域形成立体，如图 15-49 右图所示。

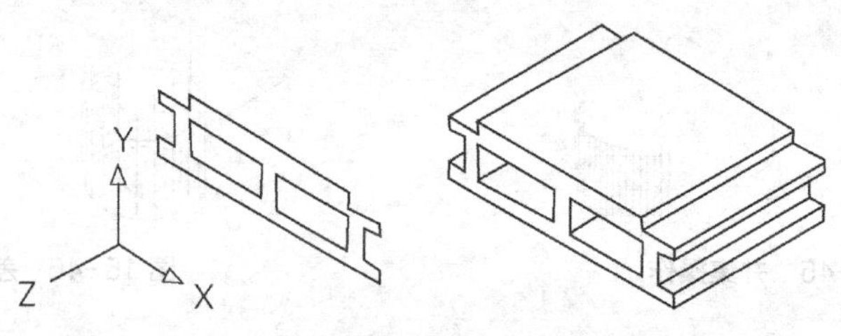

图 15-49 创建面域及拉伸面域（1）

3. 将坐标系绕 y 轴旋转 90°，在 xy 平面画二维图形，再把此图形创建成面域，如图 15-50 左图所示。拉伸面域形成立体，如图 15-50 右图所示。

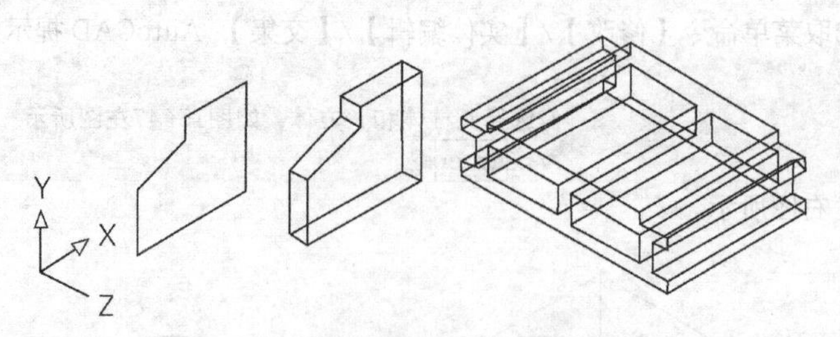

图 15-50 创建面域及拉伸面域（2）

4. 用 MOVE 命令将新建立体移动到正确位置，再复制它，然后对所有立体执行“并”运算，如图 15-51 所示。

5. 创建 3 个圆柱体，圆柱体高度为 1600，如图 15-52 左图所示。利用“差”运算将圆柱体从模型中去除，如图 15-52 右图所示。

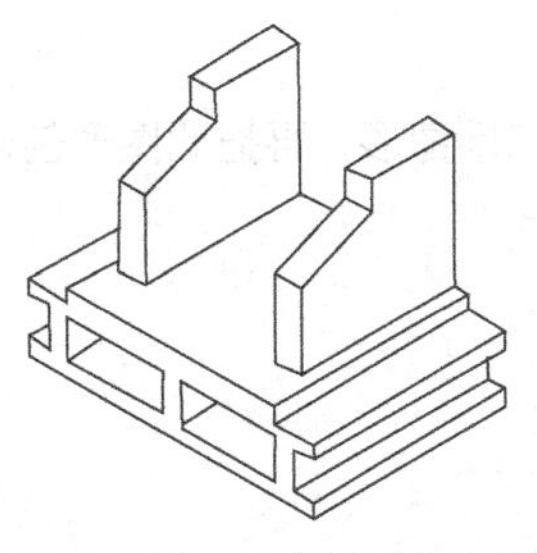

图 15-51　执行“并”运算

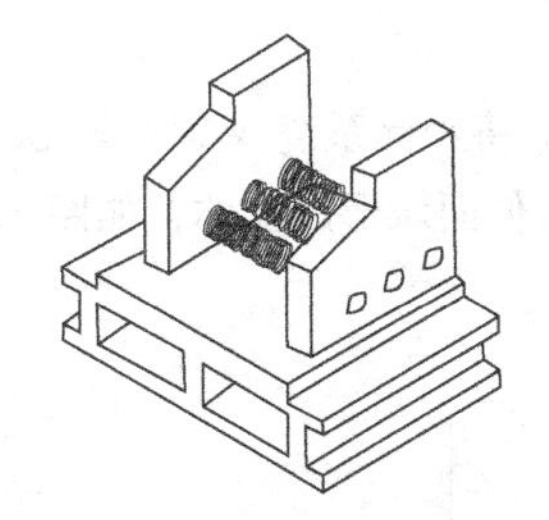

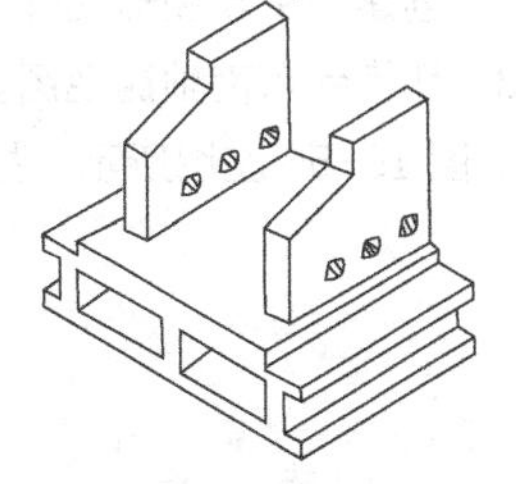

图 15-52　创建圆柱体及执行“差”运算

6. 返回世界坐标系，在 xy 平面画二维图形，再把此图形创建成面域，如图 15-53 左图所示。拉伸面域形成立体，如图 15-53 右图所示。

7. 用 MOVE 命令将新建立体移动到正确的位置，再对所有立体执行“并”运算，如图 15-54 所示。

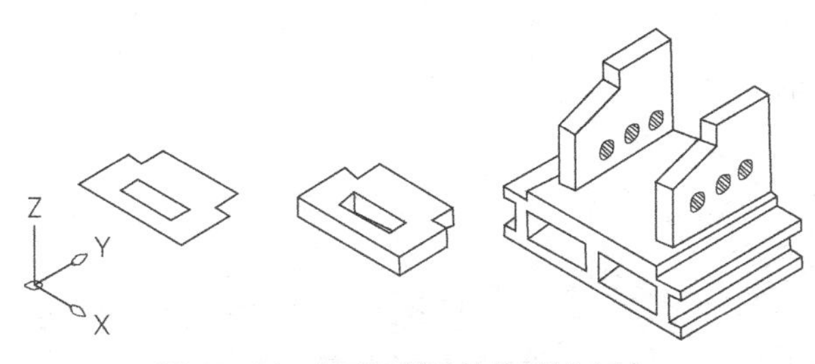

图 15-53　创建面域及拉伸面域（3）

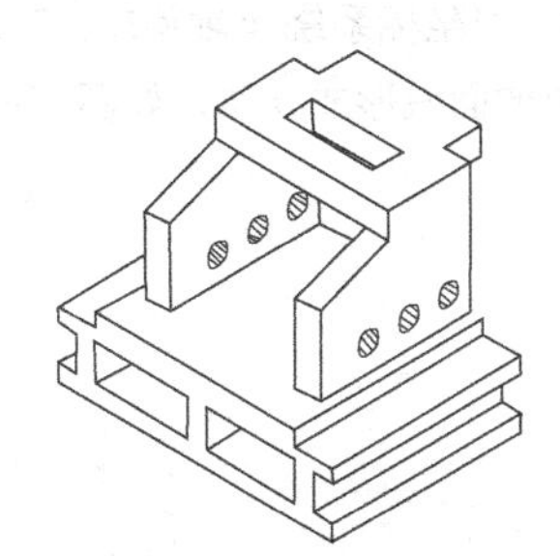

图 15-54　移动立体及执行“并”运算

15.6　实体建模综合练习

【练习 15-19】 绘制图 15-55 所示组合体的实体模型。先将组合体分解成简单实体的组成，分别创建这些实体，并移动到正确的位置，然后通过布尔运算形成完整立体。

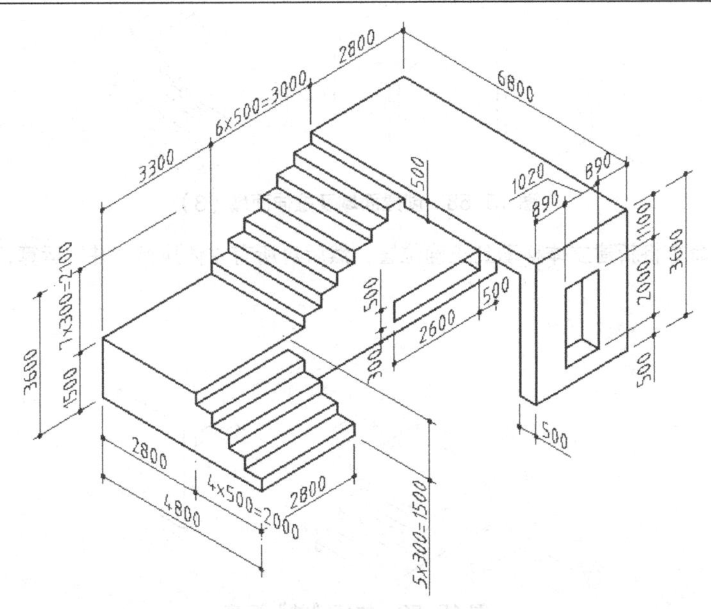

图 15-55　创建实体模型（2）

1. 创建一个新图形文件。

2. 切换到东南轴测视图。将坐标系绕 x 轴旋转 90°，在 xy 平面画二维图形，再把此图形创建成面域，如图 15-56 左图所示。拉伸面域形成立体，如图 15-56 右图所示。

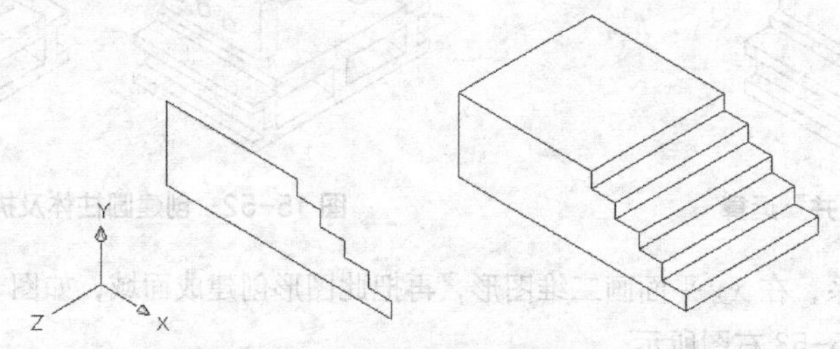

图 15-56 创建面域及拉伸面域（1）

3. 将坐标系统 y 轴旋转 90°，在 xy 平面画二维图形，再把此图形创建成面域，如图 15-57 左图所示。拉伸面域形成立体，如图 15-57 右图所示。

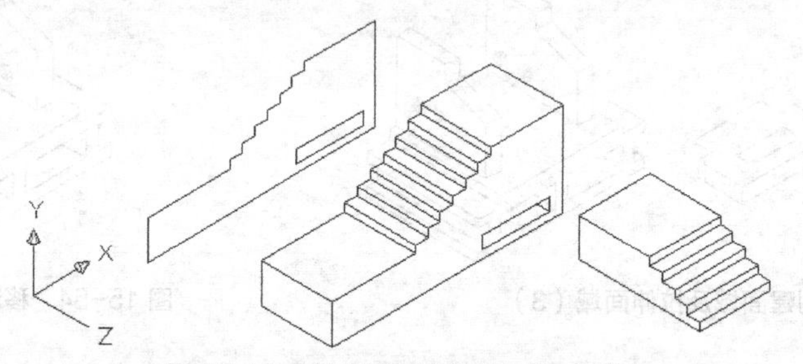

图 15-57 创建面域及拉伸面域（2）

4. 用 MOVE 命令把新建立体移动到正确位置。将坐标系绕 y 轴旋转-90°，在 xy 平面画二维图形，再把此图形创建成面域，如图 15-58 左图所示。拉伸面域形成立体，如图 15-58 右图所示。

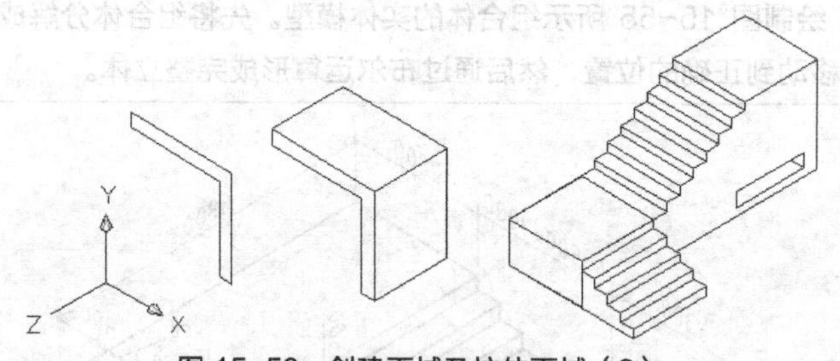

图 15-58 创建面域及拉伸面域（3）

5. 用 MOVE 命令将新建立体移动到正确位置，然后对所有立体执行“并”运算，如图 15-59 所示。

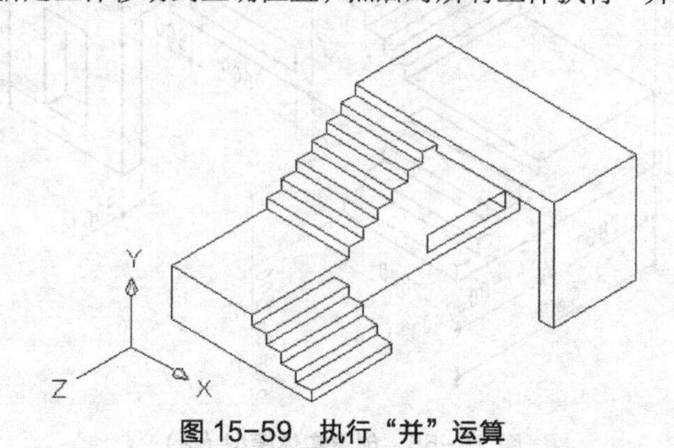

图 15-59 执行“并”运算

6. 利用 3 点创建新坐标系，然后绘制长方体，如图 15-60 左图所示。再利用“差”运算将长方体从模型中去除，如图 15-60 右图所示。

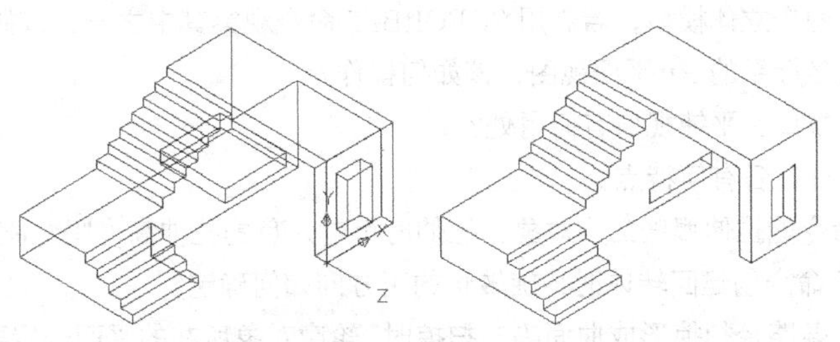

图 15-60　绘制长方体及执行“差”运算

【练习 15-20】 绘制图 15-61 所示立体的实体模型。

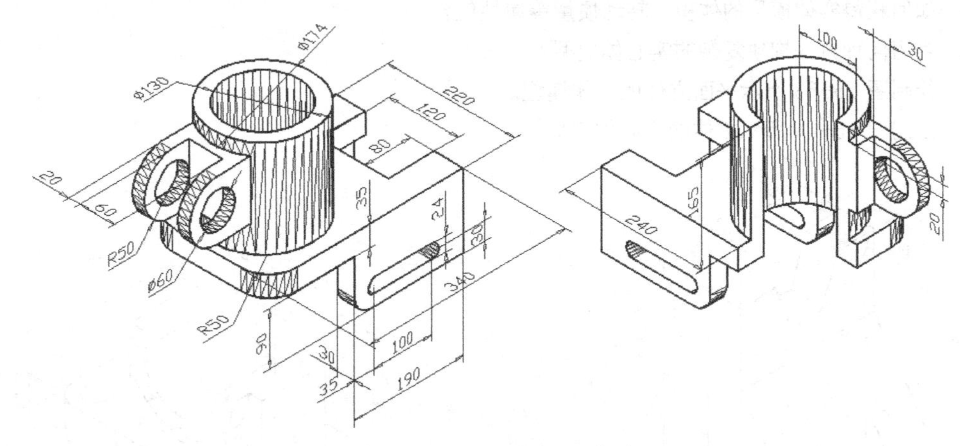

图 15-61　创建实体模型（3）

主要作图步骤如图 15-62 所示。

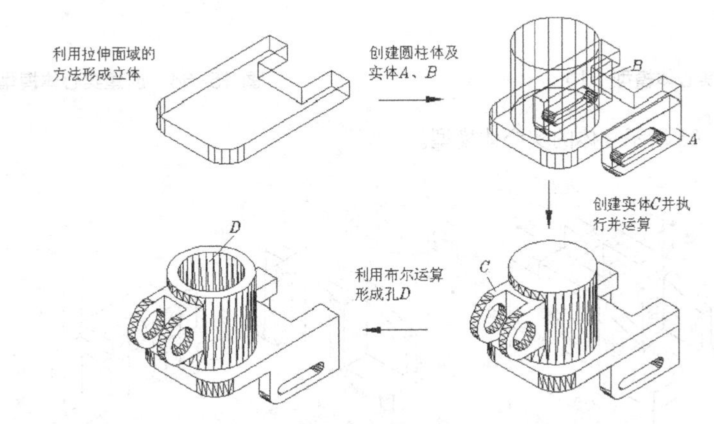

图 15-62　主要作图步骤

15.7　习题

1. 在 AutoCAD 中，用户可创建哪几种类型的三维模型？各有何特点？

2. 如何创建新的用户坐标系？有哪几种方法？
3. 对于三维模型，AutoCAD 提供了哪些标准观察视点？
4. 三维空间中有两个立体模型，若想用 3DFORBIT 命令观察其中之一，该如何操作？
5. 若想生成当前坐标系的 *xy* 平面视图，该如何操作？
6. 如何创建平铺视口？平铺视口有何用处？
7. 着色图有哪几种？各有何特点？
8. EXTRUDE 命令能拉伸哪些二维对象？拉伸时可输入负的拉伸高度吗？能指定拉伸锥角吗？
9. 用 REVOLVE 命令创建回转体时，旋转角的正方向如何确定？
10. 可将曲线沿一条路径扫掠形成曲面吗？扫掠时，轮廓对象所在的平面一定要与扫掠路径垂直吗？
11. 可以拉伸或旋转面域形成 3D 实体吗？
12. 与实体显示有关的系统变量有哪些？它们的作用是什么？
13. 如何获得实体模型的体积、转动惯量等属性值？
14. 常用何种方法构建复杂的实心体模型？
15. 绘制图 15-63 所示平面立体的实体模型。
16. 绘制图 15-64 所示立体的实心体模型。

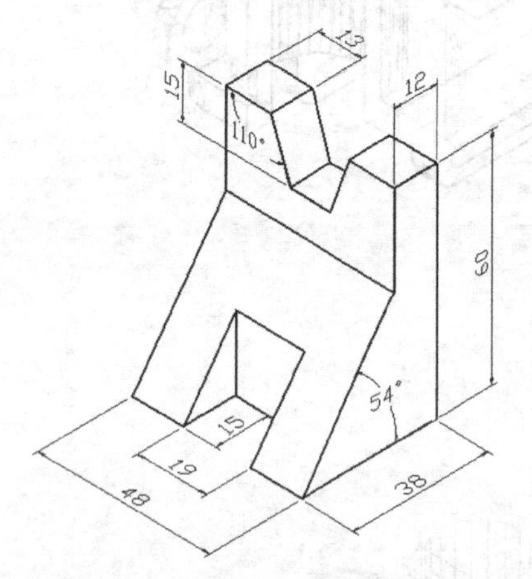

图 15-63 创建实心体模型（1）

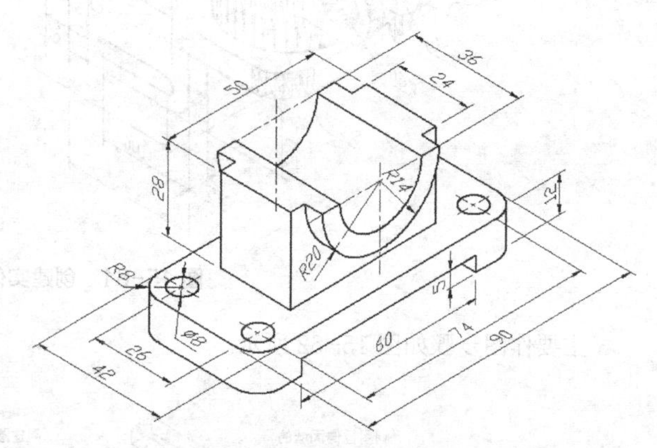

图 15-64 创建实心体模型（2）

17. 绘制图 15-65 所示立体的实心体模型。

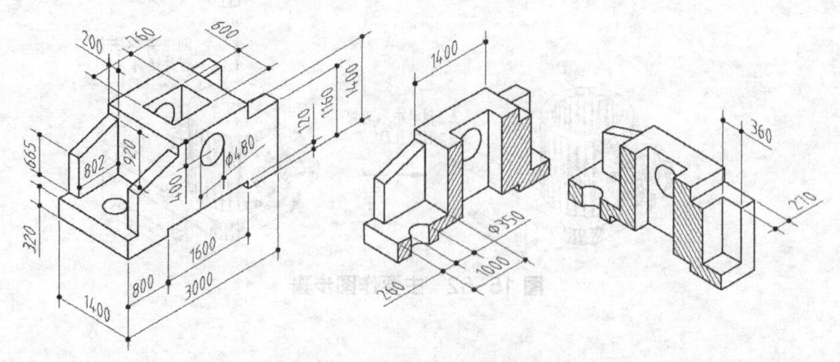

图 15-65 创建实心体模型（3）

PART16

第16章

编辑三维模型

学习目标：

掌握移动、旋转、阵列、镜像及对齐三维实体模型的方法 ■

学会如何进行3D倒圆角、倒角 ■

掌握拉伸、移动、偏移、旋转及锥化面的方法 ■

熟悉抽壳、压印、拆分、清理及检查实体的方法 ■

了解利用“选择并拖动”方式创建及修改实体的方法 ■

■ 本章主要介绍移动、旋转、阵列、镜像及对齐三维对象的功能，编辑实体模型表面的方法。通过实例讲解实体建模的一般过程及实用技巧等。

16.1 显示及操作小控件

小控件是能指示方向的三维图标，它可帮助用户移动、旋转和缩放三维对象和子对象。实体的面、边及顶点等对象为子对象，按Ctrl键可选择这些对象。

控件分为 3 类：移动控件、旋转控件及缩放控件，每种控件都包含坐标轴及控件中心（原点处），如图 16-1 所示。默认情况下，选择具有三维视觉样式（不包括二维线框）的对象或子对象时，在选择集的中心位置会出现移动小控件。

对小控件可进行以下操作。

（1）改变控件位置。

单击小控件的中心框可以把控件中心移到其他位置。在控件上单击鼠标右键，弹出快捷菜单，如图 16-2 所示，利用其中的两个命令也可改变控件位置。

- 重新定位小控件：控件中心随鼠标光标移动，单击一点指定控件位置。
- 将小控件对齐到：将控件坐标轴与世界坐标系、用户坐标系或实体表面对齐。

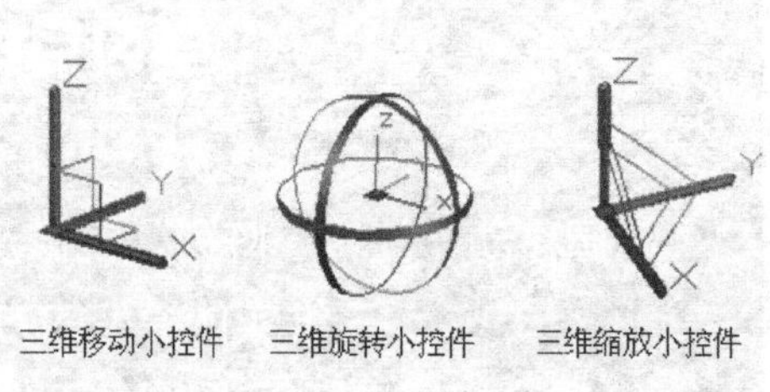

图 16-1　3 种小控件

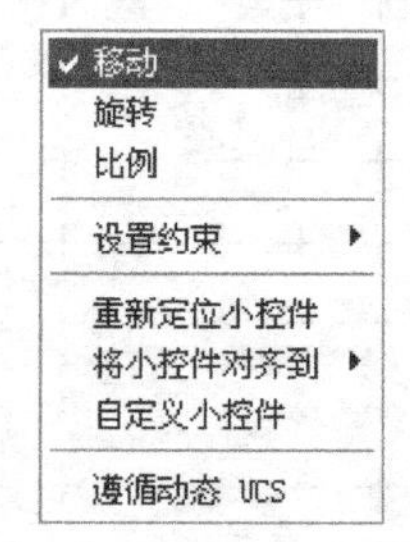

图 16-2　小控件的快捷菜单

（2）调整控件轴的方向。

在控件上单击鼠标右键，选择【自定义小控件】命令，然后拾取 3 个点用于指定控件 x 轴方向及 xy 平面位置即可。

（3）切换小控件。

在控件上单击鼠标右键，利用快捷菜单上的【移动】【旋转】及【缩放】命令切换控件。

16.2 利用小控件编辑模式移动、旋转及缩放对象

显示小控件并调整其位置后，就可通过激活控件编辑模式编辑对象。

（1）激活控件编辑模式。

将鼠标光标悬停在小控件的坐标轴或回转圆上直至其变为黄色，单击鼠标左键确认，就激活控件编辑模式，如图 16-3 所示。

控件编辑模式与关键点编辑模式类似。当该编辑模式被激活后，通过连续按空格键或Enter键可在移动、旋转及缩放模式间切换。单击鼠标右键，弹出快捷菜单，利用菜单上的相应命令也可切换编辑模式，还能改变控件位置。

（2）移动对象。

激活移动模式后，物体的移动方向被约束到与控件坐标轴的方向一致。移动鼠标光标，物体随之移动，输入移动距离，按Enter键结束；输入负的数值，移动方向则相反。

操作过程中，单击鼠标右键，利用快捷菜单上的【设置约束】命令可指定其他坐标方向作为移动方向。

将鼠标光标悬停在控件的坐标轴间的矩形边上直至矩形变为黄色，单击鼠标左键确认，物体的移动方向被约束在矩形平面内，如图 16-4 所示。以坐标方式输入移动距离及方向，按 Enter 键结束。

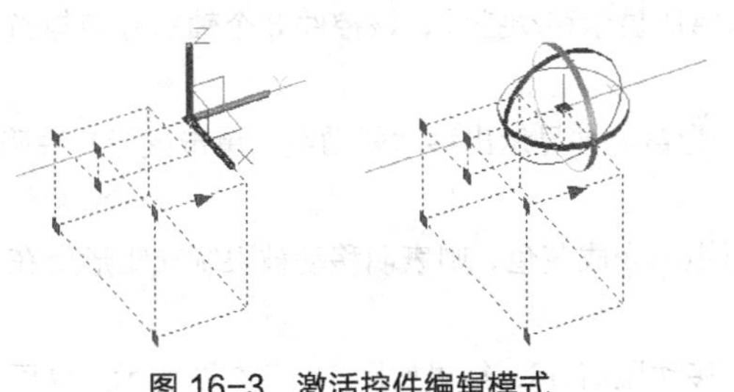

图 16-3　激活控件编辑模式

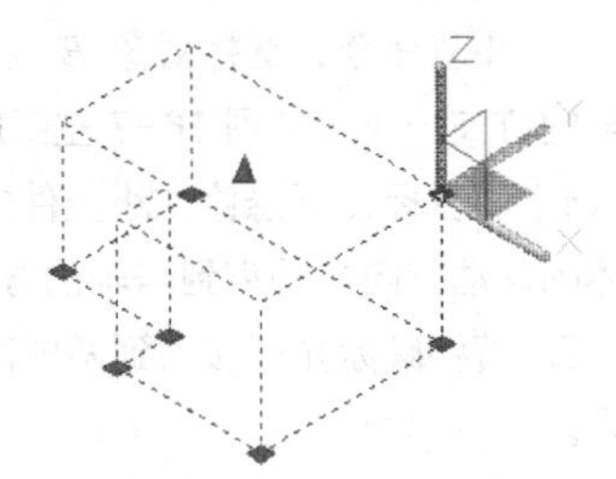

图 16-4　移动编辑模式

（3）旋转对象。

激活旋转模式的同时将出现以圆为回转方向的回转轴，物体将绕此轴旋转。移动鼠标光标，物体随之转动，输入旋转角度值，按 Enter 键结束；输入负的数值，旋转方向则相反。

操作过程中，单击鼠标右键，利用快捷菜单上的【设置约束】命令可指定其他坐标轴作为旋转轴。

若想以任意一个轴为旋转轴，可利用鼠标右键菜单的【自定义小控件】命令创建新控件，使新控件的 x 轴与指定的旋转轴重合，如图 16-5 所示。

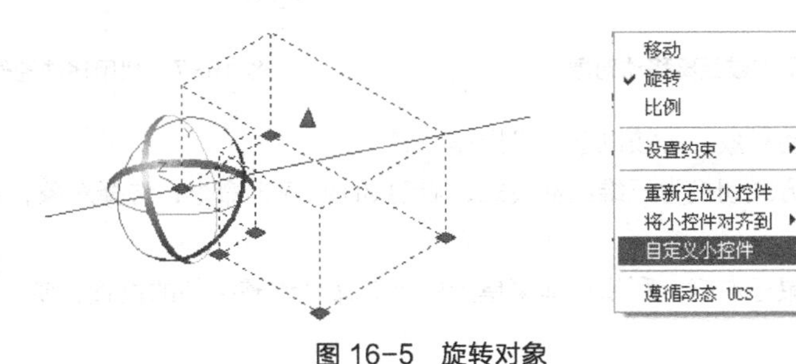

图 16-5　旋转对象

（4）缩放对象。

激活控件缩放模式后，输入缩放比例值，按 Enter 键结束。

16.3　三维移动

用户可以使用 MOVE 命令在三维空间中移动对象，操作方式与在二维空间中移动对象的方式一样，只不过当通过输入距离来移动对象时，必须输入沿 x、y、z 轴的距离值。

AutoCAD 提供了专门用来在三维空间中移动对象的命令 3DMOVE，通过该命令还能移动实体的面、边及顶点等子对象（按 Ctrl 键可选择子对象）。3DMOVE 命令的操作方式与 MOVE 命令类似，但前者使用起来更形象、直观。

命令启动方法

- 菜单命令：【修改】/【三维操作】/【三维移动】。
- 面板：【常用】选项卡中【修改】面板上的按钮。
- 命令：3DMOVE 或简写 3M。

【练习 16-1】 练习使用 3DMOVE 命令。

1. 打开素材文件“dwg\第 16 章\16-1.dwg”。

2. 进入三维建模空间，启动 3DMOVE 命令，将对象 *A* 由基点 *B* 移动到第二点 *C*，再通过输入距离的方式移动对象 *D*，移动距离为“40，- 50”，结果如图 16-6 右图所示。

3. 重复命令，选择对象 *E*，按 Enter 键，AutoCAD 显示移动控件，该控件 3 个轴的方向与当前坐标轴的方向一致，如图 16-7 左图所示。

4. 将鼠标光标悬停在小控件的 *y* 轴上，直至其变为黄色并显示出移动辅助线，单击鼠标左键确认，物体的移动方向被约束到与轴的方向一致。

5. 若将鼠标光标移动到两轴间的矩形边处，直至矩形变成黄色，则表明移动被限制在矩形所在的平面内。

6. 向左下方移动鼠标光标，物体随之移动，输入移动距离 50，结果如图 16-7 右图所示。也可通过单击一点来移动对象。

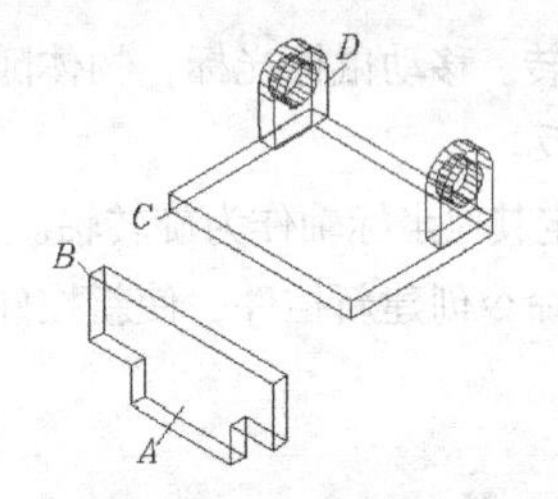

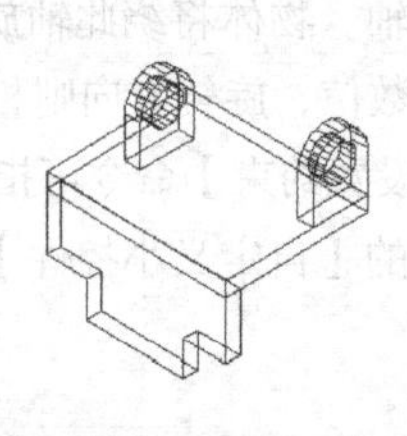

图 16-6 通过指定两点或距离移动对象

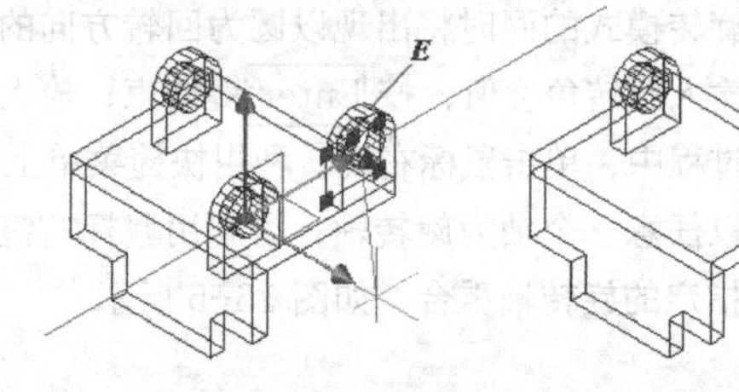

图 16-7 利用移动控件移动对象

若想沿任意方向移动对象，可按以下方式操作。

（1）将模型的显示方式切换为三维线框模式，启动 3DMOVE 命令，选择对象，AutoCAD 显示移动控件。

（2）在控件上单击鼠标右键，利用快捷菜单上的相关命令调整控件的位置，使控件的 *x* 轴与移动方向重合。

（3）激活控件移动模式，移动模型。

16.4 三维旋转

使用 ROTATE 命令仅能使对象在 *xy* 平面内旋转，即旋转轴只能是 *z* 轴。ROTATE3D 及 3DROTATE 命令是 ROTATE 的 3D 版本，使用这两个命令能使对象在 3D 空间中绕任意轴旋转。此外，通过 3DROTATE 命令还能旋转实体的表面（按住 Ctrl 键选择实体表面）。下面介绍这两个命令的用法。

一、命令启动方法

- 菜单命令：【修改】/【三维操作】/【三维旋转】。
- 面板：【常用】选项卡中【修改】面板上的按钮。
- 命令：3DROTATE 或简写 3R。

【练习 16-2】 练习使用 3DROTATE 命令。

1. 打开素材文件“dwg\第 16 章\16-2.dwg”。

2. 启动 3DROTATE 命令，选择要旋转的对象，按 Enter 键，AutoCAD 显示附着在鼠标光标上的旋转控件，如图 16-8 左图所示，该控件包含表示旋转方向的 3 个辅助圆。

3. 移动鼠标光标到 *A* 点处，并捕捉该点，旋转控件就被放置在此点，如图 16-8 左图所示。

4. 将鼠标光标移动到圆 *B* 处，停住鼠标光标直至圆其变为黄色，同时出现以圆为回转方向的回转轴，单击鼠标左键确认。回转轴与当前坐标系的坐标轴是平行的，且轴的正方向与坐标轴正方向一致。

5. 输入回转角度值 -90°，结果如图 16-8 右图所示。角度正方向按右手螺旋法则确定，也可单击一点指定回转起点，然后再单击一点指定回转终点。

使用 3DROTATE 命令时，控件回转轴与世界坐标系的坐标轴是平行的。若想指定某条线段为旋转轴，应先将 UCS 坐标系的某一轴与线段重合，然后设定旋转控件与 UCS 坐标系对齐，并将控件放置在线段端点处，这样，就使得旋转轴与线段重合了。

ROTATE3D 命令没有提供指示回转方向的辅助工具，但使用此命令时，可通过拾取两点来设置回转轴。

【练习 16-3】 练习使用 ROTATE3D 命令。

打开素材文件“dwg\第 16 章\16-3.dwg”，用 ROTATE3D 命令旋转 3D 对象。

```
命令: _rotate3d
选择对象: 找到 1 个                                //选择要旋转的对象
选择对象:                                          //按Enter键
指定轴上的第一个点或定义轴依据 [对象(O)/最近的(L)/视图(V)/X 轴(X)/Y 轴(Y)/Z 轴(Z)/两点(2)]:
                                                   //指定旋转轴上的第一点A，如图16-9右图所示
指定轴上的第二点:                                  //指定旋转轴上的第二点B
指定旋转角度或 [参照(R)]: 60                       //输入旋转的角度值
```

结果如图 16-9 右图所示。

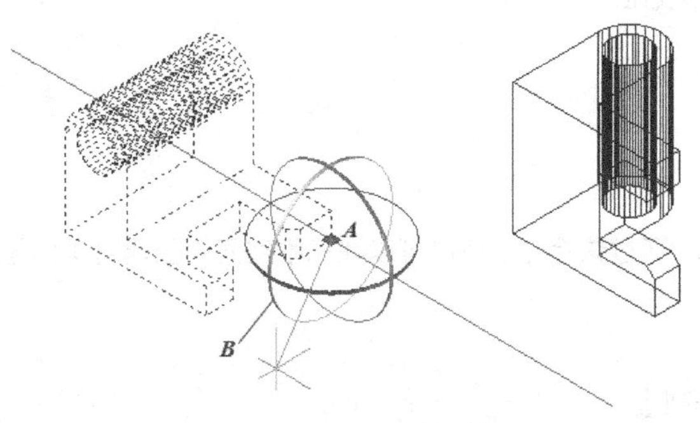

图 16-8 旋转对象

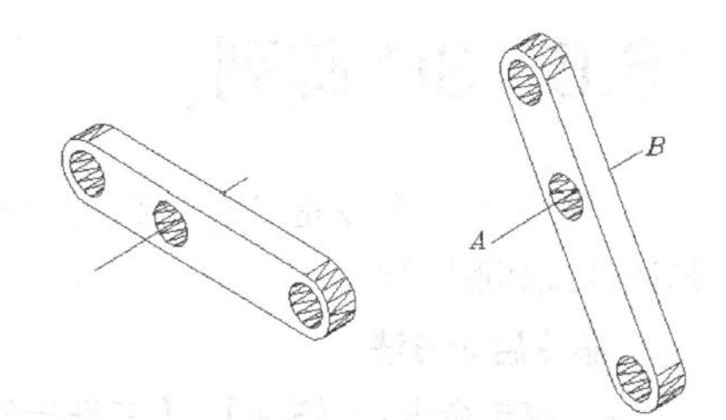

图 16-9 旋转对象

二、命令选项

- 对象（O）：AutoCAD 根据用户选择的对象来设置旋转轴。如果用户选择直线，则该直线就是旋转轴，而且旋转轴的正方向是从选择点开始指向远离选择点的那一端。若选择了圆或圆弧，则旋转轴通过圆心并与圆或圆弧所在的平面垂直。
- 最近的（L）：该选项将上一次使用 ROTATE3D 命令时定义的轴作为当前旋转轴。
- 视图（V）：旋转轴垂直于当前视区，并通过用户的选取点。
- X 轴（X）：旋转轴平行于 *x* 轴，并通过用户的选取点。
- Y 轴（Y）：旋转轴平行于 *y* 轴，并通过用户的选取点。
- Z 轴（Z）：旋转轴平行于 *z* 轴，并通过用户的选取点。
- 两点（2）：通过指定两点来设置旋转轴。
- 指定旋转角度：输入正的或负的旋转角，角度正方向由右手螺旋法则确定。

- 参照（R）：选择该选项后，AutoCAD 将提示“指定参照角 <0>:”，输入参考角度值或拾取两点指定参考角度，当 AutoCAD 继续提示“指定新角度”时，再输入新的角度值或拾取另外两点指定新参考角，新角度减去初始参考角就是实际旋转角度。常用“参照（R）”选项将 3D 对象从最初位置旋转到与某一方向对齐的另一位置。

要点提示 使用 ROTATE3D 命令的“参照（R）”选项时，如果是通过拾取两点来指定参考角度，一般要使 UCS 平面垂直于旋转轴，并且应在 *xy* 平面或与 *xy* 平面平行的平面内选择点。

使用 ROTATE3D 命令时，用户应注意确定旋转轴的正方向。当旋转轴平行于坐标轴时，坐标轴的方向就是旋转轴的正方向；若用户通过两点来指定旋转轴，那么轴的正方向是从第一个选取点指向第二个选取点。

16.5 三维缩放

使用二维对象缩放命令 SCALE 也可缩放三维对象，但只能进行整体缩放。3DSCALE 命令是 SCALE 的 3D 版本，用法与二维缩放命令类似，只是在操作过程中需用户指定缩放轴。对于三维网格模型及其子对象，使用该命令可以分别沿 1 个、2 个或 3 个坐标轴方向进行缩放；对于三维实体模型及其子对象（面、边），则只能整体缩放。

命令启动方法

- 面板：【常用】选项卡中【修改】面板上的按钮。
- 命令：3DSCALE

16.6 3D 阵列

3DARRAY 命令是二维 ARRAY 命令的 3D 版本，通过该命令，用户可以在三维空间中创建对象的矩形阵列或环形阵列。

命令启动方法

- 菜单命令：【修改】/【三维操作】/【三维阵列】。
- 命令：3DARRAY。

【练习 16-4】 练习使用 3DARRAY 命令。

打开素材文件“dwg\第 16 章\16-4.dwg”，用 3DARRAY 命令创建矩形及环形阵列。

```
命令: _3darray
选择对象: 找到 1 个                              //选择要阵列的对象，如图16-10所示
选择对象:                                        //按Enter键
输入阵列类型 [矩形(R)/环形(P)] <矩形>:             //指定矩形阵列
输入行数 (---) <1>: 2                            //输入行数，行的方向平行于x轴
输入列数 (|||) <1>: 3                            //输入列数，列的方向平行于y轴
输入层数 (...) <1>: 3                            //指定层数，层数表示沿z轴方向的分布数目
指定行间距 (---): 50                             //输入行间距，如果输入负值，阵列方向将沿x轴反方向
指定列间距 (|||): 80                             //输入列间距，如果输入负值，阵列方向将沿y轴反方向
指定层间距 (...): 120                            //输入层间距，如果输入负值，阵列方向将沿z轴反方向
```

启动 HIDE 命令，结果如图 16-10 所示。

如果选择“环形（P）”选项，就能建立环形阵列，AutoCAD 提示如下。

```
输入阵列中的项目数目：6                          //输入环形阵列的数目
指定要填充的角度（+=逆时针，-=顺时针）<360>：
                    //输入环行阵列的角度值，可以输入正值或负值，角度正方向由右手螺旋法则确定
旋转阵列对象？[是(Y)/否(N)]<是>：                //按Enter键，则阵列的同时还旋转对象
指定阵列的中心点：                               //指定旋转轴的第一点A，如图16-11所示
指定旋转轴上的第二点：                           //指定旋转轴的第二点B
```

启动 HIDE 命令，结果如图 16-11 所示。

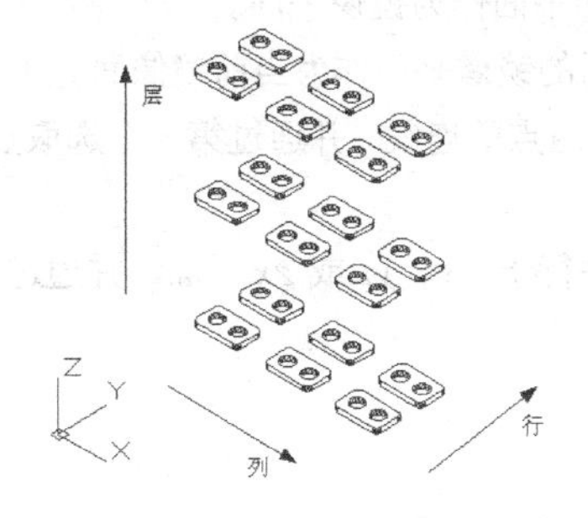

图 16-10　矩形阵列

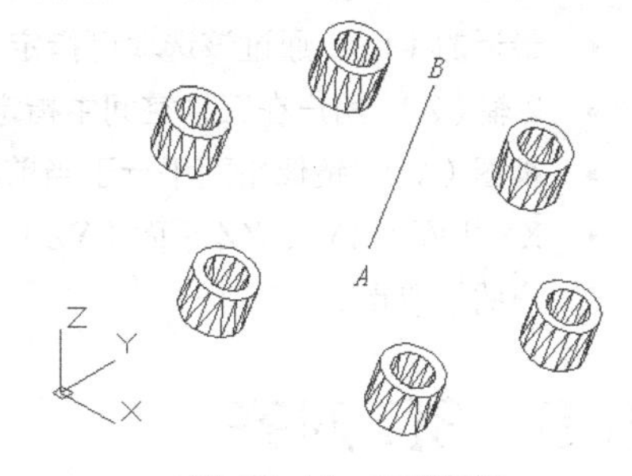

图 16-11　环形阵列

旋转轴的正方向是从第一个指定点指向第二个指定点，沿该方向伸出大拇指，则其他 4 个手指的弯曲方向就是旋转角的正方向。

16.7　3D 镜像

如果镜像线是当前 UCS 平面内的直线，则使用常见的 MIRROR 命令就可进行 3D 对象的镜像复制。但若想以某个平面作为镜像平面来创建 3D 对象的镜像复制，就必须使用 MIRROR3D 命令。如图 16-12 所示，把 *A*、*B*、*C* 点定义的平面作为镜像平面，对实体进行镜像。

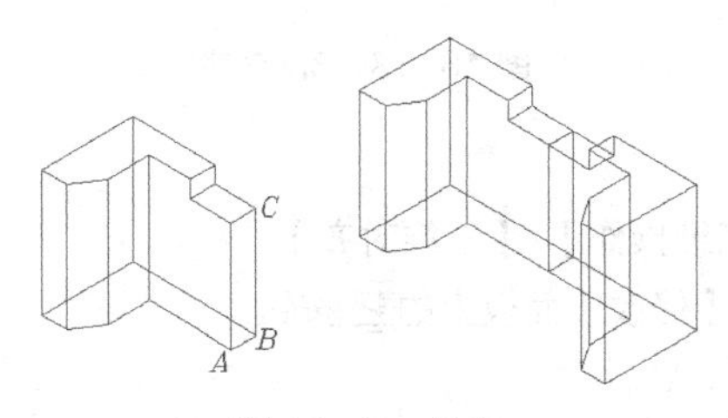

图 16-12　镜像

一、命令启动方法

- 菜单命令：【修改】/【三维操作】/【三维镜像】。
- 面板：【常用】选项卡中【修改】面板上的按钮。
- 命令：MIRROR3D。

【练习 16-5】 练习使用 MIRROR3D 命令。

打开素材文件“dwg\第 16 章\16-5.dwg”，用 MIRROR3D 命令创建对象的三维镜像。

```
命令：_mirror3d
选择对象：找到 1 个                              //选择要镜像的对象
选择对象：                                       //按Enter键
```

```
指定镜像平面（三点）的第一个点或[对象(O)/最近的(L)/Z轴(Z)/视图(V)/XY平面(XY)/YZ平面(YZ)/ZX平面(ZX)/三点(3)]<三点>:
                                        //利用3点指定镜像平面，捕捉第一点A，如图16-12左图所示
在镜像平面上指定第二点：                //捕捉第二点B
在镜像平面上指定第三点：                //捕捉第三点C
是否删除源对象？[是(Y)/否(N)] <否>:      //按Enter键不删除源对象
```

结果如图 16-12 右图所示。

二、命令选项

- 对象（O）：以圆、圆弧、椭圆及 2D 多段线等二维对象所在的平面作为镜像平面。
- 最近的（L）：通过该选项可指定上一次 MIRROR3D 命令使用的镜像平面作为当前镜像面。
- Z 轴（Z）：用户在三维空间中指定两个点，镜像平面将垂直于两点的连线，并通过第一个选取点。
- 视图（V）：镜像平面平行于当前视区，并通过用户的拾取点。
- XY 平面（XY）、YZ 平面（YZ）、ZX 平面（ZX）：镜像平面平行于 xy、yz或 zx平面，并通过用户的拾取点。

16.8　3D 对齐

3DALIGN 命令在 3D 建模中非常有用，通过该命令，用户可以指定源对象与目标对象的对齐点，从而使源对象的位置与目标对象的位置对齐。例如，用户利用 3DALIGN 命令让对象 M（源对象）某一平面上的 3 点与对象 N（目标对象）某一平面上的 3 点对齐，操作完成后，M、N两个对象将重合在一起，如图 16-13 所示。

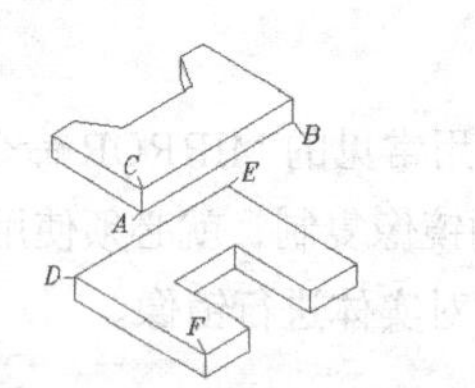

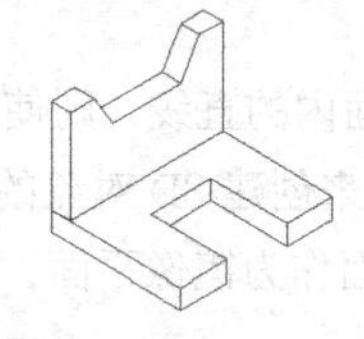

图 16-13　3D 对齐

命令启动方法

- 菜单命令：【修改】/【三维操作】/【三维对齐】。
- 面板：【常用】选项卡中【修改】面板上的按钮。
- 命令：3DALIGN 或简写 3AL。

【练习 16-6】 在 3D 空间应用 3DALIGN 命令。

打开素材文件“dwg\第 16 章\16-6.dwg”，用 3DALIGN 命令对齐 3D 对象。

```
命令：_3dalign
选择对象：找到 1 个                        //选择要对齐的对象
选择对象：                                 //按Enter键
指定基点或 [复制(C)]:                      //捕捉源对象上的第一点A，如图16-13左图所示
指定第二个点或 [继续(C)] <C>:              //捕捉源对象上的第二点B
指定第三个点或 [继续(C)] <C>:              //捕捉源对象上的第三点C
指定第一个目标点：                         //捕捉目标对象上的第一点D
指定第二个目标点或 [退出(X)] <X>:          //捕捉目标对象上的第二点E
指定第三个目标点或 [退出(X)] <X>:          //捕捉目标对象上的第三点F
```

结果如图 16-13 右图所示。

使用 3DALIGN 命令时，用户不必指定所有的 3 对对齐点。下面说明提供不同数量的对齐点时，AutoCAD 如何移动源对象。

- 如果仅指定一对对齐点，那么 AutoCAD 就把源对象由第一个源点移动到第一目标点处。
- 若指定两对对齐点，则 AutoCAD 移动源对象后，将使两个源点的连线与两个目标点的连线重合，并让第一个源点与第一目标点也重合。
- 如果用户指定 3 对对齐点，那么命令结束后，3 个源点定义的平面将与 3 个目标点定义的平面重合在一起。选择的第一个源点要移动到第一个目标点的位置，前两个源点的连线与前两个目标点的连线重合。第 3 个目标点的选取顺序若与第 3 个源点的选取顺序一致，则两个对象平行对齐，否则是相对对齐。

16.9 3D 倒圆角

使用 FILLET 命令可以给实心体的棱边倒圆角，该命令对表面模型不适用。在 3D 空间中使用此命令与在 2D 空间中使用有所不同，用户不必事先设定倒角的半径值，AutoCAD 会提示用户进行设定。

一、命令启动方法

- 菜单命令：【修改】/【圆角】。
- 面板：【常用】选项卡中【修改】面板上的按钮。
- 命令：FILLET 或简写 F。

【练习 16-7】 在 3D 空间使用 FILLET 命令。

打开素材文件“dwg\第 16 章\16-7.dwg”，用 FILLET 命令给 3D 对象倒圆角。

```
命令: _fillet
选择第一个对象或 [放弃(U)/多段线(P)/半径(R)/修剪(T)/多个(M)]:
                                          //选择棱边A，如图16-14左图所示
输入圆角半径或 [表达式(E)]<10.0000>:15       //输入圆角半径
选择边或 [链(C)/环(L)/半径(R)]:              //选择棱边B
选择边或 [链(C)/环(L)/半径(R)]:              //选择棱边C
选择边或 [链(C)/环(L)/半径(R)]:              //按Enter键结束
```

结果如图 16-14 右图所示。

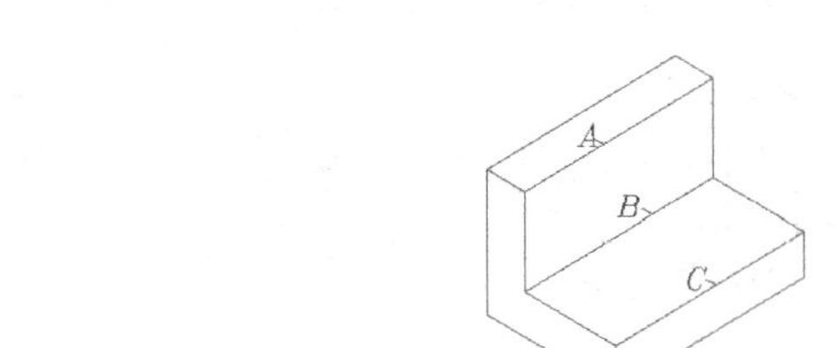

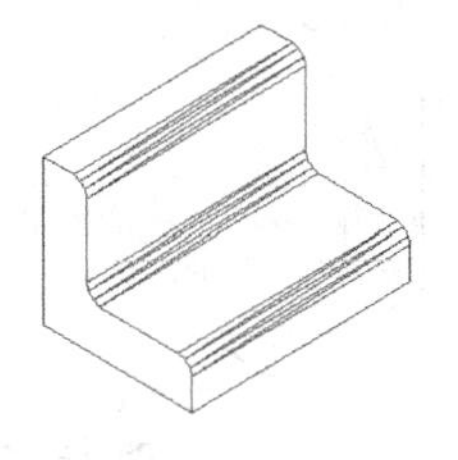

图 16-14 倒圆角

对交于一点的几条棱边倒圆角时，若各边圆角半径相等，则在交点处产生光滑的球面过渡。

二、命令选项

- 选择边：可以连续选择实体的倒角边。

- 链（C）：如果各棱边是相切的关系，则选择其中一个边，所有这些棱边都将被选中。
- 环（L）：通过该选项，用户可以一次选中基面内的所有棱边。
- 半径（R）：通过该选项，用户可以为随后选择的棱边重新设定圆角半径。

16.10 3D 倒角

倒角命令 CHAMFER 只能被用于实体，而对表面模型不适用。在对 3D 对象应用此命令时，AutoCAD 的提示顺序与二维对象倒角时不同。

一、命令启动方法

- 菜单命令：【修改】/【倒角】。
- 面板：【常用】选项卡中【修改】面板上的按钮。
- 命令：CHAMFER 或简写 CHA。

【练习 16-8】 在 3D 空间应用 CHAMFER 命令。

打开素材文件“dwg\第 16 章\16-8.dwg”，用 CHAMFER 命令给 3D 对象倒角。

```
命令: _chamfer
选择第一条直线或 [放弃(U)/多段线(P)/距离(D)/角度(A)/修剪(T)/方式(E)/多个(M)]:
                                              //选择棱边E，如图16-15左图所示
基面选择...                                   //平面A高亮显示
输入曲面选择选项 [下一个(N)/当前(OK)] <当前>: n
                                              //利用“下一个(N)”选项指定平面B为倒角基面
输入曲面选择选项 [下一个(N)/当前(OK)] <当前>:  //按Enter键
指定基面倒角距离 <12.0000>: 15                //输入基面内的倒角距离
指定其他曲面倒角距离 <15.0000>: 10            //输入另一平面内的倒角距离
选择边或 [环(L)]:                             //选择棱边E
选择边或 [环(L)]:                             //选择棱边F
选择边或 [环(L)]:                             //选择棱边G
选择边或 [环(L)]:                             //选择棱边H
选择边或 [环(L)]:                             //按Enter键结束
```

结果如图 16-15 右图所示。

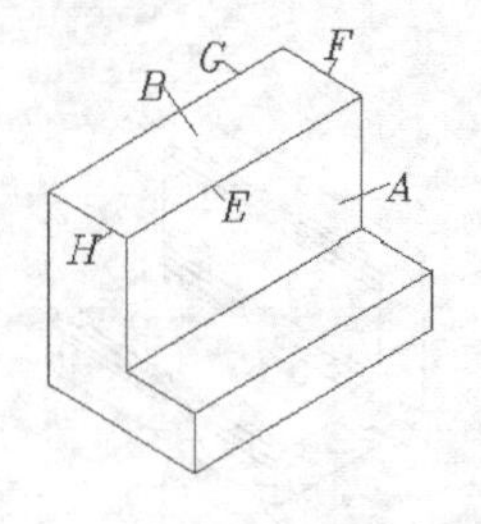

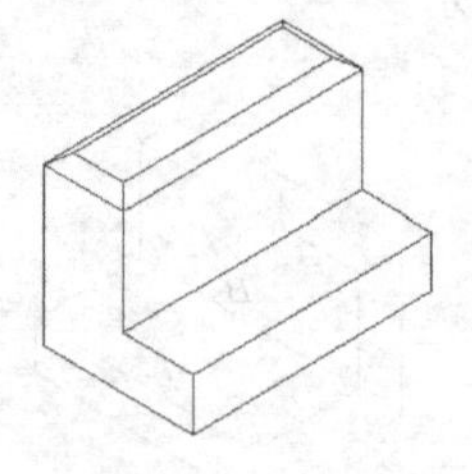

图 16-15 3D 倒角

实体的棱边是两个面的交线，当第一次选择棱边时，AutoCAD 将高亮显示其中一个面，这个面代表倒角基面，用户也可以通过“下一个（N）”选项使另一个表面成为倒角基面。

二、命令选项

- 选择边：选择基面内要倒角的棱边。
- 环（L）：使用该选项，用户可以一次选中基面内的所有棱边。

16.11 编辑实心体的面、边、体

除了可对实体进行倒角、阵列、镜像及旋转等操作外，AutoCAD 还专门提供了编辑实体模型表面、棱边及体的命令 SOLIDEDIT，该命令的编辑功能概括如下。

（1）对于面的编辑，提供了拉伸、移动、旋转、倾斜、复制和改变颜色等选项。

（2）通过边编辑选项，用户可以改变实体棱边的颜色，或复制棱边以形成新的线框对象。

（3）体编辑选项，用户可以把一个几何对象“压印”在三维实体上，另外，还可以拆分实体或对实体进行抽壳操作。

SOLIDEDIT 命令的所有编辑功能都包含在【实体编辑】面板上，表 16-1 中列出了面板上各按钮的功能。

表 16-1 【实体编辑】面板上按钮的功能

按钮	按钮功能	按钮	按钮功能
	“并”运算		将实体的表面复制成新的图形对象
	“差”运算		将实体的某个面修改为特殊的颜色，以增强着色效果或便于根据颜色附着材质
	“交”运算		把实体的棱边复制成直线、圆、圆弧及样条线等
	根据指定的距离拉伸实体表面或将面沿某条路径进行拉伸		改变实体棱边的颜色。将棱边改变为特殊的颜色后就能增加着色效果
	移动实体表面。例如，可以将孔从一个位置移到另一个位置		把圆、直线、多段线及样条曲线等对象压印在三维实体上，使其成为实体的一部分。被压印的对象将分割实体表面
	偏移实体表面。例如，可以将孔表面向内偏移以减小孔的尺寸		将实体中多余的棱边、顶点等对象去除。例如，可通过此按钮清除实体上压印的几何对象
	删除实体表面。例如，可以删除实体上的孔或圆角		将体积不连续的单一实体分成几个相互独立的三维实体
	将实体表面绕指定轴旋转		将一个实心体模型创建成一个空心的薄壳体
	按指定的角度倾斜三维实体上的面		检查对象是否是有效的三维实体对象

16.11.1 拉伸面

AutoCAD 可以根据指定的距离拉伸面或将面沿某条路径进行拉伸。拉伸时，如果是输入拉伸距离值，那么还可输入锥角，这样将使拉伸所形成的实体锥化。图 16-16 所示的是将实体面按指定的距离、锥角及沿路径进行拉伸的结果。

当用户通过输入距离值来拉伸面时，面将沿其法线方向移动。若指定路径进行拉伸，则 AutoCAD 形成拉伸实体的方式会依据不同性质的路径（如直线、多段线、圆弧和样条线等）而各有特点。

【练习 16-9】 拉伸面。

1. 打开素材文件“dwg\第 16 章\16-9.dwg”，利用 SOLIDEDIT 命令拉伸实体表面。
2. 单击【实体编辑】面板上的按钮，AutoCAD 主要提示如下。

```
命令：_solidedit
选择面或 [放弃(U)/删除(R)]：找到一个面                //选择实体表面A，如图16-16左上图所示
选择面或 [放弃(U)/删除(R)/全部(ALL)]：               //按Enter键
指定拉伸高度或 [路径(P)]：50                          //输入拉伸的距离
指定拉伸的倾斜角度 <0>：5                            //指定拉伸的锥角
```

结果如图 16-16 右上图所示。

选择要拉伸的实体表面后，AutoCAD 提示“指定拉伸高度或 [路径（P）]:”，各选项的功能如下。

- 指定拉伸高度：通过输入拉伸距离及锥角来拉伸面。对于每个面，规定其外法线方向是正方向，当输入的拉伸距离是正值时，面将沿其外法线方向移动，否则，将向相反方向移动。在指定拉伸距离后，AutoCAD 会提示输入锥角，若输入正的锥角值，则将使面向实体内部锥化，否则，将使面向实体外部锥化，如图 16-17 所示。

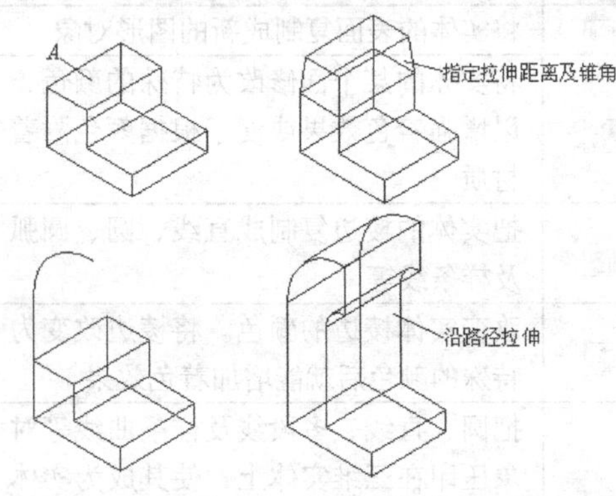

图 16-16 拉伸实体表面

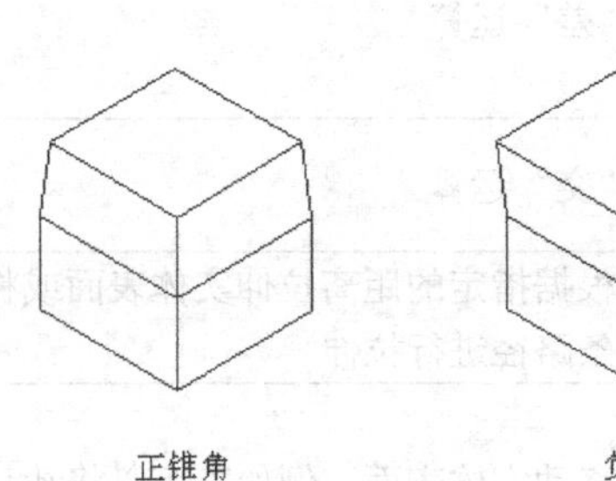

图 16-17 拉伸并锥化面

如果用户指定的拉伸距离及锥角都较大时，可能使面在到达指定的高度前已缩小成为一个点，这时 AutoCAD 将提示拉伸操作失败。

- 路径：通过沿着一条指定的路径拉伸实体表面。拉伸路径可以是直线、圆弧、多段线及 2D 样条线等，作为路径的对象不能与要拉伸的表面共面，也应避免路径曲线的某些局部区域有较高的曲率，否则，可能使新形成的实体在路径曲率较高处出现自相交的情况，从而导致拉伸失败。

拉伸路径的一个端点一般应在要拉伸的面内，否则，AutoCAD 将把路径移动到面轮廓的中心。拉伸面时，面从初始位置开始沿路径运动，直至路径终点结束，在终点位置被拉伸的面与路径是垂直的。

如果拉伸的路径是 2D 样条曲线，拉伸完成后，在路径起始点和终止点处，被拉伸的面都将与路径垂直。若路径中相邻两条线段是非平滑过渡的，则 AutoCAD 沿着每一条线段拉伸面后，将把相邻两段实体缝合在其夹角的平分处。

要点提示

用户可用 PEDIT 命令的“合并（J）”选项将当前 UCS 平面内的连续几段线条连接成多段线，这样就可以将其定义为拉伸路径了。

16.11.2 移动面

用户可以通过移动面来修改实体尺寸或改变某些特征（如孔、槽等）的位置，如图 16-18 所示，将实体的顶面 *A* 向上移动，并把孔 *B* 移动到新的地方。用户可以通过对象捕捉或输入位移值来精确地调整面的位置，AutoCAD 在移动面的过程中将保持面的法线方向不变。

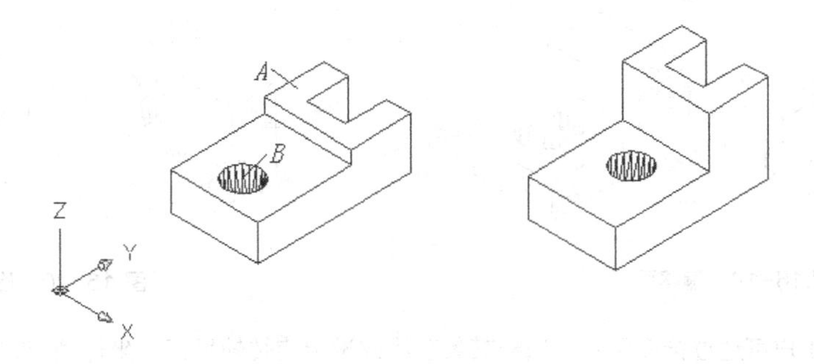

图 16-18 移动面

【练习 16-10】 移动面。

1. 打开素材文件“dwg\第 16 章\16-10.dwg”，利用 SOLIDEDIT 命令移动实体表面。
2. 单击【实体编辑】面板上的按钮，AutoCAD 主要提示如下。

```
命令：_solidedit
选择面或 [放弃(U)/删除(R)]：找到一个面                //选择孔的表面B，如图16-18左图所示
选择面或 [放弃(U)/删除(R)/全部(ALL)]：                //按Enter键
指定基点或位移：0,70,0                                 //输入沿坐标轴移动的距离
指定位移的第二点：                                     //按Enter键
```

结果如图 16-18 右图所示。

如果指定了两点，AutoCAD 就根据两点定义的矢量来确定移动的距离和方向。若在提示“指定基点或位移”时，输入一个点的坐标，当提示“指定位移的第二点”时，按 Enter 键，AutoCAD 将根据输入的坐标值把选定的面沿着面法线方向移动。

16.11.3 偏移面

对于三维实体，用户可通过偏移面来改变实体及孔、槽等特征的大小。进行偏移操作时，可以通过直接输入数值或拾取两点来指定偏移的距离，随后 AutoCAD 根据偏移距离沿表面的法线方向移动面。如图 16-19 所示，把顶面 *A* 向下偏移，再将孔的内表面向外偏移，输入正的偏移距离，将使表面向其外法线方向移动，否则，被编辑的面将向相反的方向移动。

【练习 16-11】 偏移面。

打开素材文件“dwg\第 16 章\16-11.dwg”，利用 SOLIDEDIT 命令偏移实体表面。

单击【实体编辑】面板上的按钮，AutoCAD 主要提示如下。

```
命令：_solidedit
选择面或 [放弃(U)/删除(R)]：找到一个面                //选择圆孔表面B，如图16-19左图所示
选择面或 [放弃(U)/删除(R)/全部(ALL)]：                //按Enter键
指定偏移距离：-20                                      //输入偏移距离
```

结果如图 16-19 右图所示。

16.11.4　旋转面

用户通过旋转实体的表面就可改变面的倾斜角度，或者将一些结构特征（如孔、槽等）旋转到新的方位。如图 16-20 所示，将面 *A* 的倾斜角修改为 120°，并把槽旋转 90°。

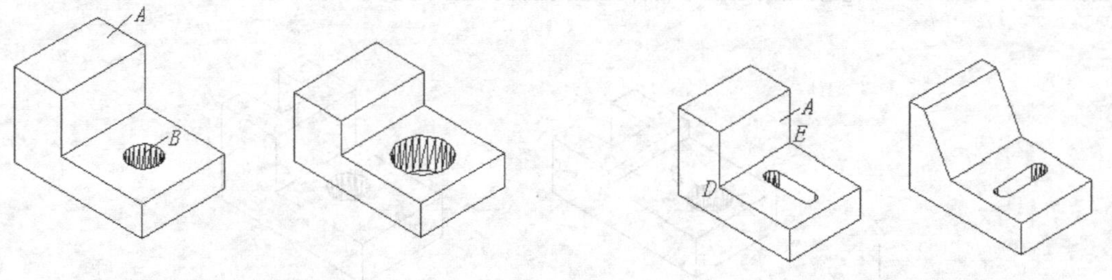

图 16-19　偏移面　　　　图 16-20　旋转面

在旋转面时，用户可通过拾取两点，选择某条直线或设定旋转轴平行于坐标轴等方法来指定旋转轴。另外，应注意确定旋转轴的正方向。

【练习 16-12】旋转面。

打开素材文件“dwg\第 16 章\16-12.dwg”，利用 SOLIDEDIT 命令旋转实体表面。

单击【实体编辑】面板上的按钮，AutoCAD 主要提示如下。

```
命令：_solidedit
选择面或 [放弃(U)/删除(R)]：找到一个面                  //选择表面A，如图16-20左图所示
选择面或 [放弃(U)/删除(R)/全部(ALL)]:                   //按Enter键
指定轴点或 [经过对象的轴(A)/视图(V)/X 轴(X)/Y 轴(Y)/Z 轴(Z)] <两点>:
                                                        //捕捉旋转轴上的第一点D
在旋转轴上指定第二个点：                                //捕捉旋转轴上的第二点E
指定旋转角度或 [参照(R)]：-30                           //输入旋转角度
```

结果如图 16-20 右图所示。

选择要旋转的实体表面后，AutoCAD 提示“指定轴点或[经过对象的轴（A）/视图（V）/X 轴（X）/Y 轴（Y）/Z 轴（Z）] <两点>:”，各选项的功能如下。

- 两点：通过指定两点来确定旋转轴，轴的正方向由第一个选择点指向第二个选择点。
- 经过对象的轴：通过图形对象来定义旋转轴。若选择直线，则所选直线即是旋转轴。若选择圆或圆弧，则旋转轴通过圆心且垂直于圆或圆弧所在的平面。
- 视图：旋转轴垂直于当前视图，并通过拾取点。
- X 轴、Y 轴、Z 轴：旋转轴平行于 *x*、*y* 或 *z* 轴，并通过拾取点。旋转轴的正方向与坐标轴的正方向一致。
- 指定旋转角度：输入正的或负的旋转角，旋转角的正方向由右手螺旋法则确定。
- 参照：通过该选项，用户可指定旋转的起始参考角和终止参考角，这两个角度的差值就是实际的旋转角，此选项常常用来使表面从当前的位置旋转到另一个指定的方位。

16.11.5　锥化面

用户可以沿指定的矢量方向使实体表面产生锥度，如图 16-21 所示，选择圆柱表面 *A* 使其沿矢量 *EF* 方向锥化，圆柱面变为圆锥面。如果选择实体的某一平面进行锥化操作，则将使该平面倾斜一个角度，如图 16-21 所示。

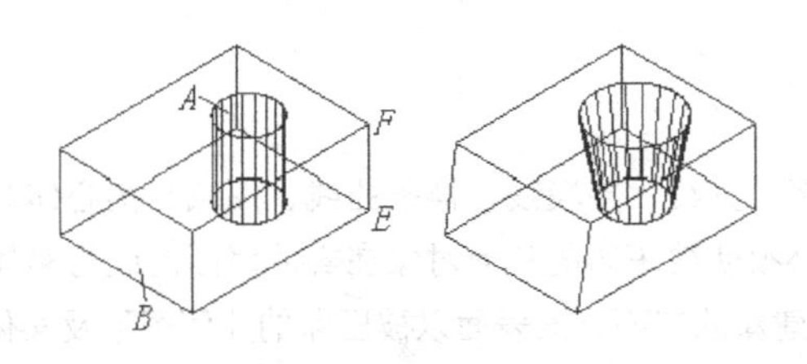

图 16-21 锥化面

进行面的锥化操作时，其倾斜方向由锥角的正负号及定义矢量时的基点决定。若输入正的锥度值，则将已定义的矢量绕基点向实体内部倾斜，否则，向实体外部倾斜。矢量的倾斜方式决定了被编辑表面的倾斜方式。

【练习 16-13】 锥化面。

打开素材文件“dwg\第 16 章\16-13.dwg”，利用 SOLIDEDIT 命令使实体表面锥化。

单击【实体编辑】面板上的按钮，AutoCAD 主要提示如下。

```
选择面或 [放弃(U)/删除(R)]: 找到一个面                //选择圆柱面A，如图16-21左图所示
选择面或 [放弃(U)/删除(R)/全部(ALL)]: 找到一个面       //选择平面B
选择面或 [放弃(U)/删除(R)/全部(ALL)]:                 //按Enter键
指定基点:                                             //捕捉端点E
指定沿倾斜轴的另一个点:                               //捕捉端点F
指定倾斜角度: 10                                      //输入倾斜角度
```

结果如图 16-21 右图所示。

16.11.6 抽壳

用户可以利用抽壳的方法将一个实心体模型创建成一个空心的薄壳。在使用抽壳功能时，用户要先指定壳体的厚度，然后 AutoCAD 把现有的实体表面偏移指定的厚度值，以形成新的表面，这样，原来的实体就变为一个薄壳体。如果指定正的厚度值，AutoCAD 就在实体内部创建新面，否则，在实体的外部创建新面。另外，在抽壳操作过程中用户还能将实体的某些面去除，以形成薄壳体的开口，图 16-22 所示为把实体进行抽壳并去除其顶面的结果。

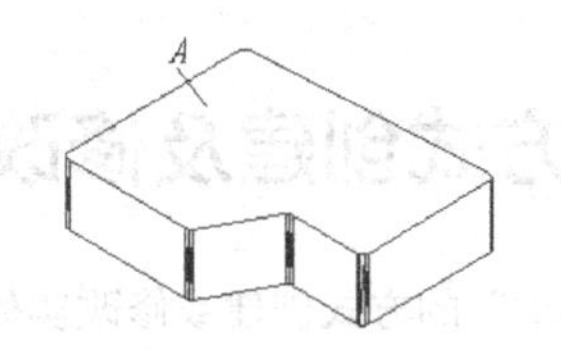

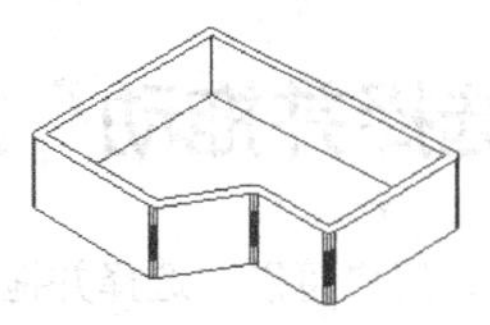

图 16-22 抽壳

【练习 16-14】 抽壳。

打开素材文件“dwg\第 16 章\16-14.dwg”，利用 SOLIDEDIT 命令创建一个薄壳体。

单击【实体编辑】面板上的按钮，AutoCAD 主要提示如下。

```
选择三维实体:                                  //选择要抽壳的对象
删除面或 [放弃(U)/添加(A)/全部(ALL)]: 找到一个面，已删除 1 个
                                               //选择要删除的表面A，如图16-22左图所示
删除面或 [放弃(U)/添加(A)/全部(ALL)]:          //按Enter键
输入抽壳偏移距离: 10                           //输入壳体厚度
```

结果如图 16-22 右图所示。

16.11.7 压印

通过压印的方法可以把圆、直线、多段线、样条曲线、面域及实心体等对象压印到三维实体上，使其成为实体的一部分。用户必须使被压印的几何对象在实体表面内或与实体表面相交，压印操作才能成功。压印时，AutoCAD 将创建新的表面，该表面以被压印的几何图形及实体的棱边作为边界，用户可以对生成的新面进行拉伸、复制、锥化等操作。图 16-23 所示为将圆压印在实体上，并将新生成的面向上拉伸的结果。

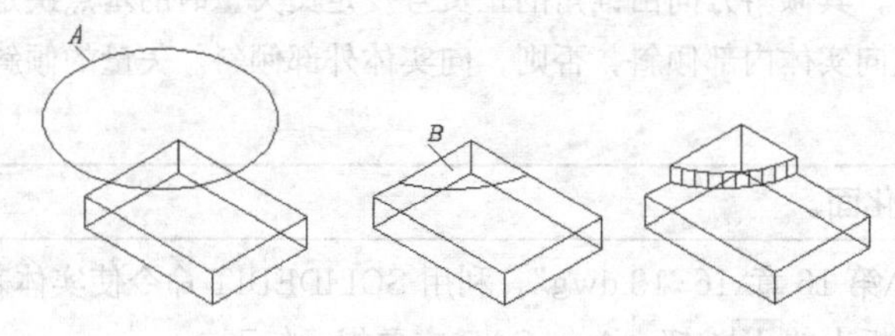

图 16-23 压印

【练习 16-15】 压印。

1. 打开素材文件“dwg\第 16 章\16-15.dwg”。

2. 单击【实体编辑】面板上的按钮，AutoCAD 主要提示如下。

```
选择三维实体或曲面:                        //选择实体模型
选择要压印的对象:                          //选择圆A，如图16-23左图所示
是否删除源对象 [是(Y)/否(N)] <N>: y        //删除圆A
选择要压印的对象:                          //按Enter键结束
```

结果如图 16-23 中图所示。

3. 再单击按钮，AutoCAD 主要提示如下。

```
选择面或 [放弃(U)/删除(R)]: 找到一个面          //选择表面B，如图16-23中图所示
选择面或 [放弃(U)/删除(R)/全部(ALL)]:           //按Enter键
指定拉伸高度或 [路径(P)]: 10                    //输入拉伸高度
指定拉伸的倾斜角度 <0>:                         //按Enter键结束
```

结果如图 16-23 右图所示。

16.12 利用“选择并拖动”方式创建及修改实体

通过 PRESSPULL 命令，用户可以“选择并拖动”的方式创建或修改实体。启动该命令后，选择一平面封闭区域，然后移动鼠标光标或输入距离值即可。距离值的正负号决定形成立体的不同方向。

PRESSPULL 命令能操作的对象如下。

- 面域、圆、椭圆及闭合多段线。
- 由直线、曲线等对象围成的闭合区域。
- 实体表面、压印操作产生的面。

【练习 16-16】 练习使用 PRESSPULL 命令。

1. 打开素材文件“dwg\第 16 章\16-16.dwg”。

2. 进入三维建模空间，单击【建模】面板上的 按住/拖动 按钮，在线框 A 的内部单击一点，如图 16-24 左图所示，输入立体高度值“700”，结果如图 16-24 右图所示。

3. 用 LINE 命令绘制线框 *B*，如图 16-25 左图所示。单击【建模】面板上的 按住/拖动 按钮，在线框 *B* 的内部单击一点，输入立体高度值“-700”，然后删除线框 *B*，结果如图 16-25 右图所示。

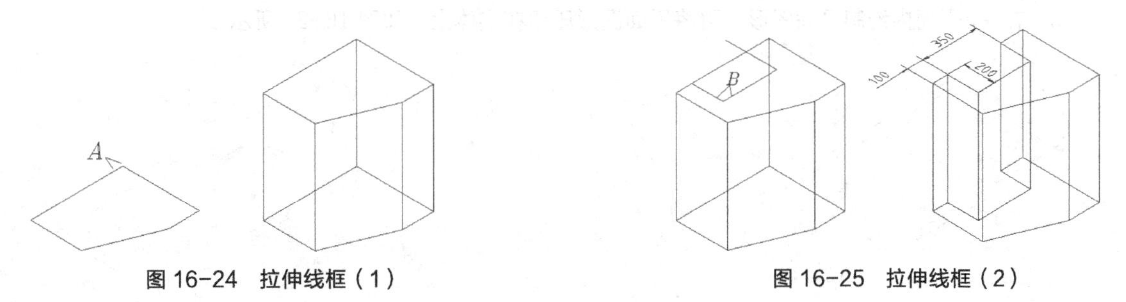

图 16-24　拉伸线框（1）　　图 16-25　拉伸线框（2）

16.13　实体建模典型实例

AutoCAD 的实体建模功能已经比较强大了，除某些表面形状很复杂的模型外，多数 3D 模型都可用 AutoCAD 创建出来。在前面读者已经学习了三维建模基础知识及丰富的实体造型命令，掌握这些内容后，是否就能高效地进行三维建模了？要达到这个目标，还应了解实体建模的一般方法，学会如何对实体模型进行分析，以及由此形成合理的建模思路。

下面介绍实体建模的一般方法及实用技巧。

16.13.1　实体建模的一般方法

在创建实体模型前，首先要对模型进行分析，分析的主要内容包括模型可划分为哪几个组成部分以及如何创建各组成部分。当搞清楚这些问题后，实体建模就变得比较容易了。

实体建模的大致思路如下。

（1）把复杂模型分成几个简单的立体组合，如将模型分解成长方体、柱体和回转体等基本立体。

（2）在屏幕的适当位置创建简单立体。简单立体所包含的孔、槽等特征可通过布尔运算或编辑实体本身来形成。

（3）用 MOVE、3DALIGN 等命令将生成的简单立体“装配”到正确位置。

（4）组合所有立体后，执行“并”运算以形成单一立体。

【练习 16-17】 绘制图 16-26 所示的三维实体模型。

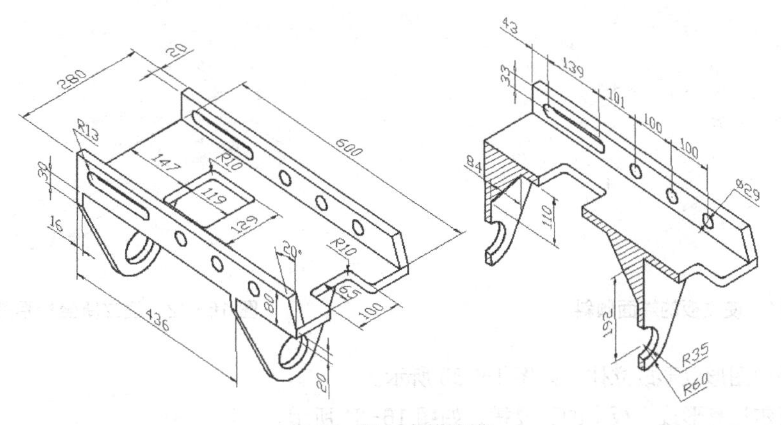

图 16-26　实体建模

1. 通过绘图窗口左上角的视图控件切换到东南轴测视图。

2. 用 BOX 命令绘制模型的底板，并以底板的上表面为 *xy* 平面建立新坐标系，如图 16-27 所示。

3. 在 *xy* 平面内绘制平面图形，再将平面图形压印在实体上，如图 16-28 所示。

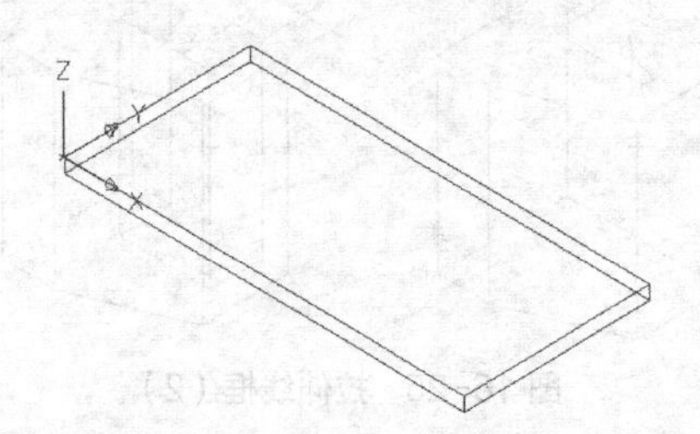

图 16-27　画长方体

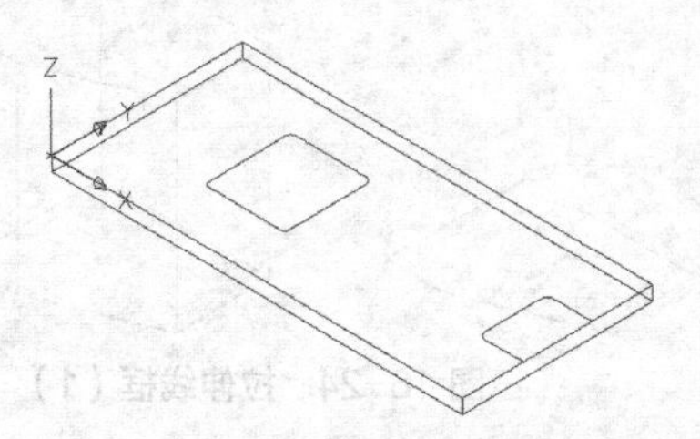

图 16-28　画平面图形并压印图形

在轴测视点下绘制平面图，读者可能会感到不习惯，此时可用 PLAN 命令将当前视图切换到 *xy* 平面视图，这样就符合大家画二维图的习惯了。

4. 拉伸实体表面形成矩形孔及缺口，如图 16-29 所示。

5. 用 BOX 命令绘制模型的立板，如图 16-30 所示。

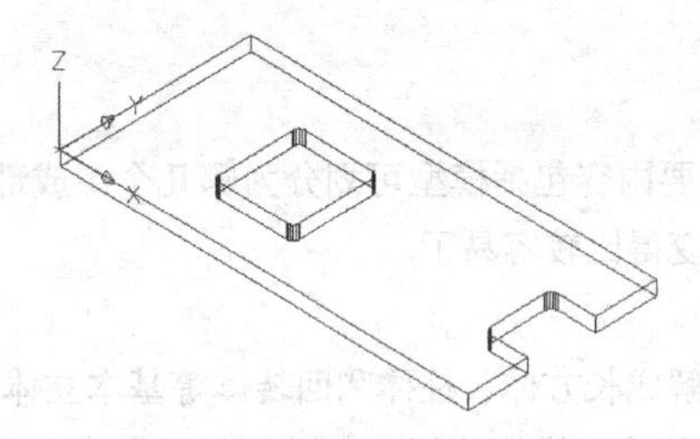

图 16-29　拉伸实体表面

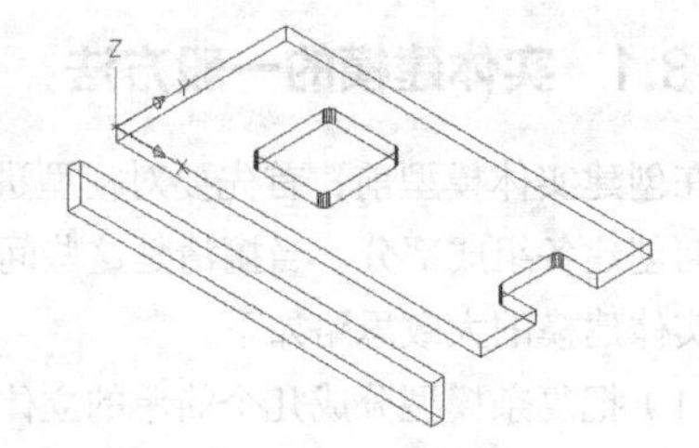

图 16-30　画立板

6. 编辑立板的右端面使之倾斜 20º，如图 16-31 所示。

7. 根据 3 点建立新坐标系，在 *xy* 平面绘制平面图形，再将平面图形 *A* 创建成面域，如图 16-32 所示。

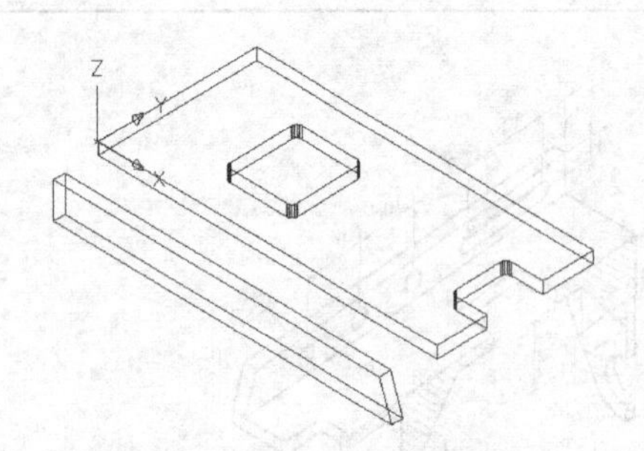

图 16-31　使立板的端面倾斜

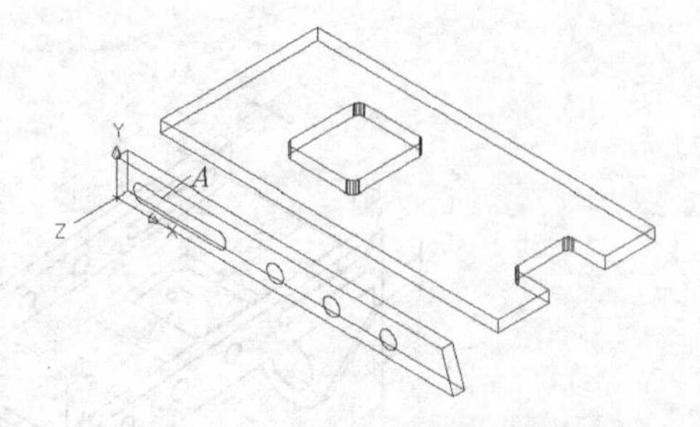

图 16-32　建立新坐标系并绘制平面图形

8. 拉伸平面图形以形成立体，如图 16-33 所示。

9. 利用布尔运算形成立板上的孔及槽，如图 16-34 所示。

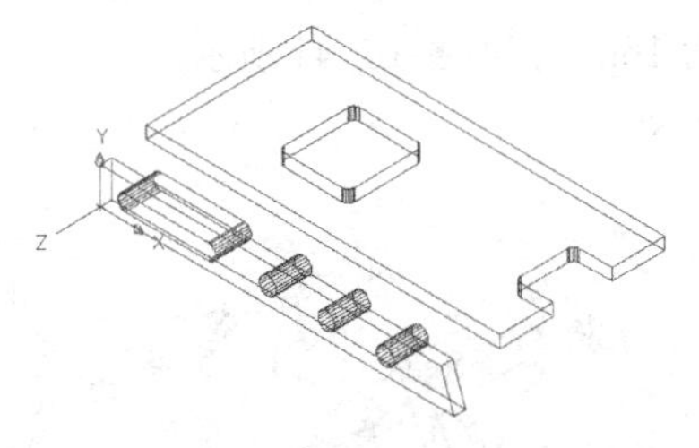

图 16-33 拉伸平面图形

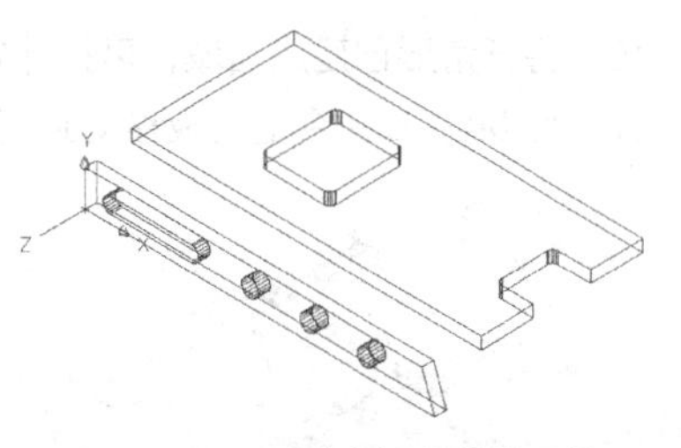

图 16-34 形成立板上的孔及槽

10. 把立板移动到正确的位置，如图 16-35 所示。
11. 复制立板，如图 16-36 所示。

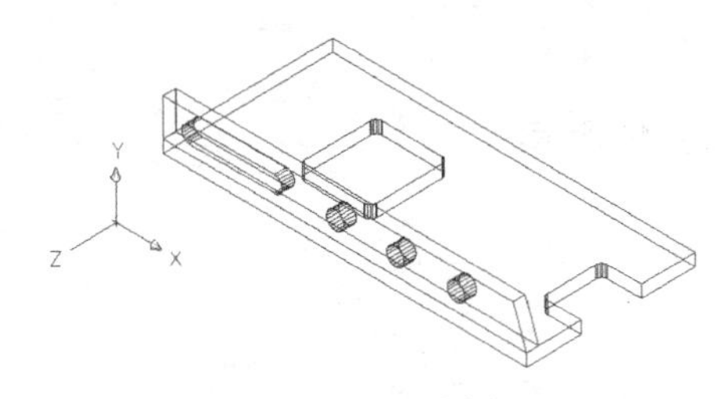

图 16-35 移动立板

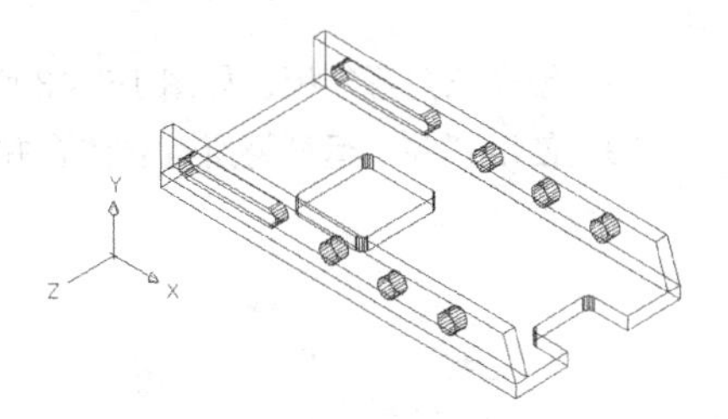

图 16-36 复制对象

12. 将当前坐标系绕 y 轴旋转 90°，在 xy 平面绘制平面图形，并把图形创建成面域，如图 16-37 所示。
13. 拉伸面域形成支撑板，如图 16-38 所示。

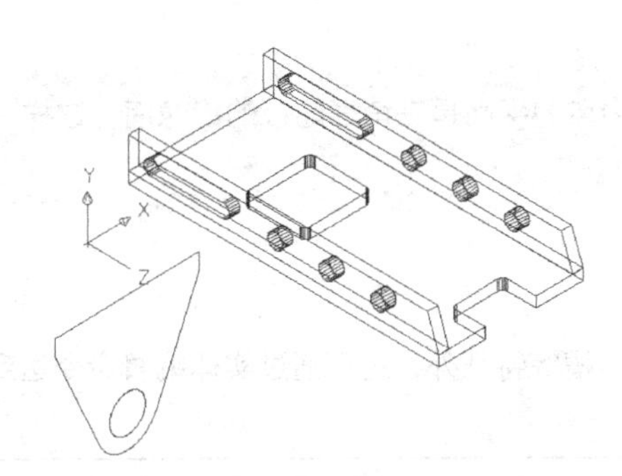

图 16-37 画平面图并创建面域

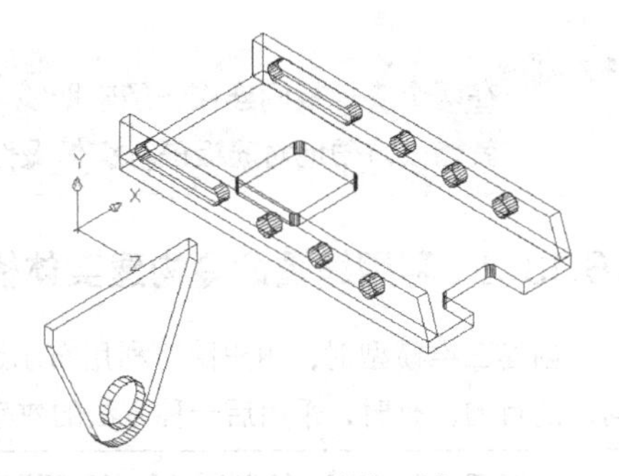

图 16-38 拉伸面域

14. 移动支撑板，并沿 z 轴方向复制它，如图 16-39 所示。
15. 将坐标系绕 y 轴旋转-90°，在 xy 坐标面内绘制三角形，如图 16-40 所示。

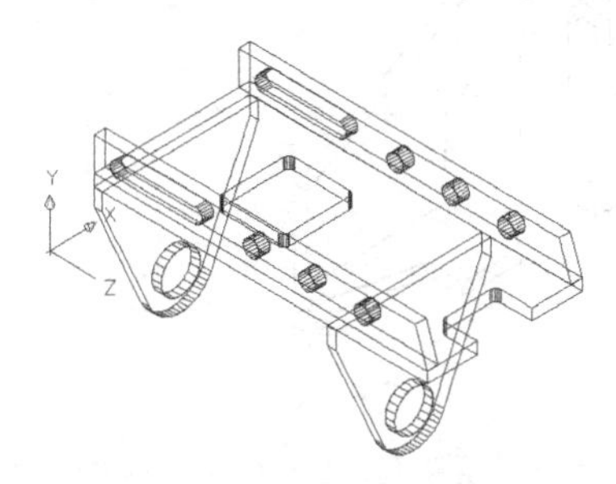

图 16-39 移动并复制支撑板

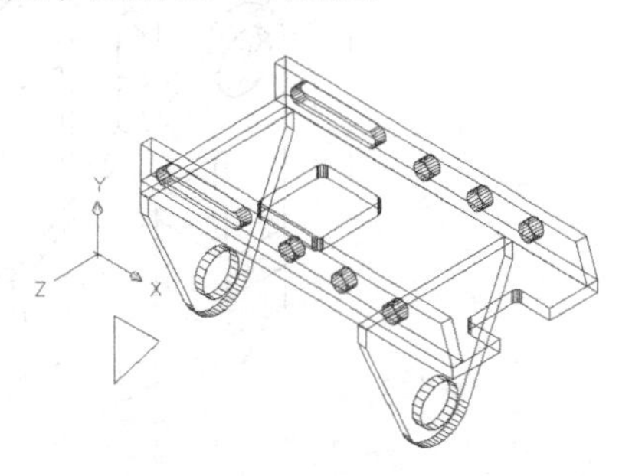

图 16-40 画三角形

16. 将三角形创建成面域，再拉伸它形成筋板，筋板厚度为 16mm，如图 16-41 所示。

17. 用 MOVE 命令把筋板移动到正确位置，如图 16-42 所示。

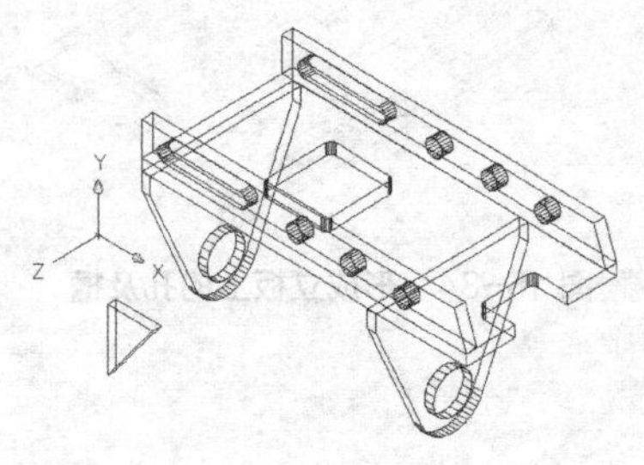

图 16-41　绘制筋板

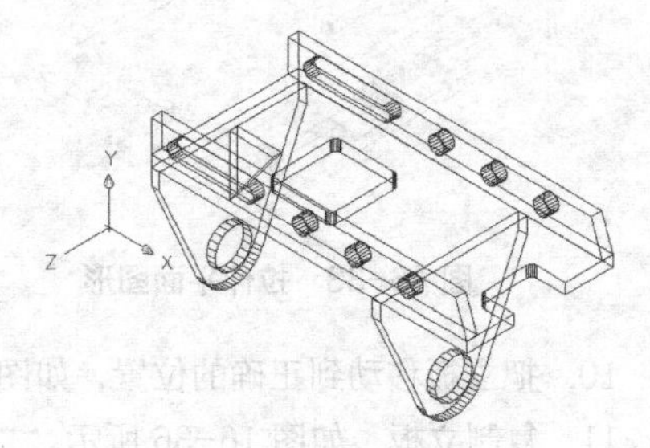

图 16-42　移动筋板

18. 镜像三角形筋板，如图 16-43 所示。

19. 使用“并”运算将所有立体合并为单一立体，如图 16-44 所示。

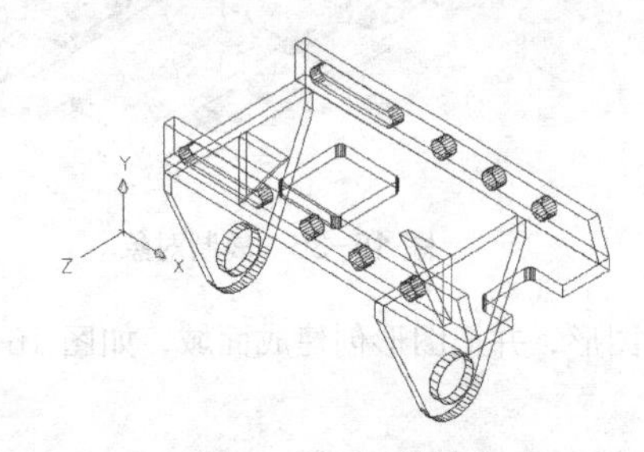

图 16-43　三维镜像

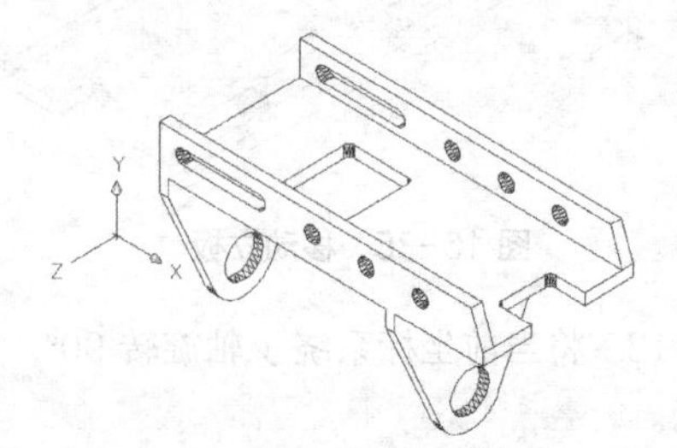

图 16-44　“并”运算

要点提示　在两个支撑板间连接一条辅助线，使通过此辅助线中点的平面是三角形筋板的镜像面，这样就能很方便地对筋板进行镜像操作。

16.13.2　利用编辑命令构建实体模型

创建三维模型时，用户除可利用布尔运算形成凸台、孔、槽等特征外，还可通过实体编辑命令达到同样的目的，有时，采用后一种方法的效率会更高。

【练习 16-18】 绘制图 16-45 所示的三维实体模型。

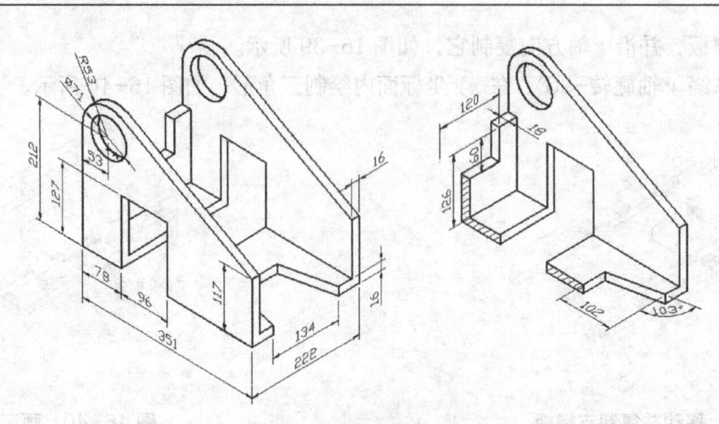

图 16-45　3D 建模技巧

1. 选择菜单命令【视图】/【三维视图】/【东南等轴测】，切换到东南轴测视图。

2. 在 xy 平面绘制底板的二维轮廓图，并将此图形创建成面域，如图 16-46 所示。

3. 拉伸面域形成底板，如图 16-47 所示。

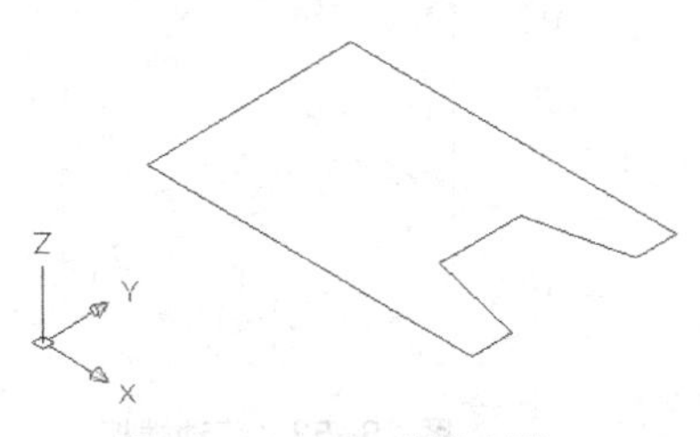

图 16-46　画二维轮廓图

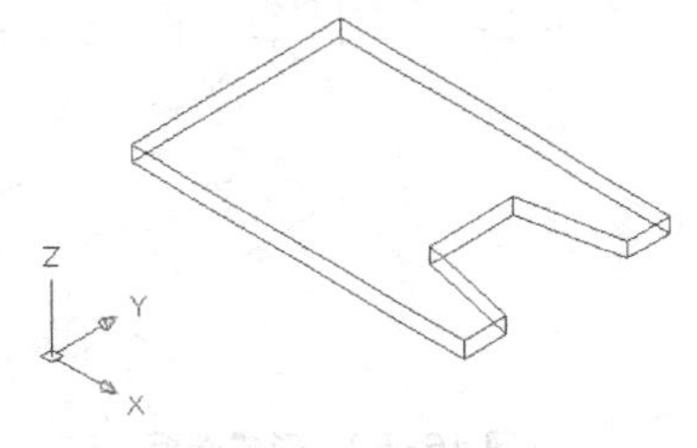

图 16-47　拉伸面域

4. 将坐标系绕 x 轴旋转 90°，在 xy 平面画出立板的二维轮廓图，再把此图形创建成面域，如图 16-48 所示。

5. 拉伸新生成的面域形成立板，如图 16-49 所示。

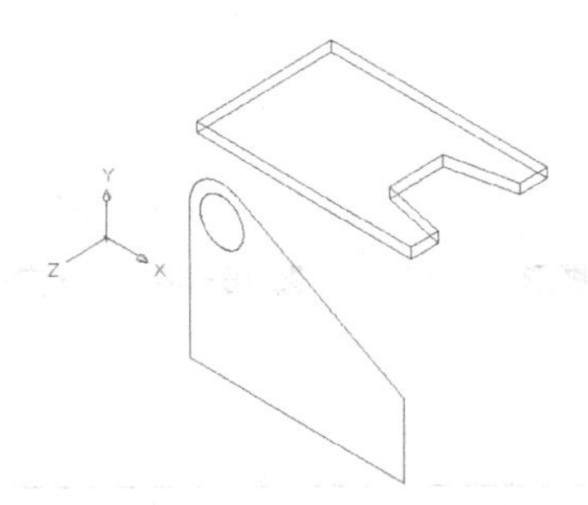

图 16-48　画立板的二维轮廓图

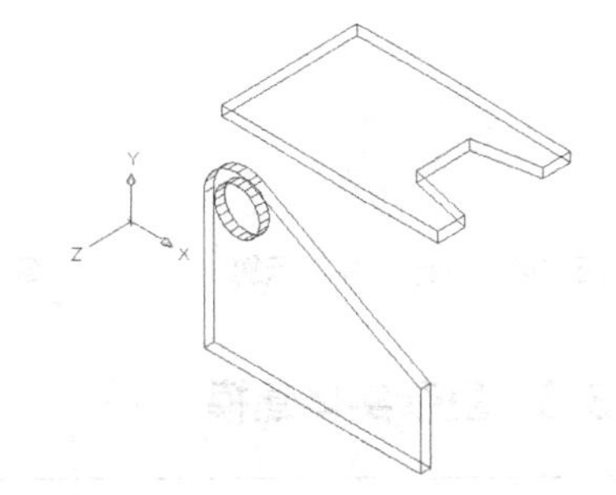

图 16-49　拉伸面域形成立板

6. 将立板移动到正确的位置，然后进行复制，如图 16-50 所示。

7. 把坐标系绕 y 轴旋转 90°，在 xy 平面绘制端板的二维轮廓图，然后将此图形生成面域，如图 16-51 所示。

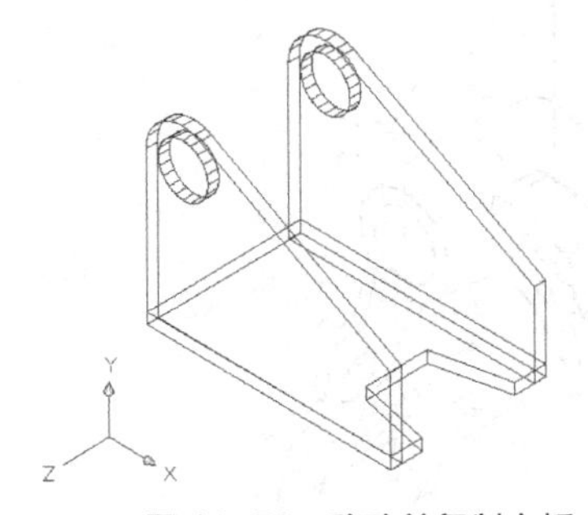

图 16-50　移动并复制立板

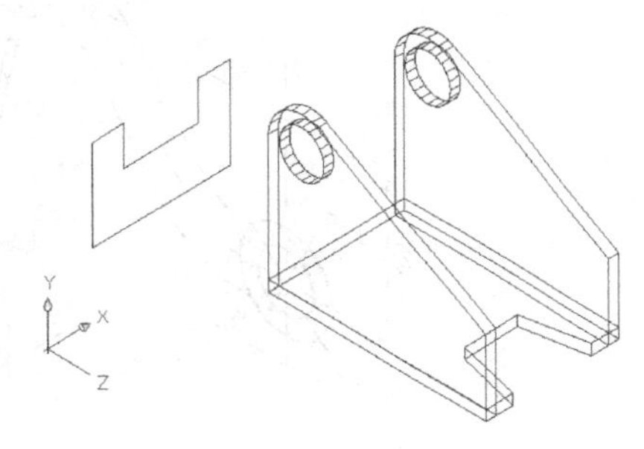

图 16-51　创建面域

8. 拉伸新创建的面域形成端板，如图 16-52 所示。

9. 用 MOVE 命令把端板移动到正确的位置，如图 16-53 所示。

10. 利用“并”运算将底板、立板和端板合并为单一立体，如图 16-54 所示。

11. 以立板的前表面为 xy 平面建立坐标系，在此表面上绘制平面图形，并将该图形压印在实体上，如图 16-55 所示。

12. 拉伸实体表面形成模型上的缺口，如图 16-56 所示。

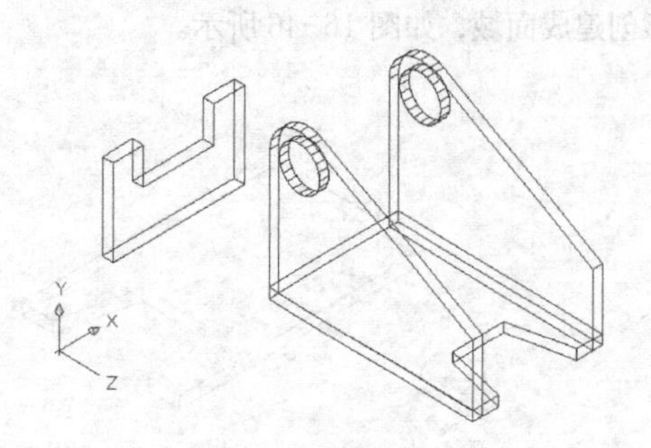

图 16-52 形成端板

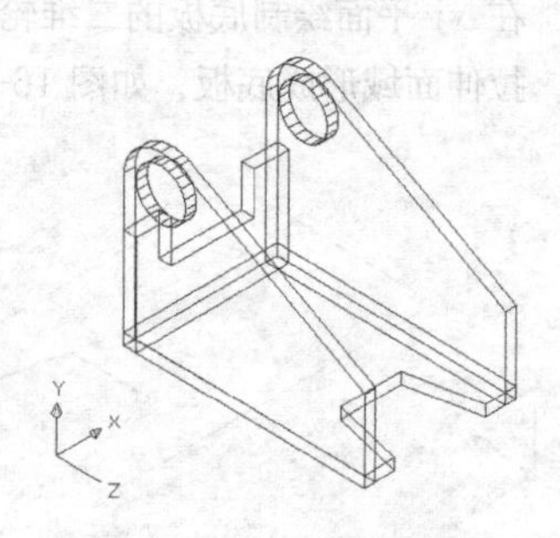

图 16-53 移动端板

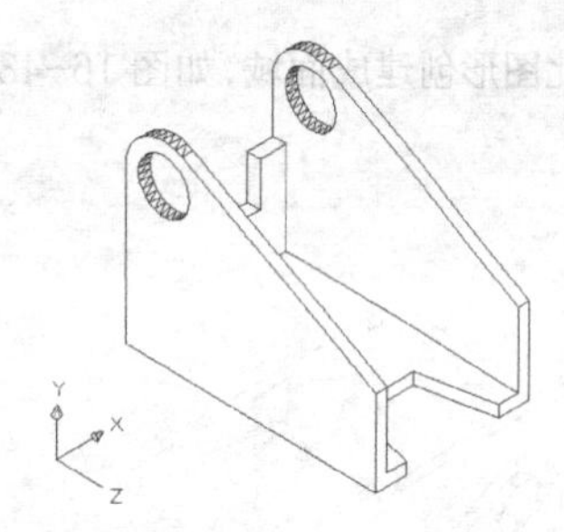

图 16-54 执行“并”运算

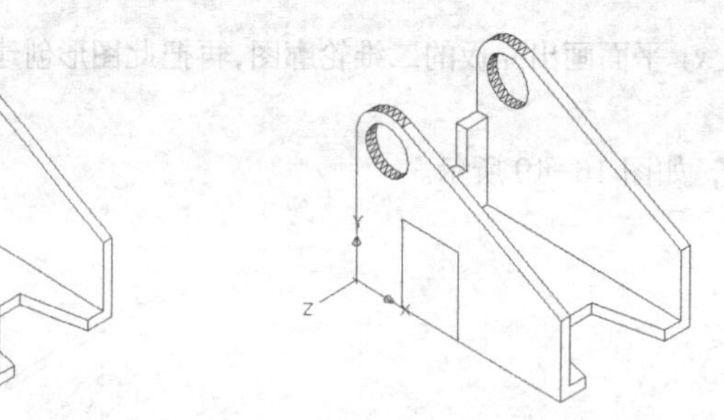

图 16-55 绘制及压印平面图形

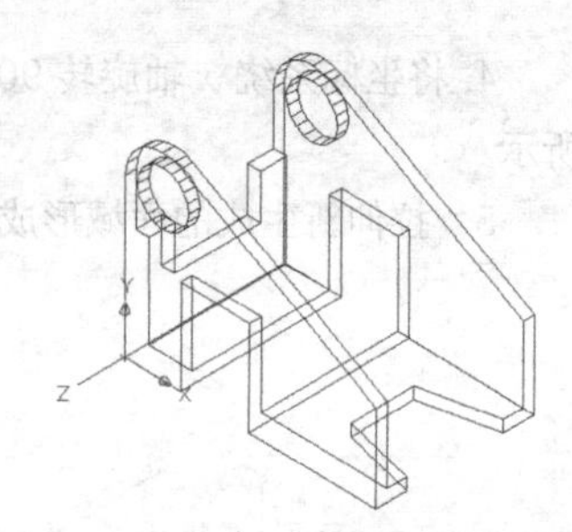

图 16-56 拉伸实体表面

16.13.3 复杂实体建模

【练习 16-19】 绘制图 16-57 所示的三维实体模型。

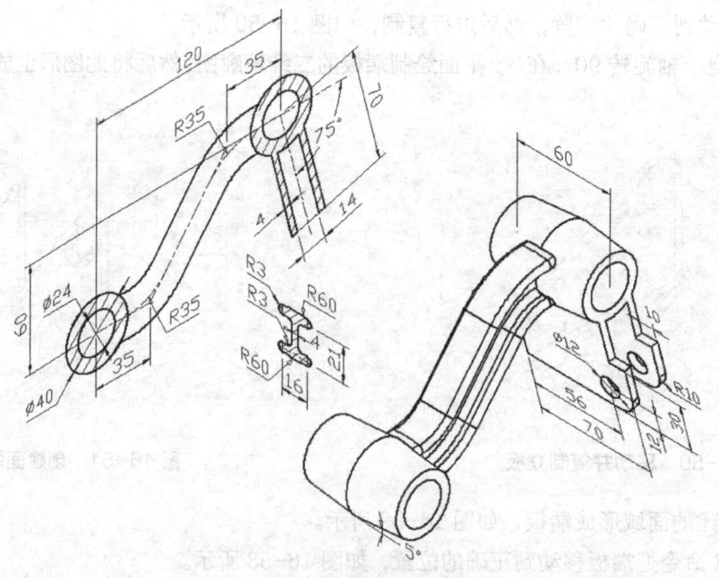

图 16-57 复杂实体建模

1. 通过绘图窗口左上角的视图控件切换到东南轴测视图。
2. 创建新坐标系，在 *xy* 平面内绘制平面图形，其中连接两个圆心的线条为多段线，如图 16-58

所示。

3. 拉伸两个圆形成立体 A、B，如图 16-59 所示。

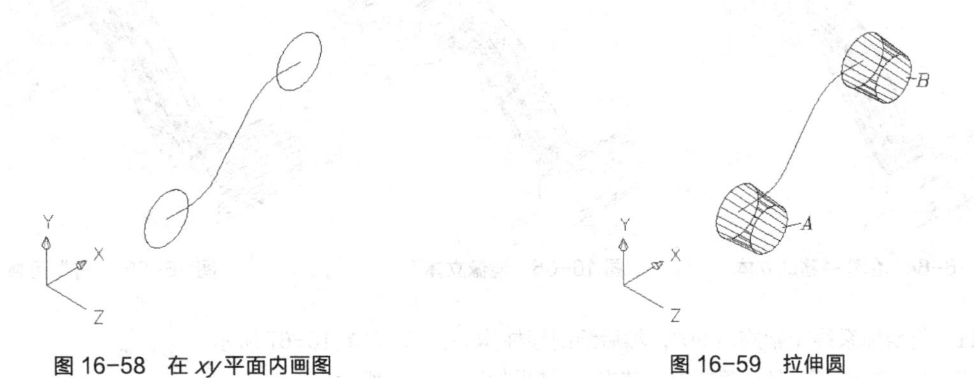

图 16-58　在 xy 平面内画图

图 16-59　拉伸圆

4. 对立体 A、B 进行镜像操作，结果如图 16-60 所示。
5. 创建新坐标系，在 xy 平面内绘制平面图形，并将该图形创建成面域，如图 16-61 所示。

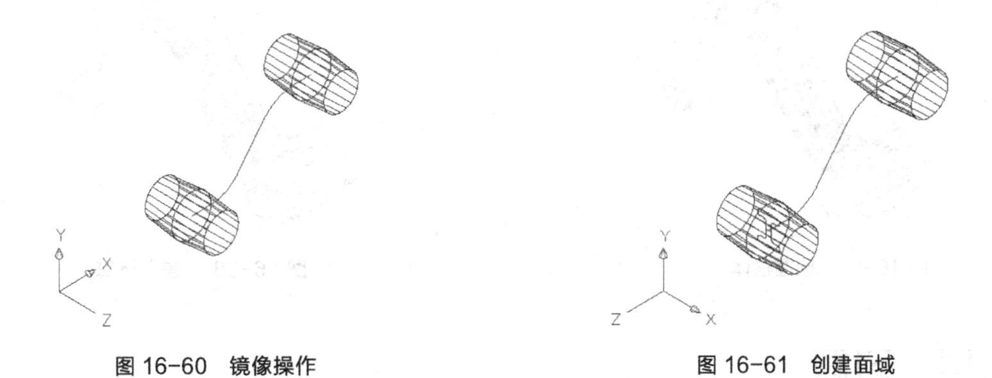

图 16-60　镜像操作

图 16-61　创建面域

6. 沿多段线路径拉伸面域，创建立体，结果如图 16-62 所示。
7. 创建新坐标系，在 xy 平面内绘制平面图形，并将该图形创建成面域，如图 16-63 所示。

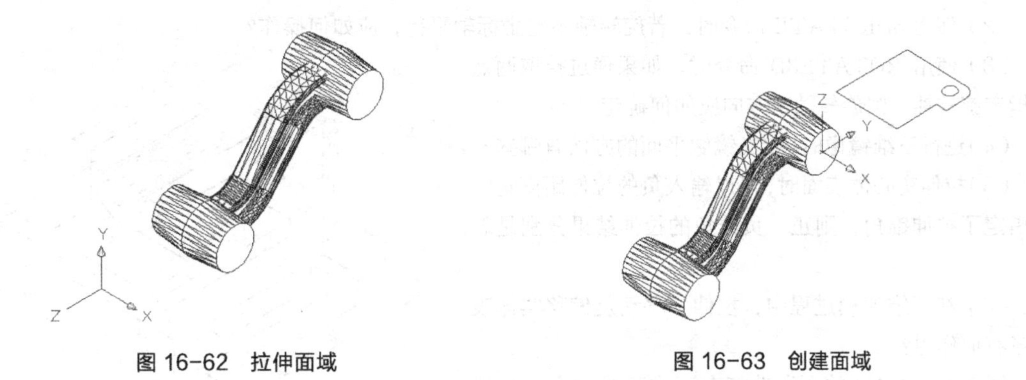

图 16-62　拉伸面域

图 16-63　创建面域

8. 拉伸面域形成立体，并将该立体移动到正确的位置，如图 16-64 所示。
9. 以 xy 平面为镜像面镜像立体 E，结果如图 16-65 所示。
10. 将立体 E、F 绕 x 轴逆时针旋转 75°，再对所有立体执行“并”运算，结果如图 16-66 所示。

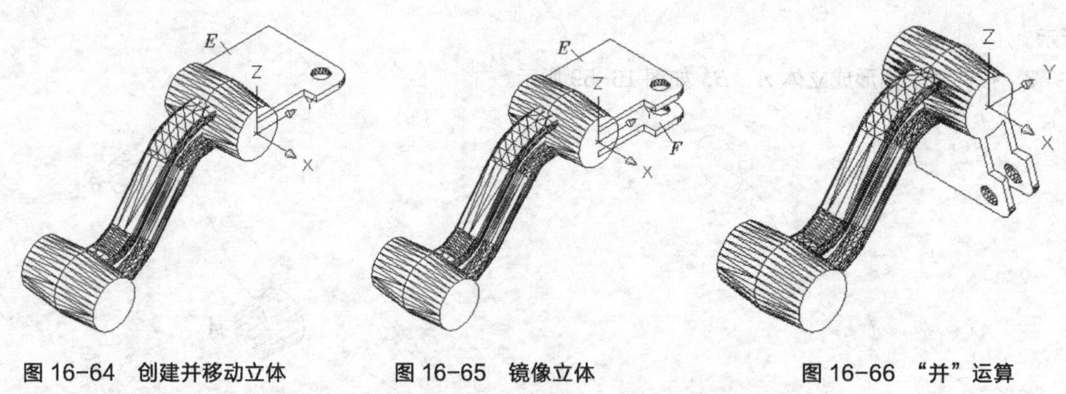

图 16-64　创建并移动立体　　图 16-65　镜像立体　　图 16-66　“并”运算

11. 将坐标系绕 y 轴旋转 90°，然后绘制圆柱体 G、H，如图 16-67 所示。

12. 将圆柱体 G、H 从模型中“减去”，结果如图 16-68 所示。

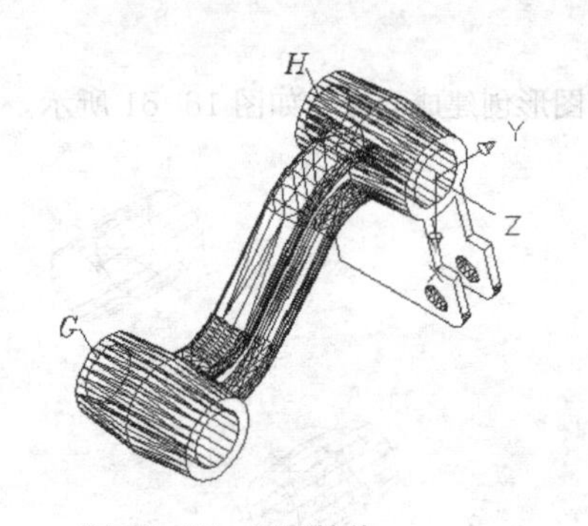

图 16-67　画圆柱体

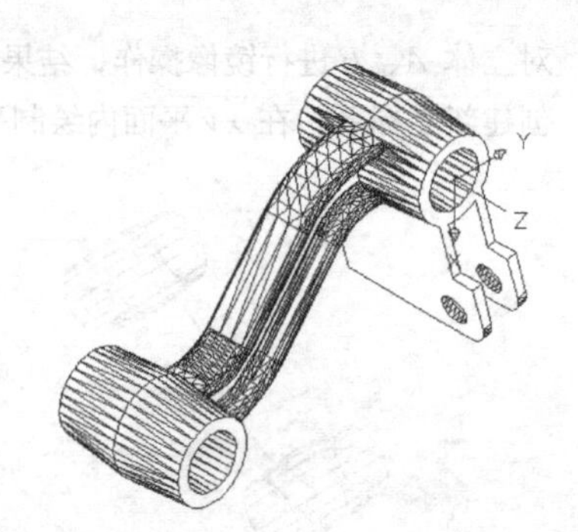

图 16-68　“差”运算

16.14　习题

1. 思考题。

（1）ARRAY、ROTATE、MIRROR 命令的操作结果与当前的 UCS 坐标有关吗？

（2）使用 3DROTATE 命令时，若旋转轴不与坐标轴平行，应如何操作？

（3）使用 ROTATE3D 命令时，如果通过拾取两点来指定旋转轴，则旋转轴正方向应如何确定？

（4）进行三维镜像时，定义镜像平面的方法有哪些？

（5）拉伸实心体表面时，可以输入负的拉伸距离吗？若指定了拉伸锥角，则正、负锥角的拉伸结果分别是怎样的？

（6）在三维建模过程中，拉伸、移动及偏移实体表面各有何作用？

（7）AutoCAD 的压印功能在三维建模过程中有何作用？

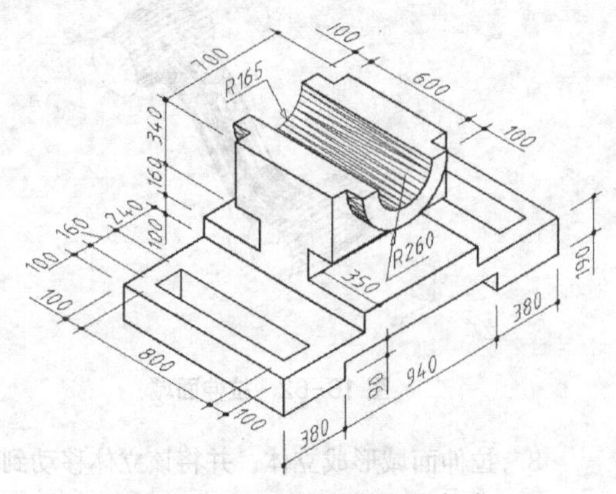

图 16-69　创建实体模型（1）

2. 绘制图 16-69 所示立体的实心体模型。

3. 绘制图 16-70 所示立体的实心体模型。

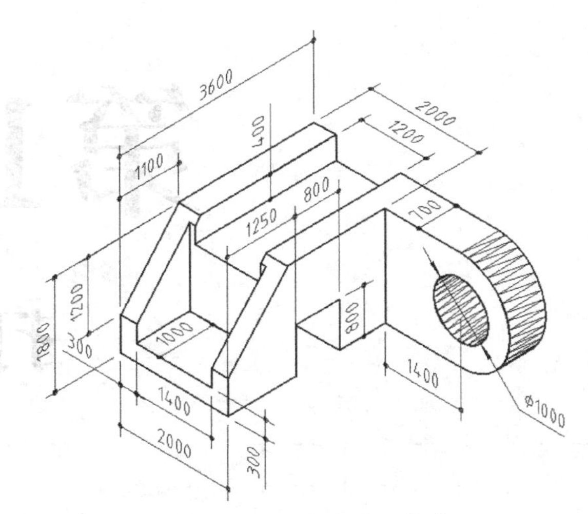

图 16-70　创建实体模型（2）

4. 绘制图 16-71 所示立体的实心体模型。

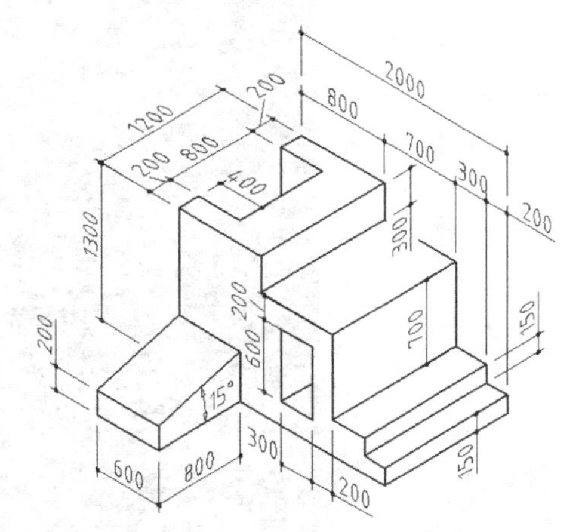

图 16-71　创建实体模型（3）

PART17

第17章

打印图形

学习目标：

了解输出图形的完整过程 ■

学会选择打印设备及对当前打印设备的设置进行简单修改 ■

能够选择图纸幅面和设定打印区域 ■

能够调整打印方向、打印位置和设定打印比例 ■

掌握将小幅面图纸组合成大幅面图纸进行打印的方法 ■

■ 本章主要介绍从模型空间打印图形的方法，并讲解了将多张图纸布置在一起打印的技巧。

17.1 打印图形的过程

在模型空间中将工程图样布置在标准幅面的图框内，再标注尺寸及书写文字后，就可以输出图形了。输出图形的主要过程如下。

（1）指定打印设备。打印设备可以是 Windows 系统打印机或在 AutoCAD 中安装的打印机。

（2）选择图纸幅面及打印份数。

（3）设定要输出的内容。例如，可指定将某一矩形区域的内容输出，或者将包围所有图形的最大矩形区域输出。

（4）调整图形在图纸上的位置及方向。

（5）选择打印样式，详见 17.2.2 小节。若不指定打印样式，则按对象的原有属性进行打印。

（6）设定打印比例。

（7）预览打印效果。

【练习 17-1】 从模型空间打印图形。

1. 打开素材文件“dwg\第 17 章\17-1.dwg”。

2. 选择菜单命令【文件】/【绘图仪管理器】，打开【Plotters】对话框，利用该对话框的“添加绘图仪向导”配置一台绘图仪“DesignJet 450C C4716A”。

3. 选择菜单命令【文件】/【打印】，打开【打印】对话框，如图 17-1 所示，在该对话框中完成以下设置。

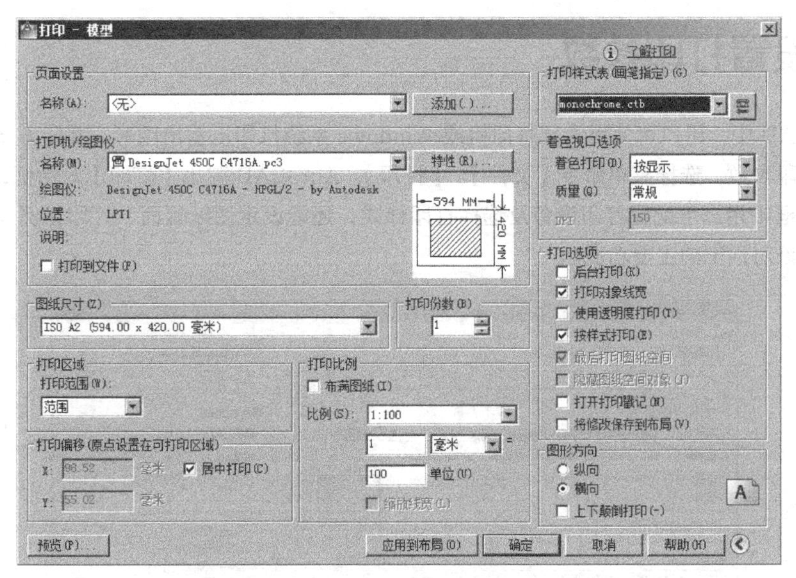

图 17-1 【打印】对话框

- 在【打印机/绘图仪】分组框的【名称】下拉列表中选择打印设备“DesignJet 450C C4716A.pc3”。
- 在【图纸尺寸】下拉列表中选择 A2 幅面图纸。
- 在【打印份数】分组框的数值框中输入打印份数。
- 在【打印范围】下拉列表中选择“范围”选项。
- 在【打印比例】分组框中设置打印比例为“1：100”。

- 在【打印偏移】分组框中选择【居中打印】选项。
- 在【图形方向】分组框中设定图形打印方向为【横向】。
- 在【打印样式表】分组框的下拉列表中选择打印样式“monochrome.ctb”（将所有颜色打印为黑色）。

4. 单击 预览(P)... 按钮，预览打印效果，如图 17-2 所示。若满意，单击 按钮开始打印；否则，按 Esc 键返回【打印】对话框，重新设定打印参数。

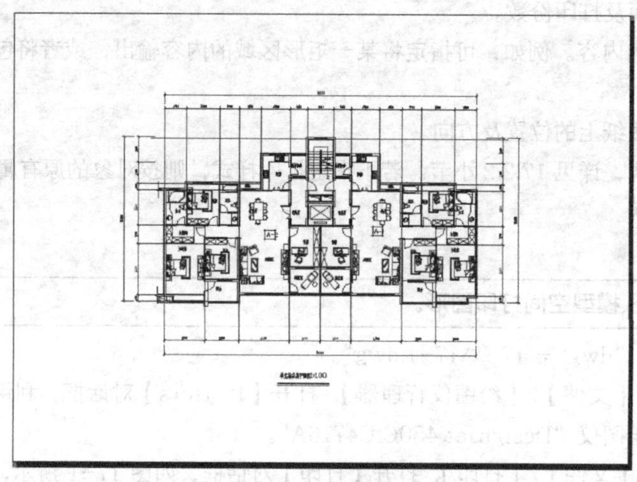

图 17-2　打印预览

17.2　设置打印参数

在 AutoCAD 中，用户可使用内部打印机或 Windows 系统打印机输出图形，并能方便地修改打印机设置及其他打印参数。选择菜单命令【文件】/【打印】，AutoCAD 弹出【打印】对话框，如图 17-3 所示。在该对话框中用户可配置打印设备及选择打印样式，还能设定图纸幅面、打印比例及打印区域等参数。下面介绍该对话框的主要功能。

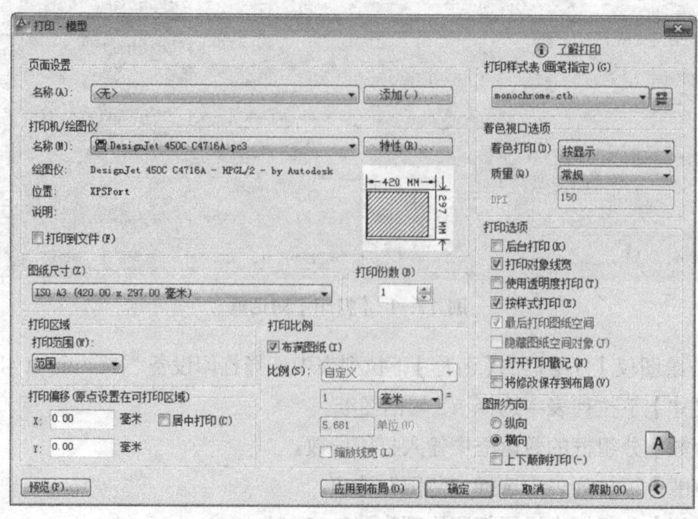

图 17-3　【打印】对话框

17.2.1 选择打印设备

在【打印机/绘图仪】的【名称】下拉列表中，用户可选择 Windows 系统打印机或 AutoCAD 内部打印机（".pc3" 文件）作为输出设备。请注意，这两种打印机名称前的图标是不一样的。当用户选定某种打印机后，【名称】下拉列表下面将显示被选中设备的名称、连接端口及其他有关打印机的注释信息。

如果用户想修改当前打印机设置，可单击 特性(R)... 按钮，打开【绘图仪配置编辑器】对话框，如图 17-4 所示。在该对话框中用户可以重新设定打印机端口及其他输出设置，如打印介质、图形、物理笔配置、自定义特性、校准及自定义图纸尺寸等。

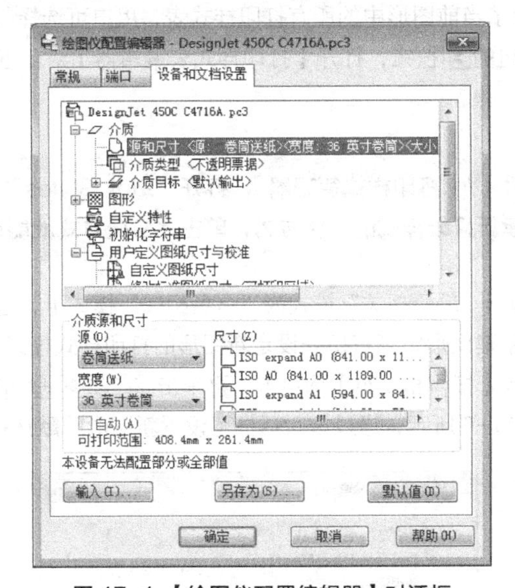

图 17-4 【绘图仪配置编辑器】对话框

【绘图仪配置编辑器】对话框包含【常规】【端口】及【设备和文档设置】3 个选项卡，各选项卡的功能如下。

- 常规：该选项卡包含了打印机配置文件（".pc3" 文件）的基本信息，如配置文件名称、驱动程序信息、打印机端口等。用户可在此选项卡的【说明】区域中加入其他注释信息。
- 端口：通过此选项卡用户可修改打印机与计算机的连接设置，如选定打印端口、指定打印到文件、后台打印等。
- 设备和文档设置：在该选项卡中用户可以指定图纸来源、尺寸和类型，并能修改颜色深度、打印分辨率等。

17.2.2 使用打印样式

在【打印】对话框【打印样式表】分组框的【名称】下拉列表中可选择打印样式，如图 17-5 所示。打印样式是对象的一种特性，如同颜色和线型一样，它用于修改打印图形的外观。若为某个对象选择了一种打印样式，则输出图形后，对象的外观由样式决定。AutoCAD 提供了几百种打印样式，并将其组合成一系列打印样式表。

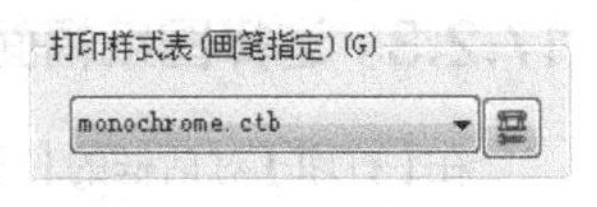

图 17-5 使用打印样式

AutoCAD 中有以下两种类型的打印样式表。

- 颜色相关打印样式表：颜色相关打印样式表以“.ctb”为文件扩展名被保存。该表以对象颜色为基础，共包含 255 种打印样式，每种 ACI 颜色对应一个打印样式，样式名分别为“颜色 1”“颜色 2”等。用户不能添加或删除颜色相关打印样式，也不能改变它们的名称。若当前图形文件与颜色相关打印样式表相连，则系统自动根据对象的颜色分配打印样式。用户不能选择其他打印样式，但可以对已分配的样式进行修改。
- 命名相关打印样式表：命名相关打印样式表以“.stb”为文件扩展名被保存。该表包括一系列已被命名的打印样式，用户可修改打印样式的设置及其名称，还可添加新的样式。若当前图形文件与命名相关打印样式表相连，则用户可以不考虑对象颜色，直接给对象指定样式表中的任意一种打印样式。

【名称】下拉列表中包含了当前图形中的所有打印样式表，用户可选择其中之一。用户若要修改打印样式，可单击此下拉列表右边的按钮，打开【打印样式表编辑器】对话框，利用该对话框可查看或改变当前打印样式表中的参数。

要点提示

选择菜单命令【文件】/【打印样式管理器】，打开“Plot Styles”文件夹，该文件夹中包含打印样式文件及创建新打印样式的快捷方式，单击此快捷方式就能创建新打印样式。

AutoCAD 新建的图形处于“颜色相关”模式或“命名相关”模式下，这和创建图形时选择的样板文件有关。若采用无样板方式新建图形，则可事先设定新图形的打印样式模式。发出 OPTIONS 命令，系统打开【选项】对话框，进入【打印和发布】选项卡，再单击 打印样式表设置(S)... 按钮，打开【打印样式表设置】对话框，如图 17-6 所示，通过该对话框可设置新图形的默认打印样式模式。

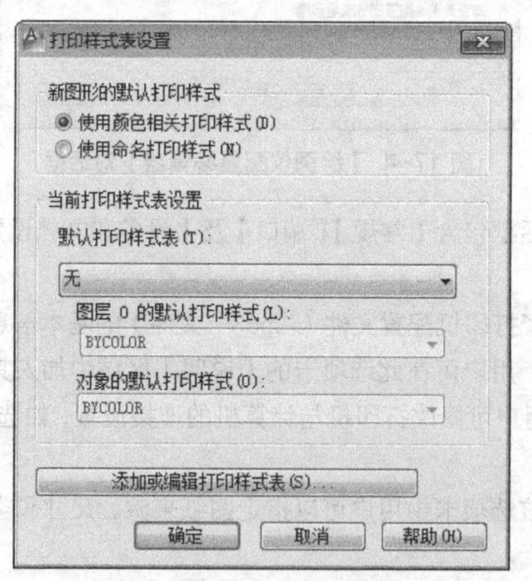

图 17-6 【打印样式表设置】对话框

17.2.3 选择图纸幅面

在【打印】对话框的【图纸尺寸】下拉列表中可指定图纸大小，如图 17-7 所示。【图纸尺寸】下拉列表中包含了已选定打印设备可用的标准图纸尺寸。当选择某种幅面图纸时，该列表右上角出现所选图纸及实际打印范围的预览图像（打印范围用阴影表示出来，可在【打印区域】中设定）。将鼠标光标

图 17-7 【图纸尺寸】下拉列表

移到图像上面，在鼠标光标的位置就显示出精确的图纸尺寸及图纸上可打印区域的尺寸。

除了从【图纸尺寸】下拉列表中选择标准图纸外，用户也可以创建自定义的图纸。此时，用户需修改所选打印设备的配置。

【练习 17-2】 创建自定义图纸。

1. 在【打印】对话框的【打印机/绘图仪】分组框中单击 特性(R)... 按钮，打开【绘图仪配置编辑器】对话框，在【设备和文档设置】选项卡中选择【自定义图纸尺寸】选项，如图 17-8 所示。
2. 单击 添加(A)... 按钮，打开【自定义图纸尺寸】对话框，如图 17-9 所示。
3. 不断单击 下一步(N) > 按钮，并根据 AutoCAD 的提示设置图纸参数，最后单击 完成(F) 按钮结束。
4. 返回【打印】对话框，AutoCAD 将在【图纸尺寸】下拉列表中显示自定义的图纸尺寸。

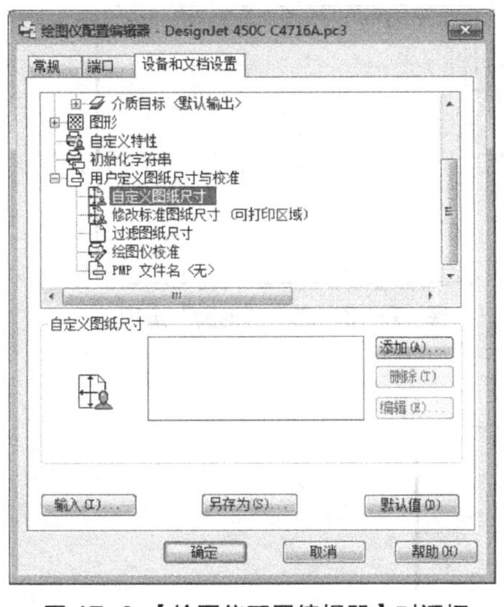

图 17-8 【绘图仪配置编辑器】对话框

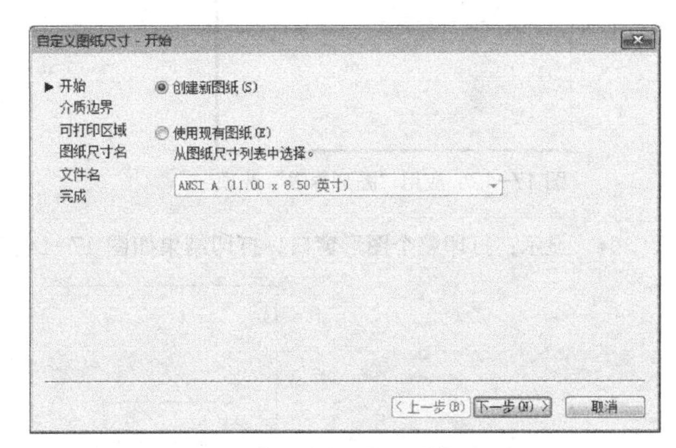

图 17-9 【自定义图纸尺寸】对话框

17.2.4 设定打印区域

在【打印】对话框的【打印区域】分组框中可设置要输出的图形范围，如图 17-10 所示。

图 17-10 【打印区域】分组框

该分组框的【打印范围】下拉列表中包含 4 个选项，下面利用图 17-11 所示的图样讲解它们的功能。

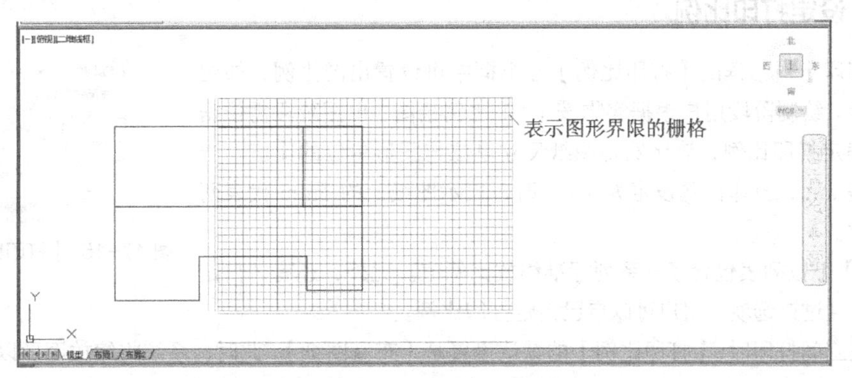

图 17-11 设置打印区域

要点提示 在【草图设置】对话框中取消对【显示超出界线的栅格】复选项的选择，才会出现图 17-11 所示的栅格。

- 图形界限：从模型空间打印时，【打印范围】下拉列表中将列出“图形界限”选项。选择该选项，系统就把设定的图形界限范围（用 LIMITS 命令设置图形界限）打印在图纸上，结果如图 17-12 所示。

从图纸空间打印时，【打印范围】下拉列表中将列出“布局”选项。选择该选项，系统将打印虚拟图纸可打印区域内的所有内容。

- 范围：打印图样中的所有图形对象，结果如图 17-13 所示。

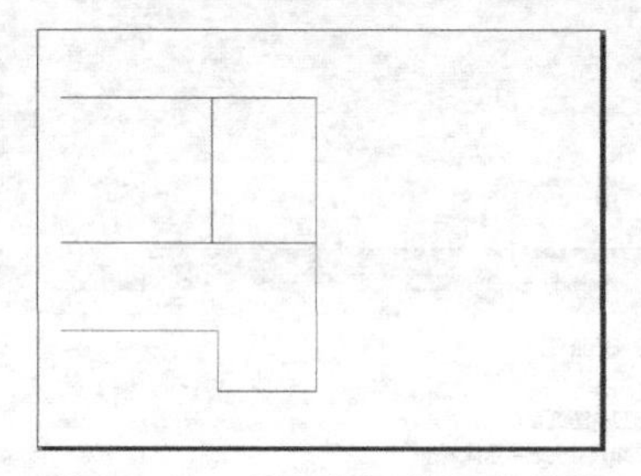

图 17-12　应用“图形界限”选项

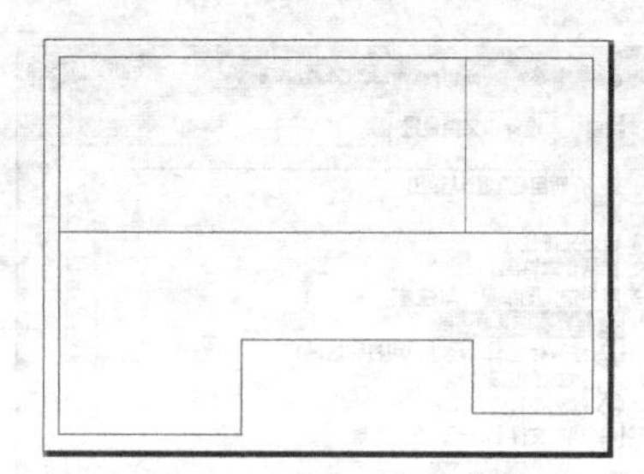

图 17-13　应用“范围”选项

- 显示：打印整个图形窗口，打印结果如图 17-14 所示。

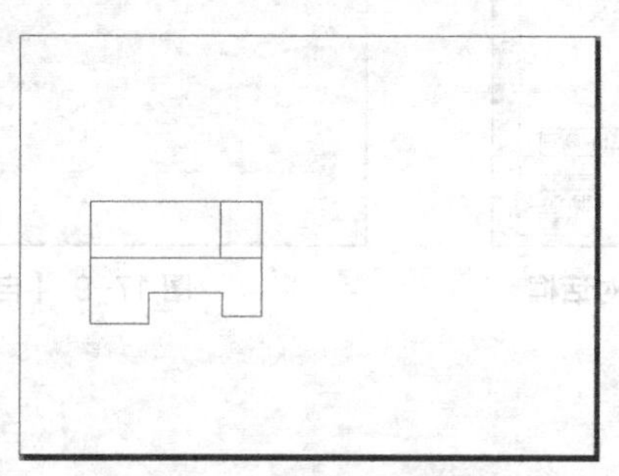

图 17-14　应用“显示”选项

- 窗口：打印用户自己设定的区域。选择此选项后，系统提示指定打印区域的两个角点，同时在【打印】对话框中显示 窗口(O)< 按钮，单击此按钮，可重新设定打印区域。

17.2.5　设定打印比例

在【打印】对话框的【打印比例】分组框中可设置出图比例，如图 17-15 所示。绘制阶段用户根据实物按 1∶1 比例绘图，出图阶段需依据图纸尺寸确定打印比例，该比例是图纸尺寸单位与图形单位的比值。当测量单位是 mm，打印比例设定为 1∶2 时，表示图纸上的 1mm 代表两个图形单位。

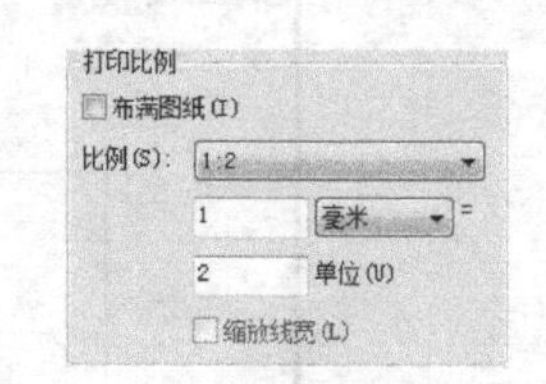

图 17-15　【打印比例】分组框

【比例】下拉列表包含了一系列标准缩放比例值。此外，还有“自定义”选项，通过该选项，用户可以自己指定打印比例。

从模型空间打印时，【打印比例】的默认设置是【布满图纸】。此时，系统将缩放图形以充满所选定的图纸。

17.2.6 设定着色打印

"着色打印"用于指定着色图及渲染图的打印方式，并可设定它们的分辨率。在【打印】对话框的【着色视口选项】分组框中可设置着色打印方式，如图 17-16 所示。

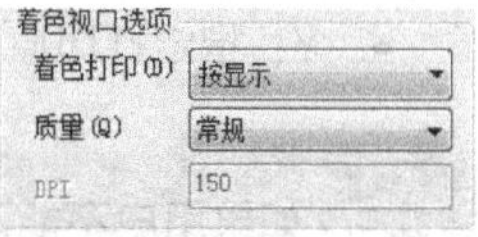

图 17-16 设定着色打印

【着色视口选项】分组框中包含以下 3 个选项。

（1）【着色打印】下拉列表。

- 按显示：按对象在屏幕上的显示进行打印。
- 传统线框：按线框方式打印对象，不考虑其在屏幕上的显示情况。
- 传统隐藏：打印对象时消除隐藏线，不考虑其在屏幕上的显示情况。
- 隐藏：按"三维隐藏"视觉样式打印对象，不考虑其在屏幕上的显示方式。
- 线框：按"三维线框"视觉样式打印对象，不考虑其在屏幕上的显示方式。
- 概念：按"概念"视觉样式打印对象，不考虑其在屏幕上的显示方式。
- 真实：按"真实"视觉样式打印对象，不考虑其在屏幕上的显示方式。
- 渲染：按"渲染"方式打印对象，不考虑其在屏幕上的显示方式。

（2）【质量】下拉列表。

- 草稿：将渲染及着色图按线框方式打印。
- 预览：将渲染及着色图的打印分辨率设置为当前设备分辨率的 1/4，DPI 的最大值为"150"。
- 常规：将渲染及着色图的打印分辨率设置为当前设备分辨率的 1/2，DPI 的最大值为"300"。
- 演示：将渲染及着色图的打印分辨率设置为当前设备的分辨率，DPI 的最大值为"600"。
- 最高：将渲染及着色图的打印分辨率设置为当前设备的分辨率。
- 自定义：将渲染及着色图的打印分辨率设置为【DPI】文本框中用户指定的分辨率，最大可为当前设备的分辨率。

（3）【DPI】文本框。

用于设定打印图像时每英寸的点数，最大值为当前打印设备分辨率的最大值。只有当在【质量】下拉列表中选择了"自定义"选项后，此选项才可用。

17.2.7 调整图形打印方向和位置

图形在图纸上的打印方向可通过【图形方向】分组框中的选项进行调整，如图 17-17 所示。该分组框包含一个图标，此图标表明图纸的放置方向，图标中的字母代表图形在图纸上的打印方向。

【图形方向】分组框包含以下 3 个选项。

- 纵向：图形在图纸上的放置方向是水平的。
- 横向：图形在图纸上的放置方向是竖直的。
- 反向打印：使图形颠倒打印，此选项可与【纵向】和【横向】结合使用。

图形在图纸上的打印位置由【打印偏移】分组框中的选项确定，如图 17-18 所示。默认情况下，AutoCAD 从图纸左下角打印图形。打印原点处在图纸左下角位置，坐标是（0,0），用户可在【打印偏移】分组框中设定新的打印原点，这样图形在图纸上将沿 x 轴和 y 轴移动。

图 17-17 【图形方向】分组框

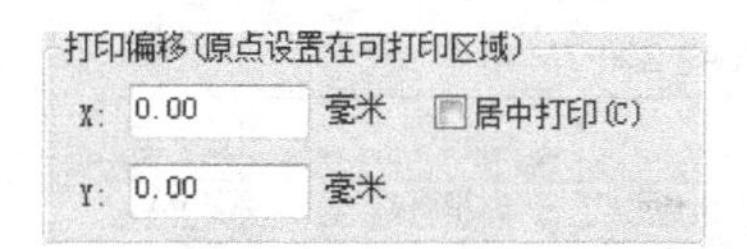

图 17-18 【打印偏移】分组框

【打印偏移】分组框包含以下 3 个选项。

- 居中打印：在图纸正中间打印图形（自动计算 x 和 y 的偏移值）。
- X：指定打印原点在 x 方向的偏移值。
- Y：指定打印原点在 y 方向的偏移值。

如果用户不能确定打印机如何确定原点，可试着改变一下打印原点的位置并预览打印结果，然后根据图形的移动距离推测原点位置。

17.2.8 预览打印效果

打印参数设置完成后，用户可通过打印预览观察图形的打印效果，如果不合适，可重新调整，以免浪费图纸。

单击【打印】对话框下面的 预览(P)... 按钮，AutoCAD 显示实际的打印效果。由于系统要重新生成图形，因此复杂图形的打印预览需耗费较多的时间。

预览时，鼠标光标变成“🔍+”形状，利用它可以进行实时缩放操作。查看完毕后，按 Esc 键或 Enter 键返回【打印】对话框。

17.2.9 保存打印设置

用户选择打印设备并设置打印参数（图纸幅面、比例和方向等）后，可以将所有这些保存在页面设置中，以便以后使用。

在【打印】对话框【页面设置】分组框的【名称】下拉列表中显示了所有已命名的页面设置。若要保存当前页面设置，就单击该列表右边的 添加(.)... 按钮，打开【添加页面设置】对话框，如图 17-19 所示。在该对话框的【新页面设置名】文本框中输入页面名称，然后单击 确定(O) 按钮，存储页面设置。

用户也可以从其他图形中输入已定义的页面设置。在【页面设置】分组框的【名称】下拉列表中选择“输入”选项，打开【从文件选择页面设置】对话框，选择并打开所需的图形文件后，打开【输入页面设置】对话框，如图 17-20 所示。该对话框显示了图形文件中包含的页面设置，选择其中之一，单击 确定(O) 按钮完成操作。

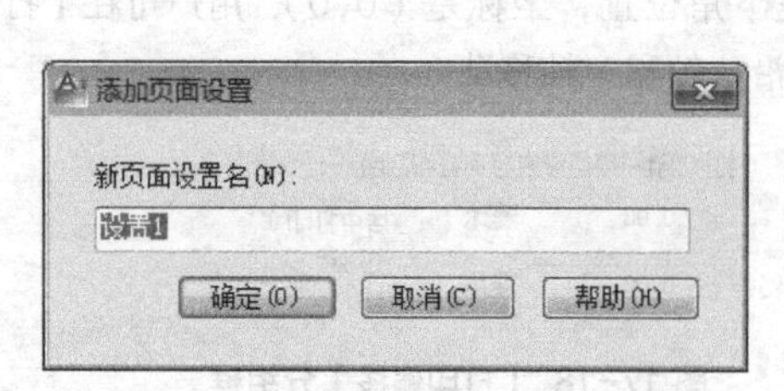

图 17-19 【添加页面设置】对话框

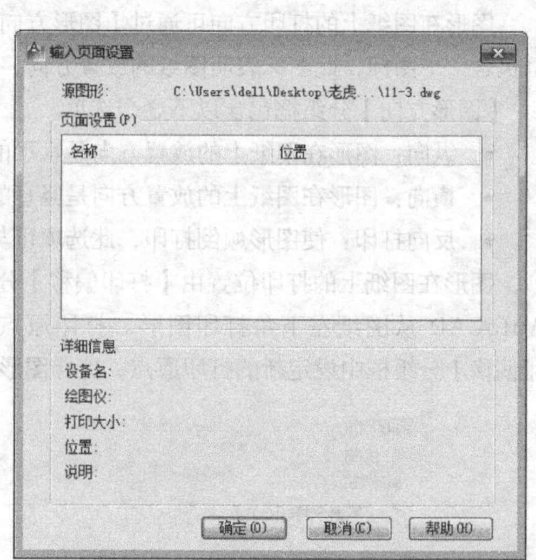

图 17-20 【输入页面设置】对话框

17.3 打印图形实例

前面几节介绍了有关打印方面的知识，下面通过一个实例演示打印图形的全过程。

【练习 17-3】 打印图形。

1. 打开素材文件“dwg\第 17 章\17-3.dwg”。

2. 选择菜单命令【文件】/【打印】，打开【打印】对话框，如图 17-21 所示。

3. 如果想使用以前创建的页面设置，就在【页面设置】分组框的【名称】下拉列表中选择它，或者从其他文件中输入。

4. 在【打印机/绘图仪】分组框的【名称】下拉列表中指定打印设备。若要修改打印机特性，可单击下拉列表右边的 特性(R)... 按钮，打开【绘图仪配置编辑器】对话框。通过该对话框修改打印机端口和介质类型，还可自定义图纸大小。

5. 在【打印份数】分组框的文本框中输入打印份数。

6. 如果要将图形输出到文件，则应在【打印机/绘图仪】分组框中选择【打印到文件】复选项。此后，当用户单击【打印】对话框的 确定(O) 按钮时，AutoCAD 就弹出【浏览打印文件】对话框，通过此对话框可指定输出文件的名称及地址。

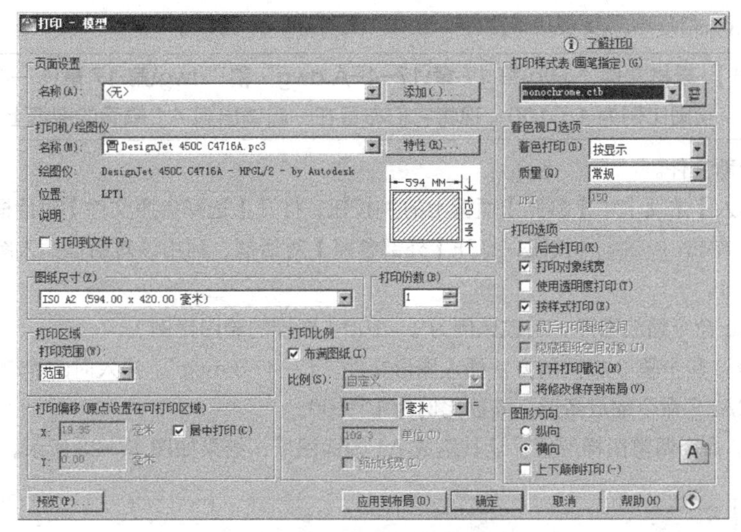

图 17-21 【打印】对话框

7. 继续在【打印】对话框中进行以下设置。

- 在【图纸尺寸】下拉列表中选择 A3 图纸。
- 在【打印范围】下拉列表中选择“范围”选项，并设置为居中打印。
- 设定打印比例为“布满图纸”。
- 设定图形打印方向为【横向】。
- 在【打印样式表】分组框的下拉列表中选择打印样式“monochrome.ctb”（将所有颜色打印为黑色）。

8. 单击 预览(P)... 按钮，预览打印效果，如图 17-22 所示。若满意，按 Esc 键返回【打印】对话框，再单击 确定(O) 按钮开始打印。

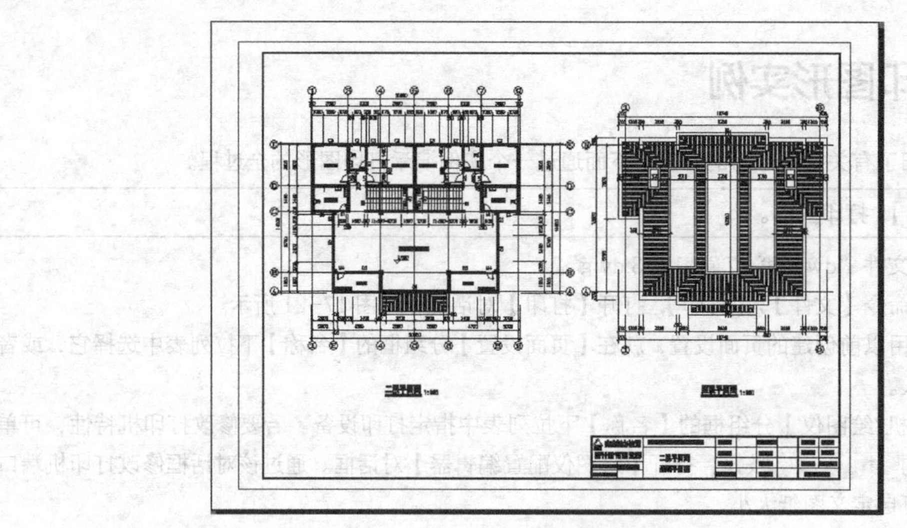

图 17-22　预览打印效果

17.4　将多张图纸布置在一起打印

为了节省图纸，用户常需要将几个图样布置在一起打印，示例如下。

【练习 17-4】 素材文件“dwg\第 17 章\17-4-A.dwg”和“dwg\第 17 章\17-4-B.dwg”都采用 A2 幅面图纸，绘图比例为 1：100，现将它们布置在一起输出到 A1 幅面的图纸上。

1. 创建一个新文件。

2. 单击【插入】选项卡中【参照】面板上的按钮，打开【选择参照文件】对话框。找到图形文件“17-4-A.dwg”，单击打开(O)按钮，打开【外部参照】对话框，利用该对话框插入图形文件，插入时的缩放比例为 1：1。

3. 用 SCALE 命令缩放图形，缩放比例为 1：100（图样的绘图比例）。

4. 用与步骤 2 和步骤 3 相同的方法插入图形文件“17-4-B.dwg”，插入时的缩放比例为 1：1。插入图样后，用 SCALE 命令缩放图形，缩放比例为 1：100。

5. 用 MOVE 命令调整图样位置，让其组成 A1 幅面图纸，结果如图 17-23 所示。

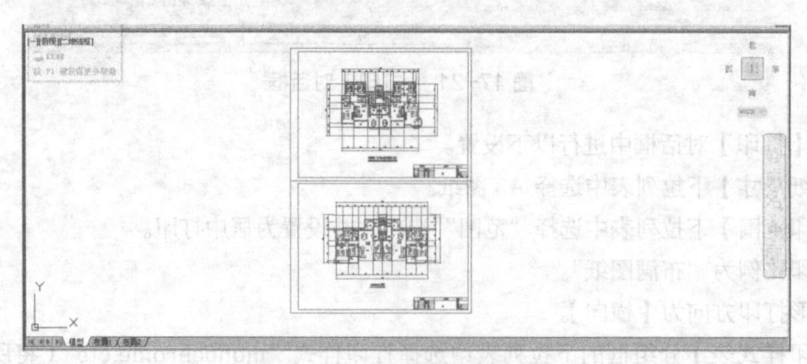

图 17-23　组成 A1 幅面图纸

6. 选择菜单命令【文件】/【打印】，打开【打印】对话框，如图 17-24 所示，在该对话框中进行以下设置。

- 在【打印机/绘图仪】分组框的【名称】下拉列表中选择打印设备“DesignJet 450C C4716A.pc3”。
- 在【图纸尺寸】下拉列表中选择 A1 幅面图纸。
- 在【打印样式表】分组框的下拉列表中选择打印样式“monochrome.ctb”(将所有颜色打印为黑色)。
- 在【打印范围】下拉列表中选择“范围”选项，并设置为居中打印。
- 在【打印比例】分组框中选择【布满图纸】复选项。
- 在【图形方向】分组框中选择【纵向】单选项。

图 17-24 【打印】对话框

7. 单击 预览(P)... 按钮，预览打印效果，如图 17-25 所示。若满意，则单击🖨按钮开始打印。

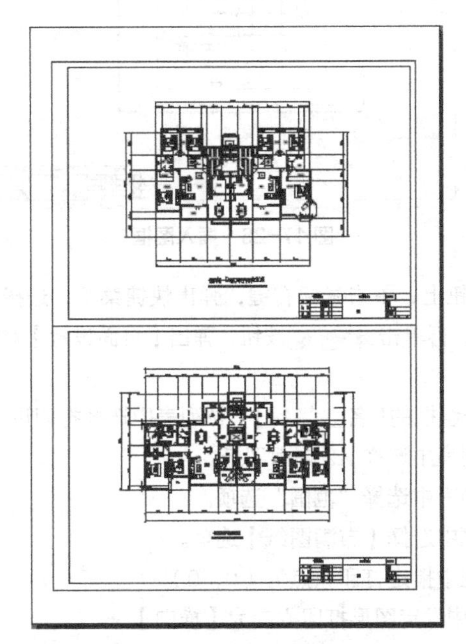

图 17-25 打印预览

17.5 在虚拟图纸上布图、标注尺寸及打印虚拟图纸

AutoCAD 提供了两种图形环境：模型空间和图纸空间。模型空间用于绘制图形，图纸空间用于布置图形。

进入图纸空间后，图形区出现一张虚拟图纸，用户可设定该图纸的幅面，并能将模型空间中的图形通过几个视口布置在虚拟图纸上。布图完成后，在虚拟图纸上标注尺寸及书写文字，也可进入视口中标注尺寸或书写文字。

从图纸空间出图的具体过程如下。

（1）在模型空间按 1：1 比例绘图。

（2）进入图纸空间，插入所需图框。在虚拟图纸上创建视口，通过视口显示并布置视图。

（3）设置并锁定各视口缩放比例，在视口中标注注释性尺寸及文字，注释比例为视口缩放比例。若是在图纸上标注尺寸（注意不是在视口中），则标注总体比例为 1，文字高度等于它被打印在图纸上的实际高度。

（4）从图纸空间按 1：1 比例打印虚拟图纸。

【练习 17-5】 在图纸空间布图及从图纸空间出图。

1. 打开素材文件“dwg\第 17 章\17-5.dwg”“dwg\第 17 章\17-A2.dwg”及“dwg\第 17 章\17-A3.dwg”。

2. 单击 布局1 按钮，切换至图纸空间，系统显示一张虚拟图纸。利用 Windows 的复制/粘贴功能将文件“17-A2.dwg”中的 A2 幅面图框复制到虚拟图纸上，再调整其位置，如图 17-26 所示。

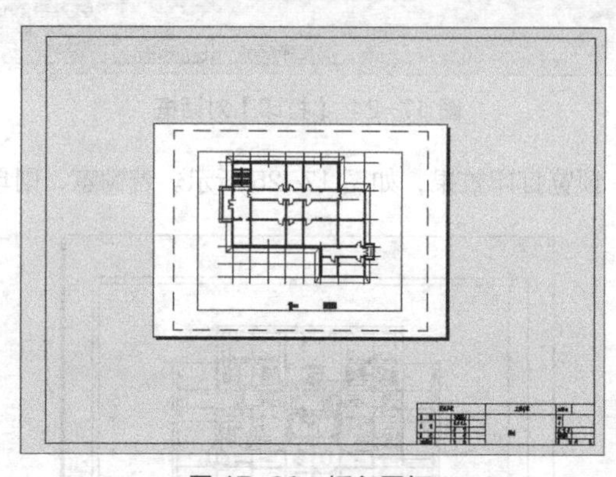

图 17-26 插入图框

3. 将光标放在 布局1 按钮上，单击鼠标右键，弹出快捷菜单，选择【页面设置管理器】选项，打开【页面设置管理器】对话框，再单击 修改(M)... 按钮，弹出【页面设置】对话框，如图 17-27 所示。在该对话框中完成以下设置。

- 在【打印机/绘图仪】分组框的【名称（M）】下拉列表中选择打印设备“DesignJet 450C C4716A”。
- 在【图纸尺寸】下拉列表中选择 A2 幅面图纸。
- 在【打印范围】下拉列表中选择“范围”选项。
- 在【打印比例】分组框中选择【布满图纸】选项。
- 在【打印偏移】分组框中指定打印原点为（0，0）。
- 在【图形方向】分组框中设定图形打印方向为【横向】。
- 在【打印样式表】区域的下拉列表中选择打印样式“monochrome.ctb”（将所有颜色打印为黑色）。

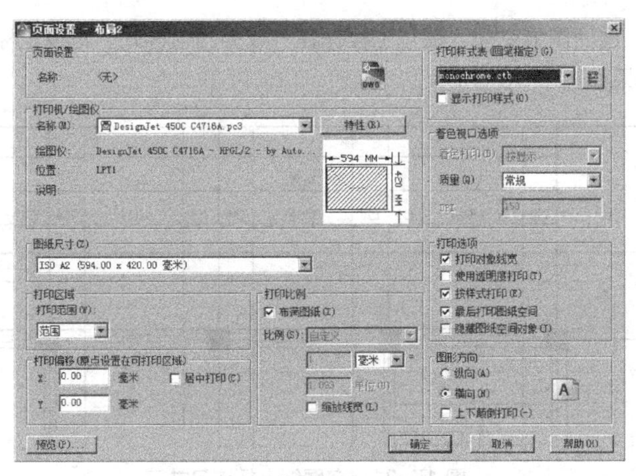

图 17-27 【页面设置】对话框

4. 单击 确定 按钮，再关闭【页面设置管理器】对话框。在屏幕上出现一张 A2 幅面的图纸，图纸上的虚线代表可打印区域，A2 图框被布置在此区域中，如图 17-28 所示。图框内部的小矩形是系统自动创建的浮动视口，通过这个视口可显示模型空间中的图形。用户可复制或移动视口，还可利用编辑命令调整其大小。

5. 创建“视口”层，将矩形视口修改到该层上，然后利用关键点编辑方式调整视口大小。选中视口，通过状态栏上的 1:100 按钮设定视口缩放比例为 1 : 100，结果如图 17-29 所示。视口缩放比例值就是图形布置在图纸上的缩放比例，即绘图比例。

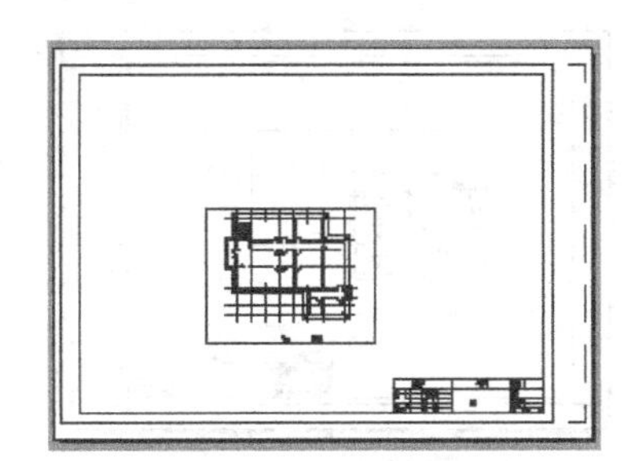

图 17-28 指定 A2 幅面图纸

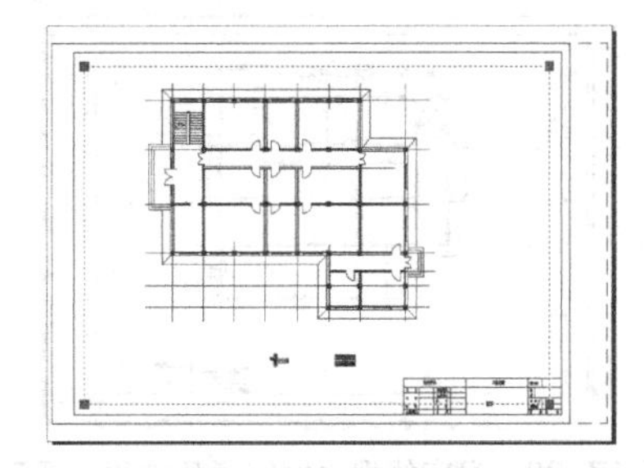

图 17-29 调整视口大小及设定视口缩放比例

6. 锁定视口的缩放比例。选中视口，单击右键，弹出快捷菜单，通过此菜单将“显示锁定”设置为“是”。

7. 双击视口内部激活它，用 MOVE 命令将建筑平面图下边的图形移到视口边界外，使其不可见，然后用 XLINE 命令绘制标注尺寸的辅助线，如图 17-30 所示。

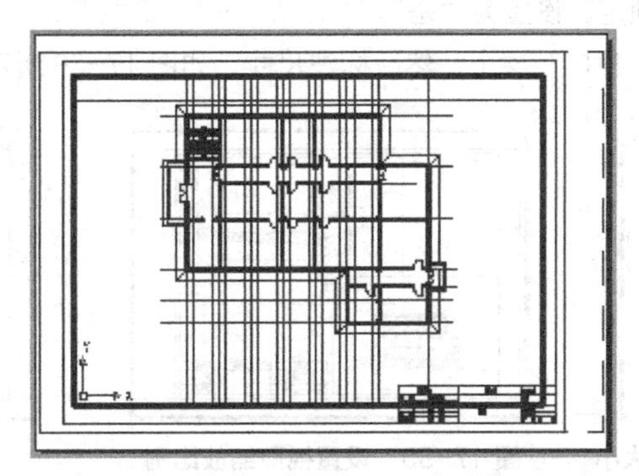

图 17-30 调整视口中的图形并画辅助线

8. 双击视口外部，返回图纸空间。使“工程标注”成为当前样式，再设定标注总体比例因子为 1，然后标注尺寸，部分结果如图 17-31 所示。

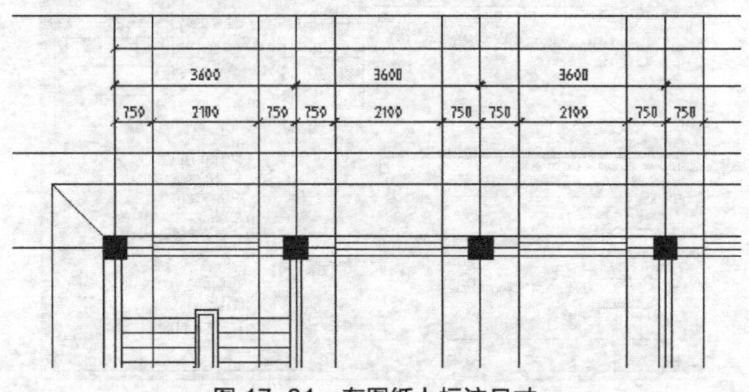

图 17-31　在图纸上标注尺寸

要点提示　不能在图纸空间绘制辅助线，因为画在图纸上的竖直辅助线间的间距比模型空间中竖直辅助线间的间距缩小了 100 倍。

9. 激活视口，删除辅助线，然后返回图纸空间。

10. 设定总体线型比例因子为 0.5，然后关闭“视口”层，结果如图 17-32 所示。

11. 用与 2、3、4 步相同的方法建立 A3 幅面图纸，如图 17-33 所示。

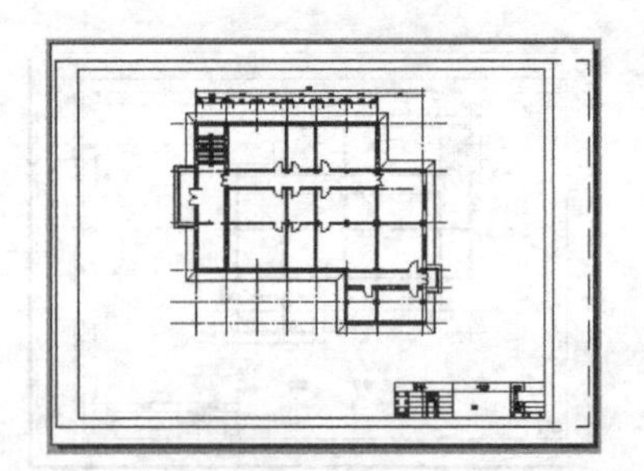

图 17-32　设定线型比例因子及关闭“视口”层

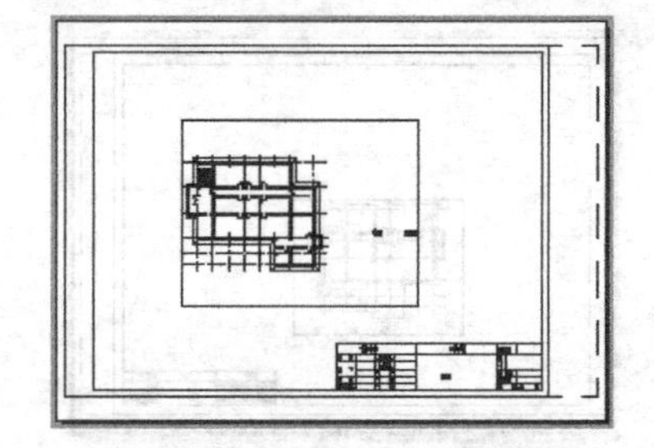

图 17-33　建立 A3 幅面图纸

12. 调整视口位置，再复制视口并修改其大小，如图 17-34 所示。

13. 分别激活两个视口，使各视口显示所需的图形。然后，返回图纸空间，设定右上视口的缩放比例为 1∶10，左下视口的缩放比例为 1∶20，如图 17-35 所示。选中这两个视口，单击右键，弹出快捷菜单，通过此菜单将“显示锁定”设置为“是”。

14. 将两个视口修改到“视口”层上，然后标注尺寸，如图 17-36 所示。标注总体比例因子为 1。

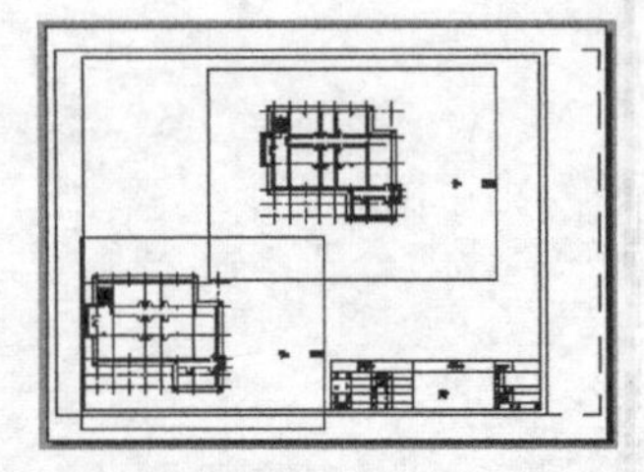

图 17-34　复制视口并修改其大小

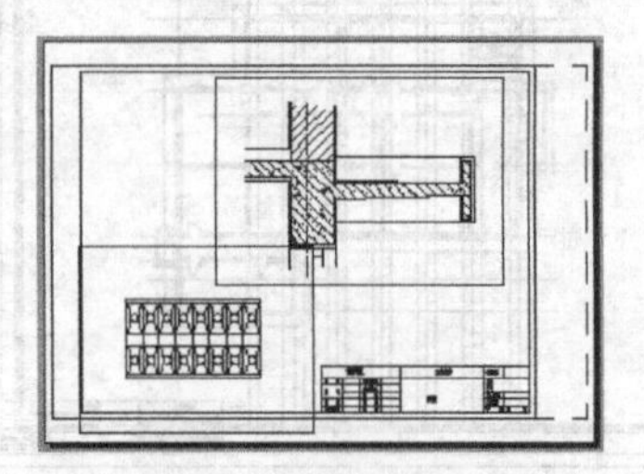

图 17-35　设置视口缩放比例

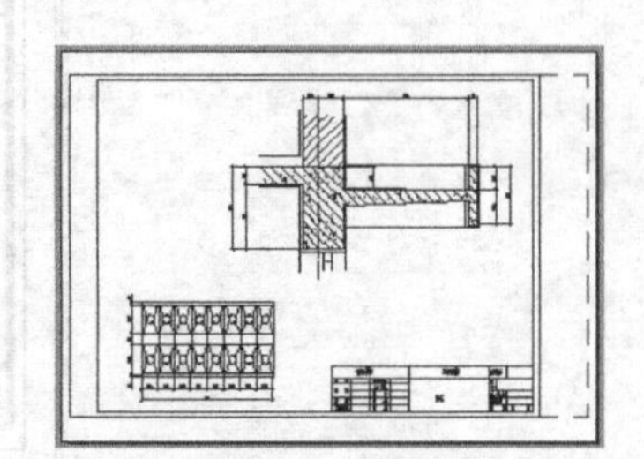

图 17-36　标注尺寸

15. 到现在为止已经创建了两张虚拟图纸，接下来就可以从图纸空间打印出图了，打印的效果与虚拟图纸显示的效果是一样的。分别进入“布局 1”和“布局 2”，单击【快速访问】工具栏上的按钮，打开【打印】对话框，该对话框列出了新建图纸时已设定的打印参数，单击 确定 按钮开始打印。

17.6 由三维模型投影成二维工程图并输出

在 AutoCAD 中，可以将三维实体或曲面模型投影，生成与源模型关联的二维视图并输出，下面介绍创建视图的方法。

17.6.1 设定工程视图的标准

进入图纸空间，在绘图窗口底部的 布局1 按钮上单击鼠标右键，选择【绘图标准设置】命令，打开【绘图标准】对话框，如图 17-37 所示。利用此对话框可设定投影视角、螺纹形式及视图预览样式等。

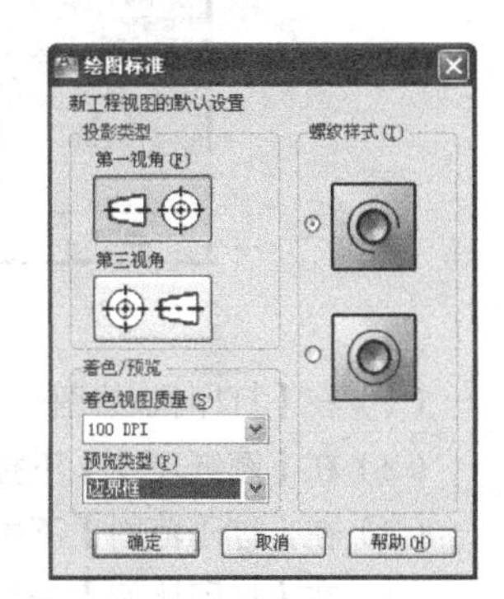

图 17-37 【绘图标准】对话框

17.6.2 从三维模型生成视图——基础视图

使用 VIEWBASE 命令可将三维模型按指定的投影方向生成工程视图。该视图被称为基础视图。默认情况下，生成基础视图后，还可以其作为父视图继续创建其他视图。这些视图被称为投影视图，是父视图的子视图。子视图将继承父视图的一些特性，如投影比例、显示样式及对齐方式等。

工程视图是带有矩形边框的图形对象，边框不可见，图形对象可见，并被放置在预定义的图层上，如“可见”“隐藏”层等。这些对象构成一个整体，不可编辑。

启动 VIEWBASE 命令，AutoCAD 弹出【工程视图创建】选项卡，同时在鼠标光标上附着基础视图的预览图片。若不满意，可随时利用选项卡中的选型改变投影方向、显示方式及缩放比例等。

命令启动方法

- 面板：【注释】选项卡中【工程视图】面板上的按钮。
- 命令：VIEWBASE。

【练习 17-6】 在 A3 幅面的图纸上生成三维模型的工程视图，如图 17-38 所示。

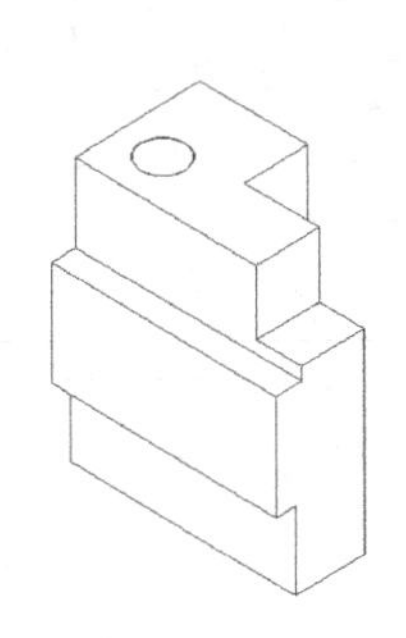

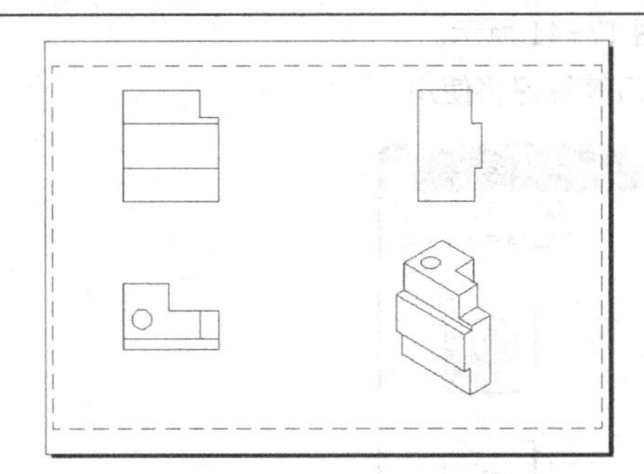

图 17-38 创建工程图

1. 打开素材文件“dwg\第 17 章\17-6.dwg”。

2. 进入图纸空间，用 ERASE 命令删除“虚拟图纸”上的默认矩形视口。在绘图窗口底部的 布局1 按钮上单击鼠标右键，选择【页面设置管理器】命令，再单击 修改(M)... 按钮，打开【页面设置】对话框，如图 17-39 所示。在该对话框中完成以下设置。

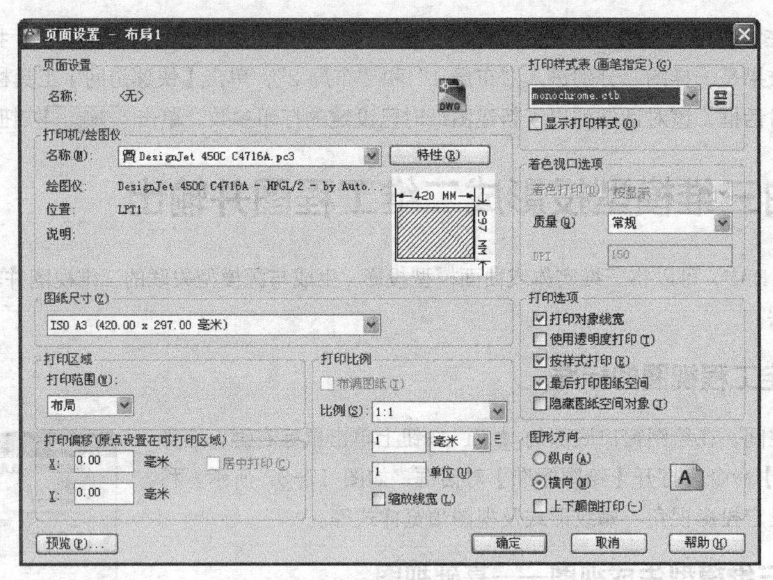

图 17-39 【页面设置】对话框

（1）在【打印机/绘图仪】分组框的【名称】下拉列表中选择打印设备“DesignJet 450C C4716A”。

（2）在【图纸尺寸】下拉列表中选择 A3 幅面图纸。

（3）在【打印范围】下拉列表中选择“布局”选项。

（4）在【打印比例】分组框中设置打印比例为“1∶1”。

（5）在【图形方向】分组框中设定图形打印方向为“横向”。

（6）在【打印样式表】分组框的下拉列表中选择打印样式“monochrome.ctb”（将所有颜色打印为黑色）。

3. 在 布局1 按钮上单击鼠标右键，选择【绘图标准设置】命令，打开【绘图标准】对话框，如图 17-40 所示。设定投影视角为第一视角，再设置螺纹形式，并将预览图样式改为“边界框”。

4. 单击【注释】选项卡中【工程视图】面板上的按钮，打开【工程图创建】选项卡，在【方向】面板中选择【前视】，在【比例】下拉列表中设定比例为“1∶4”。

5. 在“虚拟图纸”上单击一点指定视图位置，再单击按钮，沿投影方向移动鼠标光标，创建其他投影视图，结果如图 17-41 所示。

6. 保存文件，后续练习将使用。

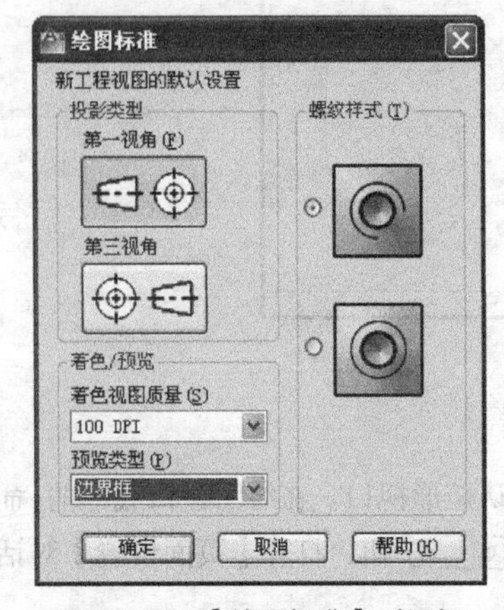

图 17-40 【绘图标准】对话框

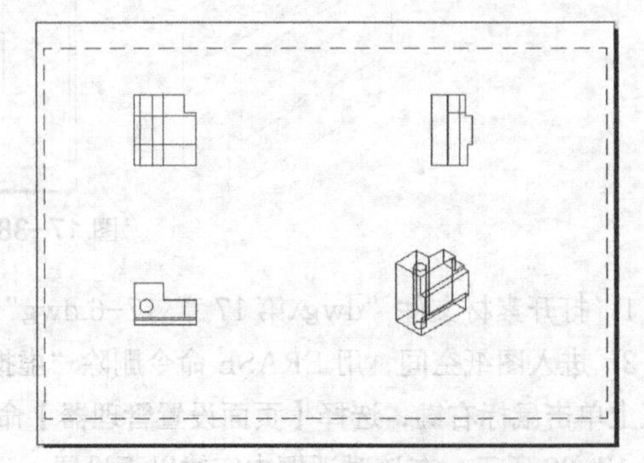

图 17-41 创建基础视图及投影视图

17.6.3 从现有视图投影生成其他视图——投影视图

使用 VIEWPROJ 命令可从现有视图创建投影视图，原有视图是父视图，新视图是子视图，子视图将继承父视图的缩放比例、显示样式等特性。

启动该命令后，选择父视图，沿投影方向移动鼠标光标，AutoCAD 就动态显示该投影方向上的投影视图。

命令启动方法

- 面板：【注释】选项卡中【工程视图】面板上的按钮。
- 命令：VIEWPROJ。

从已有视图生成投影视图

继续前面的练习。单击【工程视图】面板上的按钮，选择主视图，然后向左及左下方移动鼠标光标，生成新的投影视图，结果如图 17-42 所示。

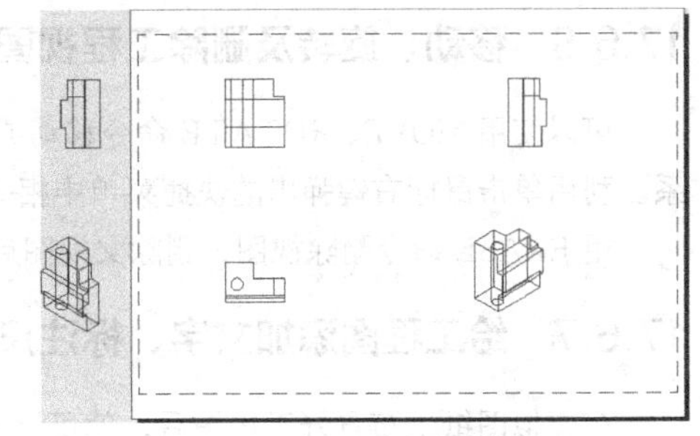

图 17-42 生成投影视图

17.6.4 编辑工程视图

双击工程视图或利用右键快捷菜单启动 VIEWEDIT 命令，就可编辑工程视图。命令启动后，打开【工程视图编辑器】选项卡，利用该选项卡中的选项可修改视图的投影方向、比例及显示方式，或者移动视图等。

对父视图的修改将影响到所有子视图，而修改子视图后，其他视图不会变化，但视图间的“父子关系”将断开。

命令启动方法

- 面板：【注释】选项卡中【工程视图】面板上的按钮。
- 命令：VIEWEDIT。

修改工程视图的属性

1. 继续前面的练习。单击主视图，打开【工程视图编辑器】选项卡，单击按钮，选择【线框】选项，再在【比例】下拉列表中输入新的比例值“1：2.5”，按 Enter 键，结果如图 17-43 所示。

2. 删除投影视图，再选中视图，激活关键点，移动视图位置，结果如图 17-44 所示。

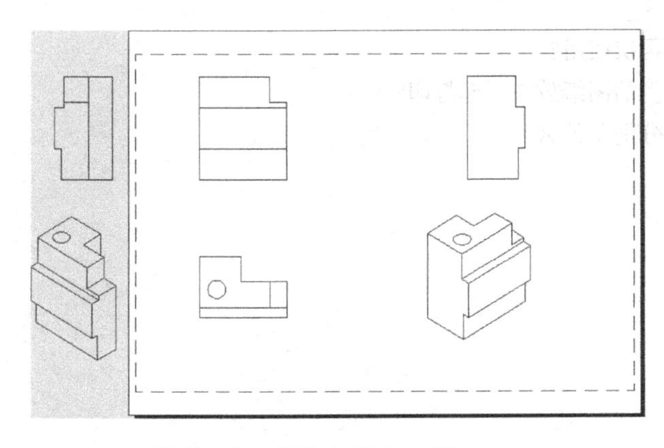

图 17-43 修改工程图的属性

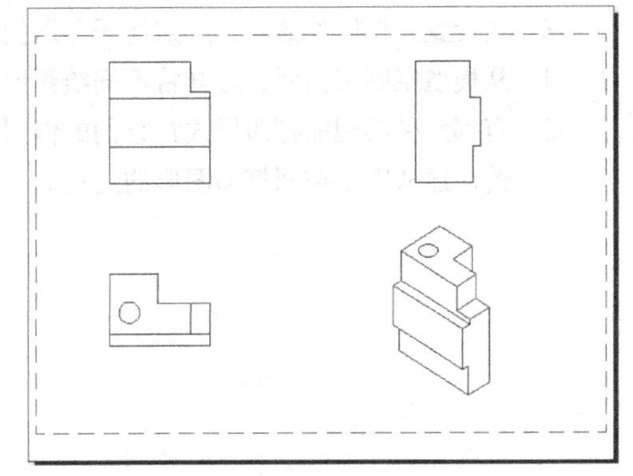

图 17-44 删除及调整视图位置

17.6.5 更新工程视图

工程视图与源模型是关联的，当三维模型改变时，视图并不自动变化，系统将在其周边显示红色标记，表明视图需要更新了。

选择要更新的视图，单击鼠标右键，利用快捷菜单上的【更新视图】命令更新视图。

17.6.6 移动、旋转及删除工程视图

可以使用 MOVE、ROTATE 命令移动或旋转视图。默认情况下，移动视图时，视图间将保持对齐关系。利用单击鼠标右键弹出的快捷菜单中相关命令可断开或恢复这种关系。

用 ERASE 命令删除视图，删除父视图后，子视图并不被删除。

17.6.7 给工程图添加文字、标注尺寸及输出

在虚拟图纸上布置好工程图后，就可添加文字、标注尺寸及输出打印了，其过程与在模型空间内的操作完全一样，但需注意以下几点。

（1）虚拟图纸的打印比例是 1∶1。

（2）文字字高设定为实际字高。

（3）标注样式中的各项参数值设置为真实图纸上的实际值。

（4）标注全局比例为 1∶1。

（5）虽然设定了视图的缩放比例，但标注值显示为模型空间的实际长度值。

17.6.8 将视图转移到模型空间编辑并打印

在图纸空间中，用鼠标右键单击 布局1 按钮，选择【将布局输出到模型】命令，就将工程视图输出到新文件的模型空间中了，视图变为图块，分解后成为普通的二维图形，可方便地用编辑命令对其进行修改，然后打印。

17.7 习题

1. 打印图形时，一般应设置哪些打印参数？如何进行设置？
2. 请简述打印图形的主要过程。
3. 当设置完打印参数后，应如何保存以便再次使用？
4. 从模型空间出图时，怎样将不同绘图比例的图纸放在一起打印？
5. 有哪两种类型的打印样式？它们的作用分别是什么？
6. 请简述从图纸空间打印图形的过程。